科学出版社"十四五"普通高等教育本科规划教材

高等师范院校生命科学系列教材

# 生 态 学

## （第三版）

### 林育真　付荣恕　主编

科学出版社

北京

# 内 容 简 介

本书是在《生态学》(第二版)基础上修订而成的,除绪论外,包括上篇基础生态学和下篇应用生态学两大部分。其中,基础生态学部分包括个体生态学、种群生态学、群落生态学和生态系统生态学等 4 章;应用生态学部分包括农业生态学、城市生态学、污染生态学、生物多样性及其保护和生态学重要分支学科等 5 章。本书阐明生态学的基础理论、基本知识与技能,并精选应用生态学的内容,旨在提高学生理论联系实际的能力。每章章首有内容提要,章末有相应的思考题;章后所列的推荐参考书可帮助读者加深、拓展该章学习的内容。

本书适用于高等师范院校、高等农林院校,以及综合性大学的生命科学与环保专业教学使用,也可作为相关专业高校教师、学生、科研人员及中学生物教师的参考用书。

**图书在版编目(CIP)数据**

生态学/林育真,付荣恕主编. — 3 版. —北京:
科学出版社,2023.8
科学出版社"十四五"普通高等教育本科规划教材
高等师范院校生命科学系列教材
ISBN 978-7-03-075491-2

Ⅰ.①生… Ⅱ.①林… ②付… Ⅲ.①生态学-高等
学校-教材 Ⅳ.①Q14

中国国家版本馆 CIP 数据核字(2023)第 078473 号

责任编辑:朱 灵/责任校对:谭宏宇
责任印制:黄晓鸣/封面设计:殷 靓

科学出版社 出版

北京东黄城根北街 16 号
邮政编码:100717
http://www.sciencep.com

南京文脉图文设计制作有限公司排版
广东虎彩云印刷有限公司印刷
科学出版社发行 各地新华书店经销

*

2004 年 4 月第 一 版 开本:889×1194 1/16
2023 年 8 月第 三 版 印张:19
2023 年 8 月第十九次印刷 字数:598 000

**定价:70.00 元**
(如有印装质量问题,我社负责调换)

# 《生态学》(第三版)编委会

# 第三版前言

　　生态学是一门研究生物与生物之间、生物与环境之间相互关系的学科，是一门有特定研究对象、任务和方法的完整、独立的学科，是生物专业的骨干课程之一。《生态学》教材初版和第二版先后于2004年和2011年出版，为以高等师范院校学生为主的学习者提供了教学资料。随着学科的发展及当前高校教学的新要求，结合编者多年来从事生态学教学和研究的经验及体会，在科学出版社的组织和支持下，2022年4月第三版的编委会成立，再次修订这本教材。

　　参与第三版教材修订工作的编委共15位，由主编林育真、付荣恕和副主编刘腾腾、苗明升负责组织人员、推进计划，所有编委都参与一章或部分章、节新增内容的撰写。全书由林育真、刘腾腾统稿，最后由林育真定稿。第三版教材共10个部分，包括绪论、上篇基础生态学（第1～4章）和下篇应用生态学（第5～9章）。每章开始有提要，章末有思考题，读者可根据需要选择进行思辨练习；每章还附有推荐的参考书目，方便读者加深、拓展对有关章节的学习；全书最后附有参考文献及专业词汇索引。

　　本教材基础与应用并重，理论与实践结合，宏观生态规律与微观适应机制相辅相成。全书在把握系统性前提下划分章节，条分缕析，内容符合现代生态科学原理与规律，吸纳近年来生态学发展的新知识、新观点、新成果，注重内容的连贯性和内在联系，条理清晰，语言流畅。本教材重点突出以下特点：①动物生态与植物生态结合自然紧密；②生物的个体、种群及群落与环境的关系密切联系；③突出基础性，力求把生态学的基础理论、基本知识与基本研究方法全面地介绍给读者；④所列生态事例具有实用性，指导读者提高观察、辨别及分析生态现象的能力，引导读者树立正确的生态观念。

　　本教材编委会成员认真学习贯彻党的二十大精神，在本次修订过程中，严格依据国家有关政策、法规，强调保护生物多样性，推崇人与生物、生物与环境和谐共生的理念。理论部分观点正确，应用部分符合国家及国际生态保护组织的先进理念与相关法规。我们通过教材的编写，阐明保护生物、维护生态的重要意义，传递环境保护、野生动物保护等相关法规的要义，体现正确的世界观、价值观及人生观。

　　尽管我们在教材的前瞻性、纲要性和适用性方面做出了努力，但限于编者的水平，书中仍可能出现不足之处，希望读者给予批评指正。

林育真

2023年4月18日

# 第二版前言

生态学是一门有自己的研究对象、任务和方法的完整而独立的学科，多年来已成为生物专业学生必修的骨干课程之一。由于本学科的研究核心在于生物与环境的相互关系，因而在人类面临人口、资源、环境等一系列重大社会问题的情况下，促使生态学发展成为一门应用性强、多学科交叉的综合性基础学科。

本书是在《生态学》(第一版)的基础上全面修订而成。依据学科的新发展、新资料，并吸纳使用院校师生的意见，对全书进行内容和数据的更新，其中，特别对第5章农业生态学、第8章污染生态学、第9章生物多样性及其保护、第3章第6节地球陆地主要生物群落等部分，进行了重新编撰和改写；同时，尽可能科学地调整各章节编排顺序，以加强各个章节的内在联系。第一版中第10章生态学一些重要分支学科简介，鉴于目前有关的分支学科已出版有相应的教材或专著，对此第二版中可不再介绍。

本书分上、下篇，包括绪论、上篇基础生态学(第1章～第4章)、下篇应用生态学(第5章～第9章)共10部分，全书有附图94幅，附表25个；每章前附有简明扼要的内容提要；每章后附有与主要内容相对应、难易程度不等的思考题，读者可作复习参考；每章还指明有关扩充读物，便于读者找到加深拓宽有关章节学习的书目；书后附有英文专业名词索引。

本书编委会成员均为生态学的授课教师，大多有多年为高等院校本科生和研究生教授生态学的经验。通过重编第二版过程中的相互交流和切磋，更加明确必须坚持和深化本教材的突出特点：一是基础性，教材应着重把生态学的基础理论、基本知识与技能介绍给读者，基础生态学部分力求深入浅出、概念明确，使学习者较快掌握生态学的规律和内涵；二是实用性，精选有关材料，加强应用生态学的内容，满足学习者理论联系实际、学以致用的需求；三是创新性，所选择编写的材料尽量反映当今国内外生态学的新成就、新进展以及有关生态学的热点、重点和难点问题，并注意结合我国国情，所举生态事例要求具典型性、指导性。总之，教材内容新颖，详略得当，既有必备的理论知识，又有许多生动的实例分析，并对生态学领域的一些前沿研究做恰当的介绍，这是我们编写第二版所努力追求的。

尽管我们在教材的前瞻性、纲要性和可读性方面做出了努力，由于生态学内容延伸广泛、时空性强，限于主编的水平，书中难免存在错误及不足之处，衷心希望使用本教材的师生和读者给予批评指正。

林育真

2011 年 6 月 15 日

# 目　录

# 绪　论

**提　要**

　　生态学的定义、研究历史及发展阶段的划分,不同时期生态学重要人物及其代表著作;现代生态学的特点及发展趋势;生态学主要研究内容、分支学科及研究方法。

　　随着科学技术的飞速发展和人类对资源需求的与日俱增,环境、资源、人与自然和谐发展等重大社会问题日益凸显,在研究包含人类在内的各种生物生存和可持续发展的过程中,生态学得到了普遍重视和迅速发展,成为生物学学科中众所瞩目的前沿学科之一。生态学知识得到广泛普及,"生态观念""生态危机""生态恢复与重建"等专业名词已成为社会用语,生态学基本原理在各个领域得到认同和应用。生态学理论的发展与完善,生态教育的普及与深入,生态环境的保护与建设,对提高维护地球生命支撑体系的指导作用,具有十分重要的意义。

## 0.1　生态学的定义

　　生态学(ecology)一词最早由德国生物学家海克尔(Haeckel)于 1866 年首先提出,1869~1870 年他再次定义生态学,概括为"生态学是研究有机体与其周围环境(包括非生物环境和生物环境)相互关系的科学",该定义强调生物与环境的相互作用。后来,泰勒(Taylor)、阿利(Allee)、布克斯鲍姆(Buchsbaum)和奈特(Knight)等人提出的生态学定义,都未超出海克尔定义的范畴。

　　Ecology 一词源于希腊文"oikos"和"logos",前者意为居处、栖息环境,后者意为学科、研究。由此可知,生态学一词原意为研究生物栖息环境的科学。生态学这个词中的"eco-"与经济学(economy)的词首部分相同。经济学起初是研究家庭财产管理的,由此可以把生态学理解为有关生物经济管理的科学。美国科学院院士里克莱夫斯(Ricklefs)曾编写了一本生态学教科书,书名为 *The Economy of Nature*,其第 5 版的中译版于 2004 年出版(书名为《生态学》)。史密斯(Smith)认为"eco"代表生活之地,生态学是研究有机体与生活之地相互关系的科学,因此可把生态学称为环境生物学(environmental biology)。

　　显然,海克尔赋予生态学的定义,既具有开创性,同时亦具有广泛性。其后,国际上一些著名的生态学家依据自己研究的着重点,提出各自的生态学定义。英国生态学家埃尔顿(Elton)在他的《动物生态学》教科书中,把生态学定义为"科学的自然史";苏联生态学家卡什卡洛夫(Кашкаров)认为,生态学研究应包括生物的形态、生理和行为的适应性。埃尔顿和卡什卡洛夫两者的定义指出了一些重要的生态学研究内容,但其含义与生物学(Biology)的概念不易区分。丹麦植物学家瓦尔明(Warming)提出,植物生态学是研究植物之间、植物与环境之间相互关系的科学,主要内容包括环境对植物个体的影响与植物对环境的适应,以及植物种群和群落在不同环境中的形成与发展过程。他的定义既包括个体研究,也包括种群和群落研究。法国的布朗-布朗凯(Braun-Blanquet)则把植物生态学称为植物社会学,认为它是一门研究植物群落的科学。1954 年澳大利亚生态学家安德烈沃斯(Andrewartha)认为,生态学是研究有机体的分布(distribution)和多度(abundance)的科学。1972 年加拿大生态学家克雷布斯(Krebs)将上述定义修正为"生态学是研究有机体分布及多度与环境相互作用的科学"。后两位学者是动物生态学家,主要强调种群生态学。

20世纪60～70年代,在环境、人口、资源等世界性问题带动下,生态系统研究日益受到重视,动物生态学和植物生态学趋向汇合,生态学研究中心转向生态系统,一些学者赋予生态学新的定义。美国生态学家奥德姆(E. P. Odum)提出:生态学是研究生态系统结构与功能的科学。他撰写的著名教科书《生态学基础》(*Fundamentals of Ecology*)以生态系统为中心内容,对当代大学生态学教学和研究产生了很大的影响,他本人因此而获得生态学最高荣誉——泰勒生态学奖和克拉福德奖。奥德姆在他后来的生态学著作中提出,生态学是"综合研究有机体、物理环境与人类社会的科学",强调人类在生态过程中的作用。中国著名生态学家马世骏认为,生态学是研究生命系统和环境系统相互关系的科学,同时他提出了社会-经济-自然复合生态系统的概念。

尽管不同学者给生态学所下的定义各不相同,但大致可归纳为三个方面:①研究重点属于自然历史方面;②种群生态学方面;③群落及生态系统生态学方面。这三个方面与生态学发展历史的三个阶段大致相符,每个阶段都有其代表性论著问世,体现了生态学在不同历史时期的研究重点和水平。必须指出,海克尔在1869年提出的定义,至今仍然是被广泛采用的生态学定义。

## 0.2　生态学的研究历史

自海克尔首先提出生态学是研究生物与其环境相互关系的科学以后,随着这门学科的发展,在动物学、植物学和微生物学等生物学分支学科的基础上,形成了动物生态学(animal ecology)、植物生态学(plant ecology)以及微生物生态学(microbial ecology)等生态学主要分支学科。通过更广泛、深入的研究,有关植物、动物和微生物之间的依存关系及其与环境之间的相互作用,得到众多研究者的共识,使生态学成为一门独立的科学,成为生物学中的一个重要分支。

生态学从萌芽、建立、发展至今,究竟划分成几个时期或阶段更符合客观实际,不同学者划分方法不尽相同,本书采用三个时期的划分法。

### 0.2.1　生态学建立前期(17世纪以前)

在生态学这个名词出现以前,就已经有了生态知识的积累和著述。原始人类已开始积累有关生态方面的知识。渔猎时代,人类对各种猎获物的生态习性有所了解。人类在和自然的相处中,早就注意到生物与环境以及个体和群体之间的关系,如牧民对于牧畜、渔民对于渔获物、采药者对于药草等都有丰富的感知和实践经验,这些均属早期的生态学知识。迄今为止,人们从生产实践中获得的动植物生态习性的认知,依然是生态学研究的源泉。

以文字反映生态学思想的萌芽,在中国和希腊的古代著作中均有记载。例如,成书于战国或两汉期间的《尔雅》是中国最早一部解释词义的专著,其中就著有释草、释木、释鸟、释兽、释鱼、释虫的篇章。距今2 600多年的《管子·地员》中专门论及水土和植物,记述了植物沿水分梯度的带状分布以及土地的合理利用。中国农历二十四节气的制订始于春秋,确立于秦汉,公元前104年西汉《太初历》将其订于历法,反映了作物、昆虫等的生态现象与节气之间的关系。春秋时期还出现了记述鸟类生态的《禽经》等。这些均属中国生态知识的早期记载。

在西方,早在纪元前450年,古希腊的恩培多克勒(Empedocles)已注意到植物营养与环境的关系;亚里士多德(Aristotle,公元前384～前322)在他有关生物学的著作中,记载了500多种动物,揭示了动物的结构、习性和生长状况,并按栖息环境区分为水栖动物和陆栖动物,还按食性分为肉食、草食、杂食及特殊食等,他将研究成果写成了《动物志》《动物之构造》等多部著作。亚里士多德的学生提奥夫拉斯图斯(Theophrastus,公元前371～前287)在《植物群落》一书中,阐述了陆地及水域中的植物与环境的关系以及生物之间的竞争,被后人认为是最早的植物生态学家。

### 0.2.2　生态学建立期和成长期(17世纪～20世纪50年代)

中世纪时,生态学也像其他自然科学一样,在西方经历了漫长的黑暗时期,至文艺复兴时期到来后,才重新得到蓬勃发展。1670年,英国科学家波义耳(Boyle)以蛙、鼠和无脊椎动物为实验材料,研究并发表了低气压对动物的影响,标志着动物生理生态学的开端。1735年,法国昆虫学家雷米尔(Reaumur)在其《昆虫自然史》中探讨了有关积温与昆虫发育生理的关系,成为研究昆虫生态学的先驱。法国博物学家布丰(Buffon)在他的36卷巨著《自然史》中,着重揭示生物与环境的关系,认为动物习性与适应环境有关,提出"生物变异基于环境影响"的原理,他的论述对近代动物生态学的发展具有重要影响。德国学者洪堡(Humboldt)最早注意到自然界植物遵循一定规律集合成群落分布,并指出每个群落都有其特定的外貌。洪堡创造性地结合气候与地理因子的影响,阐述了植物分布的规律,其成就使他成为近代植物地理学和植物群落学创始人。马尔萨斯(Malthus)1798年出版的《人口论》,研究了生物繁殖与食物的关系,还探讨了人口增长与食物生产的关系,他的观点对达尔文(Darwin)有深刻影响。达尔文于1859年出版的名著《物种起源》极大地推动了生态学和进化论的发展。

1866年,海克尔首创生态学定义。1877年,德国学者默比乌斯(Möbius)通过研究牡蛎群落提出生物群落(biocoenose)这一术语。华莱士(Wallace)著述的《动物的地理分布》等著作,对生态学、生物地理学和进化论都有很大贡献。1896年,瑞士学者施罗特(Schröter)首次提出个体生态学(autoecology)和群体生态学(synecology)两个重要概念。1895年,丹麦植物学家瓦尔明发表《以植物生态地理为基础的植物分布学》,并于1909年将其英文版易名为《植物生态学》,此书和1898年德国申佩尔(Schimper)发表的《以生理为基础的植物地理学》一起被认为是两部生态学划时代巨著,标志着植物生态学的发展和成熟,成为生态学中一门独立的分支学科。

进入20世纪后,有关生态学研究涉及的范围和内容更加广泛。同时,物理、化学、生理学、气象学及统计学的发展,促进了生态学研究方法的进步。1901年,芝加哥大学的考尔斯(Cowles)以其沙丘植物群落繁衍过程的研究成果,成为美国生态学的启蒙者。1904年,美国植物生态学家克莱门茨(Clements)发表《植被的结构与发展》。1911年,英国坦斯利(Tansley)发表《英国的植被类型》。1913年,亚当斯(Adams)发表《动物生态学研究指南》,该指南被认为是第一部动物生态学教科书。1925年,美国统计学家洛特卡(Lotka)提出种群增长数学模型。1927年,埃尔顿提出食物链、数量金字塔、生态位等非常有意义的概念。美国谢尔福德(Shelford)于1929年和1939年先后发表《实验室与野外生态学》和《生物生态学》。1931年,美国查普曼(Chapman)发表以昆虫为重点的《动物生态学》。1937年,中国学者费鸿年出版《动物生态学纲要》。1938年,以色列博登海默(Bodenheimer)发表《动物生态学问题》。1945年,卡什卡洛夫出版《动物生态学基础》。这些主要以动物生态为研究对象的教科书和专著,为动物生态学的建立和发展作出了重要贡献。1949年,美国的阿利和埃默森(Emerson)等人合作出版的《动物生态学原理》被公认为当时内容最丰富、完整的动物生态学教科书,它标志着动物生态学进入成熟期。

由此可见,植物生态学和动物生态学有一段平行和相对独立发展的时期,而前者的成熟较后者早了约半个世纪。当动物生态学研究处于以种群生态为主流的时期,植物生态学则在植物群落生态方面有了很大的发展,逐渐形成了研究植物群落的几大学派。由于各地自然条件不同,植物区系和植被性质相应差别明显,致使工作方法和结果的认识各有特点,形成了几个研究中心或称学派。其中,英美学派、法瑞学派、北欧学派及苏联学派均负盛名。

英美学派以美国的克莱门茨和英国的坦斯利为代表,以研究植物群落的演替和创建顶极学说而著名,代表作有《植物的演替》《普通植物生态学》《不列颠群岛的植被》等,其中,演替和顶极、生态系统等概念均为首次提出。法瑞学派以法国的布朗-布朗凯和瑞士的吕贝尔(Rübel)为代表,主要研究阿尔卑斯山和地中海植被,代表作有《植物社会学》和《地植物学研究方法》,法瑞学派建立了比较严格的植被等级分类系统,完成了大量植被图,对群落分析强调区系成分,在各学派中影响较大。北欧学派以瑞典的杜里茨(Du Rietz)为代表,主要研究瑞典的森林,以注重群落分析为特点,重要著作有《近代植物社会学方法论基础》。1935年后,北欧学派与法瑞学派合流改称西欧学派或大陆学派。苏联学派以苏卡切夫(Сукачёв)为代表,其研究注重以建群种及优势种命名植物群落,建立植被等级分类系统,并重视植被生态与植被地理研究,代表作有《植物群落学》《生物地理群落学》。

20世纪60年代以前,动物生态学的研究主流是动物种群生态学,尤其是有关种群调节和种群增长数学模型的研究。1931年阿利发表《动物的集群》,1934年洛里默(Lorimer)出版《种群动态》,进一步推动种群生态学的研究。1934年苏联生态学家高斯(Gause)依据对实验种群的研究,提出"竞争排斥原理"。20世纪50年代,不同学派在美国纽约长岛冷泉港会议上进行有关种群调节理论的论战,澳大利亚尼科尔森(Nicolson)及英国拉克(Lack)等是生物学派的代表,气候学派的代表为澳大利亚安德烈沃斯(Andrewarth)和伯奇(Birch)。在此期间,动植物生理生态及实验生态、动物群落生态、动物行为生态以及水生生态系统研究等方面都有重要进展。

如果说从个体生态研究转向群体生态研究是生态学发展的第一步,那么第二步的重大发展就是生态系统研究的开展。"生态系统"一词首先由坦斯利在1935年提出,而生态系统思想的渊源至少可以上溯到达尔文时期。很多学者都提出过类似"生态系统"的概念和名词。在生态系统生态学发展过程中,埃尔顿强调食物链问题;德国蒂内曼(Thienemann)阐明生产者、消费者和分解者的关系;20世纪40年代,美国教授伯奇和朱迪(Juday)通过对湖泊能量收支的研究,探讨了初级生产的概念,开创了生态学营养动态研究的先河;1942年,美国学者林德曼(Lindemann)发表《生态学的营养动态》一文,强调生态系统的能量流动。其后,热力学和经济学概念渗透入生态学,信息论、控制论、系统论为生态学带来了自动调节原理和系统分析方法,使得进一步揭示生态系统中的物质、能量和信息之间的关系成为可能。生态系统的研究特别着重农、林、牧、渔、野生生物管理和人类面临的许多重大课题,显示其具有重大的理论意义和应用价值。于是,生态学在20世纪50年代进入了一个大发展时期,生态系统研究成了生态学研究的前沿。

### 0.2.3　现代生态学发展期(20世纪60年代至今)

20世纪60年代以来,一些国家和地区随着人口的急剧增长,能源的大量消耗,工业"三废"、农药化肥残毒、机动车尾气及城市垃圾等日益增多,造成环境严重污染。因此,自然生态系统有序性的维持、人口的控制、环境质量的评价和改善等,成为人类极为关切的问题,在解决这些问题的过程中,生态学与其他学科相互渗透,加之科学技术的迅速发展,尤其是电子计算机、遥感、超微量物质分析技术在生态学中的应用,促进了现代生态学的发展,使生态学的研究进入了数量化、科学化的新阶段。总之,现代生态学是在积累大量资料及应用现代化新技术基础上形成的新发展阶段。

这一时期,个体生态学的研究有新进展。如布朗(Brown)所著的《生物钟》阐明了生物对周期性环境因素变化的适应规律;斯拉维克(Slavik)的《植物与水分关系研究》、美国罗森贝格(Rosenberg)的《小气候生物环境》、德国拉尔谢(Larcher)的《植物生理生态学》,以及奥地利特兰奎利尼(Tranguillini)的《高山林线生理生态》等论著,阐述了生物与其环境因子的相关性及其生理生态作用特点;日本村田吉男等著述《作物的光合作用与生态》,分析了初级生产力与光合作用的关系。近年来,对环境因子的控制和测定、模拟生态实验室,以及环境作用的生理生态效应、比较生理生态及抗性生理生态等的研究进展甚快。对个体适应性的研究,已从形态解剖方面深入到生理效应和物质转化,以及能量测定的定量研究。

种群生态学迅速发展,成为生态学研究的热门。1954年拉克(Lack)著《动物数量的自然调节》、安德烈沃斯著《动物的分布与多度》,1969年英国瓦利(Varley)等著《昆虫种群生态学分析方法》,1974年英国数学生态学家梅(May)发表《理论生态学》,1977年英国哈珀(Harper)著《植物种群生物学》,1975年日本伊藤嘉昭著《动物生态学》,1981年贝贡(Begon)与莫蒂默(Mortimer)合作发表《种群生态学——动物和植物的统一研究》,1987年西尔弗顿(Silvertown)发表《植物种群生态学导论》,以及1988年中国陈兰荪的《数学生态学模型与研究方法》等著作问世,使种群生态学的研究更加系统化、理论化和数量化。克雷布斯的著作《生态学——分布和多度的实验分析》,进一步推进了实验种群生态的研究。研究者从不同角度对动物种群数量动态及其调节进行了理论探讨和方法创新。

1964年,英国遗传学家福特(Ford)出版《生态遗传学》,标志着一门新的交叉学科的诞生,它是群体遗传学与生态学相结合的遗传学分支。1983年,美国威尔森(Willson)对此前生殖生态学领域的研究成果进行了分析与综合,提出了"生殖配置原理"等新理论,开创了社会生物学的研究,标志着生殖生态学(reproductive ecology)发展为一门独立的学科。

现代生态学发展也反映在群落生态学研究进入了新阶段。乌斯汀(Oosting)的《植物群落研究》、美国道本麦尔(Daubenmire)的《植物群落——植物群落生态学教程》以及美国米勒-唐布依斯(Müller-Dombois)与埃伦伯格(Enllenberg)合著的《植被生态学的目的和方法》,系统阐述了植物群落的研究方法及群落生态学基本原理。德国克纳普(Knapp)的《植被动态》全面论述了植被的动态规律,完善了演替理论。美国惠特克(Whittaker)的《群落和生态系统》、日本佐藤大七郎的《陆地植物群落的物质生产》、美国里思(Lieth)等的《生物圈的第一性生产力》等,综合论述了群落与环境的相互关系,从系统的高度阐明了生态系统中第一性生产力的现状及其特征。惠特克编著的《植物群落分类》和同年出版的《植物群落排序》,以及皮卢(Pielou)所著的《生态学数据的解释》等著作,采用数理统计、梯度分析和排序来研究群落的分类和演替。

这一时期生态系统的研究也有长足的发展。奥德姆(H. T. Odum)和哈钦森(Hutchinson)开拓了生态系统的能流和能量收支的研究。奥德姆(E. P. Odum)和马加莱夫(Margalef)研究了生态系统中结构和功能间的相互作用及调节。美国博尔曼(Bormann)和莱肯斯(Likens)合著的《森林生态系统的格局与过程》,系统阐述了北方针叶林生态系统的结构、功能和发展。美国舒加特(Shugart)和尼尔(Neill)的《系统生态学》,以及杰弗斯(Jeffers)的《系统分析及其在生态学上的应用》等著作,应用系统分析方法研究生态系统,促进了系统生态学的发展,使生态系统的研究在方法上有新的突破,从而丰富和发展了生态学的理论。奥德姆(E. P. Odum)《生态学基础》一书发行及其再版,成为生态学的经典教材,近年由其和巴雷特(Barrett)完成的该书第五版,整合了进化和系统生态学整体论方法,将生态学原理应用到资源管理、保护生物学、生态毒理学、景观生态学和恢复生态学等实践领域。

应用生态学的迅速发展是 20 世纪 70 年代以来的另一个趋势,它是联结生态学与各门类生物生产领域和人类生活环境与生活质量领域的桥梁和纽带。近 30 多年来,它的发展有两个趋势:①经典的农、林、牧、渔各业的应用生态学由个体和种群的水平向群落和生态系统水平的深度发展,如对人类经营管理的生物集群注重其种间结构配置、物流和能流的合理流通与转化,并研究人工群落和人工生态系统的设计、建造和优化管理等;②针对人类面临的人口老龄化、食物保障、物种和生态系统多样性、能源、工业及城市问题六个方面的挑战,应用生态学的焦点集中在全球可持续发展的战略战术方面。

## 0.2.4　现代生态学特点及发展趋势

进入 20 世纪,生态学以种群和群落为研究重点,特别是自生态系统概念提出以来,生态学研究在理论和方法上都发生了巨大的变化,逐渐显示出从定性描述到定量研究,从静态研究到动态分析,从个体或局部探讨到系统和整体的关联,从单纯考察到实验分析及综合归纳等新特点。

**1. 从定性研究发展到定量研究**

长期以来,生态学被认为是一门描述性科学,只有个体生态可进行定量分析,而群体部分则难以定量。近年来,由于电子技术、遥感技术等在生态学上的应用,以及数学、物理学、化学、系统学、工程学等相互渗透,使群体生态学的研究进入了定量化阶段,尤其是对全球性变化的评价科学化,也促使定量生态学、数学生态学、系统生态学等新领域不断涌现。

**2. 从野外考察到实验分析**

传统的生态学以自然界的生物个体、种群、群落或生态系统为对象进行研究,揭示自然状态下生物与环境间的相互关系及其规律。近年来,随着科学技术的发展,诸如受控生态系统、微宇宙、人工模拟生态实验室等,能在不破坏生物体及环境的情况下进行研究分析;生物在理想条件下的生长发育规律和适应对策等研究,均能在实验室模拟进行,进一步揭示了生物与环境的相互关系,使生态学进入了实验研究时期。无论基础生态和应用生态,都特别强调以数学模型和数量分析作为研究手段。

**3. 从自然生态研究转向半自然或人工生态研究**

自人类出现以来,自然生态系统或多或少地受到干扰和破坏。近年来频繁的人类活动,纯自然生态系统可以说几乎不存在了,因而对半自然或人工生态系统(或受污染生态系统)和人类赖以生存的社会生态系统的研究,已成为现代生态学研究的重要领域。

**4. 研究重点转移及新领域的开拓**

生态学的研究重点从个体生态逐渐转移到种群和群落生态,进而发展到以生态系统研究为中心。如果说,早期的生态学主要研究的是自然历史或博物学,而 20 世纪初期到中期的动物生态学,则把种群的数量变动问题作为中心,而植物生态学则着重开展群落结构、演替和植被分析。近 30 多年来,在迫切要求解决害虫控制、资源管理、自然保护、生态重建等课题的影响下,多学科的综合性研究迅速发展。现代生态学以整体观和系统观为指导,研究生态系统的结构、功能和调控,自然社会经济复合生态系统的研究已成为新的领域。

**5. 从理论走向应用**

实践证明,生态学原理是指导解决地球环境问题的基础,环境科学工作者应用生态学原理解决了许多重大环境问题;农学家运用生态学理论研究农业生态系统;生态学与经济学密切结合,促使生态经济学应运而生,大型经济建设活动对生态环境的影响,均要以生态学观点进行评价和分析。城市规划也需要生态设计和评价。另外,以模拟自然生态系统的物质多层利用和物种共生原理的生态工程正方兴未艾。生物多样性及其保护是生态学理论和应用紧密结合的领域。

生态系统的概念应用于地学、农学和环境科学,研究自然会涉及整个生物圈,这使得生态学一方面与地理学、地球化学等学科相交叉,发展了景观生态学(landscape ecology)、化学生态学(chemical ecology)、污染生态学(pollution ecology)等新兴分支学科;另一方面又开始同社会科学互相渗透,使人类生态学(human ecology)、恢复生态学(restoration ecology)、旅游生态学(recreation ecology)以及生态经济学(ecological economics)等新的分支学科应运而生,显示了现代生态学高度综合的研究方向。

人类生态学的兴起,以及生态学与社会科学的渗透融合,是现代生态学的最新发展趋势。这一方面是由于社会发展的紧迫需要,另一方面由于生态学已经发展到了能够提供生态系统原理和方法的阶段。因此,人类生态学不仅有必要发展,而且有可能得到较快的发展。生态学的这种发展趋势,促使这门学科不仅与技术、经济密切相关,而且与政治和法律也产生了联系。总之,现代生态学从以生物为研究中心发展到以人作为研究中心,这给生态学的应用带来更广阔的前景,在改造世界和造福人类方面发挥着越来越重要的作用。

# 0.3  生态学研究内容与分支学科

## 0.3.1  生态学研究内容

从生态学的发展进程,可初步了解所研究的内容和分支学科形成的过程。基础生态学起源于生物学,它以个体、种群、群落、生态系统四个不同生物组织层次为研究对象。个体生态学属于生理生态学范畴,是生理学与生态学交叉的边缘学科。种群、群落和生态系统均以生物的群体为研究对象,因此又合称为群体生态学。

自 20 世纪 70 年代以来,生态系统生态学发展成为生态学的主流分支学科,其研究内容可概括为以下三个方面:

1)以野生生物类群和自然生态系统为对象,探索环境与生物间的作用与反作用及其规律;不同环境中生物种群的形成与发展,种群数量随时间和空间的变化规律,种内、种间关系及其调节,种群对特定环境的适应对策;生物群落的组成、特征与分布,群落的结构、功能和动态;生态系统的基本成分和结构与功能,生态系统中的能量流动和物质循环,生态系统的发展、演化及其与人类的关系。

2)以人工生态系统(artificial ecosystem)和半自然生态系统为研究对象,研究人类干扰或破坏对不同区域生态系统的影响;环境质量的生态学评价;生物多样性的保护和永续利用等。

3)以自然-经济-社会复合生态系统为研究对象,从研究结构和功能入手,探索人在此类生态系统中的地位和作用,协调人类作为生态系统组成者及调控者与系统其他成分之间的关系,探索人口、资源、环境三者间的和谐发展的途径,为改善全球人与环境的相互关系提供科学依据,以求达到在人口不断增长以及科技日新月异的情况下,合理管理与利用环境资源,保证人类社会和谐发展。

### 0.3.2 生态学分支学科

生态学是一门内容广泛、综合性很强的学科,一般分为理论生态学(theoretical ecology)和应用生态学(applied ecology)两大类。普通生态学(general ecology)是理论生态学中概括性最强的一门学科,它阐明生态学一般原理和规律,通常包括上面提到的按研究对象的生物组织层次划分的 4 个研究层次,即个体生态学、种群生态学、群落生态学和生态系统生态学。依据生物不同分类类别为研究对象,还可分为动物生态学、植物生态学和微生物生态学。动物生态学又可进一步划分为昆虫生态学(insect ecology)、鱼类生态学(fish ecology)、鸟类生态学(avian ecology)及兽类生态学(mammalian ecology)等。还有按栖息地类别划分为陆地生态学(terrestrial ecology)和水域生态学(aquatic ecology)两大类,前者包括森林生态学(forest ecology)、草原生态学(grassland ecology)、荒漠生态学(desert ecology)、冻原生态学(tundra ecology);后者包括海洋生态学(marine ecology)、淡水生态学(freshwater ecology)、河口生态学(estuarine ecology)等,此外尚有湿地生态学(wetland ecology)、太空生态学(space ecology)等。生态学的许多原理和原则在人类生产活动诸多方面得到应用,产生了一系列应用生态学的分支,包括农业生态学(agricultural ecology)、林业生态学(forestry ecology)、渔业生态学(fishery ecology)、污染生态学、放射生态学(radiation ecology)、热生态学(thermal ecology)、古生态学(paleo ecology)、野生动物管理学(wildlife management)、自然资源生态学(ecology of natural resources)、人类生态学、经济生态学(economic ecology)、城市生态学(city ecology)及生态工程学等。生态学与其他学科相互渗透产生一系列边缘学科,例如行为生态学(behavioural ecology)、化学生态学、数学生态学(mathermatical ecology)、物理生态学(physical ecology)、地理生态学(geographic ecology)、进化生态学(evolutional ecology)、生态遗传学(ecological genetics)以及近年面世的分子生态学(molecular ecology)等。

生态学是生物学重要组成部分之一,它与其他生物科学有非常密切的关系,因此,深入学习生态学必然会涉及其他生物学科以及数学、化学、物理学、自然地理学、气象学、地质学、古生物学、海洋学、湖泊学等自然科学和经济学、社会学等人文科学。作为一个生态学家应当具有广博的学识。

## 0.4 生态学的研究方法

生态学研究受气候、土壤、植物、微生物、动物和人类活动等综合影响,客观需要构建天地空一体化的观测、实验、模拟与评价的生态系统研究技术和方法体系。一般认为,生态学的研究方法包括野外调查、室内或原位控制实验和模型分析三大类。从生态学发展历史来讲,野外调查的研究方法是第一位的,实验研究是分析因果关系必要的补充手段,模型分析是利用现实数据来预测外延结果。目前生态学研究趋向于将三种方法结合使用,以达到更好的研究效果。

### 0.4.1 野外调查

野外调查是针对掌握特定生态元素的时空分布和规律而进行的,首先要确定调查对象及调查的空间范围,然后根据调查目的设计相应的方案和指标。通过野外工作通常可以调查到大部分的生态学现象和生态过程,因此,它是生态学者用于生态学研究的基本方法,常用于研究分析生物多样性以及环境质量状况等。

传统地面调查方法主要获取的是样方尺度、离散的数据,难以满足大尺度生态系统研究对数据时空连续性的要求。相比于传统地面调查方法,新兴的遥感技术具有实时获取、重复监测以及多时空尺度的特点,弥补了传统地面调查方法空间观测尺度有限的缺点。随着半导体、计算机、自动化和航天等技术的发展,遥感传感器和运载平台迅速迭代更新,使得遥感技术能够通过机器人、汽车、无人机、飞机和卫星等平台,搭载微波雷达、激光雷达、多/高光谱等各种传感器,实现对生态系统中生物和环境因子(地表温度、土壤含水量、降水量)的高频次、长时序、多尺度的立体观测,为生态系统生态学开展研究提供翔实的观测资料。

## 0.4.2　室内或原位控制实验

野外调查研究的影响因子错综复杂,不同时空尺度的过程交互作用,难以建立确切的因果关系和作用机制,而室内或原位控制实验通过逻辑严密的实验设计和统计学检验来保证结果的可靠性,已成为生态学研究的必需手段。

(1) 以生物遗传信息为基础　随着分子生物学研究方法的不断改进,以遗传物质为研究对象进行生态学分析研究获得了较大进展,涌现多种分子生态学研究方法。DNA 条形码在物种快速鉴定和隐存种发现、群落系统发育重建和生态取证、群落内物种间相互关系研究等方面得到了有效应用。

(2) 以生物标志物为基础　可为探明天然有机质的来源、动态变化提供可靠依据,在天然有机质(包括土壤、沉积物、气溶胶等)的来源解析、历史植被和古气候重建、有机碳的周转与转化评估、食物网分析等方向上都有重要的应用。

(3) 以生物功能性状为基础　影响有机体活动和适合度的任何可测量的生物属性都能反映出生物对环境变化的响应情况,在种群、群落和生态系统尺度上基于生物功能性状的测定已经成为解决重要生态学问题的首选指标。

## 0.4.3　模型分析

由于大尺度野外调查或实验操作面临实际困难,数学模拟成为一种正在兴起的替代途径,其优点是可以对理论上存在而操作上难以实现的各种可能性集中进行实验探讨,并大大降低实验成本。但模型分析以演绎为其方法论基础,这种分析结果的可靠性依赖于模型逻辑结构的严密性和所包含的生态机制的复杂程度。其参数体系与赋值的合理性取决于野外观测和实验研究的基础。

## 0.4.4　整合生态学研究

当今生态学研究趋势为野外调查、室内或原位控制实验和模型分析三者融合,互为补充,以取得更加完善的研究效果。随着科学技术的发展,网络化的生态观测、联网控制实验和定量遥感技术的迅速发展,一些结合新热点的研究方法相继出现,如用于森林大尺度定位研究的森林塔吊和中国科学院的定位研究站、监测野生动物的红外相机技术、全球定位系统追踪技术、宏基因组学工具、生物系统发育和分类学的功能生态学等,推动了多尺度生态系统观测与实验研究,极大地促进了大数据时代的生态学整合研究。

### 思　考　题

1. 海克尔(Haeckel)、奥德姆(E. P. Odum)和马世骏的生态学定义有何不同? 为什么?
2. 简述生态学发展三个时期的主要区别及研究内容。
3. 简述生态学的特点和发展趋势。
4. 概述现代生态学的研究方法。

### 推 荐 参 考 书

1. 戈峰,2008.现代生态学.第 2 版.北京:科学出版社.
2. 牛翠娟,娄安如,孙儒泳,等,2015.基础生态学.第 3 版.北京:高等教育出版社.
3. 尚玉昌,2010.普通生态学.第 3 版.北京:北京大学出版社.

# 上 篇

## 基础生态学

# 个体生态学

## 第 1 章

## 提　要

环境与生态因子的概念及分类,生物与环境关系的基本原理,生态因子作用的特点与规律;生物对生态因子的耐受限度及其调整与适应性;光、温度、水、土壤、火等主要生态因子的影响因素、变化规律及其生态意义;不同种类动物和植物对各种生态因子的适应类型及特征。

## 1.1　环境与生态因子

### 1.1.1　环境的概念及分类

**1. 环境的概念**

环境是由各种环境因素组成的综合体。在生态学中,生物是环境的主体,环境即指某一特定生物体或生物群体以外的空间,以及直接或间接影响生物生存与活动的外部条件的总和。在环境科学中,通常以人类为主体,环境是指围绕着人群的空间以及其中直接或间接影响人类生活和发展的各种因素的总和。环境总是针对某一特定主体而言,因此,对于不同主体环境的概念内涵有所差别。即使是同一主体,由于研究目的及尺度不同,对环境的分辨率也不同,即环境有大小之分,如生物环境可以大到整个宇宙,小至细胞微环境。

**2. 环境的类型**

(1) **按性质分类**　　可分为自然环境和人工环境。自然环境是指不受人类控制和干预,或仅受人类活动局部轻微影响的天然环境。实际上,人类社会发展至今,纯粹的自然环境几乎不存在了。人工环境则是指人类提供和控制下的环境,如种植园、养殖场、牧场、水库、塘坝以及苗圃、温室等都属于人工环境。

(2) **按范围大小分类**　　可分为宇宙环境、地球环境、区域环境、微环境和内环境:①宇宙环境由大气层以外的宇宙空间和存在其中的各种天体及弥漫物质组成,对地球环境有深刻的影响;②地球环境包括地球的大气圈(主要指对流层)、水圈、土壤圈、岩石圈和生物圈五个自然圈,又称为全球环境或地理环境;③区域环境是指占有某一特定地域空间的环境,由该地区的五个自然圈相互配合形成,不同的区域环境有不同的特点,分布着各不同的生物群落;④在区域环境中由于某一个或几个圈层的细微变化和差异所形成的环境称为微环境,如生物群落的镶嵌性就是微环境作用的结果;⑤内环境则指生物体内的器官、组织或细胞间的环境,对生物的生长发育有直接影响。

(3) **小环境和大环境**　　小环境是指对生物有直接影响的邻接环境,即指小范围内特定的动物栖息地或植物生长处,如接近生物个体表面的大气环境、土壤环境和洞穴内的小气候等。大环境则是指上述的区域环境、地球环境和宇宙环境。大环境不仅直接影响、制约着小环境,而且对生物体也有直接或间接的影响。

(4) **生境(habitat)**　　是生态学的一个常用术语,是指生物的个体、种群和群落赖以生存的生态环境,也即生物实际所处的环境或居住的地方。

### 1.1.2　生态因子的概念及分类

**1. 生态因子的概念**

　　生态因子是指环境中对生物的生长、发育、生殖、行为和分布有直接或间接影响的环境因素,如光照、温度、水分及食物等非生物因子,以及动物、植物、微生物等生物因子。在生态因子中,凡是生物有机体生活和发育不可缺少的那些因子,如食物、温度、水分、氧气、二氧化碳等,称为生存因子。

　　所有生态因子都是生物直接或间接所必需的,但在一定条件下,其中一个或两个生态因子对生物的生活起着主导作用,即该因子改变时就会引起其他生态因子的重大改变,从而形成另一生态类型,这种起关键作用的因子,称为主导因子,如主导水生、中生及旱生植物的因子为水分条件,包括土壤的湿度状况。

**2. 生态因子的分类**

　　生态因子的分类方法有多种,通常按有无生命特征区分为非生物因子和生物因子两大类,非生物因子包括温度、光照、水分(湿度)、土壤、pH、氧、风、火等因子;生物因子则包括同种生物的不同个体和不同生物种类的有机体。前者构成种内关系,后者构成种间关系。

　　依据生态因子的性质通常将它们区分为以下 5 类:

　　1) 气候因子:如光照、温度、降水、风、气压和雷电等。

　　2) 土壤因子:土壤的质地、结构、理化性质、有机质和矿质元素含量以及土壤生物等。

　　3) 地形因子:如山地、丘陵、平原等地貌类型,海拔高度、坡度、坡向等。

　　4) 生物因子:指生物之间的相互影响及生物与环境的相互作用。

　　5) 人为因子:从生物因子中把人为因子单列出来,强调人为因素对生物及其生存环境的影响,这种影响具有随机、迅速、广泛而深刻的特点。

　　苏联生态学家蒙恰斯基(Мончадский)依据生态因子的稳定性及其作用特点,把生态因子分为稳定因子和变动因子两大类。地心引力、地磁场、太阳辐射等长年恒定的因子属于稳定因子。变动因子又可分为两类:①周期性变动因子,如一年四季变化和潮汐涨落等;②非周期性变动因子,如刮风、降雨、闪电、动物捕食等。

　　有些学者依据生态因子对种群数量变动的作用,将它们分为密度制约因子和非密度制约因子。前者如捕食者、被捕者、天敌等生物因子,它们对种群数量的影响强度随种群密度而变化;后者指温度、降水等气候因子,它们的影响强度不随种群密度而变化。

## 1.2　生物与环境关系的基本原理

### 1.2.1　生态因子作用的特点

　　生物与环境之间的关系是相互的、辩证的,生态因子与生物有机体相互关系是复杂多样的。生态因子的作用方式具有以下几方面特点。

**1. 生态因子的综合作用**

　　每一生态因子对生物的作用不是孤立的、单独的,而是相互影响、相互制约的。生态因子彼此联系、相互协同、综合地对生物起作用,个别因素的作用是在综合效应下的表现。而且环境中任何一种生态因子的变化,必将引起其他因子发生不同程度的改变。例如,光照强度的变化必然引起大气和土壤温度、湿度的改变;又如,一个地区的湿润程度,不只决定于降水量,还与地下水、水网分布及径流与蒸发量等因素相互作用的综合效应有关。

**2. 生态因子的非等价性**

　　生态因子的综合作用不等于各种因子同等重要,而有主次轻重之分,也即有主导因子、生存因子和一般生态因子之分。例如,光周期中的日照长度和植物春化阶段的低温就属于主导因子。又如,湖泊干涸了,失去"水"这一主导因子,生境完全改变,变成沼泽甚至旱地;采捕湖产品(人为干扰)则属于一般生态因子,如果湖水遭受严重污染,则湖中水生生物因失去生存条件而死亡。

**3. 生态因子的不可替代性和互补性**

各种生态因子对生物的作用虽非等价,但都不可缺少。一方面来说,如果缺少某一因子,便会引起生物正常生活的失调、体质衰弱甚至死亡,而且任何一种生态因子都不能由另一因子完全代替。但另一方面,在一定条件下某一因子量上的不足,可以由其他因子数量的增加而得到补偿,仍然有可能获得相似或相等的生态效益,这就是生态因子的可调剂性,又称互补性。例如,光照不足引起的光合作用强度的降低可由 $CO_2$ 浓度的增加得到补偿。

**4. 生态因子的阶段性**

每种生物在其生长发育的不同阶段,往往需要不同的或不同强度的生态因子,由此可见生态因子对生物的作用具有阶段性。例如,低温在某些作物春化阶段是必需的,但在以后的生长发育时期,低温对植物则可能有害。又如水域条件对蟾蜍幼体必不可少,但变态为成年蟾以后可生活于潮湿的陆地。

**5. 生态因子的直接和间接作用**

生态因子对于生物的生长发育、繁殖及分布的影响,可以是直接的,也可以是间接的。生态因子的间接作用有时也很重要,例如对于干旱地区的生物而言,雨量的多少直接影响到植物生长的好坏,从而间接影响到当地动物的种类和数量。

### 1.2.2　限制因子的重要作用

生物的生存和繁殖依赖于各种生态因子的综合作用,其中限制生物生存和繁殖的关键性因子就是限制因子(limiting factor),限制因子通常也是主导因子。

**1. 最低量法则**

19 世纪德国土壤农业化学家利比希(Liebig)是研究各种因子对作物生长影响的先驱。1840 年,他已认识到生态因子对生物生存的限制作用,每种植物都需要一定种类和数量的营养物质。他发现作物的产量并非经常受到生境中大量需要的营养物质(如 $CO_2$、$H_2O$)的限制(它们在自然界中通常是丰富的),而是受到生境中的一些微量元素(如硼、镁等)的限制。他认为:"植物生长取决于那些处于最少量状态的营养成分。"也就是说,如果环境中该种成分不足或缺少,植物就会衰弱甚至死亡。后人称此为利比希最低量法则(law of the minimum),也称利比希最小因子定律。

继利比希之后很多学者也做了大量研究。有些学者认为,这个定律如用于指导实践,需要补充两点:首先最低量法则只能严格适用于生境稳定状态,即能量及物质的输入和输出处在平衡的情况下;其次要考虑各种因子之间的相互关系及因子的替代作用。

利比希研究并提出最低量法则时,着重针对的是有关营养物质对植物生长和繁殖的影响,此后学者们经过多年继续研究,发现这一法则对温度和光照等其他多种生态因子也是适用的。

**2. 限制因子定律**

某一生态因子缺乏或不足,可以成为影响生物生长发育的不利因素,但若该因子过量,如过高的温度、过多的水分或过强的光照等,同样可以成为限制因子。英国植物生理学家布莱克曼(Blackman)最早注意到这点,于 1905 年提出生态因子的最大状态对生物也具有限制作用。这就是众所周知的限制因子定律(law of limiting factor)。布莱克曼研究指出,探讨外界光照、温度及营养物质等因子的数量变动对生物生理(如同化过程、呼吸作用)的影响,通常显示三个生态基本点:生态因子低于最低需求量时,生理现象全部停止;在最适范围显示生理现象的最大观测值;高于最大需求量时,生理现象也全部停止。人们将这一结论看作为最低量法则的延展。

限制因子的概念具有明显的实用价值。某种栽培植物或饲养动物在某一特定条件下种群增长缓慢,这并非所有因子都存在质或量的问题,只有找出可能引起限制作用的因子,通过实验确定该种生物与有关因子的定量关系,才能解决种群增长缓慢的问题。研究阐明,进行光合作用的叶绿体主要受 5 个因子的控制,即

$CO_2$、$H_2O$、太阳辐射能强度、叶绿素含量及温度。当生理过程受到诸多因素支配时,其光合作用进行的速度受到其中最低量因素的限制。

### 3. 耐受性定律

基于最低量法则和限制因子定律,美国生态学家谢尔福德(Shelford)于1913年指出:一种生物能够生长与繁殖,要依赖综合环境中全部因子的存在,其中一种因子在数量或质量上的不足或过多,超过了生物的耐受限度,该种生物就会衰退或不能生存。后人称此为谢尔福德耐受性定律(law of tolerance)。依据这一法则,任何接近或超过耐受下限或上限的因子都将成为限制因子。这样,每一种生物对每一生态因子都有一个耐受范围,即有一个最低耐受值(即耐受下限)和一个最高耐受值(即耐受上限),其间的范围就称为生态幅(ecological amplitude)或生态价(ecological value)。生态幅中存在一个适宜生存范围,在这个范围内生物生理状态最佳,生育率最高,种群数量最多;而在环境梯度过高和(或)过低的两个生理抑制区,种群数量变低;及至环境梯度达到生理不能耐受区,则种群消失不见。谢尔福德耐受性定律可以形象地用一条钟形曲线来表示(图1.1)。生态幅的广狭是由生物的遗传特性决定的,也是生物长期适应其原产地生态条件的结果(图1.2)。对于同一生态因子,不同种类生物的耐受范围是很不相同的,有广适应物种与狭适应物种之分。

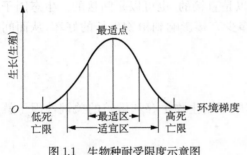

图1.1 生物种耐受限度示意图
(仿自 Putman et al.,1984)

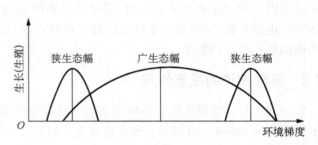

图1.2 生物种生态幅广或狭示意图
(仿自 E. P. Odum,1983)

继谢尔福德之后,许多学者在这方面进行了诸多研究,并对耐受性定律作了补充,有关论点概括如下:

1)生物可能对某一个因子耐受范围很广,而对另一因子耐受范围很窄。

2)对各种生态因子耐受范围都很广的生物,它们的分布一般也很广;相反,对生态因子耐受范围很狭窄的生物,通常其分布区域也狭小。

3)当一种生物处在某种因子不适状态时,对另一因子的耐受能力也可能下降。

4)自然界中有些生物实际上并不总是生活在某一因子最适范围内。这种情况可能有其他潜在的更重要的生态因子在起作用。

5)生态因子对繁殖期生物的限制作用可能更明显,繁殖期的个体、种子、卵、胚胎、种苗和幼体等的耐受限度一般都要比非繁殖期成体的耐受性差,致使其在繁殖期的生态幅变小。

耐受性定律不仅关注环境因子量的变化,注意到因子量过少或过多的限制作用,而且还顾及生物本身的耐受性。如果一种生物对某一生态因子的耐受范围很广,这种因子又非常稳定,那么它就不太可能成为限制因子;相反,如果一种生物对某一生态因子的耐受范围很窄,这种因子又容易变化或缺少,那么它很可能就是一种需要特别重视的限制因子。例如,氧气对于陆生动物(寄生动物、土壤动物和高山动物除外)通常充足、稳定而且容易得到,因此不会成为限制因子。但是,氧气在水体中的含量是有限的,而且经常发生波动,因此常常成为水生生物的限制因子。

谢尔福德耐受性定律的提出,引起了许多学者的兴趣,促进了这一领域的研究工作,发展了耐受生态学(toleration ecology)。生态学中有一系列名词术语与耐受性定律有关。例如,对温度具有宽广生态幅的动物称为广温性动物;反之,则称为狭温性动物。在狭温性动物中,又可分为喜冷狭温性和喜温狭温性两类。适应温度低且变化幅度小的动物类群,如鲑卵在0~12℃之间发育,约4℃为其最适温度,属于喜冷狭温性动物;而珊瑚虫仅生活于热带浅海,长年水温超过20℃才能繁殖,属于喜温狭温性动物。

同理,不同动物对各种生态因子都有广、狭适应性的差别。不同植物对某些生态因子也有不同的生态幅：

| 狭温性的（stenothermal） | 广温性的（eurythermal） |
|---|---|
| 狭水性的（stenohydric） | 广水性的（euryhydric） |
| 狭光性的（stenophotic） | 广光性的（euryphotic） |
| 狭盐性的（stenohaline） | 广盐性的（euryhaline） |
| 狭氧性的（stenoxybiont）（通常指动物） | 广氧性的（euryxybiont）（通常指动物） |
| 狭食性的（stenophagic）（指动物） | 广食性的（euryphagic）（指动物） |
| 狭栖性的（stenoecious）（指动物） | 广栖性的（euryecious）（指动物） |

### 1.2.3　生物对生态因子耐受限度的调整

每种生物对各种生态因子都有一定耐受限度，但任何一种生物对生态因子的耐受限度都不是固定不变的。在进化过程中，生物的耐受限度和适宜生存范围都可能发生变化，可能扩大，也可能受到其他生物的竞争而被取代或缩减、迁移。即使在较短时间范围内，生物对生态因子的耐受限度也会出现多种较小的调整。

**1. 驯化**

驯化（acclimatization）一词通常指在自然环境条件下所发生的生理补偿变化，这种变化一般需要较长的时间。某种生物由其原产地（种源区）进入（引入）另一地区（引种区），多数情况下，新地区的各种环境因子与原产地存在差异，外来生物需经较长时间的适应，这就称为驯化。驯化包含两个层次，一是引进个体能够完成生长发育；二是引进亲本在引种区可以实现有效繁殖，产生具有生育力的后代。

如果一种生物长期生活在适宜其生存范围偏一侧的环境条件下，会导致该种生物耐受曲线位置的偏移，并形成一个新的生存适宜范围及新的生存下限和上限（图 1.3）。

驯化过程涉及酶系统的改变，酶只能在环境条件一定范围内最有效地发挥作用，正是这一点决定着生物原来的耐受限度。驯化可以理解为生物体内决定代谢速率的酶系统的适应性改变。例如，把同种金鱼分置于较低（24 ℃）和较高（37.5 ℃）两种温度下，进行长期驯化，最终它们对温度的耐受限度以及致死低温（或高温）都会产生明显差异（图 1.4）。植物也有类似情况。南方果木北移、北方作物南移、野生植物的培育，都要经过驯化过程。学者们的研究还证明了不同生态型（ecotype）植物有不同的驯化能力。

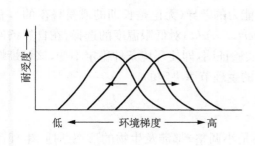

图 1.3　耐受度极限随驯化温度变化
（仿自 Smith，1980）

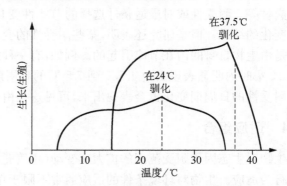

图 1.4　金鱼经两种温度驯化后的耐温限度
（仿自 Putman et al.，1984）

驯化过程也可以在很短的时间内完成，对很多小动物来说，最短只需 24 小时便可完成某种驯化过程。这里所说的实验驯化（acclimation）是指生物体在实验（人工）条件下所诱发的生理补偿机制，不同于上述在自然环境条件下所发生的过程，借助人为的驯化，可以调整生物对某个或某些生态因子的耐受范围。

**2. 休眠**

休眠（dormancy）是指有些动植物在不良环境条件下生命活动极度降低或暂时停止的现象。植物中如种子、孢子和芽的休眠，动物中如一些兽类的冬眠（hibernation）和夏眠（estivation）。休眠是动植物抵御暂时不良环境条件的一种十分有效的生理机制。如果环境条件超出生物的适宜范围（但不超出致死限度），生物能维持生命,却常以休眠状态适应这种环境。动植物一旦进入休眠期,它们对环境条件的耐受幅度会比正常活动期的耐受范围宽得多。例如,当池塘干涸,生活在其中的变形虫便进入孢囊期休眠;丰年虫(*Chirocephalus*)的卵可以休眠很多年;植物的种子和真菌的孢子也有类似的休眠机制。许多植物种子成熟后不能立即萌发即是休眠形式的一种。休眠种子可长期保持生活能力,直到出现适于种子萌发的条件方才萌发。有些植物种子可保持萌发能力1~3年,苎麻(*Boehmeria nivea*)种子休眠30年仍能萌发,以色列科学家激活了在死海附近考古遗址出土的休眠了2 000年的枣椰树种子。种子休眠现象对温带、寒带等季节变化明显地区的植物有巨大意义。温带木本植物的冬眠是更为常见的一类植物休眠现象,休眠中的植物可以顺利度过冬季的低温。

对许多变温(冷血)动物来说,低温可直接减少其活动性并能诱发滞育(diapause)形式的休眠。很多昆虫在不利的气候条件下进入滞育状态,此时代谢率下降到正常时的1/10,而且常表现出极强的耐寒能力。恒温动物(homoiotherm)虽然能靠调节体温而减少对外界温度条件的依赖,但当生境温度持续超过适温区时,也会进入蛰伏(torpor)即麻痹状态。真正的休眠多指恒温动物的周期性生理现象,包括冬眠和夏眠,这类休眠通常和生境的光周期及温度季节变化有关,也和动物内在的生理周期与节律有关。

动物的休眠伴随很多生理变化。哺乳动物在冬眠开始之前体内先要储备脂肪;冬眠时心跳速率大大减缓,血流速度变慢,血液化学成分也会发生相应变化。变温动物(poikilotherm)冬季滞育时,体内水分大大减少以防止结冰,而新陈代谢几乎下降到零;旱季滞育时,耐旱昆虫的身体可能干透,以便更好地忍受干旱,或体表分泌一层不透水的膜防止失水。

休眠的生物学意义是很明显的,休眠能使动物最大限度地减少能量消耗。即使短时间的蛰伏,也能节省能量,有利于度过环境不良阶段。

**3. 昼夜节律和周期性补偿变化**

生物在一年中不同季节和一天内的不同时刻,均可能表现不同的生理适宜状态和补偿能力,这种变化往往是有节律的。在不同季节表现不同的生理适宜状态,这是因为驯化过程可使生物适应环境条件的季节变化,甚至调节能力也显示有季节变化。因此,生物在一个时期可以比其他时期具有更强的驯化能力,或者具有更高的补偿调节能力。

补偿能力的周期变化实际上反映了环境的周期性变化,如温带地区温度的季节变化和热带地区干湿季节的交替等。耐受性或对最适条件选择的节律性变化大都是由外部因素决定的,是生物长期适应生态因子周期变化的结果。但是研究还表明,某些耐受性的变化或驯化能力的差异(无论是长期的或是昼夜的),有一部分是由生物自身的内在节律引起的。例如,有一种蜥蜴(*Lacerta sicula*)对低限温度的选择,在自然条件下白天12小时内明显表现出由4.5 ℃到7.5 ℃的日周期变化。实验证明,即使环境条件稳定不变,该种蜥蜴对温度耐受性的日周期变化也会表现出来,可见这是由蜥蜴内在的生理节律决定的。

## 1.2.4　适应组合

生物对生态因子耐受范围的扩大或变动(不管是大变动还是小调整)都涉及生物的形态适应、生理适应以及行为适应。生物对环境条件的适应通常不限于单一的机制,往往涉及一组(或一整套)彼此相互关联的适应性,如同许多生态因子之间彼此关联,存在协同和增效作用一样,因此,生物对环境条件表现出一整套协同的适应特性,就称为适应组合(adaptive suites)。

体现适应组合的例子很多。例如生活在极端环境(如干旱)条件下的生物,适应组合现象表现得非常明显。如沙漠中耐旱的肉质植物,一方面当短暂雨季或供水充足时能大量吸收并贮存水分,以维持干旱时期水的消耗,另一方面尽量减少蒸腾失水,在夜晚温度较低时才张开气孔,使伴随着气体交换的失水量尽可能减少。又如生长在寒冷环境的极地和高山、高原植物,生境的低温不适使植物处于生理干旱状态,很多种类不同程度地发展了对"干旱"条件的适应性。即使在常绿植物中也见有耐旱和节水的适应组合,如叶表皮增厚、气孔数目减少和叶的边缘内卷等。

动物对干旱生境的适应主要涉及热量调节和水分平衡,两者密切相关,水分平衡更具关键意义。典型的例子是沙漠动物骆驼,具有一系列适应干旱缺水生活的特征组合:取食带有露水的植物枝叶或靠吃肉质多浆植物获取必需的水分;同时靠浓缩尿液减少水分丧失;贮存在驼峰和体腔中的脂肪在代谢时会产生代谢水,用于维持身体的水分平衡;身体还具有稍许放宽恒温标准(体温不能超过 40.7 ℃)的特性,白天体温升高后可减少身体与环境之间的温差,从而减缓吸热过程。在身体失水的情况下,多数兽类会因血液浓缩导致热死亡,但骆驼红细胞的特殊结构可以保证其不受损害,同样的适应结构还能保证骆驼大量饮水后血液含水量突然增加,细胞也不会发生破裂。因此,骆驼只要获得一次饱饮的机会,就可以喝下并贮存大量的水分。其他沙漠动物如沙鼠(*Meriones*)、三趾跳鼠(*Dipus sagitta*)等也形成各自耐旱的适应组合。

总之,生活在特殊或极端生境条件下(如盐土、低温、干旱、深海、高山高原、宿主体内等)的生物,都会表现相应的适应组合特征。

### 1.2.5 辐射适应和趋同适应

这两类适应方式在自然界中普遍可见,它们对论证环境塑造生物、生物适应环境以及环境影响生物的演化发展方向等方面均具有重要意义。

#### 1. 辐射适应

辐射适应又称趋异适应,它是生物趋异演化(divergent evolution)的具体体现。同一种生物长期生活在不同条件下,可能出现不同的形态结构和生理特性,这些变异往往具有适应意义,这种现象即为辐射适应(adaptive radiation),所形成的生物适应类型称生态型。

同一物种内部的这种生态分化,早在 20 世纪 20 年代就引起了生物学家的注意。瑞典的遗传生态学家蒂勒松(Turesson)通过移栽实验发现,一些有差异的同种植株栽培于同一条件下,在相当长时间里差异还继续存在,说明这些差异是可以遗传的。换言之,它源于基因的差别。因此,他将生态型定义为:"一个物种对某一特定生境发生基因型反应而产生的产物。"他认为物种的生态型是指种内适应不同生态条件或区域的遗传类群。

目前一般认为生态型概念应包括三个方面内容:①绝大多数广布种其形态学和生理学特征表现有空间的差异;②这些种内差异与特定的环境条件相联系;③生态学上的相关变异是可以遗传的。

从以上定义可见,生态型与分类学中的亚种是两个不同的概念。亚种是形态的、地理的和历史的分类学概念,多型种中的不同亚种分布存在地理隔离,每一亚种包含一系列具有共同起源的种群和完整的地理分布,有形态学上的明显区别。生态型是纯粹的生态适应的概念,在同一地区中,若生境存在差异,通常可以发现不同的生态型。不同生态型的区别在于它们对环境的反应不同,可以反应在形态上,也可以不表现在形态上。一个亚种可以包含一个生态型,也可以包含多个生态型。例如栽培稻,由于不断扩大栽培地区,各地条件各异,因而在长期自然选择和人工培育下,形成了不同的亚种和许多品系,如籼稻和粳稻就是栽培稻的两个亚种。栽培稻按需水特性的不同又可分为水稻和旱稻,旱稻是由水稻在旱地条件下长期驯化演变形成的一个生态型,适于在旱地种植,也能在水田或洼地生长。

需要指出的是,辐射适应不仅表现在种内的生态型分化,在种间和类群间辐射适应的例子也是普遍可见。在生物演化过程中,同一原始物种由于长期生活在不同的环境中,适应不同的环境条件,逐渐朝向适应和占领各种生境分化,久而久之演化成许多不同的物种,这属于长期演化而来的辐射适应。这类趋异辐射由于渊源久远,不仅分化为不同的物种,有的甚至形成了更高等级的分类类群。

#### 2. 趋同适应

趋同适应(convergent adaptation)是生物趋同进化的具体体现。趋同适应是指亲缘关系很远甚至完全不同的类群,由于长期生活在相同或相似的环境中,接受同样生态条件的选择,能适应的类型得以保存,通过变异和选择,结果形成相同或相似的适应特征和适应方式的现象。趋同类型生物具有相似的外部特征或相近的生态位。例如海豚、软骨鱼鼠鲨、古爬行类鱼龙,它们亲缘关系相距甚远,但因都长期生活在海洋中,体型变为适于游泳的流线型,前肢发育成类似鱼鳍的形状

植物也不例外,仙人掌科植物适应沙漠干旱生活,它们具有多汁的茎,退化呈刺状的叶子。生活在与仙人掌类似干旱环境的菊科仙人笔(七宝树)、大戟科霸王鞭及萝摩科龙王角(海星花)等植物,外形特征出现与

仙人掌趋同的适应现象。

## 1.3  光因子及其生态作用

### 1.3.1  太阳辐射与能量环境

太阳辐射能是维持地表温度、促进地球上水、大气运动和生物活动的主要动力。在太阳辐射总能量中，光合有效辐射(photosynthetic active radiation，PHAR)范围为380～710 nm，大致符合可见光范围。在全部太阳辐射中，只有约一半的可见光能在光合作用过程中被植物利用并转化为化学能。

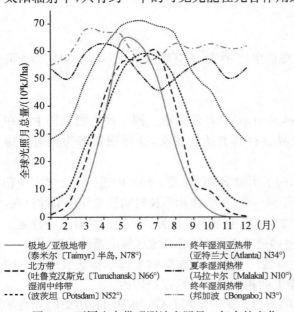

图1.5  不同生态带观测站光照量一年中的变化
(仿自 Schultz，2010)

**1. 影响光照的时间和空间因素**

影响地表光照强度和日照长度的因素是多方面的，时间因素如年际、季节、朔望及昼夜的变化都会影响光照。空间影响因素包括地理纬度、海拔高度、地形、坡向和坡度等。在所有生态带中以夏季的光照最好(月平均值最高)。当夏季光照高峰(最高月平均光照)时，所有生态带(观测站)的高光照量都比较接近(图1.5)，其他季节光照量则差别很大。不同生态带年光照总量和植被期光照总量的差别，在于较强的夏季光照持续期的长短和时间幅度的不同，由于夏季湿热，植物能够更好地利用阳光供给的能量。

光照强度在赤道地区最强，随纬度的增加而减弱。光照强度还随海拔高度的增加而增强，这是由于随着海拔的升高，大气的厚度相对降低，空气密度较低、较清洁。山地的走向和坡度对光照强度也有很大的影响，太阳光入射角随坡向和坡度而变化，在北半球温带地区，太阳位置偏南，南坡光照多于平地，而北坡光照少于平地。因此，北方种植喜温作物以选择南坡的田地为宜。

在时间上，每天光照持续时间(昼长)及其在一年过程中的变化也是不同的，因太阳高度角随季节和早晚而变化，一年中以夏季光照最强，冬季最弱，一天中以中午光照最强，早晚最弱。日照长度是指白昼的持续时数或太阳的可照时数。生态上特别注意光周期的变化，即在一昼夜中光照和黑暗的交替。地球各处的日照长度随纬度和季节的变化而发生规律性的变化。通常在高纬度和中纬度地带夏季光照强而且温暖，这与冬季光照弱、寒冷相对应；在低纬度地带光照和温度的季节变化不明显甚至完全缺失。

此外，地形对昼夜长短也有影响，如一天内山麓、山腰、山顶或山谷的日照时数不同，这对生物的生长发育、繁殖及行为生态也会有不同的影响。

光质(光谱成分)随空间变化的一般规律是：短波光随纬度增高而减少，随海拔升高而增加。在时间变化上，冬季长波光增多，夏季短波光增多；一天内中午短波光较多，早晚长波光较多。到达地面的太阳辐射随太阳高度角的增大，紫外光和可见光所占的比例增大，红外线所占的比例相应减少；太阳高度角变小，则长波光的比例增加。

**2. 大气状况对光照的影响**

地球大气上界垂直于太阳光平面所接受的太阳辐射强度为 1 367 W/(m² · min)，称为太阳常数(solar constant)。当太阳辐射通过大气层到达地表之前，一部分被反射回宇宙空间，一部分被吸收，一部分被散射，因而到达地表的太阳辐射在光谱组成的质和量上都发生不同程度的变化。

大气中的各种成分包括 $H_2O$、$CO_2$、$O_2$、$O_3$ 和尘埃等，对太阳辐射的吸收较多，且各自具有一定的选择性。水汽是太阳辐射能极重要的吸收介质，吸收量亦多。当大气中水汽含量较多，太阳高度角低时，水汽吸收到达地面太阳能的 20%,主要吸收区在红外线和红光部分。$CO_2$ 也主要吸收红外线和长波辐射。$O_2$ 主要吸收小于 200 nm 的辐射线。$O_3$ 主要吸收紫外线。尘埃对太阳辐射也有一定吸收作用,但吸收量很少。

大气分子、水汽分子、小水滴以及灰尘杂质还能反射太阳辐射,其中以云层的反射作用最强,平均反射率达 50%~55%,特别浓厚的云层反射率可达 70%~80% 或更高。

此外,空气分子、尘埃、云雾滴等质点还对太阳辐射发生散射作用,使得一部分太阳辐射变成大气逆散射而逸出大气层,不能到达地表。因为大气层对太阳辐射的吸收和散射具有选择性,所以当太阳辐射通过大气时,不仅辐射强度减弱,光谱成分也发生变化。

**3. 水介质对光照的影响**

太阳辐射通过水介质比通过大气更为强烈地被减弱,如在海水 10 m 深处,光强只有海洋表面的 50%,而到达 100 m 深处,则衰减到只有表层的 7%。水中光谱成分和陆地有差别。水介质能反射和吸收光线。水介质反射的光线波长在 420~550 nm 之间,因此,水体多呈淡绿色,湖水多为黄绿色,深水多呈蓝色。水对长波光的吸收很多,长波光在水的表层就被吸收,短波光及紫外辐射则能透入水体数米至 20 m 深处。

太阳辐射除被水介质本身吸收以外,水体的浑浊度,即水中的溶质、悬浮颗粒以及浮游生物等,均能加强水介质对光的吸收、反射及散射。

**4. 植物对光照的影响**

一般说来,照在植物叶片上的光,约 70% 被叶子吸收,20% 被叶面反射,通过叶片透射的光约 10%。叶片吸收、反射和透射光的能力,因其厚薄、结构、绿色程度以及表面性状而异,其作用强度则取决于光的波长。在红外光区,叶反射 70% 垂直照射光;在可见光区,红光反射较少(3%~10%),绿光反射较多(10%~20%);在紫外光区,只有 2%~5% 进入叶的深层。叶片吸收太阳辐射具有选择性,可见光大部分被吸收进行光合作用,其中对红橙光和蓝紫光的吸收率最高,为 80%~95%。光的透射情况则取决于叶片的结构和厚薄,中生形态的叶透过太阳辐射约 10%,薄叶片可透过 40% 以上,厚叶片可能不透光。反射率最大的光,即红外光和绿光透过也最强。

树冠区叶片相互重叠,阳光通过树冠,强度逐渐减弱。因此,在树冠层内,不同叶片接受的辐射量不等。同理,照射在植物群落上的太阳光,仅少部分穿过枝叶间隙射入群落内部,以散射光占优势。在浓密的植物群落中光照更弱,阴暗往往成为限制某些物种存在的因素(图 1.6)。

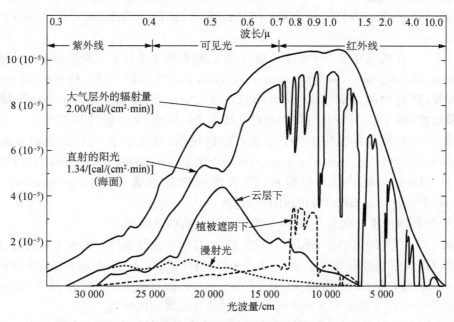

图 1.6　阴天及植被遮阴对地球太阳辐射量的影响(仿自 Remmert,1989)

### 1.3.2 光的生态作用

光是重要的生态因子,对生物的生长发育、形态建成、繁殖、生理、生态等方面起重要的作用。生物长期生活在一定的光照环境里,形成了对不同光照条件的适应特征,表现为不同的生态类型。

**1. 光对植物的生态作用**

光是光合作用能量的来源,影响细胞的分裂,光照适宜能促进细胞、组织和器官的生长和分化,光照不适宜则制约器官的生长和发育。黄化现象就是光照因子对植物生长及形态建成发生明显影响的例证,是植物对光照不足的特殊适应,在种子植物、裸子植物、蕨类和苔藓植物中都可发生。光照强度对植物繁殖影响很大,植物花芽分化形成时,若光照不足,可致花芽数量减少或发育不良,甚至早期死亡。在开花期和幼果期,如果光照减弱,也会引起结实不足或果实发育中止。光因子还影响果实的品质,如苹果、梨、桃等在适宜光照下能增加果实的含糖量和耐贮性。光照充足,花色素形成多,果实外表着色良好。

植物的生长发育是在日光全光谱照射下进行的,但不同光谱成分对植物的光合作用、色素形成、向光性及形态建成的诱导等的影响是不同的。可见光被绿色植物吸收用于光合生产,其中红光、橙光被叶绿素吸收最多,而且具有最大光合活性,红光还能促进叶绿素的形成,绿光则很少被吸收利用,蓝紫光和青光能抑制植物的伸长而致矮化,高山植物茎干粗短、叶面缩小、毛绒发达,即由短波光较强所致。青蓝紫光能引起植物向光敏感性,并能促进花青素等的形成。高山植物茎叶富含花青素,这是生境短波光较多的缘故,也是避免紫外线伤害的一种保护性适应。不可见光中的紫外线能抑制植物体内某些生长激素的形成,从而抑制茎的伸长;紫外线也能引起植物向光敏感性,并促进花青素的形成。紫外光有致死作用,波长 360 nm 即开始有杀菌作用,在 340~240 nm 范围内杀菌力强,可减少病虫害的传播。此外,红外线和可见光中的红光部分能增加植物体的温度,影响新陈代谢的速率。

当植物营养生长到花原基形成期,日照长度对植物有决定性的影响。研究证明,开花与光周期(光期和暗期)有关,诱发花原基形成起决定作用的是暗期的长短,某些植物必须在超过某一临界暗期的情况下才能开花。另外,日照长短对许多植物的休眠、落叶及地下贮藏器官的形成等方面,也有显著影响。短日照可以促使植物进入休眠状态,长日照则通常促进营养生长。

**2. 光因子主导的植物生态类型**

根据植物对光照强度的适应特征,分为阳生(阳地或阳性)植物、阴生(阴地或阴性)植物和耐阴植物三大生态类型。

(1)阳生植物    在强光环境中才能生长健壮,在隐蔽和弱光条件下生长发育不良的植物,多生长在旷野或路边,如蒲公英、蓟(*Cirsium*)、刺苋(*Amaranthus spinosus*)等杂草;松树、栓皮栎(*Quercus variabilis*)、杨、柳、桦、槐等树种,药材中的甘草(*Glycyrrhiza*)、黄芪(*Astragalus membranaceus*)等都属于阳生植物。典型的草原、沙漠植物,以及"先叶开花"植物,还有一般的农作物等,大多是阳生植物。

(2)阴生植物    在较弱的光照条件下生长良好的植物,多见于潮湿、背阴的地方或林下,如酢浆草(*Oxalis corniculata*)、玉竹(*Polygonatum odoratum*)、天南星(*Arisaema heterophyllum*)等草本植物,铁杉(*Tsuga*)、红豆杉(*Taxus chinensis*)等树种,很多药用植物如人参(*Panax ginseng*)、三七(*Panax notoginseng*)、半夏(*Pinellia ternata*)等也属阴生植物。

阳生和阴生植物在植株生长状态及茎、叶等形态结构上有明显区别。

(3)耐阴植物    对光的需要介于阳生和阴生植物之间,在光照条件好的地方生长好,但也能耐受适度的荫蔽,或是在生育期间需要较轻度的遮阴。耐阴树种如青冈属(*Cyclobalanopsis*)、水青冈属(*Fagus*)、云杉(*Picea asperata*)等,药用植物如桔梗(*Platycodon grandiflorus*)、沙参(*Adenophora*)、黄精(*Polygonatum sibiricum*)、金鸡纳树(*Cinchona calisaya*)等也属耐阴植物。

在一定范围内,随着光照强度的增大,植物光合作用的速率逐渐加快,但当光照强度达到一定限度时,光合作用不再加快,这时的光照强度称为光饱和点。同样,在一定范围内降低光照强度时,光合效率也随之下降,当光照强度降到植物的光合强度和呼吸强度相等时,这时的光照强度就称为光补偿点。光饱和点和光补偿点分别代表植物对强光和弱光的利用能力,可作为植物需光特性的指标。阴生植物能更好地利用弱光,它们在极低的光照强度下便能达到光饱和点,而阳生植物的光饱和点则要高得多。在植物生长发育的不同阶段,光饱和点也不相同,一般在苗期和繁殖后期光饱和点低,而在生长盛期光饱和点高。几乎所有的农作物都具有很高的光饱和点,即只有在强光下才能正常生长发育。

　　依据植物开花过程对日照长度要求的不同,可将植物区分为长日照植物和短日照植物。一般认为,每天光照长度超过 12～14 小时称长日照,不足 8～10 小时为短日照。植物在开花前需经一个阶段长日照者为长日照植物,如冬小麦、菠菜、萝卜、牛蒡等;反之,需经一个阶段短日照者为短日照植物,如大豆、水稻、玉米、棉花等。植物发育要求不同的日照长度,这种特性与其原产地生长季节中的自然日照的长短密切相关。一般来说,短日照植物起源和分布于热带和亚热带地区,长日照植物多起源和分布于温带或寒温带地区。不同地区长日照与短日照植物种类分布的比例随纬度的高低而有规律地变化(图 1.7)。在农林生产及植物引种时应特别注意植物对日照的要求。有些研究者还提出中日照植物(day intermediate plant)和日中性植物(day-neutral plant)的概念,前者是指那些只有当昼夜长短比例接近才能开花的植物,如甘蔗的某些品种;后者则是指那些开花结果与日照长短无关的植物,如月季、四季豆等。

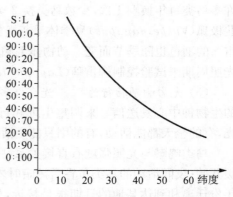

图 1.7　不同纬度地区与长、短日照植物
种数比率(仿自 Remmert,1989)
S:短日照植物；L:长日照植物

### 3. 光对动物的生态作用

　　光是一个复杂的生态因子,对动物具有多方面的生态作用。

　　(1) 光影响动物的生长、发育及繁殖　　光对动物生长发育的影响是复杂的,不同动物对光的反应很不相同。光照对许多昆虫的发育有加速作用,但是过强的光照又会使昆虫发育迟缓甚至停止。正常生活在有光条件下的动物,在无光的条件下发育缓慢。如在光照正常情况下蛙卵孵化快、发育也快,反之则慢;而生活在暗处的土壤动物蚯蚓,如被暴露在日光下则很快死亡。

　　光因子对动物繁殖的影响早就受到研究者的注意,并积累了有关知识。如同植物开花与光照有关那样,在温带和高纬度地区,按动物繁殖与光照长短的相关性,可区分为两类:①在白昼逐日加长的春夏之际繁殖的动物,如鼬、水貂、野兔和多种鸟类,为长光照动物;②在白昼逐渐缩短的秋冬季才进入生殖期的动物,如绵羊、山羊和鹿等,为短光照动物。还有些动物如珍珠鸡,不论日照长短,只要食物充足、温度适宜,便能繁殖。

　　长光照与短光照动物的自然繁殖状况,足以说明动物繁殖与光照周期有因果联系。人们还进行实验研究,进一步观察光周期与繁殖的关系。利用人工光照额外延长“白昼”或光照期,能使动物在非自然繁殖期中性腺增大,出现繁殖活动。这些成果已广泛应用于经济鸟兽的饲养和繁育。

　　(2) 光与动物的视觉器官　　动物视觉器官的结构和视觉特征是长期生活在某一光照条件下形成的。终生营地下黑暗生活的哺乳动物如鼩形目鼹科(Talpidae)、啮齿目鼢鼠亚科(Myospalacinae)等,眼睛退化。许多夜行性动物长期适应弱光环境,眼睛大而发达,如鸮类、蜂猴(Nycticebus)等;夜间活动的大家鼠(Rattus),眼球突出于眼眶外,可从各个方面感受微弱的光线。

　　深海光线缺乏,对动物视觉器官的影响极其深刻。生活在深水弱光带的动物,通常具有特别发达的眼睛,晶状体相对较大,形成外突的鼓眼,以尽量利用微弱的光线,如生活在大西洋底部的一种海虾,其眼睛占到身体背面的 1/3。而生活在深海无光带的动物,眼睛失去了作用,退化甚至完全消失,如大角鮟鱇(Gigantactis)。

　　从动物视觉器官的演化足以说明光对动物的重要性。

　　(3) 光对动物体色的影响　　动物的体色及花纹结构是处在光照条件下的反应。如光线投射在热带林下形成不同的色彩与光斑,热带森林动物绚丽多彩的体色与这样的光背景是相适应的。土壤动物、深洞穴动物、寄生动物等生活在无光的环境中,体色多呈灰白色。光对动物体色的影响,一般是在个体发育过程中产生色素,形成固定的色型。某些类型动物对光刺激的反应特别敏感,可以随栖所背景色调的变化而变换体色,如某些底栖性星鲽类(Verasper),生活在浅色沙底时体色浅,而生活在深色海底时体色会变深。典型的例子还有某些避役类动物如变色龙,体色可随一天中光线的变化而做相应的改变。海洋上层鱼类背部蓝绿色,腹部白色,这与光从水面上方向下投射有关,具有避敌保护意义。

(4) 光与动物的换羽、换毛    在温带和寒带地区,大部分兽类一年中换毛两次,即春季和秋季各一次;许多鸟类每年换羽1次,少数鸟类换2次或3次。哺乳类的换毛和鸟类的换羽与光的季节周期有关。例如北极狐(Vulpes lagopus)夏季体毛灰黑色,冬季白色;北极兔(Lepus arcticus)幼崽的毛色也会随季节而变;雷鸟的羽色也随季节而变。动物体毛颜色随季节的变化,有隐蔽保护利于生存的效果。有研究者曾用改变光照周期来试验控制柳雷鸟(Lagopus lagopus)换羽及羽色的变化,取得实证。

(5) 光影响动物行为    光在许多方面影响动物行为。光照条件影响动物的视觉成像,并通过向大脑的生物钟中心发送信号来调整生理和行为的节律。不同动物对光的反应各异,有的适应弱光,有的适应强光,有的全天都能活动,有的则只能生活在无光的环境里。

鸟类鸣啭与光照强度有直接关系,白天活动的鸟类黎明即鸣,中午及天黑即停止鸣叫,阴天早晨鸣叫延缓开始;夜间活动的鸟类黄昏后黑暗时才鸣叫。多种鸟类的迁徙是由日照长度变化所引起,一些候鸟在不同年份迁离和到达某地的日期很是接近,如此严格的迁飞节律是任何其他因素(如温度、食物等)所不能解释的。鱼类的迁移活动也与光有密切的关系,日照长度的变化通过影响内分泌系统而影响鱼类的迁移。例如,光周期决定日本鳗(Anguilla japonicus)体内激素的变化,从而影响该种鱼对水体含盐量的选择,这是促使它们的稚鱼从海洋迁入淡水和成长后又从淡水游回海洋的原因。昆虫冬季蛰眠与光周期的变化有关。研究得知,秋季的短日照是诱发马铃薯甲虫在土壤中蛰眠的主要原因。

因多数浮游动物趋向弱光,许多浮游动物表现周期性垂直移栖现象,白天下移至较深水层,夜间上移至水表层,不同季节光照变化也会引起垂直移栖。

**4. 光因子主导的动物生态类型**

依据动物对光的不同反应,可把动物区分为昼行性动物、夜行性动物(喜暗动物)、晨昏性动物和全昼夜性动物四个生态类型。

(1) 昼行性动物    又称喜光动物,它们适应较高光照强度,白天活动,夜间休息。例如大多数鸟类、哺乳类中的灵长类、有蹄类、黄鼠(Citellus)、旱獭(Marmota bobac)、欧亚红松鼠(Sciurus vulgaris),爬行动物蜥蜴和昆虫中的蝶类、蝗虫、蝇类等。

(2) 夜行性动物    又称喜暗动物,适应较弱的光照强度,夜间活动,白天休息,如夜猴、褐家鼠、姬鼠(Apodemus)等兽类,鸟类中普通夜鹰(Caprimulgus indicus)、夜鹭(Nycticorax nycticorax)、鸮等,爬行动物壁虎,以及昆虫中的蜚蠊、蟋蟀和夜蛾等。应当指出,夜行性动物要求相对较弱的光照强度,并不是光照越弱越好,光照过弱会影响该类动物的正常生活。

(3) 晨昏性动物    指偏喜在夜幕降临或破晓前朦胧光状况下活动的动物,如某些蝙蝠、刺猬(Erinaceus europaeus)等。

(4) 全昼夜性动物    指全天24小时都活动,既能适应强光也能耐受弱光的动物,如田鼠(Microtus)、紫貂(Martes zibellina)、柞蚕等。

全昼夜性动物和昼行性动物能经受较广范围光照质量的变化,属于广光性动物;夜行性动物和晨昏性活动动物只能适应较为狭小范围光照质量的变化,属于狭光性动物。土壤生物和内寄生生物几乎都是避光生活的。

# 1.4    温度因子及其生态作用

## 1.4.1    温度的重要性及其影响因素

**1. 温度对生物的重要性**

环境温度是生物重要的生态因子,是生物生活的基本条件,任何生物都生活在具一定温度的外界环境中,并受温度空间及时间变化的影响。温度直接或间接影响生物的生长、发育、繁殖、形态、生活状态、行为、数量及分布。

生物体内的生物化学过程在一定温度范围内才能正常进行,温度影响生物的新陈代谢。一般来说,生物体内的生理生化反应会随着温度的升高而加快,从而加快生长发育速度;反之,则减慢发育速度。环境温度高于或低于某种生物的适宜范围,生物生长发育受阻,甚至死亡。

温度的生态意义还在于它的变化会引起环境中其他无机因子如湿度、降水、风等的变化,影响气体在水中的溶解度;温度改变也会引起周围生物生长、活动与行为等的改变,从而间接影响生物。

**2. 影响温度变化的因素**

地球温度因子的变化受多方面因素的影响。在空间方面,受纬度、海陆位置、海拔高度及地形特点的制约;在时间方面,温度因子的季节变化和昼夜变化是有规律的,而年际变化规律尚不清楚,温度条件在地质历史进程中有变化。

(1) 空间因素　　地球各处的气温随纬度而发生水平变化。纬度决定一个地区太阳入射高度角以及昼夜分配,从而决定太阳辐射量的多少,进而影响该地的温度状况。低纬度地区太阳高度角大,辐射量也大,并且昼夜长短差异较小,太阳辐射量的季节分配要比高纬度地区均匀。随着纬度由低到高,太阳辐射量减少,温度逐步降低。纬度每增加 1 度,年平均温度约降低 0.5 ℃。因此,从赤道到极地可以划分为热带、亚热带、温带(包括暖温带和寒温带)及寒带,从而决定相应的地带性生物的分布。

海陆位置是影响温度变化的重要因素之一。陆地比海洋增温快,冷却得也快,同一纬度地区距海远近不同,温度变化也有很大差别,这就使得大陆性气候比海洋性气候地区温度变化更强烈,昼夜温差和年温差都比较大。中国东南部多属海洋性气候,从东南向西北,大陆性气候逐步增强。

海拔高度影响温度垂直变化的规律明显可见。高山和高原的太阳辐射较强,但空气稀薄,水蒸气含量低,因之,热量散失多。随着海拔的升高,温度逐渐降低,通常海拔每升高 100 m,气温下降 0.5~0.6 ℃。温度的这种递减率,夏季较高,冬季较低。

不同地貌、坡向和坡度所在地区,热量分配是不均匀的。北半球南坡的气温和土温都比北坡高,但西南坡土温比南坡更高,这是由于西南坡蒸发散热较少,对土壤、空气增温作用较强。不同坡向地区的气温差异随着海拔高度的增加而减少。封闭谷地和盆地的温度变化有其独特的规律。白天由于受热强烈,加上地形封闭,热空气不易散失,因此谷中或盆地内的温度远较周围地区为高;夜间地面辐射冷却较快,近地表层气温迅速下降,地面上形成一层密度较大的冷空气,顺坡而下沉聚于谷底或盆地底,从而将热空气层抬高至一定高度,形成了温度的逆增现象。

(2) 时间因素　　一年四季温度的变化,在大陆性气候地区比在海洋性气候地区强烈;温带、寒带气温的季节变化较热带强烈。然而,热带气温的季节变化比不上其昼夜气温变化的强烈程度。温度季节变化的一个重要指标是温度年较差(年变幅),即一年中最热月与最冷月平均气温的差值。气温年较差受纬度和海陆位置等因素制约,是划分气候类型的重要依据。在赤道地区气温年较差最小,随纬度增加其差值逐渐增大,在高纬度地区最大;海洋性气候地区气温年较差小,而大陆性气候地区则大。中国西藏地区冬夏温差可达 77 ℃(−37~40 ℃),而热带雨林各月平均气温均在 24~28 ℃之间。

昼夜间最高气温与最低气温的差值,称气温日较差或昼夜变幅。气温日较差随纬度增加而减少,这是由于低纬度地区一天内太阳高度角变化较大。气温日较差还受季节影响,温暖季节较寒冷季节差值大。另外,地形特点、地面性质等都能影响气温日较差。海陆气温的昼夜变化幅度明显有别。海洋水温的昼夜温差一般不超过 4 ℃,随着海水深度的增加,其温度变化幅度减小,至 15 m 深度以下海水温度无昼夜差别。大陆气温昼夜差值较大,一般为 17 ℃左右,沙漠地区昼夜温差更大,有时可达 40 ℃。高海拔地区气温的日较差也比同一纬度低海拔地区的大。一天中气温最低值发生在将近日出的时候,日出后气温上升,13~14 时左右达最高值,后又逐渐下降。一天中气温的这种差异是许多生物生理生态活动表现昼夜节律的重要原因之一。

## 1.4.2　温度对生物生长、发育、繁殖与分布的影响

**1. 有效积温法则**

生物的生长发育要求一定范围的温度,温度过低生物不能生长发育,温度达到需求的低限生物才开始生

长发育,这一温度阈值称生物学零度(biological zero point)或发育起点温度。每种生物生长发育都有一个温度上限,高于这一温度,生物也不再生长发育。通常生物的生长温度上限与生命的温度上限比较接近。在发育起点温度和发育温度上限之间的范围,称为有效温度区。

任何一种生物,其生命活动过程中每一生理生化过程都有酶系统的参与,每一种酶的活性都有它的最低温度、适宜温度和最高温度,相应形成影响生物生存至关重要的温度——三基点温度,即最适温度、最低温度和最高温度的总称。不同生物的温度"三基点"是不一样的。例如,水稻种子发芽的适宜温度是25~35 ℃,最低温度是8 ℃,45 ℃中止活动,46.5 ℃就会死亡。

温度与生物发育关系最普遍的规律,要算有效积温法则。有效积温(effective accumulative temperature)是指生物为了完成某一发育期所需要的一定的总热量,也称热常数或总积温。公式表述为

$$K = N(T - C) \tag{1.1}$$

式中,$K$ 为热常数,即完成某一发育阶段所需要的总热量,单位用"日度"表示;$N$ 为某种生物完成某一发育阶段所需的天数,即发育历期;$T$ 为发育期的平均温度;$C$ 为发育起点温度。

通过控制两种温度($T_1$,$T_2$)的实验,能分别观察、记录两组动物(或植物)的发育历期($N_1$,$N_2$),从而可以求出热常数($K$)和发育起点温度($C$)。

例如,一种地中海果蝇(Drosophila)在26 ℃条件下发育需20天,在19.5 ℃需41.7天,根据 $K$ 是热常数的原理:

$$N_1(T_1 - C) = N_2(T_2 - C) \tag{1.2}$$

代入

$$20(26 - C) = 41.7(19.5 - C)$$

求得 $C = 13.5$ ℃,进而求得 $K = 250$ 日度,即该种地中海果蝇的发育起点温度为13.5 ℃,完成发育需要的有效积温为250日度。

又如,棉花从播种到出苗,若日平均温度为15 ℃,需15天,若日平均温度为20 ℃,需7天,同理我们可求得棉花的发育起点温度为10.6 ℃,从播种到出苗需要的有效积温为66日度。不同物种完成发育所需积温不同。一般来说,起源于或适于种植在高纬度地区的植物,所需有效积温较少,反之则较多,如温带种植的麦子需要有效积温1 000~1 600日度,棉花需2 000~4 000日度,而热带出产的椰子约需5 000日度。

有效积温法则可实际应用于以下几个方面:

1) 预测生物发生的世代数:例如,害虫小地老虎(Agrotis ypsilon)完成一个世代所需的积温 $K_1 = 504.7$ 日度,南京地区统计的该昆虫发育年总积温为 $K = 2 220.9$ 日度,则其可能发生的世代数为:

$$K/K_1 = 2 220.9/504.7 = 4.54(代)$$

实际上,南京地区小地老虎每年发生4~5代,与理论预测值相符。有效积温法则不适于用来计算有休眠或滞育期生物的世代数。

2) 预测生物地理分布的北界:根据有效积温法则,一种生物分布区的全年有效总积温必须满足该生物完成一个世代所需要的 $K$ 值,否则该生物就不可能分布于此。

3) 预报农时:根据栽培作物或饲养动物的有效积温和当地节令及气温资料,可以估计成熟收获期,以便制定管理措施。

4) 制定农业气候区划,合理安排作物:不同作物要求的有效积温值不同。马铃薯需1 000~1 600日度,春播禾谷类1 500~2 100日度,玉米需2 000~4 000日度,柑橘类需4 000~4 500日度。因此,依据不同作物所要求的有效积温值,结合当地其他条件,合理安排作物,适时适地种植,有目的地调种、引种、合理搭配品种。

此外,该法则还可应用于益虫的保护和利用,以及预测害虫发生程度等。

应用有效积温法则也有一定局限性,因为这一法则是以发育速率与温度呈直线关系为前提的,但实际上

两者间呈"S"形关系,即在适宜温度的两侧生物发育速度均减慢,而且发育起点温度通常是在恒温条件下测得的,这与在自然状况下的发育条件是有差别的。多数情况下,如果温度波动范围不大,常能促使发育加速。再者,生物发育除需要适宜的温度因子外,同时还受其他因子的制约,综合地起作用。例如,东亚飞蝗(*Locusta migratoria manilensis*)的卵即使在适宜温度条件下,如果土壤湿度过高或过低,其孵化期也会延长。

**2. 酶反应速率与温度系数**

温度影响生物的生长发育是与生物体内的生理过程有密切关系的。酶催化反应的速度是随温度而增加的,但每一种酶的活性都有其最适温度、最低温度与最高温度。就变温动物及植物而言,外界温度的高低直接决定机体的温度,在低温下代谢速率相对较慢,外界温度上升,体内的生理过程就加快;在一定范围内,温度每升高 10 ℃,生物生理过程的速度就加快 2～3 倍,这称为范托夫定律(van't Hoff's law),用公式表述为

$$Q_{10} = (R_2/R_1)^{10/(t_2 - t_1)} \tag{1.3}$$

式中,$Q_{10}$ 是温度系数(temperature coefficient),$t_1$、$t_2$ 是温度值,$R_1$、$R_2$ 为相应温度条件下某生理过程的速率。温度每升高 10 ℃,以 $Q_{10}=2$ 或 3 来表示其反应速率为原来的 2～3 倍,故此定律又称为 $Q_{10}$ 定律。所有变温生物在发育过程中,似乎都受范托夫定律的制约。值得注意的是,实际上像心率、代谢率等生理过程,在温度过高或接近亚致死水平之前,其反应速率因受到温度的消极影响而有所下降或接近停止,并不是按适宜温度范围内 $Q_{10}$ 系数而变化的。因此,对于生物来说范托夫定律应用于一定温度范围才有较好的结果。温度对常温动物的呼吸和代谢频率等的影响比对变温动物的复杂。与变温动物相反,在 10～30 ℃ 范围内,这些生理过程随温度的下降而加快。当超过适温区时,其变化更复杂,而且不同的类群间也有差别。

**3. 温度影响生物的繁殖和寿命**

温度还影响生物的繁殖和寿命。对变温动物而言,温度除影响其性产物的成熟和交配活动外,还影响其产卵数目、速率以及卵的孵化率等。温度对变温动物寿命的影响,一般规律是在较低温度下生活的动物寿命较长,而且预先经低温驯化过的动物,其寿命更长。随着温度的增高,变温动物的平均寿命缩短。对常温动物而言,温度对其繁殖的影响也是不容忽视的,温度常与光照同时起作用。例如,鸟类生殖腺体积和精子形成过程随环境温度升高和白昼的延长而变得更旺盛。若六月上旬平均气温低于 5 ℃、平均最低温度低于 1 ℃,松鸡(*Tetrao urogallus*)就不能繁殖;而在六月平均气温为 8～10 ℃,平均最低温度为 3～5 ℃ 的年份里,松鸡的繁殖量最大。温度对常温动物寿命影响的一般规律是在适宜温度条件下寿命较长,偏离最适温度,无论是升高还是降低,都会使寿命缩短。例如,饥饿的麻雀在 36 ℃ 时能活 48 小时,而在 10 ℃ 和 39 ℃ 时,只能活 10.5 小时和 13.6 小时。

**4. 节律性变温对生物的影响**

自然界的温度受太阳辐射的制约,存在昼夜及季节之间温度差异的周期性变化,节律性变温是指温度随时间变化而有规律改变的现象,也称周期性变温。原产地和生活于不同地带的生物,对节律性变温的反应也不相同。

(1)温度日变化的影响　　温度日变化对植物的生长发育和产品质量有很大的影响。植物生长往往要求温度因子有规律昼夜变化的配合,如在一定温度范围内,昼夜温差大的地区火炬松(*Pinus taeda*)幼苗生长好,昼夜温差相等则生长差;番茄的正常生长也要求昼夜温度有差别,而且以白天温度比夜间高为好。温度的日变化可促使种子萌发并提高萌发率,如某些发芽比较困难的种子,经明显的昼夜温差处理后则萌发良好;有些需要光才能萌发的种子,经变温处理后在暗处也能很好地萌发。昼夜温差还影响开花结实,如水稻在昼夜温差大的地区栽种,不仅植株健壮,而且籽粒充实,米质也好。昼夜温差影响产品品质,如苹果在昼夜温差越大的产区,果大色泽鲜,品质越好;又如云南出产的山苍子含柠檬酸达 60%～80%,而浙江产的却只含 35%～50%,这也是温度日较差的缘故。温度昼夜变化对植物的有利作用在于,白天适当高温有利于加强光合作用,夜间适当低温可减弱呼吸作用,物质消耗少,从而使光合产物的积累量增加。由此可以说,温度周期现象是建立在相互补偿的生理过程具有不同的温度基点上的。

温度日变化对动物的生理、生态和行为的影响也是很明显的。就每种动物而言,其特定的昼夜活动规律

取决于一系列相关因素,如温度、光照、食物、天敌等,决定各种动物昼夜活动节律的主导因素可能不同,但温度是其中重要的因素之一。如生活在沙漠中的啮齿类,为避开沙漠白天的高温和干燥,它们的适应对策是"夜出加穴居"的生活方式。

(2) 温度年变化的影响    温度年变化深刻影响着生物的生长发育节律。大多数植物在春季温度开始上升时发芽生长,继而出现花蕾;在夏秋季高温下开花、结实和果实成熟;秋末低温条件下落叶,随后进入休眠。植物长期适应于一年中温度等因子的节律变化,而形成与此相适应的植物发育节律,称为物候。发芽、生长、开花、果实成熟、落叶、休眠等生长发育阶段称为物候阶段或物候期。动物的物候变化同样明显可见。某些动物的活动期与休眠期、繁殖期与性腺静止期、定居与迁移、换毛(或换羽)等生理变化及行为特征,与环境温度的季节变化也有密切关系。例如,大黄鱼、小黄鱼、带鱼等中国主要海产经济鱼类的共同洄游规律是:当春季水温上升时,由远洋越冬场自南往北洄游,在近海繁殖,然后分散觅食;当秋季近海水温逐渐下降时,又集群向南和向远洋的越冬场洄游,并在较温暖的深水水域中越冬。当然,动物周期性节律现象是以复杂的生理机制为基础的,气候的周期变化可能是动物体内生理机能调整的外来信号。

研究生物的季节性节律活动与环境季节变化关系的科学叫作物候学(phenology),亦称生物季节学。在不同地区、不同气候条件下,生物的物候状况是不同的。中国广东湛江沿海至福州、赣江一线纬度相差约5度,两地春季桃树花期相差达50天之多;南京和北京纬度相差6度,而桃树花期却仅相差19天,可见影响物候期的因素是比较复杂的。

温度季节变化对动物的生长发育速率也有显著影响,如水温的季节性变化导致鱼类生长快与慢的交替,从而使鱼类的鳞片和耳石等结构呈现"年轮"状。

**5. 温度影响生物地理分布**

地球上主要生物群落类型的水平分布是温度带的反映。在高山、高原地区,生物群落类型的垂直带状变化也反映了温度随海拔高度增减的规律。一个物种的分布界限与等温线之间有紧密的联系。研究得知,年均温度、最高温度和最低温度都是影响生物分布的重要因子。温度因素也可能和其他环境因素紧密联系,共同决定地球上生物类型分布的总格局,影响物种分布的范围。

(1) 温度与动物的地理分布    温度作为动物分布的限制因子,一般是指极端温度。就北半球而言,分布的最北界限通常受最低温度的限制,而分布的最南界限往往受最高温度的限制。如喜热的珊瑚、群体漂浮生活的脊索动物樽海鞘(salpa)只生活在热带水域,在水温低于20 ℃的海域不能生存。就变温动物的分布而言,温度往往起直接的限制作用。如各种昆虫的发育需要一定的有效积温,才能完成其生活史。苹果蚜分布的北界是一月等温线为3~4 ℃的地区;东亚飞蝗分布北界是年等温线为13.6 ℃的地区;玉米螟只能分布在气温15 ℃以上的日期不少于70天的地区。虽然某些昆虫大发生时会向外扩散而超过正常分布界限,但这只是暂时性的。对恒温动物的分布而言,温度的直接限制比较少见,但也有间接影响。例如,许多蝙蝠分布的北界与一年中霜冻期日数等值线相吻合,这种关联可能与蝙蝠以捕虫为食有关,温度关系到昆虫的生存和分布,从而间接影响到蝙蝠的分布。一般说来,越是高纬度地带,蝙蝠的种类就越少。

(2) 温度与植物的地理分布    在北半球,低温是决定植物水平分布北界和垂直分布上限的主要因素。如橡胶分布的北界是北纬24°40′,海拔高度的上限是960 m;剑麻分布的北界是北纬26°,海拔高度的上限是900 m;椰树为北纬24°30′(厦门)和海拔640 m(海南岛)。高温则是决定植物向赤道和低海拔分布的主要因素。如适于温带生长的苹果不能在热带地区栽培;自然条件下东北地区的白桦(*Betula platyphylla*)不能在华北平原生长;在长江流域和福建山丘地带,黄山松(*Pinus taiwanensis*)受高温的限制,不能分布至海拔低于1 000~1 200 m的地方。

影响温度空间或时间变化的因素常常会加剧或减弱温度对植物分布的限制作用。例如,中国江苏省云台山、山东省崂山等地,由于距海较近及局部地貌的影响,虽然地处落叶阔叶林地带,但仍有一些常绿阔叶树种的分布。

## 1.4.3  极端温度与生物

在适当的温度范围内,生物才能进行正常的生理活动。通常所说的动植物生长发育的临界温度(critical

temperature),指的是适温区温度的上限和下限,上限为临界高温,下限为临界低温。超越临界温度会对生物造成伤害,甚至危及生命。例如,蝗虫的发育适温范围一般为 18~42 ℃,低于 18 ℃或高于 42 ℃,其发育就停滞。

## 1. 低温对生物的伤害

温度低于一定的数值,生物便因低温而受害,至临界温度以下,温度下降得越低,生物受害越重。低温对生物的伤害可分为冷害、霜害和冻害三种。

冷害是指 0 ℃以上低温对喜温生物的伤害。例如,当气温降至 6.1 ℃时,海南岛的丁香叶片受害呈水渍状;降至 3.4 ℃时,顶梢干枯,受害更重。冷害对喜温生物的伤害作用主要是由于酶活性降低所致。酶系统紊乱导致生物各种生理功能减弱,协调关系受到破坏。又如热带金鸡纳树,当环境温度从 25 ℃降至 5 ℃时,植物体内过氧化氢酶的活性降至原先的 1/28,氧化酶的活性降至原先的 1/14,两者的协调关系被破坏,以致过氧化氢过度积累,引起植物中毒甚至死亡。又如一种魟科热带鱼,当水温降至 10 ℃就会死亡,原因是呼吸中枢受到冷抑制而缺氧。冷害是喜温生物向北方引种和扩大分布区的主要障碍。

霜害是指由于霜的出现而使生物受害,霜是指当气温或地表温度降至零度时空气中过饱和的水汽凝结成的白色冰晶。霜害实际上并非霜本身对生物的伤害,而是伴随霜而来的低温冻害,因此霜害可归在冻害的范畴。冻害是指冰点以下的低温使生物细胞内和细胞间隙形成冰晶而造成的损害。研究表明,冻害主要通过两种途径发生作用,即冰晶形成使得原生质膜发生破裂以及原生质的蛋白质失活与变性。当温度不低于 −3 ℃或 −4 ℃时,植物受害主要由细胞质膜破裂所引起;当温度下降到 −8 ℃或 −10 ℃时,植物受害则主要是由于生理干燥和水化层的破坏引起的。

## 2. 高温对生物的伤害

温度超过生物适应范围的上限后,同样会损害生物,温度越高对生物的伤害作用就越大。高温主要破坏植物的光合作用和呼吸作用的平衡,使呼吸作用超过光合作用,植物因此萎蔫甚至死亡。例如,马铃薯在温度达到 40 ℃时,光合作用等于零,而呼吸作用的强度却随温度上升而继续增强,植物若长期处于这种消耗状态就会死亡。高温还能促进蒸腾作用,破坏水分平衡,促使蛋白质凝固和导致有害代谢产物的积累,从而对植物造成伤害。此外,突然高温对动物的有害影响主要表现在破坏动物体内的酶活性,使蛋白质凝固变性,氧供应不足,排泄器官功能失调以及神经系统麻痹等。多数昆虫体温高于 45~50 ℃就会死亡,爬行动物的耐受上限为 45 ℃左右,鸟类为 46~48 ℃,哺乳类一般在 42 ℃以上就会死亡。

## 3. 生物对极端温度的适应

(1) 生物对低温环境的适应 长期生活在低温环境中的生物通过自然选择,在形态、生理和行为方面表现出很多明显的适应。

1) 形态适应:极地和高山植物的芽和叶片内常有油脂类物质保护,芽具有鳞片,植物体表面被有蜡粉或密毛,树皮有较发达的木栓组织,植株矮小常呈匍匐状、垫状或莲座状等,这些形态特征有利于保持体温以抵御严寒。恒温动物身体的突出部分如四肢、尾巴和外耳等在低温环境中有变短变小的趋势,这与在寒冷条件下减少散热的适应有关,这一适应现象最早由艾伦(Allen)提出,称为艾伦法则(Allen's rule)。例如,温带的赤狐(Vulpes vulpes)的外耳大于冻原地带北极狐(Vulpes lagopus)的外耳,而生活在热带非洲的耳廓狐(Fennecus zerda)的外耳又明显大于赤狐。另外,生活在寒冷气候地区的同类恒温动物,其身体往往趋向于大,而在温暖气候地区生活者体型则趋向于小。因为个体大的动物,其单位体重的散热量相对较少,这一规律性适应现象称为贝格曼定律(Bergman's rule)。恒温动物应对低温的另一类形态适应,是在寒冷地区和寒冷季节增加毛(或羽)的数量和质量或增厚皮下脂肪,从而提高身体的隔热性能。

2) 生理适应:生活在低温环境中的植物常通过减少细胞中的水分和增加细胞中的糖类、脂肪及色素等物质来降低植物的冰点,防止原生质萎缩和蛋白质凝固,增强抗寒能力。例如鹿蹄草(Pyrola)通过在叶细胞中大量贮存五碳糖、黏液、胶等物质来降低冰点,使其结冰温度下降到 −31 ℃。另外,极地和高山植物能吸收更多的红外光,可见光谱中的吸收带也较宽,这也是低温地区植物对低温的一种生理适应。虎耳草(Saxifraga aizoides)和十大功劳(Mahonia)等的叶片在冬季时由于叶绿素破坏和花青素增加而变为红色,能提高吸热能力。动物则靠增加体内产热来增强御寒能力和保持恒定的体温。寒带动物由于有隔热性能良好的毛皮,往往能使其在少增加甚至不增加代谢产热的情况下就能保持恒定的体温。

动物对低温环境的另一特殊适应是发展局部异温性,即动物的四肢、尾、吻、外耳等部位温度降低,低于体躯中央的温度,并且身体中央温暖的血液很少流到这些部位,从而使这些隔热不良的部位不至于大量散失体热。例如,把银鸥(Larus argentatus)置于−10～6 ℃环境中饲养,其身体中央温度为38～41 ℃,而裸露的跗部温度仅为6～13 ℃,表现了明显的局部异温性。另有些动物种类可通过耐受冻结或处于超冷状态而避免冷伤害。

3)行为适应:主要表现在休眠和迁移两个方面,前者以适应性低体温度过寒冷期;后者以躲避方式移居环境适宜地区,以度过不良季节。

(2)植物对高温环境的适应

1)形态适应:主要表现在有些植物体表具有密生的绒毛和鳞片,有些植物体呈白色、银白色,有的叶片革质光亮。绒毛和鳞片能过滤一部分阳光,白色或银白色的植物体和光亮的叶片能反射大部分光线;有些植物叶片垂直排列使叶缘向光,或在高温条件下折叠以避免强光的灼伤;还有些植物的树干和根茎生有很厚的木栓层,起绝热和保护作用;

2)生理适应:主要表现在三个方面:①细胞内增加糖或盐的浓度,同时降低细胞含水量,使原生质浓度增加,增强原生质抗凝结的能力,且其代谢减缓同样增强抗高温的能力;②在高温强光下靠旺盛的蒸腾作用降低叶表面温度以避免灼伤;③某些植物具有反射红外光的能力,且夏季反射比冬季多。

(3)动物对高温环境的适应    动物对高温环境的适应表现在形态、生理和行为适应三个方面:

1)某些动物在高温环境中能适当放宽恒温标准(不严格的恒温),使体温有较大的变幅以暂时忍耐高温。在高温时身体暂时吸收和贮存大量的热能并使体温升高,尔后在夜间环境温度较低或躲到阴凉处时,再把热量散发出体外。例如,骆驼正常体温在36～38 ℃之间,但在高温缺水条件下,其体温可上升7 ℃并贮存热量于体内,等到夜间通过对流、辐射等途径再把这些热量散发出体外。

2)采取行为上的适应对策,即夏眠、穴居和白天躲入洞内或沙土中、夜出活动等。

3)发育某些特殊的结构和形成生理上的适应。如狐蝠(Pteropus)的精巢平时在腹腔中,但受高温影响后会下降到腹腔以外,避免高温抑制精子的形成。偶蹄目洞角类动物的血管具有特殊的结构,能在高温环境下调控脑部的温度,使其低于身体其他部位。

### 1.4.4　温度因子主导的生物生态类型

长期以来人们考察有机体和环境温度相互关系时,对植物而言,温度主导的植物生态类型通常分为热带植物、温带植物和寒带植物等,实际区分是很复杂多样的,这部分将在"群落生态学"部分详细介绍。

对动物来说,早先依据动物体温的高低划分为温血动物和冷血动物两大类;后来依据体温的稳定程度区分为恒温动物和变温动物。当环境温度升高或降低时,常温动物维持大致恒定的体温,而变温动物的体温随环境温度而变化。这种划分并非固定。如某些恒温动物(兽类和鸟类)在冬眠过程中也降低体温,这种体温偏离正常范围的变化现象特称为异温性(heterothermy);而有些变温动物,如生活在低而恒定温度环境中的南极鱼,其体温只有较小的变化幅度。

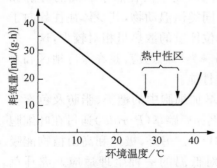

图1.8　内温动物与环境温度的关系
(引自孙儒泳等,2002)

另一种划分是依据有机体热能的主要来源,把动物区分为外温动物(ectotherm)和内温动物(endotherm)。内温动物机体的热传导率低,代谢产热水平高,其体温的热源主要是机体自身的代谢产热,如鸟类和兽类;外温动物机体的热传导率高,代谢产热水平低,其体温的热源主要由外部环境获得,如无脊椎动物、鱼类、两栖类和爬行类。但这种划分也有例外情况,如某些爬行动物和昆虫能从体内获取热源,升高体温以促进活动。外温动物和内温动物在维持体温的程度上不同。在一定的环境温度范围内(热中性区,thermal neutral zone),内温动物是在基础代谢的水平上消耗能量;而当环境温度离这一区域越来越远时,内温动物维持恒定体温消耗的能量越来越多(图1.8)。此外,即使在热中性区,内温动物消耗的能量通常比外温动物多。内温动物的产热速率由脑控制,它们通常保持35~40 ℃间恒定的体温,因此它们趋向于向环境散热。不过,这种散热会被隔热物质(毛皮、脂肪或羽毛)所调节,也能通过控制皮肤表面的血流来调节。很多外温动物调节体温的能力是很低的,总是离不开对外部热源的依赖。

## 1.5　水因子及其生态作用

### 1.5.1　地球水的存在形式与分布

**1. 水的存在形式**

地球表面 70% 以上被海洋、江河、湖沼等覆盖,全球总水量约 $13.86 \times 10^8$ km³,其中 96.5% 是海水,其余则以淡水的形式贮存于陆地,以及两极的冰川中。水有三种形式:气态水、液态水和固态水。三种形态的水因时间和空间的不同而发生很大变化,这种变化是导致地球上各地区水分再分配的重要原因。

(1)气态水　　空气中的水汽主要来自海洋、湖泊、河流以及地表蒸发和植物的蒸腾。大气湿度反映大气中气态水的含量。通常用相对湿度表示空气中的水汽含量,即单位容积空气中的水汽含量与同一温度下的饱和水汽含量之比,以百分数表示;大气湿度也可用饱和差表示,即指某一温度条件下的饱和水汽量与实际水汽量之差。饱和差值越大,水分蒸发越快;相对湿度越大,大气越潮湿。相对湿度受到环境温度的调节。中国东南地带由于受季风影响,冬季空气干燥,而夏季空气湿润。

(2)液态水　　包括露、雾、云和雨。地面或近地面物体在晚间辐射冷却到露点温度时,空气中的水汽在地面或物体表面凝结成水滴而形成露。在不改变气压和水汽含量情况下,空气温度冷却到饱和时的温度称为露点温度。气温与露点温度相差越大,相对湿度越小;反之,相对湿度就越大。当露点和当时温度相等时,相对湿度为 100%。露对于荒漠地区的短命植物特别重要。雾是近地大气层中的天气现象,由大量悬浮的微小水滴或冰晶组成。有雾的天气会减少地表的蒸发和植物的蒸腾,雾日如果过多,光照不足,会引起植物陡长,易倒伏和受病虫侵害。雨是主要降水形式。

(3)固态水　　主要指霜、雪、冰雹和冰。霜是指露点温度为零度以下时,水汽在地面或近地物体上直接凝华的固态冰晶。当大气露点温度在零度以下,水汽就直接凝结成固体小冰晶,降落地面就是冰雹或雪。冰雹出现范围较小,时间较短,但来势凶猛,对动植物、农作物、人畜等危害均大。雪是一种固态降水现象。降雪的地区分布与当地温度的高低密切相关。在低纬地区,高山雪线以上才有降雪;温带地区降雪仅限于冬季;在两极,全年降水都是雪。

**2. 地球上水的分布**

地球陆地表面的水分主要来自降水,而降水量的大小及其分配受地理纬度、海陆位置、海拔高度和地形因素等的制约。

不同纬度地带的降水量差异很大。位于南、北纬 20°之间的赤道带,大量湿热空气急剧上升,致降水量最大,年降雨量通常达 2 000 mm,有些地方高达 10 000 mm,称为低纬湿润带。再向南北纬度 20°~40°之间,由于干燥空气的下降运动,使这带成为地球上降水量最少的地带,地球一些主要的荒漠即分布于此。在南北半球纬度 40°~60°地带,由于南北暖冷气团相交带来气旋雨,以致此带年降雨量超过 250 mm,称为中纬度湿润带。高纬度地区降水量很少,在 250 mm 以下,为干燥地带。

陆地上降水量的多少还受所在地距海远近的影响,一般来说,离海越远,降水量越少。山脉走向也影响降水分布,面迎湿润风山坡一侧降雨量多,背风侧降雨量少。降雨量还随季节而变,在大陆东岸季风区,夏季风来自海洋,冬季风来自陆地,降水量集中在夏季,冬季雨量很少。在大陆西岸,夏季风受高气压控制,降水量稀少,冬季受西来气流的影响而多雨。降水的季节性特点对生物的生长、发育、繁殖、休眠与迁移有很大影响。

**3. 水的特性**

(1)相变性　　由于水因子具有液态、气态及固态三相的变化,因此在水的相变过程中,能量的消耗、吸收和释放为地球表面提供了大量热能转化的可能性,对生态系统能量流动起重要作用。

(2)高热容量    1升水升高1℃需热量4 186.8 J,而1升空气升高1℃仅需热量1 005 J。水的高热容量意味着水能吸收大量热,而自身升温很少;而且水体吸热和放热是一个缓慢的过程,因此水体温度不像大气温度那样变化剧烈,也较少受气温波动的影响,从而为水生生物提供了相对稳定的温度环境。

(3)密度变化特殊    水的密度随水温的下降而增大,当水温降至4℃时,水的密度最大也最重。低于4℃时,体积膨大,密度变小,依顺序至0℃,密度逐步减小。0℃时的液态水比固态冰密度更大,因此冰漂浮在冷水之上。冬季,水面从上向下结冰,冰作为绝热体阻止冰下水进一步降温,从而避免水体下部完全冻结,这对于历史上冰河时期和现今寒冷地带水生生物的生存和延续具有重要的意义。

(4)水分子具有极性    水分子结构的极性性质,使水分子能被吸附到带电的离子上,并使水分子能很好地与生物化学物质结合,也使水成为最好的溶剂,保证了生物体内各种物质的输送和转运。

### 4. 水的生态学意义

水是生命的基础,是任何生物体不可缺少的重要组成成分,生物体一般含水量达60%～80%,有些甚至可达90%以上,如水母为95%、蝌蚪为93%。从这个意义上说,没有水就没有生命。水也是有机体生命活动的基础,生物的一切代谢活动都必须以水为介质,生物体内营养的运输、废物的排出、激素的传递以及各种生化过程都必须在水溶液中才能进行,而所有物质也都必须以溶解状态才能出入细胞。水是新陈代谢的直接参与者,是光合作用的原料,并作为反应物质参与生物体内许多化学反应。水作为外部介质,是水生生物获得资源和栖息地的场所;陆地上的水量和湿度,影响到陆生生物的生活和分布。水对陆生生物的热量调节和热能代谢具有重要意义。另外,水能维持细胞和组织的紧张度,使生物保持一定的状态,维持正常的生活。

生命起源于水环境,生物登陆后所面临的主要问题是如何减少体内水分的流失和保持水分平衡。至今,完全适应陆地生活的只有高等植物、昆虫、爬行动物、鸟类和哺乳类,这几类生物的表皮或皮肤基本上是干燥和不透水的,而且在获取更多的水、减少水分消耗和贮存水分三个方面都具有特殊的适应。

降水和温度是影响生物在地球表面分布的两个最重要的生态因子,两者的共同作用决定着生物群落在地球上分布的总格局。

## 1.5.2    水的理化性质对水生生物的影响

水作为水生生物生活的环境介质,其理化性质,如密度、黏滞性、水的浮力、含氧量和pH等,对水生生物有着重要的影响。由于水的理化性质和空气相差很大,因此水生生物的形态、生理及行为特征与陆生生物有很大的差别。

### 1. 密度

水的密度比空气约大800倍,对水生生物虽有一定的支撑作用,但生物体的密度一般比水大,因此生物体在水中通常是要下沉的。为了克服下沉的趋势,水生生物发展了各种各样的适应。很多鱼类具有鳔以调节鱼体的比重。生活在浅水中的大型海藻也有类似的充气器官,某些海藻以固着器附着海底,而充气叶可浮在阳光充足的水面。很多单细胞浮游植物,体内常含有油滴,以抵消下沉力,因而能漂浮在水表面层。鱼类和其他大型的海洋生物也常利用脂肪增加身体的浮力。减少骨骼、肌肉系统和体液中的盐浓度,能使水生生物减轻体重、增加浮力。许多水生脊椎动物具有低渗透浓度的血浆(为海水渗透浓度的1/3～1/2)也是对减少身体密度的一种适应。

### 2. 黏滞性

水的高黏滞性有助于减缓水生生物下沉的速度,但同时也对动物在水中的运动造成了阻力。微小的海洋动物往往靠多而细长的附属物延缓身体的下沉。水中快速运动的动物,其身体往往呈流线型,这样可以减少运动的阻力。

### 3. 水的浮力

水的浮力比空气大,因此重力因素对水生生物大小的发展限制较少。蓝鲸的体长可达33 m,体重可达

100 t,远大于最大的陆生动物大象。许多水生动物如鲨鱼的骨骼是由具有弹性的软骨构成的,这种软骨对陆生动物几乎不能起支撑作用,但借助水的浮力便可克服重力的作用支撑起身体。

**4. 含氧量**

几乎所有的生物在呼吸过程中都需要氧气,氧在水中的溶解度受温度和含盐量的影响,即使在最大溶解度的情况下(0 ℃时在淡水中的溶解度),每升水也只含有 10 mL 的氧气,这仅相当于空气含氧量的 1/20。在自然状态下,水体一般不会达到这样高的含氧量。水中溶氧量的多少是水生生物最重要的限制因素之一。

溶解在水中的氧(溶解氧,dissolved oxygen, DO)分布是极不均匀的。通常位于大气和水界面附近水体的氧气含量最丰富,随着水深度的增加,氧气的含量逐渐减少。静水中的含氧量一般比流水中的含氧量要少。水生植物的光合作用也是水中溶解氧的一个重要来源。但因植物的光合作用只能在水体的表层有阳光的区域进行,而动物和微生物的呼吸作用则发生在水体的所有深度,它们的耗氧状况对水体含氧量往往有更大的影响。

含氧量不同的水体中,水生生物的类型也不同。含氧丰富的水域多为喜氧狭氧性生物,而低含氧量的静水水域多为厌氧狭氧性生物。水体含氧量的昼夜或季节波动,对水生生物亦有重大影响。在温带和寒带的冬季,由于水表层结冰,水中的溶氧量减至最低点,此时植物的光合作用也降到最低限度,但有机物的分解却在不断地消耗水中的氧气,这时往往造成鱼类和其他水生生物的大量死亡,称为冬季鱼灾。在热带的夏季,由于夜间水生植物的呼吸和有机物质迅速分解时消耗大量的氧气,往往会出现夏季鱼灾。另外,在某些缺氧的水体中,由于厌氧的硫细菌等分解作用活跃而释放出大量 $H_2S$,$H_2S$ 能和动物血液中的血红蛋白里的铁结合,从而影响呼吸的正常进行。同时,$H_2S$ 氧化过程迅速消耗水中的氧。因而在 $H_2S$ 含量高的水域,除细菌外,几乎没有其他生物能够生存。

**5. pH**

水中的 pH 不但对水生生物的新陈代谢有很大影响,而且对生物的繁殖与发育影响也很明显。天然水 pH 为 4～10,海水的 pH 最稳定,一般为 8～8.5,淡水水体由于 $CO_2$ 的缓冲作用,pH 多变化于 6～9 之间。常见的淡水生物和海洋生物都属于狭酸碱性生物,主要出现于中、微碱性水体。只有极少数动物是广酸碱性类型,例如一种摇蚊(*Chironomus plumosus*)的幼虫能耐受 pH 2～12 的变化幅度。

### 1.5.3 水因子主导的植物生态类型

水在地球上的分布不均,植物在长期进化过程中形成了适应不同水环境的类群,依据植物对水分的依赖程度可分为植物为水生植物和陆生植物两大类。

**1. 水生植物及其生态类型**

水生植物生长在水中,由于适应水中缺氧的结果,体内形成了一整套相互联通发达的通气系统,以保证身体各部对氧气的需要。水生植物的叶片常呈带状、丝状或极薄,可减少水流对叶片的冲击力,同时保证叶片对光、无机盐和二氧化碳的吸收面积。淡水植物生活在低渗水环境里,具有自动调节渗透压的能力;海洋植物则与海水等渗,缺乏调节渗透压的能力。在适应水体流动的结果方面,水生植物弹性较好,抗扭曲的能力较强。水生植物可分为沉水植物、浮水植物和挺水植物三种类型。

(1)沉水植物 整个植物体沉没在水下生活,与大气完全隔绝,为典型的水生植物,其植株表皮细胞无角质层和蜡质层,能直接吸收水分、矿质营养和水中气体,取代了根的功能,因此根退化或消失;叶绿体大而多,适应弱光照环境;通气系统发达,以适应水中缺氧的生境。沉水植物的无性繁殖比有性繁殖发达。常见的沉水植物如黑藻(*Hydrilla verticillata*)、金鱼藻(*Ceratophyllum demersum*)等。

(2)浮水植物 叶片漂浮在水面上,气孔通常在叶片上表面,叶表皮有角质、蜡质等,维管束和机械组织不发达,有完善的通气系统,无性繁殖发达,生产力高。浮水植物包括两个亚类:不扎根水底、植株完全漂浮的浮水植物,又称漂浮植物,如槐叶萍(*Salvinia*)、浮萍(*Lemna minor*)、凤眼莲(*Eichhornia crassipes*)等;根扎在水底植株部分漂浮的浮水植物,又称浮叶根生植物,如睡莲(*Nymphaea tetragona*)、莼菜(*Brasenia* schreberi)、眼子菜(*Potamogeton*)等。

(3) 挺水植物    茎叶大部分挺出水面外生长,但由于根部长期生活在水浸的土壤中,植株具有发达的通气组织,如芦苇(*Phragmites communis*)、香蒲(*Typha orientalis*)等。

**2. 陆生植物及其生态类型**

(1) 陆生植物的水平衡    生长在陆地上的植物,在正常气体交换过程中损失的水分比动物损失的多得多,动物在呼吸中吸进的氧气约占大气成分的 20%,而植物光合作用所需要的二氧化碳却只占大气成分的 0.03%,与动物吸入 1 mL 氧气相比,植物要获得 1 mL 二氧化碳就必须多交换 700 倍的大气,这就导致植物大量失水,因而植物生长需水量很大。一棵树夏季一天需水量是整棵树鲜叶重的 5 倍,小麦每生产 1 kg 干物质耗水 300~400 kg。植物吸收的水有 99% 用于蒸腾作用,只有 1% 被整合到植物体内。因此,植物在得水(根吸水)和失水(叶蒸腾)之间保持动态平衡是正常生命活动所必需的。

陆生植物在维持水平衡方面具有一系列适应性,主要反映在增加根的吸水能力和减少叶片蒸腾方面。对于陆生植物,水主要来自土壤,根从土壤孔隙中吸水,根系生长的深度及其分支、分布的精细状况,决定了植物能否接近和吸收土壤水的程度。在土壤经常潮湿的地区,植物生长浅根系,根系仅分布在表土下几厘米至十几厘米的土层中,有的植物根缺乏根毛。在土壤经常干燥的地区,植物具有发达的深根系,主根可长达几米甚至十几米,侧根扩展范围也很广,根毛发达,尽量增加吸水面积。例如,沙漠植物骆驼刺(*Alhagi pseudoalhagi*)地上部分只有几厘米高,地下根部却长达 15 m 深。

植物蒸腾失水首先是气孔蒸腾。环境水分充足时气孔开放以保证气体交换;环境缺水干旱时气孔关闭以减少水分散失。生活在不同环境的植物,调节气孔开闭的能力不同。生活在潮湿、弱光照环境中的植物,当轻度失水时,便会减少气孔开张度,甚至主动关闭气孔以减少失水;而阳性草本植物仅在相当干燥的情况下,气孔才慢慢关闭。有些植物的气孔深陷在叶片内,有助于减少蒸腾失水量。植物体吸收阳光就会升温,而植物表面浓密的绒毛等附属物,可防止阳光的直射,同时增加散热面积,避免植物体过热。有些植物体表面覆盖有不透水的蜡质层,也可减少叶表面的蒸腾量。生活在干旱地区的植物一般为小叶型,这也是对减少水分蒸腾的适应。

一般说来,在低温地区和低温季节,植物的吸水量和蒸腾量少,生长缓慢;在高温地区和高温季节,植物的吸水量和蒸腾量多,生产量也大,此种情况下必须供应更多的水,才能满足植物对水的需求和获得较高的产量。

水与植物的生产量有着十分密切的关系。若以生产 1 g 干物质所需水分的数值为需水量计,一般而言,植物每生产 1 g 干物质需 300~600 g 水。不同种类植物的需水量有所不同,如狗尾草(*Setaria viridis*)需水 285 g,玉米为 349 g,油菜为 714 g。植物的不同发育阶段需水量也不相同,而且需水量与光照强度、温度、湿度、土壤含水量等生态因子有直接关系。

(2) 水因子主导的陆生植物的生态类型

1) 湿生植物:生长在潮湿环境中,不能长时间忍受缺水,抗旱能力弱,但抗涝性能强。根据环境特点,湿生植物又可分为阴性湿生植物和阳性湿生植物两个亚类,前者一般生长在光照弱、湿度大的背阴地或森林下层,后者生长在阳光充足、土壤水分经常饱和的环境中。阴性湿生植物是典型的湿生植物,根系极不发达,叶片柔软,海绵组织发达,栅栏组织和机械组织不发达,防止蒸腾及调节水平衡的能力极差,如热带雨林中的各种附生植物(蕨类和兰科植物)、中华秋海棠(*Begonia sinensis*)等。阳性湿生植物的典型代表如水稻、灯心草(*Juncus effusus*)、毛茛(*Ranunculus japonicus*)等,这类植物根系也不发达,但根部有通气组织,与叶的通气组织相连,以获取空气中的游离氧,叶片有防止蒸腾的角质层。

2) 中生植物:生长在水分条件适中的环境,其形态结构和适应性均介于湿生植物和旱生植物之间,为种类最多、分布最广和数量最大的陆生植物类群。由于其生境中水分较少,中生植物发展和形成了一整套保持水分平衡的结构和功能。其根系和输导组织较湿生植物发达,以吸收更多的水分;叶片表面具有角质层可减少水分的散失;通气系统不完整,不能长期在积水缺氧的土壤上生长。

3) 旱生植物:能忍受较长时间的干旱,主要分布在干热的草原和荒漠地带。根据旱生植物的形态生理特点和抗旱方式,可进一步区分为少浆液植物和多浆液植物两个亚类。①少浆液植物。其适应干旱环境的特点包括:叶面积尽量小以减少蒸腾量,如刺石竹(*Acanthophyllum pungens*)叶片退化成针状,草麻黄(*Ephedra sinica*)叶片呈鳞片状;根系发达以增加吸水量,如骆驼刺;原生质渗透压特别高以保证根系能从含水量很少的土壤中吸收水分;在干旱条件下能抑制碳水化合物和蛋白酶的活性,而仍能保持合成酶的活性,从而维持正常的代谢活动。当水量供应充足时,少浆液植物又有比中生植物更强大的蒸腾能力,因为其叶脉发达、气孔数量多。②多浆液植物。其根、茎、叶薄壁组织发育为储水组织,能够贮备大量水分以应对干旱时期。多数种类多浆液植物的叶片退化而由绿色茎代行光合作用。这类植物的代谢方式特殊,白天气孔关闭以减少蒸腾量,而夜晚大气湿度缓和时则张开气孔。植物夜间行呼吸作用时,碳水化合物只分解到有机酸阶段,在白天光照下,二氧化碳才分解作为光合作用的原料,如仙人掌(*Opuntia dillenii*)、景天(*Sedum erythrostictum*)等。

### 1.5.4　动物对水环境的适应

　　动物同植物一样,也必须保持体内的水分平衡,才能维持生存。水分平衡调节总是同各种溶质的平衡调节密切联系在一起的,动物与环境之间的水交换经常伴随着溶质的交换。各种动物的调节机制也是各不相同的。保持体内水分得失平衡,对水生动物来说,主要依赖水的渗透作用;对陆生动物而言,常常因蒸发及排泄而失水,所以失去的这些水必须靠饮食和代谢水等途径得到补充,以维持体内水平衡。

**1. 陆生动物的水平衡**

　　陆生动物失水的主要途径是排尿、排粪、皮肤和呼吸道表面的蒸发等;得水可通过饮水、进食、体表吸水及代谢水等途径。陆生动物在这些方面有着多种多样适应性特征。

　　通过饮水和进食含水的食物而从外界获得水分,这是陆生动物得水最主要的方法,从食物中获取水分可能是得水的一条更常用的途径。例如,荒漠啮齿类更格卢鼠(*Dipodomys spectabilis*)仅靠食物中的水分即可正常生活。某些无脊椎动物能通过皮肤吸水。某些种类荒漠动物,常利用代谢水弥补体内水分的不足,如100 g糖氧化产生55 g代谢水,100 g脂肪氧化产生110 g代谢水。对于生活在荒漠中的动物(跳鼠、沙鼠等)和缺水生境中的动物如黄粉虫(*Tenebrio molitor*)等,代谢水是重要的水源。黄粉甲即使生活在干旱环境,以干食物为生,其体内含水量也能稳定在75%~77.6%之间,但其脂肪的贮存量却有很大变化,可见它是利用代谢水作为水源的。

　　陆生动物减少失水的适应形式是多种多样的。节肢动物体表具有厚角质层和蜡膜,爬行动物体表的鳞片或甲片可有效地减少身体水分的蒸发。昆虫能够通过控制气门瓣的关闭,最大限度地降低呼吸失水。例如,置于干燥空气中的杂拟谷盗(*Tribolium confusum*)幼虫,长时间不予喂食,它们的气门瓣可连续紧闭几个星期,气体交换只发生在气门瓣短暂开放的一瞬间。大多数陆生动物对呼吸水分的回收,包含了逆流交换的机制,即当吸气时,空气沿呼吸道到达肺泡的巨大表面,空气变成机体核温时的饱和水蒸气;而呼出气在通过气管和鼻腔时,随着动物体外周体温的逐渐降低,呼出气的水汽沿着呼吸道的表面凝结成水,可使水分有效地返回组织。这种回收冷凝水的机制也与不断吸入干燥的冷空气有关,当干燥的冷空气通过动物鼻道时,鼻道表面就会因水分蒸发而变冷,而变冷了的鼻道内表面能使来自肺部的饱含水分的热空气凝结为水,这样就可以最大限度地减少呼吸失水。这对生活在荒漠中的鸟类和兽类是一种重要的节水适应机制。在干燥荒漠气候中生活的骆驼,通过逆流交换可回收呼出气中全部水分的95%。

　　减少排泄失水方面,在许多昆虫中,除通过马氏管的渗透作用来吸收水分外,它们消化道的后肠部分也具有吸水能力。爬行类和鸟类的大肠和泄殖腔具有重吸收水分的作用,如蜥蜴类由肾排出尿的80%~90%可被重吸收。哺乳动物肾脏的保水能力代表陆生动物对陆地生活的适应。肾脏通过髓袢(又称亨勒袢)和集合管的吸水作用浓缩尿。髓袢指近端小管的直部、细段与远端小管的直部连成"U"字形部分。髓袢越长,回收水分越多,尿浓缩度越高。例如,生活在潮湿地区的野猪髓袢短,其尿浓度仅为血浆浓度的2倍;而生活在干旱生境的沙鼠,髓袢较长,其尿浓度为血浆浓度的17倍。浓缩尿的生理机制对减少动物排泄失水具有重要意义。

在减少蛋白质代谢产物排泄失水方面,陆生动物也表现出许多节水、保水的适应。鱼类的蛋白质代谢产物主要以氨的形式排出,鱼类排氨节省能量,但耗水量很大,排泄 1 g 氨需耗水 300~500 mL。陆生动物中两栖类和兽类排泄尿素,陆生蜗牛、昆虫、爬行类及鸟类则排泄尿酸。排泄 1 g 尿素或尿酸,需水量分别为 50 mL 及 10 mL,这说明排泄尿素或尿酸是对陆地生活减少失水的一种成功的适应。

有些陆生动物还通过行为变化适应干旱炎热的环境,如荒漠地带的啮齿类、爬行类和昆虫等,当白天高温干燥时,它们躲避在较为潮湿的地穴中,待到夜间较为凉爽时,才到地面活动觅食。在干热地区的旱季,黄鼠出现夏眠,夏眠时体温约下降 5 ℃,代谢水平也大幅度下降,从而有利于度过干热季节。某些昆虫的滞育也是对缺水环境的适应表现。干旱地区的许多鸟类和兽类,则会在缺水季节成群迁移到有利的生境。

长期生活并适应于干旱生境的动物,或长期生活并适应于潮湿生境的动物,可通过行为选择它们各自喜好的湿度。例如,陆生蜗牛是喜湿动物,生活于陆地潮湿处;荒漠沙蜥(*Phrynocephalus przewalskii*)是喜干动物,它们喜栖于干燥的生境。昆虫等小型无脊椎动物,个体小,相对表面积大,对空气湿度最敏感。喜湿的昆虫随着生境相对湿度的增加,发育速度加快,生育力增强,寿命延长,死亡率下降。对喜干的昆虫而言,则需要有一个适宜的相对湿度,偏离适宜湿度,无论过高或过低,都会使其发育速度变慢,生育力降低,死亡率增加。

**2. 水生动物的渗透压调节**

水生动物生活在水中,似乎不存在缺水问题。其实不然,因为水是很好的溶剂,不同类型的水溶解有不同种类和数量的盐类,水生动物的体表通常具有渗透性,所以就存在渗透压调节和水平衡的问题。渗透压调节是调控生活在高渗或低渗环境中的有机体体内水平衡及溶质平衡的适应。不同类群的水生动物,有着不同的调节机制和适应能力。

(1) 淡水动物    淡水水域的盐度在 0.02‰~0.5‰ 之间,而淡水硬骨鱼类血液渗透压(冰点下降 Δ℃ 0.7)高于淡水的渗透压(Δ℃0.02),属于高渗的动物。这类鱼呼吸时大量水流过鱼鳃,水分通过鳃和口咽腔扩散到体内,同时体液中的盐离子通过鳃和尿排出体外。进入体内多余的水,以低浓度尿的形式从鱼肾排出,如此保持鱼体内的水平衡。丢失的溶质可从食物中得到,而鱼鳃也能主动从周围低浓度溶液中摄取盐离子,保证体内盐分含量的平衡。足见淡水硬骨鱼类的肾脏发育完善,有发达的肾小球,滤过率高,无膀胱或膀胱很小等特征,是对淡水生活的适应。

(2) 海洋动物    海洋是一种高渗环境,海水水域的盐度在 32‰~38‰ 之间,平均为 35‰,渗透压为 Δ℃1.85。海洋动物中包括以下两种渗透压调节类型。

1) 海洋硬骨鱼类:此类动物如鰳属(*Ilisha*)及鮟鱇属(*Lophius*)等,体内血液渗透压为 Δ℃0.80,与环境渗透压相比是低渗的,因此体内水分会不断通过鱼鳃外流,海水中的盐通过鱼鳃进入体内。海洋硬骨鱼的渗透调节需要排出多余的盐并补偿丢失的水:通过经常吞入海水,以补充水分;少排尿,以减少失水。海洋硬骨鱼的肾小球退化,仅排出极少的低渗尿,其中主要包括二价离子 $Mg^{2+}$、$SO_4^{2-}$;随吞入的海水进入体内多余的盐则靠鳃排出体外。

2) 海洋软骨鱼类:此类动物的血液或体液的渗透压为 Δ℃1.95,与海水的渗透压相等或相近,基本属于等渗的。海洋软骨鱼维持体内高渗压是依靠血液中贮存大量尿素和氧化三甲胺。尿素可能使蛋白质和酶不稳定,而氧化三甲胺正好可抵消尿素对酶的抑制作用。当尿素含量与氧化三甲胺含量之比为 2∶1 时抵消作用最大,这个比例正好通常出现在海洋软骨鱼中。海洋软骨鱼血液与体液渗透压虽与海水基本相同,但仍具强有力的离子调节作用,如血液中 $Na^+$ 大约为海水的一半。排出体内多余的 $Na^+$ 主要靠直肠腺,其次靠肾脏。

与海水等渗的海洋无脊椎动物如贻贝(*Mytilus*)等,主要随代谢废物的排泄而损失水分,而补偿损失的水分则通过食物代谢水或饮用少量海水并排出溶质等途径来完成。由于等渗动物生活过程中需水量很少,一般不需要饮用海水,多余的代谢水靠渗透作用排出体外。

(3) 洄游鱼类    河海洄游鱼类在其生活史不同阶段来往于海水与淡水之间,其渗透压调节具有海洋硬骨鱼与淡水硬骨鱼的双重特征:依靠肾脏调节水,在淡水中排尿量大,在海水中排尿量小;在海水中生活时大量吞入海水,以补充体内水分;盐分代谢靠鳃调节,在海水中生活时靠鳃排出盐,在淡水中生活时靠鳃摄取盐。例如,鳗鲡在海水中生活时属低渗压类型,而到淡水中生活又变为高渗压类型。

　　(4) 狭盐性与广盐性动物　　　不同动物的耐盐范围不同(图1.9)。按照动物对水体中盐类浓度的耐受能力,可将水生动物区分为广盐性动物和狭盐性动物。能够进入低盐水体(咸淡水)或淡水环境并能在其中生存的海洋动物,也包括淡水动物中那些能进入海水生活的种类,属于广盐性动物,例如生活在河海交汇处的动物和河海之间的洄游鱼类大麻哈鱼(*Oncorhynchus keta*)、香鱼(*Plecoglossus altivellis*)。狭盐性动物只能耐受较小范围盐度的变化,典型的海洋动物属于喜盐狭盐性动物,如海产鱼真鲷(*Pagrus major*),而淡水鱼乌鳢(*Channa argus*)则是喜淡狭盐性动物。

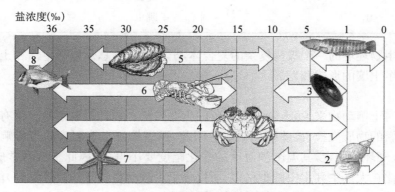

图 1.9　几种动物的耐盐范围
1. 淡水鱼；2. 淡水螺；3. 淡水贝类；4. 毛螃蟹；5. 牡蛎；6. 一种海虾；7. 海星；8. 真鲷

　　(5) 恒渗压与变渗压动物　　　当生境中盐浓度改变时,动物的反应也可分为两类:体液渗透压通过自身调节保持相对稳定,不随外界而改变的,称为渗透压调节者,又称恒渗压动物(homeosmotic animal);体液渗透压随环境渗透压的改变而变化的,称为渗透压顺应者,又称变渗压动物(poikilosmotic animal)。大多数海洋无脊椎动物属于渗透压顺应者,如海星和牡蛎,它们能够顺应近岸带海水有限的稀释,但一般来说,仍不能离开海水而生活。广盐性洄游鱼类、淡水硬骨鱼类和海洋硬骨鱼类均属渗透压调节者,只是调节机制各自有所不同。在渗透压调节者与顺应者之间并无严格的界限,存在许多介于二者之间的过渡类型。

# 1.6　土壤因子及其生态作用

## 1.6.1　土壤的概念及其生态意义

### 1. 土壤的概念

　　土壤(soil)是陆地上能够生长植物的疏松表层,是岩石的风化物(成土母质)在生物、气候等因素的综合作用下形成的。土壤包含固态、液态和气态三相物质,也即由矿物质、有机质、水分(土壤溶液)、空气(土壤空气)及土壤生物等共同组成,并具有不断供给植物生长发育所必需的水、肥、气、热的能力。

　　自然土壤是由自然成土因素(母质、气候、生物、地形、时间等)的综合作用所形成,尚未受社会生产活动影响的各类土壤类型的总称。自然土壤的特点是生长自然植被,只具有自然肥力,主要分布在原始森林、天然草原、荒漠和沼泽等地。农业土壤也称耕作土壤,是在自然土壤的基础上,经过社会生产活动(耕作、施肥、灌排、土壤改良等)和自然因素的综合作用而形成的,是适于农作物生长的土壤。土壤的形成从开始就与生物的活动密不可分,土壤中生活着多种多样的生物,如细菌、真菌、藻类、原生动物、轮虫、涡虫、纽虫、线虫、蚯蚓、软体动物和多种节肢动物的幼虫、蛹或成虫等。土壤生物的种类和数量通常很多,尤其小型和微型土壤生物数量更多(表1.1)。其中,微生物的种类最多,估计全球已知菌种的50%以上生活于土壤中;蚯蚓约有1 800种;土壤中的线虫有几千种;节肢动物种类更多,昆虫有98%以上的种类与土壤有联系。

表 1.1　草原 1 m² 上层土壤中生物密度及其生物量(引自 Brock, 1966)

| 生物名称 | 密度/(个/m²) | 生物量/g | 生物名称 | 密度/(个/m²) | 生物量/g |
|---|---|---|---|---|---|
| 细菌 | $1 \times 10^{15}$ | 100.0 | 螨类 | $2 \times 10^5$ | 2.0 |
| 原生动物 | $5 \times 10^4$ | 38.0 | 木虱 | 500 | 5.0 |
| 线虫 | $1 \times 10^7$ | 12.0 | 蜈蚣 | 500 | 12.5 |
| 蚯蚓 | 1 000 | 120.5 | 马陆 | 500 | 12.5 |
| 蜗牛 | 50 | 10.0 | 甲虫 | 100 | 1.0 |
| 蜘蛛 | 600 | 6.0 | 蝇类 | 200 | 1.0 |
| 盲蛛 | 40 | 0.5 | 跳虫 | $5 \times 10^4$ | 5.0 |

　　土壤是生物和非生物环境的一个极为复杂的复合体,土壤的概念总是包括生活在土壤里的大量生物,而土壤生物的活动促进了土壤的形成和发展。

**2. 土壤的生态意义**

　　无论对植物还是对土壤动物来说,土壤都是重要的生态因子。植物的根系与土壤有极大的接触面,植物和土壤之间进行着频繁的物质交换,彼此强烈影响。因此,通过控制土壤因素就可影响植物的生长和产量。对动物来说,土壤比大气环境稳定,其温度和湿度的变化幅度要小得多,因此土壤常常成为动物极好的隐蔽所。由于在土中运动比在大气中和水中困难得多,所以除了少数动物(如蚯蚓、蝼蛄等)能在土壤中挖穴居住外,大多数土壤生物群(soil biota)都只能利用枯枝落叶层中的空隙和土壤颗粒间的孔隙作为自己的生存空间。

　　土壤是陆地生态系统的基底,同时是多种生物栖息和活动的场所,也是陆生植物及沉水植物的生长基底。生态系统中的许多基本功能过程(如分解过程、固氮过程)都是在土壤中进行的。生物遗体只有通过分解过程才能转化为腐殖质和矿化为可被植物再吸收利用的营养物质,而固氮过程则是土壤氮肥的主要来源。这两个过程都是生物圈物质循环不可缺少的。土壤作为一类生态因素,包括土壤的温度、水分、通气状况、质地结构、化学性质等,都直接影响土壤生物和生长在其中的植物的生活和分布。与气候条件一样,土壤因素也是决定陆地生态系统的类型和分布的重要生态因素之一。

## 1.6.2　土壤理化性质对生物的影响

**1. 土壤质地和结构对生物的影响**

　　(1) 土壤质地　　土壤是由固体、液体和气体组成的三相系统。其中,固相颗粒是组成土壤的物质基础,约占土壤总重量的 85% 以上。按照国际统一标准,根据土粒直径大小可把土粒分为粗砂(2.0~0.2 mm)、细砂(0.2~0.02 mm)、粉砂(0.02~0.002 mm)和黏粒(0.002 mm 以下)。土壤颗粒(soil particle)分级是土壤质地分类的基础。土壤质地又叫土壤机械组成或土壤颗粒组成,是指土壤中各粒级的组合比例或各粒级所占的百分数,也即土壤的砂黏程度。土壤质地是影响土壤肥力的重要因素之一。根据土壤质地可把土壤区分为砂土、壤土和黏土三大类,壤土又可分为砂壤土和黏壤土。砂土的颗粒组成以粗砂和细砂为主,疏松孔隙多,黏结性小,通气透水性强,但蓄水性能差,易干旱,且养料易流失,保肥性能差。黏土的颗粒组成以黏粒和粉砂为主,质地黏重,结构致密,保水保肥能力较强,但因含黏粒多,孔隙细微,湿时黏、干时硬,因而通气透水性差。壤土的质地比较均匀,各种土壤颗粒组成大体相等,物理性质良好,不松不黏,通气透水性良好,且有一定的保水保肥能力,是比较理想的耕作土壤。

　　(2) 土壤结构　　土壤固相颗粒相互作用而聚成大小不同、形状各异的团聚体,各种团聚体的组合排列,称为土壤结构(soil structure)。土壤结构的优劣,首先表现在调节土壤水、肥、气、热状况的能力上,直接影响土壤肥力水平,与土壤养分的分解、转化和积累速度,以及微生物活动的强弱都有密切关系,对土壤耕性也有显著影响。土壤结构可分为微团粒结构(直径小于 0.25 mm)、团粒结构(直径为 0.25~10 mm)和比团粒结构更大的各种结构,如块状结构、核状结构、柱状结构及片状结构等。团粒结构是指土壤中腐殖质

(humus)把矿质土粒黏结成小团块,具有泡水不散的水稳性特点。具有团粒结构的土壤是良好的土壤,它能协调土壤中水分、空气和营养物之间的关系,改善土壤的理化性质。团粒结构是土壤肥力的基础,无结构或结构不良的土壤土体结实、通气透水性差,植物根系发育不良,土壤微生物(soil microorganism)和土壤动物的活动也受到限制。

(3) 土壤质地和结构与生物　　不同质地土壤中土壤动物的种类和数量明显不同。多数种类的蚯蚓喜栖壤土中,砂土中的蚯蚓数量只占壤土中的 $1/4\sim1/3$,在黏土中蚯蚓也很少。通常砂壤土中土壤动物的种数比黏土和黏壤土中要少,种类组成上亦有所差别。例如,金针虫的分布和土壤质地有关,沟金针虫(*Pleonomus canaliculatus*)是砂壤土中典型的栖居者,而细胸金针虫(*Agriotes fusicollis*)在粗砂土中较多。生活在风沙区砂土中的植物具有一系列适应风沙环境的特征。

土壤结构和机械组成直接影响许多土壤动物在土中的运动和挖掘活动,长期生活在不同土壤结构和机械组成的土壤动物,形成了不同的挖掘方式。生活在松软土壤中的小型动物如土壤线虫,能够直接利用土壤中已有的小孔洞,在土中穿行活动,它们的体形一般呈蠕虫形,具有较坚固的角质表皮,以保护身体在土中穿行时不被擦伤。生活在松软土壤中的较大型动物,具有推进式的挖掘方式,通过改变身体形状进行运动,如蚯蚓在土中钻行。而那些不能伸缩体形的动物,普遍采用凿掘方式前行,利用附肢上强有力的爪或头部的凿状突起进行凿掘,如拟步甲的幼虫、鼹鼠通常使用足爪凿掘,而叩甲的幼虫则是用头部的凿状突起凿掘。

**2. 土壤水、气、热状况对生物的影响**

(1) 土壤水分与生物　　土壤水分主要来源于大气降水、灌溉水和地下水的渗透作用,土壤中的水分可直接被植物的根系吸收。土壤水分的多少直接影响土壤中各种盐类的溶解、物质的转化和有机物的分解与合成,土壤水分的适量增加有利于各种营养物质的溶解和移动,有利于磷酸盐的水解和有机态磷的矿化,从而改善植物的营养状况。土壤水分还能调节土壤温度。但水分过多或过少都会对植物和土壤生物不利。土壤干旱不仅影响植物的生长,也威胁土壤动物的生存。同时,好氧菌氧化作用加强,使土壤有机质的含量急剧下降。土壤中节肢动物一般适于生活在水分饱和的孔隙内,如金针虫在土壤湿度下降到 92% 时就不能存活。土壤动物在行为上一般是正趋湿性的,当土壤上层水分不足时,它们往往垂直迁移钻入较深的土层,以寻找湿度适宜的环境。土壤水分过多或地下水位接近地面时,会引起土壤有机质的厌氧分解,并产生诸如硫化氢等还原物质和有机酸,抑制植物根的生长并使之老化。土壤水分过多,还会导致土壤空气流通不畅以及营养物质的流失,致使土壤肥力降低。降水太多和土壤淹水会引起土壤动物大量死亡。当土壤微粒间完全充满水时,常导致好气生物的窒息死亡,同时会促进真菌病的传播。

土壤水分状况对土壤无脊椎动物及昆虫的数量与分布有重要影响。土壤动物对土壤水分有不同的要求和耐受范围。许多土壤原生动物、涡虫、水熊、线虫等,必须在土壤液态水中生活;寡毛类、轮虫、桡足类、端足类、蛭类等的生活必须和水接触;许多小型节肢动物、昆虫幼虫和多足类等则选栖相对湿度 100% 的土壤表面生活;白蚁需要的相对湿度不低于 50%,为保持其窝穴适宜的湿度,它们能钻到地下数米深处寻找水分;蚯蚓在土壤干旱时,常钻到较深的土层中。土壤中的水分对土壤昆虫的发育和生殖有直接影响。例如,东亚飞蝗在土壤含水量 8%~22% 时产卵量最大,而卵的最适孵化湿度为 3%~16%,超过 30% 则大部分东亚飞蝗卵不能正常发育。对于多数土壤动物来说,干燥、水分不足有致命危险。反之,在水分过剩情况下,水浸 24 小时以上,表皮柔软的石蜈蚣会在数小时内死亡。土壤生物对土壤水分条件有其巧妙的适应。有些动物体表有厚角质膜或外壳覆盖,有的会使身体卷成球或形成包囊,以应对土壤干旱。有些动物身体密生绒毛或突起,其间能保存气泡以供呼吸,也有的能浮在水面上或在水面上行走,体现了这些土壤动物对水浸的适应。

(2) 土壤空气与生物　　土壤空气来自大气,但土壤空气成分与大气有所不同,土壤空气的含氧量一般只有大气中的 10%~12%。土壤空气中二氧化碳的含量比大气高得多,约为 0.1%,在有机肥充足的土壤里含量甚至可能超过 2%。土壤空气中各种成分的含量不如大气稳定,常随季节、昼夜和土体深度而变化。在积水和透气不良的情况下,土壤大气的含氧量可降低到 10% 以下,从而抑制植物根系的呼吸并影响其正常生理功能;动物(如蚯蚓)选择适宜的呼吸条件,则向土壤表层迁移。当土壤表层变得干旱时,土壤动物因呼吸不力而重新由表层转移到深层,空气及植物根系可沿着动物挖掘或钻行而形成的"虫道"向土壤深层扩散。

土壤空气中高浓度的二氧化碳(可比大气含量高几十至几百倍),一部分可扩散到近地面的大气中被植物叶片在光合作用过程中吸收,一部分则可直接被植物根系吸收。但在通气不良的土壤中,二氧化碳的浓度可达到 10%~15%,这会妨碍根系的呼吸,对植物产生毒害作用。另外,土壤通气不良会抑制好氧菌的分解活动,使植物可利用营养物质减少;土壤通气过分又会使有机物质分解速度过快,这样虽能提供更多的养分,但却使土壤中腐殖质减少,不利于养分的长期供应。只有具团粒结构才能调节好土壤中水分、空气和微生物活动之间的关系,利于植物的生长和土壤动物的生存。

(3) 土壤温度与生物　　　不同土壤类型有不同的热容量和导热率,一般而言,湿土的热容量和导热率大于干土。土壤温度具有周期性的日变化、季节变化以及空间上垂直变化的特点。通常夏季时土壤温度随深度的增加而下降,冬季随深度增加而升高;白天温度随深度的增加而下降,夜间随深度的增加而升高。但土壤温度在 35~100 cm 深度以下即无昼夜变化,30 m 以下无季节变化。

土壤温度对植物的生态作用在于:影响植物种子的萌发、生根、出苗,制约土壤盐类的溶解度、气体交换和水分蒸发、有机物的分解和转化等。不同种类植物种子萌发所需土温是不同的,秋播作物发芽出苗要求的地温较低,夏播作物发芽出苗要求的地温较高。例如,小麦发芽所需的最低温度为 1~2 ℃,最适温度为 18 ℃;玉米和南瓜发芽的最低温度为 10~11 ℃,最适为 24 ℃。大多数作物在 10~35 ℃ 的范围内其生长速度随土壤温度的升高而加快。温带植物的根系在冬季因土壤温度太低而停止生长。但土壤温度过高或过低都能减弱根系的呼吸能力,不利于根系及地下贮藏器官的生长。例如,向日葵的呼吸作用在土壤温度低于 10 ℃ 和高于 25 ℃ 时都会明显减弱。土壤温度对土壤微生物的活动和腐殖质的分解都有明显影响,从而影响植物的生长。

土壤温度对土壤动物也有重要影响,土壤温度高有利于土壤微生物的活动,促进土壤养分的分解和植物的生长,为土壤动物提供丰富的食物和养分。土壤温度在空间上的垂直变化深刻影响着土壤动物的行为。一般来说,土壤动物于秋冬季节向土壤深层迁移,于春夏季节向土壤上层回迁,其移动距离与土壤质地有密切关系。很多狭温性土壤动物不仅表现有季节性垂直迁移,在较短的时间范围也能随土壤温度的垂直变化而调整其在土层中的活动地点。

不同类型土壤动物对土壤温度的耐受能力是不同的。跳虫、土壤蜱螨(acarina)、有壳变形虫、轮虫、水熊等对低温的耐受力强,因而能够分布到高纬度和高山地带;而涡虫、白蚁、蜚蠊、尾蝎、地中性两栖类及爬行类等对低温耐受力弱,在 -1.2~2 ℃ 短时间暴露即会死亡。土壤动物对高温的耐受力较弱,尤其当土壤干燥时高温有致命的危险。

## 3. 土壤化学性质对生物的影响

(1) 土壤酸碱度(pH)对生物的影响　　　中国土壤酸碱度一般分为 5 级:pH<5.0 为强酸性,5.0~6.5 为酸性,6.5~7.5 为中性,7.5~8.5 为碱性,pH>8.5 为强碱性土壤。

土壤酸碱度对土壤肥力、土壤微生物的活动、有机质的合成与分解、营养元素的转化和释放、微量元素的有效性,以及土壤动物的分布等都有重要作用,土壤酸碱度对土壤各种化学及生物特性的影响对土壤生物的生活与活动产生综合作用。

土壤酸碱度通过影响矿质盐分的溶解度而影响土壤养分的有效性。在 pH 6~7 的微酸条件下,土壤养分的有效性最高,对植物生长最适宜。在酸性土壤中容易引起 K、Ca、Mg、P 等元素的短缺;而在强碱性土壤中容易发生 Fe、B、Cu、Mn 和 Zn 等的缺失。

土壤酸碱度还通过影响微生物的活动而影响植物的生长。酸性土壤一般不利于细菌的活动,根瘤菌、褐色固氮菌、氨化细菌和硝化细菌大多活跃在中性土壤中,在酸性土壤中它们难以生存,很多豆科植物的根瘤菌常因土壤酸度增加而死亡。真菌比较耐酸碱,所以植物的一些真菌病常在酸性或碱性土壤中发生。在土壤 pH 最适范围内,植物生长最好,过酸或过碱都会引起蛋白质的变性和酶的钝化,使根部细胞的原生质严重受损,从而使植物生长不良,甚至死亡。pH 3.5~8.5 是大多数维管束植物的耐受范围,pH<3 或 >9 时,大多数维管束植物便不能生存。

土壤酸碱度显著影响土壤动物群落的组成及分布,依照适应范围可区分为嗜酸性类群和嗜碱性类群。

例如,金针虫在 pH 4.0~5.2 的土壤中数量最多,在 pH 低达 2.7 的强酸性土壤中尚能生存。与其相反,麦红吸浆虫(*Sitodiplosis mosellana*)幼虫适宜在 pH 7~11 的碱性土壤中生活,当 pH<6 时便难以生存。蚯蚓和大多数土壤昆虫喜栖于微碱性土壤中,它们的数量通常在 pH 为 8 时最多。在呈酸性反应的森林灰化土和苔原沼泽土中,土壤动物种类组成非常贫乏,在半沙漠的灰钙土、盐碱土和沙土中,往往由于土壤过酸过碱或盐度过高,土壤动物种类与数量均贫乏。

(2)土壤有机质与生物　　土壤有机质是土壤的重要组成部分,土壤的许多属性都直接或间接与土壤有机质有关。土壤有机质包括非腐殖质和腐殖质两大类,前者是原本的动植物残体和部分分解的组织,后者是经土壤微生物分解有机质后重新合成的具有相对稳定性的多聚体化合物,主要成分为胡敏酸和富里酸,约占土壤有机质的 85%~90%,它们是植物所需的碳、氮及各种矿物营养的重要来源,并能与各种微量元素形成络合物,增加微量元素的有效性。土壤有机质能改善土壤的物理性质和化学性质,有利于土壤团粒结构的形成,促进植物的呼吸作用和新陈代谢活动,提高酶的活性,有利于植物的生长和养分的吸收。一般来说,土壤有机质的含量越多,土壤动物的种类和数量也越多。例如,在含腐殖质丰富且呈弱酸性的草原黑钙土中,土壤动物的种类特别丰富,而且数量也多;在有机质含量很少并呈碱性的半荒漠和荒漠地带,土壤动物种类非常贫乏。

(3)土壤无机元素与生物　　生物在生长发育过程中,需要不断地从土壤中吸取大量的无机元素。土壤中的无机元素对动物的分布和数量有一定的影响。例如,由于石灰质土壤对蜗牛壳的形成很重要,所以在石灰岩地区的蜗牛数量往往比其他地区多。许多种类哺乳动物也喜欢在母岩为石灰质的土壤地区活动,因为它们的骨骼,尤其是角的发育需要大量的钙。而含氯化钠丰富的土壤地区往往能够吸引大量的食草有蹄类动物,这些动物出于生理的需要必须摄入大量的盐。此外,土壤中缺乏钴(Co)常会使很多反刍动物变得虚弱、贫血、消瘦和食欲不振,甚至死亡。在非黑土地带的畜牧区,饲料植物中常缺乏 Cu,致使动物生长缓慢,体毛变粗而凌乱,骨骼变轻而质脆,成体繁殖力降低,母畜产乳量减少。

### 1.6.3　土壤因子主导的植物生态类型

常见的以土壤为主导因子所形成的植物生态类型,主要有喜钙植物、喜酸土植物、盐生植物及砂生植物等。

**1. 喜钙植物**

生长在含有大量代换性 $Ca^{2+}$、$Mg^{2+}$ 而缺乏代换性 $H^+$ 的钙质土或石灰质土壤的植物称为喜钙植物,又称钙土植物。它们不能在酸性土壤上生长。例如,蜈蚣草(*Pteris vittata*)、铁线蕨(*Adiantum cappillus veneris*)、南天竺(*Nandina domestica*)、柏木(*Cupressus funebris*)等都是典型的喜钙植物。

**2. 喜酸土植物**

仅能生长在酸性或强酸性土壤中,且对 $Ca^{2+}$ 和 $HCO_3^-$ 非常敏感,不能耐受高浓度的溶解钙,这类植物称为喜酸土植物,又称嫌钙植物。如泥炭藓(*Sphagnum*)、铁芒萁(*Dicranopecris linearis*)、石松(*Lycopodium*)、茶树等,都是典型的喜酸土植物。

**3. 盐生植物**

生长在盐土中并在器官内积聚了相当多盐分的植物,称为盐生植物。如盐角草(*Salicornia nerbacea*)、细枝盐爪爪(*Kalidium gracile*)、海韭菜(*Triglochin maritimum*)等分布在中国内陆盐土地区的旱生盐土植物,以及南方碱蓬(*Suaeda australis*)、大米草(*Spartina europaea*)、秋茄树(*Kandelia candel*)、木榄(*Bruguiera gymnorhiza*)等滨海湿生盐土植物。这类植物体内积累的盐分对其自身不仅无害,而且有益。如果将盐生植物移种到中性土壤中,它们对 $Na^+$ 和 $Cl^-$ 的吸收仍然占优势。由此可见,它们在盐土中并非被动地吸收,而是主动地需要。

**4. 砂生植物**

在长期自然适应过程中,生活在以砂粒为基质的砂土生境的植物,形成了抗风蚀沙割、耐沙埋、抗日灼、耐干旱贫瘠等一系列生态特征,称为砂生植物。例如沙鞭(*Psammochloa billosa*)、砂引草(*Messerschmidia sibirica*)、黑沙蒿(*Artemisia ordosica*)等,其被沙埋没的茎干上具有生长不定芽和不定根的能力。沙柳(*Salix cheilophila*)(浅根系植物)、骆驼刺(深根系植物)等以其庞大的根系最大限度地吸收水分,发达的根系同时可起到良好的固沙作用。还有沙芦草(*Agropyron mongolicum*)等,根的外部有根套,以避免灼伤和机械损伤。有些沙生植物以"休眠"状态度过干旱季节,如木本猪毛菜(*Salsola arbuscula*)等;也有的植物利用极短暂雨季完成生活史,如一种短寿菊,只生活几周时间便已完成整个生活周期。

### 1.6.4 生物在土壤形成中的作用

典型土壤的形成过程包括岩石的物理风化、化学风化以及土壤母质的生物作用。物理风化是土壤形成的最初阶段,即在温度等气候因子的作用下,岩石个别部分膨胀或收缩,分裂为碎片的过程。岩石碎片再经过水解、风化、氧化等化学风化过程,变得更加破碎细小。风化后的岩石碎片并不是土壤,而只是土壤中的矿质部分,只有加入有机物质以后,才能成为土壤。

植物从土壤中吸收水分和矿物营养,从大气中吸收二氧化碳,通过光合作用制造有机物,其代谢产物及其残体则给土壤增添有机质。土壤动物通过在土壤中移动,以及粉碎并分解植物残体,不但疏松了土壤,提高了土壤的通气性和吸水能力,而且混合搅拌土壤中的有机物和无机物,从而改变土壤的质地结构。土壤微生物的作用主要是化学性的。微生物是有机物质的主要分解者,在氮和硫元素的循环中起关键作用。其分解代谢产生的碳酸和有机酸还有助于分解土壤矿物质。

还应当指出的是,当前一些地方为了获得更大的眼前利益,盲目地对土地进行开垦、灌溉、除草、施肥、喷药等,虽然暂时提高了生产率,但伴随而来的是土壤肥力下降、团粒结构被破坏、水土流失、土壤污染、沙漠化、灌溉地的次生盐渍化等土壤退化问题,严重降低了土壤的肥力并大大改变了土壤的生物群落结构。因此,科学运用生态学的方法以及土壤学的知识对土壤进行合理开发利用与保护已刻不容缓。

## 1.7 火的生态作用与生物的适应

### 1.7.1 火因子及其生态作用

相对于其他生态因子,火因子的发生具有偶发性。但是几百万年以来,自然界一些地区(如寒温带针叶林、温带草原、热带稀树草原)火灾发生相当频繁,特别是全球气候变暖削弱环境对火灾的防御能力,引致大范围火灾更频繁发生。例如,2019年9月以后连续200天肆虐澳大利亚西南部的大规模山火,过火林地接近6 000万公顷,数以亿计的动物烧死。火因子对植被和动物无疑具有重要的生态作用。

按照火源可将火划分为天然火和人为火。天然火是在特殊的自然地理条件下产生的,主要包括雷击火、火山爆发、陨石降落、滚石火花和泥炭自燃等。人为火是人类的生产、生活活动引起的火源。

根据火烧的层次、强度和起因,可分为地下火、地表火和林冠火。地下火又称泥炭火或腐殖质火,它以植物地下器官、泥炭层和腐殖质为燃料,蔓延速度慢,温度高,持续时间长,破坏力大,不易扑灭,火烧后林地往往出现成片倒木,多发生在特别干旱的针叶林和森林沼泽。地表火即地面火,以草灌木、幼树和枯枝落叶为燃料,沿林地表面蔓延。其中,急进地表火蔓延快,燃烧不均匀,常留有未过火地块,危害较轻;稳进地表火蔓延虽慢,但燃烧时间长,烧毁所有地被物,温度高,危害严重。林冠火来自雷电和地表火,火势沿林冠蔓延,按其蔓延速度和危害程度又分为两类:急进林冠火又称狂燃火,蔓延速度快,火焰跳跃前进,常将地表火远远抛在后面;稳进林冠火又称遍燃火,蔓延速度慢,与地表火齐头并进,是森林火灾中危害最严重的一种。

火烧除了使生物受害或致死外,还能强烈改变生境状况,尤其改变土壤的理化性质和地表的光照条件,对植物开花结实、种子脱落和散布、种子贮藏和发芽、幼苗发生、繁殖方式等多方面产生影响。例如,火烧不仅导致一些植物种子直接受热提前发芽,而且烧掉上层庇荫植物,地表光照充足,种子也会间接受热发芽。足见火因子可直接、间接地影响火灾迹地植物的生命活动及发育周期。

火烧虽能造成大量动物死亡或逃离,却提供给某些穴居和地下生活动物丰富的食物资源,降低被捕压力;部分草食动物种内及种间竞争强度趋缓,遭遇捕食者伏击的概率降低;新生幼嫩植物适口性好,能促进草食动物较快发育与繁衍。火烧几年后开花植物重新茂盛,招引来各种传粉昆虫,逐步恢复生物多样性和食物网的丰满度。

## 1.7.2　生物对火的适应

不同种类植物对火的适应途径主要有耐火性、火后恢复性及火依赖性 3 类,相应地可分为耐火型植物(fire-tolerant plant)、火适应型植物(fire-adapted plant)和火依赖型植物(fire-dependent plant)3 类。

耐火型植物具有树皮厚、初期生长快速、芽体有保护、临时分枝、自然稀疏、叶抗火且落叶分解快等特点。一般来说,阔叶林耐火性能很强,针叶林的耐火性能较差。阔叶树通常含水量高、树脂和挥发油含量少,可燃性很低。在针阔混交林中,阔叶树带可阻隔林冠火的延烧,耐火能力明显比针叶纯林高。

火适应型植物在火后恢复力很强,地上部分枝叶被火烧掉后,具有继续生长的能力。例如,山杨在火后从地表侧根的不定芽发出根蘖,红杉和栎类在树干基部形成萌芽条,柳兰和蕨类通过根状茎萌发,这些物种快速占据火烧迹地。

火依赖型植物具有促进火烧的特征,如叶片和树皮易燃、冬季不落叶、树冠矮小等。火烧后土壤养分高、温度高、光照充足、物种竞争较弱等条件,更有利于火依赖型植物的生长。如北美短叶松球果成熟后,经火烧可熔化松脂使粘连的果鳞开裂,因而有利于种子萌发。

几乎所有动物都怕火,尽力避开火场,也有例外,据报道有少数运动能力超强的动物敢于利用火情享用猎物。例如澳大利亚昆士兰州中部的黑鸢、啸栗鸢及褐隼,它们会从火中抓起尚未燃完的树枝,投到没有着火的地方,点燃那里的树木、草地,等待老鼠、蜥蜴和鸟类等动物飞奔出逃而猎获为食。学者研究指出,大型食草动物减少致使火灾发生频率升高。如果家畜、野生和半野生食草动物群体数量富足,正常大量的啃牧活动减少了易燃物数量,从而可降低野火发生的概率,这是一种基于自然的控制火灾的有效方法。

### 思 考 题

1. 什么是生态因子? 通常区分为哪几类?
2. 名词解释:限制因子定律、耐受性定律、适应组合、辐射适应、趋同适应、有效积温法则。
3. 阐述生态因子作用的特点。
4. 阐述光因子主导的动、植物的生态类型。
5. 阐述极端温度对生物的限制及生物的适应。
6. 温度因子主导的生物生态类型有哪些?
7. 阐述陆生和水生植物生态类型特点,并进行比较。
8. 阐述陆生动物的水平衡对策。
9. 水生动物如何调节渗透压?
10. 分析土壤理化性质对生物的影响。
11. 阐述火因子的生态作用。

### 推 荐 参 考 书

1. 胡荣桂,刘康,2018.环境生态学.第 2 版.武汉:华中科技大学出版社.
2. 牛翠娟,娄安如,孙儒泳,等,2015.基础生态学.第 3 版.北京:高等教育出版社.
3. 尚玉昌,2010.普通生态学.第 3 版.北京:北京大学出版社.
4. 乌云娜,王晓光,2020.环境生态学.北京:科学出版社.

# 第2章 种群生态学

## 提 要

种群的概念、定义及基本特征；与种群数量（或密度）有关的测定、分析等方法，影响种群数量的主要因素、基本参数及数量调节；种群在无限和有限环境中的增长模型，自然种群的变动规律与生存对策；种内个体和不同物种间的相互关系，种间关系的类型及意义。

## 2.1 种群的概念和基本特征

### 2.1.1 种群的定义

种群（population）是指一定空间中同种个体的集合。从定义中可以看出，种群占有一定的领域，且由同种个体组成，但它不是个体简单相加而随机组成的个体群，而是个体通过种内关系有机组成的一个统一体。

Population 一词源自拉丁语，一般译为人口。在动物学研究中，不同的学者根据所研究的对象不同，将 population 分别译为虫口、鱼口、鸟口等。为了避免使用上的混乱，现将其译为种群。除生态学外，分类学、遗传学、生物地理学等学科都使用"种群"这个术语。为了强调不同的内容，有时还在种群的定义中加进诸如能相互进行杂交、具有一定的结构、具有一定遗传特性等内容。

种群的概念既可以抽象地应用，也可以具体地应用。我们现在学习生态学的理论，所应用的"种群"概念就是抽象意义上的；当具体应用时，其空间上的界限可大可小，可以随研究者工作方便而定。例如，全世界的蓝鲸可视为一个种群，山坡上的一片侧柏林可作为一个种群，实验室里饲养的一群小白鼠也可称为一个实验种群。

一般说来，种群的分界线是人为划定的。当然，如果种群的栖息地具有天然的分界线，这也就是该种群的分界线。例如，对于岛屿上的生物种群来说，水体就是该种群与其他种群的分界线；对生活在湖泊、池塘、沼泽、森林环绕的草地，或草地环绕的林中种群来说，其分界线也是非常清楚的。

一般认为，种群是物种在自然界中存在的基本单位。在分类学上，门、纲、目、科、属等分类单元是学者们按照生物的特征及其在进化过程中的亲缘关系来划分的，唯有种才是客观存在的。每一个物种在自然界中生存繁衍，绝不可能以单个个体的形式存在，必定是以种群作为存在的基本单位。当然，在自然界中，也不可能一个物种单独生存而不依赖其他物种，在同一空间中，必定同时生存着多个具有相互联系的物种，即多个物种共同生活在同一空间，组成生物群落，从这个意义上讲，种群又是生物群落的基本组成单位。组成种群的个体会随时间的推移而死亡，同时又会不断地有新的个体出生。在这个持续进行的出生和死亡过程中，物种的性质会因个体的变异而发生变化，因此，从进化论观点看，种群还是一个遗传和进化单位。

种群生态学（population ecology）是研究种群数量动态与环境相互作用关系的科学，具体地说，就是研究种群内部各成员之间，种群与其他生物种群之间，以及种群与周围非生物因素之间的相互作用规律。种群生态学起源于人口统计学、应用昆虫学和水产资源学等。现代种群生态学研究的主要内容包括种群的时空动态、种群之间的相互作用过程和种群的调节机制等。种群生态学的研究是进一步学习群落生态学和生态系统生态学的基础。

### 2.1.2　种群的基本特征

一般来说，作为群体属性，种群都应具有以下四个基本特征：

（1）数量特征　　　是指单位面积上的个体数量，受多种参数的影响，其变动具有一定的规律，是种群水平上最基本的特征。

（2）空间特征　　　即种群均占据一定的空间，具有特定的分布区域（地理分布），种群内个体在空间上具有一定的分布型（内分布型）。

（3）遗传特征　　　是指种群具有一定的基因组成，是一个基因库，以区别于其他物种，而且有随着时间进程改变其遗传特性的能力，种群的遗传特征是种群遗传学和进化生态学的主要研究内容。

（4）系统特征　　　指种群是一个具有自身组织秩序、自我调节能力的生物系统。

种群生态学的基本任务之一就是要定量研究种群数量在时间上和空间上的变动规律，即研究种群的动态。种群动态（population dynamics）是种群生态学的核心问题，研究种群数量及其变动具有重要的理论意义和应用价值。从理论意义上说，种群和种群动态概念的引入，为生态学的发展开辟了一个新的领域。种群是由个体组成，但又不等于个体的简单相加，而是有组织有结构的群体，从个体到种群是一个质的飞跃。种群除具有个体水平所具有的特征外，又出现了种群水平才有的群体特征，从种群水平来研究生物与环境的相互关系，与从个体水平的研究完全不同。从应用价值上说，不管是有益生物的保护和利用，还是有害生物的预防与控制，都要利用生态学的原理，深入研究它们在自然界中的作用，都要从质和量两个方面，分析它们与人类的关系。

具体地说，研究种群动态应包括以下几方面内容：①种群的数量或密度究竟是多少；②种群数量是如何变动的，变动的原因是什么；③种群的时间和空间结构如何，什么时间或什么地方种群的数量多还是少；④种群数量为什么会发生规律性的变化，种群密度的调节机制是什么；⑤在长期的进化过程中，种群会采取什么样的生存对策等。

## 2.2　种群的数量特征

种群的数量特征主要是指种群密度（density）以及影响种群密度的 4 个基本参数，即出生率（birth rate）、死亡率（death rate）、迁入率（immigration rate）和迁出率（emigration rate），种群的年龄分布（age distribution）、性比（sex ratio）对种群数量同样具有重要影响。生命表（life table）是描述种群数量变化，特别是种群死亡过程的常用工具。

### 2.2.1　种群密度

研究种群的数量特征，首先要进行种群的数量统计。在数量统计中，表示种群大小最常用的指标是密度，即单位面积（或空间）上的个体数目，通常以符号 $N$ 来表示。若是以单位面积或空间内种群的实际个体数来表示，称作绝对密度（absolute density），但在很多情况下，种群的绝对密度很难统计；若是以单位面积或空间内种群的相对数量表示，则称作相对密度（relative density），相对密度只能作为表示种群数量高低的相对指标，而不能表示种群的实际个体数。

面积（或空间）单位视具体研究而定，通常以平方千米或平方米来表示，为便于研究，也可应用每片叶子、每一植株、每个宿主为单位。严格地说，密度和数目是有区别的，在生态学中应用数量高低表示种群大小时，有时虽然没有指明其面积或空间单位，但也必然将其隐含其中，没有空间单位的数量是没有意义的。种群密度为特定时间和特定空间的种群数量，它反映了生物与环境的相互关系。

种群密度是一个变量，在适宜的环境条件下密度较高，反之则较低。随着一年四季的变化，种群密度也会发生变化。因此，在进行密度调查时，除明确调查地点外，还应当有特定时间的概念。

每一种生物的种群密度都有一定的变化限度,有最大密度、最小密度、最适密度之分。最大密度或称饱和密度,是指特定环境所能容纳某种生物的最大个体数。最小密度是指种群维持正常繁殖、弥补死亡个体所需要的最小个体数。当种群处于最适密度时,对种群内个体生长发育最为有利,种群增长最快。

种群密度的高低与生物个体大小和食性有关。植食性动物的种群密度大于肉食性动物,因为肉食性动物需要在较大的栖息地内才能寻找到足够的猎物。在食性相似的情况下,个体较大的种群密度较小,个体较小的种群则具有较大的种群密度,这是因为个体越大,食量也就越大,需要的觅食栖息地范围也就越大。例如,在草原上,猛兽、猛禽、有蹄类、啮齿类和蝗虫的密度依次增大。

当生物个体大小相差悬殊时,可用生物量来代替个体的数量。

从应用的角度出发,密度是最重要的种群参数之一。密度部分地决定着种群的能流、资源的可利用性、种群内部生理压力的大小以及种群的散布和种群的生产力等。野生动物专家需要了解动物的种群密度,以便对野生动物栖息地实施管理。林学家需要对树木密度进行调查,以便有效地进行树木管理和对林地质量进行评价。

由于生物的多样性,种群的数量统计方法随生物种类和栖息地条件而异,大体可分为绝对密度调查法和相对密度调查法两类。

**1. 绝对密度调查法**

(1) 总数量调查法(total count)    即计数在某地段中生活的某种生物的全部数量。很显然,此法的调查对象只能是开阔地带的大型动物,例如,用航空摄影调查某块草原上的全部黄羊或海岸上的海豹等。在许多情况下,总数量调查法非常困难或对某些类群没有必要。

(2) 取样调查法(sampling method)    只计数种群的一小部分,据此即可估算种群总数。取样调查法主要有三类,即样方法(use of quadrat)、标志重捕法(mark-recapture method)和去除取样法(removal sampling)。

1) 样方法:此法依调查生物的种类和具体生境而有所不同,但调查步骤基本一致。首先将调查地段划分为若干个样方,然后随机抽取一定数量样方,计数各样方中的全部个体数,再通过统计学方法,利用所有样方的平均数,估算种群总数。样方必须具有良好的代表性,这要通过随机取样法和足够多的样方数来保证。样方的形状可以多样,样方的大小要视研究对象而定。样方法是在实践中应用最为广泛的一类方法,它不仅能够观察资料的集中趋势和离散趋势,还可以利用这些数据进行种群空间分布型的测定。资料的集中趋势常用平均数(mean)表示,离散趋势则常用方差(variance)和标准差(standard deviation)来表示,属于生物统计学的这些基本概念,是应用样方法处理调查资料的基础。进行抽样前,要确定抽取样方的数量。样方数太少,不能满足一定的统计要求;样方数过多,则会耗费过多人力物力。

2) 标志重捕法:此法是由林肯(Lincoln)首先提出的,所以也称为林肯指数法。其原理为:在调查地段中,捕获一部分个体进行标志,然后放回,经一定时间后再进行重捕。假定总数中标志的比例与重捕取样中比例相同,根据重捕中标志个体的比例,估计该地段中个体的总数。即

$$N : M = n : m \tag{2.1}$$

$$N = Mn/m \tag{2.2}$$

其中,$N$ 为该样地中种群个体总数,$M$ 为该样地中标志个体总数,$n$ 为重捕个体数,$m$ 为重捕中标志个体数。

很明显,应用这种方法需要满足以下条件:①标志个体在整个调查种群中均匀分布,标志个体和未标志个体被捕概率相等;②调查期间,没有迁入或迁出,没有新的出生和死亡。因此,调查时应注意以下两点:①调查期限不宜过长或过短。过长会发生个体的出生和死亡,增加迁入和迁出的可能性;过短会影响标志个体的均匀分布。②标志方法要合理。标志物既不能影响动物的活动性,也不能过分鲜艳,以免招引天敌,影响有机体被捕的概率;还不能使用易消失的标志物,以免因标志物丢失而产生调查错误。对于动物本身的原因而导致的标志个体和未标志个体被捕概率的差异,应采用调整实验过程等方法加以避免。

随着生物统计学的发展,标志重捕法日臻完善,变型甚多,应用范围很广。连续的标志重捕工作不但能

估计种群的数量,而且还可以估计种群的增加量(出生或迁入)和减少量(死亡或迁出)。

3) 去除取样法:在一个封闭的种群里,随着连续的捕捉,种群数量逐渐减少,同等的捕捉力量所获取的个体数也逐渐减少,逐次捕捉的累积数则逐渐增加。不难想象,当单位努力捕捉数等于零时,捕获累积数就是种群数量的估计值。在实际工作中,没有必要连续捕捉,直至单位努力捕捉数等于零,而是根据少数几次捕捉结果,利用直线回归的方法估计种群数量。将捕获累积数作为横坐标,逐次捕捉数/单位努力作为纵坐标,作一直线回归图,回归线与横坐标相交,交点的值就是种群数量 N 的估计值。例如,某单位在一次灭鼠活动中,连续灭鼠 6 天,每天捕获数为 19、16、10、12、9、7;捕获累积数则为 0、19、35、45、57、66。根据该调查结果,可以得出每天捕获数与捕获累积数的回归方程为:

$$Y = 18.75 - 0.177X \tag{2.3}$$

进而可以估算出鼠种群数量为:

$$N = 18.75/0.177 = 106(只)$$

去除取样法也有两个条件需要满足:①每次捕捉时,每个动物个体被捕概率相等;②调查期间,没有出生和死亡,也没有迁入或迁出(图 2.1)。

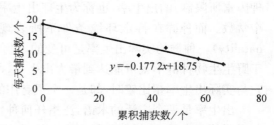

图 2.1　直线回归法估计种群数量

**2. 相对密度调查法**

相对密度测定值不是单位空间中动物密度的绝对值,而只是表示种群数量的相对多少。这类方法很多,主要有以下几种:

(1) 捕捉法　　例如,使用捕鼠夹、诱捕飞虫的黑光灯、捕捉地面动物的陷阱、采集浮游动物的生物网等进行捕捉,只要能加以合理的定量,均可作为相对密度的指标。

(2) 活动痕迹计数法　　动物活动所遗留的痕迹如粪堆、土丘、洞穴、足迹等的计数。

(3) 鸣声计数法　　主要适用于鸟类的数量调查。

(4) 单位捕获努力量　　在鱼类数量统计和预测预报中被广泛应用。

(5) 毛皮收购记录　　多年连续的记录对了解种群数量年际变动很有用处。例如,美洲兔(*Lepus americanus*)和加拿大猞猁(*Lynx canadensis*)9~10 年周期性的数量变动,就是在分析百余年的毛皮收购数字后被证实的。

对于这些相对密度的调查结果,虽然我们常持怀疑态度,但作为绝对密度统计资料的补充,往往是极为有用的。用一种相对密度调查法测定的结果不能全信,但如果把几种比较容易的方法结合起来估计种群动态,则是非常有效的。有时候,相对密度可以转换为绝对密度,但应注意的是,转换必须要有足够的、可靠的根据。当然,绝对密度并不意味着数量绝对正确,或一定比相对密度更准确可靠。

上述种群密度调查方法中,仅是以个体数表示种群的大小,像大多数动物种类那样,种群内各个个体保持一致的形态结构,没有必要考虑个体间大小的差异。但调查高等植物的种群密度时,因其个体的分枝或分蘖,个体大小差异悬殊,仅以个体数量表示种群的大小很不恰当。因此,在植物生态学研究中,通常将生物分为单体生物和构件生物,单体生物(unitary organism)是指生物胚胎发育成熟后,其有机体各个器官数量不再增加,只是各组成部分大小的增长,各个个体保持基本一致的形态结构;构件生物(modular organism)是指生物由一个合子发育而成,在其生长发育的各个阶段,其初生及次生组织的活动并未停止,基本构件单位反复形成,有机体不断增长。如一株树有许多树枝,树枝可视为构件,一株水稻可有许多分蘖,分蘖也可视为构件。生物个体的构件数很不相同,并且构件还可以产生新构件。大多数动物属于单体生物,而营固着生活的珊瑚、薮枝螅、苔藓虫等则属于构件生物;许多高等植物属于构件生物,但也有很多植物属于单体生物。

如果说对于单体生物以个体数就能反映种群大小,对于构件生物则需要进行两个层次的数量统计,即从合子产生的个体数和构成每个个体的构件数,只有同时研究这两个层次的数量及其变化,才能真正掌握构件生物的种群动态,有时候研究构件的数量和分布状况往往比个体数更为重要。研究植物种群动态,必须重视个体以下水平构件组成的重要意义,这是植物种群生态学与动物种群生态学的重要区别之一。

## 2.2.2 影响种群数量的基本参数

种群数量是经常变动的。种群数量的变动取决于种群的四个基本参数,即出生率、死亡率、迁入率和迁出率。出生率和迁入率引起种群数量的增长,死亡率和迁出率则引起种群数量的减少。

**1. 出生率**

率这个概念在生态学的定量研究中非常重要。所谓率是两组事物之间的数值比例,在生态学中,经常以时间单位来表示率,即以变化量除以时间。

种群出生率是指单位时间内种群的出生个体数与种群个体总数的比值。出生个体数是一个绝对指标,表示一定时间内种群新生产的个体数,它不仅取决于物种的生殖能力,还受种群个体总数的影响,只有通过计算出生率,才能比较不同种群的繁殖能力。出生率可以区分为最大出生率(maximum natality)和实际出生率(realized natality)。最大出生率是指种群处于理想条件下(即无任何生态因子的限制作用,生殖只受生理因素所限制)的出生率,也称为生理出生率(physiological natality)。对于特定种群来说,最大出生率是一个常数。而种群在特定环境条件下所表现出的出生率称为实际出生率,也称为生态出生率(ecological natality)。种群的实际出生率是可变的,它会随着种群的结构、密度大小和自然环境条件的变化而改变。由于野生生物种群不太可能达到最大出生率,所以测定最大出生率对野生生物学家来说,意义可能不大,但将它与实际出生率相比较时,却是一个很有用的指标。

出生率是一个广泛的术语,泛指任何种生物产生新个体的能力,而不论这些新个体的产生方式。需要强调说明的一点是,这里所指的出生率是对种群整体而言,即种群的平均繁殖能力。至于种群中的某些个体所表现出的超常生殖能力,则不能代表种群的最大出生率。

对动物种群而言,出生率的高低在各类动物之间差异极大,其出生率的高低受种群内外许多因素的影响,主要取决于该种动物所表现出的下列特点:

(1)性成熟的速度 性成熟的速度越快,有机体性成熟越早,平均世代长度越短,种群的出生率就越高。不同种动物的性成熟速度相差很多,例如,类人猿15~20岁性成熟,黄鼬10个月左右性成熟,田鼠则仅需2个月左右,而甲壳类动物性成熟只需要几天。

(2)每次产仔数目 不同种动物每次产仔的数目相差悬殊,许多灵长类、鲸类每胎只产1仔;鼠类每胎可产8只左右,多者可达10只以上;鹑鸡类每窝有10~20个幼雏;许多昆虫一次能产数百个卵;许多海洋鱼类和甲壳类一次产卵数万甚至数百万个。

(3)每年繁殖次数 有些动物具有一定的生殖季节,繁殖次数较少;有些动物则不间断地生殖,繁殖次数很多。例如,鲸类、大象每2~3年产仔一次,某些鱼类一生仅产一次卵,而某些田鼠则每年可产仔4~5窝。

此外,动物胚胎期、孵化期和繁殖年龄的长短等都会影响到种群的出生率。

在人类生态学研究中,出生率一般以种群中每单位时间(如年)每1 000个个体的出生数来表示,例如中国的人口在2011年~2020年期间,年平均出生率为12.3‰,表示平均每1 000个人每年出生12.3个人。特定年龄出生率就是按不同的年龄组计算其出生率,这样不仅可以知道整个种群的出生率,而且还可以知道不同年龄组在出生率方面所存在的差异。就人类而言,15~45岁为生育年龄,但出生率最高的年龄组是20~25岁组,其次是26~30岁组,其他年龄组的出生率都比较低。

**2. 死亡率**

种群的死亡率是指单位时间内种群的死亡个体数与种群个体总数的比值,死亡率有最低死亡率(minimum mortality)和实际死亡率(realized mortality)之分。最低死亡率是种群在最适环境条件下所表现出的死亡率,即生物都活到了生理寿命,种群中的个体都是由于老年而死亡,也称为生理死亡率(physiological mortality)。生理寿命(physiological longevity)是指处于最适条件下种群中个体的平均寿命,而不是某个特殊个体具有的最长寿命。实际死亡率也称为生态死亡率(ecological mortality)是指种群在特定环境条件下所表现出的死亡率,种群中个体的寿命为生态寿命,生态寿命(ecological longevity)即种群在特定环境条件下的平均寿命。种群在特定环境条件下,只有少数个体能活到生理寿命或接近生理寿命,多数则因捕食者、饥饿、疾病、不良气候或意外事故等死亡。对野生生物来说,最低死亡率与最大出生率一样是不可能实现的,它只具有理论的和比较的意义。

死亡率一般也是以种群中每单位时间(如年)每 1 000 个个体死亡数来表示,例如中国人口在 2011 年～2020 年期间,年平均死亡率为 7.09‰,表示平均每 1 000 人每年平均死亡 7.09 人。种群的死亡率也可以用特定年龄死亡率来表示,因为处于不同年龄组的个体,其死亡率的差异是很大的。一般说来,低等动物的早期死亡率很高,而高等动物(包括人类)的死亡主要发生在老年组。

在自然条件下,调查野生动物的种群死亡率比较困难,因此这方面的工作不如对出生率研究得多。但可以利用标志重捕法计算种群的死亡率,也可以根据某一特定时刻种群中各年龄组的相对个体量,间接地推算出各年龄组的大致死亡率。

**3. 迁移率**

种群中个体的迁移包括迁入和迁出,是生物生活周期中的一个基本现象,但直接测定种群的迁入率和迁出率是非常困难的。在种群动态研究中,往往假定迁入与迁出相等,从而忽略这两个参数,或者把研究样地置于岛屿或其他有不同程度隔离条件的地段,以便假定迁移所造成的影响很小。很明显,在实际工作中这两个假定都是不现实的或难以做到的。另外,生物的分布多是连续的,没有明确的界限来确定种群的分布范围,种群的边界往往是研究者按照自己的研究目的人为划定的,这也增加了对种群迁移率研究的难度。

尽管如此,仍有一些方法用来研究种群的迁移率。例如,通过标志重捕法测定种群的丧失率(死亡加迁出)和添加率(出生加迁入),然后减去死亡率或出生率,即可得到种群的迁出率和迁入率。研究种群的迁移率,最为直接的方法是在进行调查时,将一个大样方分为四个小样方,因为迁入和迁出的多少依赖于样方周边的长短,四个小样方的周边长是一个大样方的两倍,四个小样方的迁出率和迁入率将是大样方的两倍。通过调查种群的丧失率和添加率,就可获得迁移率。假设:

一个大样方　　　　　　　　丧失率＝死亡率＋迁出率＝15％/月
四个小样方　　　　　　　　丧失率＝死亡率＋2(迁出率)＝20％/月

两式相减,可以得出:

迁出率＝5％/月;死亡率＝10％/月。

应用该方法时需注意样方的面积。样方大小随不同动物种类而定,但小样方的面积不宜太小,须保证扩散率不致太高。

此外,在进行标志重捕法调查种群数量时,通过直接观察被标志动物在相邻环境间的活动,能获取一些不十分精确的种群迁移资料;或采用遥测技术,在动物体上挂上发射装置,然后用天线和接收器接收,来获取种群迁移资料。

## 2.2.3　年龄分布

任何种群都是由不同年龄的个体组成,因此,各个年龄组在整个种群中都占有一定的比例,形成一定的年龄结构。种群的年龄结构是指不同年龄组的个体在种群内的比例或配置情况。由于不同的年龄组出生率和死亡率相差很大,所以年龄结构对种群数量动态具有很大的影响。种群的年龄分布对于种群未来的动态趋势十分重要,研究种群的年龄结构,有助于了解种群的发展趋势,预测种群的兴衰,对深入分析种群动态和进行预测预报具有重要价值。

种群的年龄分布就是不同年龄组(age class)在种群内所占的比例,它对于种群的动态具有很大的影响。一般说来,如果其他条件相等,种群中具有繁殖能力的成体比例越大,种群的出生率就越高,而种群中缺乏繁殖能力的老年个体比例越大,种群的死亡率就越高。

分析种群年龄分布最常用的方法是年龄锥体。年龄锥体是用从上到下一系列不同宽度的横柱制成的图。横柱的高低表示由幼体到老年的不同年龄组,横柱宽度表示各个年龄组的个体数或其所占的百分比。

年龄锥体可分为以下三种基本类型:

(1) 金字塔形锥体　　基部宽阔而顶部狭窄,表示种群中有大量的幼体,而老年个体却很少。这样的种群出生率大于死亡率,种群数量迅速增长,为增长型种群(expanding population)。

(2) 钟形锥体　　表示种群中幼年个体与中老年个体数量大致相等。种群的出生率与死亡率大致相等,种群数量稳定,为稳定型种群(stable population)。

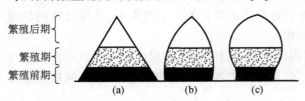

繁殖后期
繁殖期
繁殖前期

(a)　　(b)　　(c)

图 2.2　年龄锥体的 3 种基本类型(仿自 Kormondy,1976)

a. 金字塔形;b. 钟形;c. 壶形

(3) 壶形锥体　　基部比较狭窄而顶部宽,表示种群中幼体所占的比例较小,而老年个体的比例较大。种群的死亡率大于出生率,种群数量趋于下降,为下降型种群(decline population)(图 2.2)。

一般说来,动物的繁殖能力因年龄的不同而不同。如果其他条件相等,种群中具有繁殖能力的成体比例越大,种群的出生率就越高;种群中失去繁殖能力的老年个体所占比例越大,种群的死亡率就越高。

年龄分布在研究人口动态上十分有用,如中国第七次人口普查结果为:0~14 岁人口为 2.53 亿人,占全部人口总数的 17.9%;65 岁及以上人口为 1.91 亿人,占全部人口总数的 13.5%。同中国第六次人口普查结果相比,0~14 岁人口上升 1.3%,但是 65 岁及以上人口增加明显,增幅达 4.6%。中国人口年龄结构的变化,说明随着中国经济社会的快速发展,生育率持续保持较低的水平,老龄化的进程逐步加快。

与动物种群一样,植物的繁殖能力与其年龄有着密切关系,所以正确了解种群的年龄结构情况,就可以预测该种群的发展趋势。

植物种群的年龄组成可以分为同龄级和异龄级。凡是一年生植物和一切农作物种群,都可以认作同龄级种群,一切多年生植物都是异龄级种群。在异龄级种群中,个体之间的年龄可以相差很大,如一株百年大乔木与其同种的种子新萌发的幼苗相比,年龄相差极为悬殊,但同属于一个种群。一个异龄级种群的全部个体可以分布到群落中的不同层次。在森林群落中这些情况是常见的。

一个异龄级种群内的个体常常是处在不同的年龄时期,它们对环境的要求和反应各不相同,在群落中的地位和所起的作用也各不一样。研究植物种群的年龄结构,可以根据植物种群中个体的生长发育状况,将其划分为以下几个基本时期:

(1) 休眠期　　植物以具有生活能力的种子、果实或其他繁殖体处于休眠状态之中。

(2) 营养生长期　　从繁殖体发芽开始到生殖器官形成之前。这一时期还可以细分为幼苗、幼年和成年 3 个时期。

(3) 生殖期　　植物的营养体已基本定型,性器官成熟,开始开花结实。对于多年生多次结实的植物来说,进入生殖期之后,每年还要继续长高、增粗和添生新枝叶,在每年一定季节形成花、果、种子,但形体增长速度渐趋平缓。

(4) 老年期　　个体达到老年期,即使在良好的生长条件下,营养生长也很滞缓,繁殖能力逐渐消退,抗逆性减弱,植株接近死亡。

通常,若一个种群中的幼年个体较多,而老年个体较少,这种年龄结构说明环境条件对种群很有利,种群正在发展之中;若各个年龄级的个体比例相近,则说明种群与环境之间处于相对稳定的平衡状态;若种群中低年龄级的个体很少,而老年个体较多,则可以认为环境条件对种群不利,种群处于衰退期。

利用年龄结构推断种群动态的方法,也可以用来进行人口的预测预报。

### 2.2.4　性比

性比(sex ratio)是指种群中雄性与雌性个体数的比例。表示性比的方法有多种,如 51∶49,表示每 100 个生物体中,雄性个体为 51 个,雌性个体为 49 个;再如性比值为 1.1,表示以雌性个体为标准,记作 1,雄性个体数为 1.1。在人类生态学研究中,性比表示方法是以女性为 100,男性的个体数为性比值,即男性人口数/女性人口数×100。如性比为 102,表示女性个体为 100,男性的个体数则为 102。

性比是种群统计学的主要研究内容之一。因为雌雄两性个体对种群数量变动的贡献大小不一,雌性个体的贡献远大于雄性,性比的重要性随动物的雌雄关系而不同。在动物的婚配制度中,有一雄一雌制、一雄多雌制和一雌多雄制。对于一雄一雌制的动物来说,性比 1∶1 对于种群的增长最有利,偏离此比例则意味着有一部分雌性成体不能参与繁殖或雌性成体太少。

人、猿等高等动物的性比值为 1;鸭类等一些鸟类以及许多昆虫的性比值大于 1;蜜蜂、蚂蚁等社会性昆虫的性比值小于 1。种群的性比值会随着其个体发育阶段的变化而发生改变,例如,一些啮齿类出生时性比值为 1,但 3 周后的性比值变为 1.4。因此,根据不同发育阶段,即配子、出生和性成熟三个时期,性比可相应再分为初级性比(primary sex ratio)、次级性比(secondary sex ratio)和三级性比(tertiary sex ratio)。

大多数性比值为 1 的生物种群都倾向于使雌雄性比保持在 1∶1,即雌雄个体在种群中各占一半。动物出生时的性比,一般是雄性多于雌性,但在较老的年龄组则是雌性多于雄性,人类也是如此。在出生时男婴多于女婴,新生婴儿的性比总是在 105 左右,但随着年龄增长,性比逐渐向有利于女性的方向转变。据 1983 年人口普查资料,在中国百岁以上的老人中,男性有 1 108 人,而女性则多达 2 657 人,性比值仅为 41.7。在鸟类中,性比则常常有利于雄性,如在秋季和冬季,成年草原雉雄性占有明显优势。大多数昆虫自然种群雌雄个体的比例常接近于 1∶1,但其对环境因子的变化较为敏感。当环境因子出现异常变化时,种群正常的性比会发生变化。如在食物短缺时,赤眼蜂种群的雌性比例急剧下降,从而导致下代种群密度的降低。一些孤雌生殖的昆虫,如蚜虫、介壳虫等,大部分时间只有雌性个体存在,雄性个体只在有性生殖的短暂时期出现。在分析种群结构时,对这类昆虫可以不考虑性比问题。

影响动物性比的因素很多,部分原因可能与性别的遗传决定、生理学和两性的行为等因素有关。

## 2.2.5　生命表

生命表是最直接地描述种群死亡和存活过程的一览表,是研究种群动态的有力工具。生命表最早出现在人口统计学,尤其在人寿保险领域,用以估计人的期望寿命,并由此确定保险金额。1921 年,美国生态学家珀尔(Pearl)和帕克(Parker)最早将生命表应用到动物种群的研究。

### 1. 一般生命表的编制

生命表是由许多行和列构成的表格,通常第一列表示年龄、年龄组或发育阶段,从低龄到高龄自上而下排列,其他各列为记录种群死亡或存活情况的观察数据或统计数据,并用一定的符号代表。下面我们就以康奈尔(Conell)对华盛顿圣胡安岛(San Juan Island)藤壶(*Balanus glandula*)的观察实验数据为例,说明生命表的一般构成及各种符号的含义。

实验开始于 1959 年,新出生的藤壶幼虫在 1~2 个月后就固着于岩石上,逐年调查其存活数,直至 1968 年这群藤壶全部死亡为止。利用该观察数据所编制的生命表见表 2.1。

表 2.1　华盛顿圣乔恩岛藤壶生命表(1959~1968 年)(引自 Krebs, 1978)

| $x$ | $n_x$ | $l_x$ | $d_x$ | $q_x$ | $L_x$ | $T_x$ | $e_x$ |
| --- | --- | --- | --- | --- | --- | --- | --- |
| 0 | 142 | 1.000 | 80 | 0.563 | 102 | 224 | 1.58 |
| 1 | 62 | 0.437 | 28 | 0.452 | 48 | 122 | 1.97 |
| 2 | 34 | 0.239 | 14 | 0.412 | 27 | 74 | 2.18 |
| 3 | 20 | 0.141 | 4.5 | 0.225 | 17.75 | 47 | 2.35 |
| 4 | 15.5 | 0.109 | 4.5 | 0.290 | 13.25 | 29.25 | 1.89 |
| 5 | 11 | 0.077 | 4.5 | 0.409 | 8.75 | 16 | 1.45 |
| 6 | 6.5 | 0.046 | 4.5 | 0.692 | 4.25 | 7.25 | 1.12 |
| 7 | 2 | 0.014 | 0 | 0.000 | 2 | 3 | 1.50 |
| 8 | 2 | 0.014 | 2 | 1.000 | 1 | 1 | 0.50 |
| 9 | 0 | 0 | 0 | — | 0 | 0 | — |

表 2.1 中各符号的含义及计算方法如下：

$x$：年龄、年龄组或发育阶段。

$n_x$：本年龄组开始时的存活个体数。

$l_x$：本年龄组开始时，存活个体的占比，即 $l_x = n_x/n_0$。

$d_x$：本年龄组期间的死亡个体数，即从年龄 $x$ 到年龄 $x+1$ 期间的死亡个体数。

$q_x$：本年龄组期间的死亡率，即从年龄 $x$ 到年龄 $x+1$ 期间的死亡率，即 $q_x = d_x/n_x$。

$L_x$：本年龄组期间的全部个体的存活时间之和，即 $L_x = (n_x + n_{x+1})/2$。

$T_x$：本年龄组全部个体的剩余寿命之和，其值等于将生命表中的各个 $L_x$ 值自下而上累加值，即 $T_x = \sum L_x$。

$e_x$：本年龄组开始时存活个体的平均生命期望，即 $e_x = T_x/n_x$。

在生命表的各个参数中，只有 $n_x$ 或 $d_x$ 是直接观察值，其余(如 $q_x$、$L_x$、$T_x$ 和 $e_x$ 等)都是统计值，可以用公式计算得出。

## 2. 生命表的类型

依据收集数据的不同方法，生命表可分为动态生命表(dynamic life table)和静态生命表(static life table)两大类。

动态生命表是根据观察一群同一时间出生的生物的死亡或存活过程而获得的数据来编制的生命表。在种群统计学中常把同一时间出生的生物称为同生群(cohort)，因此，动态生命表也称为同生群生命表(cohort life table)。由于观察的是同生群，年龄一致，不具有年龄结构，因此动态生命表也称特定年龄生命表(age-specific life table)。

静态生命表是根据某一特定时间对种群作年龄结构调查的资料而编制的生命表。因为是在某一特定时间对种群每一年龄组个体数量及所占的比例进行调查，因此，静态生命表也称为特定时间生命表(time-specific life table)。

动态生命表所调查的生物个体，都经历过同样的环境条件；而静态生命表的各年龄组的个体，是在不同年份出生，经历过不同的环境条件。因此，编制静态生命表就等于假设种群所经历的环境是年复一年没有变化的，尽管在实际上环境总是不断变化的。

一般说来，世代重叠且寿命较长的生物适用静态生命表，如人类的生命表。这种情况下，我们不可能或没必要跟踪观察一个同生群来编制动态生命表。对于世代不重叠的生物(如某些昆虫)来说，因为种群不具有年龄结构，在任何一个特定时间，其种群剖面都不可能给出包括所有发育阶段的年龄频率分布。因此，静态生命表就显然不适用了，动态生命表才适用于该类生物。

## 3. 昆虫生命表

利用生命表研究昆虫时，我们所关心的不再是生物的期望寿命，而是关心在某特定年龄组中昆虫的死亡原因。通过对这些死亡原因的研究，可以更好地了解昆虫的种群动态。

昆虫生命表与一般生命表相比有两个特点：①年龄间隔 $x$ 不是按等长的时间间距来划分的，而是按生活时期，如卵、幼虫、蛹和成虫期，幼虫期还可以进一步细分。②具有死亡因子列($d_xF$)，该列给出了所有可以定量的死亡因素。虽然致死的因素很多，但作为影响种群数量变动的关键因子不会太多，通常为 1 种，至多不会超过 3 种。

关键因子分析是昆虫生命表研究的重点。关键因子(key factor)是指对下代种群数量变动起主导作用的因子。要进行关键因子分析，必须具备多年(至少 5 年)的生命表资料，否则无法找出关键因子。最常用的分析方法为瓦利(Varley)和格拉德韦尔(Gradwell)的 $K$ 值法，将生命表中 $l_x$ 栏的数值取对数，并按下面的公式计算出 $k$ 和 $K$ 值。

$$k_i = \lg l_{x(i)}/l_{x(i+1)} = \lg l_{x(i)} - \lg l_{x(i+1)} \tag{2.4}$$

$$K = \sum k_1 + k_2 + \cdots + k_i \tag{2.5}$$

式中, $k_i$ 为前后两个阶段存活对数之差, $K$ 为整个世代各发育阶段所有 $k_i$ 值之和。然后,用关键因子图解分析法,确定对 $K$ 值的波动影响最大的 $k_i$,与 $k_i$ 相对应的死亡因子即关键因子。也可以用关键因子的回归分析法,分别计算各个 $k_i$ 对 $K$ 的回归系数,与回归系数最大的 $k_i$ 相对应的死亡因子即关键因子。

现用古德祥对稻纵卷叶螟(*Cnaphalocrocis medinalis*)的研究为例,说明昆虫生命表的编制及关键因子的分析过程。稻纵卷叶螟一年发生多代,第二代种群增长指数是全年各代中最高的一代,所以均以第二代虫为代表。表 2.2 是 1980 年第二代虫的生命表,表 2.3 是根据 1977～1981 年五年中第二代虫的生命表计算出的各种死亡因素的 $k$ 值和世代总死亡率的 $K$ 值。应用 $K$ 值法可以得知, $k_4$ 与 $K$ 值波动最为一致(图 2.3)。 $k_4$ 所对应的死亡因子为 1～2 龄幼虫的失踪,根据田间调查结果,捕食性天敌的捕食作用是第二代 1～2 龄幼虫失踪死亡的关键。因此,有效保护和利用天敌,充分发挥天敌的效能,是对稻纵卷叶螟进行综合防治的有效措施之一。

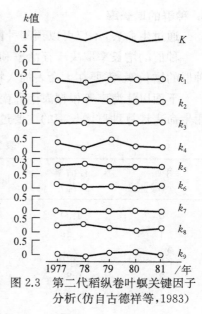

图 2.3　第二代稻纵卷叶螟关键因子分析(仿自古德祥等,1983)

表 2.2　1980 年第二代稻纵卷叶螟生命表(引自古德祥等,1983)

| 年龄级 | 年龄级开始时个体数($l_x$) | 死亡原因($d_xF$) | 死亡数($d_x$) | 死亡率($q_x$) | 生存率($s_x$) | (累计)生存率 | $k$ 值 |
|---|---|---|---|---|---|---|---|
| 卵 | 731 | 失踪 | 314 | 42.95 | | | 0.243 8 |
| | | 寄生 | 0 | 0 | | | 0 |
| | | 不孵化 | 25 | 3.42 | | | 0.015 1 |
| | | | 339 | 46.37 | 53.63 | 53.63 | |
| 1～2 龄幼虫 | 392 | 失踪 | 141.12 | 36.00 | | | 0.193 6 |
| | | 寄生 | 0 | 0 | | | 0 |
| | | | 141.12 | 36.00 | 64 | 34.32 | |
| 3～5 龄幼虫 | 250.88 | 失踪 | 26.77 | 10.67 | | | 0.049 1 |
| | | 寄生 | 13.37 | 5.33 | | | 0.023 9 |
| | | | 40.14 | 16.00 | 84.00 | 28.83 | |
| 蛹 | 210.74 | 失踪 | 39.87 | 18.92 | | | 0.091 2 |
| | | 寄生 | 56.96 | 27.03 | | | 0.136 9 |
| | | | 96.83 | 45.95 | 54.05 | 15.58 | |
| 成虫 | 113.91($♀:♂=35:20$) | | | | | | 0.753 6 |

表 2.3　第二代稻纵卷叶螟各种死亡因素的 $k$ 值(引自古德祥等,1983)

| $k$ 值 | 1977 年 | 1978 年 | 1979 年 | 1980 年 | 1981 年 |
|---|---|---|---|---|---|
| $k_1$ | 0.196 3 | 0.100 0 | 0.247 9 | 0.243 8 | 0.291 1 |
| $k_2$ | 0.060 4 | 0.044 9 | 0 | 0 | 0 |
| $k_3$ | 0.009 7 | 0 | 0.012 4 | 0.015 1 | 0.028 6 |
| $k_4$ | 0.311 6 | 0.139 2 | 0.379 7 | 0.193 6 | 0.193 7 |
| $k_5$ | 0.045 7 | 0.112 7 | 0.038 8 | 0.049 1 | 0.007 4 |
| $k_6$ | 0.166 1 | 0.079 9 | 0.123 5 | 0.049 1 | 0.122 9 |
| $k_7$ | 0.003 9 | 0.007 0 | 0 | 0.023 9 | 0.002 9 |
| $k_8$ | 0.226 7 | 0.348 1 | 0.210 5 | 0.091 2 | 0.187 2 |
| $k_9$ | 0.018 8 | 0 | 0.105 2 | 0.136 9 | 0.028 3 |
| $K$ | 1.039 2 | 0.831 8 | 1.118 0 | 0.753 6 | 0.862 1 |

#### 4. 种群的增长率

通过生命表,不仅可以预测种群内个体的期望寿命,还可以计算种群的增长率。

种群的增长率取决于存活率和出生率两个指标。一般生命表仅涉及存活情况,因此,若利用生命表计算种群的增长率,需要在生命表加入特定年龄生殖率($m_x$)一项,编制成包括出生率的综合生命表。

下面以江海声等根据海南岛南湾猕猴雌猴 1978~1987 年资料编制而成的生命表为例(表 2.4),了解利用生命表计算种群增长率的主要过程。

**表 2.4　南湾猕猴雌猴生命表(引自江海声等,1989)**

| 年龄<br>[$x$(a)] | 存活率<br>($l_x$) | lg($1\,000l_x$) | 死亡压力<br>($k_x$) | 特定年龄生殖率<br>($m_x$) | 特定年龄增殖率<br>($l_x m_x$) | $x l_x m_x$ |
|---|---|---|---|---|---|---|
| 0 | 1.00 | 3.00 | 0.00 | 0 | 0 | 0 |
| 1 | 0.99 | 3.00 | 0.01 | 0 | 0 | 0 |
| 2 | 0.97 | 2.99 | 0.04 | 0 | 0 | 0 |
| 3 | 0.89 | 2.95 | 0.01 | 0 | 0 | 0 |
| 4 | 0.87 | 2.94 | 0.00 | 0.154 | 0.134 | 0.536 |
| 5 | 0.87 | 2.94 | 0.01 | 0.401 | 0.349 | 1.745 |
| 6 | 0.86 | 2.93 | 0.00 | 0.440 | 0.378 | 2.268 |
| 7 | 0.86 | 2.93 | 0.01 | 0.464 | 0.399 | 2.793 |
| 8 | 0.83 | 2.92 | 0.01 | 0.434 | 0.360 | 2.880 |
| 9 | 0.81 | 2.91 | 0.00 | 0.462 | 0.374 | 3.366 |
| 10 | 0.81 | 2.91 | 0.00 | 0.320 | 0.259 | 2.590 |
| 11 | 0.81 | 2.91 | 0.00 | 0.462 | 0.374 | 4.114 |
| 12 | 0.81 | 2.91 | 0.00 | 0.578 | 0.468 | 0 |
| 13 | 0.81 | 2.91 | 0.00 | 0 | 0 | |

综合生命表同时包括存活率和出生率两方面数据。把各年龄组的 $l_x$ 与 $m_x$ 相乘,并将其累加起来,可以得到一个非常有用的值,称为净增殖率,通常用 $R_0$ 表示:$R_0 = \sum l_x m_x$。表 2.4 中 $R_0 = 3.096$,表示雌猕猴经一个世代将增长到原来的 3.096 倍。

种群的世代净增殖率 $R_0$ 虽然是很重要的参数,但由于各种生物的平均世代长度并不相等,作种间比较时,其可比性不强。为了消除世代长度的影响,种群增长率 $r$ 就显得更有价值:$r = \ln R_0 / T$。其中 $T$ 为平均世代长度,它是指种群中个体从母体出生到其产子的平均时间,即从母世代生殖到子世代生殖的平均时间,也可以理解为种群中个体出生时母体的平均年龄。用生命表资料可以估计出世代长度的近似值,即

$$T = \sum l_x m_x x / R_0 \tag{2.6}$$

由表 2.4 中数据可知,雌猕猴的平均世代长度 $T = 8.487$ 年,种群增长率 $r = 0.132\,7$(只/年)。

自然界中环境条件在不断地变化,不可能对种群始终有利或不利。当环境条件有利时,种群增长率是正值,数量增加;当环境条件不利时,种群增长率是负值,数量下降。因此,在自然界中观察到的种群实际增长率,是随环境条件变化而不断变化的。

但是,如果在实验室条件下,我们排除不利的天气条件及捕食者和疾病等不利因素,提供理想的食物条件,就可以观察到种群的最大增长能力,称为种群内禀增长率,用 $r_m$ 表示。

安德烈沃斯(Andrewarth)和伯奇对种群的内禀增长率给出明确定义:具有稳定年龄结构的种群,在食物与空间不受限制,密度维持在最适水平,环境中没有天敌,并在某一特定的温度、湿度、光照和食物性质的生

境条件组配下,种群达到的最大增长率。由定义可以看出,人们只能在实验室条件下才能测定种群的内禀增长率。当然这种实验室条件是人为控制的,对实验生物来说并不一定是最理想或最优的,因此,种群内禀增长率可以看作是一个理论值。

虽然 $r_m$ 仅是一个理论值,但绝不是毫无用处,它可以作为一个参数,与在自然界中观察到的实际增长率进行比较,来分析种群生存环境的优劣。

从 $r = \ln R_0/T$ 来看,种群增长率 $r$ 值的大小,随 $R_0$ 值增大而变大,随 $T$ 值增大而变小,这一点在人类计划生育工作中具有重要的应用价值。计划生育的目的就是要控制人口增长,要使 $r$ 值变小,主要有两条途径:① 降低 $R_0$ 值,即限制每对夫妇的子女数;② 增大 $T$ 值,即提倡晚婚晚育。

### 2.2.6　存活曲线

除生命表之外,存活曲线(survival curve)也可以表示种群数量的减少过程,且更加直观。存活曲线就是以生物的相对年龄(绝对年龄除以平均寿命)为横坐标,以各年龄的存活率 $l_x$ 为纵坐标所绘制的曲线。种群的存活曲线可以反映生物生活史中各时期的死亡率。绘制曲线时,以相对年龄为横坐标有利于比较不同寿命的动物,纵坐标多用对数标尺($\lg l_x$),以更好地反映"率"的改变。存活曲线可以归纳为 3 种基本类型:

(1) A 型　　种群在达到生理寿命之前只有少数个体死亡,大部分个体都能活到生理寿命,因此,在生命末期死亡率才高,A 型曲线呈凸型。人类和一些大型哺乳动物的存活曲线属于此类。

(2) B 型　　有些种群各年龄期存活率相差很大,如全变态昆虫,其存活曲线呈阶梯型($B_1$ 型)。有些种群各年龄期存活率基本相似,如水螅等,其存活曲线呈对角线型($B_2$ 型)。$B_1$ 型曲线中比较陡的几段分别是高死亡率的卵、羽化期和成虫阶段,比较平滑的部分是死亡率较低的幼虫期和蛹期。还有些种群的存活曲线接近 S 型,幼年期死亡率较高,而成年以后的死亡率则降低,如许多爬行类、鸟类和啮齿类。

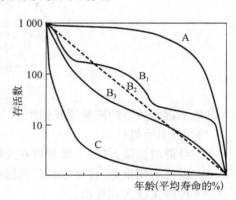

图 2.4　存活曲线的基本类型
(仿自 Odum,1971)

(3) C 型　　幼体的死亡率很高,只有极少数个体能够生活到生理寿命,存活曲线呈凹型。大多数鱼类、两栖类、海洋无脊椎动物和寄生虫等属于此类(图 2.4)。

在现实生活中的动物种群,不会有完全典型的存活曲线,但可以表现为接近某型或中间型。大多数动物居 A 型、B 型之间。

## 2.3　种群增长

在自然条件下,任何生物的种群都与群落中的其他生物密切相关,不能从其中孤立开来。因此,严格地说,单个种群只有在实验室才有可能存在。但是人们为了了解种群增长与动态规律,往往从研究分析单种种群开始。

科学研究的方法一般分为两类,一是归纳法,即先搜集资料,然后试图解说资料,归纳出一般原理的方法;二是演绎法,先从假设开始,然后搜集资料来证实假设的合理性。在野外种群研究中,多应用归纳法,而在实验种群研究中,需处理一大堆数量,常常需要建立数学模型,则多应用演绎法。

数学模型研究是现代生态学中广泛应用的一种方法,建立生物种群动态数学模型的目的,在于帮助理解各种生物和非生物的因素是怎样影响种群动态的,虽然它只是种群生态学研究的辅助手段,但这类研究在近几十年来的发展迅速,对种群生态学的发展做出了难以估计的贡献。

数学模型是用来描述现实系统或其性质的一个抽象的、简化的数学公式,但由于其操作方便,数学语言又精练确切,只要应用得法,就能达到直接观察和实验所难以得到的成效。在数学模型研究中,生态学工作者最感兴趣的不是特定公式的数学细节,而是模型的结构,即哪些因素决定种群的数量大小,哪些参数决定种群对自然和人为干扰反应的速度等。换一句话说,注意力应集中于模型的直观生物学背景、建立模型的生物学假设、数学模型中各个量的生物学意义、模型应用的前提及适用的范围等,切忌只注意数学的技巧,而忽视对生物学基础的研究。

有关种群增长的模型很多,本节仅介绍单种种群的增长模型,并且从最简单的开始。

### 2.3.1　种群在无限环境中的指数式增长

在无限环境中,因种群不受任何限制因子的约束,种群潜在增长能力得到了最大限度的发挥,种群数量呈指数式增长,常用指数模型进行描述,其增长曲线为 J 型,但若以对数标尺($\lg N_t$)为纵坐标,则呈直线(图 2.5)。根据种群世代重叠与否,指数式增长模型又可分为两类。

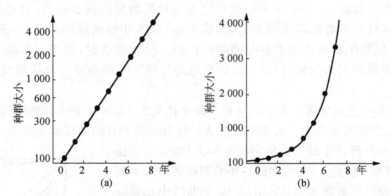

图 2.5　种群的指数式增长(仿自 Krebs, 1994)

a. 对数标尺;b. 算术标尺

#### 1. 世代不重叠种群的离散增长模型

（1）模型的假设

1）种群增长是无界的,即种群在无限环境中生长,不受食物、空间等条件的限制。

2）世代不相重叠,种群增长是离散的,无年龄结构。

3）种群无迁入和迁出。

（2）数学模型

$$N_{t+1} = \lambda N_t \tag{2.7}$$

或

$$N_t = N_0 \lambda^t \tag{2.8}$$

其中 $N$ 为种群大小,$t$ 为时间,$\lambda$ 为种群周限增长率。

（3）模型的生物学意义

1）根据此模型可计算世代不相重叠种群的增长情况。如某一年生植物初始种群有 10 个个体,每个个体平均产生 10 粒可育种子,当年亲体死亡。按此生殖率,第三年该种群将有多少个体(成年植株)?

已知：$N_0 = 10$,$\lambda = 10$。

求：$N_2 = ?$

解：$N_1 = N_0 \lambda = 10 \times 10 = 100$

　　　$N_2 = N_1 \lambda = 10 \times 100 = 1\,000$

或　　$N_2 = N_0 \lambda^2 = 10 \times 10^2 = 1\,000$

2）根据 $\lambda$ 值可判断其种群动态。即 $\lambda > 1$,种群增长;$\lambda = 1$,种群稳定;$1 > \lambda > 0$,种群下降;$\lambda = 0$,种群无繁殖现象,且在下一代灭亡。

#### 2. 世代重叠种群的连续增长模型

世代之间有重叠,种群数量以连续的方式增长,通常用微分方程来描述。

（1）模型的假设

1）种群增长是无界的，即种群在无限环境中生长，不受食物、空间等条件的限制。

2）世代重叠，种群增长是连续的，具年龄结构。

3）种群无迁入和迁出。

（2）数学模型

$$dN/dt = rN \tag{2.9}$$

其积分式为

$$N_t = N_0 e^{rt} \tag{2.10}$$

式中，$N$、$t$ 的定义如前，e 为自然对数的底，$r$ 为种群的瞬时增长率。

（3）模型的生物学意义

1）根据此模型可计算世代重叠种群的增长情况。

2）根据 $r$ 值可判断其种群动态。即当 $r > 0$，种群增长；$r = 0$，种群稳定；$r < 0$，种群下降；$r = -\infty$，种群无繁殖现象，且在下一代灭亡。

（4）模型的应用　　种群一旦被证实为指数式增长，则模型就有很大的应用价值。

1）根据模型求人口增长率。例如，2000 年中国人口 12.66 亿，2010 年 13.40 亿，求 10 年来人口增长率。

∵　$N_t = N_0 e^{rt}$

　　$\ln N_t = \ln N_0 + rt$

　　$r = (\ln N_t - \ln N_0)/t$

∴　以上式数字（以亿为单位）代入，则：

$$r = (\ln 13.40 - \ln 12.66)/(2\,010 - 2\,000) = 0.005\,7/(\text{人}\cdot\text{年})$$

表示中国人口自然增长率为 5.7‰，即平均每 1\,000 人每年增加 5.7 人。再求周限增长率 $\lambda$：

$$\lambda = e^r = e^{0.005\,7} = 1.005\,7/\text{年}$$

即每一年是前一年的 1.005\,7 倍。

2）根据模型预测种群数量动态。人口预测中，常用人口加倍时间的概念。

∵　$N_t = N_0 e^{rt}$

　　$N_t/N_0 = e^{rt}$

所谓人口加倍，即　$N_t/N_0 = 2$

∴　$2 = e^{rt}$

　　$\ln 2 = rt$

∴　$t = \ln 2/r = 0.693\,1/r$

如上例，$t = 0.693\,1/0.005\,7 \approx 122$，即按 2000～2010 年平均人口增长率计算，中国人口加倍时间约为 122 年。

3）以 $1/r$ 作为估计种群受到干扰后恢复平衡的时间。$r$ 值越大，种群增长越快，种群恢复平衡所需的时间就越短；$r$ 值越小，种群增长越慢，恢复平衡所需的时间就越长。

4）用生命表数据求种群瞬时增长率（$r$）与周限增长率（$\lambda$）。以前文猕猴生命表数据为例：

$$r = \ln R_0/T = \ln 3.096/8.487 = 0.132\,7$$
$$\lambda = e^r = e^{0.132\,7} = 1.141\,9$$

**3. 种群瞬时增长率与周限增长率的关系**

种群瞬时增长率（$r$）与周限增长率（$\lambda$）都表示种群增长率，但又具有明显的不同。周限增长率是有开始和结束期限的，而瞬时增长率是连续的。周限增长率的数值总是大于相应的瞬时增长率。二者之间的关系式为

$$r = \ln \lambda \tag{2.11}$$

或

$$\lambda = e^r \tag{2.12}$$

瞬时增长率、周限增长率取值与种群动态之间的对应关系如表 2.5。

表 2.5　瞬时增长率、周限增长率与种群变化的关系

| $r$ | $\lambda$ | 种群变化 |
| --- | --- | --- |
| $r>0$ | $\lambda>1$ | 种群增长 |
| $r=0$ | $\lambda=1$ | 种群稳定 |
| $r<0$ | $0<\lambda<1$ | 种群下降 |
| $r=-\infty$ | $\lambda=0$ | 雌体无繁殖,种群灭亡 |

一般说来,在种群动态研究中,种群的瞬时增长率 $r$ 较周限增长率 $\lambda$ 应用更广,这是因为:

1) $r$ 值为正值、负值或零,分别表示种群的正增长、负增长或零增长;而 $\lambda$ 表示的是 $t+1$ 时刻和 $t$ 时刻的种群 $N_{t+1}$ 和 $N_t$ 的比率。

2) $r$ 值具有可加性。例如某一褐家鼠种群的瞬时增长率 $r$,若以周为时间单位来表示,则 $r=0.104$,但若以年为时间单位(每年 52 周),则 $r=0.104\times52\approx5.4$。

### 2.3.2　种群在有限环境中的逻辑斯谛增长

种群的指数式增长是无界的,自然种群不可能长期按几何级数增长。当种群在一个有限的空间中增长时,随着种群密度的上升,对有限空间资源和其他生活必需条件的种内竞争也将增加,必然会影响种群的出生率和死亡率,从而降低种群的实际增长率,直到停止增长,甚至种群数量下降。

种群在有限环境中的增长,同样可以分为离散型增长和连续型增长两类。其中对连续型增长的模型研究得较深入,应用较多,因此,在这里仅介绍连续型增长模型。

种群在有限环境中连续增长的一种最简单形式是逻辑斯谛增长(logistic growth),逻辑斯谛增长也称为阻滞生长,其增长曲线为 S 型。

**1. 模型的假设**

1) 设想有一个环境条件所允许的最大种群值,此最大值称为环境容纳量(carrying capacity)或环境负荷量,通常用 $K$ 表示。当 $N_t=K$ 时,种群为零增长,即 $dN/dt=0$。

2) 密度对种群增长率的影响是简单的,即其影响力随种群密度的上升而逐渐地、按比例地增加,种群中每增加一个个体,对种群增长力的降低就产生 $1/K$ 的影响。

3) 种群密度的增加对其增长率降低的作用是立即发生的,无时滞(time lag)。

4) 世代重叠,种群增长是连续的,具年龄结构。种群无迁入和迁出。

**2. 逻辑斯谛增长的数学模型**

$$dN/dt = rN(1-N/K) \tag{2.13}$$

式中,$N$、$t$、$r$ 定义如前,$K$ 为环境容纳量。

**3. 模型行为说明**

逻辑斯谛增长的数学模型就是在指数式增长模型上,增加一个描述种群增长率随密度上升而降低的修正项 $(1-N/K)$。

修正项 $(1-N/K)$ 所代表的生物学含义是"剩余空间",即种群可利用但尚未利用的空间。这也可以理解为种群中每一个个体均利用 $1/K$ 的空间,若种群中有 $N$ 个个体,就利用了 $N/K$ 的空间,而可供种群继续增长的剩余空间则只有 $(1-N/K)$。

对修正项 $(1-N/K)$ 可作如下分析:

1) 如果种群数量 $N$ 趋向于零,$(1-N/K)$ 项就逼近于 1,这表示几乎全部空间尚未被利用,种群潜在的

最大增长能力能充分地实现,接近于指数式增长。

2) 如果种群数量 $N$ 趋向于 $K$ 值,$(1-N/K)$ 项就逼近于 0,这表示几乎全部空间已被利用,种群潜在的最大增长不能实现。

3) 当种群数量 $N$ 由 0 逐渐地增加到 $K$ 值,$(1-N/K)$ 项则由 1 逐渐地下降为 0,这表示种群增长的"剩余空间"逐渐变小,种群潜在的最大增长的可实现程度逐渐降低;并且,种群数量每增加一个个体,这种抑制定量就是 $1/K$。因此,许多学者将这个抑制影响称为拥挤效应,其产生的影响称为环境阻力。

由此可见,如果用语言或文字模型来表示逻辑斯谛模型的话,公式为

种群增长率 ＝（种群潜在的最大增长）×（最大增长可实现程度）

### 4. S 型增长曲线

由于密度效应的影响,种群在有限环境中的增长曲线将不再是 J 型的,而是 S 型的(图 2.6)。S 型增长曲线(sigmoid growth curve)具有两个特点:①曲线有一个上渐近线(upper asymptote),即 S 型增长曲线渐近于 $K$ 值,但不会超过这个最大值的水平;②曲线的变化是逐渐的、平滑的,而不是骤然的。

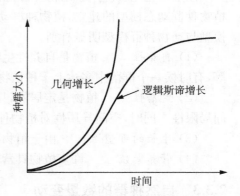

图 2.6　种群的逻辑斯谛增长
(仿自 Krebs, 1994)

S 型增长曲线常被划分为 5 个时期:

(1) 开始期(initial phase)　　也可称为潜伏期(latent phase)此期内种群个体很少,密度增长缓慢,这是因为种群数量在开始增长时基数还很低。

(2) 加速期(accelerating phase)　　　　此期内种群的增长率为正,且越来越快,加速度为正。

(3) 转捩期(inflecting phase)　　　　此时刻种群的增长率最快。

(4) 减速期(decelerating phase)　　　　此期内种群的增长率为正,但逐渐变慢,加速度为负。

(5) 饱和期(asymptotic phase)　　　　此期内种群密度达到环境容纳量,数量饱和,种群的增长率为零。

逻辑斯谛曲线有两个特点值得提出:①数学上的简单性;②明显的现实性。其微分方程只含有 $r$ 和 $K$ 两个参数,且两者都具有一定的生物学意义,$r$ 是种群的瞬时增长率,$K$ 表示环境容纳量,即到达环境为有机体所饱和时的种群密度。确定了这两个参数值,种群的整个逻辑斯谛增长过程也就能预言和计算出来,这一点是十分简明而方便的。

逻辑斯谛增长模型的重要意义是:①它是许多两个相互作用种群增长模型的基础;②它也是在农业、林业、渔业等实践领域中,确定最大持续产量(maximum sustainable yield, MSY)的主要模型;③模型中参数 $r$ 和 $K$ 已成为生物进化对策理论中的重要概念。

瞬时增长率 $r$ 的倒数,$T_R=1/r$,称为自然反应时间(natural response time),它也是很有用的一个参数,瞬时增长率 $r$ 越大,表示种群增长越迅速,它的倒数表示种群在受到干扰后,返回平衡所需要的时间越短,即 $T_R$ 值越小。相反,$T_R$ 值越大(即 $r$ 越小),则种群受干扰后返回到平衡的自然反应时间就越长。因此,$T_R$ 是度量种群在受干扰后返回平衡时间长短的一个有用指标。

在生物圈中,人是生物种群之一。地球上人口容纳量的大小,受多种因素影响,如生活水平、环境质量要求、科学技术进步等。对于地球的人口容量,学者们从不同的研究角度作出多种不同的估计。根据联合国最新数据,截至 2022 年 11 月,全球人口达 80 亿。据联合国估计,2030 年全球人口将达到 85 亿,2050 年将达到 97 亿,2080 年将达到顶峰 104 亿,并保持这一水平到 2100 年。宋健等从经济发展、粮食和食物生产、能源、淡水资源、生活水平、劳动就业、生态等方面出发,认为中国的人口容量应控制在 14 亿以下,最佳数量在 7 亿左右。

描述种群在有限环境中增长的离散型增长模型:

$$N_{t+1}=[1.0-B(N_t-N_{eq})]N_t \tag{2.14}$$

具时滞的连续型增长模型:

$$dN/dt = rN(K - N_{t-T}/K) \tag{2.15}$$

具时滞的离散型增长模型：

$$N_{t+1} = [1.0 - B(N_{t-1} - N_{eq})]N_t \tag{2.16}$$

式中，$B$ 为与种群密度有关的常数。

具年龄结构的种群增长模型[莱斯利(Leslie)模型]及种群增长的随机模型等，除考虑密度因素对种群增长的影响外，还在模型中分别增加生殖时滞、年龄结构及个体差异等因素，使模型更加接近实际，但也使模型复杂化，影响了应用价值。

以上模型主要应用于动物种群，植物种群由于自身特点，使其与动物的增长方式明显不同，直接影响了植物种群动态模型的建立，植物种群动态模型的研究远滞后于动物种群。植物种群有下列 4 个特点，致使其模型与动物种群模型明显有别。

（1）自养性　　植物是自养性生物，绝大多数植物都需要同样的少数几种资源，如光、水、各种营养物质等，有时候一个群落中多达上千种植物同时依赖于这些资源。

（2）定居性　　植物是定居的，只能在有限的定居地周围获取营养，因此，植物间的相互作用都具有空间局限性。同时，空间异质性对植物种群的增长也有很大影响。

（3）生长的可塑性　　由于植物生长的可塑性，植物个体间的构件数很不相同，其生物量也相差悬殊。

（4）营养繁殖　　许多植物具营养繁殖的能力，同一个体上的构件之间也有竞争资源的现象。

### 2.3.3　自然种群的数量变动

一个种群从进入新的栖息地，经过种群增长，建立起种群以后，一般有以下几种可能：①种群平衡（population equilibrium）；②规则或不规则波动（regular or irregular fluctuation），包括季节变动（seasonal change）和年际变动（annual change），种群衰落（population decline）和种群灭绝（population extinction），种群暴发（population outbreak），种群崩溃（population crash），另外还有生态入侵（ecological invasion），即物种进入新的栖息地之后的建群过程。

**1. 种群平衡**

种群平衡是指种群数量较长时间地维持在同一水平上。从理论上讲，种群增长到一定程度，数量达到 $K$ 值之后，种群数量会保持稳定，如大多数有蹄类和食肉类动物。但实际上大多数种群数量不会长时间保持不变，稳定是相对的，种群平衡是一种动态平衡。

**2. 季节消长**

研究自然种群的数量变动，首先应区分出季节消长和年变动。一般具有生殖季节的种类，种群的最高数量通常是在一年中最后一次繁殖期末，之后繁殖停止，种群因只有死亡而数量下降，直到下一年繁殖期开始，这时是数量最少的时期。

由于环境的季节变化和动物生活史的适应性改变，动物种群季节消长特点各不相同。图 2.7 是蓟马（Thrips）成虫种群的季节消长图。由图可见，虽然各年间发生高峰的高度不同，但高峰期发生的月份是相同的。

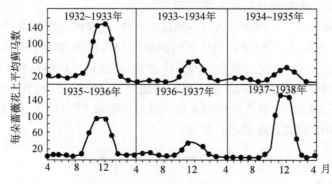

图 2.7　蓟马成虫种群的季节消长(仿自 Odum, 1971)

### 3. 规则或不规则性波动

种群数量的波动是对环境因子变化的适应。有些环境因子(如季节变化)为周期性的,种群适应的结果表现为规则性波动;有些环境因子为突发性的,如火山爆发、地震、风、雨等,这类因子对种群的影响是灾难性的,种群数量表现为不规则性波动。种群数量在不同年份之间的变动,有的具有规律性,有的没有规律性。有关研究证明,大多数动物种类的多年数量动态表现为不规则波动,周期性数量波动的种类较少。

(1) 种群数量的规则性波动　　　如北欧的欧旅鼠(*Lemmus lemmus*)和北美的环颈旅鼠(*Dicrostonyx groenlandicus*),北极狐及北美赤狐(*Vulpes fulva*),均属于 3～4 年为一个波动周期的动物。图 2.8 是利用对美洲兔和加拿大猞猁种群数量的调查而编制的种群数量变动曲线。

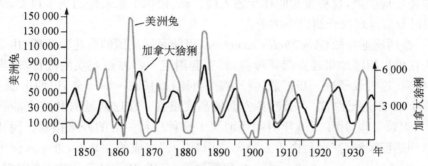

图 2.8　美洲兔和加拿大猞猁种群数量的年变动曲线(仿自 Ito,1978)

(2) 种群数量的不规则波动　　　这类例子很多,不仅有兽类、鸟类的例子,鱼类、昆虫类的例子更多。例如东亚飞蝗的大发生,过去曾认为是周期性的。马世骏应用中国历史上的气象资料,探讨大约 1 000 年来有关东亚飞蝗的危害与气象条件的相关性,明确了东亚飞蝗在中国的大发生没有周期性现象,指出干旱是其大发生的主要原因。图 2.9 是马世骏根据 1913～1961 年洪泽湖蝗区东亚飞蝗种群数量动态资料,应用马尔科夫(Markov)链转移概率分析法,以各年间发生级为依据,绘制成的该种害蝗发生级数变化序列图。由图可见,东亚飞蝗的大发生无规律可循。

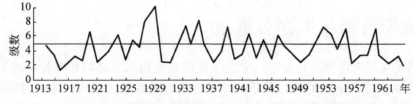

图 2.9　洪泽湖区东亚飞蝗种群数量动态(仿自马世骏等,1965)

某些昆虫的自然种群,当环境条件适宜时,由于其高生殖力的特性,种群数量在短期内迅速增长,叫作种群暴发。在种群数量大发生之后,往往又会因环境条件的恶化,出现大批死亡,种群数量急剧下降,即为种群崩溃。

例如,欧洲松毛虫(*Dendrolimus pini*)的种群数量在暴发年是最低数量年的 2 万倍左右。其大暴发出现得很迅速,可能是高温和干旱所致。对这些昆虫来讲,似乎没有了任何生存压力,种群数量持续上升,有时几年就达到数量高峰。直到致死性的疾病蔓延开来,或因针叶被吃光而饿死,种群数量才急剧下降,最后以种群崩溃而告终。一旦种群数量开始连续下降,即使有利的天气条件也不能改变其下降趋势。

### 4. 种群衰落

当种群长久地处于不利的环境,或在人类过度捕猎,或栖息地被破坏的情况下,其种群数量可出现持久的下降,即种群衰落,甚至出现种群灭亡。

捕鲸业的历史是由于人类过捕而使资源动物种群不断衰落的典型例子。白鱀豚(*Lipotes vexillifer*)是中国特有的一种淡水鲸,属于世界级稀有物种,其种群数量日益减少。林克杰等调查表明,白鱀豚种群数量仅存约 156 头。野生大熊猫(*Ailuropoda melanoleuca*)的数量也十分稀少,据 1974～1977 年的调查有

1 050~1 100头,在各保护区内,平均9~11 km²仅1头。2021年国家林业和草原局公布,中国大熊猫野生种群增至1 864只。野生大熊猫的种群数量仍处于较低水平,需要继续加强保护。

种群衰落和灭绝的原因是多方面的,如种群密度过低,由于难以找到配偶而使繁殖概率降低;近亲繁殖使后代体质变弱,死亡率增加。在近代,种群衰落和灭绝的速度加快,主要原因是生物栖息环境的改变,如森林砍伐、草原荒漠化、农田的大量开垦、城市化的加剧以及工业、交通运输业的发展等。植物的减少和消失则更是动物种群衰落和灭亡的重要原因。

**5. 生态入侵**

某些生物由于人类有意识或无意识地带入某一适宜于其生存和繁衍的地区,它的种群数量便不断地增加,分布区便会逐步稳定地扩展,这种过程叫作生态入侵。动、植物生态入侵的例子很多,英国生态学家埃尔顿(Elton)曾为此写过专著。现仅介绍以下例子。

约在1929年,一些冈比亚按蚊(*Anopheles gambiae*)可能是随法国的高速驱逐舰,由非洲到达南美的巴西纳塔尔,它们首先在沿岸沼泽地带建立起新种群,并引起附近一些城镇疟疾的流行,但当时并没有引起足够的重视。直到几年后,这种蚊子进一步扩散,使疟疾一再流行,1938~1939年,巴西出现一次最严重的疟疾流行,90万居民患病,1.2万人死亡,这才引起各方面的高度重视。在巴西政府和洛克菲勒基金会的全力支持下,3 000多人投入灭蚊工作,用了近3年时间才消灭了这种横行一时的外来按蚊。冈比亚按蚊原来只分布在非洲,它之所以到达南美洲,完全是由于人类无意识"引入"造成的。又如,近年入侵中国的危险性害虫南美斑潜蝇(*Liriomyza huidobrensis*),在云南一年可繁殖5~6代,成为蔬菜作物上的优势害虫,对温室蔬菜危害尤重。这两个例子说明,必须建立严格的港口检疫制度,以防止外来疫源动物的入侵。

麝鼠(*Ondatra zibethica*)原产于北美。1905年一个捷克人把5只麝鼠从北美带到欧洲,后来,又有更多的人在欧洲放养麝鼠以取其毛皮。后来,欧洲的麝鼠已达数百万只,并扩展到苏联,甚至入侵到西伯利亚和俄罗斯北部的大河流域,成为当地最重要的毛皮动物之一。但是,麝鼠也危害河堤,破坏灌溉系统,有些地方又千方百计地设法消灭它们。这个例子说明,即使是人类有意识引入的经济物种,在带来经济效益的同时,也有可能带来一些意想不到的严重后果。因此,新物种的引入,一定要全面考察,制定详尽的可行性方案,要有计划、有步骤地引入,不能随意引入。

## 2.4 种群的遗传进化与生存对策

生态学研究特别重视与进化理论的关系。生态学是研究生物与其环境相互作用的科学,生物与环境的相互作用是进化的动力,生物对其生存环境的适应则是进化的结果,而作用于生物的生态压力又决定着进化的方向。因此,生态学分析应当始终坚持进化的观点,不能孤立地看待和处理生态学问题。

由同种个体集合而成的种群,群内个体间的变异是普遍存在的,也就是说种群内个体之间具有一定的差异,这些差异是由特定的基因型和环境影响共同作用决定的,因此可以通过个体的表现型和基因型来加以分析。

### 2.4.1 种群的遗传进化

**1. 基因库和哈文定律**

基因库(gene pool)是指种群中全部个体的所有基因的总和。在染色体的每一特定基因位点上,可以有1对、2对或更多对等位基因,若一个基因位点上具有2对或多对等位基因时,该基因库就属于多型基因库。由于种群数量在不断变动,且基因突变是普遍存在的现象,所以种群基因库是不断变化的。一般说来,种群数量越多,个体间变异程度越大,种群的基因库就越丰富,基因多样性就越高。

就进化而言,变异是自然选择的基础。如果没有变异产生,种群内个体之间没有形态、生理、行为和生态等方面的差异,没有存活能力和生殖能力上的区别,就不会有自然选择发生。假如个体的基因型虽不同,但具有同样的存活能力和生殖能力,也没有自然选择发生。假如不同基因型个体在存活能力和生殖能力上有区别,而其区别与基因没有关系,则自然选择同样不能发生。因此,自然选择只能发生在具有不同存活能力和生殖能力,而且具有不同基因型的个体之间。

但自然选择并不是物种进化的唯一动力。在较大的种群里,自然选择起着主要作用,而在较小的种群里,除自然选择外,遗传漂变对物种进化亦具有重要影响。

在大种群中,后代个体易于保持原来的遗传结构,不大容易发生偏离,如果没有其他因素干扰基因平衡,则每一基因型频率将世世代代保持不变。哈迪-温伯格定律(Hardy-Weinberg law)是指在一个巨大的、随机交配和没有干扰基因平衡因素的种群中,基因型频率将世代保持稳定不变。

但如果种群很小,遗传结构就很有可能发生一些偶然性变化,某种基因或基因型可能会从种群中消失。遗传漂变(genetic drift)是指基因频率在小的种群里随机增减的现象。

**2. 适合度**

前面已经说过,自然选择只能发生在具有不同基因型,且具有不同存活能力和生殖能力的个体之间。若某一基因型的个体具有较强的存活能力,或较高的生殖能力,则可以说该基因型个体具有较强的抵抗力或恢复力,对环境的适应能力较强,在生物的进化过程中,就越容易被保留下来。

我们可以用 $l$ 表示存活率,$m$ 表示生殖力,以 $W$ 表示 $l$ 与 $m$ 的乘积,即

$$W = lm \tag{2.17}$$

式中,$W$ 可以称为适合度。适合度(fitness)综合了物种某一基因型个体的存活能力和生殖能力,某一基因型个体的适合度实际上就是下一代的平均个体数。它是表示在进化过程中,某一基因型个体后代衍续能力的常用指标。适合度越高,说明有机体对环境的适应能力越强。在进化过程中,适合度高的个体,在基因库中的基因频率将随世代增加而增大;反之,适合度低的,基因频率则随世代增加而减少。

假设有一种群的二倍体个体,其染色体某一基因位点上有两种基因,记为 $A_1$ 和 $A_2$,则该种群内有三种基因型:$A_1A_1$、$A_1A_2$ 和 $A_2A_2$。我们还可以假设各种基因型个体的存活率和生育率都为定值:以 $l_{11}$ 表示 $A_1A_1$ 基因型个体的存活率,$l_{12}$ 表示 $A_1A_2$ 基因型个体的存活率,$l_{22}$ 表示 $A_2A_2$ 基因型个体的存活率;以 $m_{11}$ 表示 $A_1A_1$ 基因型个体的生育率,$m_{12}$ 表示 $A_1A_2$ 基因型个体的生育率,$m_{22}$ 表示 $A_2A_2$ 基因型个体的生育率。则 3 种基因型个体的适合度可以表示为

$$W_{11} = l_{11}m_{11}$$
$$W_{12} = l_{12}m_{12}$$
$$W_{22} = l_{22}m_{22}$$

适合度包括存活能力和生殖能力两个方面,在生物的自然选择中,二者具有同样的重要性。不能简单地认为适合度的大小就是指存活能力的高低。就种群水平而言,生殖能力的强弱也是影响其生存的重要因素。假设有两种基因型的个体,即使其存活能力相似,但只要生殖能力有区别,自然选择照样能够进行。

**3. 两种进化动力的比较**

自然选择和遗传漂变均能促进物种的进化,是物种进化的两种动力。近 20 年来,种群遗传学和种群生态学研究的一个交叉边缘领域就是确定自然选择强度和遗传漂变强度这两种进化动力的相对重要性。

表示自然选择强度的指标是选择系数,通常用 $s$ 表示。选择系数的大小决定于不同基因型个体对环境适合度的区别,$W$ 值之间区别越大,自然选择强度越高,选择系数就越大。选择系数的计算可分为两步:①找出最大的 $W$ 值,并以其他所有 $W$ 值除以该值,其商称为相对适合度,通常以 $w$ 表示;②找出 $w$ 值间的最大差值,即选择系数 $s$。例如 $W_{11}=2$,$W_{12}=1$,$W_{22}=0.5$,则三种基因型的相对适合度分别为

$$w_{11} = W_{11}/2 = 1$$
$$w_{12} = W_{12}/2 = 0.5$$
$$w_{22} = W_{22}/2 = 0.25$$
$$s = 1 - 0.25 = 0.75$$

遗传漂变强度取决于种群大小,种群越大,遗传漂变越弱;种群越小,遗传漂变越强。遗传漂变强度的指标可以用种群大小的倒数(1/N)来表示。

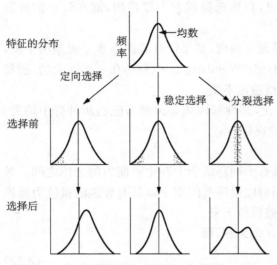

特征的分布　频率　均数

定向选择

稳定选择　分裂选择

选择前

选择后

图 2.10　表现型特征的 3 种选择(仿自 Krebs,1985)
(黑点区表示选择压力指向)

对自然选择和遗传漂变这两种进化动力进行比较,一种粗略的方法是:如果自然选择系数 s 大于遗传漂变系数 1/N 的 10 倍或更多,则在多数情况下,可以对遗传漂变忽略不计;如果自然选择系数 s 小于遗传漂变系数 1/N 的 10 倍,则可认为遗传漂变对生物进化起着重要作用。

**4. 自然选择的类型**

作用于表现型的自然选择,按其选择结果可以分为稳定选择(stabilizing selection)、定向选择(directional selection)和分裂选择(disruptive selection)3 类(图 2.10)。

(1) 稳定选择　　稳定选择对中间类型的个体有利,而不利于两侧极端类型的个体,选择的结果是使种群个体间的表现型更趋于相似。例如,对人类新生婴儿死亡率的统计发现,体重为 3.3 kg 的新生婴儿死亡率最低,体重增加或减少,死亡率均有所增高,极端体重死亡率最高。

(2) 定向选择　　选择仅对一侧极端类型的个体有利,而不利于其他类型的个体,选择的结果是种群内个体的表现型趋向一侧。大部分人工选择属于这一类。

(3) 分裂选择　　选择对两侧极端类型的个体有利,而不利于中间类型的个体,选择的结果是使种群分成表现型区别较大的两个部分。

**5. 物种形成**

(1) 地理物种形成学说　　生物进化的关键阶段是形成新物种,即物种形成(speciation)。物种起源是生物学的一个中心问题,目前最为学者们所接受的是地理物种形成学说(geographical theory of speciation)。根据此学说,物种形成过程大致分为 3 个步骤:

1) 地理隔离:通常是由于地理屏障引起的,将两个种群彼此隔开,阻碍了种群间个体交换,从而使基因交流受阻。

2) 独立进化:两个地理上隔离的种群各自独立地进化,适应于各自的特殊环境。

3) 生殖隔离:假如地理隔离屏障消失,两个种群的个体可以相遇和接触,但由于建立了生殖隔离机制,不能进行基因交流,则可以认为两个种群已经成为两个不同的物种。

(2) 生殖隔离的类型　　生殖隔离的类型很多,大致划分为以下几种:

1) 合子前隔离:隔离发生在合子形成之前,阻碍受精过程和合子的形成。包括:

· 栖息地隔离:指两个种群的个体虽然分布于同一地理区域,但已产生空间生态位的分离,有各自的栖息地。

· 时间隔离:指两个种群的个体性成熟的时间不同,交配季节不同。

· 行为隔离:指两个种群的个体交配前的行为不同,彼此不能成功交配。

· 生殖器官隔离:动物的生殖器官或植物的花不同,均可阻止两个种群间和生殖活动。

2) 合子后隔离:隔离发生在合子形成之后。包括:

· 杂交后代的生活能力极弱,或完全不能生活。

· 杂交后代不育。

· 杂交后代能正常生育,但其后代具有很多生活能力弱或不育的个体。

## 2.4.2　影响自然选择的生态因素

影响自然选择的生态因素主要包括空间和时间、个体间密度制约性相互作用、种群的年龄结构和社会行为等。

**1. 空间因素**

影响动物生活的各种生态因素都有空间和时间上的变化规律,它造成了选择压力的空间和时间变化。选择压力的空间变化能导致动物种群基因频率或表现型在空间上的渐变,形成变异梯度,可以称为渐变群(cline)。这种基因频率随空间变化而改变的现象,已被证明具有适应意义,是生态选择压力梯度变化的结果。

著名的例子是豆粉蝶(*Colias*)与环境湿度梯度的关系。豆粉蝶的磷酸葡萄糖异构酶(PGI)是一种二聚物,电泳中显示有 6 个变型。在冷环境分布的豆粉蝶自然种群中,等位基因 2 和 3 的频率较高;而在温暖环境中分布的种群中,等位基因 4 和 5 的频率较高。从等位基因 2 和 3 到 4 和 5,PGI 的热稳定性逐渐增加,于是能够更好地适应较温暖的环境,在自然选择过程中也处于更有利的位置。

渐变群研究的一个中心问题是,基因频率梯度变化的陡度是否与生态选择压力梯度变化的陡度相平行。因为动物是能够移动位置的,从其出生地分散到其他地方,这样就会使其生活的环境条件变化缓和,就会使生态选择的压力变化的陡度降低。进化生态学家和生态遗传学家正探索用理论模型来研究选择压力空间变化与渐变群陡度间的紧密关联问题。

形成渐变群的环境梯度长度至少有多长,虽然对这一问题的理论探讨尚属有限,但环境梯度长度至少要比该生物种可能扩散距离大若干倍。因为扩散使基因得以交流,从而妨碍地方种群的形成,要使环境特征能对物种的基因库产生可见的影响,种的分布区面积必须要比生物种的扩散能力大得多,环境梯度长度要比生物种的扩散距离大得多。环境选择压力的变化有时连续,有时不连续。生物对生态选择压力的反应也可以分为两类,若环境选择压力的变化是连续的,则可形成渐变群;若环境选择压力的变化是不连续的,地理环境是隔离的,则可形成地理变种,进而形成新的物种。

**2. 时间因素**

与空间因素相比,因时间因素变化而引起选择压力变化的例子较少,但选择压力随时间变化而变化是肯定的,时间因素对选择压力的影响可以通过不同基因型的适合度来表示。某一基因型每世代的适合度将随世代而改变,多个世代的平均适合度是各世代适合度的几何平均数,即:

$$W = \sqrt[n]{W_1 W_2 \cdots W_n}$$

(2.18)

平均适合度可以决定各基因型的选择压力,即基因在基因库中传递要视平均适应度的大小。霍尔丹(Haldane)等证明,如果 $A_1 A_1$ 基因型的相对适合度几何平均值小于 1,那么另一基因 $A_2$ 就不可能从基因库中消失。同样,如果 $A_2 A_2$ 基因型的相对适合度几何平均值小于 1,$A_1$ 也不可能消失。因此,如果两个纯合型的适合度几何平均值都小于 1,两个基因均不会消失,这样就会有长期的多态。

在选择压力随时间改变的过程中,如果偶尔出现某基因型适合度很低的世代,对这种基因型来说是非常不利的。例如,$A_1 A_1$ 基因型的适合度在 10 年中,有 9 年都等于 2,但有一年仅等于 0.001,若按算术平均数计算平均适合度,其值为 1.800 01,可以预测其在基因库中,$A_1$ 将最终取胜,而 $A_2$ 会被淘汰。若按几何平均数计算,其值为 0.935 2,平均适合度低于 1,这就能保证 $A_2$ 在基因库中保存。在 $A_1 A_1$ 适合度很低的那年,仅有少量 $A_1 A_1$ 个体产生,对 $A_1$ 来讲,频率会大大降低。

**3. 密度因素**

按照选择压力与密度变化的关系,自然选择可分为非密度因素和密度因素两类。空间和时间因素所引起的自然选择属非密度因素。所谓密度制约性自然选择就是在密度增高时,自然选择压力增加,而密度降低时,自然选择压力降低。例如,一年生植物在经过一般营养体生长后,就把光合产物转向花和种子的生长,其转变时间对植物最后的表型特征有重要影响。早转者其植物体小,早花,寿命短;晚转者则植物体大,晚花,寿命长。

在低密度条件下,早花者比晚花者能以更快速度形成种子,早花种群就会有一个较高的增殖率;而在高密度条件下,晚花种群趋向于有一个较大的稳定的密度。也就是说,早花种群比晚花种群倾向于更大的 $r$ 值;而晚花种群比早花种群倾向于有更大的 $K$ 值。

自然选择与环境类型具有密切关系。密度制约性选择出现在未受干扰的稳定环境中,而非密度制约性选择则出现在遭受干扰的变动环境中。例如,在受干扰的生境中,蒲公英个体小,早花;而在未受干扰的生境中,其个体大,晚花。

**4. 年龄结构因素**

不同年龄级的动物具有不同的出生率和存活率,它将使各年龄级的适合度有所不同,所面临的选择压力也就不同。

研究年龄结构对自然选择的影响,首先假定每一基因型都有不同的年龄与出生率、年龄与存活率的定量关系,交配是完全随机的。然后对每一基因型要计算出在种群处于稳定的年龄结构时,可能具有的增长率。例如,对于一个位点具 2 对等位基因的种群来说,可以计算出种群处于稳定年龄结构,且仅具有某一基因型个体时,该基因型($A_1A_1$、$A_1A_2$ 或 $A_2A_2$)的增长率($r_{11}$、$r_{12}$或$r_{22}$)。进化导致种群增长率 $r$ 趋于最大,即选择有利于具有最高 $r$ 值的基因型。

其年龄结构种群的进化问题与人类所关心的衰老问题有一定的关系。从某种意义上说,衰老可以认为是存活率随年龄增大而下降,而存活率又是受基因影响的。关键问题是影响个体存活的基因在哪一年龄期表达。一般说来,提高存活力的基因在生活史中表达得越晚,对于种群增长率的影响就越小;同理,降低存活力的基因表达得越晚,其破坏性也就越弱。

### 2.4.3　种群的适应对策

种群的适应对策(adaptive strategy of population)是指种群在其生活史各个阶段中,为适应其生存环境而表现出来的生态学特征。根据其适应方式不同,种群的适应对策可分为形态适应(morphological adaptation)、生理适应(physiological adaptation)、生殖适应(procreative adaptation)及生态适应(ecological adaptation)。形态适应和生理适应属于个体生态学内容,在此仅举数例略加说明,对生殖适应和生态适应则进行较详细的介绍。

**1. 形态适应对策**

种群的形态适应对策中,首先表现为种群个体的大小与生境间的密切关系。大量研究发现,个体大小与生物的世代长度呈显著的正相关;与种群增长率 $r$ 呈极显著的负相关;与环境因素也有密切关系,如贝格曼律、阿伦定律等。

种群的形态适应,还表现在生物个体的形态习性上。例如,终生营地下穴居生活的哺乳动物(鼹鼠、鼢鼠等)一般眼睛都很小,有的表面为皮肤覆盖,成为盲者;典型的土壤无脊椎动物,因长年生活在稳定且潮湿的环境中,皮肤缺少骨化层,耐干旱的能力较差;热带雨林乔木虽为常绿树种,但在短时间的旱季内,也表现出落叶的习性;仙人掌科植物为适应干热环境,表现出明显的旱生特征(叶退化为刺状,体内储水组织发达等)。

**2. 生理适应对策**

生物不仅通过形态的改变适应其生境的变化,而且以不同的代谢方式或代谢强度与其生境相协调。最典型的例子就是 $C_3$、$C_4$ 和 CAM 植物,它们常以不同的代谢方式适应其特殊生境。$C_4$ 植物如玉米、甘蔗等,起源于热带,为适应高温、光辐射量大的环境特点,产生了特殊的代谢方式,即具两条固定 $CO_2$ 的途径,光合产量高。$C_3$ 植物如小麦等,常常生活在干冷的环境中,仅具一条固定 $CO_2$ 的途径。CAM 植物如仙人掌科、景天科等肉质植物,大多生长在干旱环境中,因而具有其特殊的代谢方式。

动物对环境采取生理适应对策的例子也较多,例如,恒温动物要维持稳定的体温,必须使产热和散热相等,在不同的环境中表现出不同的产热和散热行为,如改变姿势,改变对体表血液的供应量,自主或不自主地颤抖等。

**3. 生殖适应对策**

在不同的种群适应对策中,最重要的应是生殖适应对策。对所有物种来说,进化必然要反映在能够更有效地进行生殖,自然选择无疑有利于那些生殖能力强的个体,即在一生中能够产生并养活更多后代的个体。不同种类动植物,一生中留下后代的数目和后代个体的大小是很不相同的。生物从外界环境中摄取的能量,一是用于自身的生长发育,二是用于繁殖后代。虽然不同种类的生物在这两方面投入的能量比各不相同,但还是可以说,亲代用在生殖上的能量都是有限的。若产生的后代数量多,个体就小;同样,如果后代个体大,数量就会少。亲代用于生殖的能量多,产生的后代数量多,但用于抚育的能量就少,后代得不到完善的抚育,死亡率就高;若亲代将大部分能量用于抚育,后代的死亡率低,但产生后代的数目必然就少。每一种生物的生殖适应对策就是在生殖和抚育这一对关系之中,找出一种最优组合。

(1) 动物种群的生殖适应对策　　在自然界中,经常会发现一些有规律的现象,例如,温带地区鸟类的窝卵数比热带地区多;生活在高纬度地区的哺乳动物每胎产仔数多于低纬度地区的哺乳动物;生活在低纬度地区的蜥蜴窝卵数较少,但成活率较高;某些温带地区的昆虫产卵量要比热带地区的同类昆虫的产卵量高。这些现象都可以认为是动物种群对不同环境所采取的生殖对策。科迪(Cody)曾以鸟类为例,从生殖能量分配的角度,对这些现象给予分析和解释。他认为,鸟类的窝卵数的多少,决定于能量的分配,因为亲鸟要把用于生殖的能量分别投向产卵、逃避天敌和增强竞争力等多方面。在热带地区,环境和气候条件比较稳定,种群数量高而稳定,种间和种内的生存竞争激烈,动物无须靠增加窝卵数来弥补由于气候变化而造成的损失,而需要将更多的能量用于逃避敌害和增强自身竞争力。在温带地区,气候的变化常常使动物的种群数量达不到环境负荷量,种间和种内的生存竞争较为缓和,动物将能量主要投向生殖后代上,使窝卵数保持较高水平。

有些动物在生殖季节对食物供应量的反应相当果断。例如,鹩哥(*Gracula religiosa*)通常一窝产 5 个卵,虽然亲鸟总是试图养活所有雏鸟,但当出现食物短缺时,亲鸟总是优先喂食早孵幼雏,以保证其存活,而对晚孵幼雏则不予喂食。

动物的生殖一般都有明显的时间节律,它们总是在环境条件最适宜、食物最丰富时进行生殖。若交配季节和生殖季节不一致,动物则通过妊娠期来调整,如果妊娠期太短,还可通过推迟卵子受精或推迟受精卵植入来延缓胎儿的发育,以保证在有利季节产仔。

(2) 植物种群的生殖适应对策　　植物与动物一样,也是把它们从外界摄取的一部分能量用于生殖,不同类型的植物常常采取不同的对策。有些植物把较多的能量用于营养生长,而分配给花和种子的能量较少,这些植物的竞争力较强,但生殖能力比较弱,多年生木本植物就属于这一类;有些植物则把大部分的能量用于生殖,产生大量的种子,如一年生草本植物。植物对生殖能量的再分配也有不同的对策,有些植物种子小,但数量很多;有些植物种子较大,但数量较少。例如,某些兰科植物的 1 粒种子仅重 0.000 02 g,而椰子、棕榈的 1 粒种子重量可达 2 700 g。对植物来说,种子的大小应最利于种子的传播、定居和减少动物的取食,种子的大小与植物的生存环境密切相关。如果生境分散且贫瘠,植物之间的竞争一般不会很激烈,植物便产生小型种子,以量取胜,靠牺牲大量种子来保证少量种子的存活;如果生境稳定而且肥沃,植物间竞争就很激烈,植物便产生少量种子,以质取胜,靠降低种子的传播能力来增强种子和实生苗的竞争和定居能力。

## 4. 生态适应对策

生物在生存斗争中获得生存的对策称为生态对策,这些对策要通过生物在进化过程中所形成的特有的生活史表现出来,因此又称为生活史对策。

麦克阿瑟(MacArthur)和威尔逊(Wilson)按生物的栖息地和进化对策,将其划分为 r 对策者和 K 对策者两大类。他们认为,环境是一个连续谱系,一端是气候稳定,很少有难以预测的天灾的环境,如热带雨林;另一端是气候不稳定,难以预测的天灾多的环境,如寒带和干旱地区。在前一类环境中,生物密度很高,竞争激烈,物种数量达到或接近环境容纳量,称为 K 选择,这类适应对策称为 K 对策,采用这类适应对策的生物称为 K 对策者。在后一类环境中,生物密度很低,基本没有竞争,种群经常处于增长状态,是高增殖率的,称为 r 选择,这类适应对策称为 r 对策,采用这类适应对策的生物称为 r 对策者。

属于 r 对策的生物寿命一般不足一年,它们的生殖率很高,可以产生大量后代,但后代存活率低,发育快。r 对策种群的发展常常要靠机会,也就是说它善于利用小的和暂时的生境,而这些生境往往是不稳定的和不可预测的。在这些生境中,种群的死亡率主要是由环境变化引起的(常常是灾难性的),而与种群密度无关。对 r 对策种群来说,环境资源常常是无限的,它们善于在缺乏竞争的各种场合下,开拓和利用资源。r 对策种群有较强的迁移和散布能力,很容易在新的生境中定居,对于来自各方面的干扰也能很快做出反应。r 对策种群常常出现在群落演替的早期阶段。

属于 K 对策的种群通常是长寿的,种群数量稳定,竞争能力强;生物个体大但生殖力弱,只能产生很少的种子、卵或幼仔;亲代对子代提供很好的照顾和保护。如果是植物的种子,则种子中贮备有丰富的营养物质,以增强实生苗的竞争能力。K 对策种群的死亡率主要是由与种群密度相关的因素引起的,而不是由不可预测的环境条件变化引起的。K 对策种群对它们的生境有极好的适应能力,能有效地利用生境中的各种资源,但它们的种群数量通常是稳定在环境负荷量的水平附近,并受着资源的限制。K 对策种群由于寿命长、成熟晚,再加上缺乏有效的散布方式,所以在新生境中定居的能力较弱,它们常常出现在群落演替的晚期阶段。

r 对策种群和 K 对策种群是在不同的自然选择压力下形成的。对 r 对策种群来说,被选择的基因型常能使种群达到最高的增长率,而且个体小、发育快、早熟,只繁殖一次、子代多、但缺乏亲代的保护。对 K 对策种群来说,被选择的基因型能使种群较好地适应来自生物和非生物环境的各种压力,能忍受较高的种群密度,个体大、发育慢、成熟晚,但能进行多次繁殖。总之,r 对策有利于种群的繁殖,而 K 对策则有利于种群有效地利用它们的生境。

r 对策和 K 对策只代表一个连续系列的两个极端,实际上,在 r 对策和 K 对策之间存在着一系列的过渡类型。所以,r 对策和 K 对策都只有相对的意义,无论是在种内或是种间都存在着程度上的差异。当环境尚未被生物充分占有时,生物往往表现为 r 对策;当环境已被最大限度占有时,生物又往往表现为 K 对策。当一个种群并非因为密度和拥挤而发生大量死亡时,那些能够忍受高密度并适应于在环境负荷量水平存活的个体将最有可能被自然选择所保存,从而使这些个体在种群基因库中占优势。

在大的分类单位间做生态对策比较时,大多把脊椎动物和大型乔木视为 K 对策者,而昆虫等无脊椎动物及藻类等视为 r 对策者。K 对策者和 r 对策者是进化的两个不同的极端类型,其间有各种过渡类型,有的接近于 r 对策,有的更接近于 K 对策。在进化过程中,r 对策者是以提高增殖能力和扩散能力取得生存,而 K 对策者则是以提高竞争能力获胜,也就是说 r 对策者在生存竞争中是以"量"取胜,而 K 对策者则是以"质"取胜。

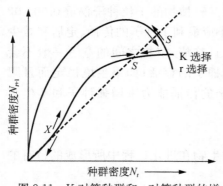

图 2.11 K 对策种群和 r 对策种群的增长曲线(引自孙儒泳,1992)

S 为种群稳定平衡点,X 为种群绝灭点

由于 r 对策种群和 K 对策种群的基本特性不同(前者数量不稳定,后者数量稳定),所以它们的增长曲线也存在着明显差异(图 2.11)。从图中可以明显看出,K 对策种群有两个平衡点:一个是稳定平衡点 S,另一个为不稳定平衡点(又叫绝灭点)X。种群数量高于或低于平衡点 S 时,都趋向于 S(用两个收敛箭头表示);但是在不稳定平衡点 X 处,当种群数量高于 X 时,种群能回到 S,但种群数量一旦低于 X,则走向绝灭(用两个发散箭头表示)。这正是目前地球上很多珍稀动物所面临的问题。与此相反,r 对策种群只有一个稳定平衡点 S,而没有绝灭点;它们的种群在密度极低时,也能迅速回升到稳定平衡点 S,并在 S 点上下波动,这就是很多有害生物(如农业害虫、鼠类和杂草)很难消灭的原因。对 r 对策种群来说,天敌因素(生物防治手段)对控制种群数量所起的作用是微不足道的,因为任何天敌的繁殖速度都赶不上受控种群的繁殖速度。对于典型的 K 对策者来说,因其竞争力强,天敌作用也难以发挥。当然,大多数动物种类处于这两个极端类型之间,天敌的作用仍然是重要的。在生物防治中,所选择的天敌应具备一个不可缺少的特点,在生态对策上比有害动物更极端,即害虫(r 对策者)的天敌其生殖力比害虫还要高,最起码是等于或接近于害虫的生殖力,害兽(K 对策者)的天敌则应具有比害兽更强的竞争力(图 2.11)。

在进化过程中,K 对策和 r 对策各有优缺点。K 对策者的种群数量比较稳定,所以导致生境退化的可能性较小,它们具有亲代关怀行为、个体大和竞争力强等特征,保证它们在生存竞争中取得胜利,但是,一旦种群受到危害而数量下降,由于其 $r$ 值低,返回平衡的能力较差,若密度过低,就有灭绝的危险。大熊猫、虎、豹等珍稀动物都属于此类,它们大多是野生动物保护的重点对象。相反,$r$ 对策者虽然由于抵抗力弱、无亲代关怀等原因而死亡率很高,但 $r$ 值高,能使种群迅速恢复,高扩散能力又使它们迅速逃离恶化的生境,并在新的环境中建立新的种群,因此,r 对策者是不易灭绝的。害虫大多属于此类,是生物防治的对象。

## 2.5　种群密度调节

由于各种因素对种群的作用,自然种群不可能一直如同生活在无限空间中而呈几何级数式无限制的增长,最终将趋向相对平衡。那么,究竟是什么力量制止了种群的增长? 是什么样的机制决定着种群的平衡密度?

种群数量变动的机制是极为复杂的,因此,生态学家提出了许多不同的学说来解释种群动态的机制。有的强调内因,即强调种群的内部变化,特别是种群内个体在行为、生理和遗传上的差异,属于自动调节学派;有的强调外因,即强调环境因素对种群动态的影响,属于气候学派或生物学派,前者强调气候因素在决定种群大小中的作用,而后者则强调密度制约因素是阻止种群增长、决定种群密度的关键因素,其中天敌是最主要的密度制约因素。

种群数量自然调节的各种理论不应当是相互排斥的,而应当是相互补充的。在解释各种各样的具体问题时,最好的办法是运用各种理论进行综合分析并加以利用。当然,要真正掌握种群动态机制,根据种群动态规律来参与改造自然的实践,并不是一件容易的事,需要大量的、深入的研究和实践。种群的自然调节问题是理论生态学的一个重要研究领域,它不仅具有理论意义,而且也具有重要的实践意义。

### 2.5.1　内源性因素

自动调节学派强调种群的内源性因素对种群数量的调节起着决定性作用,按其强调的重点不同,又可分为不同的支派,比较重要的有行为调节学说、生理学说和遗传调节学说。

**1. 行为调节学说**

行为调节学说又称为温·爱德华(Wyune-Edwards)学说。行为调节学说主要是根据对鸟兽这两类高等动物的研究资料所提出。温·爱德华注意到动物社群行为类型的复杂情况及其进化系列,认为社群行为是一种调节种群密度的机制。动物通过社群行为限制其在生境中的数量,使食物供应和繁殖场所在种群内得到合理分配,把剩余的个体从适宜的生境中排挤出去,使种群密度不至于上升太高。

社群行为是如何调节种群密度的呢? 群体中的每一个个体,都会在栖息地中选择最适宜的地段作为个体领域,以保证存活与繁殖,因此在自然界中,动物往往集中在资源丰富的地段,但这样的地段是有限的,随着种群密度的增加,最适地段被占满,次适的地段也会成为其他个体的最适地而被占满,虽然个体的领域有一定的弹性,当密度增加时,个体领域会尽可能地缩小一些,但这是有限度的,当种群密度超过这个限度时,种内竞争加剧,无领域者会积极地争取领域,领域占领者就会产生抵抗,保卫领域,不让其他个体侵入。在激烈的竞争过程中,必定会有竞争的失败者,可以称其为“游荡的贮存者”。这部分个体缺乏营巢和繁殖场所,容易受捕食者、疾病、恶劣天气条件所侵害,不能进行繁殖,死亡率高,限制了种群增长,使种群密度降低。当种群密度降低到一定程度时,“游荡的贮存者”会获得一定的领域,并获得一定的繁殖机会,从而促进了种群增长,使种群密度升高。种内社群等级的划分,限制了种群的增长,这种作用是密度制约的,即随着种群本身密度的变化而改变调节作用的大小。

某些无害的种内竞争类型,在进化中是作为缓冲系统而被选择下来的,它有助于使种群增长停止在食物耗尽的水平以下。领域性使种群中一部分个体停止繁殖,种群增长受到限制,食物资源不至于消耗尽。温·爱德华认为,种群的稳态机制可以用下式来表示:

$$增补 + 迁入 = 不能控制的丧失 + 迁出 + 社群死亡率$$

动物能通过社群行为调节自身种群密度,这并不是说动物有自觉认识种群密度与资源关系的能力,这仅仅是动物对紧张的种内关系所表现出的生理反应。

**2. 生理调节学说**

生理调节学说是由克里斯蒂安(Christian)在1950年提出的,他认为种群增减的调节是通过社群压力的变化,影响有机体的心理状态进而刺激神经内分泌的改变而实现的。克里斯蒂安在某些啮齿类大发生后,数量剧烈下降时,研究了许多鼠尸,结果没有发现在规模流行的病原体,却发现一些共有的特征:低血糖,肝脏萎缩,脂肪沉积,肾上腺肥大,淋巴组织退化等。

克里斯蒂安认为,当种群数量上升时,种内个体间的社群压力增加,加强了对中枢神经系统的刺激,影响了脑下垂体和肾上腺的功能,生长激素分泌减少,促肾上腺皮质激素分泌增加。生长激素的减少,使生长和代谢受到障碍,抵抗疾病和不良环境的能力降低,有的甚至可能因低血糖休克而死亡,这些都使种群的死亡率增加。促肾上腺皮质激素增加,一方面可使有机体抵抗力减弱,另一方面还可使性激素分泌减少,生殖受到抑制,胚胎死亡率增加,出生率降低。种群数量的增长会由于这些生理上的变化,通过反馈得到停止或抑制;种群数量下降,这样又使社群压力降低,通过生理调节,恢复种群数量。

**3. 遗传调节学说**

遗传调节学说又称为奇蒂(Chitty)学说。种内个体间的异质性,即个体间各种特征的区别,有的是表现型的,有的是基因型的。奇蒂认为,种群中个体的遗传多型是遗传调节学说的基础。

可以想象最简单的遗传两型现象,其中有一遗传型适于低密度种群,在种群密度低时占优势;另一种遗传型则适于高密度的种群,在种群密度高时占优势。适于低密度的基因型个体具有低的进攻性行为,但生殖能力较强,可能有留居的倾向;适于高密度的基因型个体具有高的进攻性行为,但生殖能力较弱,可能有外迁倾向。当种群数量较低并处于上升期时,自然选择有利于适于低密度的基因型个体,个体之间比较能相互容忍,种内竞争较小,种群繁殖力增高,促使种群数量上升。但是,当种群数量上升到很高时,自然选择则转而对适于高密度的基因型个体有利,这时个体间的竞争性加强,死亡率增加,繁殖率下降,有的个体还可能外迁,这一切都会促使种群密度的降低。

奇蒂是通过对黑田鼠(*Microtus agrestis*)的种群动态进行研究而提出的遗传调节学说。该学说也适用于昆虫种群,如韦林顿(Wellington)对天幕毛虫(*Malacosoma Californicum pluviale*)的研究。

## 2.5.2 外源性因素

在自然界中,一个进行自我调节的种群不太可能是完全依靠内因,往往是内因和外因相结合。

影响种群调节的环境因素大致可以划分为非密度制约因素和密度制约因素两大类。非密度制约因素对种群的影响不受种群密度本身的制约,在任何密度下,种群总是有一个固定的百分比受到影响或被杀死。密度制约因素对种群的影响是随着种群密度的变化而变化的,而且种群受影响部分的百分比也与种群密度的大小有关。非密度制约因素主要是指非生物因素,如气候因素等,而密度制约因素主要是指生物因素,如寄生、捕食、竞争等。强调非密度制约因素对种群密度的调节作用属于气候学派,强调密度制约因素对种群密度的调节作用则属于生物学派。

**1. 气候因素**

对种群影响最强烈的外在因素莫过于气候,特别是极端的温度和湿度。超出种群忍受范围的环境条件可以影响种群内个体的生长、发育、生殖、迁移和散布,甚至会导致局部种群的毁灭,可能对种群产生灾难性影响。一般说来,气候对种群的影响是不规律的和不可预测的。

早期气候学派的主要观点可以归结于三点:①种群参数受天气条件的强烈影响;②种群数量的大发生与天气条件的变化明显相关;③强调种群数量的变动,否认稳定性。

最早提出气候因素决定种群密度的是以色列的博登海默(Bodenheimer)。他对于昆虫的环境生理学方面的研究是最有影响的,证明低温可以严重影响昆虫产卵率和发育速度,昆虫的早期死亡率在很大程度上是由天气条件所引起的。认为天气条件可以通过影响昆虫的生殖、存活和发育来决定种群密度。

支持气候学派的例子不少,如蚜虫往往在干旱年份易于大发生,大雨之后剧烈减少;东亚飞蝗也往往是在干旱年份大发生,形成蝗灾;栖居于干旱荒漠地区的澳洲飞蝗和沙漠蝗则在多雨年之后种群数量增加。某些生活在极端环境的兽类和鸟类种群数量也与气候因素密切相关,如生活在沙漠地区的某些啮齿动物和鸟类的种群数量与降雨量有着直接关系;鹿群对寒冷的冬季气候变化极为敏感,如果连续出现几个严冬天气,食料植物将被长期埋在雪下,鹿群不能及时获取足够的能量补充,致使幼鹿的死亡率增高,严重影响第二年的种群数量。

**2. 种间因素**

种间因素主要是指一些生物因素,如寄生、捕食、种间竞争等,这些因素通常属于密度制约因素。主张这些生物因素对种群调节起决定作用的就属于生物学派。

生物学派最著名的代表人物是澳大利亚昆虫学家尼科尔森(Nicholson),其思想基础是种群的平衡学说。他认为,种群是一个自我管理系统,它们按其自身的性质及环境的状况调节它们的密度。为了维持平衡,种群密度越高,调节因素的作用就越强;种群密度低时,调节因素的作用就减弱。也就是说,调节因素的作用必须受被调节种群的密度所影响,调节种群密度的因素只能是密度制约因素。

尼科尔森认为,气候学派混淆了两个概念:消灭与调节。种群的平衡密度永远不会决定于非密度制约因素,只有密度制约因素才能使种群达到平衡。例如,某一昆虫种群每世代增加 100 倍,因此必须有 99% 的死亡才能使种群得到平衡,假如气候因素消灭了 98% 的昆虫,昆虫种群还能成倍地增长,而依赖于种群密度的因素如寄生者,才能够将其余的 1% 消灭。在这种情况下,尽管气候因素消灭掉种群 98% 的个体,但仅仅起一个破坏作用,种群仍将继续增长,因此,气候因素不是调节因素;消灭种群 1% 的寄生者能够使种群保持平衡,则确实是调节种群密度的因素,也就是说,种群的自然平衡是由密度制约因素引起的。我们不能按消灭种群数量的相对比例来确定种群调节因素,而必须寻找其作用强弱随种群密度本身而变化的因素。

由于传染病和某些寄生物的致病力以及传播速度是随着种群密度的增加而增加的,所以可以把寄生看成是密度制约调节因素。

捕食也是一种密度制约调节因素。从理论上讲,捕食性动物的数量和捕食效率如果能够随着猎物种群数量的增减而增减,那么捕食性动物就能够调节或控制猎物种群的大小。换言之,就是只有当每个猎物的平均被捕获的概率随着猎物种群密度增加而加大的情况下,捕食性动物才能发挥调节作用。如果一种捕食者能够取食好几种猎物,而且能够依据各猎物的丰富程度而有选择地猎食,那么这种捕食者就可以同时对几个猎物种群起调节作用。

食物因素也可以归为种间因素这一类,因为动物是异养生物,主要以其他动植物为食。捕食和寄生、食草动物吃植物,都可以看成食物关系。英国鸟类学家拉克(Lack)是强调食物因素的代表,拉克认为引起鸟类密度制约死亡,从而控制种群数量的因素有 3 个,即食物短缺、天敌捕食和疾病,其中食物不足是主要因素,原因是:①成鸟很少因天敌捕食和疾病而死亡;②通常在食物丰富的地方,鸟类最多;③鸟类的食性不同;④鸟类经常因食物而发生争斗,特别是冬天在鱼类种群数量的调节中,食物因素也可以认为是主要因素,例如,苏联鱼类学家尼科里斯基(Никольский)认为,鱼类在自然界食物供应量变化的情况下,其种群具有自动调节的适应性。

# 2.6　种内关系

种内关系是指种群内个体间的相互关系。虽然动物种群和植物种群的种内关系有很大的不同,动物的种内关系远丰富于植物的种内关系,但为了种族的繁衍和个体的生存,生殖关系和种内竞争关系同是它们基本的种内关系。除此之外,植物种群的种内关系主要表现为集群生长、密度效应等;动物种群的种内关系则主要表现为空间行为、社会行为、通信行为和利他行为等。

## 2.6.1　两性关系

生殖方式及行为的研究越来越受到重视,究其原因,主要是因为在营有性生殖的种群内,异性个体构成最大量、最重要的同种其他成员,种内相互关系首先表现在两性个体之间;有性生殖将来自父母双方的基因组合为一体,提高了基因多样性,而基因多样性对种群的数量动态具有重要意义。

生殖方式及行为与两个重要的生物学问题有关,即两性细胞的结合和亲代投资。亲代投资(parental investment)是指亲代花费于生产后代和抚育后代的能量和物质资源。例如,卵的大小、后代的数量、对后代的抚育程度等,都能直接影响亲代投资的强度。

**1. 无性生殖和有性生殖**

生物的生殖方式有无性生殖和有性生殖两类。

营无性生殖的生物多为植物,尤其是杂草更多,也包括一些低等动物。它们很容易入侵新栖息地,往往从一个个体开始,通过迅速增殖,暂时地占领一片空间。无性生殖是动植物对开拓暂时性新栖息地的一种适应方式,在物种进化选择上具有重要优越性。另外,在遗传学方面,无性生殖所产的卵都带有母本的整个基因组,母体基因组数量是有性生殖的两倍。与有性生殖相比,无性生殖减少了减数分裂价(cost of meiosis)、基因重组价(cost of gene recombination)和交配价(cost of mating)等方面的亲代投资。

尽管无性生殖的优点很多,但大多数生物,特别是高等动物都营有性生殖。有性生殖在进化上有什么选择优越性,这是性别生态学研究的一个重要课题。这一问题虽然至今仍未得到圆满解决,但较为一致的认识是,有性生殖是生物对多变环境的一种适应。因为雌雄两性配子的融合能产生更多变异类型的后代,在不良环境下,至少保证有少数个体能生存下来,并获得繁殖后代的机会,所以多型性是一种很有效的生存对策。生物在稳定的、有利的环境中宜行无性生殖,而在多变的、不利的环境中进行有性生殖比较有利。这种例子不少,如许多蚜虫营兼性孤雌生殖(facultative parthenogenesis),春夏季到来时,种群密度低,食物丰富,竞争压力小,有利于种群增长,蚜虫营无性生殖,连续数代所产生的全是雌体,卵为二倍体,后代与母代非常相似。由于避免了减数分裂造成的能量损失,大大提高了生殖力,种群数量迅速增加,扩散并占领新栖息地。当秋季来临时,气候条件不利,生存环境恶化,蚜虫进行有性生殖,通过两性个体的交配、产卵,度过不良的冬季。

**2. 婚配制度**

婚配制度是指种群内婚配的各种类型,婚配包括异性间相互识别、配偶的数目、配偶持续时间,以及对后代的抚育等。

(1) 婚配制度的类型    按配偶数分为单配偶制(monogamy)和多配偶制(polygamy),后者又分为一雄多雌制(polygyny)和一雌多雄制(polyandry)。

1) 单配偶制:是比较少见的一种婚配制度,只见于鸟类,尤其是晚成鸟,以一雄一雌制较为普遍,原因是因为其幼雏的发育很不完全,需要双亲的共同抚育。

2) 一雄多雌制:是最常见的一种婚配制度。雄性不参加育幼,但承担保护领域的任务。

3) 一雌多雄制:是很少见的一种动物婚配制度,典型的例子是美洲水雉(*Jacana spinosa*)。与一雄多雌制相反,伏窝和育雏由雄性负担。雌性个体大于雄性,更具有进攻性,可协助雄性保护领域。

(2) 决定婚配制度类型的环境因素    决定动物婚配制度的主要生态因素是食物资源和营巢地在空间和时间上的分布。如果资源丰富且分布均匀,则有利于产生一雄一雌的单配偶制,如果资源丰富但分布呈斑点状,则容易形成多配偶制。

自然界中,资源丰富与不丰富,分布均匀与不均匀,均可视为一个连续的变化。在这个连续变化的体系中,单配偶制与多配偶制的相对利弊关系也随之产生相应变化,当利弊平衡时,资源分布状况称为多配偶阈值,超过此值,多配偶制将比单配偶制更加有利。

## 2.6.2　种内竞争

竞争是指生物为了利用有限的共同资源,相互之间产生的不利或有害的影响。某一种生物的资源是指对该生物有益的任何客观实体,包括栖息地、食物、配偶,以及光、温度、水等各种生态因子。不同种类甚至同一种生物的不同发育阶段所需资源存在差异,竞争通常发生在生物所利用的资源是共同而且有限的情况下。

自然界中物种内个体间的竞争极其普遍。种内竞争明显受密度制约,在有限的生境中,种群的数量越多,对资源的竞争就越激烈,对每个个体的影响也就越严重,可能会引起种群的出生率下降,而死亡率升高。由于种内竞争与种群密度密切相关,即无论何时产生竞争,它都既来源于密度又作用于密度。因此,种内竞争具有调节种群数量动态的作用。

种内竞争通常分为争夺式竞争和分摊式竞争两种类型。当种群数量小于环境所能容纳的最大值($K$)时，每个个体都能获得足够的物质，无论是哪一种类型的竞争，都不会因竞争引起个体的死亡。当种群数量超过 $K$ 值时，种内竞争加剧，两种竞争策略的结果明显不同。争夺式竞争的生物为了生存和繁殖的需要，尽量多地控制资源，竞争的胜利者往往能够获得足够的物质，而竞争的失败者则因食物不足而死亡。分摊式竞争者种群内所有个体都有相等的机会接近有限的资源，由于没有完全的竞争胜利者，全部竞争个体所平均获得的资源，都不足以维持生存所需要的能量，使种群内个体全部受损甚至死亡。

不同物种的种内竞争形式各异。如植物的种内竞争与动物的明显不同。作为构件生物，植物生长的可塑性强，在植物稀疏和环境条件良好的情况下，枝叶茂盛，构件数很多；在植物密生和环境不良的情况下，可能只生长少数枝叶，构件数很少。对于植物的这种密度效应，已发现两个特殊规律，即"最后产量衡值法则"(law of constant final yield)和"－3/2 自疏法则"(－3/2 self-thinning law)。

**1. 最后产量衡值法则**

该法则是指在种植条件相同时，植物种群在一定的密度范围内，其最后产量差不多总是一样。该法则是唐纳德(Donald)根据车轴草种植实验而得出的。他按不同密度种植车轴草，并不断观察其产量，结果发现，虽然第 62 天后的产量与密度呈正相关，但到 181 天时，产量与密度变得无关，其最终产量是相等的。以模型表示：

$$Y = W \times d = C \tag{2.19}$$

式中，$Y$ 为总产量，$W$ 为平均每株植物重量，$d$ 为种群密度，$C$ 为常数。

最后产量衡值现象的生物学意义为：在稀疏种群中的每一个个体都很容易获得资源和空间，生长状况好，构件多，生物量大；而在密度高的种群中，由于叶子相互重叠，根系在土壤中交错，对光、水和营养物质等竞争激烈，在有限的资源中，个体的生长速度降低，个体变小。

**2. －3/2 自疏法则**

植物种群的自疏现象非常普遍，可以发生在个体水平、器官水平等多个层面上。在高密度种植情况下，种内对资源的竞争不仅影响到植株的生长发育，而且影响到植株的存活率。也就是说，在高密度的样方中，有些植株成为竞争的胜利者，获得足够的资源而继续生长发育，有些植株因不能获得足以维持生长发育的资源而死亡，于是种群出现"自疏现象"。如果种群密度很低，或者是人工稀疏种群，自疏现象可能不出现。

哈珀(Harper)等对黑麦草(*Lolium*)进行的密度实验表明，在最高播种密度的样方中首先出现自疏现象，在密度较低的样方中，自疏现象出现较晚，并由此得到黑麦草的"自疏线"，其斜率为－3/2(图 2.12)。怀特(White)等曾罗列了 80 余种植物的自疏现象，都具有－3/2 自疏线。

"最后产量衡值法则"和"－3/2 自疏法则"都是经验法则，并在许多种植物的密度实验中得以证实，但对"－3/2 自疏法则"尚未有圆满的解释。

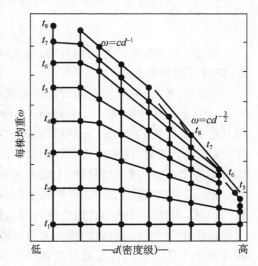

图 2.12　植物密度与个体大小之间的关系(引自孙儒泳等，2001)

## 2.6.3　空间行为

由于自然环境的多样性，以及种内个体之间的竞争，每一种群在一定空间中都会呈现出特定的分布形式，即不同种群会表现出不同的空间行为。研究种群的空间行为可以从研究种群内分布型或空间资源利用方式入手。种群内分布型的研究是静态的研究，比较适用于植物或定居的动物，也适用于动物栖居所之间的空间分布，如鼠穴、鸟巢等。而对于在种群分布区内经常移动位置的动物来说，则可以从种群利用空间资源的方式来探讨这类动物的空间行为。

**1. 种群的内分布型**

种群的内分布型(internal distribution pattern)是指组成种群的个体在其生活空间中的位置状态或布局。种群的内分布型大致可以分为三种:均匀(uniform)分布、随机(random)分布和成群(clumped)分布。

(1) 均匀分布    种群内个体近似等距离分布。当有机体能够占有的空间比其所需要的大,则在其分布上的阻碍较小,种群内的个体常呈均匀分布。自然界中的动物,完全的均匀分布比较少见,如在海岸悬崖上营巢的海鸥常常是均匀分布的,它们的巢窝之间保持一定距离。植物均匀分布的例子较多,人工栽培的作物一般是均匀分布的,森林中的树木也近似于均匀分布。

(2) 随机分布    是指每一个体在种群领域中各个点上出现的机会相等,某一个体的存在并不影响另一个体的分布。随机分布在自然界中也不很常见。例如,拟谷盗和黄粉虫在资源分布均匀的环境中,通常呈随机分布;在潮汐带环境中,一些小蛤的分布也属随机的;用种子繁殖的植物,在刚刚入侵到一个新环境时,也常呈随机分布。

(3) 成群分布    个体成群或成团分布。在大多数自然情况下,种群常成群分布,这是最广泛的一种分布格局。无论动物还是植物,成群分布的例子几乎到处可见,如虫群、鱼群、鸟群、兽群以及草丛、树丛等。这种分布型是动植物对生境差异发生反应的结果,同时也受气候和环境的日变化、季节变化,生殖方式和社会行为的影响。例如,植物成群分布的形成,或者是由于成群分布对群内个体有利,因为群聚能更好地改变微气候和小生境(如通过根系分泌物的影响,或形成有利于其生长发育的小气候环境);或者是由于小生境的特点有利于有机体在某一小区域生长,而不利于在另一区域生长;或者是由于繁殖的特性所形成,如匍匐茎或根茎的无性生殖;或者是由于种子传播的距离近,如一些不能移动的种子,其萌发的幼树常集聚生长于母树周围;或者是沿着天然障碍,在那里种子由于风的吹落而集聚;或者是人工团块状的播种方式而形成。成群分布的种群对不良环境条件比单独的个体有较大的抗性,但群聚型的分布会增加个体间的竞争。

检验种群内分布型最常用且简便的指标是空间分布指数($I$),即方差与平均数的比($S^2/M$):

$$I = S^2/M \tag{2.20}$$

当 $I < 1$ 时,种群为均匀分布;当 $I = 1$ 时,种群为随机分布;当 $I > 1$ 时,种群为集群分布。

**2. 空间资源利用方式**

一般说来,种群利用空间资源的方式可分为两大类,即分散利用领域和集群共同利用领域。

(1) 分散利用领域    领域(territory)是指由个体、家庭或其他社群单位所占据的,并积极保卫、不让同种其他成员侵入的空间。分散利用领域的动物是营单体(solitary)或家族(family)生活方式,即种群内的个体,或雌雄个体对,或家族占有一小块空间(领域),并且在该空间内通常没有同种的其他个体同时生活。资源分布类型在决定动物领域性上具有重要作用。

根据动物对这个空间的保护和防御程度不同,通常可分为下列 3 种情况:①有些动物积极保护个体或家族的领域,不允许同种的其他个体入侵,这样有时就会出现种内个体之间争夺领域的直接冲突。②有些动物仅积极保护整个活动领域的核心部分,即其巢穴的邻近部分。这时可以将其整个活动领域称作家区,不允许同种其他个体入侵的核心部分则称为领域。③有些动物只是分别地生活着,没有固定的受保护的个体领域。

动物保护领域的行为称为领域行为(territorial behavior)。领域行为是动物的一种空间行为,同时也是一种社会行为,它主要指向于种群内其他个体。保护领域的方式很多,如以鸣叫、气味标志或特异的姿势向入侵者宣告其领域的范围,以威胁或直接进攻驱赶入侵者等。具领域性的种类在脊椎动物中最多,尤其是鸟、兽,但某些节肢动物,特别是昆虫也具有领域性。保护领域的意义主要是保证食物资源、营巢地,从而获得配偶和养育后代。

分散利用领域方式的生态学意义为:①保证食物的需求。领域的划分,保证了单体或家族有充足的食物,这不但对成体有利,对幼体的抚育显得更为重要。领域隔离现象最明显的时刻是在繁殖季节,说明动物的领域性主要是为了保护幼体,使其免受天敌之害,而保证食物资源则是第二位的。②保证有营巢地和隐蔽所。隐蔽所的作用不仅仅在于防御天敌,而且也可用于抚育和保护后代。③调节种群的密度。由于领域的存在和对领地的保卫行为,限制了一定地区的种群密度,促使种群分散,不至于因为过分拥挤而产生有害的影响。

（2）集群利用领域

1）集群的形式：在自然界中，集群（colonial 或 aggregative）是一种普遍生活方式。按照动物群的时间性和稳定性，可以将其分为以下三类。

- 暂时性群：暂时性的集群是不稳定的，个体之间一般没有特别的联系和一定的群体结构，有的个体经常从集群中分离出去，而另一些新个体又不时地加入进来，集群的成员是不断交换的。

- 季节性群：即在一些季节里，营集群生活，而在另一些季节里，则营单体或家族生活。一般说来，繁殖季节的鸟类分散营巢、产卵、育雏，为家族生活方式，在其他季节则营集群生活。某些两栖类动物，具有在进入冬季休眠期前集中在一起的习性。

- 稳定且经常性群：在这类集群中，个体与个体之间相互依赖，有的还具有一定的组织。例如，许多有蹄类会集结成游牧群，不断地在分布区中移动，过着游牧生活。灵长类的群也是经常性的，且群体内还具有严格的等级制。

虽然暂时性群也有一定的生态学意义，但对集群生活方式的研究重点，放在对相对稳定的季节性群和经常性群的研究上，尤其是稳定且经常性群。

2）集群利用领域方式的生态学意义：集群生活方式虽然会增加种内个体对生活条件的竞争，但它可以为动物带来许多有利因素。集群生活方式的生态学意义主要有以下几方面：①有利于改变小气候条件。例如，帝企鹅（*Aptenodytes forsteri*）在冰天雪地的繁殖基地的集群，能改变群内的温度，并减小风速；社会性昆虫的群体甚至可以使周围的温、湿度条件相对稳定。②集群以共同取食，如狼群、狮群都能分工合作，围捕有蹄类。甚至不同种的个体也会"联合行动"，共同捕食。鹈鹕和鸬鹚联合起来，围成半圆形的包围圈，分别从水面和深处惊吓鱼类，然后共同捕食就是一个典型的例子。③集群以共同防御天敌，如斑马、鹿类的集群。④集群有利于动物的繁殖和幼体发育，如洄游鱼类的产卵洄游是对繁殖的适应，再如集群营巢的鸟类数量减少时，可以使雌鸟的产卵期延长，对幼鸟的哺育期也会延长。⑤集群以进行迁移，如旅鸟、洄游鱼类及群居相的飞蝗等。

**3. 阿利规律**

种群的产生是个体群聚的结果。对于一个特定的种群而言，群聚的程度取决于生境特点、天气及其他物理条件、物种的生殖特点和分工合作程度等因素。温度、降水等物理环境的影响常常使个体呈现非随机分布，如地下茎繁殖的植物多高度成群；种子无散布能力的植物总是成群分布在母株附近。

集群对动物的生存具有重大意义，集群能使种群的存活力提高，如鱼群忍耐水中有毒物质的剂量要比单个个体强；箱中蜂群能产生并保持相当的热量，使个体在低温下能够存活。动物界中的社会性集群通过分工、合作，甚至社会等级，使种群在寻找食物、栖所和防御其他生物进攻的能力以及影响和改善生境的能力得以增强。但随着种群密度的升高，个体间拥挤程度增加，势必会抑制种群的增长，给整个种群带来不利的影响。若种群密度在一定的水平之下，数量的增加会刺激种群的增长。对某些动物种类来说，密度过低会有灭绝的危险。阿利（Allee）首先注意到这一规律，即动物有一个最适的种群密度，种群密度过高和过低对种群增长都是不利的，都有可能对种群产生抑制性的影响。这一规律被称为阿利规律（Allee's law）。

阿利规律对于指导人类社会发展以及保护珍贵濒危动物均具有重要意义。例如，在城市化过程中，小规模的城市对人类生存有利，规模过大，人口过分集中，对人类生存就可能会产生不利影响，因此，城市规划应该有个最适规模。大力发展中小城市及大型城市的卫星城应该成为城市规划的发展方向。

## 2.6.4　社会行为

社会行为指许多同种动物个体生活在一起，这些个体在觅食、繁殖、防御天敌、保护领域等方面表现出集体行为，是一种利他与互利的行为。社会行为所涉及的内容很多，如空间行为中的占区和结群，生殖行为中的求偶、交配和亲代抚育，同种个体间的通讯行为，以及利他行为均应属于社会行为的重要组成部分。上述种种社会行为均在有关章节专门介绍，在此仅重点介绍社会行为中的另一重要内容——社会等级。

社会等级(social hierarchy)是指动物种群中各个个体的地位具有一定顺序等级的现象。社会等级形成的基础是支配行为,或称支配-从属(dominant-submissive)关系。支配-从属关系有3种基本形式:

(1) 独霸式(despotic)    种群内只有一个个体支配全群,其他个体都处于相同的从属地位,不再分等级。

(2) 单线式(linear)    群内个体呈单线支配关系,甲支配乙,乙支配丙……

(3) 循环式(cyclic)    群内个体甲支配乙,乙支配丙,而丙又支配甲的形式。

社会等级在动物界中,特别是在结群生活的物种中是相当普遍的现象。在许多自然种群中,其支配-从属关系并不那么简单,往往是两种或三种形式的组合。

研究支配-从属关系首先是从家鸡开始的。新形成的一群鸡,开始时的关系可能是循环式的,经过一段时间后,就会逐渐形成稳定的单线式关系。经过打斗、啄击、威吓而稳定下来的等级顺序也不是绝对不变的,若低等级个体不服,会挑起新的格斗,胜者就占有优先的位置。社会等级的高低,可能与雄性激素的水平、身体的强弱、大小、体重、成熟程度、打斗经验、是否受伤或疲劳等因素有关。一般说来,高地位的优势个体通常比低地位的从属个体身体强壮、体重大、性成熟程度高,具有打斗经验。在等级稳定群体中的个体往往比不稳定群体中的个体生长速度快,产卵多,原因是在不稳定的群体中,个体间的格斗要消耗大量的能量。

目前已经从许多动物类群,特别是昆虫中发现了社会行为,其中比例最高的动物类群是蚂蚁和等翅目昆虫白蚁类,人们已经发现并命名的蚂蚁和白蚁全部是社会性的。社会行为最大的益处是能降低被天敌捕食的概率,然而自然界中具有社会行为的动物只是很小一部分种类,为什么大多数动物种类并不是社会性的?这是因为社会性群体既能为群体成员带来利益,又会给群体成员带来害处。

社会等级的形成具有重大的生物学意义。首先,社会等级的形成使种群内环境比较稳定,非争斗性获得有限资源,从而大大减少了个体间因格斗而产生的能量消耗。其次,社会等级的形成使优势个体在食物、栖息场所、配偶选择等方面均有优先权,保证了种内强者首先获得交配和生产后代的机会,有利于物种的保存、延续及种群数量的调节。当资源不足时,优势个体由于能够优先获得食物等资源而生存,从属个体则首先出现饥饿甚至死亡;优势个体能够在竞争中获得领地和配偶,有利于物种的保存和延续,从属个体则不能获得正常的繁殖机会,从而具有控制种群增长,调节种群数量的作用。

社会性群体形成的害处则主要表现在以下三个方面:①增加了对食物、配偶的竞争;②增加了感染传染病和寄生虫的概率;③增加了骗取育幼和干扰育幼的概率。

### 2.6.5  通信行为

在任何一个种群中,许多个体生活在一起,这些个体之间必然要发生联系,互通信息,即使是独居的动物,繁殖期个体之间的相互通信也是必不可少的。生物之间的信息传递涉及发出信号和接收信号两个方面。通信(communication)就是由一个个体释放出一种或几种刺激信号,发送信息,另一个个体接收信息,并启动特定的行为。

在通信过程中,个体之间用以传递信息的行为或物质称为信号。一般说来,通信行为是天生的,一种动物的信号,只能被同种个体所接收。接收信号的个体所作出的反应,大多是出自本能,昆虫等无脊椎动物和低等脊椎动物对信号的反应大多是定型的,而且对每一种信号只产生一种或很少几种反应。许多高等脊椎动物经过学习,能够改善和提高接收信号的能力。

已经发现,每种动物大约有50多种信号行为,但这些行为所包含的实际信息数量可能会更多,一些无脊椎动物和大多数脊椎动物能够通过信号分级、不同信号的结合及信号的顺序排列等方法增加信号信息数量。

### 1. 通信行为类型

根据信息传导途径,动物的通信可分为机械通信、辐射通信、化学通信三类;根据传播信息者的行为方式,动物的通信可分为声音通信、形体通信、化学通信三类;根据接收信息者的行为方式,动物的通信可分为视觉通信、听觉通信、化学通信三类,在此仅对这三类做简要介绍。

(1) 视觉通信(visible communication)    由于视觉是绝大多数动物从其环境中接收信息的最重要手段,所以视觉通信是动物全部通信机制中分布最广的。信息接收者通过视觉,可接收信息发送者利用展示、体姿和某种形态结构所发送的信息。通过视觉通信接收的信息多为紧张不安、顺从妥协、警报等。视觉通信可以减少种内个体为竞争领域、保持社会等级而发生的直接格斗。

（2）听觉通信（auditory communication）　　听觉通信在动物界也十分普遍，从较低等的节肢动物到脊椎动物的每一个类群，都存在着听觉通信。听觉通信的作用是多方面的，主要是用于求偶行为，或用于威吓、进攻，或用于寻求保护，有时还能起辨别作用。

听觉通信在灵长类中得到高度发展，例如，研究发现日本猴（Macaca fuscata）能发出 37 种有意义的声音，其中包括联络、防御、威吓、警戒、发情及表达不满情绪等。目前，人们正在利用动物的声响信号进行一些应用研究。

（3）化学通信（chemical communication）　　化学通信在动物界中也是非常普遍的一种通信行为。化学通信是靠某些化学物质的释放和接收来传递信息的。由动物释放于体外，能引起同种的其他个体产生特异性反应的化学物质称为外激素（pheromone），而用于异种生物之间通信的化学物质则称为异种外激素（allelochemics）。

昆虫外激素的研究属于化学生态学研究的范畴，是当前一个十分活跃的研究领域，中国科学家在这方面也做了大量工作。目前已研究清楚几十种昆虫，特别是一些经济性昆虫性外激素的化学结构，其中不少已可进行人工合成，这对于农、林、医等诸方面的研究和应用都有重要意义。

动物所采用的通信方式与物种的感觉、运动能力有关，鸟类的视觉和声觉十分发达，哺乳类以嗅觉和声觉见长，昆虫则以嗅觉通信为主，鸣虫类发展了特殊的声通信。通常，生活在开阔地带环境的动物以视觉通信为主，而生活在景观郁闭地带的动物则以嗅觉和听觉为主。

**2. 通信行为的生物学意义**

通信行为的作用主要表现在以下几个方面：

（1）相互联系　　通信能引导动物与其他个体发生联系，维持个体之间相互关系。

（2）个体识别　　通过通信动物之间彼此达到互相识别。

（3）减少动物间的格斗和死亡　　通信能够标记自己的居住场所，表示地位等级，由此可以减少社群成员之间的相争。

（4）相互告警　　利用彼此间的通信共同监控周围环境。

（5）群体共同行动　　通信有利于群体互相召集，共同行动。

（6）行为同步化　　通信有助于各个体间行为同步化，如鸟类集群繁殖时的飞翔和尖叫。

人们通过对动物通信行为的了解，能够更好地管理有益动物和控制有害动物，能够揭示人类信息传递的生物学起源。特别是对哺乳动物通信行为的研究，还可以为人类计划生育、防除通信障碍、仿生等重大问题的解决提供新的途径。

## 2.6.6　利他行为

自然界的生物好像都在这个空间有限、资源有限的星球上寻找自己的立足之地，"自私自利"甚至是"损人利己"的行为随处可见，但毋庸置疑的是，不顾自身利益，甚至不惜牺牲自己生命的"利他"行为也是普遍存在的。例如，在蜜蜂、蚂蚁和白蚁等社会性昆虫中，不育的雌虫本身不产卵繁殖，却全力以赴帮助自己的母亲喂养兄弟姐妹。蜜蜂中的工蜂在保卫蜂巢时放出毒刺，这等同于"自杀行动"，显然也是以自身性命换取全群的利益；白蚁的蚁冢如遭敌人入侵，其兵蚁则全力向外移动，以围堵缺口，表现出"勇敢"地保卫群体的行为。再如，鸟类的"折翼行为"（broken-wing display），即当捕食者接近其鸟巢和幼鸟时，成鸟会佯装受伤，以吸引捕食者追击自己，引开敌害，保护鸟巢和幼鸟，当然，这样做是要冒一定风险的；结群生活的鸟类和兽类在面临危险时，群中的一些先觉个体常常会发出尖锐刺耳的报警鸣叫声，也是一种不顾自身危险换取其他个体安全的利他行为。

利他行为（altruism behavior）是指一个个体牺牲自我而使社群整体或其他个体获得利益的行为，利他行为是一种社会性相互作用。然而，基因是绝对自私的，在长期的进化过程中，成功基因的一个突出特性就是

"自私性",基因的自私性常常会使个体表现出自私行为。利他行为和自私行为看起来是不可调和矛盾的两个方面。自然选择只利于个体的存活和生殖,为什么有些个体会牺牲自身利益,而去帮助其他个体获得更大的存活和生殖机会呢? 即利他行为是如何进化的? 这是社会生物学的一个核心问题。

自然界中的一切存在都是合理的,不管表面看来是多么复杂和多么不可思议的行为,都必定经历过一个进化和自然选择过程。广义适合度和亲缘选择不仅可以解释动物的利他行为,还丰富和发展了达尔文的自然选择学说。广义适合度与个体适合度不同,它不是以个体的存活和繁殖为尺度,而是指一个个体在后代中传递自身基因的能力有多大。能够最大限度地把自身基因传递给后代的个体,则具有最大的广义适合度。动物的一切行为都是为了提高其广义适合度。亲缘选择则是选择广义适合度最大的个体,而不管这个个体的行为是否对自身的存活和繁殖有利。因为在同一个亲缘群中的个体之间,不同程度地具有共同基因,一个个体借助于对自己的近亲提供帮助,实际上可以增加自己对未来世代的遗传贡献。当然,利他行为只有在一定的前提条件下才能被自然选择保留,也就是说,只有受益的亲缘个体所得到的利益超过利他行为者所受的损失时,才能增进利他行为者的广义适合度,这种利他行为也才能被自然选择保留。

由亲缘选择可知,利他行为只能表现在个体层次上,而决不会表现在基因层次上,个体所表现出的利他行为归根结底对基因仍是有利的。自然选择的基本单位不是物种,而是作为遗传物质基本单位的基因。人们通常所说的进化,其实是指基因库中基因频率发生改变的过程。因此,我们要解释某种利他行为的进化进程时,首先应当了解这种行为对基因库中的基因频率产生了什么影响。

现代生态学研究表明,利他行为与群体选择也有密切联系。群体选择学说认为种群是物种的进化单位,群体选择可以使那些对个体不利,但对种群或物种整体有利的特性在进化中保存下来。

利他行为在下列 3 个水平上均可发生:

(1)家庭选择    如果个体的行为对其直系亲属有利,属于家庭选择(family selection)。
(2)亲属选择    如果个体的行为对于近亲家族有利,则属于亲属选择(kin selection)。
(3)群体选择    如果个体的行为对于整个群体有利,则属于群体选择(group selection)。

在人类社会中,不仅要有家庭选择和亲属选择,更应当提倡群体选择。

## 2.7 种间关系

种间关系(interspecific interaction)是指不同物种之间的相互作用。物种间的相互关系有的很密切,一个物种直接作用于另一个物种;有的可能不是很密切,一个物种对另一个物种只产生很小的、间接的影响。物种间的相互关系有的是对抗性的,一个物种的个体直接杀死另一个物种的个体,有的则是互助依存的,在这两类极端关系之间,还有多种形式。如果用"+"表示有利,"-"表示有害,"0"表示既无利又无害,那么种群之间的关系可以划分为表 2.6 所示的几种基本类型。物种之间的所谓有利、有害关系只是一种表面的划分,两个物种间的相互关系实质上是很复杂的,很难仅用有利、有害来进行简单描述,也就是说,按照生态学的观点,上述基本类型的划分并不十分准确。

表 2.6    两物种间相互关系的基本类型

| 作用类型 | 物种 1 | 物种 2 | 一般特征 |
|---|---|---|---|
| 中性作用(neutralism) | 0 | 0 | 两个物种不受影响 |
| 竞争(competition) | - | - | 两个物种竞争共同资源而带来负影响 |
| 偏害作用(amensalism) | - | 0 | 物种 1 受抑制,物种 2 无影响 |
| 捕食(predation) 寄生(parasitism) | + | - | 物种 1 是捕食者或寄生者,是受益者;物种 2 是被捕食者或寄主,是受害者 |
| 偏利作用(commensalism) | + | 0 | 物种 1 受益,物种 2 无影响 |
| 互利作用(mutualism) | + | + | 两个物种都受益 |

　　根据两物种相互作用的结果,种间关系的基本类型可以分为两类:正相互作用和负相互作用。前者包括偏利作用、中性作用和互利作用,后者则包括竞争、捕食、寄生和偏害作用。值得注意的是,正相互作用特别是互利作用对生态系统稳定性的维持起着重要作用,但现代生态学对于正相互作用的研究还远远不如对负相互作用的研究,这是生态学研究的一个不足。

　　两种物种生存在一起,无论表现为哪一种关系类型,在长期的进化过程中,总是表现出相互影响、协同进化。协同进化(coevolution)是一个物种的性状作为另一个物种性状的反应而进化,而后一种物种的这一性状本身又是对前一物种的反应而进化。

### 2.7.1　种间竞争

　　种间竞争(interspecific competition)是指两种或更多种生物共同利用同一资源而产生的相互竞争作用。一般来说,竞争的双方对资源的需求相同,在生态系统中的角色和所执行的功能相似。在种间关系的基本类型中,有关种间竞争的研究工作最多,研究内容也最广泛和深入,几乎涉及每一类生物。

**1. 竞争类型及其特点**

　　竞争可以分为资源利用性竞争(exploitation competition)和相互干涉性竞争(interference competition)两类。资源利用性竞争是指两种生物之间只有因资源总量减少而产生的对竞争对手的存活、生殖和生长的间接作用,没有直接干涉。资源利用性竞争的例子很多,如大草履虫和双小核草履虫(*Paramecium aurelia*)之间的竞争。相互干涉性竞争是指两种生物之间不仅有因资源总量减少而产生的对竞争对手的存活、生殖和生长的间接作用,更重要的是具有直接干涉。相互干涉性竞争的例子也很多,如赤拟谷盗(*Tribolium castaneum*)和锯谷盗(*Oryzaephilus surinamensis*)在面粉中一起饲养时,不仅竞争食物,而且有相互吃卵的直接干扰;再如植物的化感作用(allelopathy),即某些植物能分泌一些有害化学物质,阻止其他种植物在其周围生长,也属于相互干涉性竞争。另外,当一种捕食者可以捕食两种物种时,一个物种个体数量的增加将会导致捕食者种群个体数量的增加,从而加重对另一个物种的捕食作用。这种两个物种通过有共同捕食者而产生的竞争,与两个物种对资源共同利用而产生的资源利用性竞争在性质上是类似的,故称作似然竞争(apparent competition)。

　　种间竞争主要有两个共同特点,即种间竞争的不对称性和共轭性。不对称性是指竞争对各方影响的大小和后果不同,即竞争后果的不等性。例如,生活在潮间带的藤壶(*Balanus*)与小藤壶(*Chthamalus*)之间的竞争。藤壶在其生长和增殖过程中,常常覆盖和挤压小藤壶,从而压制了小藤壶的生存,小藤壶的存在对于藤壶的生长影响很小。但藤壶对于缺水非常敏感,干燥是限制藤壶在潮间带分布上限的主要因素。所以,在潮间带上部干燥缺水的地方,小藤壶能生活得很好。共轭性是指对一种资源的竞争,能影响对另一种资源的竞争结果。例如,不同种植物之间对阳光、水分和营养物的竞争,对阳光的竞争结果也会影响植物根部对水分和营养物的竞争结果。

**2. 竞争模型**

　　(1) 竞争模型的结构及其生物学含义　　竞争模型的基础是逻辑斯谛增长模型,这个模型是由洛特卡(Lotka)1925 年在美国和沃尔泰拉(Volterra)1926 年在意大利分别独立地提出的,因而通常称为洛特卡-沃尔泰拉模型。

　　物种甲和物种乙生活在同一空间,利用相同资源,具有竞争关系。设两个物种的种群数量分别为 $N_1$ 和 $N_2$,环境容纳量分别为 $K_1$ 和 $K_2$,种群增长率分别为 $r_1$ 和 $r_2$。若仅考虑物种甲的种群增长,而不考虑物种乙的存在对物种甲增长的影响,则物种甲按逻辑斯谛模型增长。其增长模型为

$$\frac{dN_1}{dt} = r_1 N_1 \left( \frac{K_1 - N_1}{K_1} \right) \tag{2.21}$$

　　如果考虑两物种的竞争关系,模型中还应加入物种乙的影响:

$$\frac{dN_1}{dt} = r_1 N_1 \left( \frac{K_1 - N_1 - \alpha N_2}{K_1} \right) \tag{2.22}$$

式中，$\alpha$ 称作物种乙对物种甲的竞争系数，表示在物种甲的环境中，每存在1个物种乙的个体对物种甲所产生的效应，即1个乙物种的个体所利用的资源相当于 $\alpha$ 个物种甲的个体。

若 $\alpha=1$，表示每个物种乙个体对物种甲种群所产生的竞争抑制效应，与每个物种甲个体对自身种群所产生的效应相等。

若 $\alpha>1$，表示每个物种乙个体对物种甲种群所产生的竞争抑制效应，大于物种甲个体对自身种群所产生的效应。

若 $\alpha<1$，表示每个物种乙个体对物种甲种群所产生的竞争抑制效应，小于物种甲个体对自身种群所产生的效应。

同样，如果考虑两物种的竞争关系，物种乙的增长模型为

$$\frac{\mathrm{d}N_2}{\mathrm{d}t}=r_2N_2\left(\frac{K_2-N_2-\beta N_1}{K_2}\right) \tag{2.23}$$

式中，$\beta$ 为物种甲对物种乙的竞争系数。

（2）竞争结局及分析　　从理论上讲，两个物种竞争的结局可能有4种：物种甲取胜，物种乙被排挤掉；物种乙取胜，物种甲被排挤掉；物种甲和物种乙不稳定共存；物种甲和物种乙稳定共存。

对于物种竞争的各种结局，可以用 K 值法直观说明。图 2.13a 表示在竞争情况下，物种甲的种群动态。它可以分为3个部分：数量增加、数量平衡和数量减少。数量平衡即 $\mathrm{d}N_1/\mathrm{d}t=0$，最极端的两种平衡条件是：① 全部空间为物种甲所占据，$N_1=K_1$，$N_2=0$；② 全部空间为物种乙所占据，$N_1=0$，$N_2=K_1/\alpha$。这两种情况就是图中对角线的两端，连接这两个端点的对角线，代表了所有的平衡条件。在这个对角线的内侧，物种甲的种群数量就会增加，$\mathrm{d}N_1/\mathrm{d}t>0$；在对角线的外侧，物种甲的种群数量就会减少，$\mathrm{d}N_1/\mathrm{d}t<0$。同样，图 2.13b 表示在竞争情况下，物种乙的种群动态。将 a 图和 b 图相互叠合起来，就可以得到4种不同情况（图 2.14），其竞争结果将取决于 $K_1$、$K_2$、$K_1/\alpha$、$K_2/\beta$ 4个值的相对大小。

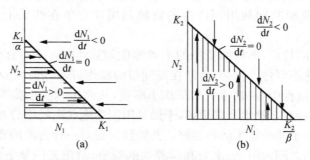

图 2.13　物种甲和物种乙的种群动态分析（仿自 Smith, 1980）

1）当 $K_1>K_2/\beta$，$K_1/\alpha>K_2$ 时，物种甲取胜，物种乙被排挤掉。

2）当 $K_2>K_1/\alpha$，$K_2/\beta>K_1$ 时，物种乙取胜，物种甲被排挤掉。

3）当 $K_1<K_2/\beta$，$K_2<K_1/\alpha$ 时，两个物种稳定共存。

4）当 $K_1>K_2/\beta$，$K_2>K_1/\alpha$ 时，两个物种不稳定共存，物种甲和物种乙都有取胜的机会。

对于物种竞争的各种结局，我们还可以用种内竞争强度和种间竞争强度指标的相对大小来表示。$1/K_1$ 和 $1/K_2$ 可视为物种甲和物种乙的种内竞争强度指标，其理由是 K 值越大，也就是说在一定的空间中，能够容纳更多的同种个体，即 $1/K$ 值越小，则其种内竞争就相对地越小。同理，$\beta/K_2$ 可视为物种甲对物种乙的种间竞争强度指标，$\alpha/K_1$ 是物种乙对物种甲的种间竞争指标。如果物种的种间竞争强度大，而种内竞争强度小，则该物种在竞争中将取胜，反之，若物种的种间竞争强度小，而种内竞争强度大，则该物种在竞争中将失败。如果两个物种的种内竞争均比种间竞争强烈，两物种就可能会稳定共存；如果种间竞争都比种内竞争强烈，那就不可能稳定共存。

例如，竞争结局为物种甲取胜、物种乙被排挤掉时，$K_1>K_2/\beta$，$K_1/\alpha>K_2$，若取其倒数，则为 $1/K_1<\beta/K_2$，$\alpha/K_1<1/K_2$，表示物种甲的种内竞争强度小，种间竞争强度大，而物种乙的种内竞争强度大，种间竞

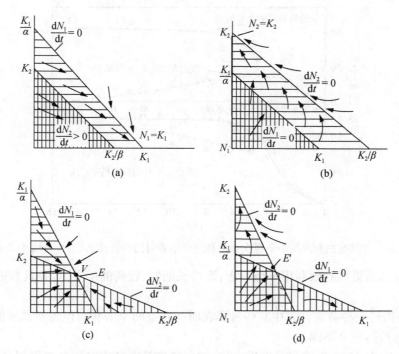

图 2.14　两物种竞争可能产生的 4 种结局(仿自 Smith，1980)

a. 物种甲获胜；b. 物种乙获胜；c. 稳定共存；d. 不稳定共存

争强度小。

同理可知，当 $1/K_1 > \beta/K_2$，$\alpha/K_1 > 1/K_2$ 时，表示物种甲的种内竞争强度大，种间竞争强度小，而物种乙的种内竞争强度小，种间竞争强度大，竞争结局为物种乙取胜，物种甲被排挤掉。

当 $1/K_1 > \beta/K_2$，$\alpha/K_1 < 1/K_2$ 时，表示物种甲和乙均属种内竞争强度大、种间竞争强度小的物种，竞争结局为两个物种稳定共存。

当 $1/K_1 < \beta/K_2$，$\alpha/K_1 > 1/K_2$ 时，表示物种甲和乙均属种内竞争强度小、种间竞争强度大的物种，竞争结局为两个物种不稳定共存，两种都有取胜的机会。

**3. 竞争排斥原理**

竞争排斥原理(principle of competitive exclusion)，即生态学上(更确切地说是生态位上)相同的两个物种不可能在同一地区内共存。如果生活在同一地区内，由于激烈的竞争，它们之间必然出现栖息地、食性、活动时间或其他特征上的生态位分化。

竞争排斥原理首先是由高斯(Gause)用实验的方法证实的，所以又称为高斯假说(Gause's hypothesis)。高斯的实验是用分类上和生态上很相近的两种草履虫，即双小核草履虫和大草履虫进行的。单独培养时，两种草履虫都表现为逻辑斯谛增长，但把两种草履虫放在一起培养时，开始两种都有增长，但双小核草履虫增长快一些。培养 16 天后，大草履虫消失。这两种草履虫没有分泌有害物质，主要是由于共同竞争食物而排斥了其中一种(图 2.15)。

在自然环境中，竞争排斥的例子很多。例如，在美国加州南部红圆蚧(*Aornidiella aurantii*)是一种非常普遍的柑橘害虫。大约于 1900 年，蔷薇轮蚧小蜂(*Aphytis chrysomphali*)由于偶然机会，从地中海入侵加州，并扩散成为红圆蚧的有效寄生物。1948 年，美国加州从中国广东引进岭南蚜小蜂(*Aphytis lingnanensis*)，并成功繁殖定居。到 1958 年，岭南蚜小蜂几乎在整个区域完全取代了蔷薇轮蚧小蜂。

如果把竞争排斥原理应用到自然群落上，则①如果两个种在同一个稳定的群落中，占据相同的生态位，其中一个种终究要被消灭；②在一个稳定的群落中，没有任何两个种是直接的竞争者，因为这些种在生态位上是不一致的，种间竞争降低，保证了群落的稳定性；③群落是一个具有相互作用的、生态位分化的种群系统，这些种群在群落的空间、时间、资源利用等方面，都趋向于相互补充而不是直接竞争。因此，由多个种组

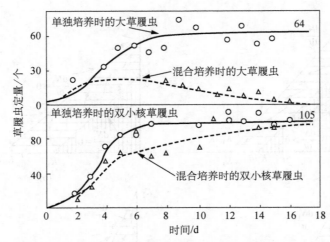

图 2.15　大草履虫和双核小草履虫单独和混合培养时的种群动态(引自孙儒泳,2001)

成的群落,要比单一种群落更能有效利用环境资源,维持长期的、较高的生产力,并具有更大的稳定性。

**4. 生态位分化**

生态位(niche)是指每个种群与群落中其他种群在时间和空间上的相对位置及其机能关系。对于生态位这一概念,不同时期所给的定义不同。

格林内尔(Grinnell)在 1917 年首先采用生态位一词,并将其定义为对栖息地再划分的空间单位,强调生物分布的空间特征。埃尔顿对生态位所下的定义是指物种在生物群落中的地位和作用,强调一种生物和其他生物的相互关系,特别是强调与其他种的营养关系。哈钦森(Hutchinson)则认为生态位是 $n$ 维资源中的超体积,使生态位的概念更接近于实际。为了便于理解,我们可以先从低维入手。物种对某一生态因子具有的耐受范围(生态幅),也可以称为一维生态位;如果考虑物种同时对两种生态因子的耐受性,则二维生态位为一个面;同理,三维生态位为一个体积。影响物种生存的生态因子很多,因而物种的生态位是 $n$ 维空间中的一个超体积。哈钦森认为,在生物群落中,若无任何竞争者存在时,物种所占据的全部空间,即理论最大空间称为该物种的基础生态位(fundamental niche);当有竞争者存在时,物种仅占据基础生态位的一部分,这部分实际占有的生态位称为实际生态位(realized niche)。竞争越激烈,物种占有的实际生态位就越小。

不同物种的生态位宽度不同。生态位宽度是指生物所能利用的各种资源的总和。根据生态位宽度,可以将物种分为广生态位的和狭生态位的两类。图 2.16 表示生物在资源维度上的分布,这种曲线称为资源利用曲线。其中图 2.16a 表示物种是狭生态位的,相互重叠少,物种之间的竞争弱;图 2.16b 表示物种是广生态位的,相互重叠多,物种之间的竞争强。

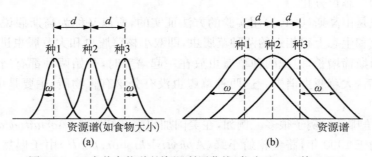

图 2.16　三个共存物种的资源利用曲线(仿自 Begon 等,1986)
a. 狭生态位;b. 广生态位
d:曲线峰值间的距离;w:曲线的标准差

两个具竞争关系的物种,其生态位重叠究竟有多大,这要由物种的种内竞争和种间竞争强度决定。种内竞争促使两物种的生态位接近,种间竞争又促使两物种的生态位分开。

两个竞争物种的资源利用曲线不可能完全分开。分开只有在密度很低的情况下才会出现,而那时种间竞争几乎不存在。

如果两竞争物种的资源利用曲线重叠较少,物种是狭生态位的,其种内竞争较为激烈,将促使其扩展资源利用范围,使生态位重叠增加。

如果两竞争物种的资源利用曲线重叠较多,物种是广生态位的,生态位重叠越多,种间竞争越激烈,按竞争排斥原理,将导致某一种物种灭亡,或通过生态位分化而得以共存。

### 2.7.2　捕食作用

在自然界中,捕食是一种常见的种间关系,是指一种生物攻击、损伤或杀死另一种生物,并以其为食。前者称为捕食者(predator),后者称为被食者或猎物(prey)。在生态学文献中,对捕食的概念有广义的和狭义的两种理解。狭义的捕食仅是指食肉动物吃食草动物或其他食肉动物这种典型的捕食,广义的捕食还包括食草动物吃绿色植物、拟寄生(parasitoidism,如寄生蜂将卵产在昆虫卵内,一般为缓慢地杀死宿主)、同类相食(cannibalism,捕食现象的一种特例,捕食者与被食者是同一个物种)等,有些学者还将寄生理解为广义的捕食。

#### 1. 捕食者与被食者的协同进化

捕食者与被食者的关系非常复杂,这种关系不是一朝一夕形成的,而是长期协同进化的结果。在长期的进化过程中,捕食者和被食者均发展了一些有效的捕食行为和反捕食行为。

(1) 捕食对策　　捕食对策就是动物为获得最大的寻食效率所采用的种种方法和措施。有些对策属于形态学上的对策,如捕食者发展了锐齿、利爪、尖喙、毒牙等工具;有些则属于行为学上的对策,如运用诱饵、追击、集体围猎等方式,以提高捕食效率;还有一些更高级的捕食行为,则是将经济学原理运用在捕食过程中,如椋鸟的捕食行为就是一个典型的例子。椋鸟从土壤中捕食大蚊幼虫以喂养幼鸟,每次运回多少只虫最合算?在这个例子中,运虫量是椋鸟的收益,而耗费的时间则是椋鸟的投入。最优策略应该是使运量与时间之比最大,即单位时间内的运量最高(图 2.17)。

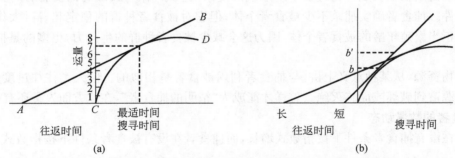

图 2.17　椋鸟食物运量与时间、取食地距离的关系(仿自尚玉昌,1998)

a. 运量与搜寻时间; b. 运量与往返时间

由图 2.17 可见,运量与时间有关,但时间达一定长度后,运量并不再增加,即有一个最大运量;运量还与捕食地和巢之间的距离有关。显然,距离越远,每次的运量越大越好;若距离很近,最优对策为缩短在捕食地的寻虫时间,每次少运一些更合算。

(2) 反捕食对策　　捕食者的捕食对策发展的同时,也促进了被食者的反捕食对策的发展。动物有各种各样的对策来防御捕食者的捕食,概括起来,在个体水平上的反捕食对策有隐蔽、逃避和自卫三类。

1) 隐蔽:是指动物利用保护色或地形、草丛和隐蔽所等,有效地隐藏自己,避开敌害,是最常见的一种反捕食对策。保护色是动物为适应栖息环境而产生的与环境相适应的色彩。保护色多种多样,有的动物的保护色甚至可以随背景的色彩而变化,但大多数动物的保护色是不变的。不变的保护色一般可分为两类:一类为隐蔽色,如许多鱼类背部色深,腹部色浅,为隐蔽体色,需要动物在姿势和行动上的配合。另一类为分割色,动物的体色在周围环境的配合下,能使其轮廓变得模糊不清。地形、草丛和隐蔽所等是动物躲避天敌的天然屏障,有效利用地形、草丛和隐蔽所对具有一定逃避能力的动物来说尤为重要。

2) 逃避:是动物常采取的另一类反捕食对策,如穴居动物遇到危险时,往往逃回其洞穴;树栖动物和两栖动物在陆地上遇到捕食者时,一般都逃回树上或跳入水中;生活在开阔地的动物则发展速度和耐力,依靠比捕食者有更快更持久的奔跑或飞行能力,同时还采用曲折路线,随时改变逃避方向,使捕食者无法掌握其奔跑或飞行路线而难以捉到。

动物在逃避敌害时,为了赢得逃避时间,往往显示特殊的威吓姿势、突然动作或报警鸣叫等,使捕食者受惊而迟疑,被食者即可利用这短暂的时间迅速逃遁。有的动物还可以用自割行为(autotomy)如壁虎、"折翼行为"如鸟类,以转移捕食者的攻击目标。

3)自卫:通常是在动物发现敌害后无处隐藏,又来不及逃避时所采取的一种反捕食对策。有些被食者利用身体的某些器官(如利齿、蹄、爪、角、刺、棘等)作为武器进行自卫,有些被食者的自卫则是通过毒腺或身体表面某些部位分泌有毒化学物质或虽无毒但能阻止对方攻击的胶状物质。利用"化学武器"进行自卫的例子很多,如臭鼬从肛门腺喷出臭液,红蝾螈由皮肤腺分泌河鲀毒等。植物体内形成的"第二性物质"是极其有效的化学防卫武器。

采用隐蔽方式的反捕食对策应该说是最可取的,因为与逃避和自卫对策比较,其能量消耗最少,同时又能保存自己。因此,若一种动物有多种反捕食能力时,首选的反捕食对策就是隐蔽,其次是逃避,在不得已的情况下才会采取自卫方式。

另外还有一种常见的反捕食对策,就是某些动物的结群生活方式。动物结群生活可以及时发现捕食者,群中通常有一些个体专门担任警戒放哨任务,其他个体就可以把更多的时间用于取食。结群生活的动物可以依靠集体力量对付捕食者,幼兽被保护在群中间,成兽围成一圈抵挡捕食者的进攻。

在捕食者与被食者的相互关系中,对于捕食者自然选择在于提高发现、捕获和取食猎物的效率,如捕食者通常具有锐利的爪、牙、毒腺等武器,而对于猎物在于提高逃避被捕食的效率,如猎物通常具有保护色、警戒色、假死、拟态等适应特征。很显然,两种选择是对立的,但在长期的进化过程中,这种对立有被减弱的倾向。

人们对于捕食者的作用往往不能做出客观评价,过分强调捕食者对被食者种群产生的损害。捕食者与被食者的相互关系是生物在长期进化过程中所形成的复杂的关系,作为天敌的捕食者有时会成为被食者不可缺少的生存条件。捕食者确实捕杀不少被食者个体,但它对被食者种群的稳定起着巨大作用。精明的捕食者大多不捕食正当繁殖年龄的被食者个体,因为这会减少被食者种群的生产力,更多的是捕食那些老弱病残个体。

人类利用生物资源,从某种意义上讲,与捕食者利用被食者是相似的。但人类往往过度使用生物资源,致使许多生物资源遭到破坏或面临灭绝。怎样才能成为"精明的捕食者",在这方面人类还有很大的差距。

**2. 捕食者与被食者的数量动态**

假定被食者在没有捕食者条件下按指数式增长,而捕食者在没有被食者条件下按指数式减少,则连续型增长模型如下。

对于被食者,可以假定在没有捕食者时,种群按指数式增长:

$$\frac{dN}{dt} = r_1 N \tag{2.24}$$

式中,$N$ 为被食者密度,$t$ 为时间,$r_1$ 为被食者的内禀增长能力。

对于捕食者,可以假定在没有被食者时,种群按指数式减少:

$$\frac{dP}{dt} = -r_2 P \tag{2.25}$$

式中,$P$ 为捕食者密度,$-r_2$ 为捕食者在没有被食者时的增长率。

当被食者与捕食者共存于一个有限空间内,被食者的密度将因捕食者的捕食而降低,其降低程度取决于:①被食者与捕食者相遇的概率,相遇概率随二者密度的增高而增加;②捕食者发现和攻击被食者的效率,用平均每一捕食者捕杀猎物的个体数来表示,称作压力常数($\varepsilon$)。因此,被食者方程可改写为

$$\frac{dN}{dt} = (r_1 - \varepsilon P)N \tag{2.26}$$

模型中的 ε 值越大,表示捕食者对于被食者的压力越大,若 ε＝0,则表示被食者完全逃脱了捕食者的捕食。

同样,当被食者与捕食者共存于一个有限空间内,捕食者密度也将依赖于被食者的密度而变化,其增长程度取决于:①被食者与捕食者的密度;②捕食者利用被食者,转变为自身的效率,即捕食效率常数($\theta$)。因此,捕食方程可改写为

$$\frac{\mathrm{d}P}{\mathrm{d}t}=(-r_2+\theta N)P \tag{2.27}$$

模型中的 $\theta$ 值越大,表示捕食效率越大,对于捕食者种群的增长效应也就越大。

### 3. 模型行为分析

对于猎物种群来说,猎物种群零增长,即 $\mathrm{d}N/\mathrm{d}t=0$ 时:

$$r_1N=\varepsilon PN,\text{或 }P=r_1/\varepsilon$$

因 $r_1$ 和 ε 均是常数,故被食者种群增长是一条直线(图 2.18a)。当 $P<r_1/\varepsilon$ 时,N 值增加;当 $P>r_1/\varepsilon$ 时,N 值减少。

对于捕食者种群来说,捕食者种群零增长,即 $\mathrm{d}P/\mathrm{d}t=0$ 时:

$$r_2P=\theta NP,\text{或 }N=r_2/\theta$$

因 $r_2$ 和 $\theta$ 均是常数,故捕食者种群增长是一条直线(图 2.18b)。当 $N>r_2/\theta$ 时,P 值增加,当 $N<r_2/\theta$ 时,P 值减少。

把捕食者和被食者的两个零增长线叠合在一起(图 2.18c),就能说明模型的行为:两个种群的密度按封闭环的轨道作周期性数量变动。在捕食者零增长线右面,捕食者种群密度增加,在左面则减少;在被食者零增长线下面,被食者种群密度增加,在上面则减少。这样,捕食者和被食者的种群动态可分为 4 个阶段:①被食者增加,捕食者减少;②被食者和捕食者都增加;③被食者减少,捕食者继续增加;④被食者、捕食者都减少。也就是说,该模型可以预言被食者和捕食者种群动态,也即随着时间的改变,被食者种群密度逐渐增加,捕食者种群密度也随之增加,但在时间上总是落后一步;由于捕食者密度的上升,捕食压力增加,必将减少被食者的数量;而被食者密度的减少,由于食物短缺,捕食者也将减少;捕食者数量减少,捕食压力降低,又会使被食者增加(图 2.18d)。接着重复前面的过程,如此循环不息。

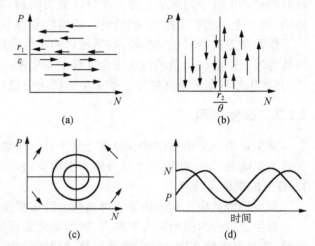

图 2.18　洛特卡-沃尔泰拉的捕食者-被食者模型分析
　　　　　　(仿自 Begon, 1986)

a. 被食者的零增长线;b. 捕食者的零增长线;

c. 被食者和捕食者零增长线叠合;

d. 捕食者和被食者数量的周期性振荡

### 4. 捕食者和被食者种群的动态

自然界中捕食者和被食者种群的相互动态是复杂多样的,不能以洛特卡-沃尔泰拉模型所预测的一种结局来概括。在自然界中,一种捕食者与一种被食者的相互作用,并不像洛特卡-沃尔泰拉模型所假定的那样,孤立于其他物种或环境之外。

在同一个自然生态系统内,往往有多种捕食者吃同一种被食者,同一种捕食者也能吃多种被食者。如果捕食者是多食性的,可以选择不同的食物,当一种被食者种群数量下降时,就会转而捕食另一被食者种群,并因此对被食者种群起稳定作用。

有一些例子证明捕食者对于被食者种群有致命的影响,如对吹绵介壳虫(*Icerya purchasi*)的生物防治。该虫曾对美国加州柑橘种植业造成严重危害,各种农药都无法防治,但在引进澳洲瓢虫(*Rodolia cardinalis*)后的两年内,就控制了它的危害。

也有一些例子说明捕食者对被食者种群密度没有多大影响,如花尾榛鸡(*Tetrastes bonasia*)是一种有重

要经济价值的雉鸡类,数量波动很大。大规模捕捉其捕食性天敌,结果仅仅使雏鸟的存活率提高,对秋季榛鸡成鸟的种群密度并无影响。

**5. 食草作用**

食草(herbivory)是广义捕食的一种类型,其特点是被食者只有部分机体受损害。

植物虽然没有主动逃避食草动物的能力,但并没有被动物吃光,其原因是植物与食草动物之间协同进化造成的,食草动物在进化过程中发展了自我调节机制,有节制有选择地取食,以防止食物资源的毁灭。同时,植物在进化过程中也发展了防卫机制。

(1) 食草动物对植物的危害　　植物被食草动物取食所造成危害的程度,随损害部位、植物的发育阶段的不同而不同。一般说来,取食发生在植物生长季的早期所造成的危害大。禾草类可能是最耐有蹄类采食的植物。

(2) 植物的防卫反应　　食草动物的取食可以引起植物的防卫反应,防卫反应可分为机械防御和化学防御两类。所谓机械防御,就是被取食损害过的植物会变得生长延续、变硬、纤维素含量增加,适口性降低,且有些植物的叶子边缘会长出一些更硬更尖的棘、刺或钩,阻止动物的取食;化学防御就是被取食损害过的植物,会产生一些有毒性的化学物质,使植物变得不可食,或可食但会影响动物的发育。

作为防卫武器的化学物质,均属植物的次生物质,是植物代谢过程的副产品,如尼古丁、咖啡因、薄荷油、肉桂香等。这些物质是植物在进化过程中发展的一类专门对付食草动物的特殊化学物质,是植物主动产生的,其产生过程需要消耗能量。如果生物群落中没有食草动物,植物就不会产生这些次生物质。

### 2.7.3　寄生作用

寄生是指一个物种(寄生物)靠寄生于另一物种(寄主)的体内或体表而生活。寄生关系是以营养和空间关系为基础的,寄生物以寄主的身体为生活空间,并靠吸取寄主的营养而生活。

**1. 寄生的类型及特点**

寄生物为适应它们的宿主表现出极大的多样性,其宿主可以是植物、动物,也可以是其他寄生物。

寄生物可分为微型和大型两类,微型寄生物直接在寄主体内增殖,多数生活在细胞内,如疟原虫、植物病毒等;大型寄生物在宿主体内生长发育,但其繁殖要通过感染期,从一个宿主机体到另一个机体,多数生活在细胞间隙或体腔、消化道等地方,如蛔虫等。

寄生物寄生在寄主的体表为体外寄生,寄生在寄主的体内为体内寄生。终生营寄生生活的为整生寄生,仅在生活周期中的某个发育阶段营寄生生活的为暂时寄生。寄生性有花植物可分为全寄生和半寄生,前者是指植物缺乏叶绿素,无光合能力,其营养全部来源于寄主植物;后者虽能进行光合作用,但根系发育不良,需要寄主供应营养。

营寄生生活的高等植物最显著的特点是生物体的简化。几乎所有的寄生植物都出现专门的固定器官,借助这些固定器官,寄生者能侵入或固定在寄主植物体内或体表。

很多寄生植物具有很强的生命力,在没有碰到寄主时,能长期保持生命力,如玄参科独脚金属(*Striga*)的植物,可保持生命力20年不发芽。一旦有机会碰到寄主植物,能立即恢复生长,营寄生生活。

寄生植物具有一定的专一性,多数寄生植物只寄生于一定科、属的植物。在进化过程中,寄生物对寄主植物的有害作用有减弱的趋势。

**2. 寄生物和寄主种群数量动态**

(1) 模型假设

1) 寄生者搜索寄主是完全随机的。

2) 寄生率的增加,不受寄生者产卵量的影响,而只受限于它们发现寄主的能力。

3) 一个寄生物在一生中搜索的平均面积是一个常数,称为发现面积,用 $a$ 代表。

(2) 尼克尔森-贝利(Nicholson-Bailey)模型

$$寄主种群\quad N_{t+1}=FN_t\,e_t^{-ap} \tag{2.28}$$

$$寄生物种群 \quad P_{t+1} = N_t(1 - e_t^{-ap}) \tag{2.29}$$

就寄主种群方程而言，$N_{t+1}$ 和 $N_t$ 分别代表两个相继世代的寄主数量，$F$ 代表寄主的增殖率，$e_t^{-ap}$ 表示寄主种群中未被寄生的百分率。因此，寄主方程式的生物学含义是：下一代寄主数量 $N_{t+1}$ 等于前一代寄主数量 $N_t$ 与寄主增殖率 $F$ 的乘积，再乘以未被寄生的百分比 $e_t^{-ap}$。

就寄生物种群方程式而言，可以看作 $P_{t+1} = N_t - N_t e_t^{-ap}$，其生物学含义是：下一代寄生物的数量 $P_{t+1}$ 等于前一代寄主数量 $N_t$，扣除未被寄生的寄主数量（寄主数量 × 未被寄生的百分比）。也就是说，$t+1$ 代的寄生物数量等于 $t$ 代寄主（$N_t$）中被寄生的数量。显然，这里包含着这样的假定，即每一个寄主被寄生就产生一个下一代成熟的寄生物。

在这一对寄生物-寄主种群方程中，$a$ 值一般通过野外或实验数据计算出来：

$$a = (1/p)\ln N/s \tag{2.30}$$

**3. 寄生物和寄主的协同进化**

由于寄生生物的多样性，其对寄生生活的适应也多种多样。寄生生活的关键是转换寄主个体。寄生生物具有发达的生殖器官，强大的生殖力，许多寄生动物雌雄同体，这些形态、生理特征就是为了保证其寄生生活的顺利进行。寄生物在寄主体内生活，同样会引起寄主的反应，寄主的重要反应之一是免疫反应。免疫反应是将寄生物生活的环境（即活的寄主有机体）变为寄生物所不能生存的环境。

各大类群生物的免疫反应很不相同，脊椎动物的免疫反应能保护寄主，增加存活率；无脊椎动物免疫反应的保护功能很弱，主要靠残留个体的高繁殖力延续物种；植物没有血液循环系统，并且具有细胞壁，所以没有吞噬细胞和类似的免疫系统。

一方面来说，寄生物与寄主协同进化的结果往往是有害作用逐渐减弱，甚至会演变成偏利共生或互利共生关系。因为，如果寄生物的致病力过强，将寄主种群消灭，寄生物也将随之灭亡。从另一方面讲，寄生物的致病力还遇到了来自寄主的自卫能力，如免疫反应，寄主的自卫能力减弱了寄生物的致病力。

自然界中寄生物与寄主之间的关系是极为复杂的，若想全面分析寄生物与寄主种群间的相互动态，需从以下几个方面考虑：①各种寄生物对寄主的影响是不同的，寄生物对一些生物是致命的，但对另一些生物可能是无害的，其危害程度取决于寄生物的致病力和寄主的抵抗力；②寄生物的致病力和寄主的抵抗力随环境条件而改变；③同一种寄主同时会被若干种寄生物所危害，同一种寄生物也危害不同寄主；④寄主和寄生物相互关系与其他生物因子和非生物因子有关。

对复杂的寄生生态进行全面了解，是控制许多疾病的关键。

**2.7.4　共生作用**

共生（symbiosis）就是指在同一空间中不同物种的共居关系，按其作用程度分为互利共生、偏利共生和原始协作三类。

**1. 互利共生**

互利共生是指两物种长期共同生活在一起，彼此互相依存，双方获利，而且达到了不能分离的程度。互利共生多见于生活需要极不相同的生物之间，是自然界中普遍存在的一种现象。互利共生可以分为兼性互利共生和专性互利共生两类，后者又可分为单方专性和双方专性。

有些互利共生仅表现在行为上，如鼓虾（*Alpheus*）与隐螯蟹（*Cryptochirus*）之间的共生。鼓虾是一种盲虾，营穴居生活，隐螯蟹利用其洞穴作为隐蔽场所，但要为鼓虾引路导航。有些互利共生则是相互依赖的，如动物与消化道中的微生物之间的共生。反刍动物的瘤胃中具有密度很高的细菌和原生动物；白蚁肠道内有共生的鞭毛虫。人类与农作物和家畜的关系是典型的互利共生关系，人类社会的发展历史，就能证明人类从这种互利共生中所获得的好处。地衣、菌根、根瘤、有花植物和传粉动物等，也都是典型的互利共生的例子。

**2. 偏利共生**

偏利共生是指种间相互作用仅对一方有利，对另一方无影响的共生关系。

偶利共生可以分为长期性的和暂时性的。例如,附生植物与被附生植物之间是一种典型的长期性偏利共生关系。附生植物不仅有地衣、苔藓及某些蕨类这样的低等植物,在热带森林中还有许多高等附生植物。附生植物借助被附生植物支撑自己,以获得更多的资源。二者仅是定居上的空间关系,没有物质上的交流。对附生植物来说会得到一定的益处,在一般情况下,对被附生的植物也没有影响,或只有极轻微的影响。但若附生植物太多,也会妨碍被附生植物的生长,这正说明物种间相互关系类型不是绝对的。暂时性偏利共生是一种生物暂时附着在另一种生物体上以获得好处,但并不使对方受害,如林间的一些动物,在植物上筑巢或以植物为掩蔽所等。

### 3. 原始协作

原始协作是指两个物种相互作用,对双方都没有不利影响,或双方都可获得微利,但协作非常松散,二者之间不存在依赖关系,分离后双方均能独立生活。如某些鸟类啄食有蹄类身上的体外寄生虫,有蹄类为鸟类提供食物,鸟类可为有蹄类清除寄生虫,还可为有蹄类报警;又如鸵鸟与斑马的协作,鸵鸟视觉敏锐,斑马嗅觉出众,对共同防御天敌十分有利。在农业生产中,人们利用不同生活型植物相互提供的有利生境条件,科学地间作和套种,有时还利用它们之间的种间互补作用,以控制不利因素和有害生物,改善农田生态条件。

## 思 考 题

1. 名词解释:种群密度、单体生物与构件生物、内禀增长率、年龄锥体、环境负荷量、种群衰落、生态入侵、亲代投资、利他行为、竞争排斥原理、基础生态位、生存对策。
2. 标志重捕法和去除取样法的实验原理是什么?
3. 分析逻辑斯谛增长模型修正项的生态学意义。
4. 分析分散和结群生活方式的生态学意义。
5. 分析种间竞争结局。
6. 阐述捕食对策与反捕食对策。
7. 阐述 K 选择者和 r 选择者的适应特征。
8. 简述种群调节的遗传调节学说和行为调节学说。
9. 简述如何利用生态学原理对生物资源科学管理、合理利用。
10. 论述阿利规律在指导人类社会发展以及保护珍贵濒危动物方面的重要意义。

## 推 荐 参 考 书

1. 李博,杨持,林鹏,2000.生态学.北京:高等教育出版社.
2. 李振基,陈小麟,郑海雷,等,2001.生态学.北京:科学出版社.
3. 尚玉昌,2010.普通生态学.第 3 版.北京:北京大学出版社.
4. 孙儒泳,2001.动物生态学原理.第 3 版.北京:北京师范大学出版社.
5. 孙儒泳,李庆芬,牛翠娟,等,2002.普通生态学.北京:高等教育出版社.

# 第3章 群落生态学

**提 要**

生物群落的定义、基本特征、性质,生物群落的种类组成及数量特征;群落物种多样性定义及测定方法,影响物种多样性的主要因素;生物群落的结构单元和结构类型,群落动态和演替、分类与排序;地球上陆地、海洋、淡水和湿地四类主要生物群落的概念、特征和分布规律。

## 3.1 生物群落概述

### 3.1.1 生物群落的定义

群落(community)这一概念最初来自植物生态学研究。早在 1807 年,植物地理学创始人洪堡(Humboldt)首先提出自然界植物的分布遵循一定规律而集合成群落。他指出,每个群落都有特定外貌,这是群落对生境因素的综合反应。1890 年,瓦明(Warming)将群落定义为"一定的种所组成的天然群聚"。1908 年,苏卡切夫(Cyкaчëв)将群落定义为"不同植物有机体的特定结合,其中存在植物之间和植物与环境之间的相互影响"。1877 年,莫比乌斯(Möbius)注意到动物群聚现象,发现牡蛎种群总是与一定组成的其他动物(如鱼类、甲壳类、棘皮动物)形成比较稳定的有机整体,他称此为生物群落(biocoenosis)。1911 年,谢尔福德将生物群落定义为"外貌一样而且种类组成相同的生物聚集体"。奥德姆(E. P. Odum)对此作了补充,他认为:"同一生物群落除种类组成与外貌一致外,还具有一定的营养结构和代谢格局,它是一个结构单元,是生态系统中具有生命的部分。"

综上所述,生物群落可定义为:特定时间和空间中各种生物种群之间,以及它们与环境之间,通过相互作用而有机结合的、具有一定结构和功能的复合体。这个定义首先强调时间概念,其次强调相同地区。随着时间和空间的变化,生物从组成到结构都会发生变化。此外还应注意,物种在群落中的分布是有序的,这是群落中各种群之间,以及种群与环境之间相互作用、相互制约而形成的。

生物群落是一个相对于个体和种群而言更高层次的生物系统,它具有个体和种群层次所没有的特征和规律。群落概念的确立,使生态学研究产生新领域——群落生态学。

1902 年,施勒特尔(Schröter)首次明确群落生态学(synecology)的概念,即研究群落与环境相互关系的科学。1910 年,比利时第三届国际植物学大会决定采纳"群落生态学"这一名称。

起初,学者们对植物群落研究较多且深入,群落学的许多原理、方法大都来自对植物群落的研究。植物群落学(phytocoenology)又称地植物学,主要研究植物群落的结构、功能、形成、发展及其与所在环境的相互关系。目前对生物群落的研究虽已形成比较完整的体系,由于动物生活的移动性,研究较为困难,因此动物群落学研究起步较晚。后来有了动物生态学家的参与,有关生态锥体、营养级之间能量传递等规律的发现才成为可能。还有如竞争压力对物种多样性的影响、中度干扰假说对形成群落结构的意义等重要论点,都与动物群落学的发展分不开。因此,最有成效的群落生态学研究应是对动物、植物及微生物群落研究的有机结合。

　　群落生态学的重要意义还在于"群落的发展能导致生物种的发展"。因此,对某种特定生物进行控制的最好方法在于改变其群落。例如,控制蚊虫有效、经济的方法是改变整个水生群落,包括变动水平面、养殖鱼类等,这比直接毒杀效果好得多。同样,当人们意图保护某种珍贵生物时,首先要保护好其所在的群落和生境。

### 3.1.2　生物群落的基本特征

生物群落具有一系列可以描述和研究的属性,这些属性只存在于群落总体水平上。

**1. 一定的物种组成**

每个群落都由一定的植物、动物及微生物种群组成,种类组成是区别不同群落的首要特征。组成群落物种的多少及各物种种群的大小或数量是度量群落多样性的基础。

**2. 物种之间的相互影响**

群落中的物种有规律地共处,即在有序状态下生存。生物群落是生物种群的集合体,但并非物种的任意组合或简单集合。一个群落的形成和发展必须经过生物对环境的适应和种群之间的相互适应。能够组合一起构成群落的物种,取决于两个条件:①必须共同适应所处的无机环境;②内部相互关系必须协调、平衡。因此,研究群落中不同种群间的关系是阐明群落形成机制的重要内容。

**3. 一定的外貌和结构**

生物群落所具有的物种组成使其具有另一重要特征,即群落外貌和结构特点,包括植物的生长型(如乔木、灌木、草本和苔藓等)和群落结构(形态结构、生态结构与营养结构,如生活型组成、种的分布格局、成层性、季相变化、捕食关系、竞争关系等)。但生物群落的结构常常是松散的,不像一个有机体那样清晰。

**4. 形成群落环境**

生物群落对其所在环境产生重大影响,形成群落环境。例如,森林群落形成森林环境,与草地或裸地存在明显不同,即使在生物非常稀疏的荒漠,植物群落对土壤等环境条件也有明显的改善。然而并不是组成群落的所有物种对形成群落环境都起同等重要的作用,每个群落的众多物种中,可能只有很少种类凭借自身的特性(大小、数量和活力)对群落产生重大影响,这些种类就是群落的优势种。优势种具有高度生态适应性,很大程度上决定群落内部的环境条件,因而影响和制约着其他种类。

**5. 一定的分布范围**

任何一个群落都分布在特定地段或特定生境,不同群落的生境和分布范围不同。无论就全球范围还是从区域角度来看,不同生物群落都是按一定规律分布的。

**6. 一定的动态特征**

生物群落是生态系统中具有生命的部分,生命的特征是不停地运动、变化,群落也是如此。群落随时间的变化包括季节动态、年际动态、群落演替与演化等。群落随空间的不同或改变也会发生相应的变化。

**7. 群落的边界特征**

自然条件下,有些群落具有明显的边界;有些群落则处于连续变化中,无明显边界。前者见于环境梯度变化剧烈或突然中断的情况,如断崖上下、水陆环境交界处等,火烧、虫害或人为干扰也能造成群落边界。后者见于环境梯度连续缓慢变化的情形,大范围变化如草甸草原和典型草原或典型草原和荒漠草原的过渡带等,小范围变化如沿一缓坡渐次出现的群落替代等。大多数情况下,不同群落之间都存在过渡带,称为群落交错区(ecotone),并导致明显的边缘效应(edge effect)。

### 3.1.3　生物群落的性质

关于群落的性质,存在两种对立的观点,即机体论学派和个体论学派。机体论学派认为群落是客观的实体,就像有机体与种群,是有组织的生物系统。而个体论学派则认为群落并非自然界的实体,而是生态学家为了便于研究,从一个不断变化的群落连续体中人为确定的一组物种的集合。

**1. 机体论学派(organismic school)**

植物生态学发展早期,克莱门茨(Clements)曾把植物群落比拟为一个有机体,看成是一个自然单位。其理论根据是:任何植物群落都要经历一个从先锋阶段(pioneer stage)到相对稳定的顶极阶段(climax stage)的演替过程,如果时间足够,森林气候区的一片沼泽最终将演替为森林植被。这个演替过程类似有机体的生活史。群落就像一个有机体,也有诞生、生长、成熟和死亡等不同发育阶段;而每个顶极群落破坏后都能够重复通过基本上同样型式的发展阶段再度达到其顶极阶段。

法瑞学派的创始人布朗·布朗凯和尼克尔森等学者把植物群落比拟为一个种,把植物群落的分类看作和有机体的分类相似,认为植物群落是植被分类的基本单位。坦斯利则认为:和一个有机体的严密结构相比,在群落中有些种群是独立的,在别的群落中也能很好地生长,相反,有些种群具有强烈依附性,即只能在某一群落而不能在其他群落中生存。因此他强调,群落在许多方面应作为整体来研究。这种见解以后就发展成为生态系统概念。英国的埃尔顿也支持机体论观点。

**2. 个体论学派(individualistic school)**

格利森(Gleason)1926 年提出:"群落的存在依赖于特定的生境与物种的选择,由于环境条件随时间与空间不断变化,因此群落之间不具有明显的边界,而且在自然界没有任何两个群落是相同或相互密切关联。"他认为,任何有关群落类似有机体的比拟都是欠妥的。苏联的拉曼斯基(Ramensky)和美国的惠特克均持此观点,他们用梯度分析与排序等定量方法研究植物群落,证明多数情况下群落是空间和时间上连续的一个系列。

以上两派的观点由于研究区域、研究对象及研究方法的不同而各持己见,争论并未停止。

## 3.2　生物群落的组成

### 3.2.1　种类组成及数量特征

**1. 种类组成**

生物群落的种类组成是决定群落性质最主要的因素,也是鉴别不同群落类型的基本特征。研究群落生态学一般都从分析群落的种类组成开始。

分析群落的种类组成,通常采用群落最小面积来统计和编制一个群落或一个地区的种类名录。所谓群落最小面积,是指基本上能够表现出某群落类型生物种类的最小区域。如果取样面积太大,要花费过多财力和人力;如果取样面积太小,则不可能反映组成群落的物种情况。通常以绘制种-面积曲线来确定最小面积。具体做法是:在群落中各物种分布比较均匀的地段,选择样地进行采样鉴定和物种登记,并逐渐扩大样地面积,随着样地面积的加大,样方内生物种数也在增加。当样地扩大至一定面积,样地内的生物种数基本不再增多,反映在种-面积曲线图上曲线明显变缓,通常将曲线开始变缓处所对应的面积定为该群落调查取样的最小面积。

植物群落最小面积用上述方法即可求得,但动物群落最小面积较难确定,要看调查地区动物类群的生态特征及其分布格局,通常采用间接指标加以统计分析。由于动物群落流动性较大,在进行群落样地调查时,其最小面积要比植物群落大得多。群落取样最小面积也可采用重要值-面积曲线法来确定。

通常组成群落的物种越丰富,该群落调查取样的最小面积相应也越大(图 3.1)。如中国热带雨林取样,通常最小面积为 2 500 m²,北方针叶林为 400 m²,落叶阔叶林为 100 m²,灌丛草甸为 25~100 m²,草原为 1~4 m²。

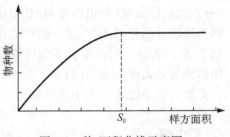

图 3.1　种-面积曲线示意图
(引自孙儒泳等,2002)

不同种类在群落中的地位和作用各不相同,群落的类型和结构因而也不同。根据各个物种在群落中的作用而划分群落成员型,在植物群落研究中,划分的群落成员型如下:

1) 优势种(dominant species):对群落的结构和群落环境的形成有明显控制作用的物种称为优势种,通常是那些个体数量大、生物量高、体积较大、生活能力较强，即优势度较大的物种。优势种对整个群落具有控制性的影响，如果去除优势种，必然导致群落性质和环境的变化；若去除的为非优势种，群落只会发生较小或不显著的变化。

2）建群种（constructive species 或 edificator）：植物群落的不同层次可以有各自的优势种，优势层的优势种称为建群种。例如，乔木层的优势种就是森林群落的建群种。如果某群落只有一种建群种，则该群落为"单建群种群落"或"单优种群落"。如果某一群落具有两个或更多同等重要的建群种，即为"共优种群落"或"共建种群落"。

3）亚优势种（subdominant species）：亚优势种指个体数量与作用都次于优势种，但在决定群落性质和控制群落环境方面仍起一定作用的物种。

4）伴生种（companion species）：伴生种为群落的常见种类，与优势种相伴存在，但不起主要作用。

5）偶见种或稀有种（rare species）：指种群个体数量稀少、在群落中出现频率很低的种类。偶见种可能偶然地由人们带入或随着某种条件的改变而侵入群落中，也可能是衰退中的残余种。有些偶见种的出现具有生态指示意义，有的可作为区域特征种看待。

在动物群落中，不同动物个体社会等级的确立，与植物群落中的成员型有可比之处。

**2. 数量特征**

有了群落完整的生物名录，只能说明群落中有哪些物种。进一步阐明群落特征，还必须研究不同种的数量关系。对种类组成进行数量分析，是近代群落分析的基础。

（1）种的个体数量指标

1）多度（abundance）：是对物种个体数目多少的一种估测指标，多用于群落的野外调查。国内多采用德鲁特（Drude）的七级制多度，即：

Soc.（Sociales）——极多，植物地上部分郁闭

Cop.$^3$（Copiosae）——很多

Cop.$^2$（Copiosae）——多

Cop.$^1$（Copiosae）——尚多

Sp.（Sparsal）——不多而分散

Sol.（Solitariae）——很少而稀疏

Un.（Unicum）——个别或单株

2）密度（density）：指单位面积或单位空间内的个体数。一般对乔木、灌木和草本以植株数或株丛数计数，根茎植物以地上枝条计数。样地内某一物种的个体数占全部物种个体数的百分比称为相对密度。某一物种的密度占群落中密度最高的物种密度的百分比称为密度比。

3）盖度（coverage）：指植物地上部分垂直投影面积占样地面积的百分比，即投影盖度。盖度分为种盖度（分盖度）、层盖度（种组盖度）和总盖度（群落盖度）。群落中某一物种的分盖度占全部分盖度之和的百分比，即为该物种的相对盖度；某一物种的盖度占盖度最大物种盖度的百分比称为盖度比。对草原群落，常以离地面 1 英寸（2.54 cm）高度的断面计算；对森林群落，则以树木胸高（1.3 m 处）的断面积计算。植物基部的覆盖面积称为基盖度，也称真盖度。乔木的基盖度特称显著度。林业上常用郁闭度来表示林木层的盖度。通常，分盖度与层盖度之和大于总盖度。

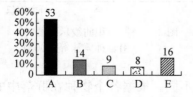

图 3.2　劳恩凯尔（Raunkiaer）的标准频度图（引自 Remmert, 1989）

4）频度（frequency）：指某个物种在调查范围内出现的频率。通常按包含该种个体的样方数占全部样方数的百分比来计算，即：频度＝物种出现的样方数/样方总数×100%。

丹麦植物生态学家劳恩凯尔（Raunkiaer）的工作对频度研究影响最大。他在欧洲草地群落中用 0.1 m² 的小样圆任意投掷，将小样圆内植物种类加以记载，得到每个小样圆的植物名录，然后计算每种植物出现的次数与样圆总数之比，得到各个种的频度。他依据 8 000 多种植物的频度

统计,于 1934 年编制成一个标准频度图(frequency diagram)(图 3.2),提出了著名的频度定律(frequency law)。

在图 3.2 中,凡频度在 1%~20% 的植物种归入 A 级,21%~40% 者为 B 级,41%~60% 者为 C 级,61%~80% 者为 D 级,81%~100% 者为 E 级。由图可见:频度属于 A 级的种类占所有种类的 53%,B 级种类占 14%,C 级种类占 9%,D 级种类占 8%,E 级种类占 16%,按其所占比例,5 个频度级的关系是:A>B>C≥D<E。此即为劳恩凯尔的频度定律。该定律说明:在一个种类分布比较均匀一致的群落中,属于 A 级频度的种类占大多数,B 级、C 级和 D 级频度种类较少,E 级频度种类是群落的优势种和建群种,其数目较多,占有比例也较高,符合一般群落中低频度物种数较高频度物种数为多的事实。实践证明,频度定律基本适合任何稳定性较高且种类分布比较均匀的群落。群落的均匀性与 A 级和 E 级的大小成正比。E 级占比越高,群落均匀性越大;如若 B 级、C 级、D 级的比例增高,反映群落中物种分布不均匀,预示植被分化和演替的趋势。

5) 高度:是测量植物体高的一个指标,取其自然高度或绝对高度。某种植物高度与最高物种高度的百分比称为高度比。

6) 重量:这是用来衡量种群生物量(biomass)或现存量的指标。重量分鲜重与干重。在草原植被研究中这一指标特别重要。单位面积或容积内某一物种的重量占全部物种总重量的百分比称为相对重量。

7) 体积:是生物所占空间大小的量度。在森林植被研究中这一指标特别重要。在森林经营中通过面积的计算可以获得木材生产量(称为材积)。单位乔木的材积($V$)是胸高断面积($s$)、树高($h$)和形数($f$)三者的乘积,即 $V=shf$。形数是指树干体积与等高同底的圆柱体体积之比。因此在断面积乘树高值而获得圆柱体体积之后,必须按不同树种乘以该树的形数(森林调查表中可查到),就获得一株乔木的体积。草本植物或小灌木体积的测定,可用排水法进行。

(2) 种的综合数量指标

1) 优势度(dominance):用以表示一个种在群落中的地位与作用,但其具体定义和计算方法并未统一。布朗·布朗凯主张以盖度、所占空间大小或重量来表示优势度;苏卡乔夫认为,多度、体积或所占据的空间、种群利用和影响环境的特点及物候动态均应作为某个种优势度的指标;也有学者提出优势度即盖度和多度的总和等。

2) 重要值(importance value):这也是用来表示某个种在群落中的地位和作用的综合数量指标,由于其简明适用,近年来得到普遍采用。重要值是美国的柯蒂斯(Curtis)和麦金托什(McIntosh)首先使用的,他们研究威斯康星森林群落连续体时,就是以重要值来确定乔木的优势度,计算公式如下:

$$重要值(I.V.)=相对密度+相对频度+相对优势度(相对基盖度) \tag{3.1}$$

此式用于草原群落时,相对优势度可用相对盖度代替:

$$重要值=相对密度+相对频度+相对盖度$$

3) 种的综合优势比(summed dominance ratio, SDR):这是日本学者提出的一个综合数量指标,包括 2 因素至 5 因素等 4 类。常用的为 2 因素的总优势比($SDR_2$),即在密度比、盖度比、频度比、高度比和重量比这五项指标中取任何两项求其平均值再乘以 100%,如 $SDR_2=(密度比+盖度比)/2×100\%$。

在动物群落研究中,多数采用数量或生物量作为优势度指标,水生群落中的浮游生物多以生物量为指标。动物有运动能力,对小型动物,以数量为指标易于高估其作用,而以生物量为指标易于低估其作用;相反,对大型动物,以数量为指标可能低估其作用,而以生物量为指标则可能高估其作用。如果能同时以数量和生物量为指标,并计算出变化率和能流量,其估算就会比较可靠。而且在动物群落研究中,多数采用分别测定各个类群的方法,如鸟类、鼠类等,同一类群个体大小相差不是很大。

### 3.2.2　物种多样性

**1. 多样性的定义**

生物多样性(biodiversity)是指生物的多样化和变异性以及物种生境的生态复杂性,它包括植物、动物和微生物的所有种及其组成的群落与生态系统。生物多样性一般分为遗传多样性、物种多样性和生态系统多样性三个层次。遗传多样性指地球上生物个体中所包含的遗传信息之总和;物种多样性是指地球上生物有机体的多样化;生态系统多样性涉及生物圈中生物群落、生境与生态过程的多样化。在生物多样性三个研究层次中,物种多样性是较重要的一个环节,也是反映群落结构和功能特征的有效指标。

物种多样性(species diversity)包括两种含义:其一是群落所含有的物种数目的多寡,即物种的丰富度(species richness);其二是物种的均匀度(species evenness 或 equitability),是指一个群落或生境中全部物种个体数目的配置状况,它反映的是各物种个体数目分配的均匀程度。群落所含种数越多,群落多样性就越高;群落中各个种的相对密度越均匀(即各物种的个体数量很接近或相等),群落的异质性程度就越大。

## 2. 物种多样性的测定

测定群落物种多样性的公式很多,在此选择几种有代表性的公式加以说明。

(1) 丰富度指数　　以种的数目和全部种的个体总数表示的多样性,在多数生态学著作中,称这类物种多样性指数为物种丰富度指数。由于群落中物种总数与样本含量有关,所以这类指数应为可比较的。

1) 格利森(Gleason)指数:

$$D = S/\ln A \tag{3.2}$$

式中,$A$ 为单位面积,$S$ 为群落中物种数目。这是最简单、古老的物种多样性测定方法,至今仍被许多研究者应用。它可以表明一定面积内生物种类的丰富度。

2) 马格列夫(Margalef)指数:

$$D = (S-1)/\ln N \tag{3.3}$$

式中,$S$ 为群落中物种数目,$N$ 为调查样方中观察到的个体总数(随样本大小而增减)。

(2) 多样性指数　　多样性指数是反映物种丰富度和均匀性的综合指标,被用来测定物种多样性,对于具有低丰富度和高均匀度物种的群落与具高丰富度与低均匀度物种的群落,可能得到相同的指数值。最著名且常用的有辛普森多样性指数(Simpson's diversity index)和香农-韦弗多样性指数(Shannon-Weaver index of diversity)。

1) 辛普森多样性指数:它是基于在一个无限大小的群落中,随机抽取两个个体,它们属于同一物种的概率是多少这样的假设而推导出来的。以公式表示为

辛普森多样性指数=随机取样的两个个体属于不同种的概率
=1-随机取样的两个个体属于同种的概率

假设种 $i$ 的个体数占群落中总个体数的比例为 $P_i$,那么随机取种 $i$ 两个个体的联合概率就为 $(P_i)^2$。如果我们将群落中全部种的概率合起来,就可得到辛普森多样性指数,即

$$D = 1 - \sum_{i=1}^{S} P_i^2 \tag{3.4}$$

式中,$S$ 为物种数目。

由于取样的总体是一个无限总体,$P_i$ 的真值是未知的,所以其最大必然估计量是:

$$P_i = N_i/N$$

即

$$1 - \sum_{i=1}^{S} P_i^2 = 1 - \sum_{i=1}^{S} (N_i/N)^2$$

于是

$$D = 1 - \sum_{i=1}^{S} P_i^2 = 1 - \sum_{i=1}^{S} (N_i/N)^2$$

式中,$N_i$ 为种 $i$ 的个体数,$N$ 为群落中全部物种的个体数。

例如,甲群落中有 A、B 两个物种,它们的个体数分别为 99 和 1;而乙群落中也只有 A、B 两个物种,它们

的个体数均为 50。按辛普森多样性指数公式计算,甲、乙两群落物种多样性指数分别为

$$D_1 = 1 - \sum_{i=1}^{2} (N_i/N)^2 = 1 - [(99/100)^2 + (1/100)^2] = 0.019\ 8$$

$$D_2 = 1 - \sum_{i=1}^{2} (N_i/N)^2 = 1 - [(50/100)^2 + (50/100)^2] = 0.500\ 0$$

计算结果可以看出,乙群落的多样性高于甲群落.造成这两个群落物种多样性差异的主要原因是甲群落中两个物种分布不均匀。从丰富度来看,两个群落是一样的,但均匀度不同。

2) 香农-韦弗指数:用来描述物种个体出现的紊乱和不确定性,其不确定性越大,多样性就越高。计算公式为

$$H = - \sum_{i=1}^{S} P_i \log_2 P_i \tag{3.5}$$

式中,$H$ 为群落的物种多样性指数,$P_i$ 为样地中属于种 $i$ 的个体占全部个体的比例,$S$ 为种数。公式中对数的底可取 2、e 和 10,但单位不同,分别为 nit、bit 和 dit。若仍以上述甲、乙两群落的数据为例计算,则

$$H_1 = \sum_{i=1}^{2} P_i \log_2 P_i = -(0.99 \times \log_2 0.99 + 0.01 \times \log_2 0.01) = 0.081\text{nit}$$

$$H_2 = \sum_{i=1}^{2} P_i \log_2 P_i = -(0.50 \times \log_2 0.50 + 0.50 \times \log_2 0.50) = 1.00\text{nit}$$

由此可见,乙群落的多样性更高一些,这与用辛普森多样性指数计算的结果是一致的。同理,香农-韦弗指数包含两个因素:其一是种类数目;其二是种类中个体分布的均匀性。种类数目越多,多样性越大;同样,种类之间个体分布的均匀性增加,也会使多样性提高。

当群落中有 $S$ 个物种,每一物种恰好只有一个个体时,$P_i = 1/S$,$H$ 值达到最大,即

$$H_{\max} = -S[1/S \times \log_2(1/S)] = \log_2 S$$

当群落中全部个体为一个物种时,多样性最小,即

$$H_{\min} = -S/S \times \log_2(S/S) = 0$$

由此可以定义下面两个公式:

均匀度指数 $E = H/H_{\max}$,式中 $H$ 为实测得到的多样性值,$H_{\max}$ 为最大物种多样性值。

不均匀度指数 $R = (H_{\max} - H)/(H_{\max} - H_{\min})$,$R$ 取值为 0~1。

## 3. 物种多样性梯度

物种多样性不仅可用来比较某一特定区域内的相似群落或生境,也可用来研究全球不同地带或区域的生物群落。物种多样性在空间上的变化呈现一定的规律。

(1) 多样性随纬度的变化　　从热带到两极随着纬度的增高,物种多样性逐渐减少。乔木树种、鸟、兽、蜥蜴、昆虫及海产瓣鳃类、淡水鱼等许多类群,无论在陆地、海洋和淡水生态系统都有上述趋势。当然有例外,如企鹅和海豹在极地附近海域种类最多,而针叶树种和姬蜂类在温带地区物种最丰富。

(2) 多样性随海拔的变化　　一般来说,物种多样性随海拔增加而逐渐降低。但在人为影响强烈及农耕地区,山地往往比平原具有更多的生物种类。

(3) 多样性随水体深度的变化　　在浅海带,光照充足,食物丰富,生境多样,动物群种类也丰富,包括多孔类、腔肠动物、软体动物、蠕虫和甲壳类、棘皮动物及鱼类等;而在深海带,光照微弱或无光,生境特殊,水生植物不能生长,动物类群或个体数量都非常贫乏。大型湖泊深水区的生物类群也明显少于浅水区。

## 4. 决定多样性梯度的因素

决定多样性梯度空间变化的因素不是单一的,不同研究者强调的因素不一,形成了不同的学说。

(1) 进化时间学说    热带群落比较古老,进化时间较长,并且地质年代中环境条件稳定,很少遭受灾害性气候变化(如冰期)的影响,生物群落有足够的时间发展到高多样化的程度,以致群落物种多样性较高。相反,温带和极地地质年代相对年轻,遭受灾难性气候变化较多,因此群落物种多样性较低。这就是说,生物群落随进化时间的推移种数越来越多。

(2) 生态时间学说    考虑较短的时间尺度,认为物种分布区的扩大需要一定时间。根据这个学说,温带地区的群落与热带的相比是未充分饱和的。物种从热带扩展到温带不仅需要足够时间,有的种还需克服某些障碍(如高山、江河等)的阻挡。

(3) 空间异质性学说    从高纬地区到低纬地区,空间异质程度加强,生境类型增多,物种多样性也越高,动植物群落的复杂性就越显著。空间异质性有不同的尺度,属于宏观尺度的如大地形的变化,山区生境更多样,可支持更多样物种生存,因此物种多样性明显高于平原区。土壤、植被垂直结构的变化是微观的空间异质性,这些变化使小生境多样化,物种多样性增强。事实上,植物群落的垂直结构越复杂,各层栖息的动物种类就越丰富。

(4) 气候稳定学说    气候越稳定,动植物的种类就越丰富。在生物进化地质年代中,地球上热带气候是最稳定的,通过自然选择,形成了大量狭生态幅种类和特化类群,例如热带多种狭食性昆虫,有的甚至专门吃一种植物。在高纬度地区,自然选择更有利于广生态幅生物的生存。

(5) 竞争学说    在自然环境严酷的地区,如极地和寒带,自然选择主要受物理因素控制,但在气候温暖而稳定的热带地区,生物之间的竞争则成为进化和生态位分化(niche separation)的主要动力。由于生态位分化,热带动、植物要求的生境条件往往很专化,其食性也趋于特化,物种之间的生态位重叠(niche overlap)也比较明显。因此,热带生物较温带地区的种类常有更精细的适应性。

(6) 捕食学说    佩因(Paine)提出,热带地区的捕食者和寄生者种类多,压制了被食者种群,减弱被食者的种间竞争,从而允许有更多被食者物种共存。依据此假说,被食者物种之间的竞争在热带地区比温带地区弱。佩因在石质海底的潮间带去除顶级捕食者海星,该处物种多样性由 15 种降为 8 种,证实捕食者在维持群落多样性中的作用。因此他认为,捕食者的存在促进物种多样性。

(7) 生产力学说    这一学说认为,假如其他条件相等,群落的生产力越高,生产的食物越多,通过食物网的能流量就越大,物种多样性也就越高。这一学说理论上正确,但有的实地研究结果并不支持此学说。

上述 7 种学说,实际包括时间、空间、气候、竞争、捕食和生产力 6 种因素,这些因素可能同时影响群落的物种多样性,并且彼此相互作用。各学说之间往往难以截然分开,更可能的是在不同生物群落中,各因素及其组合对决定物种多样性具有不同程度的作用。

### 3.2.3　种间关联

物种间的相互作用在群落生态学中占有重要位置。在一个特定群落中,有的物种经常生长在一起,有的则互相排斥。如果两个物种一起出现的次数高于期望值,它们具有正关联;如果共同出现次数少于期望值,则具有负关联。正关联可能是一个种的生存依赖另一种,或两者受生物的和非生物的环境因子制约而生活在一起。负关联则是由于空间排挤、竞争及化感作用,或不同的生境要求而发生。

不管引起种间关联的原因如何,均以评估物种是否存在于取样单位中来确定,因此,取样面积大小对研究结果有重大影响。在均质群落中,可预期种间关联是随样本大小的增加而增大,达到某一点后则维持不变。

表达种对(种 A 和种 B)之间是否关联,常采用关联系数(association coefficient),计算前先列出 $2 \times 2$ 列联表,然后以下列公式计算关联系数:

$$V = \frac{ad - bc}{\sqrt{(a+b)(c+d)(a+c)(b+d)}} \tag{3.6}$$

式中,$a$ 是两种均出现的样方数,$b$ 和 $c$ 是仅出现一种的样方数,$d$ 是两种均不出现的样方数。如果两个物种是正关联的,那么绝大多数样方为 $a$ 型和 $d$ 型;如果两者负关联,则为 $b$ 型和 $c$ 型;如果两者无关联,则 $a$、$b$、

$c$、$d$ 各型出现概率相等,即完全是随机的。

其数值变化范围从－1 到＋1。按统计学的 $\chi^2$ 检验法测定求得关联系数的显著性。

随着群落中种数的增加,种对的数目会按 $S(S-1)/2$ 的方程迅速增加。式中,$S$ 是种数,

为了说明各种对之间是否关联及其关联程度,常利用各种相关系数、距离系数或信息指数来描述一个种的数量指标对另一个种或某一环境因子的定量关系,计算结果可用半矩阵图表示。

在自然界中,绝对的正关联可能只出现在某些寄生物与其单一宿主之间,以及完全取食一种植物的单食性昆虫之间。同理,竞争排斥也是群落中少数物种间的关联类型。而大多数物种的生存只是部分依存于另一物种,如一种昆虫取食若干种植物,一种捕食者捕食若干种猎物。因此,部分依存关系是自然群落中最常见的。

惠特克认为:如果查清群落中全部物种的相互作用,其类型的分布将是钟形的正态曲线,即大部分物种关系都处于中点附近,没有相互作用;而少数物种间关系处于曲线两端,为必然的正关联和必然的排斥。如果真实的情况确是这样,那么种间相互作用还不足以把全部物种有机地结合成一个"客观实体"(即群落)。这就是说,从关联分析来看,群落的性质更接近于一个连续分布的系列,即个体论学派所主张的观点。

## 3.3　生物群落的结构

### 3.3.1　群落的结构单元

群落的结构是指群落内的所有种类及其个体在空间中的配置状况。所有生物在群落中都占有一定的生存空间,它们构成了群落的空间结构。结构是群落显而易见的一个重要特征,每个群落类型都具有相对固定的结构,反映了群落对环境的适应。

群落空间结构取决于两个要素,即群落中各物种的生活型(life form)及由相同生活型物种所组成的层片(synusia),生活型和层片可看作群落的结构单元。

**1. 生活型**

生活型是生物对外界环境适应的外部表型,是与一定生境相联系主要依外貌特征区分的生物类型。同一生活型生物,不但体态相似,适应特点也类同。生活型是生物对生活条件的长期适应而在外貌上反映出来的生态类型,是生物对相同环境条件趋同适应的结果。生活型常用来描述成熟的高等植物,其外貌特征主要指高矮、大小、形状、分枝等。动物生活型主要反映在体型和附肢上。

同一类生活型常包括分类系统中地位不同的许多种。不论植物或动物在系统分类中的位置如何,只要它们对某种生境具有相同(或相似)的适应方式和途径,并在外貌上具有相似的特征,它们就属于同一生活型。例如,生长在非洲、北美、澳洲和亚洲荒漠地带的许多荒漠植物,虽然它们属于不同科,却都发展了叶子细小的特征。细叶是减少热负荷和蒸腾失水的一种适应。又如热带雨林中多种树栖动物,包括分类地位相差很远的兽类(长臂猿)、鸟类(鹦鹉)和爬行类(避役),都具有适应于树栖攀缘生活的对生型指(或趾)。

自 19 世纪初洪堡根据植物外貌特征进行生活型分类以来,其后有些学者建立了各自的生活型分类系统,其中应用最广的是丹麦植物学家劳恩凯尔的系统。该系统从环境温度、湿度或水分条件对植物的影响出发,以植物度过不良气候条件(严寒或干旱)的适应方式为基础,依据植物的休眠或复苏(anabiosis)芽所处位置高低和保护方式把高等植物划分为 5 大生活型(图 3.3)。

(1) 高位芽植物(phanerophyte)　　芽或顶端嫩枝位于离地面 25 cm 以上较高处的枝条上,如乔木、灌木和一些生长在热带潮湿气候条件下的草本等。

(2) 地上芽植物(chamaephyte)　　芽或顶端嫩枝位于地表或接近地表处,一般不高出土表 20～30 cm,受堆积土表的残落物或积雪的保护。

(3) 地面芽植物(hemicryptophyte)　　在不利季节,植物体地上部分死亡,只有被土壤和残落物保护

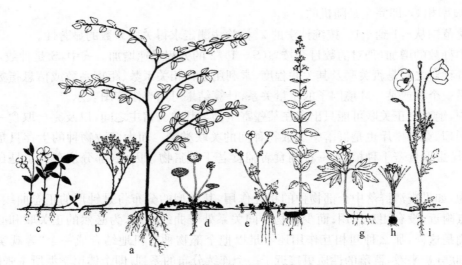

图 3.3    劳恩凯尔的植物生活型图(引自 Remmert，1989)

a. 高位芽植物；b、c. 地上芽植物；d~f. 地面芽植物；g、h. 隐芽植物；i. 一年生植物

黑色部分表示植物越冬时存活的部分

的地下部分仍然活着，并在地面处有芽。

（4）地下芽植物（geophyte）　　又称隐芽植物（cryptophyte），度过不良季节的芽埋在土表以下，或位于水体中。

（5）一年生植物（therophyte）　　只能在条件良好季节中生长的植物，以种子度过不良季节。

统计某一个地区或某一生物群落内各类生活型的数量对比关系，称为生活型谱（表 3.1）。通过生活型谱可以分析一定地区或生物群落中生物与生境的关系。

表 3.1    中国几种主要植物群落类型的生活型谱(仿自李博等，2000)

| 群落名称(所在地) | 高位芽植物 | 地上芽植物 | 地面芽植物 | 地下芽植物 | 一年生植物 |
| --- | --- | --- | --- | --- | --- |
| 热带雨林(海南岛) | 96.88(11.1) | 0.77 | 1.37 | 0.98 | 0 |
| 亚热带常绿阔叶林(福建和溪) | 63.0(19) | 5.0 | 12.0 | 6.0 | 14.0 |
| 暖温带落叶阔叶林(秦岭北坡) | 52.0 | 5.0 | 38.0 | 3.7 | 1.3 |
| 寒温带暗针叶林(长白山) | 25.4 | 4.4 | 39.6 | 26.4 | 3.2 |
| 温带草原(东北) | 3.6 | 2.0 | 41.1 | 19.0 | 33.4 |

注：表内数字均为百分数；括号内数字指藤本植物的百分数。

制定生活型谱的方法，首先查清整个地区或群落的全部生物种类，列出名录，确定每种的生活型，然后归并同一生活型种类。按下列公式计算：

某一生活型百分数＝调查地该生活型植物（动物）/ 全部植物（动物）的种数×100％

比较各个不同地区或不同群落的生活型谱，可由此判断环境特点，特别是对生物有重要作用的气候特点。

在《中国植被》一书中，作者按植物的外观形态及质地划分下列生长型：

（1）木本植物　　寿命长，多年生，树干和枝条质地坚硬。根据植株高矮和树干明显程度分为：

1）乔木：主干明显。分针叶、阔叶乔木，或分常绿、落叶、簇生叶、叶退化乔木。

2）灌木：主干不明显。也可按上述原则进一步划分。

3）竹类：再生性很强的一类木本植物。

4）木质藤本植物：茎和枝条细长，不能直立，攀援或蔓延生长。

5）附生木本植物：灌木或小乔木，依附高大乔木生长，但两者无营养联系。

6）寄生木本植物：常绿小灌木，直立或斜生，吸收寄主植物汁液营养自身。

（2）半木本植物　　灌木与小半灌木。

（3）草本植物　　茎和枝条质地较柔软，包括以下几类：

1）多年生草本植物：包括蕨类、芭蕉型、丛生根茎草类、杂类草、莲座植物、垫状植物、肉质植物、类短命植物等。

2）一年生植物：在一个生长季节内完成生活史的植物，又分冬性一年生植物、春性一年生植物与短命植物。

3）寄生草本植物：草本植物，体内缺少叶绿素或某些器官退化，不能独立生活。

4）腐生草本植物：从死亡有机体吸取营养而生存的非绿色草本植物。

5）水生草本植物：又分挺水、浮叶、漂浮、沉水植物。

（4）叶状体（foliose thallus）植物　　又称原植体，无真正根、茎、叶分化的植物体。

1）苔藓及地衣：根、茎、叶初步分化的小型绿色植物。地衣是细菌或藻类与真菌共生的复合体。

2）藻、菌：藻类是无根、茎、叶分化的原始低等植物。菌类是不含叶绿素，无根、茎、叶分化的异养生物。

生长型也反映植物生活的环境条件，相同环境条件具有相似的生长型。群落的外貌通常由生活型和生长型所决定。生长型是指有机体一般结构的形态特征。

动物的生活型被认为特别有意义。例如，各大洲的草原地带分布栖息着相同生活型动物，包括善跳的草食兽、穴居（在地面或地下）寻食的兽类、地面活动的走禽和善奔跑的草食兽及肉食兽等类群（图 3.4）。同一生活型的动物属于极不同的分类群，分布在相隔遥远的大陆，但由于生境类似，它们或具有挖洞穴居的形态结构，或有善于奔跑的四肢和体型，表现了突出的趋同适应。在不同大洲相似生境中占据相同生态位的不同动物种，具有同一生活方式且形态类似，称为"等位"现象。

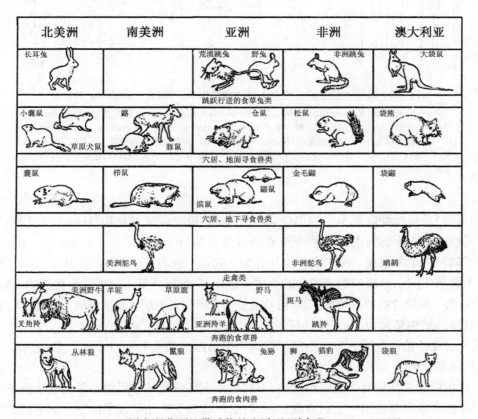

图 3.4　不同大洲草原地带动物的生活型（引自 Remmert，1989）

"等位"现象不仅出现在不同地区，也存在于同一地区不同小生境中。例如，生活在海滩沙粒缝隙系统中的小型动物群落，包括甲壳类、多毛类、原环虫类（Archianneliden）、原生动物（纤毛虫类）、涡虫类及线虫类等，它们均具有惊人相似的细长体形，内部结构和生活方式也明显相似，如都具有附着在沙粒上的附着器，构成了栖息在海滩沙粒缝隙的特殊生活型（图 3.5）。

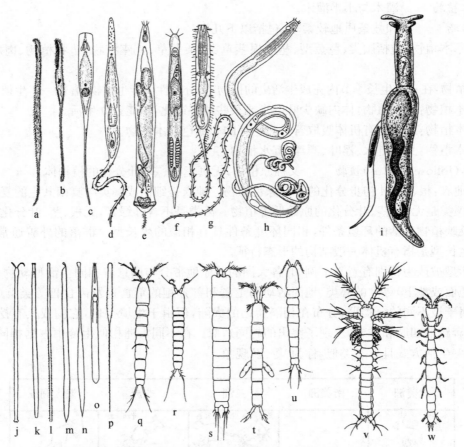

图 3.5　海滩沙粒缝隙系统中小型动物的生活型(改自 Remmert,1989)

　　a～b. 纤毛虫(*Remannella caudata* 和 *Spirostomus filum*);c～e. 涡虫类(*Mecynostomum*, *Boreocelis* 和 *Cheliplanilla*);f. 颚口类(*Gnathostomula*);g. 腹毛类(*Urodasys*);h. 长尾线虫 (*Trefusia longicauda*);i. 腹足类(*Microhedyle lactea*),其左侧小管为精荚;j. 原环虫;k. 涡虫;l. 寡毛类;m、n. 纤毛虫;o. 一种涡虫;p. 一种腹毛类;q～v. 几种桡足类;w. 一种等足类

## 2. 层片结构

　　层片(又称层群)是植物群落基本结构单位,最初由瑞典植物学家加姆斯(Gams)于 1918 年提出。层片是指由相同生活型或相似生态需求的物种所组成的机能群落(functional community)。不同层片是由属于不同生活型的不同种的个体组成。加姆斯将层片分为 3 级:一级层片是一个群落中一个种的各个体的总体;二级层片是一个群落中同一生活型的不同种的个体的总体;三级层片是不同生活型类群的不同种的个体的总体。显然,加姆斯的一级层片指的是种群,二级层片就是通常所理解的层片概念,而三级层片指的是植物群落。

　　层片作为群落的结构单元,具有下述特征:

　　1) 属于同一层片的植物是同一个生活型。但同一生活型的植物种只有个体数量相当多,且相互间存在一定联系才能构成层片。

　　2) 每一层片在群落中都具有一定的小环境,不同层片小环境相互作用的结果构成了群落环境。

　　3) 每一层片在群落中都占据一定的空间和时间,层片的时空变化形成了植物群落不同的结构特征。

　　4) 每一层片都有各自的相对独立性,并可按其作用和功能划分为优势层片、伴生层片、偶见层片等。群落的种类组成和层片结构决定群落的外貌,根据外貌就可区别森林、草原、荒漠和冻原等群落。以森林为例,针叶林、夏绿阔叶林、常绿阔叶林和热带雨林等,它们的外貌也有明显区别。

　　应强调的是,层片是群落的三维生态结构,它与层有相同之处,但又有质的区别。一般来说,层片比植被层的范围小,一植被层可包含若干生活型的植物。

**3. 同资源种团**

群落中以同一方式利用共同资源的物种集团称为同资源种团(guild)，属于同资源种团的物种在群落中功能地位相同，是等价种(equivalent species)，其中如有某物种从群落中消失，其他种可取而代之。作为群落亚结构单位的同资源种团，比只划分营养级更深入。

## 3.3.2　生物群落的结构类型

**1. 群落的垂直结构**

垂直结构是指群落在空间中的垂直分化或成层现象。成层现象是植物群落结构的基本特征之一，是群落中各植物间及植物与环境间相互关系的一种特殊形式。

陆生植物群落成层现象包括地上和地下成层。决定地上分层的因素主要是光照、温度和湿度；决定地下分层的主要因素则是水分和养分等土壤的理化性质。植物群落所处的环境条件愈多样，群落层次就愈多，结构也愈复杂；反之，则层次愈少，结构也愈简单。一个发育完全的森林群落通常包括乔木层、灌木层、草本层和地被层 4 个层次，各层又可按枝和叶的高度划分亚层。

植物群落的地下成层是由不同植物根系到达的土壤不同深度而形成的。根系的最大生物量集中在土壤表层，土层越深，根量越少。对群落地下成层的研究，一般多在草本群落中进行，主要研究植物根系分布的深度和幅度。地下成层通常分为浅层、中层和深层。例如，草原植物根系的特点是：密集，根系层集中在 0～30 cm 土层中，细根主要位于地下 5～10 cm 浅层处。

在层次划分时，应将不同高度的乔木幼苗划归其所达到的层中。其他生活型的植物也是如此。另外，生活在乔木不同部位的地衣、藻类、寄生及藤本攀缘植物(也叫层外植物)通常也归入相应的层中。

群落中动物分层现象也很普遍。动物分层主要与食物有关，因为不同层次提供不同的食物；此外，还与各层的微气候条件有关。例如，北方针叶林的地被层和草本层栖息着爬行类、地栖鸟、啮齿类等动物，在灌木层和幼树层栖息着莺、燕雀等，在林木层栖息山雀、啄木鸟和松鼠等，而在树冠层则栖息柳莺、红交嘴雀(*Loxia curvirostra*)。当然，有些动物可同时在几个层次捕食，但各有一个偏喜的层。

某些水生动物也有分层现象，如浮游动物白天多在较深水层，夜间则上升到表层活动，影响其垂直移栖的因素主要是阳光、温度、食物和水中的含氧量等。

成层现象是群落中各种群及种群与环境之间相互竞争和选择的结果。分层不仅能缓解植物之间争夺阳光、空间、水分和矿质营养的矛盾，而且由于生物在空间的成层排列，可扩大生境利用范围，提高同化功能的强度和效率。各层之间在利用和改变环境的过程中，具有互补作用。群落成层的复杂程度，也是生境多样的反映。一般在良好的生态条件下，成层构造复杂，而在极端的生态条件下，成层构造简单。

**2. 群落的水平结构**

生物群落的结构特征，不仅表现在垂直方向上，也表现在水平方向上。群落的水平结构是指群落在空间的水平分化或镶嵌现象。镶嵌(mosaic)现象是植物个体在水平方向上分布不均匀造成的，从而形成了许多小群落(microcommunity)。小群落的形成是由于生态因子的不均匀，如小地形和微地形的变化、土壤湿度和盐化程度的差异、群落内部环境的不一致以及动物活动和人类影响等。生物本身的生物学特性，尤其是植物的繁殖与散布特性，以及竞争能力等，对小群落的形成也具有重要作用。

每一个小群落具有一定的种类成分和生活型组成，因而它不同于层片，而是群落水平分化的基本结构单位，并且由于其形成在很大程度上依附其所在的群落，因此，在欧洲的群落学研究中，把它叫作从属群丛。每一个小群落就像一个斑块，它们彼此组合，形成了群落的镶嵌现象。

森林群落的镶嵌现象，常由林内光斑与暗斑的分布，草本层和苔藓层在不同树龄树冠下的差异，小地形的起伏，腐朽树桩、倒木及残落物积累得不均匀等引起；某些情况下，草原群落的镶嵌现象可能由挖土动物的活动引起；此外，也可能由个别植物种的超常生长繁殖而引发。地形和土壤条件的不均匀导致镶嵌现象很普遍，有时这两因素共同对层片的水平配置起作用；有时地形条件并无变化，仅由于土壤基质的差异，导致土壤紧实度、土壤湿度、土层厚度、砂砾含量等的不同，同样会引起小群落不均匀分布。

**3. 群落的时间结构**

　　时间结构(或称时间格局)是指群落结构在时间上的分化或配置,是群落动态特征之一,包含两方面内容:①自然环境因素的时间节律引起的群落中各物种相应的周期变化;②群落在长期历史发展过程中,由一种类型转变成另一种类型的顺序过程,即群落的发展演替(参见 3.4.2)。

　　群落的周期变化是极普遍的自然现象,许多自然环境因素本身就存在时间节律,因此动物群落表现最为明显。一年中的冬去春来,一月中的朔望转换,一天中的昼夜更替,形成了自然界的年周期、月周期和日周期。群落中有机体在长期进化过程中,其生理、生态与自然规律相适应,构成了群落的周期性变动,进而引起群落中物种组成和数量的升降更迭。群落随季节交替而呈现不同的外貌,即季相(seasonal aspect)。群落外貌随季节的变化,称为季相变化。

　　不同群落有不同的时间结构。季相变化在温带地区十分显著,如在温带草原群落中,一年可有 4 个或 5 个季相。温带落叶阔叶林的季相表现最为明显,群落结构的周期性也最为突出,以林中的草本植物为例,其中存在两类时间上明显特化的结构:春季的类短命植物层片和夏季长营养期植物层片。前者多由侧金盏花(*Adonis*)、顶冰花(*Gagea*)、银莲花(*Anemone*)等属组成,当它们生机旺盛大量开花时,大多数夏季草本植物刚开始生长,灌木仅开始萌动,而乔木还在冬眠状态。当夏季草木峥嵘时,早春植物结束营养期,地上部分死亡,种子、根茎或鳞茎休眠,等待翌春再生。随着早春植物消失,夏季长营养期草本植物开始大量生长,并占据早春植物的空间。秋末,植物开始干枯,呈红黄相间的秋季季相。冬季季相则一派枯黄。

　　中国温带草原生物群落中动物的季相变化也十分明显,如大多数典型的草原鸟类和高鼻羚羊等冬季向南迁移;旱獭、黄鼠、仓鼠等冬眠;有些动物种类在炎热的夏季会进入夏眠;秋季达乌尔鼠兔(*Ochotona dauricus*)贮存食物准备过冬。以上这些动物活动都反映草原动物的季节性特征,也是对生境季节变化的行为生态适应。

**4. 群落交错区与边缘效应**

　　群落交错区(ecotone)又称生态交错区或生态过渡带,是两个或多个群落之间(或生态地带之间)的过渡区域。例如,森林和草原之间有一个森林草原带;两个不同森林类型之间或两个草本群落间也存在交错区;泥质海底和砂质海底之间存在泥砂底质交错的群落。此外,水陆交接带、农牧交错带、沙漠边缘带等也都属于群落交错区。群落交错区的形状和大小各不相同,过渡带有宽有窄;有逐渐过渡的,也有突然变化的。群落边缘有的是持久性的,有的是在不断变化中的。

　　群落交错区是一个交叉地带或种群竞争紧张地带。交错区中物种数目及种密度增大的趋势被称为边缘效应(edge effect)。例如,中国大兴安岭森林边缘,具有呈狭带状分布的林缘草甸,其植物种数每平方米达 30 种以上,明显高于其内侧的森林群落和外侧的草原群落。有人利用增加群落交错区的数量或面积以增强边缘效应,提高野生生物的多样性和数量。

　　随着生态过渡带研究的进展,研究者认识各有侧重,国际上对此有大致统一的认识,即生态过渡带是指在生态系统中,处于两种或两种以上的物质体系、能量体系、结构体系或功能体系之间所形成的界面,以及围绕该界面向外延伸的交错带。生态过渡带具有 3 个主要特征:①多种要素的联合作用和转换区,各要素在此相互作用强烈,常是非线性现象显示区和突变发生区,也是生物多样性较高区域;②抗干扰能力弱,对外力的阻抗力较低,界面区生态环境一旦遭到破坏,恢复困难;③该处环境变化速度快,空间迁移能力强。

　　目前,人类活动大范围改变着自然环境,形成许多交错带。城市发展、土地开发等均使原有景观的界面发生变化。交错带可以控制不同系统之间的能流、物流与信息流。因此,有人提出要重点研究生态系统边界对生物多样性的影响,研究生态交错带对全球气候、土地利用、污染物的反应及敏感性,以及在变化的环境中怎样管理生态交错带。

### 3.3.3　影响生物群落结构的因素

**1. 生物因素的影响**

　　生物群落结构总体上适应生态环境条件,但在其形成过程中,生物因素也起着重要作用,其中作用最大的是竞争与捕食这两个因素。

（1）竞争对群落结构的影响　　竞争可导致生态位的分化。经典的例子是英国鸟类学家拉克（Lack）在科隆群岛对达尔文雀的研究。该群岛上的雀类，有许多起源于共同祖先而后随食性分化而发生辐射演化，其中最明显的区别是喙的形状和大小各异。还有更直接的生态位分化的证据：如有的岛上只有一种喙长约 10 mm 的地面取食的雀鸟，而在有两种或多种地面取食雀鸟的地方，其较小型喙平均长 8 mm，较大喙平均长 12 mm，却无 10 mm 喙雀鸟。这一方面说明鸟喙长度是适合食物大小的适应性特征，另一方面说明鸟喙形态差异是由竞争引起食性分化的反映。

群落中的种间竞争通常出现在生态位接近的种类之间，也即群落中以同一种方式利用共同资源的物种。例如，美国亚利桑那荒漠更格卢鼠与 3 种囊鼠共存，它们栖息的小生境和食性彼此有区别。去除其中一种鼠类，另 3 种的小生境均明显扩大。舍纳（Schöner）和康奈尔（Connell）等曾分别总结过文献报道的一百多例这类实验，平均 90% 的例子显示有种间竞争，表明自然群落中种间竞争相当普遍。分析结果还表明，海洋动物种间竞争的比例数较陆地动物多，大型动物种间竞争较小型动物多；而植食性昆虫之间的种间竞争比例甚小，原因是绿色植物到处都较为丰富。

对高等植物的竞争与生态位分化和共存的研究难度较大，因为植物是自养生物，需要光、$CO_2$、水和营养物质。蒂尔曼（Tilman）的研究获得重要进展，他以两种植物竞争两种营养资源的结局确定其竞争或共存；当 5 种植物竞争两种共同营养资源时，其结局就显多样化。研究表明，多种植物在竞争少数共同资源中能够共存是有根据的。蒂尔曼的研究结果是一种解释，另一种解释是：生境中各种生态因素并非均匀分布，空间异质性是物种共存的另一依据。近年来，研究者发现亲缘关系相近、生态位没有区别的物种共处生活的现象。通过分析可以设想：这些物种由于其他因子（捕食者、寄生者）未达到现有空间及食物条件下应达到的密度，在此情况下，它们可以共存。当个体数超过生境容纳量竞争才会发生。

（2）捕食对群落结构的影响　　这种影响视捕食者是泛化种（generalist）还是特化种（specialist）而异。研究证明，随着泛化捕食者兔子食草作用的加强，吃掉大量竞争力强的植物种，使竞争力弱的物种得以生存，草地物种多样性提高。但若食草压力过高，植物种数又随之降低。因此，该草地植物多样性与兔子食草强度呈单峰曲线关系。即使是完全泛化的捕食者，对不同种植物影响也不同，这决定于被食植物本身恢复的能力。

具有选择性的捕食者与泛化捕食者不同。如果被选择为食物的物种是优势种，则捕食提高多样性；如果捕食者喜食的是竞争上占劣势的种类，则结果相反。佩因（Paine）在一个长 8 m、宽 2 m 的样地中连续数年去除所有顶级肉食性动物海星，几个月后，藤壶成了样地中的优势种，随后贻贝排挤了藤壶成为优势种，该群落变成了贻贝的"单种养殖地"。这个试验说明顶级肉食动物海星是决定该群落结构的关键种（keystone species）。关键种对群落具有重要影响，移去它就会导致群落结构的坍塌，引起其他物种的灭绝和多度的大变化。但关键种不一定是营养级顶级物种。

特化捕食者，尤其是单食性物种（多见于食草昆虫或吸血寄生物），它们与群落其他物种在食物联系上是隔离的，单纯控制被食物种，因此它们是进行生物防治可供选择的理想对象。寄生物及其引发的疾病对群落结构的影响，通常在疾病大发生或猖獗时显现出来。例如，由于疟疾、禽痘等病原体被偶然带入夏威夷群岛，致使当地鸟类近半遭毁灭；北美驼鹿分布区的缩减，与一种寄生线虫的肆虐有关。

**2. 干扰对群落结构的影响**

麦克阿瑟（MacArthur）曾研究北美针叶林中的 5 种食虫林莺（Sylvia），发现它们在树木不同部位取食，这种资源分隔现象，同样被解释为因竞争而产生的共存局面。

干扰是自然界的普遍现象，生物群落不断经受各种随机自然事件（如大风、雷电、火烧等）和人类活动（如农业、林业、狩猎、施肥、污染等）的干扰，这些干扰对自然群落的结构和动态产生重大影响。

（1）干扰与群落的断层　　连续的群落中出现间断或断层是非常普遍的现象。间断通常由干扰造成。森林中的间断可能由大风、雷电、砍伐、火烧等引起；草地群落的干扰包括放牧、动物挖掘、践踏等。干扰造成群落间断后，如不发生继续干扰可能逐渐恢复，但间断处可能被周围群落任何物种侵入和占有，并发展为优势者。至于哪种成为优势者完全取决于随机因素,这可认为是对断层的抽彩式竞争(competitive lottery),此类竞争出现的条件:①群落中具有许多入侵断层能力相等或耐受断层生境能力相等的物种;②这些物种中任何一种在其生活史中能阻止后来物种再入侵。当断层的占领者死亡后,断层再次成为空白,另一种入侵和占有又是随机的。如果群落由于各种原因不断形成新断层,群落整体就有更多物种可以共存,多样性将明显提高。Crubb研究英国草地,发现每出现小断层,很快便被一种植物侵占。由于大部分植物种类种子发芽条件相似,哪一种先入侵成功是随机的。有人考察澳大利亚大堡礁鱼类获知,由3种不同热带鱼个体所占据的120个珊瑚礁中的小生境,在原占有者死亡后取而代之的新占有者完全也是随机的。由此可见,环境间断和生存空间的分割对群落多样性有极其重要的影响。

新的断层常被扩散能力强的一个或几个先锋种入侵,由于它们的活动,改变了环境条件,促进了演替中期种的入侵。最后为顶极种所替代。在这种情况下,多样性开始较低,演替中期增加,但到顶极期往往稍有降低。

(2)干扰与群落多样性　　断层形成的频率影响物种多样性。康奈尔等据此提出中度干扰假说(intermediate disturbance hypothesis),即中等程度的干扰能增加或维持高的物种多样性。其理由是:①在一次干扰后少数先锋种入侵断层,如果干扰过于频繁,则先锋种不能存在到演替中期,使多样性较低;②如果干扰间隔期很长,演替过程便能发展到顶极期,多样性也不很高;③中等程度干扰允许更多的物种入侵和定居,可维持最高的多样性水平。

索萨(Sousa)曾选择砾石底质潮间带进行研究,对中度干扰假说加以证明。潮间带经常受波浪干扰,较小砾石受干扰而移动的频率更高。砾石的大小可作为受干扰频率的指标。索萨通过刮去砾石表面的生物,为海藻在此生存提供空白基底。结果发现,较小砾石只能支持群落演替早期出现的绿藻门石莼属(*Ulva*)和藤壶,平均每块小砾石上有1.7种;大砾石的优势藻类是演替后期的红藻门杉藻(*Gigartina*),平均每块2.5种;而中等大小砾石则支持包括几种红藻的最多样的群落,平均每块3.7种。以上发现反映了中度干扰下多样性最高。

干扰理论有重要应用价值。人们在保护自然界生物多样性过程中,不能简单地排除干扰,因为中度干扰能增加多样性。群落中不断地出现断层、斑块状镶嵌及新的小群落,都可能是维持和产生生态多样性的动力。在自然保护、农业、林业和野生生物管理等方面应注意开展有关研究,正确运用干扰理论。

### 3. 空间异质性与群落结构

群落的环境不是均匀一致的,空间异质性(spatial heterogeneity)的程度越高,意味着有更加多样的小生境,能允许更多的物种共存。

(1)非生物环境的空间异质性　　哈曼(Harman)研究了淡水软体动物与空间异质性的关系,他以水体底质类型数作为空间异质性指标,得到正相关结果。植物群落研究大量资料表明,在土壤和地形变化频繁地段,群落含有更多的植物种,而平坦同质土壤地段的群落多样性低。

(2)生物环境的空间异质性　　麦克阿瑟等曾研究鸟类多样性与植物种类多样性和取食高度间的关系,结果表明,植被的分层结构比物种组成对鸟类更为重要。鸟类多样性与植物种数的相关,不如与取食高度多样性相关紧密。因此,有可能根据森林层次和各层枝叶茂盛度来预测鸟类多样性。在草地和灌丛群落中,垂直结构对鸟类多样性不如森林重要,而水平结构可能起决定作用。

### 4. 岛屿与群落结构

由于岛屿与大陆隔离,生态学家常将其作为研究进化论和生态学问题的天然实验室或微宇宙。

(1)岛屿的种数-面积关系　　岛屿中的物种数目与岛屿面积有密切关系,许多研究证实,岛屿面积越大,生物种数越多,可用以下简单方程描述:

$$S = cA^z \tag{3.7}$$

或取对数:

$$\lg S = \lg c + z(\lg A) \tag{3.8}$$

式中,$S$ 为种数,$A$ 为面积,$z$ 和 $c$ 为两个常数,$z$ 表示种数-面积关系中回归的斜率,$c$ 表示单位面积种数的常数。

岛屿面积越大,其生物种数越多,称为岛屿效应。大岛有较多物种数是含有较多生境的简单反映,即生境多样性导致物种多样性。岛屿效应显示了岛屿对形成群落结构过程的重要影响。

(2) 麦克阿瑟的平衡说　　岛屿上生物种数取决于物种迁入和灭亡的平衡。不断地有物种灭亡,也不断地有同种或别种的迁入而替代补偿消失的种群。当岛上尚无居留种时,任何迁入个体都是新来的,因而迁入率高。随着岛上居留种数的增多,种的迁入率即下降。当种源库(即邻近大陆)的所有物种在岛上也都有时,迁入率即为零。灭亡率则相反,岛上的居留种数越多,灭亡率也越高。迁入率多大还取决于岛的远近和大小,近而大的岛迁入率高,远而小的岛迁入率低。灭亡率也同样受岛屿大小的影响(图 3.6)。

将迁入率曲线和消失率曲线叠在一起,其交叉点上标示的物种数即为预测的物种数。根据平衡说,可预测以下 4 点:①岛上的物种数不随时间而变化;②这是一种动态平衡,即消失种不断地被新迁入种代替;③大岛比小岛能"供养"更多的物种;④岛屿与大陆的距离由近到远,平衡点表示的种数由高到低。

(3) 岛屿群落的进化　　根据物种形成学说,岛屿与大陆隔离是形成新物种的重要机制之一。岛屿的物种进化比迁入快,而大陆的物种迁入比进化快。离大陆遥远的岛屿,特有种可能比较多,尤其是扩散能力弱的分类单元更有可能。另外,岛屿群落有可能是物种未饱和的,其原因可能是进化的历史较短,不足以发展到群落饱和阶段。

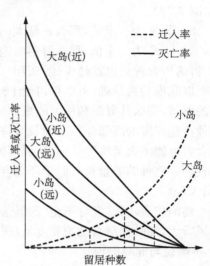

图 3.6　麦克阿瑟的岛屿生物地理平衡说
(引自 Begon et al.,1986)
岛屿的大小和远近与物种迁入率和灭亡率的关系

(4) 岛屿生态与自然保护　　某种意义上,自然保护区是受其周围生境所包围的岛屿,因此岛屿生态理论对自然保护区的设计具有指导意义。

一般来说,保护区面积越大,越能支持或"供养"更多的物种;面积小,支持的种数就少。但有两点需要说明:①建立保护区意味着出现了边缘生境(如森林开发为农田后建立的森林保护区),适应于边缘生境的种类受到额外的支持;②对于某些种类而言,小保护区比大保护区可能生活得更好。

同等面积情况下,一个大保护区好还是分为若干小保护区好,这取决于:①若每一小保护区支持的都是相同的一些种,那么大保护区能支持更多种。②若为防止流行病传播,隔离的小保护区更好。③如在相当异质的区域中建立保护区,多个小保护区能提高空间异质性。④对密度低、增长率慢的大型动物,为保护其遗传特性,较大的保护区是必需的,如果保护区过小,种群数量过低,可能由于近亲交配致使遗传特性退化。

在各个小保护区之间的"通道"或"走廊"对于物种保护是很有帮助的,一方面能减少留居物种灭亡的风险,另一方面细长的保护区有利于新种群的迁入。在设计和建立保护区时,重要的是深入研究并掌握被保护物种的生物学特征,以便更好地保护物种多样性。

**5. 物种丰富度的简单模型**

为了概括了解影响群落结构形成的因素,参看物种丰富度的简单模型(图 3.7)是很有帮助的。图中,设 $R$ 代表一维资源连续体,其长度代表群落的有效资源范围,群落中每一物种只能利用 $R$ 的一部分。$n$ 表示某个种的生态位宽度(niche breadth),$\bar{n}$ 表示群落中物种的平均生态位宽度,$\bar{\sigma}$ 表示平均生态位重叠。模型旨在阐明群落所含物种数多少的原因。

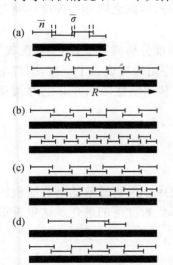

图 3.7　物种丰富度的简单模型
(引自 Begon et al.,1986)

1) 设 $\bar{n}$ 和 $\bar{\sigma}$ 为一定值,那么 $R$ 值越大,群落将含有更多的种数(比较图 3.7a 的两个 $R$ 连续体)。当群落中物种间竞争占重要作用和出现资源分隔而共存时,这个结论是正确的。即使竞争在群落中未起重要作用,该结论也可认为是正确的,即可供物种生存的有效资源范围越广,共存的种数也越多。

2) 设 $R$ 为一定值,那么 $\bar{n}$ 越小(表示种在利用资源上越分化,生态位越狭),群落中将有越高的物种丰富度(图 3.7b)。

3) 设 $R$ 为一定值,那么 $\bar{\sigma}$ 越大(表示物种间重叠利用资源多),群落将含有更多的种数(图 3.7c)。

4) 设 $R$ 为一定值,那么群落的饱和度越高,就越含有更多的物种数;相反,群落中有一部分资源未被利用,群落所含种数也就越少(图 3.7d)。

以此模型为基础,可以再讨论上述影响形成群落结构的诸因素。如果某一群落属于种间竞争起重要作用的群落,那么其资源利用可能更充分。在此情况下,物种丰富度将取决于有效资源范围的大小(图 3.7a)、物种特化程度的高低(图 3.7b)及允许生态位重叠的程度(图 3.7c)。捕食对于群落结构具有各种影响:首先,捕食者可能消灭某些种被捕者,群落因而出现未充分利用的资源,使饱和度变小、种数减少(图 3.7d);其次,捕食使一些种的数量长久低于环境容纳量,降低了种间竞争强度,允许更多生态位重叠,就有更多物种共存(图 3.7c)。

岛屿代表一种"发育不全"的群落,其原因是:①面积小,资源范围减少(图 3.7a);②面积小,物种被消灭的风险大,反映出群落的饱和度低(图 3.7d);③能在岛上生存的物种有可能尚未迁入岛中。

**6. 平衡说与非平衡说**

对群落结构形成的看法,有两种对立的观点,即平衡说(equilibrium theory)和非平衡说(non-equilibrium theory)。

平衡说认为共同生活在同一群落中的物种处于一种稳定状态。其主导思想是:共同生活的种群通过竞争、捕食和互利共生等种间关系而形成相互制约,导致生物群落具有全局稳定性;在稳定状态下群落的物种组成和各种群数量均无明显变化;群落实际上出现的变化是由环境的变化所引起,也即干扰的作用。总之,平衡说把生物群落视为存在于不断变化着的物理环境中的稳定实体。支持平衡说的有埃尔顿和麦克阿瑟等。

非平衡说认为,组成群落的物种始终处在不断变化中,自然界的群落不存在全局稳定性,存在的只是群落的抵抗性(群落抵抗外界干扰的能力)和恢复性(群落在受干扰后恢复到原来状态的能力)。非平衡说的重要依据就是中度干扰理论。

平衡说和非平衡说的区别之一在于干扰对群落重要作用的认识,另一区别是把群落视为封闭系统还是开放系统。相互竞争过程中可能有物种灭绝,也可能由于系统被分为若干部分,各部之间存在高度连通及迁移,使达到平衡的时间大为延长。

依据现代生态学研究,群落既存在连续性,也有间断性。如果采取生境梯度分析的方法,不少情况表明,群落并非分离明显的实体,而是时间上和空间上连续的一个系列。但如果排序结果构成若干点集,则群落可进行划分;如果分类允许重叠,则又反映群落的连续性。可见群落的连续性和间断性之间并非绝对相互排斥,关键在于从何种角度或尺度进行研究。

## 3.4　生物群落的动态

任何一个群落都不是静止不变的,其外貌和结构处于不断变化和发展之中。生物群落的动态应包括三方面:①群落的内部动态(包括季节变化与年际变化);②群落的演替;③地球生物群落的进化。这里着重讨论前两个方面。

### 3.4.1　生物群落的内部动态

**1. 季节变化**

生物群落的季节变化受环境条件(特别是气候)周期性变化的制约,并与生物种的生活周期关联。群落的季节动态是群落本身内部的变化,并不影响整个群落的性质。在中、高纬度地区,气候四季分明,群落的季节变化明显,如我国北方草原一年中就有明显的季节变化。

**2. 年际变化**

在不同年度之间,生物群落常有明显的变动。这种变动限于群落内部,不产生群落更替现象,通常称为波动(fluctuation)。群落的波动多数是由群落所在地区气候条件的无规则变动引起的,其特点是群落区系成分的相对稳定性、群落数量特征变化的不定性及变化的可逆性。波动使得群落在生产量、各成分的数量比例、优势种的重要值以及物质和能量的平衡方面,发生相应的变化。

根据群落的变化形式,将波动划分为 3 种类型:

(1) 不明显波动　　这类波动出现在不同年份气象、水文状况类似的情况下,其特点是群落成员的数量关系变化很小,群落外貌和结构基本保持不变。

(2) 摆动性波动　　其特点是群落成分在个体数量和生产量方面有短期变动(1～5 年),与群落优势种的逐年交替有关。例如,在乌克兰草原上干旱年份以旱生植物针茅、羊草等占优势,草原兔尾鼠(*Lagurus lagurus*)和社田鼠(*Microtus socialis*)繁盛;而在降水丰富且温暖年份,群落以中生植物占优势,喜温的普通田鼠与林姬鼠增多。

(3) 偏途性波动　　气候(如水分条件)长期偏离正常状况而引起的波动,其结果可能使一个或几个优势种明显变更。然而通过群落的自我调节,经过较长的波动期(5～10 年),群落还可能回复到接近原来的状态。

不同生物群落波动强弱有别。一般说来,木本植物占优势的群落较草本植物为主的群落稳定;常绿木本群落比夏绿木本群落稳定。在一个群落内部,许多定性特征(如种类组成、种间关系、分层现象等)较定量特征(如密度、盖度、生物量等)稳定;成熟的群落较发育中的群落稳定。

不同气候带内,群落的波动性也不同,环境条件越是严酷,群落的波动性越大。例如,中国湿润的草甸草原地上产量的年度波动率为 20%,而典型草原波动率达 40%,干旱的荒漠草原波动率高达 50%。不但产量存在年际波动,种类组成也存在年际变化。例如,内蒙古锡林河流域的羊草草原在偏干年份时,旱生性较强的大针茅、黄囊薹草(*Carex korshinskii*)等生长旺盛;而在偏湿年份,旱生性较弱的羊草、柔毛蒿(*Artemisia commutata*)等显示优势。

应当指出的是,虽然群落波动具有可逆性,但这种可逆是不完全的。一个生物群落经过波动之后的复原,通常不是完全地恢复到原来的状态,而只是向平衡状态靠近。量变的积累达到一定程度有可能发生质变,从而引起群落基本性质的变动,导致群落的演替。

### 3.4.2　生物群落的演替

生物群落演替(community succession)是指某一地段上一个群落被另一群落取代的过程,是质的变化。演替也是群落动态的一个重要特征。

**1. 影响群落演替的主要因素**

生物群落的演替是群落内部种内和种间关系与外界环境中各种生态因子综合作用的结果,影响群落演替的主要因素有以下几个方面。

(1) 植物繁殖体的迁移、散布和动物的迁移活动　　任何一块裸地上生物群落的形成发展,或是一个老群落被新群落取代,其先决条件都必然包含有生物的迁移、散布、定居和繁衍的过程。植物群落是动物取食、栖居、避敌和繁殖的场所。因此,每当植物群落性质发生变化时,栖居其中的动物群落也在适当调整,使得整个群落内部的物种以新方式联系起来。

(2) 群落内部环境的变化　　这种变化由群落本身生命活动造成,与外界环境条件的改变无直接关系。有些情况下,群落内物种生命活动造成了不利于自身的生存环境,以致原有的群落解体,而为其他生物的生存提供了有利条件,从而引起演替。另外,由于群落中植物种群特别是优势种的发育而导致群落内光照、温度、水分状况改变,也可为演替创造条件。例如,采伐后的林间空旷地首先出现阳生草本植物。但当喜光的阔叶树种定居并在草本层以上形成郁闭树冠时,喜光草本群落便会被耐阴草本群落取代。

（3）外界环境条件的改变　　决定群落演替的根本原因在于群落内部,但外部环境条件如气候、地貌、土壤和火等因素可成为引起演替的重要条件。气候无论是长期的还是短暂的变化,都会成为演替的诱发因素。地表形态(地貌)的改变会使水分、热量等因子重新分配,从而影响到群落本身。大规模的地壳运动(冰川、地震、火山活动等)可使大范围生物毁灭,从而使演替从头开始。小规模的地表形态变化(如滑坡、洪水冲刷)也能改变生物群落。火也是重要的诱发演替的因子,火烧可以造成大面积次生裸地,演替可从裸地重新开始。影响演替的外部环境条件并不限于上述几种,凡是与群落发育有关的直接或间接生态因子都可成为演替的外部因素。

（4）种内和种间关系的改变　　群落内部种内和种间直接或间接的相互作用和影响,它们的关系随着外部环境和群落内环境的改变而不断地变化、调整。这种情形常见于尚未发育成熟的群落。处于成熟、稳定状态的群落在接受外界条件刺激的情况下也可能发生种间数量关系的重新调整,进而或多或少改变群落的性质。

（5）人类的活动　　人类活动的影响作用巨大而迅速,如人为火烧、采伐森林,开垦土地等,都可使生物群落面貌巨变。生境破坏和环境污染可导致生物群落不可恢复的毁坏。人类经营、抚育森林,管理草原,治理沙漠,又使群落演替按照不同于自然发展的道路进行。人甚至建立各种人工群落,将演替的方向和速度置于人为控制之下。

## 2. 演替的基本类型

（1）按照发生的时间进程区分　　苏联学者拉曼斯基将演替划分为:

1) 世纪演替:延续时间相当长久,一般以地质年代计算。常伴随气候的历史变迁或地貌的大规模改变而发生。

2) 长期演替:延续达几十年,有时达几百年。云杉林被采伐后的恢复演替可作为长期演替的例子。

3) 快速演替:即在时间不长的几年内发生的演替。例如,在小面积且种子传播来源就近的草原撂荒地,很快可以恢复成原有植被;弃耕地的恢复过程可能长达几十年。

（2）按照发生的起始条件区分　　克莱门茨(Clements)较早开始研究,后来韦弗(Weaver)和克莱门茨将演替划分为以下几种。

1) 原生演替(primary succession):开始于原生裸地或原生荒原(完全没有植被并且也没有任何植物繁殖体存在的裸露地段)的群落演替。

2) 次生演替(secondary succession):开始于次生裸地或次生荒原(不存在植被,但在土壤或基质中保留有植物繁殖体的裸地)上的群落演替。

（3）按照基质的性质区分　　库珀(Cooper)将演替划分为:

1) 水生演替(hydroarch succession):演替开始于水生生物群落,朝向湿生及中生群落发展,最后演变为陆生群落。

2) 旱生演替(xerarch succession):演替开始于干旱缺水的基质,如裸露的岩石表面生物群落的形成过程。

（4）按照控制演替的主导因素区分　　苏卡切夫将演替划分为:

1) 内因演替:这类演替的显著特点是,群落中生物(主要是建群种)生命活动的结果首先改变生境,而后群落本身发生变化,即内因生态演替的发生取决于群落特有的、决定群落发展的内部矛盾。这类演替是群落演替基本和普遍的形式。

2) 外因演替:指由于外界环境因素的作用引起的群落变化,如气候性演替、土壤性演替、地貌演替、火烧演替和人为演替(人类的生产及其他活动如森林砍伐、割草、放牧、开荒等直接影响植被而导致的演替)等。

（5）按群落代谢特征区分　　演替可分为:

1) 自养性演替:例如由裸岩→地衣→苔藓→草本→灌木→乔木的演替,演替过程中光合作用所固定的生物量积累越来越多,群落生产大于群落呼吸。

2）异养性演替：例如出现在有机污染水体的演替，由于细菌和真菌分解作用特别强，有机物质随演替进程而减少，群落生产小于群落呼吸。

多数群落的演替具有一定的方向性，但也有一些群落有周期性的变化，即由一个类型变为另一个类型，然后又回到原有类型。例如，石楠群落优势植物是红叶石楠（*Photinia serrulata*），逐渐老化以后为一种地衣鹿蕊（*Cladonia rangiferina*）入侵，鹿蕊死亡后出现裸露的土壤，于是熊果（*Arctostaphylos uva-ursi*）入侵，之后红叶石楠又重新取代熊果，如此循环往复。

**3. 演替系列**

生物群落的演替过程，从植物定居开始，到形成稳定的生物群落为止，这个过程叫作演替系列（successional series）。演替系列中的每一个明显的步骤，称为演替阶段或演替时期。

对原生演替系列的描述通常采用从湖底开始的水生演替和从岩石表面开始的旱生演替。湖底和岩石表面代表多水和极干两种极端生境类型，在这样的生境开始的群落演替，其早期阶段的群落中，植物生活型的组成几乎到处都是一样的。因此，可以把它们当作模式来加以描述。

（1）水生演替系列　　一般淡水湖泊中，只在5～7 m以内的湖底才有较大型水生植物生长，水深超过7 m便是水底裸地了。通常依据淡水湖由深变浅的过程，水生演替系列（hydrosere）将依次出现以下演替阶段。

1）自由漂浮植物阶段：此阶段中植物是漂浮生长的，如浮萍、满江红及藻类植物等，其死亡残体增加湖底有机物质的聚积，同时湖岸雨水冲刷及入湖河水带来的矿物质微粒的积累也会淤高湖底。

2）沉水植物阶段：在水深5～7 m处，湖底裸地上最先出现的先锋植物是轮藻（*Chara*），其生物量相对较大，使湖底有机质积累加快。当水深淤浅至2～4 m，金鱼藻、眼子菜、黑藻、茨藻（*Najas*）等开始大量出现，这些植物生长繁殖能力更强，垫高湖底的作用更加强烈。

3）根生浮叶植物阶段：随着湖底日益变浅，开始生长根生浮叶植物，如莲、睡莲等。这些植物一方面由于生物量较大，其残体进一步抬升湖底，另一方面由于叶片密集漂浮在水面，使得水下光照条件变差，不利于沉水植物的生长，迫使沉水植物向较深的湖底转移，促进了垫高湖底的作用。

4）直立水生植物阶段：浅湖底为直立水生植物如芦苇、香蒲、泽泻等创造了良好的条件，此类植物的出现和繁衍，其根茎极为茂盛，常交织在一起，使湖底更迅速地抬高，有的地方甚至形成一些"浮岛"，最终取代根生浮叶植物。原来被水淹没的土地露出水面与大气接触，该处开始具有陆地生境的特点。

5）湿生草本植物阶段：新从湖中出露的土地，不仅含有丰富的有机质，而且土壤水分近于饱和，喜湿的沼泽植物如莎草科和禾本科中一些种类，开始在此定居。若此地带气候干旱，则这一阶段不会持续太长，随着生境中水分的大量丧失，旱生草类将很快取代湿生草类。若该地区适于森林的发展，则该群落将继续向森林方向演替。

6）木本植物阶段：在湿生草本植物群落中，最先出现的木本植物是灌木，而后随着乔木的侵入，逐渐形成了森林，其湿生生境也最终改变为中生生境。

由此看来，水生演替系列就是湖泊填平的过程。这个过程是从湖泊周围向湖中央循序发生的。因此在从湖岸到湖心的不同距离处，易于观察到演替系列不同阶段群落环带的分布。可以说，每一带都为后一带的"入侵"准备了土壤条件。

（2）旱生演替系列　　旱生演替系列（xerasere）是从环境条件极端干旱的岩石表面或砂地上开始的，包括以下几个演替阶段。

1）地衣植物群落阶段：岩石表面无土壤、光照强、温度变化大、贫瘠而干燥，最先出现的通常为壳状地衣，其分泌的有机酸腐蚀坚硬的岩石表面，加之物理风化，岩石表面出现一些小颗粒，在地衣残体的掺和下，这些细小颗粒有了有机成分。其后，叶状地衣和枝状地衣继续作用于岩石表层，使其更加松软，岩石碎粒中的有机质也逐渐增多。地衣植物群落为较高等植物类群创造了有利条件，反而不适于自身的生存。

2）苔藓植物群落阶段：在地衣群落发展后期，开始出现苔藓植物。苔藓植物也能耐受极端干旱的生境。苔藓比地衣大得多，它们的繁殖可以积累更多的腐殖质，同时对岩石表面的改造作用更加强烈。岩石颗粒变得更细小,岩石松软层更厚,为土壤的发育和形成创造了更好的条件。

3)草本植物群落阶段:演替继续向前发展,一些耐旱的植物种类开始侵入,如禾本科、菊科、蔷薇科的一些种。种子植物对环境的改造作用更加强烈,小气候和土壤条件更有利于植物的生长。若气候适宜,该演替系列可能向木本群落方向发展。

4)灌木群落阶段:草本群落发展到一定程度时,一些阳性的灌木开始出现。它们常与高草混生,形成"高草灌木群落"。其后灌木数量大量增加,成为以灌木为优势的群落。

5)乔木群落阶段:灌木群落发展到一定时期,为乔木的生存提供了良好的环境,阳性树木开始增多。随着时间的推移,逐渐形成了森林。最后形成了与当地大气候相适应的乔木群落(地带性植被类型),即顶极群落。

在旱生演替系列过程中,地衣和苔藓植物阶段所需时间最长,草本植物群落到灌木阶段所需时间较短。而到了森林阶段,演替的速度又开始放慢。

旱生演替系列其实就是植物长满裸地的过程,是群落中各种群间相互关系的形成过程,也是群落环境的形成过程,只有在各种矛盾都达到统一时,裸地才能形成一个稳定的群落,到达与该地区环境相适应的顶极群落阶段。

在植物群落的形成过程中,土壤的发育和形成与植物的进化是协同发展的,不能说先有土壤后有植物的进化,或先有植物群落的演化才有土壤的形成,二者相互依存。

**4. 演替顶极**

演替实例

随着群落的演替,最后会出现一个相对稳定的顶极群落。演替顶极学说(climax theory)是英美学派提出的,近几十年来,该学说得到不断的修正、补充和发展。演替顶极学说主要有三种:单顶极学说、多顶极学说和顶极-格局学说。

(1)单顶极学说(monoclimax theory)　这一学说在19世纪末、20世纪初就已基本形成,创始人是考尔斯(Cowles)和克莱门茨。克莱门茨认为,演替就是在地表上同一地段顺序出现各种不同生物群落的时间过程。任何一类群落演替都经历迁移、定居、群聚、竞争、反应、稳定6个阶段。到达稳定阶段的群落,就是和当地气候条件保持协调和平衡的群落,这就是演替的终点,这个终点就称为演替顶极。在某一地段上从先锋群落到顶极群落按顺序发育的那些群落,都可以称为演替系列群落。克莱门茨指出,在同一气候区内,无论演替初期条件多么不同,群落总是趋向顶极方向发展,从而使得生境适合于更多的生物生长。演替初始的先锋群落可能极不相同,但演替过程中群落间的差异会逐渐缩小,逐渐趋向一致。因而,无论是水生型生境,还是旱生型生境,演替最终都趋向于中生型的生境,最终均会发展成为一个稳定的气候顶极(climatic climax)群落。

在一个气候区内,除气候顶极群落之外,还会出现一些由地形、土壤或人为等因素所决定的稳定群落。为了和气候顶极群落相区别,克莱门茨将它们统称为原顶极(proclimax)阶段,并在其下又划分若干类型。

1)亚顶极(subclimax):指气候顶极阶段以前的一个相当稳定的演替阶段。

2)偏途顶极(disclimax):也称分顶极或干扰顶极,是由一种强烈而频繁的干扰因素所引起的相对稳定的群落。例如,在美国东部气候顶极群落是夏绿阔叶林,但因常遭火烧而长期停留在松林阶段。

3)前顶极(preclimax):在一个特定气候区域内,由于局部气候比较适宜而产生的一种稳定群落,如草原气候区域内的相对湿润区域出现的森林群落。

4)超顶极(postclimax):在一个气候区内,由于局部气候条件较差(如炎热、干燥)而产生的稳定群落,如草原区内出现的荒漠植被片段。

无论哪种形式的原顶极,按照克莱门茨的观点,只要时间足够,最终都能够发展为气候顶极。关于演替的方向,他认为:在自然状态下,总是表现为进展演替(progressive succession),而不可能是后退的逆行演替(regressive succession)。

自单顶极学说提出以来,在世界各国尤其英、美等国引起了强烈反响,得到了不少学者的支持。但也有人提出批评意见甚至持否定态度。他们认为,只有在排水良好、地形平缓且人为影响较小的地带性生境才能出现气候顶极群落。再者,从地质年代来看,气候也并非永远不变,有时极端气候的影响很大。此外,植物群落的变化往往落后于气候的变化,残余群落的存在即可说明这一事实。

(2) 多顶级学说(polyclimax theory)　这一学说最早是坦斯利针对单顶极学说而提出的,理论要点是:一个区域的顶极植被可以由几种不同类型的顶极群落镶嵌而成,而每一类型的顶极群落都是由一定的环境条件所控制和决定的,如土壤的湿度、土壤的营养特性、地形和动物的活动等。也就是说,只要一个群落在某种生境中基本达到稳定,能自我维持并结束其演替过程,就可被认定为顶极群落。在同一个气候区内,群落演替的最终结果,不一定都汇集于一个共同的气候顶极。除了气候顶极之外,还可有土壤顶极(edaphic climax)、地形顶极(topographic climax)、火烧顶极(fire climax)、动物顶极(zootic climax)等类型,同时还可存在一些复合型的顶极,如地形-土壤顶极等。因此,在同一气候区域内,可以有多个顶极群落同时存在,这种顶极群落的镶嵌体是由相应的生境镶嵌所决定的。

不论是单顶极学说还是多顶极学说,都承认顶极群落是经过单向变化而达到稳定状态的群落,顶极群落在时间上的变化和空间上的分布都是和生境相适应的,两者的不同点在于:①单顶极学说认为,只有气候才是演替的决定因素,其他因素都是第二位的,但可以阻止群落向气候顶极发展;多顶级学说则认为,除气候以外的其他因素,也可以决定顶极群落的形成。②单顶极学说认为,在一个气候区域内,所有群落都有趋同性的发展,最终到达气候顶极;多顶极学说否认所有群落最后都会趋于一个顶极。单顶极和多顶极之间的真正差异可能在于衡量群落相对稳定的时间因素。

(3) 顶极-格局学说(climax-pattern theory)　这一学说由惠特克提出,实际上是多顶极学说的一个变型,也称种群格局顶极理论(population pattern climax theory)。该理论强调:一个自然群落是对各种环境因素(如气候、土壤、生物因素、火和风等)的整个格局发生适应。单顶极学说允许一个地区只有一个气候顶极存在,多顶极学说则允许有多个顶极群落存在,而顶极-格局学说则强调各个顶极群落类型的连续性,这些群落类型沿着环境梯度逐渐变化,难以明确地把它们划分开来。于是,顶极-格局学说发展了连续统一体的概念,并对植被采用了梯度分析的研究方法。顶极群落被看成是处于稳定状态的群落,其中的生物种群都已同环境梯度处在动态平衡之中。因此,除了由气候、土壤、地形、各种生物因素以及风和火等诸多因素(也包括机遇)共同作用下最终形成的优势群落外,其他群落都不能说是气候顶极群落。

惠特克还提出识别顶极群落的方法。他认为一个顶极群落具有如下特征:①群落中的种群处于稳定状态;②达到演替趋向的最大值,即群落总呼吸量与总第一性生产量的比值接近1;③与生境的协同性高,相似的顶极群落分布在相似的群落中;④不同干扰形式和不同干扰时间所导致的不同演替系列都向类似的顶极群落汇聚;⑤在同一区域内具最大的中生性;⑥占有发育最成熟的土壤;⑦在一个气候区内最占优势。

### 5. 两种演替观

在群落演替研究过程中存在两种不同的观点,一是经典的演替观,二是个体论演替观。

经典的演替观认为:①每一演替阶段的群落明显不同于下一阶段的群落;②前一阶段群落中物种的活动促进了下一阶段物种的建立。但是一些对自然群落演替的研究结果并未证实这两个基本点。有许多演替早期物种抑制后来物种的发展,如弃耕田的早期植物改变了土壤化学环境,抑制后来物种的生长发育。

个体论演替观的提倡者埃格勒(Egler)在1952年就提出过初始物种组成是决定群落演替系列中后来优势种的假说。20世纪70年代以来,研究者取得很多实验和观察的证据,使个体论演替观兴盛起来。当代的演替观强调个体生活史特征、物种对策以及各种干扰对演替的作用。

康奈尔和斯拉切尔(Slatyer)在1977年总结演替理论,认为机会种对开始建立群落有重要作用,并提出了3种可能的和可检验的模型:促进模型、抑制模型和耐受模型(图3.8)。

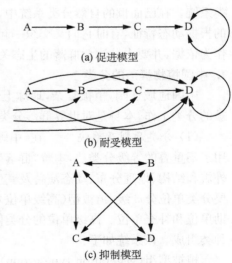

(a) 促进模型

(b) 耐受模型

(c) 抑制模型

图 3.8　三类演替模型(仿自 Krebs, 1985)
A、B、C、D代表4个物种,箭号表示替代

(1) 促进模型　　相当于克莱门茨的经典演替观,物种替代是由于先来物种改变了环境条件,使之不利于自身的生存,而促进了后来物种的繁荣,因此物种替代有顺序性、可预测性和具方向性。

(2) 抑制模型　　埃格勒提出演替具有很强的异源性,因为任何一个地点的演替都取决于那些先到达该地的物种。物种的取代不一定是有序的,每种都试图排挤和压制新来的定居者,使演替带有较强的个体性。演替并不一定总是朝着顶极群落的方向发展,演替的途径是难以预测的。该学说认为演替通常是由个体较小、生长较快、寿命较短的种发展为个体较大、生长较慢、寿命较长的种。显然,这种替代过程是种间的,而不是群落间的,因而演替系列是连续的而不是离散的。

(3) 耐受模型　　该模型介于上述两模型之间。耐受理论认为,早期演替先锋种的存在并不重要,任何种都可能开始演替。植物替代伴随着环境资源的递减,较能忍受有限资源的物种将会取代其他种。演替就是靠这些种的侵入和原来定居物种的逐渐减少而进行的,主要取决于初始条件。

上述 3 种模型的共同点是,演替过程中先锋物种最先出现,它们具有生长快、种子产量大、有较高扩散能力等特点。这类易扩散和移植的物种对相互遮阴和根间竞争是不易适应的,所以在 3 种模型中,早期进入的物种都是比较易于被挤掉的。

3 种模型的区别表明,重要的是演替的机制,即物种替代的机制,这决定于物种间的竞争能力。

## 3.5　生物群落的分类与排序

### 3.5.1　生物群落的分类

群落分类是生态学研究领域中争论最多的问题之一,由于不同学者的研究地区、对象、方法和对群落实体的看法不同,依据的分类原则和采用的分类系统有很大差别,甚至成为不同学派的重要特色。

群落分类的实质是对所研究的群落按其属性数据所反映的相似或相异关系而进行分组,使同组的群落尽量相似,不同组的群落尽量相异。群落分类研究揭示了群落内在的特征及其形成条件之间的相互关系。

植物群落的分类工作开始早,通常分为人为分类和自然分类。人为分类是人们依据群落的个别特征或某些实用价值而进行的分类,如将森林划分为用材林、防护林、水土保持林等;自然分类主要依据群落的亲缘关系及其综合特征,力图反映群落内在联系。群落生态学研究追求的是自然分类。但由于学者们对群落学中的一些问题,包括群落分类的原则、方法和系统尚未统一,因尚未有能够完整反映群落内在关系的自然分类系统。在已面世的自然分类系统中,有的以植物区系组成为分类基础,有的以群落外貌为分类依据,还有的根据动态特征,有时它们又交织一起,不易截然分开。但无论何种分类,都承认要以植物群落本身的特征作为依据,并要十分注意群落的生态关系。

**1. 中国植物群落的分类**

中国地域辽阔,植被复杂,地球上绝大多数植被类型在中国均可找到。从这一点说,完成复杂的中国植被的分类工作,本身是对世界群落分类研究的重要贡献。

(1) 分类原则及系统　　在《中国植被》一书中,中国生态学家参照国外一些学派的分类原则和方法,采用了不重叠的等级分类法,本着"群落生态"原则,以群落本身的综合特征作为分类依据,对群落的种类组成、外貌和结构、地理分布、动态演替及其生态环境特征等在不同的等级中均作了相应的反映。他们所采用的主要分类单位分 3 级:植被型(高级单位)、群系(中级单位)和群丛(基本单位)。每一等级之上和之下又各设辅助单位和补充单位。高级单位的分类依据侧重于外貌、结构和生态地理特征,中级和中级以下的单位侧重于种类组成。该系统如下:

植被型组(vegetation type group)

植被型(vegetation type)

植被亚型(vegetation subtype)

群系组(formation group)

　　　　群系(formation)

　　　　　亚群系(subformation)

　　　　　　群丛组(association group)

　　　　　　　群丛(association)

　　　　　　　　亚群丛(subassociation)

(2) **各分类单位的依据**

1) 植被型组:凡建群种生活型相近而且群落外貌相似的植物群落联合为植被型组。这里的生活型是指较高级的生活型,如针叶林、阔叶林、灌丛和草灌丛、草原、荒漠、苔原等。

2) 植被型:在植被型组内,把建群种生活型(一级或二级)相同或相似,同时对水热条件的生态关系一致的植物群落联合为植被型,如寒温性针叶林、暖性针叶林或夏绿阔叶林、常绿阔叶林等。

3) 植被亚型:在植被型内根据优势层片或指示层片的差异来划分。这种差异一般由于气候亚带或地貌、基质条件不同而引起。例如,温带草原可分为 3 个亚型:草甸草原(半湿润)、典型草原(半干旱)和荒漠草原(干旱)。

4) 群系组:在植被型或植被亚型范围内,根据建群种亲缘关系接近(同属或相近属)、生活型(三级和四级)近似或生境相近而划分。例如,草甸草原植被亚型可分为丛生禾草草甸草原、根茎禾草草甸草原和杂类草草甸草原。

5) 群系:凡是建群种或共建种相同的植物群落联合为群系。例如,凡是以大针茅为建群种的任何群落都可归为大针茅群系。以此类推,如落叶松(*Larix gmelinii*)群系、羊草群系等。如果群落具共建种,则称共建种群系。

6) 亚群系:在生态幅比较广的群系内,依据次优势层片及其反映的生境(水分或土壤含盐量)条件的差异而划分亚群系。例如,羊草草原群系可划出:羊草+中生杂类草亚群系,羊草+旱生禾草草原亚群系。大多数群系不需划分亚群系。

7) 群丛组:凡是层片结构相似,优势层片与次优势层片的优势种或共优种相同的植物群落联合为群丛组。例如,在羊草+丛生禾草亚群系中,羊草+大针茅和羊草+丛生小禾草草原就是两个不同的群丛组。

8) 群丛:是植物群落分类的基本单位,相当于植物分类中的种。凡是层片结构相同,各层片的优势种或共优种相同的植物群落联合为群丛。例如,羊草+大针茅这一群丛组内,羊草+大针茅+黄囊薹草草原和羊草+大针茅+红柴胡草原属于不同的群丛。

9) 亚群丛:在群丛范围内,由于生态条件的某些差异,或因发育年龄的差异,往往不可避免地在区系成分、层片配置、动态变化等方面出现若干细微的变化。亚群丛就是用来反映这种群丛内部的分化和差异的,是群丛内部的生态-动态变型。

　　中国植被共分为 10 个植被型组、29 个植被型、560 多个群系,群丛则不计其数。10 个植被型组为:针叶林、阔叶林、灌丛和灌草丛、草原和稀树干草原、荒漠(包括肉质刺灌丛)、冻原(即苔原)、高山稀疏植被、草甸、沼泽、水生植被。29 个植被型为:寒温性针叶林、温性针叶林、温性针阔叶混交林、暖温性针叶林、热性针叶林、落叶阔叶林、常绿落叶阔叶混交林、常绿阔叶林、硬叶常绿阔叶林、季雨林、雨林、珊瑚岛常绿林、红树林、竹林、常绿针叶灌丛、常绿草叶灌丛、落叶阔叶灌丛、常绿阔叶灌丛、灌草丛、草原、稀树干草原、荒漠、肉质刺灌丛、高山冻原、高山垫状植物、高山流石滩稀释植被、草甸、沼泽、水生植被。

(3) **植物群落的命名**　　命名就是给每个分类单位的群落定名,精确的名称是非常重要和有意义的。

　　群丛的命名中国习惯采用联名法,即将各个层中的建群种或优势种,以及生态指示种的学名按顺序排列,并在前面冠以 Ass.(association),不同层之间的优势种以"-"相连,如 Ass. *Larix gmelini-Rhododendron dauricum-Pyrola incarnata*(即落叶松-兴安杜鹃-红花鹿蹄草群丛)。如果某一层具共优,这时可用"+"相连,如落叶松-兴安杜鹃-红花鹿蹄草+苔草(*Carex* sp.)。

　　如果最上层植物不是群落建群种,而是伴生种或景观植物,这时用"<"(或用"‖"或"()")来表示层间关系。对草本群落命名时,习惯上用"+"来连接各亚层的优势种,而不用"-"。

群丛组的命名与群丛相似,只是将同一群丛组中各个群丛间差异性最大的一层除去,例如具有相同灌木层(胡枝子)、不同草本层的蒙古栎林所组成的群丛组,可命名为 Gr. Ass. *Quercus mongolica-Lespedeza bicolor*(蒙古栎-胡枝子群丛组)。

群系的命名方法是只取建群种的名称,如东北草原以羊草为建群种组成的群系,写为 Form *Aneurolepidium chinense*(羊草群系)。如果该群系具两个以上优势种,则两优势种中间以"+"连接。

群系以上高级分类单位不以优势种来命名,一般以群落外貌-生态学的方法命名,如针叶乔木群落群组、针叶木本群落群系纲、木本植被型等。

**2. 法瑞学派的分类**

法瑞学派代表布朗·布朗凯在 1928 年提出植物区系-结构分类(floristic-structural classification)系统,被称为群落分类中的归并法(agglomerative method),影响比较大而且为西欧许多国家广泛承认和采用的系统。其特点是以植物区系为基础,从基本分类单位到最高级单位都是以群落的种类组成为依据。

法瑞学派的群落分类是通过排列群丛表(association table)来完成的。首先在野外布设和调查大量的样方,样方数据一般只采用多度-盖度和群集度。然后列表找出特征种、区别种,从而达到分类的目的。

**3. 英美学派的分类**

英美学派早期的群落分类是依据群落动态发生演替原则进行的,代表人物是克莱门茨和坦斯利。有人称该系统为动态分类(dynamic classification)系统。未达到演替顶极的演替系列群落在分类时处理的方法不同,因此他们建立两个平行的分类系统(顶极群落和演替系列群落),该系统被称为双轨制分类系统。

美国联邦地理数据委员会(Federal Geographic Data Committee, FGDC)为了在全国范围获得一致的植被资源数据,便于准确地比较、集成各有关的群落类型,于 1996 年确立美国 FGDC 的植被分类系统,并建立通用的植被数据库。该分类系统遵循的原则是:大面积适用;与土地覆盖其他分类系统一致;分类单位界限明确;是动态系统,能容纳附加信息;为等级系统,高级单位反映少量的一般类型,较低级单位反映大量的详细类型;高级分类单位以外貌(生活型、盖度、结构、叶型)为划分基础,低级分类单位以实际种类组成为划分依据,数据必须用标准取样法由野外获取。

**4. 群落的数量分类**

生态学数量分类的研究从 20 世纪 50 年代开始,由于计算工作量大,到 60 年代电子计算机普遍应用之后,才迅速发展起来。许多具有不同观点的传统学派如法瑞学派、英美学派等,都进行数量分类的研究,并用它去验证原来传统分类的结果。目前国外生态学研究已广泛采用数量分析方法,每年都发表大量论文和专著。近年来国内也开展这方面研究,并取得了一定成果。

数量分类方法的一般过程是先将生物概念数量化,包括分类运算单位的确定、属性的编码(code)及原始数据的标准化等,然后以数学方法实现分类运算,把相似的单位归在一起,而把性质不同的群落分开。

### 3.5.2　生物群落的排序

**1. 排序的概念**

排序(ordination)一词最早由拉曼斯基于 1930 年提出。所谓排序,就是把一个地区内所调查的群落样地,按照相似度(similarity)来排定位序,从而分析各样地之间及其与周围生境之间的相互关系。

排序即把实体作为点在以属性为坐标轴的 P 维空间中按它们的相似关系排列出来。按属性排序实体叫正分析(normal analysis)或叫 Q 分析(Q analysis),按实体排序属性叫逆分析(inverse analysis)或叫 R 分析(R analysis)。

排序方法分为两类。利用环境因素排序称为直接排序(direct ordination),又称为直接梯度分析(direct gradient analysis),即以群落生境或其中某一生态因子的变化,排定样地生境的位序;另一类排序是群落排序,是用群落本身属性(如种的出现与否、种的频度、盖度等)排定群落样地的位序,称为间接排序(indirect ordination),又称间接梯度分析(indirect gradient analysis)或组成分析(compositional analysis)。

**2. 直接梯度分析**

　　直接梯度分析用来揭示有机体沿主要环境因子梯度的分布规律,它也是群落生态学重要研究手段之一。直接梯度分析也有多种方法。

　　惠特克于 1956 年创造了一种较简单的排序方法,适用于植被变化明显决定于生境因素的情况。他沿美国圣卡塔利娜山脉垂直方向设置一系列样带,并将山地从深谷到南坡分为 5 个湿度梯度级(实际上这是综合指标,不仅土壤水分不同,其他生境因素也有变化)。然后他将每一样带中的树种按对土壤湿度的适应性而分为 4 等。他用这种湿度指标为横坐标,再用样带的海拔高度为纵坐标,将各个样带排序在一个二维图形中。

　　迪克斯(Dix)和斯密斯(Smeins)曾采用直接梯度分析对美国北达科他州一处植被进行研究,发现土壤排水状况是影响当地群落分布的主要因子。为了精确定量环境梯度与有关种和群落分布的关系,他们采用 100 个群落样本表征该地的植被分布,选若干块面积为 0.1 hm² 的同质群落地段,在 30 个 0.5 m×0.5 m 的样方中记录共有种的频度,并登记样地内出现的所有种的名录。环境量度包括坡度、坡向、排水能力以及土壤剖面、结构、蓄水能力、碳酸盐、pH、电导率、硫酸盐等。通过数据的综合与定量关系处理,把物种的丰富度沿着一个已确定的环境梯度标绘出来(图 3.9)。

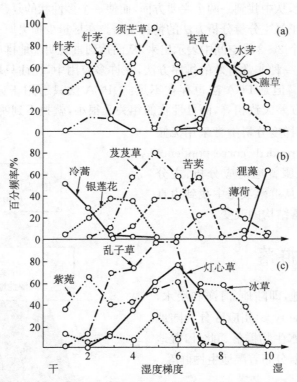

图 3.9　美国北达科他州 16 种主要植物沿排水等级梯度的分布(仿自李博等,2000)

a. 禾草类的分布;b. 非禾草的分布;c. 普遍分布的禾草和非禾草

　　迪克斯和斯密斯对该图的评价为:①这些种对环境梯度的反应各具特色,具有散布的模式和宽窄范围不同的分布;②植物群落形成一个植被连续体,大多数种沿着环境梯度最适点向两侧倾斜。多数反应曲线近似于钟形。这一模式在设计和检验多元分析方法时起重要作用。

　　沿着一种环境梯度测定的变量不单是种的丰富度,也可以是生长型、第一性生产力、群落型,或者是种群按大小和年龄分级、生活史阶段等更精细的属性。

　　20 世纪 60 年代,生态学家对分类与排序的优劣问题曾进行过激烈的争论。目前普遍认为,排序不仅可以反映植被的连续性,也能把植被划分成明显间断的单位;同时分类如允许重叠,也一样可以反映植被的连续性;可以说二者都能反映数据本身固有的连续或间断的性质,只不过各有侧重而已。

分类或排序的数量方法,通常只提出假说,还须用其他方法验证其准确性,最重要的是用生态学知识进行解释和判断。因此,不能认为数量分类将完全取代传统分类。传统分类积累了丰富的经验,数量分类借助电子计算机,具有处理大量数据的优势。数量分类与传统分类两者结合,能更好地达成生态学研究目标。

**3. 间接梯度分析**

这种分析的特点是,通过分析物种及其群落自身特征对环境的反应,而求得其在一定环境梯度上的排序与分类,客观和定量地把群落的分布格局与环境资料相联系和比较。它不仅给出群落类型及其梯度的物理原因,并且赋予它们以数量指标;不仅可据此建立群落及其梯度的空间分布模型,并可为植被的经营管理和开发利用提供数据。

间接梯度分析最早使用的是美国威斯康星(Wisconsin)学派创立的极点排序法(polar ordination),并依作者姓氏而称为 Bray-Curtis 法,简称 BC 法,此法在 20 世纪 50 年代后期曾得到广泛应用。到 60 年代,数学上较为严密的主分量等排序法相继建立,并有取代 BC 法的趋势。但一些研究表明,人为选择坐标轴更适合非线性数据的情况,并且计算简便,所以不少研究者仍在使用 BC 法。

主分量(或主成分)分析(principal components analysis, PCA)法,是近代排序方法中用得最多的一种。一般来说,排序的实体所表现的性状很多,相应的数值矩阵很大,在属性众多的情况下,分析事物的内在联系是复杂的问题。将众多性状相互比较,从中找到一两个主要方面,而使一个多性状的复杂问题转化为比较简单的问题,从而使损失的信息量最少,这正是主分量分析方法的精神实质。在尽量少损失原有信息的前提下,找出 1～3 个主分量,然后将各个实体在一个 2～3 维空间中表示出来,从而达到直观明了地排序实体的目的。

大量应用证明 PCA 法是一种非常有效的排序方法,在许多应用中,往往只取前 2～3 个主分量就可以反映原数据离差的 40%～90%。但是 PCA 法也存在不足:①PCA 法只适用于原数据构成线性点集的情况;②如果原始数据对各性状的方差大致相等,而且性状的相关又很小,就找不到明显的主分量。

目前,在植被的生态间接梯度分析中常采用无倾向(消拱)对应分析(detrended correspondence analysis, DCA)法,可有效克服普通对应分析、主分量分析的"拱形"现象,有利于从群落数据中找到由真实环境因子变化而引起的群落结构的改变。

## 3.6　陆地主要生物群落

生物圈有三类主要栖息地,即陆地、海洋和淡水,地球上主要生物群落型(biome-type)相应区分为陆地生物群落、海洋生物群落和淡水生物群落。此外,湿地是水陆交界处的一类特殊生境,分布着湿地生物群落。

### 3.6.1　陆地生物群落分布规律

大范围陆地生物群落的分布与其所在地带的气候、地貌、水文、土壤、植被、动物界等,构成一体化的体系。明确来说,植被极其强烈地依赖于土壤,而植被将其所受土壤影响产生的反作用施加给动物界以更大的影响;各类土壤基本上都是地表层和(大)气候作用下物质(岩石)和形态(地貌)的产物。气候并不依赖于其他环境因素,气候因子占有支配地位这点已明确,这个顺序大致与有关的因子相当(图 3.10),气候是决定生物群落分布的根本因素。地球表面的热

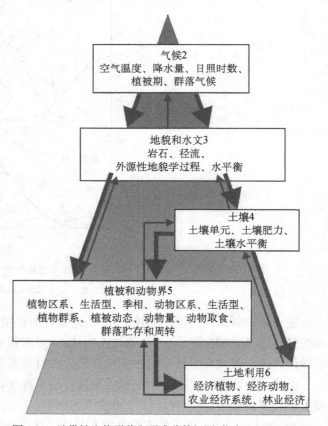

图 3.10　地带性生物群落主要成分等级图(仿自 Schultz,2010)

图内方框中各种主要成分都附有选出的个别组分;植被期指在一年内月均温≥5 ℃月份的总和,同时降水量(mm)高于月均温的 2 倍

量随所在纬度而变化,水分则随距海的远近以及大气环流和洋流等特点而变化。水分与热量结合导致植被的地带性(zonality)分布,从而决定其中相应的地带性动物群。

### 1. 水平分布规律

地球上的陆地是不连续的,不同地区陆生环境基质是不同的。地球表面不同地区的气候条件(主要指热量和水分)分布不均,气温及湿度条件变化明显,局部不同地理环境中有着不同生态因素的组合,这是各种陆地生物群落型存在和发展的前提。地球生物群落的分布,一方面沿纬度方向呈带状发生有规律的更替,称为纬向地带性;另一方面从沿海向内陆方向呈带状发生有规律的更替,称为经向地带性。纬向地带性和经向地带性合称为水平地带性。

(1) 纬向地带性　　随着地球各地纬度的不同,地球表面从赤道向南、北形成了各种热量带。植被也随着这种规律依次更替,形成植被的纬向地带性分布。世界植被纬向地带性分布规律是:北半球沿纬度方向自北向南依次出现寒带苔原、寒温带北方针叶林、温带落叶阔叶林、亚热带常绿阔叶林以及热带雨林。欧亚大陆中部与北美中部,自北向南依次出现苔原、针叶林、阔叶林、草原和荒漠植被。动物群落的分布随着植被群落的变化也呈现明显的纬向地带性规律(图 3.11)。但陆地生物群落的这种分布规律是相对的,在一些地区受海陆位置、地形、洋流性质、大气环流及人为因素的强烈影响,出现"带断"现象。

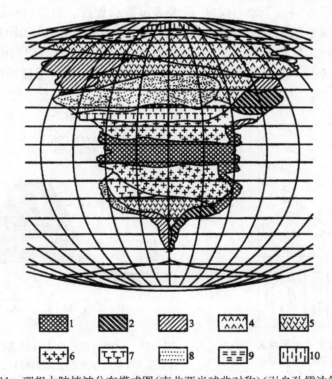

图 3.11　理想大陆植被分布模式图(南北两半球非对称)(引自孙儒泳等,2002)

1. 热带雨林及其变型；2. 常绿阔叶林及其变型；3. 落叶阔叶林；4. 北方针叶林；
5. 温带草原；6. 萨王纳及疏林；7. 干旱灌丛及萨王纳；8. 荒漠；9. 冻原；10. 冻荒漠

(2) 经向地带性　　经向地带性主要与海陆位置、大气环流和地形相关,一般规律是从沿海到内陆,降水量逐渐减少,群落出现明显的规律性变化。以北美为例,其东部降水主要来自大西洋湿润气团,从东南向西北递减,相应地依次出现森林、草原和荒漠。其西部受太平洋湿润气团影响,雨量充沛,但被经向的落基山所阻,因而森林仅限于山脉以西。所以,北美东西沿岸地区为森林,中部为草原和荒漠。植被从东向西依次出现森林→草原→荒漠→森林群落的更替,表现出明显的经向变化。

### 2. 垂直分布规律

垂直分布规律指因海拔高度不同而呈现的垂直地带性规律。一般来说,从山麓到山顶,气温逐渐下降,而湿度、风力、光照等其他气候因子逐渐增强,土壤条件也发生变化,在这些因子的综合作用下,导致植被及动物群落随海拔的升高依次呈带状分布,大致与山体的等高线平行,并有一定的垂直厚度,生物群落的这种分布规律称为垂直地带性。经向地带性、纬向地带性和垂直地带性三者合称为三向地带性。在一个足够高大的山体,从山麓到山顶生物群落垂直带系的更替变化,大体类似于该山体基带所在的地带至极地的水平地带性生物群落系列(图3.12)。

有人认为,群落的垂直分布是水平分布的"缩影"。应当指出,垂直带和其相应的水平带两者之间仅是外貌结构上的相似,而绝不是相同。例如,在亚热带山地垂直分布的山地寒温性针叶林与北方寒温带针叶林,在植物区系(flora)性质、区系组成、历史发生等方面都有很大差异。这主要因亚热带山地与北方带的历史和现代生态条件极不相同而造成的。

山地生物群落垂直带的组合排列和更替顺序构成该山体生物的垂直带谱,不同山地有不同的植被和动物群落带谱,一方面受所在水平带的制约,另一方面受山地高度、山脉走向、坡度、基质和局部气候等因素的影响。

经向地带性与纬向地带性处于相互联系的统一体中。某一地区植被及动物群分布的水平地带性规律,决定于当地热量和水分的综合作用,而不是其中一种因子单独作用的结果。

为了探讨气候与植被分布的关系,有些学者提出许多综合性的气候指标,这些指标多以蒸发量和降雨量的比值或其倒数来表示,前者表示干燥的程度,后者表示湿润程度。高森(Gaussen)认为,以毫米(mm)为单位,月降水量小于月蒸发量的2倍即为干旱。沃尔特(Walter)和里思(Lieth)以月温度、月均降水量制作生态气候图,用以表示某一地区湿润与干旱的状况,如今在生态学中广泛应用。台湾大学谢长富所作台湾高雄的生态气候图(图3.13),直观呈现当地主要气候环境信息,具有明显的雨季和旱季,属于热带季风气候。

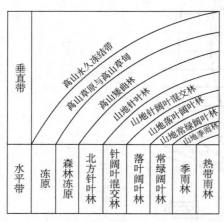

图3.12　植被垂直地带性与水平地带性关系示意图(引自孙儒泳等,2002)

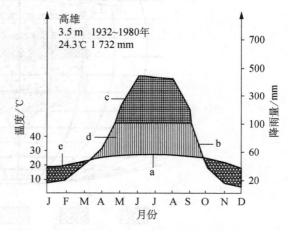

图3.13　台湾高雄的生态气候图(仿自谢长富,2003)

图中数据为气象站海拔高度、观测时间、年均温、年雨量;a.月均温;b.月平均降雨量;c.月平均降雨量超过100 mm;d.湿润期;e.干旱期

### 3. 中国生物群落的分布规律

中国生物群落的分布随中国植被分布类型而变化。中国植被类型分布的纬向地带性规律可分为东西两部分。东部湿润森林地区,自北向南依次为寒温带针叶林区域→温带针阔叶混交林区域→暖温带落叶阔叶林区域→亚热带常绿阔叶林区域→热带季雨林、雨林区域;西部位于亚洲内陆腹地,受干旱大陆性气候制约,但该区南北走向的一系列巨大山系,打乱了纬向地带性规律,因此,西部自北向南植被纬向分布为:温带草原区域→温带荒漠区域→青藏高原高寒植被区域。中国植被类型分布的经向地带性在温带地区特别明显。中国从东南至西北受海洋性季风和湿润气流的影响程度逐渐减弱,依次为湿润、半湿润、半干旱、干旱和极端干旱的气候,相应出现东部湿润森林区域,中部半干旱草原区域,西部干旱荒漠区域(参阅中国植被类型分布图)。在各类型植被区域中栖息相应的动物群,构成中国地带性生物群落。

### 3.6.2　冻原生物群落

冻原又称苔原(tundra),是指极地地区或高山以苔藓、地衣和灌木及某些草本植物占优势、结构简单层次不多的草本植被型。冻原生长在湿度不同的条件下,整个生长期温度极低,时常受生理干旱影响。

**1. 地理分布**

冻原广泛分布在北半球高纬度(极地、亚极地)和高海拔寒冷地区,包括北冰洋中的岛屿。西伯利亚北部是最大的冻原区。中国只有高山冻原,主要在长白山和阿尔泰山西部高山地带。

**2. 生境条件**

冻原冬季严寒而漫长,昼短夜长,阳光微弱;夏季寒冷而短促,最热月均温低于 10 ℃,植物生长期全年仅2～3 个月。年降水量 200～300 mm,集中在夏半年降落,因蒸发量小,气候不算干旱。土壤为冰沼土,永冻层厚达 40～200 cm,即使夏季冻土层也仅融解 15～20 cm 深,土温不超过 10 ℃。由于永冻层的存在,常引起土壤沼泽化。

**3. 植被特征**

冻原植被基本特征是无林现象。除了在南部边界的森林与冻原过渡带有乔木以外,冻原占优势的是藓类、地衣、灌木和少数种类苔草、禾草,种类组成很贫乏,植被结构简单,层次少且不明显。植被高度一般只有几厘米,有些地段植被相当茂密。冻原植被没有特殊的植物科,代表性科为石楠科。藓类、地衣层对群落起重要作用,灌木和草本植物的根、根茎、茎的基部以及植物的更新芽都隐藏在此层中受到保护。由于生长期极短,没有一年生植物,通常为多年生(地上芽和地面芽)植物。多数种类为常绿植物,包括贴地生长的针叶灌木如矮桧(*Juniperus nana*)、具硬质扁平叶的矮灌木如越橘属牙疙瘩(*Vaccinium vitisidaea*)等。这些常绿植物在暖季来临可以很快进行光合作用,不必费很长时间形成新叶。由于冻原近地面处风速较小,土壤表层温度相对较有利,多种植物为矮生和垫状,贴地匍匐生长,如北极柳(*Salix polaris*)、高山葶苈(*Draba alpina*)。很多冻原植物能够耐受严冬的酷寒而不损失营养器官,如北极辣根菜(*Cochlearia arctica*)能耐受—46 ℃的低温。冻原植物通常生长缓慢,如北极柳在一年中枝条增长仅 1～5 mm。冻原植物大多为长日照植物,常开大型和鲜艳的花和花序。根据植被覆盖程度对冻原地带划分 4 种类型(图 3.14)。

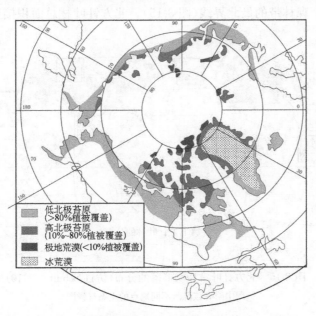

图 3.14　不同类型冻原生物群落(仿自 Schultz,2010)

**4. 动物群特征**

冻原生境塑造了独特的动物群,其种类组成贫乏,物种多样性低,但富有特殊的生活型。冻原食物条件差,主要食物为地衣、苔藓、灌木叶子和浆果等。典型冻原兽类为驯鹿、旅鼠、北极兔(*Lepus arcticus*)、北极狐(*Vulpes lagopus*)。北美冻原还有麝牛(*Ovibos moschatus*)。以植物种子为食的啮齿类种类极少。鸟类中具代表性的为雷鸟(*Lagopus*)、雪鸮(*Bubo scandiaca*)等。冻原夏候鸟以鹬类和雁鸭类居多,雀形目鸟类很少。冻原没有两栖类和爬行类。昆虫种类也很少,但在水域附近,双翅目蠓虫数量十分巨大。

冻原景观开阔,动物缺少天然隐蔽条件;又因土壤有深厚永冻层,难以挖掘土穴作为冬眠处所,限制了挖洞穴居习性的发展,因此冻原动物不冬眠。夏季昼长夜短甚至永昼无夜,是动物活跃的季节,鸟类不分昼夜地寻食和育雏,保证在短暂的夏季完成繁育过程。冻原动物昼夜相不明显,但季相变化非常明显。严冬季节,绝大多数鸟类迁往南方过冬;驯鹿迁往针叶林带;留居种类旅鼠、北极狐既不冬眠,也无贮藏食物的习性,而是积极活动觅食。冻原地带的食物链,由于生物种类贫乏而显得简单、易变,许多动物可随季节而改变食性。

冻原动物的数量在不同年份有大幅度变动。许多种类数量呈周期性波动,如雷鸟、北极兔、旅鼠连同以它们为食的北极狐和雪鸮等,数量每3～4年或9～10年波动一次。种群数量的不稳定性是与当地食物链的易变及脆弱性有关,是由冻原特殊气候条件决定的。

与冻原特殊生境条件相适应,动物在形态构造、生理及生态方面形成了许多适应特征。多数冻原动物身体毛长绒密,皮下脂肪厚,耐寒力极强。驯鹿主要以苔藓为食,四蹄宽阔且脚趾能强度分开,利于在雪地和沼泽行走,具大规模集群迁移习性,迁移距离可达1 000～2 000 km。麝牛亦喜集群活动,可用蹄刨开积雪吃到雪下苔藓。北极狐脚掌下密生毛被,既保暖又利于冰上奔走。冬季来临,雪兔、北极狐、旅鼠等体毛变白,与雪地色调融合。

### 3.6.3 北方针叶林生物群落

针叶林是指以针叶树为建群种的各种森林群落的总称,它包括各种针叶纯林、不同针叶树种的混交林以及以针叶树为主的针阔叶混交林。北方针叶林(boreal coniferous forest)即指寒温带针叶林,它是寒温带地带性植被,又称泰加林(taiga)。

**1. 地理分布**

北方针叶林群落是唯一仅分布于北半球北方带的生物群落,主要分布在欧亚大陆北部和北美洲北部,此带的北方界线就是地球整个森林带的最北界线(图3.15)。北方针叶林总面积接近2 000 km²,约覆盖整个地球陆地面积的13%。

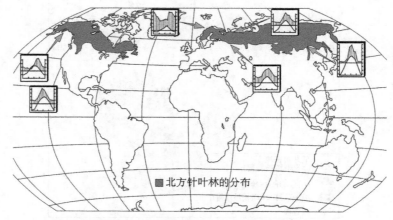

图3.15　北方针叶林生物群落的分布(仿自Schultz,2010)
图中附有该群落不同地点的生态气候图

**2. 生境条件**

北方针叶林地处寒温带,夏季温凉,冬季严寒。年平均气温多在0 ℃之下,1月平均气温−20～−38 ℃,冬季长达9个月以上,绝对低温达−52 ℃。7月平均气温为10～19 ℃。年降水量300～600 mm,集中在夏季降落。地带性土壤为棕色针叶林土,以灰化作用占优势。土壤有永冻层,不适于耕作,因此自然面貌保存较好。

### 3. 植被特征

北方针叶林种类组成较贫乏，乔木以松（*Pinus* spp.）、云杉（*Picea* spp.）、冷杉（*Abies* spp.）、铁杉（*Tsuga*）和落叶松（*Larix* spp.）等属占优势，经常可以见到数千平方千米林地上只生活一种树木。植被结构简单，多为单优势种森林，树高 20 m 上下。在树冠浓密的云杉、冷杉林下，有厚层耐湿的苔藓层，贫营养型的常绿小灌木和草本植物及各种藓类组成的地被层发达，枯枝落叶层很厚，分解缓慢，常与藓类一起形成毡状层。但在透光良好的松林及落叶松林下，喜阳的地衣取代了耐阴的苔藓。

适应于地带的气候，针叶树的针叶表面有增厚的角质膜和内陷的气孔，以保持水分、减少蒸腾。常绿针叶树比每年需更换新叶的阔叶树对矿物质的需求量明显低，多年生的针叶是对土壤矿质缺乏的良好适应，且其通过冻土收缩的根区，根系较浅，也是对冬季寒冷和寒冻干旱的适应。

在云杉林遮阴的地面上，茂盛的苔藓与积累起来的未分解的针叶可形成土壤的隔绝层，影响营养物质的循环，并增加土壤的湿度。土壤温度越低，冻土层离地表面就越近，土层就会变得越薄。在此种情况下，树根难以生长，且易受冻害。当温暖季节到来时，被封在冻土中的根系难以向树冠输送水分，常导致林木死亡。

北方针叶林外貌十分独特：云杉属和冷杉属组成的针叶林，树冠呈圆锥形或尖塔形；而松属组成的针叶林，树冠近圆形；落叶松属构成的森林，树冠塔形且稀疏。云杉和冷杉是耐荫树种，所形成的森林郁闭度高，树冠稠密，分枝低垂，故林下阴暗，因此被称为暗针叶林。松林和落叶松较喜阳，林冠郁闭度低，林下较明亮，因之被称为亮针叶林。寒温带针叶林常会发生火灾，干旱期火烧面积更大。所有该带的树种对火烧有良好的适应，如果火势不太大，可为树木的再生提供一个苗床。轻微的火灾有利于硬木林的演替。较大的火灾可排除硬木树种的竞争者。

### 4. 动物群特征

受生存条件所限，北方针叶林动物群组成也贫乏，主要为耐寒和广适应性种类，典型的如驼鹿（*Alces alces*）、紫貂（*Martes zibellina*）、貂熊（*Gulo gulo*）、星鸦（*Nucifraga caryocatactes*）、榛鸡（*Tetrastes*）、三趾啄木鸟（*Picoides*）、黑啄木鸟（*Dryocopus*）、松鸡（*Tetrao*）、交嘴雀（*Loxia*）等及大量的土壤动物和昆虫。秋冬季节，部分苔原动物如驯鹿、旅鼠、北极兔、雪鸮和雷鸟等，迁来针叶林过冬。

针叶林群落动物群的分布很不平衡，在河流两岸或次生林及林间沼泽地是动物集中栖息处。动物群落的垂直结构比较简单，主要为地面层和树冠层。多数哺乳类和部分鸟类生活在地面层；小型鸟、松鼠和紫貂等栖息在树冠层。树栖种类如灰松鼠（*Sciurus carolinensis*）及交嘴雀等，营巢在密集的树枝上；鸮、啄木鸟、鼯鼠等则在树洞中营巢。地栖啮齿类挖掘活动不普遍。针叶林林下的附生、藤本植物及灌木稀少，大型有蹄类如驼鹿、驯鹿具有发展空间，雄性有巨大而复杂的角。

群落内食物条件比较单一，但针叶树的松果对动物生活具有特殊意义，是许多鸟类（星鸦、交嘴雀）和兽类（花鼠、松鼠等）的重要食料。动物数量年际之间很不稳定，随食物丰歉产生波动。它们对漫长而寒冷的冬季有特殊适应，多数兽类（驼鹿、灰鼠、紫貂、貂熊等）和鸟类（榛鸡、松鸡）营定居生活，或贮食或冬眠挨过严冬。有些种类（如花鼠）还以冬眠和贮粮相结合，以度过漫长的冬季和食物短缺的春季。有些鸟类和哺乳类进行季节迁移。此带夏季夜晚短促，典型夜行性种类不多。

### 5. 中国的北方针叶林

中国北方针叶兰主要分布在东北的大兴安岭、小兴安岭和长白山地，青藏高原东缘以及阿尔泰山、天山、祁连山、秦岭等山地。大兴安岭群落主要以落叶松组成纯林，小兴安岭由冷杉、云杉和红松组成，阿尔泰山地主要由西伯利亚落叶松构成，其他地区以云杉属和冷杉属的种类组成亚高山针叶林。这是中国覆盖面积最大、资源蕴藏最丰富的林区。

### 6. 人类活动对针叶林的影响

针叶树的叶面积指数高，终年常绿，故北方针叶林的生物量可达 100～330 t/hm$^2$；但因冷季长，土壤贫瘠，净初级生产量（PPN）仅为 4.5～8.5 t/(hm$^2$·a)，是所有森林生态系统中最低的。但寒温带针叶林面积广大，是世界上松柏类木材和造纸材料的最大产地，其可利用贮量的一半在俄罗斯，其余的在欧洲、北美和中国。寒温带针叶林的再生率很低,很多地区针叶树遭砍伐后变成泥炭沼泽地。在针叶林地区开发矿藏、修路建厂、兴建水电站以及扩建居民点等,改变和破坏了北方针叶林的生境。人类活动对这一生物群落的深远影响正在引起各方面的关注。

### 3.6.4　温带落叶阔叶林生物群落

温带落叶阔叶林(temperate deciduous broad-leaved forest),又称夏绿阔叶林,系指夏季叶片茂盛冬季落叶有明显季相变化的阔叶林,其与长期生活其中的动物群,构成温带落叶阔叶林生物群落。

**1. 地理分布**

温带落叶阔叶林分布于湿润中纬带,主要位于北半球北美洲和欧亚大陆的东西两侧,在南半球的南美洲、澳大利亚和新西兰只有较小的分布区。在冷、暖洋流的影响下,各地分布的纬度位置有所不同:在大陆西侧位于纬度40°~60°,在大陆东侧大致位于纬度35°~50°(图3.16)。此带总面积约为地球陆地面积的9.7%。

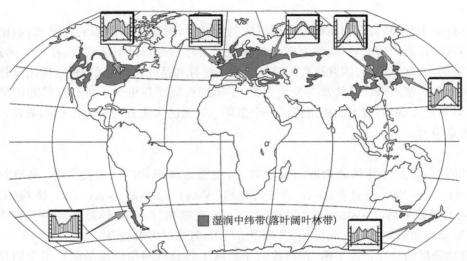

图3.16　温带落叶阔叶林的分布(仿自 Schultz,2010)
图中附有该群落不同地点的生态气候图

**2. 生境条件**

温带落叶阔叶林带年平均气温8~14 ℃,1月平均气温-22~-3 ℃,7月平均气温24~28 ℃,热量条件属温带类型,由于海陆影响,自东向西区域性温度差异比北方带明显。在高度大陆性地区植被期只有半年,而且冬季低温降至-30 ℃以下;受海洋影响的地区,植被期延续较长;而一些沿海地区几乎全年都可能是植被生长期。年降水量500~1 000 mm,降水多集中在夏季。气候四季分明,夏季炎热多雨,冬季寒冷。地带性土壤为典型高活性淋溶土和雏形土。

**3. 植被特征**

按照气候条件,自然温带落叶阔叶林总体地处湿润中纬带。但北半球曾经的天然林由于伐木、火烧式耕种、牧场开发等,几乎全部遭到毁坏,即使不具农业价值的地方也多以经济林取代自然林。与过去及与其他森林群落相比较,今天的温带落叶阔叶林群落是贫乏的。

温带落叶阔叶林植被最明显的特征是:树木仅在暖季生长,入冬前叶子枯死并脱落。优势树种为壳斗科的落叶乔木,如山毛榉属、栎属、栗属(Castanea)等,其次为桦木科、杨柳科、槭树科、榆科的一些种。它们的叶片无革质硬叶现象,一般也无茸毛,呈鲜绿色。冬季完全落叶,春季萌发新叶,夏季形成郁闭林冠,秋季叶片枯黄,季相变化十分显著。树干常有厚的皮层保护,芽有坚实的芽鳞保护。这类森林一般分为乔木层、灌木层和草本层,成层结构明显。乔木层组成单纯,常为单优种,有时为共优种,高15~20 m。林冠形成波状起伏的曲面。灌木层一般比较发达。因不同草本植物生长期和开花期的不同,所以草本层季节变化也十分明显。温带落叶阔叶林乔木多为风媒植物,花色不美观,只有少数种类借助虫媒传粉。林中藤本植物不发达,附生植物多属苔藓和地衣,有花附生植物几乎不可见。

**4. 动物群特征**

温带落叶阔叶林动物群种类组成具明显过渡性。由于林内富有灌木和草本植物,为地面活动的动物提供了丰富的食物和隐蔽条件,地栖动物的种类和数量比热带、亚热带森林多,但树栖动物仍占相当比例。

亚洲温带落叶阔叶林代表性兽类有梅花鹿、马鹿、原麝（*Moschus moschiferus*）、狍（*Capreolus capreolus*）、野猪（*Sus scrofa*）、黄鼬、黑熊、狐、獾、小飞鼠（*Pteromys volans*）、花鼠（*Tamias sibiricus*）、林姬鼠、日本睡鼠（*Glirulus japonicus*）、小蝙蝠等;典型鸟类有灰喜鹊、黑枕黄鹂、杜鹃、绿啄木鸟、褐马鸡等;典型爬行类和两栖类动物有蝮蛇（*Agkistrodon halys*）、虎斑游蛇、大蟾蜍、雨蛙、中国林蛙等。欧洲温带落叶阔叶林动物的许多种属如野猪、狐、獾、猞猁等与亚洲类群具共同性,欧洲特色动物有棕熊（*Ursus arctos*）、肥睡鼠（*Glis glis*）、水獭（*Lutra lutra*）、欧亚河狸（*Castor fiber*）等。北美落叶阔叶林典型动物为浣熊（*Procyon loter*）、臭鼬（*Mephitis mephitis*）、美洲狮、美洲黑熊（*Ursus americanus*）、野火鸡（*Meleagris gallopavo*）等。

温带落叶阔叶林树栖兽类主要为松鼠、睡鼠、飞鼠、树豪猪等,树栖鸟类有啄木鸟、鸮、杜鹃、黄鹂等,树栖爬行类和两栖类著名的有森林响尾蛇（*Crotalus horridus*）、蝮蛇及雨蛙等,这些动物身体具有适应树栖攀缘生活的结构特征。林中土壤有机质含量高,土壤动物种的丰度仅次于热带森林,而个体数量常很多。

温带落叶阔叶林动物生活节律有明显季节变化,主要由广适性种类组成。夏季动物种类较冬季多,个体数量的季节变化特别明显。许多动物随季节而换羽（换毛）,动物季节迁徙种类多（如候鸟）,有些兽类以冬眠越冬,变温动物冬季蛰伏或休眠,全年活动的动物大都有贮粮习性。动物的昼夜相活动不如热带森林地带明显,昼出活动种类多于夜出活动种类。

**5. 中国的温带阔叶落叶林**

中国的温带落叶阔叶林主要分布在华北和东北南部一带,现今已基本无原始林分布。各地次生林以栎属落叶树种为主,如辽东栎、蒙古栎、栓皮栎等以及椴属、槭属、桦属、杨属等冬季落叶树种。动物群受人类影响极大,大型有蹄类和食肉类急剧减少,有的已经绝迹。河狸为珍稀濒危物种,麋鹿（*Elaphurus davidianus*）原为中国温带落叶阔叶林地带最美鹿类,野生种一度绝迹,20 世纪 80 年代由英国引回,经科学保护繁育,种群得以复壮,截至 2021 年数量已近万头;梅花鹿也是东亚夏绿林地区的标志,野生种只零星残存。一些典型的温带落叶阔叶林动物,仅保留在少数自然保护区内。

### 3.6.5　温带草原生物群落

草原与森林一样,是地球上最重要的陆地生物群落之一。草原植物群落以多年生草本植物占优势,在原始状态下常有各种善于奔跑或营穴居生活的草食动物栖居其中。草原根据其组成和地理分布,分为温带草原和热带稀树草原两类。本节介绍温带草原,热带稀树草原见 3.6.6。

温带草原（temperate steppe）通常指由低温旱生多年生草本植物（有时还有旱生小半灌木）组成的植物群落。温带草原生物群落是分布于干旱中纬度地区的一种地带性生物群落。

**1. 地理分布**

温带草原分布于南北半球的中纬大陆性气候地带,最大地域位于欧亚大陆和北美的中西部,此外,南美、大洋洲和非洲也有小部分温带草原（图 3.17）。温带草原总面积约为地球陆地面积的 11.1%。

**2. 生境条件**

温带草原的气候介于温带森林和温带荒漠之间,大部分地区夏季炎热、冬季寒冷。气候具有明显的大陆

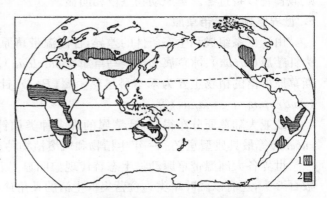

图 3.17　世界草原的分布（引自孙儒泳等,2002）
1. 温带草原;2. 热带草原

性,气温年较差较大,最热月平均气温在 20 ℃以上,最冷月平均气温在 0 ℃以下。年均降水量 200～450 mm,主要集中在夏秋两季降落;降水年变率大,多暴雨。春季或夏末有明显的干旱期。一年中植被期为2～4 个月。地带性土壤为黑钙土和栗钙土,土壤中腐殖质层发达,自然肥力高。

**3. 植被特征**

构成温带草原的植物种类以一年生和多年生草本植物为主。在多年生草本植物中,以耐寒的旱生丛生禾草占优势,除禾本科植物外,莎草科、菊科、豆科及藜科等也占相当大的比例,它们共同构成温带草原景观。典型温带草原辽阔无林。由于低温少雨,草类高度较低,其地上部分高度多不超过 1 m。温带草原的构成除草本植物外,还生长木地肤(*Kochia prostrata*)、百里香(*Thymus mongolicus*)、锦鸡儿(*Caragana sinica*)等。植物生活型以地面芽植物为主,对动物的啃食和火烧有良好的适应。大部分草原会进行周期性烧除,以维持草原植被的更新和排除树木的生长。

温带草原植物中旱生结构普遍可见,如叶面积缩小、叶片边缘内卷、气孔下陷、机械组织与保护组织发达等。其建群植物针茅属(*Stipa*)的一些种,上述特征尤为明显。此外,植物地下部分强烈发育,郁闭程度常超过地上部分,这也是对生境干旱的适应。有些植物根系较浅,雨后可迅速地吸水;也有些植物根系较深,利于从不同层次利用水分和养分。许多草原植物形成密丛,草丛基部常被宿存的枯叶鞘包被,以避免夏季地面的灼热,并可保护更新芽度过寒冬。

温带草原植被季相变化明显,发育节律与气候相符,主要建群种的生长盛期大多在 6～7 月,正值雨季开始,水热条件组合对植物最有利。不同年份植物的发育随降水情况而有很大变异。通常早春干冷,草原生命沉寂,5～6 月间禾本科植物茂盛生长,6～7 月双子叶植物繁茂开花,8 月开花植物逐渐减少,秋末草类枯黄,冬季严寒,雪盖草原。

**4. 动物群特征**

温带草原动物以食草动物和穴居动物占优势。与温带森林相比,草原隐蔽条件较差,食物链组成也较单调。因此,其动物群落的种类组成较森林贫乏。兽类中啮齿类特别繁盛,多营洞穴生活以适应开阔景观,且大多有群聚性,如黄鼠、旱獭等,草食兽以大型有蹄类为主,它们发展了迅速奔跑的能力。由于食草动物数量多,相应地食肉动物种类也比较丰富,协同进化了快跑追捕猎物的能力。鸟类留居种类不多,大部分为夏候鸟。由于生境干旱,两栖类和爬行类都很贫乏。无脊椎动物无论种类还是个体数量都非常多。草原动物穴居、快速奔跑、集群生活方式以及具有敏锐的视觉与听觉等生理、生态特征,是对在草原开阔生境的适应。

动物群另一重要特点是种群数量年变化很大。由于降水变率大、多自然灾害、产草量年际波动大、某些种群繁殖量大、某些种群疾病易蔓延等原因,均可造成种群数量的大起大落和迁移扩散,导致数量急剧变动,形成独特的季节动态。夏秋是动物繁殖的良好季节,无脊椎动物个体数量在一年内也有夏秋两个高峰;冬季来临前,大多数鸟类向南迁移,有蹄类等迁往生境较好的地方,啮齿类如旱獭、黄鼠等进入冬眠,田鼠、鼠兔等贮藏食物以备过冬。草原动物昼夜相明显。

**5. 世界各地的温带草原**

由于区系组成和生态条件的差异,各洲温带草原及其优势草类有明显的分化。北美草原最重要的植物为针茅属(*Stipa*)、冰草属和革兰马草属(*Bouteloua*),后两属植物在欧亚草原是不存在的。组成南美洲潘帕斯草原群落的植物主要为禾本科早熟禾属(*Poa*)、针茅属、三芒草属(*Aristida*)、臭草属(*Melica*)及须芒草(*Andropogon gayanus*)等。

欧亚大陆草原分布很广,针茅属的许多种类如针茅(*S. capillata*)、约翰针茅(*S. joannis*)、红针茅(*S. rubens*)等最具典型意义。一年生植物和风滚植物种类和数量均多。

世界各大洲温带草原动物生态替代现象明显。北美温带草原曾有大规模迁移的美洲野牛群,数量可达数百万头;还有以阔叶草类为食营集群生活的叉角羚(*Antilocapra americana*),现存只有分散的小群。北美草原常见的穴居啮齿类是旱獭(*Cynomys spp.*)和草原囊鼠(*Geomys bursarius*)。欧亚大陆草原有蹄类则以原羚属的蒙原羚(*Procapra gutturosa*)(俗称黄羊或蒙古瞪羚,国家一级保护动物)最具代表性,其分布界限与温带草原基本一致。此外,还有高鼻羚羊(*Saiga tatarica*)、蒙古野驴等。穴居兽类主要为旱獭、黄鼠等,食肉兽以黄鼬、艾鼬、狼、狐、兔狲等最常见。典型鸟类为大鸨(*Otis tarda*)、云雀和百灵。中国温带草原是欧亚草原的一部分,尽管中国各地温带草原成分差异很大,但针茅属植物普遍存在,因此,它被作为草原的指示植物。根据建群种的生态学特征,中国温带草原又分为草甸草原、典型草原、荒漠草原和高寒草原 4 个类型。

**6. 人类活动对温带草原的影响**

温带草原净初生产量变动较大,干旱的荒漠草原仅为 0.5 t/(hm² · a),湿润的草甸草原可达 15 t/(hm² · a)。生物量中地下部分大于地上部分,土壤微生物的生物量常达很高数量。由于土壤肥沃,世界草原大部分已被开垦;草原上生长着丰富的优良牧草,很早以来就成为人类重要的畜牧业基地。有些地方过度放牧引起草原退化,成为突出的生态环境问题。

### 3.6.6　热带稀树草原生物群落

热带稀树草原(savanna)是一类含有散生乔木的喜阳耐高温旱生草原群落,其特点是在高大禾草草原背景上稀疏散生着旱生独株乔木,故称为稀树草原或萨瓦纳,并与其中栖息共存的动物群构成热带稀树草原生物群落。

**1. 地理分布**

热带稀树草原分布在热带、亚热带干旱地区,非洲中部和东部面积最大,在南美洲的巴西、北美洲的墨西哥、亚洲的印度和缅甸中部及澳大利亚北部等地也有分布(图 3.18)。中国云南局部干热地区有类似稀树草原,是由于热带森林经过砍伐后形成的。

**2. 生境条件**

热带稀树草原地带的气候属于炎热的大陆性气候,一年中大多数甚至全部月份月平均温度≥18 ℃,年均降雨量 250~500 mm,降水集中在夏季少数月份,一年中出现 1~2 个明显的旱季,植被期 2~4 个月。钙积土、石膏土、砂性土为常见土壤,低洼地区则为盐土。频繁发生野火,不利于许多植物的发育。

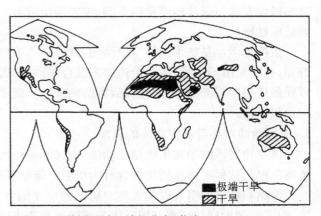

图 3.18　世界干旱区域的分布(仿自 Emberlin, 1983)

（图例）■ 极端干旱　▨ 干旱

**3. 植被特征**

热带稀树草原具有极其独特的群落外貌。植物群落由纯粹的禾草带延伸至乔木-灌木带。草本植物是最重要的一层,几乎都是丛生的,禾草类高达 0.8~2 m,覆盖地表。在普遍生长草类的地面上散生少量旱生乔木,通常矮生、多分枝,具有非常特殊的大而扁平的伞形树冠;木本植物的生长高度较低并常具有细羽状叶片和刺;许多种阔叶树干旱季落叶。有些植物树干组织内发展储水结构(如瓶子树、仙人掌、大戟、芦荟等),以保障旱季生活所需。大多数 C₄ 禾草类属天门冬氨酸型。植被具有多种适应长期干旱胁迫类型,如真旱生植物、肉质多浆植物以及同时适应盐分和干旱胁迫的旱生-盐生植物。植物量取决于乔木的比例。地下部分特别发达;叶片具有旱生结构,狭窄而直立;双子叶植物多属小叶型或无叶。群落中藤本植物非常稀少,附生植物几乎没有。

热带稀树草原以非洲的最典型,代表性草本植物为须芒草、黍属草类等,双子叶植物只起附属作用。在乔木树种中,伞状金合欢和木棉科的猴面包树(*Adansonia digitata*)非常典型,后者是世界闻名的长寿植物,树干粗大,内含大量水分。

热带稀树草原生物群落季节变化明显。每年干旱期持续数月,旱季时乔木落叶,草类枯萎,水域干涸,动物迁移或夏眠,草原呈现一派荒凉、寂静的景象。雨季来到,植物生长,昆虫滋生,食物丰富,兽类又返回故地,鸟类飞来营巢繁殖,夏眠动物苏醒活动,草原重新呈现一派生机勃勃的景象。

**4. 动物群特征**

实际上,热带稀树草原动物群种类组成比热带森林群落明显贫乏,两栖类、爬行类、鸟类和哺乳类种类均较少。但由于该带草本植物繁盛,构成草食动物生存的理想生境。因此大型草食兽、小型啮齿类以及植食性昆虫等在此得到极大发展,不但种类丰富,而且种群数量特别大。例如,非洲稀树草原的羚羊多达数百万头;小型啮齿类因体型小,繁殖力强,对干旱有特殊耐受力,在草本植物丰富的草原上,这些小型兽与其他哺乳类相比占有绝对优势;植食性昆虫的数量惊人,其中白蚁、蚁类和蝗虫为最多。

与热带森林动物群不同,景观开阔的热带稀树草原富有大型野生动物,以地面生活种类占优势,树栖种类很少,甚至连仅有的几种灵长类都改变了树栖习性,如狒狒、猕猴在此营地栖生活;草原生活的啮齿类几乎无树栖种类。大型有蹄类种类繁多,如非洲的羚羊、斑马、长颈鹿、黑犀(*Diceros*)及非洲草原象等。相应地,肉食兽种类也很丰富,如狮、猎豹、鬣狗、豺、獴等。典型的地栖鸟类有鸵鸟、珠鸡等。即使是善飞的鸟类,在此地带也在地面取食。

热带稀树草原景观平坦而开阔,动物缺少天然隐蔽条件。穴居、快跑生活方式的发展是生存竞争必然的结果。洞穴兼能藏匿、避敌、生殖育幼和贮藏食物,还可作为夏眠场所。除啮齿类营地下穴居生活外,几种地栖性狐猴、土豚(*Orycteropus capensis*)、跳兔、金毛鼹等也具有很强的挖洞穴居能力。而大体形动物对开阔景观的适应,表现在具有快跑的能力,这是在长期逃避肉食动物追击情况下形成的。在开阔景观地带,肉食动物捕食方式与森林地带动物不同,主要采用追击。穴居和善跑动物,在身体和四肢结构方面都形成了一系列适应性特征。

集群生活也是热带稀树草原动物习性之一,有的是同种集群共同觅食或迁移,如非洲草原象群、野水牛群等;有的是由不同种、属的个体组成混合种群,如斑马、羚羊、长颈鹿和鸵鸟等相聚成群,各自取食不同植物或同种植物不同部分,共同警惕敌害的到来。开阔景观生活条件使稀树草原动物的嗅觉比较灵敏,听觉和视觉也很发达。

**5. 人类活动对热带稀树草原的影响**

该生物群落的净初生产量变动于 2 t/(hm² · a)到 20 t/(hm² · a)之间,平均 7 t/(hm² · a),较温带草原稍高。但热带稀树草原植物中含有大量粗纤维和 $XiO_2$,氮、磷含量较低,植物饲用价值有限。

作物和牧畜的引入以及人类定居点的建立加重了当地的旱情,增加了荒漠蚕食的风险。在非洲一些地区,为了得到木材和纸浆而把稀树草原植被改造成用材林。偷猎者对大型食草动物的滥杀,致使许多珍贵野生动物数量剧减。大片土地被开发成农田,种植玉米、凤梨和剑麻等,或建成人工牧场并引进外来牧草,还施用了化肥,改变了稀树草原群落的特征。人类对稀树草原生物群落有着很大而且常常是有害的影响。

### 3.6.7　荒漠生物群落

荒漠(desert)是由地球上最耐干旱的超旱生灌木、半灌木或半乔木占优势组成的地上不郁闭的一类植物群落,荒漠植被及与之相适应的荒漠动物群共同构成的群落。

**1. 地理分布**

荒漠主要分布于亚热带和温带干旱地区。地球上最大的荒漠是连接亚非两洲的大沙漠,包括北非的撒哈拉沙漠、阿拉伯沙漠、中亚大沙漠和东亚大沙漠,后者包括中国的柴达木、准噶尔、塔里木、阿拉善等沙漠。此外,还有南美西岸的智利和阿根廷、非洲西南岸和南非的荒漠、澳大利亚荒漠等(图3.18)。总面积约为地球陆地面积的 20.8%。

**2. 生境条件**

荒漠生境极为严酷,年降水量少于 200 mm,有些地区甚至不到 50 mm,甚至终年无雨;蒸发量大于降水量数倍或数十倍。夏季炎热,最热月平均温度可达 40 ℃,物理风化强烈,多大风与尘暴,植物常遭风蚀和沙埋。土层薄,质地粗,缺乏有机质,却富含盐分。由于雨量少,土壤中易溶性盐类很少淋溶,表层有碳酸钙和石膏累积。在地表细土被风吹走的地区,剩下粗砾及石块形成戈壁,而在风积区则形成大面积沙漠。荒漠季节变化明显。

**3. 植被特征**

(1) 植被稀疏,种类贫乏　　荒漠植被极为稀疏,甚至出现大面积裸地。组成荒漠植被的植物种类十分贫乏,有时在数十甚至上百平方千米面积只有1~2种植物,但荒漠植物的生活型仍然是多种多样的。

（2）特殊的生活型　　适应在荒漠生长的植物主要有3种生活型。

1）超旱生小半灌木、半灌木、灌木和半乔木：它们以各种生理、生态特性适应严酷的生境条件,如有的叶面积缩小或退化成无叶类型,如驼蹄瓣属（*Zygophyllum*）、梭梭属（*Haloxylon*）；有的茎叶外部包被白色茸毛,或茎面呈灰白色以反射强烈的阳光,如白刺（*Nitraria*）、白梭梭（*H. Persicum*）等；大多具有发达的根系,能够从深而广的土层中吸收水分,如柽柳主根可伸达地下水面,使植株可不依赖雨水而生存,蒺藜属和滨藜属（*Atriplex*）也是多年生深根植物,侧根可伸至15~30 m远。

2）肉质植物：如仙人掌科、大戟科与百合科的一些种,具有肉质茎或肉质叶,为景天酸代谢（CAM）植物。

3）短命植物与类短命植物：前者为一年生,后者系多年生,它们利用较湿润的季节迅速完成其生活周期,以种子（短命植物）或根茎、块茎、鳞茎（类短命植物）度过干旱期。短命植物生有分枝不多的浅根,即使仅下小雨,也能迅速吸收水分。

荒漠生物群落结构简单,营养物质缺乏,净初级生产力非常低,能量流动受限。许多植物生长缓慢,多数种类动物的生活史较长,因此物质循环的速率很低。荒漠的地下生物量和地上生物量同样呈斑块状分布。

**4. 动物群特征**

荒漠动物群的基本特征首先表现在种类贫乏、数量少,以小型啮齿类和爬行类占优势。如撒哈拉沙漠几十种哺乳类中,有17种是啮齿类；中国温带荒漠哺乳类中属于啮齿类沙鼠和跳鼠两个类群的就有18种。荒漠爬行类（如沙蜥、麻蜥）种类和数量都较多。荒漠动物生态分布的特点是大面积表现为低密度广布,而在局部湿地或绿洲表现为高密度集中。群落组成单调、脆弱,r对策者内禀增长率大,鼠类、蝗虫、小地老虎（*Agrotis ipsilon*）等有时会出现种群爆炸。

荒漠动物群由适应性特别强的种类组成。动物对高温干旱的适应首先表现在夜出生活习性。荒漠地带日较差大,晨昏及夜间温度稍低,相对湿度较大,所以大多数荒漠动物多在晨昏与夜间从洞穴中外出觅食。少数昼行性动物则善于逃避高温,或躲进洞穴,或把身体埋进沙里。荒漠动物对干旱的适应能力特别强,许多种类只需从食物中得到很少的水分就能维持生命；有些兽类汗腺不发育、大便干结、小便很少；一些爬行类以尿酸盐的形式排泄尿,使水分损失达到最小程度。荒漠中的大型有蹄类如骆驼、瞪羚、野驴等,除具有耐渴耐饥的特殊适应机制外,还具有远距离寻找水源的能力。夏眠是荒漠动物对干旱的一种生理适应,昆虫、爬行类、鸟类和啮齿类等都有夏眠习性,借以度过长达数月的干旱期。

生活在植被极为稀疏景观开阔的荒漠动物,穴居与善跑的习性比草原动物更臻发展,据调查,在荒漠地带有72%以上种类营穴居生活,另外还有多种动物生活在岩缝间或石块下。许多荒漠动物具有与周围环境一致的沙土色,如沙鼠、沙狐、沙鸡等,起保护色的作用。

沙质荒漠基底特殊,长期生活在松散沙土地上的动物,脚趾形成一些适应构造。例如,一种跳鼠后足趾外侧生有坚硬的栉状毛刷,有利于在松软的沙土上活动；毛腿沙鸡（*Syrrhaptes paraxus*）趾上被羽,跖底垫状并被以细鳞,以防陷入沙中；骆驼四蹄大而圆,跖部有厚肉垫,适于沙地行走等。

荒漠动物不是特化捕食者,它们不能仅靠单一种食物,必须寻觅可能利用的各种能量来源。大多数荒漠肉食动物的食性都变得很杂,甚至也吃植物的叶和果实,食虫鸟类有时也吃一些植物。杂食性是荒漠动物的适应性表现。

**5. 世界各地的荒漠生物群落**

世界各地荒漠生境由于雨量、温度、地形、土壤排水性能、碱化程度和土壤盐度等的差异而不同,导致植被、优势植物和相关物种组成方面都有所差别。荒漠可区分为热荒漠、冷荒漠、极端荒漠和半荒漠。热荒漠分布广泛；冷荒漠是指极地荒漠或高海拔冻荒漠,半荒漠是指靠近草原和灌丛群落、水分条件较好的荒漠；极端荒漠可能完全没有植物或只有稀疏分散的植被；热荒漠和高海拔地带的冷荒漠有其共通性,它们的优势植物都是蒿属植物和藜属灌木。

亚洲荒漠面积大,类型多样,半灌木、灌木、半乔木、肉质植物和短命植物均有分布,还有一些属于风滚草型的一年生植物。黏土地带主要为蒿类荒漠；盐土区主要为藜科猪毛菜（*Salsola collina*）荒漠；砂质区则主要为灌木荒漠,植物种类较多,灌木类包括沙拐枣属(*Calligonum*)和柽柳属一些种,白梭梭是荒漠著名半乔木。在绿洲生长着棕榈科海枣(*Phoenix dactylifera*)、糖棕属(*Borassus*)和金合欢属植物。

非洲石质荒漠中典型灌木为假木贼(*Anabasis* spp.)、麻黄属(*Ephedra*)草木小灌木等。砂质和砾石荒漠有时连续几年大面积不见植被;绿洲最典型植物是海枣和金合欢。在荒漠地下水位较高的地方,生长一种特殊裸子植物——百岁兰(*Welwitschia mirabilis*),它是多年生植物,可活百年以上;更奇的是,百岁兰一生只有一对大型革质叶片,匍伏生长在地面上,百年不凋,又称"百岁叶"。

北美荒漠主要以藜科灌木和蒿属植物为优势种,有些地方伴生许多仙人掌科木本植物,如柱状仙人掌(*Cereus giganteus*)等,十分引人注目;肉质植物如丝兰、龙舌兰等亦多见。

大洋洲荒漠主要有盐土荒漠和沙质荒漠。前者代表植物有藜科肉质植物如地肤属、滨藜属、盐角草属及灌木金合欢属、木麻黄等少数种类。

### 3.6.8　亚热带硬叶林生物群落

亚热带硬叶林(subtropical sclerophyllous forest)生物群落指分布于亚热带大陆西岸地中海式气候地区,由硬叶常绿阔叶树种所构成的森林及其动物群组成的群落。

**1. 地理分布**

亚热带硬叶林群落分布在冬季湿润亚热带(即地中海式)气候地区,因地中海沿岸地区最典型而得名。其总面积仅占地球陆地面积的 1.7%,却分布在不同大陆的 5 个相互孤立的区域。这些区域分别位于各大陆西侧纬度 30°~40°之间沿海岸向内陆不到 100 km 的狭窄地带,地理位置濒临海洋或邻近海岸(图 3.19),是地球上面积最小和最为支离破碎的一个生态带。

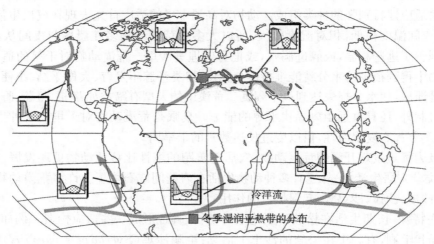

冷洋流

■ 冬季湿润亚热带的分布

图 3.19　亚热带硬叶林的分布(仿自 Schultz, 2010)
图中附有该群落不同地点的生态气候图

**2. 生境条件**

该群落分布地呈现亚热带地中海式气候的特点,受西风带控制,冬季气候温和,最冷月气温在 4~10 ℃。夏季受副热带高压控制,气候炎热,干燥少雨。年降水量 300~900 mm,冬半年降水占 60%~70%。沿海地带最热月气温在 20 ℃以下,称为凉夏型;内陆地区最热月气温在 22 ℃以上,称为暖夏型。典型土壤为深色淋溶土,多为鲜红至红棕色。

**3. 植被特征**

由于生境条件特殊,具有地中海气候的亚热带成为硬叶高位芽植物的适宜分布范围。高温期少雨而低温期多雨的气候特点,致使自然植被多半为矮小的乔木和灌木等常绿硬叶林。由于该群落分布全球 5 个区域各自孤立及远离,各地区物种多样性都显著很高,是全球居第二位高物种多样性的群落。许多类群,甚至较高分类等级类群(如科)是地方性特有。单位面积中最高的物种多样性发现于南非小范围冬雨地区,在那里维管植物物种总数超过 6 000 种,与同等面积热带雨林相比大约高出 3 倍之多。

除了最干旱和养分最缺乏的地区外,冬季湿润亚热带所有各部分早先很可能以常绿硬叶林占优势,人类活动在地中海地区已有数千年,而在其他地中海式气候地区也有数百年,广泛开发破坏了硬叶阔叶林,原有森林植被遭破坏的地方大部分演化为硬叶-灌木群系,这成为如今地中海区域的景观面貌。

所有地中海气候类型地区均以常绿乔木和常绿灌木种类占优势,其多年生叶片内部由于有较高比例纤维素和木质素成分构成的硬厚壁,使得叶片比较厚实、坚硬或呈革质,即使在巨量水分损耗(膨压下降至零),也不至枯萎。在经常遭干旱胁迫和强太阳照射条件下,世界各地硬叶林群落不同科、属植物趋同演化形成硬叶型。硬叶型与叶片的其他一些适应特征,例如真皮细胞外壁增厚、具光泽的蜡质涂层、被有茸毛、叶脉紧密及气孔区低陷(气孔分布密度高但形状小)相结合,用来控制植物的水分收支平衡。

森林火烧和丛林起火是地中海型地区的自然环境因素之一,通过火烧作用植被强烈地稀疏、衰落甚至完全毁坏,而且枯枝落叶(连同全部腐殖质层)都可能被烧掉。在硬叶灌木林群落中几乎每隔几十年就会发生一次这样的火烧。对此本土植物显示许多明显的适应火烧的属性,如许多乔木和灌木种类具有很高的再生能力,它们的种子在过火以后发芽能力反而更好,甚至有些种类种子过火后才能发芽。

由于温暖季节缺水,雨季又缺少适宜的热量,亚热带硬叶木本群落的生产性能受限。多火烧因素有可能增强这种效应,过度放牧导致退化为干旱瘠薄草地,遭极端损害则完全毁坏植被覆盖成为裸岩荒原。

### 4. 动物群特征

该群落中植物种类的多样性、山地地貌分异及在不同灌木群落、石楠灌丛、草本和森林群系之间小区域的环境变化,形成了多种多样的栖息地,相应的,其动物区系也很丰富,特别引人注目的是种类繁多的鸟类(尤其鸣禽、猛禽、雉鸡、鸠鸽类等)、爬行类(尤以蜥蜴类为多)和各种节肢动物(弹尾目、蜱螨、蚁类、蜘蛛、甲虫、马陆、蜈蚣、蝎类、鳞翅目、白蚁类)等。动物物种丰度通常随维管束植物物种丰度沿半干旱至湿润的气候梯度而增长。当夏季高温和干旱时期,邻近的半荒漠地带许多适应干热生活的动物类群,进行季节性迁移来到亚热带硬叶林带栖居,这里也成为来自中纬或高纬地带迁飞过路鸟群或越冬候鸟休息和觅食的地方。

### 3.6.9　亚热带常绿阔叶林生物群落

亚热带常绿林(subtropical evergreen forest)指在亚热带终年湿润气候条件下形成的以常绿阔叶树种为主组成的森林群落,又称常绿阔叶林,与长期生活其中的动物群构成亚热带常绿阔叶林生物群落。

### 1. 地理分布

亚热带常绿阔叶林主要分布在欧亚大陆东岸,非洲东南部、南北美洲东南部和澳大利亚大陆东岸,大西洋中的加那利群岛和马德拉群岛等地也有小面积分布。其中,中国亚热带常绿阔叶林分布面积最大(图 3.20)。

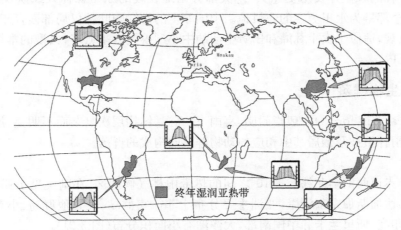

图 3.20　亚热带常绿阔叶林的分布(仿自 Schultz,2010)

图中附有该群落不同地点的生态气候图

**2. 生境条件**

亚热带常绿阔叶林分布的气候区全年至少有 4 个月气温≥18 ℃,冬季稍显寒冷,有霜冻;年平均气温 16~18 ℃,最冷月平均气温≥5 ℃,最热月平均气温 24~27 ℃。年降雨量 1 000~1 500 mm,夏季降水量最多,主要在 4~9 月份降落,冬季降水少,但无明显旱季。地带性土壤为低活性强酸土。

**3. 植被特征**

亚热带常绿阔叶林森林结构较热带雨林简单,高度明显较低,乔木一般分两个亚层,上层林冠整齐,高 20 m 左右,以壳斗科、樟科、山茶科、木兰科等常绿树种为主;第二亚层树冠多不连续,高 10~15 m,以樟科、杜英科(Elaeocarpaceae)等树种为主。灌木层尚明显,但较稀疏,草本层以蕨类为主。藤本植物与附生植物较温带落叶阔叶林多,但不如热带雨林繁茂。建群种和优势种的叶子相当大,呈椭圆形且为革质,叶表面有厚蜡质层,具光泽,没有茸毛,叶面向着太阳光,能反射光线,所以又称为"照叶林"。最上层乔木枝端冬芽有芽鳞保护,林下较湿润,芽无芽鳞保护。树冠呈微波状起伏,呈暗绿色。

北美常绿阔叶林主要树种为各种栎类、美洲山毛榉(*Fagus americana*)中等;南美常绿阔叶林的主要乔木有壳斗科的假山毛榉(*Nothofagus cunningghami*)等;非洲常绿阔叶林的主要乔木树种有加那列月桂(*Laurus novocanariensis*)和鳄梨(*Persea*),林下有很多具革质叶的常绿灌木,真蕨类和苔藓非常繁盛;澳大利亚常绿阔叶林主要成分是各种桉树(*Eucalyptus*)和树蕨类等。中国的常绿阔叶林主要由壳斗科的栲属(*Castannopsis*)、青冈属,樟科的樟、润楠(*Machilus*)等常绿乔木组成,还有木兰科、金缕梅科的一些种类。

亚热带常绿阔叶林的净初生产量为 15~25 t/(hm²·a),但森林几乎全部砍伐殆尽而代之以耕地。

**4. 动物群特征**

亚热带常绿阔叶林动物群种类组成的多样性仅次于热带森林,这里虽然人口密集、农耕发达,但自然条件优越,保护区内终年能为动物提供多样的食物和良好的隐蔽条件。亚热带常绿阔叶林动物群具有明显的过渡特征,种类组成表现南北方森林动物相互渗透和混杂的状况。受季风影响,从南向北四季变化逐渐明显,因而动物群的季相变化较显著,许多爬行类、两栖类及翼手类有冬眠现象;种的优势现象较热带森林突出。动物在各栖息地间有频繁的昼夜往来和季节性迁移,春秋两季有大量旅鸟过境和候鸟迁来越冬。动物数量有季节性波动。土壤动物很丰富。

亚热带常绿阔叶林代表动物,以亚洲为例,兽类有猕猴、短尾猴、穿山甲、獐(*Hydropotes inermis*)、毛冠鹿、赤腹松鼠、豪猪、果子狸、华南虎以及中国特有的白鱀豚,鸟类以画眉、黑卷尾、八哥、竹鸡、金鸡为典型物种,爬行类有扬子鳄、竹叶青、烙铁头蛇、金环蛇、银环蛇以及大型两栖类大鲵等。

**5. 人类活动对亚热带常绿阔叶林的影响**

亚热带常绿阔叶林的农业开发历史悠久,绝大部分山地丘陵的原始森林久经砍伐,沦为次生林地和灌丛,平原与谷地几乎全部垦为水田为主的农耕地。中国原生的常绿阔叶林仅局部残存于某些山地,动物群的原始面貌也已大为改观,适应于次生林灌和田野生活的中小型兽类愈来愈多,典型的常绿阔叶林动物群只存在于少数自然保护区内。

### 3.6.10  热带雨林生物群落

热带雨林(tropical rain forest)一般指耐阴、喜雨、喜高温、结构层次复杂而不明显、层外植物极为丰富的乔木植物群落,热带雨林植被及栖居其中相应的动物群共同构成的群落。

**1. 地理分布**

热带雨林分布于赤道两侧南北纬 5°~10°之间的热带雨林气候地区,在南美见于亚马孙河流域,中非分布于刚果河流域及马达加斯加东部沿岸,亚洲主要分布于菲律宾群岛、大巽他群岛、小巽他群岛、马来半岛、中南半岛东西两岸、印度、斯里兰卡和中国南部,大洋洲有小面积分布(图 3.21)。

**2. 生境条件**

热带雨林地区年平均气温 24~28 ℃,但气温日变幅达 6~11 ℃,属日周期型气候;最冷月平均温度≥18 ℃,强辐射。年降水量 2 000~4 000 mm,全年分配均匀,或最多 2~3 个月少雨。终年高温多雨,空气

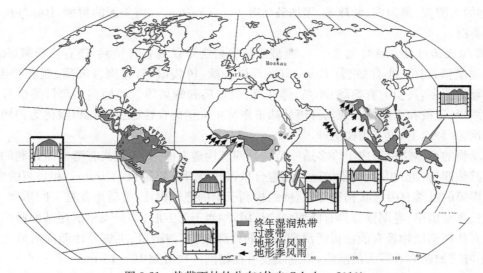

图 3.21　热带雨林的分布(仿自 Schultz，2010)
深色部分:终年湿润热带(雨林气候带);浅色部分:过渡带;▲信风雨;←季风雨
图中附有该群落不同地点的生态气候图

湿润,无明显季节变化。热带雨林生物循环旺盛,有机质分解迅速,土壤中腐殖质及营养元素含量相对贫乏,地带性土壤属于铁铝土类,小部分低活性强酸土。

**3. 植被特征**

(1) 种类组成极为丰富　　据统计,组成热带雨林的生物种类约占全球已知种类的一半,高等植物在 45 000 种以上,在 10 km² 的热带雨林中就含有 1 500 种开花植物和 750 种树木。在马来西亚半岛生物种类最丰富的热带低地雨林中约有 7 900 种植物,龙脑香科(Diptercarpaceae)是那里主要植物类群之一,多达 9 属 55 种。雨林中的种类组成之所以如此丰富,除环境条件有利外,热带陆地的古老性也是重要原因。

(2) 群落结构复杂　　热带雨林结构复杂,生态位分化极为明显,植物对群落环境的适应达到完善的程度。乔木一般分三层,第一层高 30~40 m 以上,第二层高 20~30 m,第三层 10~20 m,生长极密。乔木层之下为幼树及灌木层,最下为稀疏的草本层,地面裸露或有薄层落叶。藤本及附生植物发达,其中木质大藤本可达第一或第二乔木层,主干不分枝,到达天顶则繁茂发育。小藤本多为单子叶植物或蕨类,一般不超出树冠荫蔽范围。附生植物从藻、菌、地衣、苔藓、蕨类到高等有花植物(兰科、凤梨科和杜鹃花科)均有,分别附生在乔木、灌木或藤本植物的枝叶上。附生植物的根从不到达地面,它们在附着的植物上从空气、雨水和有机腐烂物中吸收营养。还有一类植物开始附生在树木上,以后气生根下垂入土独立生活,并常杀死借以支持的乔木,被称为“绞杀植物”,如榕属(Ficus)的一些种。

(3) 雨林植物具特殊构造　　上层乔木树干高大,常生有支柱根和板状根;树皮光滑;树冠通常不宽大;叶多大型、常绿、革质坚硬,常含有大量二氧化硅,有光泽,具一定旱生结构,这与乔木上层日照强、风大、蒸发强烈有关;芽无鳞片保护;茎花现象(即花生在无叶的木质茎上)很常见;多虫媒植物。灌木层种类丰富,一般很少分枝,叶大而薄,气孔常开放,具泌水组织,有的叶还具滴水叶尖;雨林灌木叶子不具有旱生特征。

(4) 无明显季相更替　　雨林植物终年生长,但仍有其生命节律。乔木叶片平均寿命 13~14 个月,零星凋落,零星添新叶。植物四季都能开花,但每种都有一个或多或少明显的盛花期。群落中植物终年繁茂,叶面积指数 8~12,生产率很高,植物量 300~650 t/m²,净初生产量达 15~25 t/(hm²·a)。

**4. 动物群特征**

(1) 地球上动物种类最丰富的地区　　动物物种多样性十分丰富,但种的优势现象不明显。大多数雨林动物为狭生态幅种类,狭食性和专食性种类占多数。由于种类丰富和多狭适性种,使得食物链特别错综复杂,共生、寄生等现象普遍。动物群落组成的复杂性表现在具有许多特有科、属、种。例如,分布在中国的阔嘴鸟科、鹦鹉科、犀鸟科、鞘尾蝠科、鼷鹿科、懒猴科和长臂猿科等,分布界限都不超过热带森林的北界。亚洲的长臂猿,非洲的大猩猩、黑猩猩、紫羚羊、霍加狓(*Okapia johnstoni*),南美洲的树懒(*Bradypus*)等,都是热带森林特有的类群。

(2) 树栖攀缘生活种类占绝对优势　　典型的树栖兽类不仅有各种猿猴,还有巨松鼠(*Ratufa*)、鼯鼠(*Petaurista*)、树豪猪,树懒、小食蚁兽(*Tamandua*)、树袋熊、树袋鼠等,食肉兽灵猫、熊狸等也经常上树活动。树栖鸟类种类更多,典型的有鹦鹉、犀鸟、缝叶莺、织布鸟和蜂鸟等。两栖类和爬行类也有许多树栖种,如飞蛙、树蛙、鬣蜥、避役和飞蜥等。亚马孙流域热带雨林中大量肉食性昆虫(甲虫)演化为树栖种;美洲热带雨林的蚂蚁多达 76 种以上,也多为树栖种。

典型树栖动物的身体结构形成了许多适应特征。四肢构造方面,如树懒具有弯曲而锐利的钩爪;灵长类的拇指(趾)与其他四指(趾)相对;避役的趾互相愈合呈钳状;松鼠、眼镜猴(*Tarsius*)和袋貂的掌上有发达的足垫;树蛙、壁虎等的趾端有吸盘状构造等,这些结构利于牢固把握树枝,灵活地在枝干间攀爬。尾巴结构方面,如树袋鼠、长尾穿山甲、卷尾猴等具有能缠绕的长尾,相当于第五肢;非洲飞鼠的尾基部腹面具刺,是防滑构造。此外还有些树栖动物具有能在树间滑翔飞行的特殊结构,如鼯鼠、飞蜥等体侧前后肢之间生有皮膜,能滑翔飞行;爪哇飞蛙趾间有巨大的蹼膜,借助蹼膜可在树间一次滑翔 10～15 m。

与树栖动物的丰富形成鲜明对比,动物群中完全地栖的种类很少。由于林下阴暗潮湿,缺少草本植物,不利于草食动物生存;雨林地下树根密集,不利于挖掘穴居动物的活动;林中藤本植物纵横交错,有碍大型动物通行。少数地栖种类主要是一些独居生活的中小型兽类,生活习性方面,草食动物多采用躲藏与隐蔽方式逃避敌害,与此相适应,许多食肉兽也采用伏击方式捕食而不是追捕。此外,由于森林郁闭,林中风力微弱,影响动物的视觉和嗅觉的发展,因此森林动物主要依靠听觉来寻食和避敌。

(3) 动物垂直分层现象明显　　以亚洲热带雨林为例,根据鸟兽的取食空间可明确划分 6 个层次:①树冠上层,主要为一些食虫和肉食性的鸟类和蝙蝠。②树冠层,以树叶、果实和花蜜为食的大量鸟类、蝙蝠和其他兽类。③树冠下层,为多种昆虫生活区,常有鸟类和食虫蝙蝠在此觅食。④一些攀附性兽类(如松鼠)沿树干上下移动,以附生植物、昆虫及其他动物为食。⑤森林底层,以地面植物和低垂树叶为食的动物。⑥一些小型的在地面和地下觅食的动物,包括食虫的、食植物的、食肉的和杂食的各种动物。

(4) 特别适宜变温动物生活　　终年高温湿润和无霜的气候条件,使昆虫、两栖类和爬行类等变温动物得到广泛的发展,无论种类或数量都非常丰富。许多古老动物类群在这里得到保存,如两栖类的无足目、爬行类的蟒和龟类、无脊椎动物的蚯蚓、宝石甲虫等。热带森林动物群中几乎包括了昆虫纲所有目。土壤动物种类也相当丰富。某些变温动物身体特别巨大。

(5) 动物生活节律的周期性不明显　　这里的动物全年活动,无贮粮习性,无冬眠和夏眠,无一定繁殖季节,无明显的换毛期,季节性迁移现象很少,因而动物数量季节变化也不显著。相反,由于白天高温,许多动物在夜间或晨昏觅食,动物昼夜活动表现突出,夜出活动种类较昼出种类为多。

**5. 中国的热带雨林**

中国热带雨林主要分布在海南岛、台湾地区南部、云南省南部西双版纳地区,西藏自治区墨脱县境内的热带雨林是世界雨林分布的最北边界。西双版纳和海南岛的雨林较为典型,其中占优势的乔木树种是:见血封喉(*Antiaris toxicaria*)、高山榕(*Ficus altissima*)、马椰果(*Ficus glomerata*)、波罗蜜、番龙眼(*Pometia pinnata*)以及番荔枝科、肉豆蔻科、棕榈科的一些种类。但由于中国雨林分布偏北,林中附生植物较少,龙脑香科的种类和数量均不及东南亚典型雨林多,小叶型植物的比例较大,一年中有一个短暂而集中的换叶期,表现出一定程度的季节变化。

**6. 热带雨林的利用与保护**

热带雨林对全球的生态效应有重大影响。由于雨林中生物资源极为丰富,如三叶橡胶是世界上最重要的产胶植物,可可、金鸡纳树等是珍贵的经济植物,还有众多物种的经济价值有待开发。雨林开垦后可种植橡胶、油棕、咖啡、剑麻等热带作物。但近半个多世纪以来,人类对热带雨林的开发急剧增加,全球对热带优质木材需求的增长使一些树种(如桃花心木、红木、黄檀木)的数量大大减少。在东南亚一些地区将热带雨林改造为橡胶和棕榈种植园,在亚马孙流域和中美洲,大面积的热带雨林被砍伐、烧毁转化成牧场,5～8 年后就退化成杂草丛生的荒地,而且在短时间内无法恢复。破坏热带雨林所带来的最大灾难是生物多样性的丧失。因此热带雨林的保护成为当前全世界关心的重大问题。

# 3.7　海洋生物群落

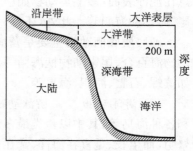

图 3.22　海洋的三个生态带
(仿自陈鹏,1986)

海洋生态环境与陆地截然不同,海洋生物群落的种类组成、结构特征及生活型也与陆地生物群落明显不同。根据海洋环境的理化特征(深度、光照、盐分及压力等)和生物种群结构的差异,一般将海洋分成三个生态带,即沿岸带(或浅海带)、远洋带(或开阔海带)和深海带(或深海底带)(图 3.22),三个生态带生活着相应不同的生物群落。红树林、珊瑚礁和马尾藻海为海洋中的特殊生物群落。

## 3.7.1　沿岸带生物群落

沿岸带(littoral zone)是指海陆连接处及大陆架水深 200 m 以内的沿岸、浅海底部和水层区,其下限与海洋水生植物生长的下限一致,其水平距离在不同地区因海底倾斜程度而有很大的差异。沿岸带位于陆地和海洋交界处,水深从几米到几十米,光照充足,含盐量、水温和地形变化较大。由河流带来的有机物质比较丰富。

**1. 生境特点**

沿岸带水深较浅,光照充足,可从海平面一直达到海洋底部。受入海河流影响,海水温度与盐度变化较大,愈接近大陆愈显著;波浪、潮汐等海水运动显著,海洋涌浪和风暴潮的作用能够影响到浅水区域的底部。沿岸带基质多样,如岩石、沙质、泥质、泥沙质以及珊瑚礁、红树林等,不同基质构成不同生境和各种植丛,有利于多种类群海洋动物的繁殖生息,生物多样性最为丰富。

生活在沿岸带的动植物,对于海水理化性质以及波浪、潮汐的变化形成一系列适应性特征。定生藻类和固着动物是沿岸带群落特色之一,底栖、海底爬行、钻蚀动物的种类也很丰富。

沿岸带与陆地联系密切,由河流等地表径流携带入海的营养物质丰富,有利于动植物生长,而一些地方由于大量污水和垃圾排入海洋,导致沿岸带水域污染严重,降低了生物多样性。近年来,伴随塑料垃圾产生的大量微塑料进入海洋,全球估计有 30 万吨塑料碎片存在于海洋中,对海洋生态系统带来了极大的危害。

**2. 植物群落**

植物群落主要包括浮游藻类和底栖藻类。浮游藻类主要有硅藻、甲藻及微型鞭毛藻等。底栖藻类主要包括绿藻、褐藻和红藻。温带地区浮游植物数量的季节性周期变化明显。以黄海沿岸带为例,限于潮间带生活的,如海萝、江蓠、蜈蚣藻、角叉菜(*Chondrus*)等;有些种类在潮间带和潮下带均有分布,如石花菜科石花菜属(*Gelidium*)、马尾藻科海蒿子(*Sargassum pallidum*)、皱紫菜、裙带菜,以及属于潮下带的麒麟菜(*Eucheuma muricatum*)和海带等;在浅海底部,有些生境适宜的海区,生长着繁盛的海草或大型海藻,构成了海草场或海草甸。

红树林是生长在热带亚热带海岸潮间带的木本植物类群,生长状况受多种因素影响,包括气温、洋流、波浪、岸坡、盐度、潮汐和底质等。

**3. 动物群落**

沿岸带动物群落种类丰富,生活方式也多种多样,主要分为浮游动物、底栖动物和游泳动物。

(1) 浮游动物　　浮游动物主要为桡足类、磷虾类等甲壳动物,原生动物有孔虫类、放射虫类和砂壳纤毛虫,软体动物翼足类(Pteropoda)和异足类(Heteropoda),小型水母类和栉水母(Ctenophora),浮游被囊类(Tunicata),浮游多毛类和毛颚类等。大多数底栖动物和很多游泳动物的幼体阶段营漂浮生活,从而构成大量季节性浮游动物,由于它们的亲体产卵季节不同,因而各时期都有大量的浮游动物。

（2）底栖动物    软底质潮下带底栖动物主要是在海底泥沙中营底埋生活或穴居生活的种类,包括甲壳类、多毛类、软体和棘皮动物等。甲壳类动物主要有介形类、端足类、等足类、糠虾和十足类等,它们主要栖息在泥沙表面;多毛类动物如沙蚕;软体动物主要为各种掘穴的双壳类和少数腹足类;棘皮动物主要为海蛇尾、海参和海胆等。此外,还有一些特化的底栖鱼类,如鲽类和鳐类。

硬底质底栖动物主要是营固着生活的动物类群,如某些海绵、珊瑚、海葵、牡蛎、藤壶、贻贝等,以及棘皮动物海百合、尾索动物柄海鞘等。还有营钻蚀生活方式的动物如凿石蛤、船蛆等。还可见到爬行生活种类,如滨螺、石鳖、海胆、海星等。

（3）游泳动物    游泳动物主要包括鱼类、大型甲壳类、爬行类(龟、鳖、海蛇)、海兽(鲸、海豹、海牛等)和各种海鸟等,其中以鱼类最多。世界上的主要渔场大多位于大陆架或其附近,海鸟、海龟和海豹等在陆地繁殖,而生长、觅食在海洋,常在近岸海域活动;海鸟类多营巢于海岸岩壁,亲鸟往还于巢区及大海捕食饲喂幼雏,常集中栖居近岸食物资源丰富的区域。

### 3.7.2    远洋带生物群落

远洋带(pelagic zone)主要指沿岸带范围以外的全部开阔大洋的上层水域,其下限是日光能到达的最大深度,大约为 200 m,局部可深达 400 m。远洋带范围巨大,远远大于沿岸带。

**1. 生境条件**

远洋带海水理化条件比较稳定一致,盐度较高且变化小,潮汐和波浪对生物生活影响不大,大洋表层阳光充足。温度条件在不同纬度地带有明显变化,受暖流和寒流分布影响尤其明显。远洋带无基底,环境开阔,营养盐类含量一般较低,食物不如沿岸带丰富,海洋动物以浮游植物作为基础食物,动物隐蔽条件差。

**2. 植物群落**

远洋带植物群落为浮游藻类,包括硅藻、各门类微型藻类及其浮游孢子等。浮游植物体形微小,但数量很大,几乎全部为浮游动物所取食消费,代谢运转速度快,是海洋物质循环的基础链环。

**3. 动物群落**

动物群落为浮游动物和游泳动物,动物种类较沿岸带贫乏。浮游动物主要有浮游原生动物,特别是有孔虫和放射虫类。水母、轮虫、桡足类、枝角类、磷虾等,以及一些无脊椎动物及鱼类的幼体等,浮游动物种类和数量都很多,是大洋滤食性鱼类及须鲸类的食物来源。大洋带游泳动物主要是鱼类,此外尚有能够远距离迁移或洄游的鲸类、海豹、海龟,部分大型头足类软体动物等。由于远洋带广袤开阔,隐蔽条件差,多种大洋鱼类身体进化出明显的保护色,适应于捕食和避敌,典型远洋带鱼类善于快速游泳,如大白鲨、金枪鱼(*Thunnus*)和飞鱼、旗鱼(*Istiophorus*)等。

### 3.7.3    深海带生物群落

深海带(abyssal zone)主要指大洋带下面至海底的深海区域,一般为 200～550 m 以下的大洋底部区域,是地球上最广大的一类生境区域,环境特殊而恶劣,生物资源贫乏。

**1. 生境特点**

深海带海水化学组成比较稳定,温度终年很低(−2 ℃),平均盐度高(34.8±0.2‰),含氧量低而恒定。深海底土是柔软的细粒黏泥。深海带压力很大(水深每增 10 m,即增加一个大气压)。深海食物十分贫乏,全靠上层食物颗粒下沉或动物性食物。因为深海无光,也就没有任何进行光合作用的植物。

**2. 动物群落**

深海带生境极其特殊而严酷,只有少数能够适应深海条件的动物才能生存,无论种类组成或个体数量都非常贫乏。一般来说,生物量随深度的增加而减少。深海动物类群中,无脊椎动物以海绵动物和棘皮动物占优势,其他为少数软体动物、甲壳类、腔肠动物和蠕虫类等,脊椎动物主要为少数特殊的深海鱼类。

深海动物觅食不易,深海鱼类常具有很大的口、尖锐的牙和可以高度伸展的颌骨。例如,黑叉齿鱚(*Chiasmodon niger*)生活于 750 m 深的海底,能吞下比自身大得多的其他鱼类,因此又名大吞鱼;黑软颌鱼

（*Malacosteus niger*）俗名深海阔口鱼，口宽大，眼睛附近有两种发光器，能分别发出红光和绿光；宽咽鱼（*Eurypharynx pelecanoides*）又称吞鳗，这种鱼上颌固定不能活动，而巨大的下颌松松地连在头部，从来不合嘴，也能轻松地吞下个体比它大的动物。

深海动物是碎屑食性，有些捕食其他动物，捕食性深海鱼类常具有很大的口、尖锐的牙和可以高度伸展的颌骨，以把握难得的捕食机会。深海光照特殊，长期在深海弱光带生活的动物眼睛极大，形成外突的鼓眼，以尽量利用微弱的光线，如中国南海的长尾大眼鲷（*Priacanthus tayenus*），眼睛大到头长的 1/2；但生活在深海完全无光带的鱼、虾类，视觉器官退化，代之以发达的触须如树须鱼（*Linophryne*），其生活在 1 000 m 以下的深海，有异常尖锐的牙齿，巨大的头部下面还长有树根状触须。为适应深海的高压及钙质的缺乏，深海鱼类皮肤薄而有透气孔，体内无坚固的骨骼，肌肉也不发达。深海动物较普遍地具有特殊的发光器官，许多低等深海动物整个体表都能发光，并能够感受低强度而短促的生物光。深海鮟鱇栖息在 1 500 m 或更深的深海底部，其头部上方有形似小灯笼的肉状突出，是由第一背鳍逐渐向上延伸形成的，是诱捕猎物的天然诱饵。

在深海环境中热液和冷泉造成的特殊生境，其中发现的奇特生物种类如蜗牛、龙虾等，引起了科考工作者极大的关注。

近些年来随着中国经济的迅猛发展，海洋生物群落日益成为发展海洋产业的资源和目标，致使海洋生物多样性严重受损，同时受到了来自各方面不同程度的污染和破坏，日益严重的近海污染给海洋带来了一系列的环境问题，诸如富营养化、重金属污染、持久性有机物污染等问题时有发生，危害着海洋生态健康，保护海洋，刻不容缓。

## 3.8 淡水生物群落

淡水生物群落之间通常互相隔离，如湖泊群落、河流群落等，一般分为流水群落和静水群落两类。流水群落又进一步分为急流群落和缓流群落两类。急流水中的含氧量较高，好氧类群栖于此，急流生物多附在岩石表面或隐藏于石下，以防被水冲走。缓流生境底层易缺氧，多厌氧类群，以游泳动物居多，底栖种类多埋入底质淤泥中。静水群落可分为若干带：沿岸带水浅，阳光能射入底层，常有根生水草或淡水藻类生长，包括沉水植物、浮水植物和挺水植物等群系，并逐渐过渡为湿生的陆生群落。离岸较远的湖泊水体可分为上层的湖沼带（limnetic zone）和下层的深底带（profundal zone）。湖沼带有阳光透入，能有效地进行光合作用，有丰富的浮游植物，主要为硅藻、绿藻和蓝藻等。深底带由于没有光线，自养生物不能生存，消费者的食物来源有限。湖泊的初级生产依靠沿岸带的有根植物和湖沼带的浮游植物。

通常依据水中营养的丰富程度将湖泊划分为贫营养湖（oligotrophic lake）和富营养湖（eutrophic lake），划分的主要依据为湖水透明度、叶绿素浓度、总氮、总磷含量及水中溶解氧等指标。不同营养状态的水中浮游植物种类组成有明显差别：贫营养型水体浮游植物以金藻为主，中营养型水体以硅藻为主，富营养型水体以绿藻、蓝藻为主。

河流生态系统是生物圈物质循环的重要通道，河流的水质、生物及生态状况，反映流域所在地区生态保护及群落管理的水平。随着河流管理从单一的污染防治及工程整治向水体修复与综合利用的转变，改善及丰富淡水生物群落必须投入更多的力量。

## 3.9 湿地生物群落

湿地生物群落是陆地生物群落与水生生物群落（包括海洋生物及淡水生物群落）之间的过渡型群落。现今多数国家公认和接受的湿地（wetland）的定义，是由联合国教科文组织《国际生物学计划》中所提出的：陆地和水域之间的过渡区域或生态交错带。有关湿地这一专业名词的产生及发展，不同地区学者依据自身的研究与理解，对湿地定义展开的讨论与修订。有关湿地定义之广义与狭义的区别与联系，详见 9.2。

参照美国、加拿大、英国等国和《拉姆萨尔公约》的湿地定义，目前中国多数学者采用的湿地定义为：陆缘含有 60％以上湿生植物的植被区,水缘为海平面以下 6 m 的水陆缓冲区。包括内陆与外流江河流域中自然的或人工的、咸水的或淡水的所有富水区域(枯水期水深 2 m 以上的水域除外),不论区域内的水是流动的还是静止的、间歇的还是永久的。

**1. 生境条件**

湿地是潜在的土地资源,适宜地区可开辟为农田及牧场。由于湿地土壤富含有机质,因而改造后往往可成为高生产力的土地。湿地不仅是多种鱼类重要的生境,也是多种水禽、野生动植物的繁殖、栖息地或生活环境,也为许多濒危野生动物(如丹顶鹤、天鹅、扬子鳄等)提供独特的生境,湿地沼生植物中蕴藏多种资源生物,是天然的基因库。湿地还富有泥炭资源,也是优质的旅游资源和科研基地。

由于湿地的生境条件,其中的生物群落特点表现为:①脆弱性,易受自然和人为活动的干扰,生态平衡极易受到破坏,且难以恢复。②高生产力,湿地是地球上最富有生产力的生态系统之一。③过渡性,湿地是过渡型生态系统,表现出水陆相兼的分布规律,水陆界面的群落交错分布使湿地具有显著的边缘效应。

**2. 生物群落特征**

根据地貌、水文、植被、土壤、淹水程度和人为影响等因素,湿地生物群落可被分为沼泽湿地群落、滨海湿地群落、淡水湿地群落及人工湿地等。滨海湿地生物群落又可因环境及群落组成的不同,被分为红树林群落、盐沼群落、滩涂与潮间带群落与河口滨海湿地群落。淡水湿地包括符合湿地定义的河流、湖泊、水库、池塘等淡水浅水区。

(1) 沼泽湿地群落    沼泽(marsh)广泛分布于世界各地,常出现在土壤过湿、积水或有浅水层并常有泥炭的生境条件下,一般不能形成连续单独的植被,而是散布在各种其他植被中,在针叶林及苔原带中较多。沼泽中以沼生植物占优势,大多是草本植物,也有木本植物。沼生植物的共同特点是通气组织发达,有不定根及特殊的繁殖能力。在贫营养沼泽中某些植物发展了食虫的习性,称为食虫植物。

沼泽分为 3 类:

1) 木本沼泽:主要分布在温带地区,群落中既有乔木,也有灌木。

2) 草本沼泽:其类型最多,面积也最大,物种组成丰富,生产力高。草本沼泽表面往往比周围低,也称为低位沼泽。草本沼泽中植物可从富有营养物质的地下水中获得营养,因此又被称为富营养沼泽。

3) 苔藓沼泽:在其发育过程中,由于苔藓的不断积累而升高,最后高过周围地面,因此又被称为高位沼泽。又因其表层断绝与地下水的营养联系,植物缺乏养分供应,属于寡营养沼泽。苔藓沼泽中的优势植物主要属于泥炭藓属的一些种类。

(2) 红树林群落    主要是指热带地区适应海岸和河口湾等特殊生境的常绿林或灌丛群落,广泛分布于赤道附近的不受风浪冲击的平坦海岸及海湾浅滩,基质是通气不良的淤泥,且受海水潮汐影响,涨潮时树冠部分露出水面。退潮时树干及起固着作用的支柱根和呼吸作用的呼吸根出露水面。红树林群落植物的支柱根最为发达,常交织成网状,扎入泥中,能抵抗海浪的冲击,是很好的堤防植被。红树具有胎萌现象,这种繁殖方式为红树林在热带海岸的生长提供了有利条件。红树林是由红树组成的群落,红树大约有 30 种,最主要的为属于红树科的秋茄树(*Kandelia candel*)、木榄(*Bruguiera gymnorhiza*)和马鞭草科的海榄雌(*Avicennia marina*)等,这些灌木适应在淤泥、半泥沙质和沙质海滩生长。红树林是多种动物的栖居和繁殖场所。

(3) 盐沼群落    出现在有淤泥和泥沙积累的海岸水域,常见于河口和沙嘴受掩护一侧。世界各地盐沼的植物种类不完全相同,常见的优势种类有大米草、互花米草、灯芯草(*Juncus effusus*)、盐角草(*Salicornia europaea*)等盐生植物。

(4) 滩涂与潮间带群落    分布于陆地与海洋接壤的广大区域,其生物群具有对淡水与咸水双重适应能力。滩涂上常见植物有芦苇、白茅、碱蓬等,它们的多度与盖度随土壤含盐量而变。生活在潮间带的生物具有抗御海浪冲击的能力,对温度和海水淹没及暴露等生态因子的急剧变化,发展了复杂的形态、生理及生态适应。潮间带生物因基质不同而划分为砂质、淤泥质和基岩等不同生态类型。

(5) 河口滨海湿地群落    河口滨海湿地是陆地进入海洋的特殊地区,营养物质沉积较多,为各种生物提供了丰富的营养,从而使其成为海洋生态系统中净初级生产量最高的地区。中国滨海湿地地区以 13％的土地养育了超过 40% 的全国人口,同时创造了约 60% 的 GDP,是受人类活动影响最显著的地区之一,该区域的可持续发展有赖于滨海湿地所提供的巨大的系统生产服务功能。1984~2018 年间,中国东部三大河口中,黄河口滨海湿地面积显著下降,但盐沼面积 2012 年以后缓慢恢复;长江口区上海市的滨海湿地面积整体显著上升;珠江口光滩面积波动较大,湿地植被面积在逐年稳步恢复。

（6）淡水湿地　　集中分布在北半球的寒温带及温带湿润气候地区,是典型的湿地群落,兼有水域和陆地群落的特点,具有特殊的生态功能,是地球上最重要的湿地之一,在抵御洪水、调节径流、控制污染、调控气候、美化环境等诸多方面起重要作用。淡水湿地岸边高地以喜湿乔木、灌木为主,水陆交错带以湿生植物、挺水植物为主,长年有水的区域则以浮水植物、沉水植物为主。植物群落与生活在其间的动物群构成淡水湿地生物群落。

（7）人工湿地　　人工湿地作为一种生态型污水处理技术的基地,与传统污水生化处理技术相比,具有运行成本低、处理效果好、兼有生态修复功能与营运生态景观等特点。人工湿地还包括人工开辟的稻田、虾田、蟹池等受人类控制和影响的一类湿地。

## 3. 人类活动对湿地的影响

长期以来由于人类对湿地重要性认识不足,在全球范围内,湿地生态系统遭受到严重破坏。据了解,自 1900 年以来,地球上近一半的湿地因人类不合理开发利用而丧失。一些地区湿地遭到严重的破坏,表现在生物多样性减少、物种栖息地丧失及水质改变等。湿地生态特征变化主要表现在以下几方面。

（1）面积缩小　　如填埋湿地造耕地,湿地排水转为工业、农业用地,被作为废物处理场和垃圾填埋地。

（2）水状况改变　　水是湿地的驱动力。湿地上游区域的水利开发影响下游湿地的生态特征。筑坝、过量抽取地下水和地表水、污水输入、荒地开发及低地化等,都导致湿地内部水文变化。

（3）水质改变　　营养物富集是湿地受污染的主要表现形式。农用化学品随径流进入湿地,是湿地水质变坏的主要原因。

面对湿地的丧失、湿地的生态变化和陆地化,湿地的保护、恢复和调整越来越受到社会的重视。如何加强保存湿地的整合性及其功能,全面评价湿地系统的可持续性,应用生态技术与生态工程来恢复、调整湿地是目前及今后生态学研究的紧迫任务之一。

## 思 考 题

1. 名词解释:生物群落、建群种、生活型、层片结构、边缘效应、同资源种团、演替系列(举例)、湿地、顶极群落、植被型、群丛、中度干扰假说。
2. 植物群落研究中常用的群落成员型是什么?
3. 群落数量分析采用哪些数量指标?
4. 简述生物群落物种多样性定义及主要测定方法。
5. 分析影响生物群落结构的主要因素。
6. 何谓先锋群落? 演替顶极理论包括哪几种?
7. 陆地生物群落的水平和垂直分布规律如何? 何谓"三相"地带性?
8. 苔原和北方针叶林生物群落各有何突出特征?
9. 试比较热带雨林、亚热带常绿阔叶林和温带落叶阔叶林。
10. 试比较温带草原与热带稀树草原群落植被和动物群特征。
11. 简述荒漠生境条件对植被及动物群特征的影响。
12. 海洋的三个生态带及其生物群落的主要特征是什么?

## 推 荐 参 考 书

1. 牛翠娟,娄安如,孙儒泳,等,2015.基础生态学.第 3 版.北京:高等教育出版社.
2. 尚玉昌,2010.普通生态学.第 3 版.北京:北京大学出版社.
3. 孙儒泳,王德华,牛翠娟,等,2019.动物生态学原理.第 4 版.北京:北京师范大学出版社.
4. Jürgen Schltz,2010.地球的生态带.第 4 版.林育真,于纪姗译.北京:高等教育出版社.

# 第4章　生态系统生态学

## 提　要

　　生态系统的概念、五大特征、四大组成成分,食物链与食物网、生态锥体、生态效率、生态系统的稳定性;生态系统的生产和分解作用的过程与特点,能量流动与物质循环;水、气体型和沉积型三大类型生物地球化学循环的特点和实例;生态系统的信息类型和特点。

　　生态系统是人类生存和发展的基础。然而,自 20 世纪 60 年代以来,随着世界人口的急剧增加,全球生态环境日益恶化,人类赖以生存的"地球村"上各级各类生态系统都不同程度地受到严重威胁。以生态系统为中心,对地球表层各级各类生态系统进行研究,已成为现代生态学的主流和最显著的特点。

　　人类赖以生存的自然生态系统是复杂的、自行适应的、具有负反馈机制的自我调节系统,其研究对于人类持续生存有重大意义。生态系统生态学就是以生态系统为研究对象,研究生态系统的组成要素、结构与功能、发展与演替,以及人为影响与调控机制的生态科学。研究的主要目的在于揭示地球表面各级各类生态系统的内在客观规律性,寻求生态学机制,提高人们对生态系统的全面认识,为指导人们合理地开发利用与保护自然资源,加强各级各类生态系统管理,维持生态系统服务,保持生态系统健康,促进退化生态系统恢复,以及创建和谐、高效、健康、可持续发展生态系统等提供科学依据。

　　当前全球所面临的重大资源与环境问题的解决,都要依赖于对生态系统的结构与功能、多样性与稳定性以及生态系统的演替、受干扰后的恢复能力和自我调节能力等问题的研究。

## 4.1　生态系统概述

### 4.1.1　生态系统的基本概念与特征

#### 1. 生态系统的基本概念

　　生态系统(ecosystem)就是在一定空间中共同栖居着的所有生物(即生物群落)与其环境之间由于不断地进行物质循环、能量流动和信息传递过程而形成的相互作用和相互依存的统一整体。地球上的森林、草原、荒漠、湿地、海洋、湖泊、河流等,它们不仅在外貌有区别,生物组成也各有特点,并且构成了生物和非生物相互作用、物质不断循环、能量不断流动的各种各样的生态系统。

　　生态系统是当代生态学中最重要的概念之一,也是自然界最重要的功能单位。生态系统思想的产生不是偶然的,而是有其历史沿革和社会背景的。

　　生态系统一词是英国生态学家坦斯利(Tansley)于 1935 年首先使用的。从生态系统这个术语产生,就在强调一定地域中各种生物相互之间、它们与环境之间功能上的统一性。

　　其后,苏联学者苏卡切夫(Сукачёв)于 1940 年提出"生物地理群落(biogeocoenosis)"的概念,把生物地理群落概括为一个简单而明确的公式:生物地理群落=生物群落+生境。1965 年在丹麦哥本哈根召开的国际学术会议上,生物地理群落和生态系统被认定为是同义语。

　　对生态系统理论的建立起重大作用的学者有林德曼(Lindeman),他于 20 世纪 30 年代末对塞达伯格湖

(Cedar Bog Lake)开展了详细的研究工作,揭示了营养物质转移的规律,创造了营养动态模型,提出了著名的"百分之十定律",标志着生态学从定性走向定量的阶段。

当代生态学家对生态系统生态学贡献卓著者,首先应该提到奥德姆两兄弟(E. P. Odum 和 H. T. Odum),他们创造性地提出了生态系统发展中结构和功能特征的变化规律。他们共同出版的《生态学基础》一书,是一部以生态系统为框架的极富新意的著作。

生态系统的概念对其范围和大小没有严格限制,其边界范围有的比较明确,有的则是随意的或人为界定的。具体的范围和边界随研究问题的特征而定,在研究某一具体生态系统时,必须对其边界予以界定,并确定对其研究的时间尺度。不同生态系统的空间尺度和时间尺度变化很大,能够相差若干个数量级。

**2. 生态系统的共同特征**

地球上有无数大大小小的生态系统。大到整个海洋、整块大陆,小至一片森林、一块草地、一个池塘等,都可看成是生态系统。生态系统不论是自然的还是人工的,都具有一些共同特征:

1) 生态系统是生态学上一个主要结构和功能单位,属于生态学研究的最高层次。

2) 生态系统内部具有自我调节功能。生态系统的结构越复杂,物种数目越多,自我调节能力就越强,但生态系统的自我调节能力是有限度的,超过了这个限度,调节也就失去了作用。

3) 能量流动、物质循环和信息传递是生态系统的三大功能。能量流动是单方向的,物质流动是循环式的,信息传递则包括营养信息、化学信息、物理信息和行为信息,构成了信息网。通常,物种组成的变化、环境因素的改变和信息系统的破坏是导致系统自我调节失效的主要原因。

4) 生态系统中营养级数目受限于生产者所固定的最大能值和这些能量在流动过程中的消耗与损失。因此,生态系统营养级的数目不会太多,通常不会超过 5~6 个。

5) 生态系统是一个动态系统,要经历一个从简单到复杂、从不成熟到成熟的发育过程,其早期发育阶段和晚期发育阶段具有不同的特性,即使达到成熟阶段,生态平衡仍然是一种动态平衡。

**3. 生态系统的研究内容**

生态系统研究的对象主要是自然界的任何一个部分。自然界的每一部分又是一种自然整体。例如森林、草地、冻原、湖泊、河流、海洋、河口、农田等,都是不同的生态系统。生态系统生态学研究的内容可概括为 5 个方面。

(1) 自然生态系统的保护和利用　自然生态系统是指目前地球上保持最完整,几乎没有或很少遭受人为干扰和破坏的生态系统。它经历了大约数十亿年的演化而形成。自然生态系统作为一个整体使废物降至最少,由一种生物产生的废物,均能作为另一种生物有用的材料或能源。

各种各样的自然生态系统有和谐、高效和健康的共同特点。许多野外研究显示,这类生态系统中具有较高的物种多样性和群落稳定性。一个健康的生态系统比一个退化的系统更有价值,它具有较高的生产力,能够满足人类物质的需求,还给人类提供生存的优良环境。因此,自然生态系统的科学保护和合理利用是生态系统重要研究内容之一。

(2) 生态系统调控机制的研究　自然生态系统属于开放系统,只有人工建立的、完全封闭的宇宙舱生态系统才可归属于封闭系统。生态系统是一个自我调控(self-regulation)的系统,通常情况下,生态系统能保持自身的生态平衡。理论上,一个生态系统对外界干扰在一定程度和阈值内是具有自动适应和自调控能力的。只有加强对自然、半自然和人工等不同生态系统自调控阈值的研究,了解自然和人类活动引起的环境变化所带来的一系列生态效应,理解生物多样性保护的深远意义,深入对群落和生态系统与外部限制因素间的作用效应及其机制的探讨,才能掌握调控和维持生态系统正常运行的机制。

(3) 生态系统退化的机制、恢复模型及其修复的研究　在人为干扰和其他因素的影响下,有大量的生态系统处于不良状态。因此我们应该重点研究由于人类活动而造成的系统逆向演化及其对系统结构的影响,重要生物资源退化机理及其恢复途径,研究防止人类与环境关系的不协调,用生态系统的理论和方法去管理我们的地球,使之成为清洁和健康的系统。

(4) 全球性生态问题的研究　世界人口的激增和科学技术的巨大进步,使得人类以前所未有的规模和速度改变着生存环境,许多全球性生态问题如臭氧层破坏、温室效应、生物多样性减少、土地荒漠化等问题产生并严重威胁着人类的生存和发展。因此,应重点研究全球气候变化对生物多样性发展和生态系统的影响;生存环境历史演变的规律;敏感地带对气候变化的反应;气候与生态系统相互作用的模拟,建立适应全球变化的生态系统发展模型。提出应对全球变化应采取的方法和措施等。全球性生态问题的解决要靠全人类共同努力。

(5)生态系统可持续发展研究　　面对全球生命支持系统可持续性遭受到的严重威胁,为了人类的生存和发展,经济发展与环境保护必须协调一致,必须对生态系统实行科学管理,必须制止或逆转生物圈资源的退化,必须重视生态系统可持续发展的研究。

**4. 生态系统的研究意义**

生态系统概念的提出,对研究生物与环境的关系提供了新的观点,生态系统已经成为当前生态学研究中最活跃的领域。要解决环境污染问题、人口问题与自然资源的合理利用问题,都有赖于对生态系统的结构、功能、稳定性及其对干扰的忍受和恢复能力的研究。

自然界是一个复杂的整体。以往的科学是把这一复杂的整体分成许多部分,分门别类地加以研究。但作为整体或系统的自然界,具有不同于组成它的各个部分的属性,它的发展服从于它自己具有的独特规律。生态系统理论从整体上研究自然界的运动和组分之间的相互作用,弥补了传统分科科学的缺陷,可以认为生态系统理论是迄今为止关于自然界宏观研究的最完整的理论之一。

生态系统研究是自然资源的合理利用和保护的科学基础。解决人类食物资源问题要求我们在广度和深度上加强对生态系统生产力的研究;生态系统物质循环研究有助于对众多环境问题的深入了解和解决;整个生物圈的合理利用和保护是协调区域环境问题的关键基础等等。

工农业生产和现代化建设在实践上和理论上也给我们提出了许多生态系统的研究课题。例如,西部大开发的生态学基础,三峡水电站的修建对长江中下游地区环境的影响,三北防护林带的生态学意义等。

## 4.1.2　生态系统的组成成分与基本结构

**1. 生态系统的组成成分**

尽管自然界存在多种多样不同的生态系统类型,但一个发育完整的生态系统的基本成分都可概括为生物成分和非生物成分两大类,生物成分又可划分为三大功能群:生产者、消费者和分解者。也就是说,一个完整的生态系统应包括非生物成分、生产者、消费者和分解者4种基本成分。对于一个生态系统来说,非生物成分是生物成分赖以生存和发展的基础,也是生物活动的场所及其生命活动所需的能量和物质的源泉。如果没有非生物成分形成的环境,生物就没有生存的场所,也得不到维持生命的能量和物质,因此,也就难以生存下去。如果仅有非生物成分而没有生物成分,也谈不上生态系统。因此,生态系统中的非生物成分和生物成分缺一不可。以池塘和草地作为实例来说明(图4.1)。

(1)非生物环境　　非生物环境(abiotic environment)即非生物成分组成的环境,包括以下三部分内容:

1)驱动整个生态系统运转的能源和热量等气候因子:主要指太阳能及其他形式的能源,温度、湿度、风等。

2)生物生长的基质和媒介:主要是指岩石、砂砾、土壤、空气、水等。

3)生物生长代谢的材料:主要指参加物质循环的无机元素和化合物(如 C、N、$CO_2$、$H_2O$、$O_2$、Ca、P、K 等)及有机物质(如蛋白质、糖类、脂类和腐殖质等)。

(2)生产者　　生产者(producer)也叫初级生产者,是指能利用太阳能或其他形式的能量,将简单的无机物制造有机物的自养生物(autotroph),包括所有的绿色植物和利用化学能的细菌等,主要是指绿色植物。生产者可以通过光合作用把水和二氧化碳等无机物合成为碳水化合物、脂肪和蛋白质等有机化合物,并把太阳辐射能转化为化学能,贮存在有机物的分子键中。生产者通过光合作用不仅为自身的生存、生长和繁殖提供营养物质和能量,而且它所合成的有机物也是消费者和分解者最初的能量来源。生态系统中的消费者和

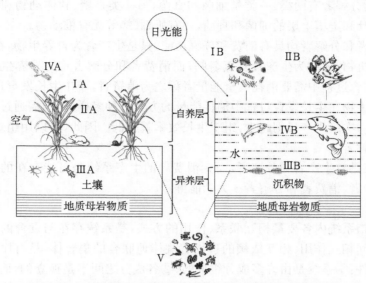

图 4.1　陆地生态系统(草地)和水生生态系统(池塘)营养结构的比较(仿自 Odum,1983)

Ⅰ 自养生物:ⅠA 草本植物;ⅠB 浮游植物。Ⅱ 食草动物:ⅡA 食草性昆虫和哺乳动物;
ⅡB 浮游动物。Ⅲ 食碎屑动物:ⅢA 土壤动物;ⅢB 水体底栖动物。Ⅳ 食肉动物:ⅣA 鸟
类及其他;ⅣB 鱼类及其他。Ⅴ 腐食性生物、细菌和真菌

分解者直接或间接地依赖于生产者,没有生产者,就不会有消费者和分解者。因此,生产者是生态系统中最基本和最关键的成分。

所有自我维持的生态系统都必须具有生产者,例如,对于淡水池塘来说,生产者主要为:①有根的植物或漂浮植物,通常只生活于浅水中。②体形微小的浮游植物,主要是藻类,分布在光线能够透入的水层中,一般用肉眼看不到,但对水体来讲,比有根植物更重要,是有机物质的主要制造者,池塘中几乎一切生命都依赖于它们。对草地来说,生产者是有根的绿色植物。

(3)消费者　　消费者(consumer)是指不能利用太阳能将无机物制造成有机物,而只能直接或间接依赖生产者制造的有机物质为生,属于异养生物(heterotroph)。消费者主要是指以其他生物为食的各种动物,按其营养方式,可分为食草动物、肉食动物、大型肉食动物(顶极肉食动物)、寄生动物及杂食动物等。

1)食草动物(herbivore):指直接以植物体为食的动物。在池塘中包括浮游动物和某些底栖动物。浮游动物以浮游植物为食。草地上的食草动物,如一些植食性昆虫和草食性哺乳动物。食草动物可统称为初级消费者(primary consumer)。

2)食肉动物(carnivore):指以食草动物为食的动物,如池塘中某些以浮游动物为食的鱼类,草地上以食草动物为食的捕食性鸟、兽。以食草动物为食的食肉动物,统称为次级消费者(secondary consumer)。

3)大型食肉动物或顶极食肉动物(top carnivore):指以食肉动物为食的动物。例如,池塘中的黑鱼或鳜鱼等凶猛鱼类,草地上的鹰、隼等猛禽,它们可称为三级消费者(tertiary consumer)。

4)寄生动物:指以其他生物的组织液、营养物和分泌物为生的动物。

5)杂食动物(omnivore):指那些既吃植物又吃动物的动物。有些鱼类既吃水藻、水草,又吃水生无脊椎动物,属于杂食性动物;有些动物的食性是随季节而变化的,如麻雀在秋冬季以吃植物为主,在夏季生殖期间则以吃昆虫为主,也属于杂食动物。

(4)分解者　　分解者(decomposer)又称为还原者。它们营腐生生活,都属于异养生物。与生产者的作用正好相反,它的基本功能是把动植物残体逐渐分解为比较简单的化合物,最终分解为最简单的无机物,并把它们释放到环境中去,供生产者重新吸收和利用。分解过程在分解者的体内或体外进行,绝大多数分解者能够把酶分泌到动植物残体的表面或内部,酶能把生物残体消化为极小的颗粒或分子,最终分解为无机物质,归还到环境中。分解者影响着生态系统的物质再循环,是任何生态系统都不能缺少的组成成分。

分解者主要包括细菌、真菌和放线菌及某些营腐生生活的原生动物和小型土壤动物(如甲虫、白蚁、某些软体动物等)。池塘中的分解者有两类:一类是细菌和真菌,另一类是蟹、软体动物和蠕虫等无脊椎动物;草地中也有生活在枯枝落叶和土壤上层的细菌和真菌,还有蚯蚓、螨等无脊椎动物。

其实,生产者、消费者和分解者均具有消费和分解功能,只是生产者为自养生物,在生态系统中的功能主要是将无机物转化为有机物,被称为生产者实至名归;而消费者和分解者均为异养生物,二者之间没有根本的区别,可以把在生长发育过程中需要消耗大量能量者称之为消费者,而在生长发育过程中消耗能量较少者则称之为分解者。虽然生物在生长发育过程中消耗能量的方式多种多样,但均需通过呼吸分解获取能量,消耗能量越多,呼吸量越大,次级生产量则越少,组织生长效率就越低。因此,可以用组织生长效率的高低来判断生物是消费者还是分解者。

从理论上讲,一个仅具有生产者和分解者,而无消费者的生态系统是可能存在的,但是对于大多数生态系统来说,通常都有生产者、消费者和分解者 3 大功能群。

**2. 生态系统的结构**

生态系统的结构是指系统内各要素相互联系、作用的方式,是系统存在与发育的基础,也是系统稳定性的保障。系统是指彼此间相互作用、相互依赖的事物有规律地联合的集合体,是有序的整体。一般认为,构成系统至少要有三个条件:①系统是由许多成分组成的;②各成分之间不是孤立的,而是彼此互相联系、互相作用的;③系统具有独立的特定的功能。生态系统的各组分只有通过一定的方式组成一个完整的、可以实现一定功能的系统时,才能称为完整的生态系统。

图 4.2 表示生态系统结构的一般模型。由图可见,生态系统可分为三个亚系统,即生产者亚系统、消费者亚系统和分解者亚系统。在长期的进化过程中,三个亚系统相互作用,形成一个统一的整体。生产者、消费者和分解者三个亚系统和非生物环境系统都是生态系统维持其生命活动必不可少的成分。

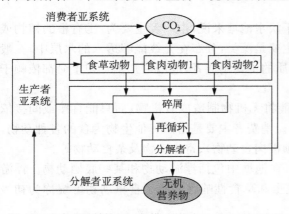

图 4.2　生态系统结构的一般模型(仿自 Anderson,1981)

生态系统的形态结构是指生态系统中生物种类、种群数量、物种的空间配置以及物种随时间而发生的变化。它与生物群落的结构特征是一致的。生态系统的营养结构是指一种以营养为纽带,把生态系统中的生物成分和非生物成分紧密结合起来,构成生产者、消费者和分解者三大功能群,能量流动、物质循环和信息传递成为三大功能的有机整体。生态系统具有物种结构、时间结构、空间结构和营养结构等不同类型的结构,生态系统生态学就是以生态系统的营养结构为研究对象。生态系统的营养结构是指生态系统中各种生物之间或生态系统中各生态功能群之间,通过吃与被吃的食物关系,以营养为纽带依次连接而成的食物链网结构以及营养物质在食物链网中不同环节的组配结构。

它反映了生态系统中各种生物成分取食习性和不同营养级的分化,同时也反映了生态系统中各营养级位生物的生态位分化与组配情况。生态系统中生物之间的这种食物关系和营养级位的分化是生物在生态系统演化过程中长期适应与进化的结果。

### 4.1.3　食物链和食物网

**1. 食物链**

(1)食物链定义　　生产者所固定的能量和物质,通过一系列取食和被食的关系在生态系统中传递,各种生物按其食物关系排列的链状顺序称为食物链(food chain)。埃尔顿(Elton)是最早提出食物链概念的学者之一,他认为由于受能量传递效率的限制,食物链的长度不可能太长,一般食物链都是由 4~5 个环节构成的,如浮游植物→浮游动物→小鱼→大鱼,树叶→蚜虫→瓢虫→鸟类→猛禽等食物链。中国有句古话:"螳螂捕蝉,黄雀在后",从生态学角度来看,实际上就是一条食物链,即树汁→蝉→螳螂→黄雀。

生态系统中的食物链不是固定不变的,它不仅在进化历史上有改变,在短时间内也会因动物食性的变化而改变。只有在生物群落组成中成为核心的、数量上占优势的种类所组成的食物链才是稳定的。

（2）食物链类型　　根据能流的起始端、生物的食性及取食方式的不同,可将生态系统中的食物链分为两类,即捕食食物链和碎屑食物链。前者是以活的动植物为起点的食物链,后者是以死生物或腐屑为起点的食物链。

1) 捕食食物链(grazing food chain):直接以生产者为基础,继之为食草动物和食肉动物,能量沿着太阳→生产者→食草动物→食肉动物的途径流动。例如:

在草原上:　　　　　　青草 → 野兔 → 狐 → 狼。

在湖泊中:　　　　　　浮游藻类 → 浮游甲壳类 → 小鱼 → 大鱼。

虽然我们最容易观察到的是捕食性食物链,但在陆地生态系统中,净初级生产量只有很少一部分通向捕食食物链。在大多数水生生态系统中,它也不是主要的食物链,只在某些水生生态系统中捕食食物链才成为能流的主要渠道。例如:

浮游藻类 → 植食性原生动物。

浮游植物 → 滤食浮游动物 → 肉食浮游动物。

2) 碎屑食物链(detrital food chain):此链以碎屑为基础,高等植物的枯枝落叶被分解者利用,分解成碎屑,然后再为多种动物所食。其构成方式为:

枯枝落叶 → 分解者或碎屑 → 食碎屑动物 → 小型肉食动物 → 大型肉食动物。

在大多数陆地的浅水生态系统中,生物量的大部分不是在生活状态时被捕食,而是死后的残体被逐级分解,能量流动是以碎屑食物链为主。

除碎屑食物链和捕食食物链外,还有寄生食物链(parasite food chain)。由于寄生物的生活史很复杂,所以寄生食物链也很复杂。有些寄生物可以借助食物链中的捕食者而从一个寄主转移到另一个寄主,也有些寄生物可借助昆虫吸食血液而转移寄主。在这些寄生食物链内,寄主的体积最大,以后沿着食物链寄生物的数量越来越多,体积越来越小。

## 2. 食物网

生态系统中生物之间实际的营养关系并不像食物链所表达的那么简单,而是存在着错综复杂的联系。生态系统中各种不同的食物链之间,通过各种生物彼此间错综复杂的取食与被取食的食物关系,使得各食物链之间交错连接,紧密地联结成为极其复杂的网状结构,这就是食物网(food web)。图 4.3 就是一个陆地生态系统食物网的一部分。

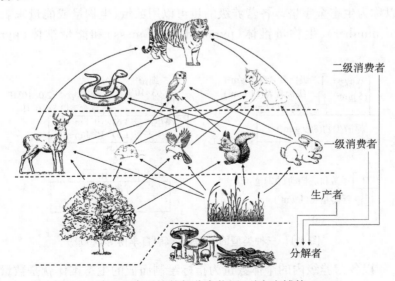

图 4.3　陆地生态系统的部分食物网(引自李博等,2000)

生态系统中各食物链之间总是相互联系、相互制约和协同作用的,当生态系统中某一食物链发生障碍时,可以通过食物网中其他食物链来进行调节和补偿。因此,一般说来,生态系统中的生物种类越丰富,食物网的结构越复杂,越有利于生态系统的稳定性,生态系统抵抗外力干扰的能力就越强,其中一种生物的消失不致引起整个系统的失调;若生态系统的食物网越简单,生态系统就越容易发生波动和毁灭,尤其是在生态系统功能上起关键作用的物种,一旦消失或受严重损害,就可能引起这个系统的剧烈波动。也就是说,一个复杂的食物网是使生态系统保持稳定的重要条件。例如,苔原生态系统结构简单,如果构成苔原生态系统食物链基础的地衣,因大气中二氧化硫含量的超标而死亡,就会导致生产力毁灭性破坏,整个系统可能崩溃。

虽然在自然生态系统中,生物是以食物网的形式发生联系,但在实际工作中,食物链仍是一个非常重要的概念。为了研究的方便,通常在食物网中找出能流量大的环节组成的食物链进行分析研究。

### 4.1.4　营养级与生态锥体

**1. 营养级**

自然界中的食物链和食物网是物种和物种之间的营养关系,这种关系是错综复杂的,至今尚无一食物网能如实反映自然界中真实食物网的复杂性。为了便于进行定量的能流和物质循环研究,生态学家提出了营养级(trophic levels)的概念。一个营养级是指处于食物链某一环节上的所有生物种的总和。营养级之间的关系已经不是指一种生物同另一种生物之间的关系了,而是指某一层次上的生物和另一层次上的生物之间的关系。

生态系统中的能流是单向的,通过各个营养级的能量是逐级减少的。减少的原因是:①各营养级消费者不可能百分之百地利用前一营养级的生物量,总有一部分会自然死亡和被分解者利用;②各营养级的同化率也不是百分之百的,总有一部分变成排泄物而留于环境中,为分解者生物所利用;③各营养级生物要维持自身的生命活动,总要消耗一部分能量,这部分能量变成热能而耗散掉,这一点很重要。由于能流在通过各营养级时会急剧地减少,所以食物链就不可能太长,因此生态系统中的营养级一般只有 4～5 级,很少有超过6级的。

**2. 生态锥体**

定量研究食物链中各营养级之间的关系,通常我们可以用生态锥体(ecological pyramid)来表示。在营养级序列上,后一个营养级总是依赖于前一个营养级,一般说来,前一个营养级只能满足后一个营养级中少数消费者的需要,随营养级的增多,每一营养级的物质、能量和个体数量递减。若以一个多层柱状体的横柱代表营养级,横柱的宽度表示各营养级的量,且按食物链中营养级的顺序,由低至高排列起来,所组成的图形称为生态锥体,也可以称为生态金字塔。各营养级的量可以用数量、生物量或能量来表示,因此,生态锥体有数量锥体(pyramid of number)、生物量锥体(pyramid of biomass)和能量锥体(pyramid of energy)3 类(图 4.4)。

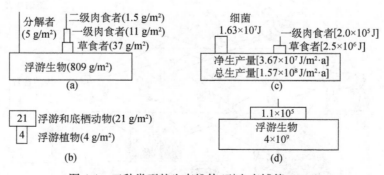

图 4.4　三种类型的生态锥体(引自李博等,2000)

(1) **数量锥体**　以各营养级内的个体数量为指标绘制而成的生态锥体就是数量锥体(图 4.4d)。由于不同营养级的生物个体大小和数量多少相差悬殊,致使数量锥体的形状变化较大,经常会出现倒置现象。若消费者个体大而生产者个体小,如草和兔,兔的数量少于草,锥体为金字塔形;若消费者个体小而生产者个体大，如树木和昆虫，昆虫的个体数量就多于树木；同样对于寄生者来说，寄生者的量也往往多于宿主，这样会使锥体的这些环节倒置过来。

（2）生物量锥体　　　以各营养级所包含的生物量为指标绘制而成的生态锥体就是生物量锥体（图4.4a、b）。在大多数情况下，生物量逐级减少，锥体呈正金字塔形（图4.4a）。但生物量锥体有时会出现倒置的情况（图4.4b）。例如海洋生态系统中，生产者（浮游植物）的个体很小，生活史很短，根据某一时刻调查的生物量，常低于浮游动物的生物量，这时，生物量锥体就倒置过来。当然，这并不是说在生产者环节流过的能量要比消费者环节流过的少，而是由于浮游植物个体小，代谢快，生命短，某一时刻的现存量反而要比浮游动物少，但一年的总能流量还是较浮游动物营养级的为多。

（3）能量锥体　　　从各营养级包含的能量为指标绘制而成的生态锥体就是能量锥体（图4.4c），它是从能量的角度来形象描述能量在生态系统中的转化。因为它不受个体大小、组成成分和代谢速率的影响，可以准确地说明能量的传递效率和系统的功能特点。能量通过各营养级时急剧减少，从一个营养级到另一个营养级的能量传递效率为10％～20％，因此，每一个后继营养级一般仅为前一个营养级的1/10～1/5大小，能量锥体最能保持金字塔形。

关于3种生态锥体的特点需要强调的是：由于生物个体大小相差悬殊，数量锥体经常有倒置现象是非常容易理解的；生物量锥体的倒置是指在特定时间上进行调查可能出现的结果，若以动态观点来看，高营养级的多生物量肯定是依赖于更多前营养级的生物量，不可能出现倒置；能量锥体的典型金字塔形则强调的是在能量流动过程中，由于部分能量在传递过程的损耗，不可能出现倒置现象，若以特定时间的调查为例，当生物量锥体出现倒置时，各营养级能量的含量也会出现倒置。

上述三种类型生态锥体，以能量锥体所提供的情况较为客观和全面，能量锥体以热力学为基础，较好地反映了生态系统内能量流动的本质。数量锥体可能过高地估计了小型生物的作用，而生物量锥体则过高强调了大型生物的作用。

研究生态锥体对提高生态系统每一级的能量转化效率，改善食物链上的营养结构，获得更多的生物产品具有指导意义。塔的层次多少与能量的消耗程度有密切关系，层次越多，贮存的能量越多。塔基宽，说明生态系统稳定，但若塔基过宽，能量转化效率低，能量浪费大。生态锥体直观地解释了生态系统中生物种类、数量的多少及其比例关系。

### 4.1.5　生态效率

生态效率（ecological efficiency）是指各种能流参数中的任何一个参数在营养级之间或营养级内部的比值，常用百分数表示，也可以称为传递效率（transfer efficiency）。生态效率在生产力生态学研究中，用来估计各个环节的能量传递，是生态系统生态学中一个非常重要的概念。

能量经过食物链任一营养级，都可被分解为几个不同的去向，一部分可沿食物链移动，另一部分则以各种形式被损耗。沿食物链移动可分为摄食、同化、生产几个环节；能量损耗的形式主要有不可利用、未被利用、未被同化及呼吸消耗等。分析研究这些不同去向的能流比例关系，实际上就是能量转化效率的基本内容。

**1. 常用的几个能量参数**

为了便于比较，首先对能流参数加以明确，其次要指出的是，生态效率是无维的，在不同营养级间各个能量参数应以相同单位表示。

1）摄食量（I）：表示一个生物所摄取的能量。对于植物来说，它代表光合作用所吸收的日光能；对于动物来说，它代表动物吃进的食物的能量。

2）同化量（A）：对于动物来说，它是消化后吸收的能量，对分解者是指对细胞外的吸收能量；对于植物来说，它指在光合作用中所固定的能量，常常以总初级生产量（gross primary production，GPP）表示。

3）呼吸量（R）：指生物在呼吸新陈代谢和各种活动中消耗的全部能量。

4）生产量（P）：指生物在呼吸消耗后所净剩的能量值，它以有机物质的形式累积在生态系统中。对植物来说,它是净初级生产量(NPP);对动物来说,它是同化量扣除维持消耗后的生产量。$P=A-R$。利用以上这些参数可以计算生态系统中能流的各种效率。

**2. 营养级内的生态效率**

（1）同化效率    同化效率(assimilation efficiency)指植物吸收的日光能中被光合作用固定的能量比例,或动物摄食的能量中被同化了的能量比例。

$$同化效率＝被植物固定的能量/吸收的日光能$$
$$＝被动物吸收的能量/动物的摄食量$$

即
$$A_e=A_n/I_n \tag{4.1}$$

式中,$n$ 为营养级。

一般食肉动物的同化效率比食草动物要高些,因为食肉动物的食物在化学组成上更接近其本身的组织。

（2）生长效率    生长效率(growth efficiency)包括生态生长效率和组织生长效率。

$$生态生长效率＝n 营养级的净生产量 /n 营养级的摄食量$$

即
$$P_e=P_n/I_n \tag{4.2}$$

$$组织生长效率＝n 营养级的净生产量 /n 营养级的同化量$$

即
$$P_e=P_n/A_n \tag{4.3}$$

通常植物的生长效率高于动物,大型动物的生长效率低于小型动物,年老动物的生长效率低于幼年动物,变温动物的生长效率高于恒温动物。生物的组织生长效率高于其生态生长效率。

**3. 营养级间的生态效率**

（1）消费效率    消费效率(consumption efficiency)指 $n+1$ 营养级（即摄食）的能量占 $n$ 营养级净生产量的比例。

$$消费效率＝n+1 营养级的消费能量 /n 营养级的净生产量$$

即
$$C_e=I_{n+1}/P_n \tag{4.4}$$

（2）林德曼效率(Lindeman's efficiency)    这是林德曼在经典能流研究中提出的,它相当于同化效率、生长效率和消费效率的乘积。但也有学者把营养级间的同化能量的比值视为林德曼效率。

$$林德曼效率＝(n+1) 营养级摄取的食物 /n 营养级摄取的食物$$

即
$$L_e=(A_n/I_n)\times(P_n/A_n)\times(I_{n+1}/P_n)=I_{n+1}/I_n \tag{4.5}$$

或
$$林德曼效率＝(n+1) 营养级同化量 /n 营养级同化量$$

即
$$L_e=A_{n+1}/A_n \tag{4.6}$$

根据林德曼测量结果,这个比值大约为 1/10,曾被认为是重要的生态学定律,称作十分之一定律（百分之十定律）。即从一个营养级到另一个营养级的能量转换效率为 10%。也就是说,能量每通过一个营养级就损失 90%,因此营养级一般不能超过 4 级。但这仅是在湖泊生态系统中的一个近似值,在其他不同的生态系统中,林德曼效率变化很大,高可达 30%,低可能只有 1% 甚至更低。

### 4.1.6  生态系统的稳定性

宇宙中有两类系统,一类是封闭系统,即系统和周围环境之间没有物质和能量的交换。一类是开放系统,即系统和周围环境之间存在物质和能量交换。

　　无论是自然的、还是人工的生态系统几乎都属于开放系统。只有人工建立的完全封闭的宇宙舱生态系统才可归属于封闭系统。

　　生态系统一个很重要的特点就是它常常趋向于达到一种稳态或平衡状态，使系统内的所有成分彼此相互协调。这种平衡状态是靠一种自我调节过程来实现的。当生态系统达到动态平衡的最稳定状态时，它能够自我调节和维持自己的正常功能，并能在很大程度上克服和消除外来的干扰，保持自身的稳定性。生态系统的稳定性可分为两类：一是抵抗力稳定性，即生态系统抵抗干扰，保护自身结构与功能不受损伤的能力；另一类是恢复力稳定性，是指生态系统被干扰、破坏后自我恢复的能力。这两类稳定性是相互对立的，同一个系统一般不易同时发生这两类稳定性。

　　生态系统的另一个普遍特性是存在着反馈（feedback）现象。所谓反馈，就是系统的输出变成了决定系统未来输入的功能因子。一个系统，如果其状态能够决定输入，就说明它有反馈机制的存在。图 4.5b 就是在图 4.5a 的基础上，加进了反馈环以后变成了可自我控制的系统。

　　要使反馈系统能起控制作用，系统应具有某个理想的状态或置位点，系统就能围绕位点而进行调节。图 4.5c 表示具有一个置位点的可自我控制系统。

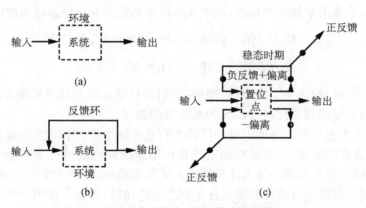

图 4.5　自然生态系统与反馈（仿自李博等，2000）

　　反馈有两种类型，即负反馈（negative feedback）和正反馈（positive feedback）。负反馈是比较常见的一种反馈类型。它的作用是能够使生态系统达到平衡和保持稳态，反馈的结果是抑制和减弱最初引发变化的那种成分所发生的变化。例如，如果草原上的食草动物因生殖或迁入而增加，植物就会因过度啃食而减少，植物的数量减少之后，反过来就会对动物数量起抑制作用。正反馈是比较少见的，它的作用刚好与负反馈相反，不是抑制而是加速最初引发变化的成分所发生的变化，因此正反馈的作用常常使生态系统远离平衡或稳定状态。在自然生态系统中正反馈的例子不多，而在污染生态系统中正反馈的例子却是常见的，如果一个池塘遭受污染，鱼类的数量就会因死亡而减少，死亡后的鱼体腐烂，会进一步加重污染，引起更严重的鱼类死亡现象发生。可以认为，正反馈对生态系统往往具有极大的破坏作用，它的发生常常是暴发性的，历时较短；而负反馈则有利于生态系统的稳定，在生态系统的长期进化过程中，起着非常重要的调节作用。

　　由于大多数自然生态系统具有通过负反馈所表现出的自我调节机制，所以在通常情况下，生态系统会保持自身的生态平衡。生态平衡（ecological balance）是指生态系统通过发育和调节所达到的一种稳定状况，它包括结构上的稳定、功能上的稳定和能量输入、输出上的稳定。生态平衡最显著的特点是动态平衡。在自然条件下，生态系统总是朝着种类多样、结构复杂和功能完善的方向发展，直到生态系统达到成熟的最稳定状态为止。

　　但是，生态系统的自我调节功能是有一定限度的，当外来干扰因素如火山爆发、地震、泥石流、森林火灾、人类修建大型工程、排放有毒物质、人为引入或消灭某些生物等超过一定限度，生态系统自我调节功能就会受到损害，从而导致生态失调，甚至导致生态危机。生态危机是指由于人类盲目活动而导致局部地区，甚至整个生物圈结构和功能的失衡，从而威胁到人类的生存。

## 4.2    生态系统中的能量流动

能量流动是生态系统的基本功能之一。生态系统中生命系统与环境系统在相互作用的过程中,始终伴随着能量的流动与转化,一切生命活动都伴随能量的变化,没有能量的转化,也就没有生命和生态系统。

### 4.2.1    研究能量传递的热力学定律

生态系统中能量传递和转换遵循热力学的两条定律:热力学第一定律(又称为能量守恒定律)和热力学第二定律(又称为熵律、能量衰变定律)。

(1) 热力学第一定律    能量既不能创造,也不能消灭,只能从一种形式转化为另一种形式,即进入系统的能量等于系统内依然存在的能量加上系统所释放的能量。

(2) 热力学第二定律    任何形式的能(除了热)在转化为另一种形式的自发转换中,不可能100%被利用,总有一些能量作为热的形式被耗散出去。也就是能量的每一次转化都导致系统自由能的减少,熵值增加。熵是指热力体系中,不能用来做功的热能,熵的大小可用热能的变化量除以温度所得的商来表示。

$$\text{热力学第一定律} \quad \Delta H = Q_p + W_p \tag{4.7}$$

$$\text{热力学第二定律} \quad \Delta H = \Delta G + T\Delta S \tag{4.8}$$

式中,$\Delta H$ 是系统中焓的变化;$Q_p$、$W_p$ 为净热、净功,它们各自独立地和外界环境发生交换。在常压下,$\Delta G$ 是系统内自由能的变化,$T$ 是绝对温度($K$),$\Delta S$ 为系统内的熵变。

把热力学定律应用于生态学能量流动中是一件非常有意义的工作,例如,光合作用生成物所含有的能量多于光合作用反应物所含有的能量,生态系统通过光合作用所增加的能量等于环境中太阳辐射所减少的能量,但总能量不变,所不同的是太阳能转化为化学能进入了生态系统,表现为生态系统对太阳能的固定,这符合热力学第一定律。另外,当能量以食物的形式在生物之间传递时,食物中相当一部分能量转化为热而消散掉(使熵增加),其余则用于合成新的组织而作为潜能贮存下来,这符合热力学第二定律。因此,能量在生物之间每传递一次,一大部分的能量就被转化为热而损失掉。这也就是为什么食物链的环节和营养级数一般不会多于5~6个,以及能量锥体必定呈金字塔形的热力学解释。同时,这也表明生态系统是一个热力学系统,生物系统是开放的不可逆的热力学系统,开放系统与封闭系统的性质不同,它倾向于保持较高的自由能而使熵值较小,只要是开放系统便可维持一种稳定的平衡状态。生态系统是维持在一种稳定状态的开放系统,它在不断的物质和能量输入条件下,可以通过"有组织"地建立新结构,并通过群落的呼吸作用而不断地排除无序,造成并保持一种高度有序的低熵状态。

### 4.2.2    初级生产

生态系统不断运转,生物有机体在能量代谢过程中,将能量、物质重新组合,形成新产品(糖、蛋白质和脂肪等)的过程,称为生态系统的生产(production)。

#### 1. 初级生产的基本概念

生态系统的能量流动开始于绿色植物通过光合作用对太阳能的固定。因为这是生态系统中第一次能量固定,所以称为初级生产(primary production)。植物所固定的太阳能或所制造的有机物质称为初级生产量(或第一性生产量)。

初级生产是指绿色植物的生产,即植物通过光合作用,吸收和固定光能,把无机物转化为有机物的生产过程。初级生产过程可用下列化学方程式表示:

$$6CO_2 + 12H_2O \xrightarrow[\text{叶绿素}]{\text{光能} 2.8 \times 10^6 \text{ J}} C_6H_{12}O_6 + 6O_2 + 6H_2O \tag{4.9}$$

式中,$CO_2$ 和 $H_2O$ 是原料,糖类$(CH_2O)_n$是光合作用形成的主要产物,如蔗糖、淀粉和纤维素等。

植物在单位面积、单位时间内,通过光合作用所固定的太阳能,称为总初级生产量(gross primary production,GPP),常用单位为 J/(m² · a)[或 gDW/(m² · a)]。

在初级生产过程中,植物固定的能量有一部分被植物自身的呼吸消耗掉,剩下的能量可用于植物的生长和生殖,这部分生产量称为净初级生产量(net primary production,NPP),二者之间的关系是:

$$GPP = NPP + R \qquad (4.10)$$

式中,$GPP$ 为总初级生产量,$NPP$ 为净初级生产量,$R$ 为呼吸所消耗的能量。

净初级生产量是可供生态系统中其他生物(主要是各种动物和人)利用的能量。初级生产量也可称为初级生产力。

对生态系统中某一营养级来说,总生物量不仅因生物呼吸而消耗,也由于受更高营养级动物的取食和生物的死亡而减少。所以

$$dB/dt = GPP - R - H - D$$

式中,$dB/dt$ 为某一时期内生物量的变化,$H$ 为被较高营养级动物所取食的生物量,$D$ 为因死亡而损失的生物量。

全球陆地的净初级生产量大约为 $115 \times 10^9$ t/a 干物质。而海洋的大约为 $55 \times 10^9$ t/a 干物质。净初级生产量在地球上的分布是很不均匀的,生产量较高的生态系统为沼泽、湿地、河口湾、珊瑚礁等。生产量随距赤道距离增大而降低,它表明温度与辐射的重要性。在陆地上,热带雨林的生产量最高,平均 2 200 g/(m² · a)。某些作物栽培地也属于高生产量生态系统(表 4.1)。

表 4.1　地球上各种生态系统的植物净生产力和生物量(引自 Whittiker, 1975)

| 生态系统类型 | 面积/10⁹ km² | 净初级生产量/[g/(m² · a)] | | 全球净初级生产总量 | 生物量/(kg/m²) | | 全球生物量/10⁹ t |
| --- | --- | --- | --- | --- | --- | --- | --- |
| | | 范围 | 平均 | | 范围 | 平均 | |
| 热带雨林 | 17.0 | 1 000~3 500 | 2 200 | 37.40 | 6~80 | 45.00 | 765.00 |
| 热带季雨林 | 7.5 | 1 000~2 500 | 1 600 | 12.00 | 6~60 | 35.00 | 262.50 |
| 亚热带常绿阔叶林 | 5.0 | | 1 300 | 6.50 | 6~200 | 35.00 | 175.00 |
| 温带落叶阔叶林 | 7.0 | 600~2 500 | 1 200 | 8.4 | 6~60 | 30.00 | 210.00 |
| 北方针叶林 | 12.0 | 400~2 000 | 800 | 9.60 | 6~40 | 20.00 | 240.00 |
| 灌丛和林地 | 8.5 | 250~1 200 | 700 | 6.00 | 2~20 | 6.00 | 51.00 |
| 热带稀树草原 | 15.0 | 200~2 000 | 900 | 13.50 | 6.2~15.0 | 4.00 | 60.00 |
| 温带草原 | 9.0 | 200~1 500 | 600 | 5.4 | 0.2~5.0 | 1.60 | 14.40 |
| 寒漠和高山 | 8.0 | 10~400 | 140 | 1.10 | 0.1~3.0 | 0.60 | 5.00 |
| 荒漠和半荒漠灌丛 | 18.0 | 10~250 | 90 | 1.60 | 0.1~4.0 | 0.70 | 12.60 |
| 岩石、沙漠、荒漠和冰地 | 24.0 | 0~10 | 3 | 0.07 | 0~0.2 | 0.02 | 0.500 |
| 栽培地 | 14.0 | 100~3 500 | 650 | 9.10 | 0.4~12.0 | 1.00 | 14.00 |
| 沼泽和沼泽湿地 | 2.0 | 800~3 500 | 2 000 | 4.0 | 3~50.0 | 15.00 | 30.00 |
| 湖泊和河流 | 2.0 | 100~1 500 | 250 | 0.50 | 0~0.1 | 0.02 | 0.04 |
| 大陆统计 | 149.0 | | 773 | 115.17 | | 12.3 | 1 840 |
| 大洋 | 332.0 | 2~400 | 125 | 41.5 | 0~0.005 | 0.003 | 1.000 |
| 上涌流区域 | 0.4 | 400~1 000 | 500 | 0.20 | 0.005~0.100 | 0.02 | 0.008 |
| 大陆架 | 26.6 | 200~600 | 360 | 9.6 | 0.001~0.040 | 0.01 | 0.270 |
| 海藻床或珊瑚礁 | 0.6 | 500~4 000 | 2 500 | 1.6 | 0.04~4.00 | 2.00 | 1.20 |
| 河口湾 | 1.4 | 200~3 500 | 1 500 | 2.1 | 0.01~6.00 | 1.0 | 1.40 |
| 海洋统计 | 361.0 | | 152 | 55.0 | | 0.01 | 3.9 |
| 全球统计 | 510.0 | | 353 | 170.17 | | 3.60 | 1 841.0 |

**2. 全球初级生产量分布特点**

从上表可以看出,全球初级生产量的分布是不均的,可概括为以下 4 个特点:

1) 陆地比水域的初级生产量大。原因是占海洋面积最大的大洋区缺乏营养物质,其生产量很低,平均仅 125 g/(m² · a),有"海洋荒漠"之称。

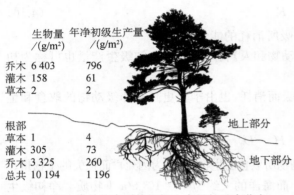

生物量
/(g/m²)

年净初级生产量
/(g/m²)

乔木 6 403　796
灌木 158　61
草本 2　2

根部
草本 1　4
灌木 305　73
乔木 3 325　260
总共 10 194　1 196

地上部分

地下部分

图 4.6　森林生态系统初级生产量的垂直分布
(仿自 Odum,1971)

2) 陆地上初级生产量随纬度增加逐渐降低。低纬度带最富有生产力,这表明温度和太阳辐射是初级生产量的重要因素。初级生产量从热带到亚热带,经温带到寒带逐渐降低,但海洋生态系统中没有这个趋势。在陆地生态系统中,以热带雨林生产力为最高。由热带雨林向亚热带常绿阔叶林、温带落叶林、北方针叶林、稀树草原,温带草原、冻原和荒漠依次减少。

无论是水体或陆地生态系统,初级生产量都有垂直变化的规律,从图 4.6 清楚可见,对植物的地上部分来说,乔木层的生产量最高,灌木层就低了很多,地表草本层的生产量更低。植物的地下部分也反映了同样的情况。水体生态系统也有类似规律。

3) 海洋中初级生产量有由河口湾向大陆架和大洋区逐渐降低的趋势。河口湾由于有大陆河流的辅助能输入,它们的净初级生产力平均为 1 500 g/(m² · a),生产量较高。但所占的面积不大。

4) 生态系统的初级生产量,往往随系统的发育年龄而改变。

**3. 初级生产的生产效率**

初级生产量的大小就是生态系统总光合作用制造有机物质的总量或贮存的总能量,生产效率(production efficiency)是指植物的生产量($P_n$)与同化的能量($A_n$)的比值,即生产量占同化量的百分比,其余部分全部都以呼吸散热而损失。对初级生产的生产效率的估计,可以一个最适条件下的光合效率为例(表 4.2),如在热带一个无云的白天,或温带仲夏的一天,太阳辐射的最大输入可达 $2.9 \times 10^7$ J/(m² · a)。扣除 55% 属紫外线或红外辐射的能量,加上一部分被反射的能量,真正能为光合作用所利用的就只占辐射能的 40.5%,再除去非活性吸收和不稳定的中间产物,能形成糖类的约为 $2.7 \times 10^6$ J/(m² · a),相当于 120 g/(m² · a)的有机物质,这是最大光合效率的估计值,约占总辐射能的 9%。但实际测定的最大光合效率的值只有 54 g/(m² · a),接近理论值的 1/2,大多数生态系统的净初级生产量的实测值都远远低于此值,由此可见净初级生产力不是受光合作用转化光能的能力所限制,而是受其他生态因素所限制。

**表 4.2　最适条件下初级生产的效率估计(引自 McNaughton et al,1979)**

| | 能量/[J/(m² · a)] | | | 百分率/% | |
| --- | --- | --- | --- | --- | --- |
| | 输入量 | | 损失量 | 输入 | 损失 |
| 日光能 | $2.9 \times 10^7$ | | | 100 | |
| 可见光 | $1.3 \times 10^7$ | 可见光以外 | $1.6 \times 10^7$ | 45.0 | 55.0 |
| 被吸收 | $9.9 \times 10^6$ | 反射 | $1.3 \times 10^6$ | 40.5 | 45.0 |
| 光化中间产物 | $8.0 \times 10^6$ | 非活性吸收 | $3.4 \times 10^6$ | 28.4 | 12.1 |
| 糖类 | $2.7 \times 10^6$ | 不稳定中间产物 | $5.4 \times 10^6$ | 9.1 | 19.3 |
| 净生产量 | $2.0 \times 10^6$ 约合 120 g/(m² · a) | 呼吸消耗 | $6.7 \times 10^6$ | 6.8(实测最大值为 3%) | 2.3 |

从 20 世纪 40 年代末以来,对各生态系统的初级生产效率所做的大量研究表明,生产效率随讨论的有机体分类阶元而变化。微生物寿命短,种群周转快,具有高生产效率;无脊椎动物一般具有较高的生产效率(30%~40%),呼吸丢失的热能很少;脊椎动物中,外温动物生产效率中等(10%),内温动物因维持恒温而消

耗大量能量,只有 1%～2% 的同化能量转化为生产量。身体大小像鼩鼱一样的内温动物,其 $P_e$ 值最低。一般说来,内温动物的 $P_e$ 值随身体增大而增高,外温动物则随体型增大而降低。

**4. 初级生产量的限制因素**

影响生态系统初级生产量的因素很多,如光照、温度、生长期的长短、水分供应状况、可吸收矿物养分的多少和动物采食情况等。

(1) 陆地生态系统的限制因素　　光、$CO_2$、水和营养物质是初级生产量的基本资源,温度和氧气是影响光合效率的主要因素。而食草动物的捕食则减少光合作用生物量。

植物群落生产量归根结底是受太阳入射光辐射总量所决定的,但群落利用光辐射是不充分的。一般情况下,植物有足够的可利用的光辐射,但并不是说光辐射不会成为限制因素,例如冠层下的叶子接受光辐射可能不足,白天中有时光辐射低于最适光合强度,对 $C_4$ 植物可能达不到光辐射的饱和强度。

水最容易成为限制因子,各地区降水量与初级生产量有着密切的关系。在干旱地区,植物的净初级生产量几乎与降水量呈线性关系,但在湿润地区,一般净初级生产量有一个峰值,超过此值再增加降水,生产量也不再升高。

温度与初级生产量的关系比较复杂,温度上升,总光合速率升高,但超过最适温度则转为下降,而呼吸速率则随温度上升而呈指数上升,其结果是净生产量与温度呈峰型曲线。

基拉(Kira)总结了不同类型森林生态系统的初级生产量。图4.7 表示日本 5 种生长型森林生态系统 258 个林地的初级生产量。各种森林类型的初级生产量变化很大,其中常绿阔叶林的初级生产量在生产林中是最高的。一般来说,在气候条件相同的情况下,不同森林之间生产力的差异主要归因于生长季节长度的变化和叶面积指数的变化。针叶林比落叶林生产力高,主要原因是针叶林比落叶林的叶面积大。

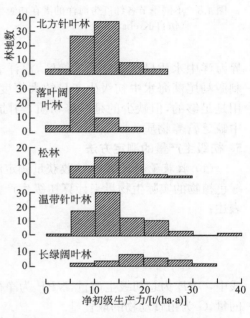

图 4.7　不同森林类型的初级生产力
(仿自 Kira, 1975)

草地的初级生产量主要取决于草原的 $C_3$ 植物和 $C_4$ 植物相对量的大小,$C_3$ 植物初级生产量与温度密切相关,而且温度越高,其生产力就越低,$C_4$ 植物的生产量主要与降雨量有关,而且降雨越多生产量越高,这说明在草原生态系统中,温度和湿度是初级生产的主要限制因素;其次与土壤类型以及土壤含水量和养分等有关。营养物质是植物生产力的基本资源,最重要的是 N、P、K。对各种生态系统施加氮肥都会增加初级生产量。

近年研究还发现一个普遍规律,即地面净初级生产量与植物光合作用中氮的最高积聚量呈密切的正相关。

(2) 水生生态系统的限制因素　　光是影响水体(海洋、湖泊)生态系统初级生产量的最重要因子,光在海洋、湖泊中穿透深度对初级生产量大小的影响很大。水极易吸收太阳辐射,在距水面以下不远处,便有一半的太阳辐射被吸收(几乎包括所有的外光能),即便是在很清澈的水域中,也只有 5%～10% 光可以照射到20 米深处。一般情况下,随着水深增加光衰减得越快,但光强度过高也会限制绿色植物的光合作用。

在海洋生态系统中,光是限制其初级生产量的主要因子。美国生态学家赖瑟(Ryther)提出预测海洋初级生产力的公式:

$$P = R/K \times C \times 3.7 \tag{4.11}$$

式中,$P$ 为浮游植物的净初级生产力,单位为 $g/(m^2 \cdot d)$;$R$ 为相对光合率;$K$ 为光强度随水深度而减弱的消退系数;$C$ 为水中的叶绿素含量,单位为 $g/m^3$。

这个公式表明,海洋浮游植物的净初级生产量决定于太阳的日辐射总量、水中的叶绿素含量和光强度随水深度而减弱的消退系数。

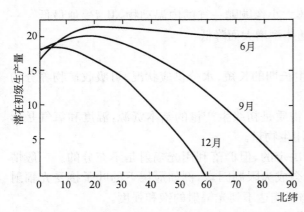

图 4.8　不同季节各纬度带海洋的潜在初级生产量
（仿自 Krebs，1978）

从两极到热带，光辐射总量的变化是很大的，图 4.8 表明在不同季节各纬度带海洋的潜在初级生产量。

太阳光辐射总量能够提供潜在的初级生产量的估计值，热带和亚热带海洋应具有最高的初级生产量。极地海洋冬季的光辐射是初级生产力的限制因子。

因此，当水体深度和纬度发生变化时，光因子是影响初级生产量的主要因子。在相同深度和纬度带上，营养物质含量是水体生态系统初级生产量的主要限制因子。营养物质中，最重要的是 N 和 P，有时还包括 Fe，这可以通过施肥试验获得直接证明。海洋生态系统中有一个明显的规律，即浮游植物主要生活在海洋表层，但海洋表层磷和氮的浓度却很低，而在深水中反而含有高浓度的营养物质。马尾藻海位于大西洋的亚热带部分，这里是世界海洋中水质最清晰透明的海区，海洋表面所含的营养物质很少。施肥试验证明，施加肥料后能明显地刺激马尾藻海水中初级生产量的大幅度提高，但作用期甚短。在这个亚热带海洋中，太阳辐射对光合作用是足够的，但缺少的是营养物质，与陆地生态系统相比，海洋生态系统的生产力明显偏低，原因是海水中缺乏营养物质。

**5. 初级生产量的测定方法**

（1）收获量测定法　　收获量测定法是一种测定初级生产量最常用和最古老的方法，是通过收割、称量绿色植物的实际生物量来计算初级生产量，并以每年每平方米的干物质重量来表示，其原理可以用下式来表述：

$$GPP = NPP + R \tag{4.12}$$

$$NPP = B + L + G \tag{4.13}$$

式中，GPP 为总初级生产量，NPP 为净初级生产量，B 为 $t_1$ 到 $t_2$ 时间内生物量之差（$b_2 - b_1$），L 为凋落物的量，G 为植食动物的取食量。

在具体应用时，有时只测定植物的地上部分，有时还需测量地下部分。此法适用于陆生生态系统的草地、冻原、沼泽和某些灌木占优势的植物群落，主要优点是简便易行，省钱又能精确测定净初级生产量。但这种工作是很费力的，必须定期对树干的变粗、树枝的增长以及花、果、叶的生物量进行测定，更困难的是测定植物已枯死部分即枯枝落叶和被植食动物吃掉的部分。

（2）氧气测定法　　氧气测定法即黑白瓶法。就是利用呼吸消耗氧的多少来估算总光合量中的净初级生产量。

总光合量 = 净光合量 + 呼吸量

在水生生态系统中，常用黑白瓶法。黑瓶为不透光的瓶，其内不能进行光合作用，但可进行呼吸活动；白瓶可充分透光；再设一瓶作为对照。实验时，用 3 个玻璃瓶，一个用黑胶布包上，再包以铅箔。从待测的水体深度取水，保留一瓶（初始瓶）以测定水中原有溶氧量。将另一对黑白瓶沉入取水样深度，经过一定时间（常为 24 h），取出进行溶氧量测定。根据 3 种瓶溶氧量值，可估计光合量和呼吸量，这是因为黑瓶中不进行光合作用，其溶氧量的减少就是该水体的群落呼吸量，白瓶能进行光合作用和呼吸作用，其溶氧量的变化就反映了光合作用与呼吸作用之差，即群落的净生产量。根据初始瓶（IB）、黑瓶（DB）、白瓶（LB）的溶氧量，即可求得：

$$LB - IB = 净初级生产量$$

$$IB - DB = 呼吸量$$

$$LB - DB = 总初级生产量$$

昼夜氧曲线法是黑白瓶法的变形。每隔 2～3 h 测定水体的溶氧量和水温,据此做成昼夜氧曲线。白天由于水中自养生物的光合作用,溶氧量逐渐上升,夜间由于全部好氧生物的呼吸,溶氧量逐渐减少。这样,就能根据水中溶解氧的昼夜变化来分析水体群落的代谢情况。因为水中的溶氧量还随温度而改变,因此必须对实际观察的昼夜曲线进行校正。

黑白瓶法存在以下主要缺点:

1) 必须把整体群落的一部分完全密封起来,而这个取样往往不能完全反映取样所属种群的实际情况。

2) 在 11～12 ℃之间的细菌耗氧量往往可达到总呼吸量的 40%～60%。因此使呼吸消耗偏离正常值,常低估了植物的生产量。

3) 无法估计底栖生物群落的代谢量。

(3) 二氧化碳测定法　　测定 $CO_2$ 的释放与吸收是研究陆地生态系统初级生产力常用的方法。测定空气中 $CO_2$ 含量的仪器是红外气体分析仪,或用古老的 KOH 吸收法。二氧化碳吸收法既可测定叶子或植株的光合作用强度,也可用它来估算整个群落的生产量。这种方法是用塑料帐将群落的一部分罩住,测定进入和抽出的空气中 $CO_2$ 含量,减少的 $CO_2$ 的量就是进入有机物质中的量。

这种方法的缺点是在塑料帐篷罩盖下改变了群落样方的环境条件,被套入小室中的植物呼吸组织和光合作用组织要被完全密封起来,这就有可能影响它们的功能。此外小室内的 $CO_2$ 浓度往往波动较大,计算 $CO_2$ 的平均浓度常常会发生困难。为了克服这些缺点,近年来采用了空气动力学方法。这种方法是在生态系统的垂直方向按一定间隔安置若干 $CO_2$ 检测器,这些检测器可定期对不同层次上的 $CO_2$ 浓度进行检测。而 $CO_2$ 的含量决定于 $CO_2$ 浓度和风速。因此,应校正空气流动、扩散和传递所产生的影响。

(4) 放射性同位素测定法　　用定量的标记物质作放射性追踪,可以测出稳定状态下生态系统内的物质转换率。例如,利用同位素 $^{14}C$ 测定植物对 $^{14}C$ 的吸收速率。放射性 $^{14}C$ 以碳酸盐($^{14}CO_2$)的形式,放入含有天然水体浮游植物的样瓶中,并将样瓶沉入水中。经过短时间的培养之后,滤出浮游植物,干燥后在计数器中测定放射活性,然后通过计算,确定光合作用固定的碳量,计算是依据光合作用方程式进行的,并假定放射性碳和稳定碳的吸收是成比例的。

$$6^{14}CO_2/6CO_2 = ^{14}C_6H_{12}O_6/C_6H_{12}O_6$$

取样器和水样容器化学成分对水样的影响,以及水样长时间曝光可能产生的光抑制作用都可能使放射性同位素法(即 $^{14}C$ 法)产生误差。此外,水样的酸碱性、$^{14}C$ 溶液中各种离子可能存在的抑制作用、滤物的性质以及计数室的效率也可以影响 $^{14}C$ 的吸收或决定 $^{14}C$ 浓度的精确性。因为浮游植物在黑暗中也能吸收 $^{14}C$,因此还要用"暗吸收"作校正。虽然如此,用这种方法来测定初级生产量仍是较为先进的。

(5) 叶绿素测定法　　叶绿素测定法主要依据植物叶绿素的含量与光合作用率的密切相关。通过薄膜将自然水进行过滤,然后用丙酮提取叶绿素,将丙酮提取物在分光光度计中测量光吸收,再通过计算,化为每平方米含叶绿素多少克。由于假定每单位叶绿素的光合作用率是一定的,因此依据所测数据就可以计算出取样面积内的初级生产量。叶绿素测定法所取样品无须再装入透光和不透光的容器内,在研究水生生态系统的初级生产量时被广泛应用。

(6) pH 测定法　　此法应用于水生生态系统,其原理主要是依据初级生产量与溶于水中 $CO_2$ 的关联。即水体中的 pH 随光合作用吸收 $CO_2$ 和呼吸过程释放 $CO_2$ 而发生变化,但两者的变化并不呈线性关系,同时水中又有缓冲物,而特定水域中缓冲物质的容量又各不相同,因此需对每一个具体水生生态系统中 pH 和 $CO_2$ 之间的关系进行专门的校准。但其优点是只需连续记录系统中 pH 的变化,并不干扰其中的生物群落,可以根据昼夜的连续记录,分析其中的光合量和呼吸量,便可估算初级生产力。

## 4.2.3　次级生产

次级生产(secondary production)或称第二性生产,是指消费者和还原者的生产,即消费者和还原者利用净初级生产量进行同化作用的过程,表现为动物和微生物的生长、繁殖和营养物质的贮存。次级生产速率也即异养生物生产新生物量的速率。异养生物可以定义为需要含能量丰富的有机分子的有机体,如动物、真菌和大多数细菌。

## 1. 次级生产过程

总的说来,次级生产力是受到初级生产量和热力学第二定律制约的。净初级生产量是一切消费者的能量来源。从理论上讲,净初级生产量可能全部被异养生物所利用,转化为次级生产量(如动物的肉、卵、奶、毛皮、骨骼、血液等),可见其在生物生命中的基础地位和作用。实际上,任何一个生态系统中的净初级生产量都可能流失到自身生态系统以外的地方。例如,在海岸盐沼生态系统中,大约有45%的净初级生产量流失到了河口生态系统,还有许多植物是生长在动物所达不到的地方,因此也无法被利用,总之,对动物来说,或因得不到、或因不可食、或因动物种群密度低等原因,总有一部分未被利用,即便是被动物吃进的食物,也还有一部分会通过动物的消化道被排出体外,食物被消化利用的程度将依动物种类不同而大不相同。动物吃进的食物中有一部分以排粪、排尿的方式损失掉了,并不能全部同化和利用,在被同化的能量中,有一部分用于动物的呼吸代谢和生命的维持,最终以热的形式消散掉,剩下的那一部分才能用于动物各器官组织的生长和繁殖新的个体。这就是我们所说的次级生产量。上述过程表示如下:

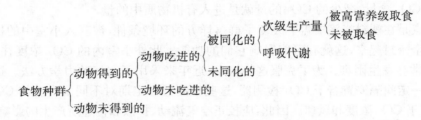

例如,海狸啃倒一棵树,只吃掉树皮,这棵树的大部分能量都未被利用,而有待以后分解;海狸消耗的原料中,一些能量通过消化系统排泄掉,其余被消化的能量,一部分通过尿排泄掉,而剩下的能量被同化或新陈代谢;被同化的能量又分两个途径,用以维持生存或生产。所有的动物为了生存都必须花费能量去呼吸,生产主要是通过同化作用生长或繁殖。

上述过程是一个普适模型,它可应用于任何一种动物,包括植食动物和肉食动物,能量从一个营养级传递到后一个营养级时往往损失很大,因为动物捕到猎物后往往不是全部吃掉,而是剩下毛皮、骨头和内脏等。对一个动物种群来说,其能量收支情况可以用下列公式表示:

$$C = A + FU \tag{4.14}$$

$$A = P + R \tag{4.15}$$

式中,$C$ 代表动物从外界摄取的能量,$A$ 代表被同化的能量,$FU$ 代表以粪、尿形式损失的能量。$P$ 代表次级生产量,$R$ 代表呼吸过程中的能量损失。

上两式也可改成:

$$P = C - FU - R \tag{4.16}$$

其含义是次级生产量等于动物吃进的能量减掉粪尿所含有的能量,再减去呼吸代谢过程中的能量损失。

测定次级生产量的方法有许多种,但一般程序如下:每种动物都要分别测定,为了确定种群所摄取的总能量值,必须知道动物的摄食率,为此可把食草动物圈养在一个取食样地内,并在动物取食前后测定样地内草本植物的生物量。对某些动物可采用直接观察的方法,了解其取食的种类和数量。对动物胃容物进行称重,这种间接技术也常被应用,但必须要知道所测动物消化率和取食率。

在实验室里测定同化或新陈代谢能量是较为简单的,因为动物摄食的总能量是可以调节的,动物所排出的粪便和尿也可以收集,但是在野外则很难估算动物所同化的能量,普遍采用的方法是利用下列关系进行间接测定:

$$同化率 = 呼吸率 + 净生产量 \tag{4.17}$$

如果我们能够测出呼吸率和净生产量,那么把两者相加便可得到同化率。在实验室里很容易测得动物的呼吸消耗量,方法是通过把动物饲养在一个容器内,并直接测定它的耗氧量、$CO_2$ 输出量或产热量。对恒温动物来说,基础代谢率(最小代谢率)随着身体大小的变化而变化。

野外条件下,不同类群动物的代谢各不相同,其代谢率与动物身体的大小和体温类型密切相关。例如,兽类和鸟类野生代谢率与身体大小密切相关,虽然对于中等大小的恒温动物(体重约 250～350 g)来说,鸟类和兽类的野外代谢率差不多大,但各种脊椎动物的这种关系是不能用一个回归方程来表示的。例如,食草动物的回归方程是:

$$\log FMR = 0.774 + 0.727(\log 体重)$$

式中,$FMR$ 为野外代谢率,单位为 kJ/(gd·个体),体重单位是 g。

爬行动物与鸟类以及哺乳动物相比,能量价低得多,一个 250 g 的哺乳动物或鸟类每天利用大约 320 kJ 的能量,而蜥蜴每天利用大约 19 kJ 的能量,变温动物的呼吸与大气温度和身体大小等密切相关。

种群的净生产量可以通过计算种群内个体的生长和新个体的出生来获得,测定个体的生长是连续多次测量个体的体重。特别注意的是,取样间隔时间不要太长,以免在两次取样之间一些个体出生后又死去,净生产量通常是以生物量来测量,并可依据该物种的单位体重与能量的换算值将其转化为能量单位。

$$净生产量 = 生长 + 出生 \tag{4.18}$$

或

$$净生产量 = 生物量净变化 + 死亡消失 \tag{4.19}$$

**2. 次级生产的生态效率**

所有的生态系统中,次级生产量要比初级生产量少得多。不同生态系统中食草动物利用或消费植物净初级生产量的效率是不相同的,这点具有一定的适应意义,在生态系统物种间协同进化上具有其合理性(表 4.3)。

表 4.3　几种生态系统中食草动物利用植物净生产量的比例(引自 Kucera, 1978)

| 生态系统类型 | 主要植物及其特征 | 被捕食百分比/% |
| --- | --- | --- |
| 成熟落叶林 | 乔木,大量非光合生物量,世代时间长,种群增长率低 | 1.2～2.5 |
| 1～7 年弃耕田 | 一年生草本,种群增长率中等 | 12 |
| 非洲草原 | 多年生草本,少量非光合生物量,种群增长率高 | 28～60 |
| 人工管理牧场 | 多年生草本,少量非光合生物量,种群增长率高 | 30～45 |
| 海洋 | 浮游植物,种群增长率高,世代短 | 60～99 |

从这些资料的对比说明:①植物的种群增长率高、世代短、更新快,其利用的百分率就比较高;②草本植物的支持组织比木本植物的少,能提供更多的净初级生产量为食草动物所利用;③小型浮游植物的消费者(浮游动物)密度很大,利用净初级生产量比例最高。

如果生态系统中食草动物将植物生产量全部吃光,它们自身也必将全部饿死。同样道理,植物种群的增长率越高,种群更新越快,食草动物就能更多地利用植物的初级生产量。由此可见,上述结果是植物-食草动物协同进化而形成的,它具有重要的适应意义。同理,人类在利用草地作为放牧牛羊的牧场时,不能片面地追求牛羊的生产量而忽视牧场中草本植物的状况。草场中草本植物质量的降低,就预示着未来牛羊生产量的降低。

至于食肉动物利用其猎物的消费效率,现有资料尚少。脊椎动物捕食者可能消费其脊椎动物猎物净生产量的 50% 以上,甚至接近 100%。

食草动物和碎屑动物的同化效率较低,而食肉动物的同化效率较高。在食草动物所吃的植物中,含有一些难消化的物质,因此,通过消化系统排遗出去的有机物是很多的。食肉动物吃的是动物的组织,其营养价值较高,但食肉动物在捕食时往往要消耗许多能量,因此,就净生产效率而言,食肉动物反而比食草动物低。

这就是说,食肉动物的呼吸或维持消耗量较大。此外,在人工饲养条件(如在动物园)下,由于动物的活动减少,净生产率也往往高于野生动物。

生长效率随动物类群而异,一般说来,无脊椎动物有较高的生长效率,为30%~40%(呼吸丢失能量较少,因而能将更多的同化能量转变为生长能量),外温性脊椎动物居中,约10%,而内温性脊椎动物很低,仅1%~2%,它们为维持恒定体温需要消耗很多已同化的能量。因此,动物的生长效率与呼吸消耗呈明显的负相关。表4.4是7类动物的平均生长效率。个体最小的内温性脊椎动物(如鼩),其生产效率是动物中最低的,而原生动物等个体小、寿命短、种群周转快,具有最高的生产效率。

表4.4    不同动物类群的生长效率(引自 Begon, 1986)

| 动物类群 | 生长效率($P_n/A_n$) | 动物类群 | 生长效率($P_n/A_n$) |
| --- | --- | --- | --- |
| 食虫兽 | 0.86 | 鱼和社会性昆虫 | 9.77 |
| 鸟类 | 1.29 | 无脊椎动物(昆虫除外) | 25.00 |
| 小型哺乳类 | 1.51 | 非社会性昆虫 | 40.70 |
| 其他兽类 | 3.14 | | |

### 4.2.4    生态系统中的分解

#### 1. 分解过程的性质及意义

生态系统的分解(decomposition)是指死有机物质的逐步降解过程。动、植物和微生物死亡以后,它们的残株、尸体将成为其他生物有机体的物质资源。分解时,无机营养元素从有机物中释出,称为矿化(mineralization)。这些有机物质贮存一定的能量,在分解中逐步转化,以热的形式释放。这个过程正好与植物光合作用的情况相反,可表示成:

$$C_6H_{12}O_6 + 6O_2 \xrightarrow{\text{酶}} 6CO_2 + 6H_2O + 能量$$

资源有机物的分解是一个极为复杂的过程,包括降解(K)、碎化(C)和淋溶(L)等过程。降解(degradation)是在酶的作用下,有机物质进行生物化学的分解,分解为单分子的物质(如纤维素降解为葡萄糖)或无机物(葡萄糖降解为$CO_2$和$H_2O$)。碎化(break down)与降解作用不同,是指颗粒体的粉碎,是更为迅速的物理过程,主要的改变是动物生命活动的结果,当然,也包括了非生物因素,如风化、结冰、解冻和干湿作用等。淋溶(leaching)是物理过程,是指水将资源中的可溶性成分解脱出来。淋溶的速率也会受到上述两个过程的影响。

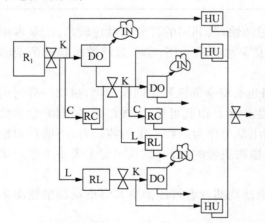

图4.9    有机资源的分解途径(仿自蔡晓明等,1995)

R:有机资源;DO:分解者组织的再合成;RC:未改变化学性质的资源颗粒;RL:淋出液;HU:腐殖质;K:降解过程;C:碎化过程;L:溶解过程

最简单的状态变化是资源量的减少。分析表明,资源丧失了一些物质,同时部分剩余物质伴随着资源的颗粒化,其化学成分也发生了变化。短期内(通常为数周),原始状态的资源经碎化、降解转化为无机物,分解到组织、腐殖质和未变化的降解颗粒。而通过淋溶作用已把可溶性成分从资源中解脱出来。如果经过一个更为长期的分解,资源有可能得到较为彻底的分解,这个时间可长达上百甚至数千年。

生态系统分解资源的过程中,这3个过程都可同步进行,很难对这三者的作用加以截然区分。分解者亚系统中资源分解的简化模型包括了分化和再循环两个不同的概念。资源将以不同的速率和过程被分解。如图4.9所示,基础资源($R_1$)分解的产物是:淋出液(RL)、大量的碳水化合物和多酚化合物。碳水化合物将会快速地碎化为$CO_2$和微型组织,然后返回到环境中。但大部分的多酚化合物不易碎化而溶入腐殖质中,尽管腐殖质(HU)分解得非常慢，其分解产物仍是无机分子和微型组织。纤维碎片(DO＋RC)以中等速率分解。在分解动物尸体和植物残枝中起决定作用的是异养微生物。这类分解作用也是细菌、真菌为它们自身获取食物所必需的。参加这个过程的各种生物都可称为分解者。包括肉食动物、草食动物、寄生生物以及少数生产者。例如当植物体在落到地面或池底，在变成碎屑以前，就已经开始了分解过程，当动物吃植物时，不仅从植物吸取营养物，而且也将部分已经分解的物质(粪等)放回生态系统中，其中还包括一些支离破碎的植物体，供微生物分解之用。从这个意义上讲，大部分动物既是消费者，又是分解者。

分解过程包括一系列阶段，从开始分解后，物理的和生物的复杂性一般随时间进展而增加，分解者生物多样性也相应地增加。有些分解者具特异性，只分解某一类物质，另一些无特异性，对整个分解过程起作用。随着分解过程的进展，分解速率逐渐降低。待分解的有机物质的多样性也降低，直至最后只有组成矿物的元素存在。最不易分解的是腐殖质(humus)，它主要来源于木质。腐殖质是一种无构造、暗色、化学结构复杂的物质，其基本成分是胡敏素(humin)。植物的残落物落到地表，从土壤表层的枯枝落叶到下面的矿质层，随着土壤层次的加深，死有机物质的结构和复杂性也有顺序的改变。微生物呼吸率随深度的逐渐降低，反映了被分解资源的相应变化。但水体系统底泥中分解过程的这种时序变化一般不易观察到。

虽然分解者亚系统的能流和物流的基本原理与消费者亚系统是相同的，但其营养动态面貌则很不一样。进入分解者亚系统的有机物质也通过营养级而传递，但未利用物质、排出物和一些次级产物，又可成为营养级的输入而再次被利用，称为再循环。这样，有机物质每通过一种分解者生物，其复杂的能量、碳和可溶性矿质营养再释放一部分，如此一步步释放，直到最后完全矿化为止。例如，假定每一级的呼吸消耗为57%，而43%以死有机物质形式再循环，按此统计，经过6次再循环，才能使再循环的净生产量降低到1%以下，即43%→18.5%→8.0%→3.4%→1.5%→0.43%。

分解作用的意义主要在于维持全球生产和分解的平衡。据估计，全球通过光合作用每年大约生产1000万吨有机物质，而一年中被分解的有机物质大约也是1000万吨。如果没有分解，那么，一切营养物质都将束缚于尸体和残株中，也就不可能形成新的有机物。在建立全球生态系统的动态平衡中，资源分解发挥的主要作用有：①通过死亡物质的分解，使营养物质再循环，给生产者提供营养物质；②维持大气中$CO_2$浓度；③稳定和提高土壤有机物质的含量，为碎屑食物链以后各级生物提供食物；④改变土壤物理性状，改变地球表面惰性物质。例如，形成独特的土壤复合体，并增强土壤代换性能，使之具有极强的吸附和离子代换能力，与土壤中污染性毒害离子发生非水溶性的溶合作用，降低污染物的危害程度。又如，镉污染的农田施用分解过的紫云英有机物可降低稻米中40%镉含量。

当今废弃物的生物处理甚为重要。包括固体物质的清除、胶体和溶解状态的物质通过生物氧化途径的消除等。污水处理的基本原理就是在微生物的作用下，含有大量有机物的污水物絮体、吸附沉淀的有机物，被生活在污水处理系统内部的微生物分解，从而达到废水净化的目的。

**2. 影响分解过程的因素**

已有大量研究证明，多数生态系统的净初级生产量主要通过碎屑食物链分解。分解过程的特征和强度决定于分解者(K)、被分解资源的质量(C)和理化环境条件(L)。资源有机物经过上述三个过程，在一定时间内，即可从一种状态($R_1$)转化为另一种状态($R_2$)。

(1) 分解者　　分解过程是由多种生物共同完成的，参加这个过程的生物统称为分解者。分解过程主要是在土壤中进行，分解者包括土壤生物和部分地表生物。真正的分解者主要是指微生物，包括细菌、放线菌和真菌。有机物质的分解过程一般是从微生物的入侵开始，它们通过分泌细胞外酶，把有机物质分解为简单的分子状态，然后再吸收利用。种类繁多，数量巨大的土壤动物在有机物质的分解过程中起着非常重要的作用，因此，在生态系统研究中常把土壤动物称为分解者动物。它们包括食腐性动物、食菌性动物、食根性动物和捕食性动物等，构成一个很复杂的食物网。

1) 微生物：动植物尸体的最初入侵分解者一般为细菌和真菌，在细菌体内和真菌菌丝体内具有各种完成多种特殊化学反应所必需的酶系统，这些酶被分泌到死的物质内进行分解活动，一些分解产物作为食物被细菌或真菌吸收，另外一些继续保留在环境中，细菌和真菌之所以成为有效的分解者是依赖于生产型和营养方式两方面的适应。

微生物中主要有群体生长和丝状生长两类生长型,前者如酵母和细菌,后者如真菌和放线菌,丝状生长对分解过程的意义在于能穿透和侵入有机物质。真菌菌丝是一种管状的细丝,菌丝的直径一般为 $4\sim6~\mu m$,个别菌种更粗些,长度可以很长很长,只要条件合适,可以不断伸长。悬浮于水沫中的水生丝孢菌(*Hyphomycete*)的分生孢子通常以须根状结构附着在落入水体的植物枝叶上吸收营养。而侵入植物表皮内部的一种水生壶菌(*Cladochytrium replicatum*)常以奇特的形式增加吸附的力量,使之能在植株组织内从一个细胞延伸到另一个细胞。多数真菌以孢子,特别是分生孢子作为侵染源。每一分生孢子在表皮上萌发出芽管以侵入寄主。有些侵染昆虫的真菌在芽管的端部还形成膨大的附着细胞,附着于表皮,并长出一根根纤细的菌丝,称为"入侵刺",以加强机械入侵作用。

营腐养生活的微生物通过分泌细胞外酶,把有机资源中的聚合化合物碎裂为简单的分子状态,然后吸收。这种分解过程与动物的消费有很大不同,动物进行摄食,消耗很多,其利用效率低,所以微生物的分解过程是节能的。真菌和细菌一起,能利用自然界绝大多数有机物和许多人工合成的有机物。真菌主要分解植物死亡后产生的有机物质,大多数种类的真菌具有分解木质素和纤维素的酶。细菌中只有少数具这种能力,但在极端缺氧条件下进行着有效的分解过程,因此,细菌在极端温度下和缺氧条件时成为优势的腐生种类。

2) 土壤动物:陆地分解者主要是以碎屑为食的土壤无脊椎动物。土壤动物是指生活中有一段时间定期在土壤中度过,而且对土壤有一定影响的动物。土壤动物包含众多不同的动物类群,它们的体形、大小差异悬殊,功能和作用也很不相同,按机体大小可分为微型、中型和大型土壤动物。在土壤动物研究中涉及的动物类群有原生动物、线虫、轮虫、环节动物、软体动物、等足动物、多足动物、螨类、跳虫、原尾虫、双尾虫和昆虫。土壤昆虫类群主要包括无翅亚纲的石蛃目及缨尾目,有翅亚纲的直翅目、蜚蠊目、等翅目、革翅目、啮虫目、同翅目、半翅目、缨翅目、鞘翅目、膜翅目、鳞翅目、双翅目等在土壤中生活的幼虫及成虫。

在所有土壤动物群落中,数量最多、分布最广的是螨类和弹尾类,它们的分布范围可以从热带雨林到寒带苔原。弹尾类原隶属于昆虫纲,现在已独立成纲,该类动物食性多样,有的为食菌性的,取食生长在地表落叶层内的真菌;有些是腐食性的,取食植物碎屑或腐烂的有机质;还有些是杂食性的,既可以取食真菌,也可以取食有机物碎屑。

土壤动物在有机物质分解过程中的作用有直接作用和间接作用两种类型,因为土壤微生物才是真正的分解者,土壤动物的直接作用是次要的,主要是间接作用。土壤动物在有机物质分解中的间接作用主要表现为以下几个方面:

• 撕碎:食碎屑性土壤动物(如弹尾类、马陆、等足动物、蚯蚓等)的取食活动可以将枯叶等有机物质的组织破坏,形成穿孔,使微生物更容易侵入,它们的活动能使落叶的暴露面积增加 10 多倍。

• 物质转化:腐食性土壤昆虫都具有共同的生理特点,食量大,排便量大,同化效率低;呼吸消耗量低,组织生长效率高;大多数种类个体小,寿命短,生殖能力强。土壤昆虫同化效率低,大约只达 $10\%$,大量的、未能消化吸收的物质通过消化道而排出,其粪便中虽然含有大量的有机物质,但与所食用的有机物质相比已发生了重大的变化,更容易被土壤微生物进一步分解。土壤昆虫的组织生长效率高,生殖能力强,在其生长和生殖过程中,将大量的植物性有机物质转化为动物性有机物质,大大降低了有机物质的碳氮比,更有利于土壤微生物的分解。

• 食菌作用:土壤昆虫中不少种类是以细菌、真菌或放线菌这些土壤微生物为食的,但它们对有机物质的分解具有重大的促进作用。这是因为这些昆虫在取食过程中虽然消费了部分菌体,但多是生命力衰弱、分解能力低的菌体。特别是丝状真菌,能够穿透并侵入有机物质深部,或附着在待分解有机物质的表面,生活空间是有限的。若附着的菌体都是一些新生的、分解能力强的菌体,则分解速度就快;反之,若附着的菌体是一些衰老的、分解能力差的菌体,则分解速度就慢。土壤昆虫的取食,可以促进土壤微生物的新老交替,使土壤微生物保持较强的分解能力。

陆地生态系统中分解者动物的分布有随纬度而变化的地带性规律。低纬度热带地区起作用的主要是大型土壤动物,其分解作用明显高于温带和寒带,高纬度寒带和冻原地区多为中、小型土壤动物,它们对物质分解作用很小。

在土壤生态系统中,分解者亚系统具有复杂的食物链,可简述为:分解植物枯枝落叶的真菌 A→取食真菌 A 的动物 B→分解动物 B 的细菌 C→取食细菌 C 的原生动物。维格特(Wiegert)等人曾提出一个分解者亚系统模型(图 4.10)。图中所列的同类生物,却有明显的不同作用。例如,真菌既参与基础性初级资源的分解,同时也促进了次级资源的分解。

水域生态系统的分解成员与陆地不同,但其过程也分搜集、刮取、粉碎、取食或捕食等几个环节,其作用也相似。卡明斯(Cummins)把淡水无脊椎动物分为 6 类:①粉碎者,能把残落物咬成大的节片;②搜集和刮取者,从基底搜集食物颗粒并处理碎食者的粪便;③沉积取食者,生活在水底沉积层内,处理细小的碎屑;④滤食者,从水体中过滤出颗粒为食;⑤活食物体的牧食者,即食草动物;⑥食肉动物。图 4.11 表明淡水生态系统分解者亚系统各生物成分之间的主要功能联系。

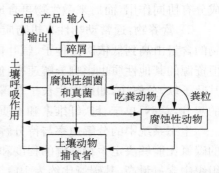

图 4.10　分解者亚系统中生物功能的整体性模型(引自戈峰,2002)

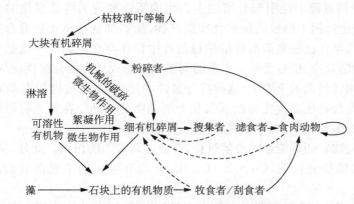

图 4.11　淡水生态系统中各类分解者之间的营养联系(仿自 Anderson,1981)

(2)待分解有机物质资源　待分解有机物质在分解者的作用下进行分解,资源应满足分解者的摄食和入侵,因此该有机物质的物理(表面性质、机械结构等)和化学(营养物、生长因素、刺激摄食等)性质影响着分解的速率。有机物质的物理性质包括表面性质和机械结构,化学性质则随其化学组成而不同。一般说来,有机物质的相对表面积越大越有利于分解;动物性有机物质比植物性有机物质更易分解;植物不同部位的组织分解速度也不一样,落叶要比枯枝易分解。待分解有机物质资源按基质的化学特性,可分为 3 种类型:碳和能量的来源、营养物及调节剂。

1)碳和能量的来源:有机物中的碳和能量包含在各种聚合化合物中,如多糖、纤维素和木质素等。它们的生物分解特性有很大区别。一般对单糖、淀粉和半纤维素等资源分解较快,对纤维素和木质素等则难以分解。有机物质分解的特点,可能是其各种化学成分分解曲线的综合。图 4.12 说明枯枝落叶各种成分的分解速率,一年后单糖分解几乎为 100%,木质素为 50%,而酚只被分解 10%。由于大部分物质资源被缓慢地分解,综合曲线(S)并不是简单的对数函数,而是比预期的时间(M)更慢,其原因可能在于随着易分解成分因分解而减少,而留下的更难分解的比例增加。此外,在分解早期各种

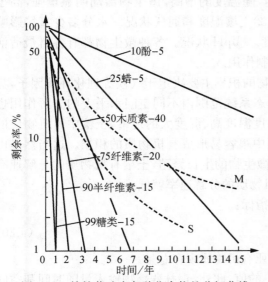

图 4.12　枯枝落叶中各种化合物的分解曲线
(仿自 Anderson,1981)

各成分前数字为年分解率,后面数字为枯枝落叶中各成分原重百分比;S 为总曲线;M 为预测分解过程的近似值

成分有协同作用,而后来微生物再合成的化合物可能较最初落叶中的化合物更难以分解。

2) 营养物:通常动物性有机物质和微生物有机物质的营养元素比植物性资源含量高。植物性资源营养物的含量由高到低依次是种子、阔叶树叶、针叶树的叶,最低为木质组织。分解速率大致也按这个顺序降低。但资源的其他性质也影响分解速率,使其相关性更加复杂。例如山毛榉等的落叶,如果原生长于遮阴部位,其叶子软,分解快,如果原生长于暴露在阳光、风、雨下的部位,其叶子就硬,分解较慢。软叶、硬叶,中度硬叶的灰分,总 N、单宁、糖、纤维素和木质素的含量也是有区别的,这些都可能影响分解速率。

生态系统中的分解速率与待分解有机物质的碳氮比之间存在着直接的关联,也就是说,待分解有机物质的碳氮比能够决定生物降解的程度和速率,常可作为生物降解性能的测量指标。其原因在于:分解者微生物组织中含氮量高,其碳氮比约为 10:1。由于微生物在进行合成的同时,也需要进行呼吸作用,使碳的消耗量增加,因此,待分解有机物质的最适碳氮比大约是 25:1～30:1。大多数植物性有机物质含氮量低,其碳氮比为 40:1～80:1,远高于最适碳氮比;而动物性有机物质的碳氮比较植物性有机物质低得多,接近于微生物分解的最适碳氮比。

由此可见,待分解有机物质的氮素含量对其分解速率影响很大。植物性有机物质的含氮量较低,氮素供应有限,分解速率决定于氮的供应。如果有外源性氮的供应,分解速率便能够加快。

(3) 调节剂　　　待分解资源中能引起分解微生物生理活性和行为特征变化的化学成分,称为调节剂。植物在与食草动物协同进化过程中形成的保护性次级产物,能够抑制食草动物取食的行为。有时这种作用不仅在活着的植物中有,甚至在已脱离活植株的枯枝落叶中仍还存在。如单宁就是分解过程特别重要的调节剂。单宁具有某些特别的效应,最重要的是它能够与蛋白质形成具有抗分解性能的复合物,从而降低有效氮的数量。在酸性、营养物含量低的土壤中,这种抗分解性的复合物,其抗性较在高 pH、低营养物土壤中形成的更加高。此外,这些复合物还能直接抑制真菌和土壤动物的活动。在缺乏有机质土壤中生长的植物体内,能形成各种较高浓度的多元酚,有利于积累有机质,提高土壤的肥力。

许多农药,包括一些生物农药都能影响分解过程,有类似调节剂的作用。此外,某些污染物质,如重金属同样也影响分解过程。实验研究证明,Cu、Zn、Cd 和 Ni 均有强大的杀真菌效应,尤其是对孢子发芽的抑制。

(4) 环境因素　　　物理的和生物化学的分解过程是复杂的,随着分解过程的深入,资源物质的多样性将会减少,直至仅剩下无机的元素为止。土壤有机物质的分解、矿化过程都是在微生物参与下进行的。因此,影响土壤微生物活动的因素也都是影响有机物质转化的因素:①土壤温度。土壤微生物活动的最适温度一般在 25～35 ℃。当土壤水分含量适当时,在 0～35 ℃范围内,随温度的增高,微生物活动明显增强,高于 45 ℃或低于 0 ℃时,一般微生物活动受到抑制,多停止活动。②土壤湿度和通气状况。水分多少直接影响土壤的通气。通气状况又直接影响有机物质转化的方向和速度。③pH 状况。各种微生物都有各自最适活动的 pH 值和可适应范围,pH 过高、过低对微生物活动都有抑制作用。

全球气候因素随纬度而变化的地带性是明显的;土壤有机物的积累主要决定于气候等理化环境因子,具有纬度地带性规律。气候对分解速度的影响同样也很明显;生态系统范围内不同空间水平上的分解作用也各不相同。有机物分解速率也随纬度而变化。一般而言,低纬度温度高、湿度大的地带,土壤中有机物质的分解速率高;而在低温和干燥地带,其分解速率就低,因而土壤中很容易形成有机物质的积累。这当然是由气候条件对土壤微生物的影响来决定的,高温高湿环境有利于微生物的生长繁殖,土壤有机物质的分解速率就高;而低温干燥环境不利于土壤微生物的生长繁殖,土壤有机物质的分解速率就低。

瓦松(Olson)提出了一个表示生态系统分解特征的有用的指标:

$$K = I/X \tag{4.20}$$

式中,$K$ 为分解指数,$I$ 为年输入死有机物质总量,$X$ 为系统中死有机物质现存总量。

因为系统中活根和死根是很难区分的,它们会影响 $I$ 和 $X$ 的值,此外,森林残落物输入量随时间和空间而变化。所以,要计算生态系统的 $K$ 值相当困难。一种变通的办法是 $K = I_L/X_L$,即地面残落物输入量 ($I_L$) 与地面枯叶分解所需时间 ($X_L$) 的比值,例如瓦松建议,$3/K_L$ 和 $5/K_L$ 分别代表 95% 和 99% 的枯叶量分解的时间。上述指标通过对残落物输入量和现存量季节变化量即可计算出来。地球上各主要生态系统的 $K$ 值见图 4.13，它大致与陆地生态系统净初级生产量的全球分布特征相平行，反映了气候对生态系统分解过程的决定性影响。一般来说，潮湿的热带雨林中，分解作用全年都在进行，分解率高于输入量，$K$ 值通常大于 1，但也有例外，如水的浸泡造成缺氧的抑制性影响，从而使土壤有机物增加积累。温带不同纬度的草本植物生态系统中，环境条件虽然不同，但其 $K$ 值大致与热带森林相接近。冻原生态系统植物残落物的输入量($I$)远低于热带雨林，但由于低温的作用使有机质积累多于分解。

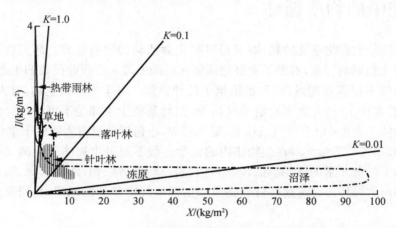

图 4.13　地球上一些生态系统的分解指数(K)(仿自 Anderson，1981)

惠特克(Whittaker)等曾对热带雨林等 6 类生态系统的分解过程进行比较，大致反映了全球分解过程的地带性规律：①每年输入枯枝落叶量，在热带雨林为 30 t/(hm²·a)，稀树草原为 9.5 t/(hm²·a)，温带落叶林为 11.5 t/(hm²·a)，而冻原最少，为 1.5 t/(hm²·a)。②分解指数($K_L/a$)亦有类似的递减趋势，依次为 6.0、3.2、0.77，而在冻原最低，为 0.03。③分解速率。每年输入的枯枝落叶分解量达到 95%($3/K_L/a$)；在冻原需要 100 年，温带落叶林需要 4 年，稀树林需要 1 年，而热带雨林所需时间仅半年。

## 4.2.5　不同生态系统的能流特点

图 4.14 显示 4 类生态系统能流特点的比较。

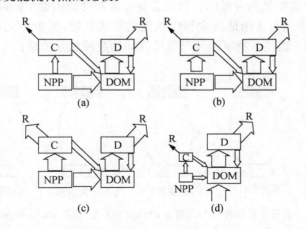

图 4.14　不同生态系统能流特点的比较(仿自 Begon，1996)

a. 森林；b. 草地；c. 湖泊、海洋；d. 河流

NPP:净初级生产量；DOM:死有机物质；C:消费者亚系统；D:分解者亚系统；R:呼吸

1) 大多数生态系统净初级生产量都要通过分解者亚系统渠道，因而呼吸失能量在分解者亚系统明显高于消费者。

2) 在以浮游生物为主的生态系统中(如海洋或湖泊),消费者作用最大,因而有较多净初级生产量通过牧食(活食)链,其同化率也高。

3) 溪流或小池塘通过消费者亚系统的能流很少,因为大部分能量来源于陆地生态系统输入的死有机物,深海底栖群落在这方面与小池塘相似,因为深海无光合作用,能量来源于上层水体的"碎屑雨",所以海底床的能流状况可与森林地面残落物层的情况相比拟。

## 4.3　生态系统中的物质循环

生态系统中的物质是贮存化学能的载体,又是维持生命活动的物质基础。研究物质在不同生态系统中的循环途径、特点、转化和影响因素,有助于更好地理解和正确处理人类当前面临的生态环境问题。

生命的维持和延续不仅需要能量,而且也依赖于各种物质。对于大多数生物,有大约20种元素是生命活动所不可缺少的,有大约10种元素生物需要量虽少,但对某些生物却是不可少的。生物所需要的大量元素包括含量超过生物体干重1%以上的碳、氧、氢、氮和磷等,也包括含量占生物体干重0.2%~1%之间的硫、氯、钾、钠、钙、镁、铁和铜等。微量元素在生物体内的含量一般不超过生物体干重的0.2%,而且并不是在所有生物体内都有。属于微量元素的有铝、硼、溴、铬、钴、氟、镓、碘、锰、钼、硒、硅、锶、锡、锑、钒和锌等。这些物质在生态系统中不断地循环。讨论这些营养物质在生态系统中移动的规律,是研究生态系统功能的重要方面。

### 4.3.1　物质循环的概念及特点

生物圈是由物质构成的。据估计,生物圈约有$1.8\times10^{12}$ t的活物质,这些物质主要由化学元素组成。迄今人类已发现118种元素。生态系统中的物质(主要是生物生命活动所必需的各种营养元素),在各个不同营养级之间传递并联结起来构成了物质流。

生态系统之间矿物元素的输入和输出,以及它们在大气圈、水圈、岩石圈之间,生物与生物之间的流动和交换,称为生物地(球)化(学)循环(biogeochemical cycle),即物质循环(cycle of materials)。

物质循环的动力来自能量。物质是能量的载体,保证能量从一种形式转变为另一种形式。因此,生态系统中的物质循环和能量流动是紧密相关的。当同化过程将以无机形式存在的营养元素合成为具有高能含量的有机化合物,或异化过程将这些高能含量的有机化合物分解并释放出能量的时候,被初级生产过程固定的能量在通过生态系统各种生物成员逐渐地减少和以热能的形式耗散,而生命元素则可以被生态系统的生物成员反复地多次利用。图4.15描述了物质循环与能量流动的这种相互关系。

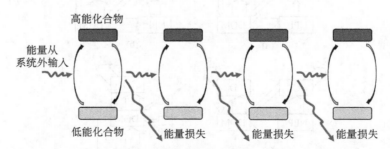

图4.15　生态系统中物质循环与能量流动的相互关系(仿自 Ricklefs-Miller,1997)

生态系统的物质循环是个复杂的过程,这主要由于:①介质多样。在不同介质(如陆地生态系统或水域生态系统)中的物质循环存在着明显的差别。②涉及的元素众多,形态变化大。物质循环涉及的元素众多,且在不同条件下,同一种元素具有不同的存在形式,如铜就有7种形态。形态不仅决定该元素在环境中的物理化学稳定性,而且具有不同的生物学意义。③有多种化学作用。物质在循环中不断氧化、还原、组合、分解,在这一系列变化过程中,物质常受到温度、湿度、酸碱度以及土壤母质等物理化学性质的作用,从而影响其转化过程。

生物地化循环可以用"库"(pool)和"流通率"(flow rate)两个概念加以描述。物质在循环过程中存在一个或多个贮存场所,物质在这些场所中的数量大大超过结合在生物体中的数量,这些贮存场所就称为库。库是由存在于生态系统某些生物或非生物成分中一定数量的某种化学物质所构成的。库分为储存库(reservoir pool)和交换库(exchange pool)两类。贮存库的特点是库容量大,元素在库中滞留时间长,流速慢,多属于非生物成分。交换库的特点则是容量较小,元素滞留时间短,流速较快,多属于生物成分。例如在一个湖泊生态系统中,水体中磷的含量可以看成是第一个库,浮游植物中的磷含量是第二个库。这些库借助有关物质在库与库之间的转移而彼此相互联系。物质在生态系统中单位面积(或单位体积)和单位时间内的移动量就称为流通率。流通率通常用单位时间单位面积(或体积)内通过的营养物质的绝对值来表达;为了表示一个特定的流通过程对有关各库的相对重要性,用周转率(turnover rate)和周转时间(turnover time)来表示更为方便。周转率就是出入一个库的流通率除以该库中的营养物质总量:

$$周转率 = 流通率 / 库中营养物质总量 \tag{4.21}$$

周转时间表达了移动库中全部营养物质所需要的时间,周转时间就是库中的营养物质总量除以流通率,即:

$$周转时间 = 库中营养物质总量 / 流通率 \tag{4.22}$$

周转率越大,周转时间就越短。大气圈中二氧化碳的周转时间大约是一年多一些,(主要是光合作用从大气圈中移走二氧化碳),大气圈中分子氮的周转时间约近 100 万年(主要是某些细菌和蓝绿藻的固氮作用),而大气圈中水的周转时间只有 10.5 天,也就是说大气圈中所含的水分一年要更新约 34 次。又如海洋中主要物质的周转时间,硅元素最短,约 8 000 年;钠元素最长,约 2.06 亿年,由于海洋存在的时间远超过这些年限,所以海洋中的各种物质都已被更新若干次了。

生物地化循环在受人类干扰以前,一般是处于一种稳定的平衡状态,即各个库的物质输入与输出间达到平衡。当然这种平衡不能期望在短期内达到,也不能期望在一个有限的小系统内实现。

### 4.3.2　物质循环的类型

从生物圈整体的观点出发,尽管化学元素各有其特性,但其属性也可以依照类别划分和归纳。据此生物地化循环可分成 3 种主要类型:①水循环(water cycle);②气体型循环(gaseous cycle);③沉积型循环(sedimentary cycle)。碳、氮等元素的主要储存库是大气,并在大气中以气态出现,属气体型循环。磷、硫等元素的主要储存库是土壤、沉积物、地壳,属沉积型循环。

**1. 水循环**

水是地球上最丰富的无机化合物,也是生物组织中含量最多的一种化合物。水具有可溶性、可动性和比热高等理化性质。因而它是地球上一切物质循环和生命活动的介质。没有水循环也就没有生物地化循环;没有水循环,生态系统就无法启动,生命就会死亡。

(1)水循环的主要作用　　水循环的主要作用表现在以下 3 方面:

1)水是所有营养物质的介质。营养物质的循环和水循环不可分割地联系在一起。水的运动还把陆地和水域生态系统连接起来,从而使局部生态系统与整个生物圈发生联系。水循环调控地球各地的湿度。

2)水是很好的溶剂。水在生态系统中起着能量传递和利用的作用。绝大多数物质都溶于水,随水迁移。据统计,地球陆地上每年大约有 $36 \times 10^{12}$ m³ 的水注入海洋。这些水中每年携带着 $3.6 \times 15^{19}$ t 的溶解质进入海洋。

3)水是地质变化的动因之一。例如,侵蚀或沉积作用都要通过水循环。

(2)水循环的驱动力

1)从水循环的能量动力学分析表明,太阳能驱动了全球的水循环。在上升环(up loop)和下降环(down loop)的共同作用下,水川流不息形成了水的全球循环。大气水分凝结为云,以雨、雪为主要形式的大气降水是全球水循环的主要输入部分。

2) 植物在水循环中的作用是极其巨大的。植物水分的蒸发对于植物的生长、发育也至关重要。植物生产 1 g 初级生产量差不多要蒸腾 500 g 水。因此,陆地植被每年蒸腾大约 $55×10^{12}$ m³ 的水,几乎相当于陆地蒸发的总量。这就增加了空气中的水分,促进了水的循环。

3) 海洋和陆地不断蒸发水分。低纬度地区蒸发多于高纬地区。大气湿度随着空气的流动而变动。气流实际上成为地球上空巨大的"河流",其中一部分水汽以雨的形式降落。

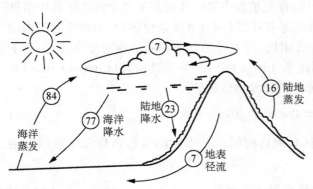

图 4.16    全球水循环(引自李博等,2000)

(3) 水循环途径    水的主要循环路线是从地球表面通过蒸发进入大气圈,同时又不断从大气圈通过降水而回到地球表面(图 4.16)。每年地球表面的蒸发量相当于全球降水量,也就是说,通过降水和蒸发这两种形式,地球上的水分达到了一种平衡状态。在不同表面、不同地区的降水量和蒸发量是不同的,就陆地和海洋而言,海洋的蒸发量约占总蒸发量的 84%,而陆地只有 16%;海洋的降水量约占总降水量的 77%,陆地占 23%。海洋蒸发量多于降水量 7%,而陆地的降水量多于蒸发量 7%。因此,陆地每年都要通过地表径流将部分水输送给大海,以弥补海洋因蒸发量大于降水量而产生的亏损,达到水循环和平衡。

生物在水循环过程中所起的作用很小。植物在光合作用中要从环境中吸收大量的水,但是植物通过呼吸和蒸腾作用又把大量的水送回环境,生物体自身所含的水仅占很小一部分。

根据统计,大气中水蒸气含量相当于平均有 2.5 cm 水均匀地覆盖在地球表面上,而每年进入大气或从大气输出的水流通率相当于每年 65 cm 的覆盖厚度。从这两个数字,我们就可以估计出水在大气中平均滞留时间大约为 0.04 年,即大约两周。

水循环同时影响地球的热量收支。由于太阳辐射的影响,最高的热量收支出现在低纬度地区,而最低的出现在高纬度地区,中纬度地区是冷热大致平衡的地区。借助大气环流动,冷热气流得以南北交流,加以冷、暖洋流的作用,使得一些高纬或低纬度地区不至于出现过冷或过热。同时。在水相变过程中吸收或释放大量的热能,避免地球温度剧烈波动。

水循环还可以促进营养物质的循环。地表径流溶解和携带大量营养物质,将其从一个生态系统搬运到另一生态系统;由于水总是从高处向低处流,因此高地往往比较贫瘠,而低地则比较肥沃。

(4) 人类活动对水循环的影响    人类活动可能影响水循环,从而改变局域的水源。

1) 空气污染和降水:空气污染影响降水的质和量,空气中水汽的凝结出现在颗粒表面。污染引起细微颗粒的增加,刺激了水汽凝结过程而影响降水。近年来,化石燃料所产生的空气污染使城市处于下风位的地区降水量明显增加。

所谓人工降雨,就是在云中散播碘化银的微粒,促进水汽的凝结而降雨。由于颗粒本身并不能产生水汽,一个地方进行了人工降雨,另一个地方的雨量就会减少,因此目前对于人工降雨总量尚有不同看法。空气中 $CO_2$ 颗粒的增加,除影响空气的热平衡外,还影响气流和降水。

空气污染也影响降水质。除酸雨外,近年来降雪中的铅含量也有所增加,这是从格陵兰取雪芯分析而得来的结果。由此可见,空气污染不只影响空气,而且影响水质,会污染许多淡水水域。

2) 改变地面,增加径流:城市和市郊的发展,使地表变硬而不透水,增加径流,减少浸润入土壤的水分。径流的增加带走更多的颗粒物、污染物,使江河湖泊的沉积量加大。

清洁水流中栖居多种生物。泥沙使河流透明度降低,光线透入减弱,光合作用随之降低,使生态系统中的生物数量减少,甚至成分改变。泥沙会充塞鱼类的鳃部,影响鱼类的呼吸;污水带来污染物和细菌,将使水生生物生境恶化。大量的污染物和沉积物,使河流和湖泊迅速淤浅,遇干旱年景,甚至断流、干涸。

另外,开矿、农业耕作、森林砍伐等都会使水土流失增加,河流湖泊淤塞,失去水域生态系统原有的功能。

3）过度利用地下水：如果从地下抽取的水量超过补给注入的水量，就会引起地下水位下降，甚至会干涸。目前，许多地方尤其是城市地区，地下水位明显下降，这种情况发展严重时引起地面下沉。

任何进入土壤中的有害物质，都可能被淋溶过程带到地下水中造成地下水的污染。例如，化学污染物弃于土壤中，矿区土地污染，农药、化肥残留土中等，都可能污染地下水源。

4）水的再分布：为用水的方便，人们常从水多的地方，通过修筑水库，建坝筑渠，把水引到缺水的地区，另外，修筑水库、水坝，还有防止水灾的功效，又能提供电力。但是常带来一些不良的影响，如河口生物群落改变、营养物来源减少和影响渔业收入等。

**2. 气体型循环**

（1）碳循环　　碳是生命物质的骨干元素，是所有有机物的基本成分。碳原子具有独一无二的特性就是可以结合成一个长链——碳链，这个链为复杂的有机分子如蛋白质、核酸、脂肪、碳水化合物提供了骨架。

通过光合作用固定能量后，碳元素始终密切地结合在能流中，它的作用仅次于水。每年每平方米碳的固定量（g）就是生态系统生产力的一个重要指标。

碳循环研究的重要意义在于：①碳是构成生物有机体的最重要元素，因此，生态系统碳循环研究成了系统能量流动的核心问题；②人类通过化石燃料的大规模使用等活动，从而造成对于碳循环的重大影响，可能是当代气候变化的重要原因。

碳循环包括的主要过程有：①碳的同化过程和异化过程，主要是光合作用和呼吸作用；②大气和海洋之间的二氧化碳交换；③碳酸盐的沉淀作用（图 4.17）。

碳的主要循环是在空气和水（以溶解的 $CO_2$ 和碳酸盐两种形式）与生物体之间进行的。在这种循环中，碳迅速地周转着，但若与碳酸盐沉积物和有机化石沉积中的含碳量相比，碳周转一次的总量是很小的。空气和水中的 $CO_2$ 容易交换。水中的 $CO_2$ 是溶解态的或与水结合成 $H_2CO_3$，$H_2CO_3$ 则电离成氢离子和碳酸氢根离子。大气中每年约有 1 000 亿吨的 $CO_2$ 进入水中，同时水中每年有相当数量的 $CO_2$ 进入大气。

绿色植物吸收 $CO_2$ 和 $H_2O$，借助光能进行光合作用，光合作用发生在陆地上和水域中。水生植物利用碳酸氢根离子中的碳源进行光合作用。被植物固定成有机分子的碳，后又被动物、细菌等异养生物所消耗，这些生物又把呼吸代谢产物 $CO_2$ 排出体外。如果生物在腐败之前被保存在海洋、沼泽和湖泊的沉积物中，那么其中含有的碳在相当长一段时间内脱离碳循环。呼出的 $CO_2$ 被植物直接再利用，这是碳循环的最简单形式。

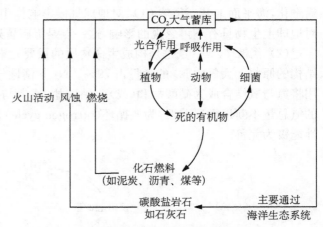

图 4.17　全球碳循环（仿自李博等，2000）

碳库主要包括大气中的 $CO_2$、海洋中的无机碳和生物机体中的有机碳。施莱辛格（Schlesinger）曾估计，海洋是最大的碳库（约含 38 000×10^15 g），它是大气碳库的 56 倍，而陆地植物的含碳量（560×10^15 g）略低于大气。最重要的碳流通途径是大气与海洋之间的碳交换（90×10^15 g/a～92×10^15 g/a）和大气与陆地植物之间的碳交换（120×10^15 g/a～60×10^15 g/a）。碳在大气中的平均滞留时间大约 5 年。

植物通过光合作用从大气中摄取碳的速率，和通过呼吸及分解作用而把碳释放到大气中的速率大体相等。大气中的 $CO_2$ 是含碳主要气体，也是碳参与循环的主要形式。碳循环的基本路线是从大气储存库到植物和动物，再从动植物通向分解者，最后又回到大气中去。在这个循环路线中，大气圈是碳（以 $CO_2$ 的形式）的储存库，$CO_2$ 在大气中的平均浓度是 0.032％（即 320 ppm，1 ppm＝0.000 1％）。

碳在生态系统中的含量过高或过低，都能通过碳循环的自我调节机制而得到调整，并恢复到原有的平衡状态，但碳循环的自我调节机制能在多大程度上忍受人类的干扰，目前还不十分清楚。

由于受很多因素的影响，大气中的 $CO_2$ 是有变化的，包括日变化和季节变化等，其原因可能是人类的化石燃料使用量的季节差异和植物光合作用对 $CO_2$ 利用量的季节变化。

在碳循环研究中,我们把释放 $CO_2$ 的库称为源(source),吸收 $CO_2$ 的库称为汇(sink)。下面是施莱辛格提供的当今全球碳循环收支(global carbon budget),单位为 $10^{15}$ g/a:

| | 净释放量 | | 碳循环的净变化 | | |
|---|---|---|---|---|---|
| 化石燃料 | ＋陆地植被破坏 | ＝ | 大气中含量上升 | ＋海洋吸收 | ＋未知的汇 |
| 6.0 | 0.9 | | 3.2 | 2.0 | 1.7 |

这就是说,人类活动向大气净释放碳大约为 $6.9×10^{15}$ g/a,其中使用化石燃料释放 $6.0×10^{15}$ g/a。由于人类释放的 $CO_2$ 中,导致大气 $CO_2$ 含量上升的为 $3.2×10^{15}$ g/a。被海洋吸收的为 $2.0×10^{15}$ g/a,未知去处的汇达到 $1.7×10^{15}$ g/a。这样人类活动释放的 $CO_2$ 有大约 25% 的全球碳流的汇是科学尚未研究清楚的,这就是著名的失汇(missing sink)现象,这已经成为当今生态系统生态学研究中最令人感兴趣的热点问题之一。

方精云等在碳循环各个构成元素分析的基础上,提出了中国陆地生态系统碳循环模式。他们把生态系统的碳收入和碳支出的差值定义为生态系统净生产量(net ecosystem production, NEP),那么,NEP 若为正值,则表明生态系统是 $CO_2$ 的汇,相反,则表明生态系统是一个 $CO_2$ 源。如果仅考虑植被生态系统的 $CO_2$ 收支平衡,中国陆地生态系统起着一个大气 $CO_2$ 汇的作用,如果考虑人为影响等因素,中国陆地生态系统则起着 $CO_2$ 源的作用。

一般说来,大气中 $CO_2$ 浓度基本上是恒定的。但是,近百年来由于人类活动对碳循环的影响,一方面工业发展中大量化石燃料的燃烧,另一方面森林的大量砍伐,森林面积的急剧减少,使得大气中的 $CO_2$ 含量呈上升趋势。由于 $CO_2$ 对来自太阳的短波辐射有高度的通透性,而对地球反射的长波辐射有高度的吸收性,这就有可能导致大气层低处的对流层变暖,而高处的平流层变冷,这一现象称为温室效应(greenhouse effect)。温室气体除 $CO_2$ 外,还有甲烷、氧化氮和水蒸气等。温室效应可引起全球性气候改变,促使极地冰雪融化,海平面上升。虽然 $CO_2$ 对地球气候影响作用的大小有待进一步研究,但大气中 $CO_2$ 浓度不断增高,对地球上生物具有不可忽视的影响,这一点是毋庸置疑的。

(2)氮循环　　氮也是构成生命物质的重要元素之一,氮是蛋白质和核酸的基本组成成分,是一切生物结构的原料。大气中 $N_2$ 的含量占 79%。$N_2$ 是惰性气体,气态氮不能被绿色植物直接利用,必须通过固氮作用将氮与氧结合成为硝酸盐和(或)亚硝酸盐,或者与氢结合形成氨盐($NH_4^+$)以后,植物才能利用。自然界的氮总量不断地循环着,称为氮循环(nitrogen cycle)。图 4.18 表示全球氮循环。氮循环过程非常复杂,循环性能极为完善。

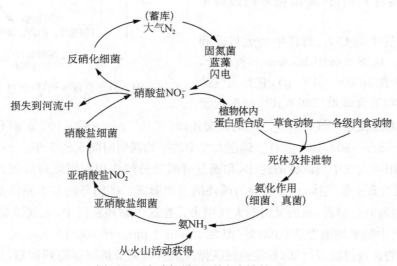

图 4.18　全球氮循环(引自李博等,2000)

在生态系统的非生物环境中,有 3 个含氮的库:大气、土壤和水。大气是最大的氮库($3.9 \times 10^{21}$ g),土壤和水的氮库比较小。

1) 固氮(nitrogen fixation):大气成分的 79% 是氮气,但大多数生物不能直接利用氮气,因此以无机氮形式和有机氮形式存在的氮库对生物最为重要。大气中的氮只有被固定为无机氮化合物(主要是硝酸盐和氨)以后,才能被生物所利用。

固氮的途径有 3 条:①生物固氮。这是最重要的固氮途径,属于天然固氮方式。生物固氮量每年约为 $140 \times 10^{12}$ g,约占全球固氮量的 90%。能够进行固氮作用的生物主要是固氮菌、与豆科植物共生的根瘤菌和蓝藻(又称蓝细菌,*Cyanobacteria*)等自养或异养微生物。②高能固氮。通过闪电、宇宙射线、陨石、火山爆发等所释放的能量进行固氮,形成的氨或硝酸盐随着降雨到达地球表面,也属于天然固氮方式。固氮量接近于 $3 \times 10^{12}$ g/a。③工业固氮。随着工农业的发展,工业固氮能力越来越大。20 世纪 80 年代初全世界工业固氮能力为 $30 \times 10^{12}$ g/a,世纪末约为 $100 \times 10^{12}$ g/a,包括氮肥生产大约 $80 \times 10^{12}$ g/a 和使用化石燃料释放量约为 $20 \times 10^{12}$ g/a。工业固氮已对生态系统中氮的循环产生了重要的影响。

固氮作用的重要意义在于:①在全球尺度上平衡反硝化作用;②在像熔岩流过和冰河退出后的缺氮环境里,最初的入侵者就属于固氮生物;③大气中的氮只有通过固氮作用才能进入生物循环。

2) 氨化作用(ammonification):也称矿化作用。即在氨化细菌和真菌的作用下,将含氮的生物大分子(蛋白质或核酸)通过水解而生成的小分子有机氮(氨基酸或核苷酸)分解,释放出氨与氨化合物的过程。植物通过同化无机氮使氮素进入蛋白质,土壤和水中的很多异养细菌、放线菌和真菌都能利用这种富含氮的有机化合物。氨化过程是一个释放能量的过程,或者说是一种放热反应。例如,如果蛋白质的基本构成物是甘氨酸,那么 1 mol 的这种蛋白质就可释放出 $736 \times 10^3$ J 的热能,这些能量将被细菌用来维持其基本生命活动。

3) 硝化作用(nitrification):是氨的氧化过程,这个过程分两步,第一步把氨或氨盐转变为亚硝酸盐($NH_4^+ \rightarrow NO_2^-$);第二步把亚硝酸盐转变为硝酸盐($NO_2^- \rightarrow NO_3^-$)。亚硝化细菌(*Nitrosomonas*)可使氨转化为亚硝酸盐,而硝化细菌(*Nitrobacter*)则能把亚硝酸盐转化为硝酸盐。这些细菌全都是具有化能合成作用的自养细菌,它们能从这一氧化过程中获得自己所需要的能量。亚硝酸盐和硝酸盐能直接供植物吸收利用,或在土壤中转变为腐殖质的成分,或被雨水冲洗携带,经河流到达海洋,为水生生物所利用。

4) 反硝化作用(denitrification):反硝化作用也称脱氮作用,是指把硝酸盐等较复杂的含氮化合物转化为 $N_2$、NO 和 $N_2O$ 的过程,这个过程是由细菌和真菌参与的。这个过程第一步是把硝酸盐还原为亚硝酸盐,释放 NO。这类情况出现在陆地有渍水和缺氧的土壤中,或水体生态系统底部的沉积物中,它由异养细菌如假单胞菌(*Pseudomonas*)完成,然后亚硝酸盐进一步还原产生 $N_2O$ 和 $N_2$,两者都是气体,返回到大气的氮库中。

目前,全球每年固氮量远远大于产氮量,这种不平衡主要是由工业固氮量的日益增长所引起的。大量有活性的含氮化合物进入土壤和各种水体以后对环境产生很大影响,常常使池塘、湖泊、河流、海湾等水体过度"肥沃",造成水体富营养化(eutrophication),蓝藻类和细菌种群大暴发,继而死亡,分解过程中大量掠夺其他生物所必需的氧,造成鱼类、贝类因缺氧而大规模死亡。这种现象发生在江河湖泊中称为水华,发生在海洋中则称为赤潮。造成水体富营养化,引起水华和赤潮的原因,除过多的氮以外,还有磷的增多,两者经常是共同起作用的。

人类从合成氮肥中获得巨大好处,但人类没有能预见其对于环境的不良后果。进一步重视其不良后果,并加强科学研究是当前全球生态学的重要任务。

**3. 沉积型循环**

(1) 硫循环:硫也是蛋白质和氨基酸的基本成分,但含量很低。硫有若干形态:元素硫、$-2$ 价亚硫酸硫、$+2$ 价氧化硫、$+4$ 价亚硫酸盐、$+6$ 价硫酸盐。在自然界中重要的 3 种是:元素硫、亚硫酸盐和硫酸盐。

硫循环(sulfur cycle)的特点是既属沉积型,也属气体型。硫的主要储存库是岩石圈,以硫化亚铁($Fe_eS_2$)的形式存在。海洋也是一个巨大的硫库,硫存在水体中大量呈可溶态。硫循环有一个长期沉积阶段和一个较短的气体阶段。在沉积阶段中硫被束缚在有机和无机的沉积物中,只有通过风化和分解作用才能被释放出来,并以盐溶液的形式被携带到陆地和水生生态系统中;在气体阶段,硫可以在全球范围内进行流动(图 4.19)。

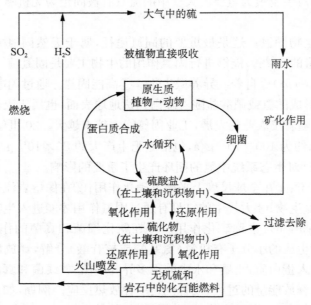

图 4.19　全球硫循环(引自李博等,2000)

在硫循环中涉及许多微生物的活动,生物体需要硫合成蛋白质和激素。植物所需要的硫主要来自土壤中的硫酸盐,同时从大气中的二氧化硫获得。植物中的硫通过食物链被动物所利用,动植物死亡后,微生物对蛋白质进行分解,将硫以硫化氢或硫酸盐的形式释放到土壤中。

人类活动对硫循环的影响很大,通过燃烧化石燃料,人类每年向大气中输入的二氧化硫已达 $1.47 \times 10^8$ t,其中 70% 来源于煤燃烧。大气中二氧化硫和一氧化氮,在强光照射下,进行光化学氧化作用,并和水汽结合而形成硫酸和硝酸,使雨雪的 pH 下降。一般 pH 小于 5.6 的雨水称为酸雨(acid rain)。这些强酸在地下水中解离,能直接伤害植物,1‰浓度的二氧化硫能使棉花、小麦和豌豆等农作物明显减产。另外,酸雨能引起土壤性质改变,主要是使土壤酸化,影响微生物数量和群落结构,抑制硝化细菌、固氮细菌等的活动,使有机物的分解、固氮过程减弱,因而土壤肥力降低,生物生产力明显下降。酸雨已成为全球性重大环境问题之一。

最近研究发现,酸雨对人体也带来不利的影响。据分析,酸雨中含有少量的汞和镉等重金属,这些有毒的金属会通过水体和土壤进入动物和植物体内,并逐步积累起来,然后再随食物链进入人体,对人类健康构成严重威胁。

(2) 磷循环(phosphorus cycle)　　虽然生物有机体的磷含量仅占体重的 1% 左右,但磷是生物不可缺少的重要元素,生物的代谢过程都需要磷的参与。磷是构成核酸、细胞膜和骨骼的重要成分。特别是生物体内一切生化反应所需能量的转化都离不开磷。

磷不存在任何气体形式的化合物,所以磷循环是典型的沉积型循环。磷一般有两种存在形态:岩石态和溶解态。磷循环都起始于岩石的风化,终于水中的沉积。天然磷矿是磷的主要储存库,由于风化、侵蚀作用和人类的开采活动,磷元素才被释放出来。部分磷元素经由植物、食草动物和食肉动物而在生物之间流动,待生物死亡后,再分解成无机离子形式,又重新回到环境中,再被植物吸收。在陆地生态系统中,磷的有机化合物被细菌分解为磷酸盐,其中一些又被植物吸收,另一些则转化为不能被植物利用的化合物。陆地的部分磷元素则随水流进入湖泊和海洋(图 4.20)。

全球磷循环的最主要途径是磷元素从陆地(土壤库)经河流到达海洋,其数量达 $21 \times 10^{12}$ g/a。磷素从海洋再返回陆地是十分困难的,海洋水体上层往往缺乏磷,而深层为磷所饱和,磷大部分以磷酸盐形式沉积海

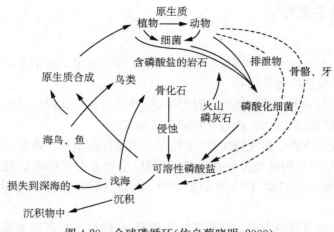

图 4.20　全球磷循环(仿自蔡晓明,2000)

底,长期离开循环圈。因此,磷循环属于不完全循环,需要不断补充磷元素进入循环圈。

进入深海的磷又如何重新回到陆地,投入循环,主要通过 3 个途径:①水的上涌流携带到上层水体中,又被冲到陆地上来;②海平面的变迁。过去曾被海水淹没的地区,由于地质的变迁成为陆地,通过磷酸盐风化重又进入循环;③捕捉海鸟和捕捞鱼虾等可能使一部分磷重返陆地。

由于磷元素的匮乏和农业生产的需要,磷的循环备受人们关注。据估计,全世界磷蕴藏量只能维持 100 年左右。从长远看,磷元素有可能会成为农业生产的限制因素,磷的库存量和迁移量会直接影响碳、氮等元素的循环。

### 4.3.3　元素循环的相互作用

虽然我们分别介绍了碳、氮、磷、硫等元素的循环,但这并不意味着它们是彼此独立的,实际上自然界中的元素循环是密切关联和相互作用的,各元素在循环过程中彼此相互作用而会产生直接的影响,这些影响可以表现在不同的层次上,因此,元素间的偶合作用不容忽视。

例如在光合作用和呼吸作用中,碳和氧循环是互相联结的;海洋生态系统的初级生产的速率受到浮游植物的氮磷比的影响,从而使碳循环与氮和磷循环联结起来;淡水生态系统中磷的有效性也受到底部沉积物中的硝酸盐和氧多少的间接影响。近年来的研究发现,碳、氮和磷循环可在多个层次上发生偶合作用。例如,磷在分子水平上,对细菌的生物固氮有促进作用;在海洋生态系统研究中,可以利用浮游植物生物量的碳∶氮∶磷来计算净初级生产量。

正是由于这些联结,人类对于碳、氮和磷循环的干预,将会使这些元素的全球循环变得很复杂,并且其后果又常常是难以预测的。因此,必须充分了解这些元素循环的彼此相互作用,加强这方面的研究。

营养物输入与生态系统生产力的关系是生态系统生态学的基础课题之一,但从机制上对能量流动和生物地化循环调控的研究还很少。

## 4.4　生态系统中的信息传递

信息传递是生态系统的基本功能之一,是系统调控的基础。生态系统中生物与环境、生物与生物通过一系列信息取得联系,生物在信息的影响下做出相应的反应及行为变化。生态系统经过长期进化,已是高度信息化的系统。生态系统的各要素在信息的影响下,各居其位,各司其职,使生态系统有条不紊,维持平衡。

人们利用各种先进的实验手段,研究自然生态系统内生物与环境之间、生物个体之间、种群之间的信息传递及其作用,可以应用各种信息来控制生态系统内生物的活动,从而提高生态系统的生产力。

### 4.4.1 信息的概念及其主要特征

**1. 信息的概念**

在现代社会中,信息(information)一词被广泛应用,关于信息的定义有很多,一般来说,信息是指由信息源发出的、被使用者接受和理解的各种信号。

在人类社会中,信息作为一个社会学概念,指的是人类共享的一切知识以及从客观事物中提炼出来的各种消息之和,并以文字、图像、图形、语言、声音等形式表现出来。

在生态系统中,信息就是指能引起生物生理、生化和行为变化的信号。阳光、温度、降水及其他生物的行为等生物的或非生物的生态因子均可作为生态系统的信息,生物可根据环境信息的变化调整自己的生活及行为。例如,鸟类的迁徙、鱼类的洄游、树木秋后的落叶、动物的反捕食行为等,均离不开生态系统的信息调控。

信息是客观存在,是一种重要的资源。信息来源于物质,与能量也有密切关系,但信息既不是物质本身,也不是能量。

信息是现实世界物质客体间相互联系的形式,而系统是普遍联系的事物存在的形式,所以有系统就必有信息,信息是系统控制的基础,是系统组织程度或有序程度的标志。

**2. 信息的主要特征**

信息的特征主要表现在以下几个方面:

(1) 普遍性    信息广泛存在于人类社会和自然界中,可以说,只要有生物存在,就有信息的存在。

(2) 传扩性    传扩性是信息的重要特征。通过信息传播,可以沟通信息发送者和接受者之间的联系,并扩大该信息的覆盖面。信息的传扩有多种途径和方式。

(3) 永续性    信息是一种取之不尽、用之不竭的资源。信息不仅可在空间上扩散,也可在时间上延续。

(4) 时效性    人们可以利用信息提高认识,提供关于事物运动状态的知识,但不一定能了解事物未来的状态,不能因为有了某些信息而一劳永逸,而应当经常实践,不断捕捉新的信息。

(5) 分享性    信息在传播过程中,多数情况下不但不会失去原有的信息,还可以通过双方交换,相互补充,增加新的信息,为更多人所共享。

(6) 转化性    有效地利用信息,可以节约时间、人力和财力,这就等于把信息转化成了人力和财力。信息在采集、生成过程中,可以压缩、加工和更新。

### 4.4.2 生态系统中信息的类型及特点

**1. 生态系统中信息的类型**

生态系统中信息的类型通常分为 4 类:即物理信息(physical information)、化学信息(chemical information)、行为信息(behavioral information)和营养信息(nutritional information)。

(1) 物理信息    生态系统中以物理过程为传递形式的信息均属于物理信息,如各种光、颜色、声、热、电、磁等。光信息的主要初级信源是太阳。光信息对植物的生长、发育、形态形成极为重要;动物有专门的光信息接收器官(视觉器官),因此动物对光信息的传递称为视觉通信。声信息对于动物来说更为重要,特别是在某些特殊环境下,视觉系统不能很好地发挥作用时,声信息显得尤为重要。声波在生物体中传播时,将对生物体本身产生某种影响,如声波能提高种子的发芽率。磁信息是指生物对磁的感受,生物都生活在太阳和地球的磁场内,不同生物对磁具有不同的感受能力,常称之为生物的第六感觉,许多研究证明磁场对动物定向起着重要的作用。

(2) 化学信息    生物在其代谢过程中会分泌出一些物质,如酶、维生素、生长素、抗生素、性引诱剂等,经外分泌或挥发作用散发出来,被生物所传递和接受。这种具有信息作用的化学物质很多,主要是生物的次生代谢废物,如生物碱、萜类、黄酮类、有毒氨基酸以及各种苷类、芳香族化合物等。生态系统的各个层次都有化学物质参与的信息传递,来协调生物个体或群体的各种功能。在个体内,生物通过激素或神经体液系统协调各器官的活动;在种群内部,生物通过种内信息素(又称外激素)协调个体之间的活动,以调节生物的发育、繁殖及行为。在群落内部,生物通过种间信息素(又称异种外激素)调节种群之间的活动。

(3) 行为信息　　许多植物的异常表现和动物异常行动传递了某种信息,可通称为行为信息。例如,蜜蜂发现蜜源时,以不同的舞蹈动作来表示蜜源的方向和距离;草原上的鸟发现危情时,雄鸟急速起飞,扇动两翅,给雌鸟发出警报等。

(4) 营养信息　　营养信息是指环境中的食物及营养状况。在生态系统中,食物及营养状况会引起生物的生理、生化及行为的变化。食物链就是一个生物的营养信息系统,各种生物通过营养信息关系联系成一个相互依存和相互制约的整体。食物链中某一营养级的生物由于种种原因而减少了,另一营养级的生物就会发出信号,同级生物感知这个信号就进行迁移以适应新的环境。

### 2. 生态系统中信息的特点

(1) 生态系统信息量与日俱增　　随着各种生物,包括人、植物、动物和微生物的基因组计划和各种类型生态系统研究计划的进行,与之相关的生态系统各种结构与功能的信息将逐步搞清,如人类基因组所蕴含的 10 万基因已基本被确定。目前世界上已建立起上百种生物学、生态学数据库(database),各国正纷纷投入资金进行研究和开发。

(2) 生态系统信息的多样性　　生态系统中生物的种类多,信息的种类多,信息量大。从信息性质上讲,有物理的、化学的和生物的不同性质的信息;从信息存在状态上讲,有液态的、气态的和固态的不同状态的信息;从信息来源上讲,有来自植物、动物、微生物和人类不同生物类群及非生物环境中的信息。

(3) 信息传递方式的复杂性　　生态系统中的生物以不同方式进行信息的传递。有的生物以外部形态的变化来传递信息,如动物的警戒色,人类的形体语言等;有的生物则以内部生理或生化方面的改变来传递信息,如昆虫信息素、植物次生物质的产生;有的则从行为方面进行信息传递,如动物为食物而进行的格斗,人类对弱势群体的关爱等。另外,信息传递的距离有远有近,传递的信道除空气、水域、土壤等自然因素外,还有人工的联系通道等。

(4) 生物物种的信息储存量大　　大量的研究证明,生物物种的信息储存量很大,每种微生物、动物和植物的遗传密码中都含有 100 万到 100 亿比特的信息,都是在长期的进化过程中而存留下来的。

(5) 大量信息有待开发　　生态系统中信息的研究尚处于积累阶段,大量信息有待研究开发,信息的重要性有待进一步证实。例如,在保护生物学研究中,某些物种的灭绝究竟会给生态系统、给人类造成多大的影响,现在还处于推测阶段,需要通过生态系统中有关物种的信息的深入研究,才能具体地、完整地回答这些问题。

### 4.4.3　信息传递过程的模式

生态系统中的各种信息在生态系统的各成员之间和各成员内部的交换、流动称为生态系统的信息流。生态系统的信息在传递过程中,不断地发生着复杂的信息转换,伴随着一定的物质转换和能量消耗,但信息传递不像物质流那样是循环的,也不像能量流那样是单向的,而往往是双向的,有从输入到输出的信息传递,也有从输出到输入的信息反馈(图 4.21)。

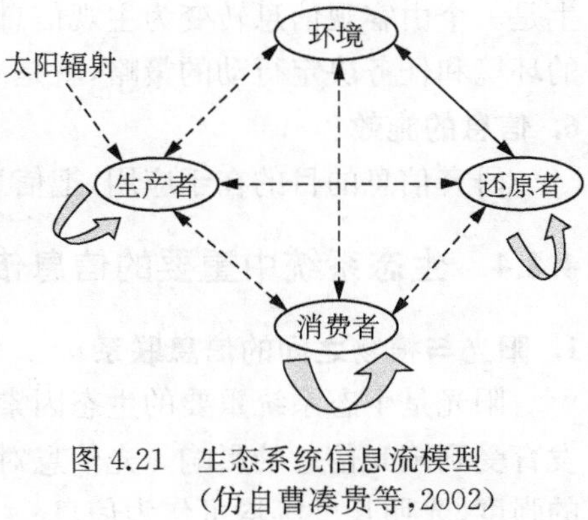

生态系统中的信息传递是一个复杂过程。不同生态系统的信息传递过程各不相同,但归纳起来,信息传递有以下几个基本环节。

图 4.21　生态系统信息流模型
(仿自曹凑贵等,2002)

### 1. 信息的产生

只要有事物存在,就会有运动,就会具有运动状态和方式的变化,这些变化就是信息。生态系统中信息的产生过程是一种自然的过程。

**2. 信息的获取**

信息的获取包括两个步骤:信息的感知和信息的识别。信息的感知是指对事物运动状态及变化方式的知觉,这是获取信息的前提;信息的识别是指对感知的信息加以识别和分辨,这是获取信息,利用信息的阶段。要获取信息,必须同时考虑事物运动状态的形式、含义和效用三个方面,其中形式部分的信息称为"语法信息"(syntax information),含义部分的信息称为"语义信息"(semantic information),效用部分的信息称为"语用信息"(pragmatic information),三者之和就是信息科学中的"全信息"(complete information)。主体所利用的信息把语法信息、语义信息和语用信息都包含在内了。

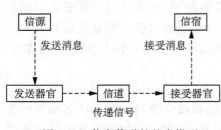

图 4.22    信息传递的基本模型
(仿自曹凌贵等,2002)

**3. 信息的传递**

信息的传递包括信息的发送、传输和接收等环节。发送信息不仅包括信息在空间中的传递,也包括信息在时间上的传递。前者称为通信,后者称为存储。信息传递的实质是通信,通信就是要使接收者获得与发送者尽可能相同的消息内容和特征。因此,生态系统中任何信息传递的基本过程都必定包括信源、发送器官、信道、接收器官和信宿5个主要部分(图 4.22)。

(1) 信源      也称为信息源,产生要传输的信息,通常是某一生物或环境因子。信源可以成为另一信息的信宿。

(2) 发送器官      把要传递的信息变换成适合于信道上传输的信号。

(3) 信道      又称信息媒介,空气、水域、导线和光纤维等都是典型的信道。通过信道可将发送器官发送的信号从一个有机体传递到另一个有机体。

(4) 接收器官      与发送器官的功能相反,接收从信道传递过来的信号,或再加以变换,产生接收者能够理解的信息。

(5) 信宿      即收信者,是信息传递的目的地。信宿可以是另一信息的信源。

生态系统中各生物成员在不同的信息传递中担任不同的角色,既可以作为信源,也可以作为信宿,将形形色色的信息汇集成一个复杂的信息传递网络。

**4. 信息的处理**

信息处理是为了不同的目的而实施的对信息进行的加工和变换。一般分为浅层信息处理和深层信息处理,前者基本上是对信息的形式化所作的处理,而后者不仅仅利用语法信息的因素,而且要考虑全信息的因素。信息处理的层次越深,越要充分利用全信息的因素。

**5. 信息的再生**

信息再生是利用已有的信息来产生信息的过程,它在整个信息过程中起着非常重要的作用。信息的再生是一个由客观信息转变为主观信息的过程,是主体思考、升华、转变的过程。一般所说的决策,是根据具体的环境和任务决定行动的策略,就是一个典型的信息再生过程。

**6. 信息的施效**

研究信息的目的在于应用,把信息运用于实践中,使信息发挥作用,让信息产生效益,造福于人类。

### 4.4.4    生态系统中重要的信息传递

**1. 阳光与植物之间的信息联系**

阳光是生态系统重要的生态因素之一,它发出的信息对各类生物都会产生深远的影响。植物的生长和发育受到阳光信息的影响。光信息对植物的影响具有双重性,既有促进作用,又有抑制作用。光的性质、光的强度、光照长度等均可作为信息。

**2. 植物间的化学信息传递**

植物通过向周围环境中释放化学物质影响邻近植物生长发育的现象称为化感作用(allelopathy)。植物的化感作用广泛存在于植物群落中,如群落的结构、演替、生物多样性等均与化感作用有关。

化感作用是植物影响其他植物生长发育的重要机制之一,它与植物对光、温、水、营养等必需资源的竞争具有同等的重要性。在资源充沛的条件下,很多植物可能通过迅速生长、增大生物量来增强自身的竞争能力。但在恶劣的环境条件下,有限的资源使自身的迅速生长受到限制,加上有限的资源又往往会成为竞争者争夺的焦点,这时,植物的化感作用显得更加重要。

**3. 植物与微生物间的信息传递**

植物产生的化感物质(allelopatic substance)通过根分泌、残体分解、水分淋溶和气体挥发等途径,释放到周围环境中,影响邻近植物的生长发育,同时,也会对土壤中存在的微生物产生重要的影响。植物体内的很多次生代谢物质能有效地抵御病原菌的侵染,弄清植物体内的抑菌物质和诱导产生的植保素在抗病中的作用机制,对抗病品种的筛选和利用至关重要。土壤微生物也会产生许多对植物有害的物质,如抗生素、酚、脂肪酸、氨基酸等。

**4. 植物与动物间的信息传递**

植物虽然不会走动,但绝不是处于完全被动受害的地位,而是通过形态、生理生化等方面,采取了多种行之有效的方式来保护自己。

研究表明,植物体内的次生物质数量远远比动物的多,现已鉴定化学结构的就有 5 万种以上。植物体内的每一种次生物质都可能产生特定的信号,成为植物与动物(尤其是昆虫)间相互作用的联系。这些次生物质有的可用于植物的防御,有的则可以用于植物的生长、发育和繁殖。

**5. 动物与动物间的信息传递**

动物间的信息传递常常表现为一个动物借助本身行为信号或自身标志作用于同种或异种动物的感觉器官,从而"唤起"后者的行为。常见的信号形式有视觉信号、声音信号、接触信号、舞蹈信号、生物电信号和化学信号等。

## 思 考 题

1. 什么是生态系统? 生态系统包括哪些组成成分? 生态系统有何共同特性?
2. 解释食物链、食物网和营养级的含义,食物链包括哪些不同的类型? 在生态系统中有什么意义?
3. 说明在每个较高营养级上生物量为什么减少。简述生态效率及生态金字塔。
4. 画出并标明一个说明生态系统能量流动和物质循环的略图,指出基本原理及其特征。
5. 在生态系统发育的各阶段中,生物量、总初级生产量、呼吸量和净初级生产量是如何变化的?
6. 怎样估计次级生产量?
7. 分解过程的特点和速率取决于哪些因素?
8. 简述生物地球化学循环及其主要营养元素的循环特点。
9. 简述生态系统中信息的类型及特点。

## 推 荐 参 考 书

1. 蔡晓明,2000.生态系统生态学.北京:科学出版社.
2. 戈峰,2002.现代生态学.北京:科学出版社.
3. 孙儒泳,2001.动物生态学原理.第 3 版.北京:北京师范大学出版社.
4. S.E.约恩森,2017.生态系统生态学.曹建军,赵斌,张剑等译.北京:科学出版社.

# 下 篇

应用生态学

# 农业生态学

第**5**章

## 提　要

农业生态学的概念、特点和主要研究内容,农业生物与环境的关系;农业生态系统的概念、特点、组成结构及其能流与物流;农田、草地和林地生态系统的特点和内涵;农业有害生物的防治与生态调控;生态农业与集约持续农业的兴起与发展,其原理、目标及主要技术实施途径。

## 5.1　农业生态学概述

农业生态学(agricultural ecology 或 agroecology)是运用生态学的原理及系统论的方法,研究农业生物与农业环境之间相互关系、作用机制、变化规律及调节控制的生态学重要分支学科,也是农业有关学科与生态学相结合而形成的交叉学科,因此,农业生态学的概念及其发展是随着生态学的发展进程不断更新和明确的。

### 5.1.1　农业生态学的发展

农业生产是利用生物与资源环境形成人类所需农产品的过程,离开了生物就谈不上农业,而光、热、水、气等气候因素及土壤等环境因素,则是生物赖以生存的自然环境。农业本身就是利用与调节生物与环境关系的一个生态过程。从农业生产开始以来,这种生态关系就已受到重视,在古今的各种农书中,对此都有不同层次和角度的阐述和记载。在作物栽培及畜禽养殖等相关学科中,也都包含有对农业生物与环境关系分析和调控的内容。

最早将农业生态学作为一门学科加以研究的是克莱格斯(Klegers),他提出"认识农作物与其环境之间的复杂关系,必须对影响特定作物品种的分布和适应能力的生理学和农学因素加以考虑"。克莱格斯称此为作物生态学和生态作物地理学。意大利学者阿兹齐(G. Azzi)于1929年在大学开设了农业生态学课程,随后在1956年正式出版《农业生态学》,该书主要研究环境、气候和土壤与农作物遗传、发育、产量和质量的关系。与生态学发展阶段相衔接,这一时期的农业生态学主要研究农作物个体生态、种群生态和某些群落生态问题。随着生态学理论与方法的不断成熟和完善,尤其是生态系统理论的提出,生态学在农业领域的运用逐渐普遍和深入,有意识地运用生态学基本理论及系统生态学的方法研究农业问题,逐步得到深入和发展。

进入20世纪60年代后,在世界面临"五大危机"的背景下,促使农业生态学加快发展,学科体系日趋完善,大量的专著及教材问世,世界各国逐渐把农业生态学作为一门重要学科,以研究农业生态系统为重点的农业生态学开始起步,生态系统水平的农业生态学逐步建立发展起来。农学和作物生态的结合更加紧密,除农学家外,许多相关学科的研究者加入了对农业生态学的探索,从而推动了农业生态学转入以研究农业生态系统为中心的阶段。在此期间学者们发表的文献和出版的著作中,小田桂三郎等的《农田生态学》、内廷(Netting)的《栽培生态学》、达尔顿(Dalton)的《农业系统研究》、斯佩丁(Speding)的《农业系统生物学》、美国生态学家考克斯(G. W. Cox)等的《农业生态学——世界粮食生产系统的分析》、洛伦斯(R. Lowrance)主编的《农业生态系统》以及美国阿尔铁里(M. Altieri)的《农业生态学——替代农业的科学基础》等,大都把研究重点从个别农作物的生理生态、种群生态及群落生态研究,扩展到农田生态系统和农业生产系统的生产力、资源利用潜力、能量和养分的流动与转化及农业生产的各种生态问题,并且把系统分析方法引入农田生态研究,促进了农业生态学理论和方法的逐步完善。中国农业生态学研究,从 20 世纪 70 年代后期得到重视和发展。

进入 20 世纪 90 年代,面对全球一系列资源、生态、环境问题,如耕地锐减、淡水短缺、能源枯竭、自然灾害频繁、食品安全受威胁等,客观上要求农业生态学拓展研究领域,为解决上述问题发挥重要作用。农业生态学研究范畴和对象,由单一农业生态系统向农林复合生态系统发展;由"平面农业"向"立体农业"方向发展,由单纯研究系统的结构、功能向综合研究农业生态系统的结构、功能、演替和调控方向发展,至今进展迅速,成果丰硕。1991 年联合国粮食及农业组织在荷兰召开了国际农业与环境会议,发表了《登博斯宣言》。1995 年美国农业经济学家阿尔铁里发表《农业生态学:可持续农业的科学》,美国的格利斯曼(S. Gliessman)于 1997 年和 2005 年先后出版《农业生态学:可持续农业的生态学过程》和《农业生态学:可持续食物系统的生态学》。这个时期阿尔铁里将农业生态学定义为"运用生态学概念和原则,设计和管理可持续农业生态系统"的学科。

近 20 多年来,国外农业生态学的分支和新兴学科不断涌现,如农业产量生态学、农业质量生态学、农业安全生态学等。随着分子生态学的兴起,农业分子生态学将分子生态学的原理和方法应用于农业生物和农业生态系统,其最终目标在于获得农业生物的高产、优质、高效,使农业生态系统结构稳定、功能提升和持续发展。

可见,农业生态学的概念及其发展,不仅反映了农业生态学发展的不同阶段,也反映了不同时代科学技术的发展水平。

### 5.1.2　农业生态学的特点与研究内容

#### 1. 农业生态学的特点

为了实现农业高产、优质、安全、高效的目标,也即实现农业生态系统的经济效益、社会效益和生态效益的同步增长,农业生态学要为发展农业生产提出切实可行的技术途径,要求理论与实践的紧密结合。由此,农业生态学具有以下特征。

(1) 应用性　　农业生态学是一门应用基础性学科,具有较强的实用性。其研究内容与农业生产密切结合,就是立足于农业生产实践进行理论分析和研究,研究成果在农业区划、区域综合开发和治理、农业资源利用、生态工程建设等多方面都有广泛应用。

(2) 综合性　　农业生态学是介于农学与生态学之间的交叉学科,综合性很强。知识内容上,它涉及土壤学、作物学、植物学、动物学、微生物学、经济学、林学、水产学、园艺学等诸多领域;从研究对象上,既包括自然生态,也包括人工生态学,涉及农业、经济、技术等多方面的内容。农业生态系统本身就是社会-经济-自然复合生态系统。

(3) 统一性　　农业生态学强调适用于不同学科的共同思想和共同语言,强调适用于生态系统不同组分的通用方法。能量、物质、信息、价值等是联系生态系统各种组分的共同媒介,利用它们来分析系统的结构、功能,有较强的统一性。

(4) 宏观性　　农业生态学区别于一般的个体生态学、作物生态学及动物生态学等有明确界限的微观生态学,它的宏观性及伸缩范围很大。因为农业生态系统本身,其边界范围小的可以是一块农田、一个农户,大的可能是一个地区、一个国家甚至全世界。所以,以研究农业生态系统为核心的农业生态学基本上是以宏观性农业问题为重点的。

#### 2. 农业生态学的研究内容

农业生态学的研究对象主要是农业生态系统,即研究农业生物之间、农业环境因素之间及生物与环境之间的相互关系与调控途径。应用生态学及系统学的理论与方法对农业生态系统各组成成分及其相互关系进行研究,目的在于提高系统的整体效益。农业生态学的主要研究内容包括以下几方面。

（1）农业生态系统的组分结构　　农业生态系统的组分包括农业生物组分（农作物、畜禽等）、环境组分（自然环境与社会经济环境）。农业生态系统的结构包括层次结构（如不同生产层次结构的相互关系），空间结构（如在自然与社会经济条件影响下的地域分布特点、水平及垂直结构配置），时间结构（如系统的演化规律、随时间的变化趋势等），营养结构（如食物营养关系、食物链等）。

（2）农业生态系统的能量流动及物质循环　　系统中各组分之间的能量和物质的流动、转化途径与流通量强度，物质和能量转化利用效率与效益，生态系统信息传输和价值转移的途径及规律等。

（3）农业生态系统的生产力　　包括初级生产力和次级生产力，协调各级生产及提高系统总体生产力的途径和调控措施等。

（4）农业生态系统的人工调控与优化　　包括对农业生态系统调控机制的分析，利用生态工程技术对农业系统进行人工调节和优化，生态农业建设的原理及技术等。

（5）建设生态农业　　研究因地制宜发展生态农业，调整建立科学合理的农业结构和农林产业结构；应用系统生态工程的方法，设计现代农业生态系统模式。通过调整农业技术及体制，达到高经济效益与资源、环境保护的协调发展。

（6）农业资源的合理利用与农业生态环境保护　　包括农业生产对资源合理利用的原则及途径，农业生产对生态环境的影响与防治途径，以及资源、环境对农业生产的反作用等。

## 5.2　农业生物与其环境

农业生物与环境的关系是农业生态系统中的一种基本关系，二者是不可分割的统一体。了解农业生物与环境之间的关系及其规律，对提高农业生态系统的生产力和改善环境质量都有重要意义。影响农业生物生长、发育、生殖和分布的生态因子包括光、温度、水、土壤等非生物因子，以及农田伴生植物、植食性动物等生物因子。

### 5.2.1　非生物因子与农业生物

#### 1. 光因子与农业生物

地球上几乎所有生态系统最初的能源均来自太阳辐射能。光合作用是绿色植物和某些细菌利用光能以二氧化碳（$CO_2$）和水生产糖类和积累生物量并释放氧气的过程。依据植物对二氧化碳的固定方式，可以分为 3 种光合类型，即 $C_3$ 植物、$C_4$ 植物和景天酸代谢（CAM）植物，$CO_2$ 的固定方式的差别与不同类型植物特定的生理特征和形态特征有关。

要获得高的生物量和产量，一个重要前提是最大限度地利用有效的辐射能。由于所有植物种类在相同条件下并不具有相同的光合效率，因此必须满足植物种类或品种对生长地点的要求。大多数植物种类属于 $C_3$ 植物，它们固定 $CO_2$ 的最佳温度为 15～25 ℃，即在相对凉爽和潮湿的条件下表现出最佳的光合效率。对于 $C_4$ 植物的生产来说，适合它们的最佳光合作用温度＞30 ℃，它们主要生长在热带和亚热带高温和高辐射强度及相对干旱的地区，许多热带禾本科植物，包括主要农作物如玉米、甘蔗和珍珠粟（*Pennisetum glaucum*）等属于 $C_4$ 植物。$C_4$ 植物的优势主要体现在高光强条件下较高的净光合效率，而景天酸代谢（CAM）植物的优势则集中体现在对水分损失的抑制方面，其典型代表生长在亚热带沙漠和半沙漠，如仙人掌科和龙舌兰科植物。

照射在植物体上的光部分被叶片反射，大部分被吸收，还有部分穿透叶片。光辐射在通过植物体到达地面的过程中被削弱了，最终能够被植物吸收的辐射部分的多少取决于植物的叶面积指数、植物空间构型和种类。叶面积指数（leaf area index, LAI）表示植物体所有叶片的面积与其覆盖下的土地面积之间的比例关系。影响光合作用效率高低的因素，还包括太阳辐射在植物群体内的分配、植物叶片分布和垂挂以及自身遮阴等。在谷物类方面，人们培育了具有更好的辐射吸收能力的品种，这些植物的上部叶片是直立的，使得透过植物群体的光线下层叶片也得以利用。

除太阳辐射能外,日照长短或光周期对植物发育也有重要影响。光周期由纬度和季节决定,对许多植物花的形成具有决定性意义。在主要农作物中,长日照作物有小麦、大麦、马铃薯、油菜和豌豆等,对它们的播种期必须选准,使花期处于长日照阶段。相反,对另一些作为叶菜应用的长日照蔬菜作物,如大白菜(*Brassica pekinensis*)、莴苣(*Lactuca sativa*)等,种植者为避免其开花,栽种时间安排在短日照阶段。

水稻、大豆、甘蔗和咖啡等属于短日照植物。许多植物的开花并不依赖日照时间的长短,如番茄和向日葵。一些作物的不同品种对光周期的反应也不一样,如烟草、玉米和马铃薯既有长日照的品种,也有短日照的品种。

日照长度和开花之间的关系主要取决于该种作物原产地的气候条件。地中海式气候地区夏季干旱,因此,多种植物在春天长日照条件下开花结籽。大多数最早起源于西亚的作物也属于长日照植物。相反,温带地区冬季干旱,则以短日照植物为主,如起源于中国的大豆。

**2. 温度因子与农业生物**

温度是太阳辐射热效应的结果。一个地区所种植作物的适宜性不仅受该地区平均温度的影响,也受该地区可能达到的最高和最低温度的影响。特别是早春期间出现的晚霜,给那些要求以温暖气候为主区的种植带来了限制。一个地区温度状况不仅与纬度有关,还受地形、海拔高度及海陆分布等因素的影响。就地形而言,温带地区的夏季,其昼夜温差可达 10 ℃ 或更大。山地或丘陵区谷地中夜晚温度的下降比高地更明显,还存在霜冻的危险。对于种植一些特定的植物(如果树、蔬菜、药材)只在一定的生境条件下才适宜。山区的平均温度随着海拔高度而下降,因此,那些原先只适宜于高纬度地区的作物,也可以在热带和亚热带的高海拔山区种植(图 5.1)。

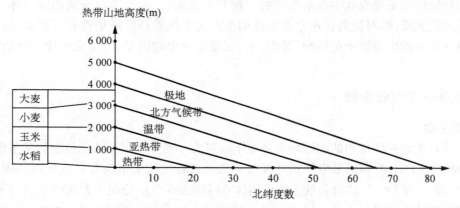

图 5.1 热带山区不同海拔、不同纬度以及不同气候带适宜的作物(引自 Martin et al.,2006)

农业植物属于外热型生物,其代谢过程所需的绝大部分热能必须从周围环境中获得,其生长发育同样遵循范托夫定律,即温度每升高 10 ℃,作物生理过程的速度就加快 2～3 倍。在农业实践中,同样可以利用有效积温或某种作物所需总积温来推算从播种到开花或到收获所需的不同时间(参见第 1 章 1.4.2)。

**3. 水因子与农业灌溉**

植物的水分需求用蒸腾系数(transpiration coefficient)进行度量。蒸腾系数是指每生产 1 kg 植物干物质所需水的体积(L)。不同植物或不同品种都有其各自的蒸腾系数。$C_3$ 植物蒸腾系数为 200～800 L/kg,而 $C_4$ 植物的蒸腾系数在 200～350 L/kg 之间。

陆生植物在维持水分平衡方面具有一系列的适应性。但在农业生态系统中,出于经济效益的考虑,在一些地区引种某种作物或品种,首要选择引种作物的生产地点,一个重要的标准就是满足该作物或该品种的水分需求,需要考虑该地区的降水量、土壤水分平衡状况,决定是否建设人工灌溉系统。

在终年湿润的热带,降水量对全年大多数作物的生产是足够的;在季节性降水特征明显的地区,农业生产局限在降水充足的阶段;在干旱季节长及降水少且不规律的地区,最好的情况就是降水后储存在土壤中的水分能被用于作物的生长。在这些地区,为提高产量或至少使种植成为可能,大多还需要进行人工灌溉。灌溉用水来自降水时截留储存的雨水或河流、水库,或深层地下水。

农业灌溉用水约占全球人类淡水使用量的70%，在全球水资源短缺的情况下，随着人类社会经济的快速发展和人口数量的剧增，为了解决粮食安全问题，农业灌溉用水的需求量在不断增长。由于自然地理气候和经济发展水平的不同，各国、各地区的农业用水状况也不相同，亚洲和非洲这两个贫水和人口密集地区总用水比例更高。据国际灌溉排水委员会于2016公布的数据，全世界灌溉总面积约3亿公顷，大部分集中在发展中国家和新兴经济体。中国农田灌溉面积6 587万公顷，列第一位，其后为印度、美国、巴基斯坦、伊朗。在灌溉土地上所进行生产的最重要的作物是水稻和小麦。全世界的水稻生产大约90%都位于灌溉土地，主要分布在亚洲。

灌溉农业一方面为保证世界粮食供应做出贡献，另一方面也带来很大的环境问题。在许多地区，灌溉所消耗的水量远大于降水所补充的水量。在中国和印度，地下水位逐年急剧下降，不仅严重影响农业生产，也威胁着自然生态系统。灌溉农业带来的另一个问题是局部土壤盐渍化，主要发生在干旱地区，由于蒸发强烈，使土壤中的盐含量逐渐升高。

**4.　土壤因子与农作物**

(1) 土壤圈的组成　　土壤圈是覆盖于地球陆地表面和浅水水域底部的土壤所构成的一种连续体或覆盖层。在地球最表层覆盖在岩石以上的部分被称作土壤。土壤是从矿物质和有机质在非生物和生物因素的作用下转化而来的产物(参见第1章1.6.1)。岩石圈、生物圈、水圈以及大气圈相互渗透，从而构成陆地生态系统的另一个组分，即土壤圈(图5.2)。土壤圈是与人类关系最密切的环境要素之一，同时也是人类社会赖以生存的重要自然资源。土壤圈既包含气态的(空气)、液态的(水分)和固态的(矿物质和有机质)，也包含生活其中的土壤生物。

| | | | |
|---|---|---|---|
| 气态的 | 空气 | | |
| 液体的 | 水 | | |
| 固体的 | 有机的 | 活的 | 地下的植物部分 |
| | | | 土壤生物 |
| | | 死的 | 腐质、腐殖质 |
| | 无机的 | 离子 | |
| | | 矿物 | |

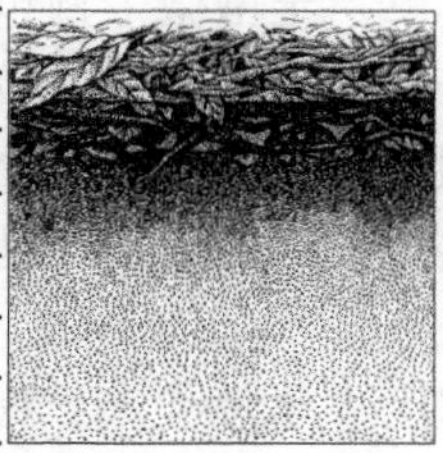

图5.2　土壤圈的组成(引自Martin et al.,2006)

(2) 土壤与植物生产　　土壤具有多种生态功能：

1) 直接为土壤生物群落及植物根系提供生活的场所和所需的养分及水分，可用来进行植物生产，间接地为植食性动物和人类提供食物。

2) 作为物质的储存、过滤、缓冲以及转化的场所。土壤的缓冲功能主要涉及对来自大气或肥料中的酸性物质的中和。

3) 接纳降水并将其释放到大气、地表水和地下水中。

4) 能将进入土壤的有害物质(如农药、化肥残留、重金属化合物)通过物理的、化学的及生物转化的方式固定于土壤颗粒，从而阻止或减少它们进入水体，或使有害物质转变为无害化合物。

5) 土壤在调节各种生态循环中扮演重要角色。通过有机和无机物质的转化与分解，土壤充分参与到碳、氮和其他元素的循环转化过程中。

由于土壤颗粒组成的差异，使得不同种类土壤的性质及对种植作物的适宜性方面有所区别。例如，块根和块茎植物马铃薯、甘薯和木薯通常适宜种植在沙性的、排水良好的土壤，在这种土壤中植物地下部分很少感染病害，而且收获比较容易；水稻和芋头适合种植在黏粒丰富、水分饱和或长期淹水的土壤中，这类植物具有气腔保证根部的氧气供应。

土壤有机质的主要部分为土壤腐殖质，腐殖质是含氮量很高的胶体状的高分子有机化合物。其中一部分位于或多或少已被分解的地表覆盖层，还有部分混入矿质土壤中。有机肥(物)的添加还会影响土壤细菌群落组成，提高土壤细菌的多样性水平。不同的生物和非生物条件形成不同的腐殖质，可大致分为粗腐殖质、半腐熟腐殖质和细腐殖质3类。不同地区土壤中腐殖质的类型和含量差别很明显。在一定条件下腐殖质缓慢地分解,释放出以氮为主的养分来供给植物吸收,同时释放出二氧化碳加强植物的光合作用。

对植物的生长和发育来说,土壤中养分的数量及其在空间和时间的有效性都是至关重要的。在农业生态系统中,营养均衡并能提供植物所需最适量的情况很少。营养元素缺乏或必需元素过多均不利于植物发育,甚至造成伤害。除适量必需的营养成分外,土壤中也经常伴有其他物质,特别是重金属如镉(Cd)、铅(Pb)、汞(Hg)、铬(Cr)等。这些元素在高浓度情况下,对生物是有毒的,因为它们对某些生理过程和酶活性具有抑制作用。

pH 多方面影响土壤性质,从而也影响植物的生长发育及土壤生物的生存与活性。土壤酸化有不同原因,近几十年来不少地区土壤发生表层酸化和表土碱基缺乏,主要是由于酸雨的原因;也可能由于秸秆物料分解产生的酸性腐殖质或通过土壤生物包括植物根系的呼吸作用所造成。土壤 pH 对土壤的影响程度主要决定于土壤本身的钙含量、阳离子交换量和交换体上的碱基饱和度。钙含量、阳离子交换量和碱基饱和度越大,土壤对酸的缓冲作用就越强,即土壤对 $H^+$ 的结合能力越大,因此可以抵抗土壤的酸化。土壤抗酸化的能力受到母岩中碱基含量的影响,通过施用碳酸钙或碳酸镁可以提高土壤的缓冲性能,即提高酸性土壤的 pH。

### 5.2.2　生物因子与农业生物

#### 1. 土壤生物群落及其作用

土壤生物由土壤微生物和土壤动物两大部分组成。土壤生物组成与群落构建研究主要是揭示土壤生物的数量、结构及其群落发生发展规律,内容涉及环境因素与土壤生物之间的关系,以及土壤生物种间和种内的相互作用。土壤生物多样性的维持,主要通过土壤动物与微生物及根系和凋落物互作实现。

(1) 土壤微生物群落　　土壤微生物包括细菌、真菌、放线菌等,是土壤中最重要的分解者,它们是土壤生物中微小的生命体。植物的根、微生物和无脊椎动物是土壤中的重要有机体。长期以来,植物与微生物的根际合作、土壤动物与微生物及根系和凋落物之间的相互作用,共同维持土壤生物多样性及土壤生态系统的功能。土壤生物、根和凋落物之间的多种相互作用及调控机制,是维系土壤生物多样性与土壤中特殊的微要途径。根际受植物根系生产的影响,其物理、化学和生物学特性不同于原土体的土壤微区,是一种特殊小生境,是植物-微生物相互作用主要发生区。根际微生物对土壤有机质的分解、无机物的转化、氮的固定,以及提供植物营养、保持土壤肥力均具有重要意义。

(2) 土壤动物群落

1) 微型土壤动物群落:主要包括单细胞原生动物,最重要的类群是变形虫、鞭毛虫、纤毛虫和部分微小轮虫。在土壤动物中,大多数情况下以原生动物数量最多。

2) 小型土壤动物群落:包括体长 0.2～2 mm 的土壤节肢动物,其中最常见的是土壤蜱螨和跳虫。此外,线虫、涡虫、熊虫和轮虫等也属于小型土壤动物。

3) 大型土壤动物群落:包括蚯蚓、土壤昆虫、蜈蚣、马陆、等足类、某些蜘蛛和蜗牛等,种类及大小不同的蚯蚓是最常见的大型土壤动物。

4) 特大型土壤动物群落:主要为某些土中生活的脊椎动物,它们通过建立通道和窝巢与土壤发生关系,例如田鼠和鼹鼠。

(3) 土壤生物群落的功能类群　　除按照大小分类外,也可以将它们归于不同的功能类群,通过营养方式或营养源加以识别。通常可以分成:食腐(碎屑)动物、食细菌动物、食真菌动物、植食性动物(主要在根部)、捕食动物和杂食动物。由图 5.3 可以看到一个建立在一种农业生态系统中主要土壤生物的相互关系及其功能类群。

(4) 影响土壤生物群落组成的因素　　除气候、地貌和水文条件外,以下因素也影响土壤生物群落组成及活动:

1) 土壤孔隙大小:许多微型和小型土壤动物需要的孔径为 25～100 μm。土壤生物的组成随着土壤平均孔隙空间的缩小而产生相应变化,使其更有利于具有较小身体的生物生存,因此土壤的生物组成随土壤种类的不同而异。

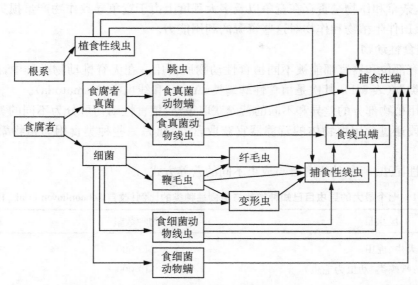

图 5.3　荷兰一处冬小麦田块中土壤生物的食性关系(引自 Martin et al.,2006)

2) 土壤水气状况:水分状况是土壤生物生存的先决条件,同时它们也需要氧气,所以土壤中的水和气必须以协调的比例存在。对微型土壤动物来说,最有利的条件是水充满大约 60% 的孔隙空间。许多生物(如细菌、原生动物和线虫)需要在土壤颗粒的表面带有水膜,以便使自己能够向前移动。过多地偏离正常条件(土壤水分饱和或干旱)对所有的土壤生物都是不利的。

3) 土壤 pH:细菌的生物量一般在中性或弱酸性范围最大,在酸性或碱性条件下变小,其原因主要是许多细菌酶的活性依赖于 pH。真菌及土壤动物通常不存在这种情况。有些种类个体密度可在相对酸性高的地方达到最大,另一些种类,个体最大密度发生在中性范围。

4) 土壤植被:返回土壤的枯枝落叶及茎秆的数量与质量(如碳氮比),这些物质作为消费者的营养源并也影响到土壤生物群落食物网的结构。对许多土壤生物来说,根系的活生物量很重要,不仅对食草动物,而且对真菌和细菌也是如此,因为后两者能够以根系分泌物(主要是氨基酸和糖类化合物)作为营养源利用。此外,植被也对土壤中的环境条件产生间接的影响,其中如土壤水分平衡(如通过植物的遮阴和水分消耗)和土壤 pH。

5) 施肥和耕作:农业生态系统的资源供应在质量和数量的改变,能够以各种各样的复杂方式对土壤生物的数量和组成、各个生物类群的丰度及食物网的结构产生影响。土壤耕翻带给土壤生物的影响因类群而有不同。

6) 农药:在许多情况下,化学和生物杀虫剂、杀菌剂和除草剂,不仅对目标生物发生作用,而且也能直接或间接地伤害土壤生物群落中的物种。

**2. 农田伴生植物**

在农业生态系统中,除了种植的作物外,通常还存在其他的植物种类,这些植物统称为农田伴生植物。它们主要由农田植物和野生植物共同组成,以自然方式出现,并在农业生态系统中找到适合自己的生长条件。它们中大多属于典型的先锋种类。农田中野生植物约 3/4 是一年生植物,且通常具有相对高的生长速率。不仅野生植物,作物也能成为农田伴生植物区系的组成部分,特别是在轮作系统中,存在出现前茬作物的情况(如前茬作物是油菜,后茬作物是谷类作物)。

在一个作物群体中,如果农田伴生植物造成的危害大于带来的利用价值,则被称为杂草。杂草对于作物的危害在于对资源(如光、养分和水分)的竞争。由于这种竞争,作物的生长发育及其最终的产量受到了负面的影响。

有些农田伴生植物是有益的,如保护表土防止侵蚀或对害虫的天敌有促进作用等。

在一个农业生态系统中,通常有多种伴生植物种类同时存在,它们对作物形成多种复杂的竞争关系。如果对杂草控制不力,杂草和作物是否存在竞争以及多大程度上由于竞争导致作物产量损失,不仅取决于资源的供给,也取决于农田伴生植物和作物对这些资源的利用能力。

**3. 农业系统中的植食性动物**

农业植物的所有部位和器官都能被不同植食性动物所食用。在无脊椎动物类群中,昆虫是野生植物和作物的最大消费者类群(表 5.1),其次是植食性蜱螨类(Acari)和线虫类(Nematoda)。

按照各自所食用植物部分的差异和不同的营养获取策略,植食性动物可分为不同的类群。具体地说,有些种类在其发育阶段通过食用植物体的营养器官获取营养,而另一些种类食用与植物繁殖有关的花蜜、花粉、种子和果实。

对大多数植食性昆虫来说,幼虫有着与成虫不同的营养方式。

**表 5.1　七个最大的昆虫目已知种类数与植食性种类的比例(改自 Schoonhoven et al.,1998)**

| 昆虫目 | 物种数量 | 植食性种类/% |
| --- | --- | --- |
| 鞘翅目(Coleoptera):天牛、虎甲 | 349 000 | 35 |
| 鳞翅目(Lepidoptera):蛾蝶类(幼虫为毛虫) | 119 000 | 100 |
| 双翅目(Diptera):蝇类、蚊子 | 119 000 | 30 |
| 膜翅目(Hymenoptera):蜜蜂、马蜂、胡蜂、蚂蚁 | 95 000 | 11 |
| 半翅目(Hemiptera):椿象、蝉、蚜虫 | 59 000 | 91 |
| 直翅目(Orthoptera):蝗虫、蟋蟀、螽斯 | 20 000 | 100 |
| 缨翅目(Thysanoptera):蓟马 | 5 000 | 90 |

注:实际种类数要多得多。

## 5.3　农业生态系统

### 5.3.1　农业生态系统的概念

农业生态系统是指在人类的积极参与下,利用农业生物种群和非生物环境之间以及农业生物种群之间的相互关系,通过合理的生态结构和高效的生态机能,进行能量转化和物质循环,并按人类的意愿进行物质生产的综合体。这里的农业不是狭义的种植业,而是包括农、林、牧、副、渔在内的大农业,不仅包括种植业和养殖业,还包括整个农业的产前和产后。

农业生态系统是人类通过社会资源对自然资源进行利用和加工而形成的,是介于自然生态系统和人工生态系统之间的半自然人工生态系统,经济因素和社会因素在整个系统中占有重要地位,因此,更确切地说,农业生态系统是一个社会-经济-自然复合生态系统。

### 5.3.2　农业生态系统的组成与结构

农业生态系统与自然生态系统一样,其基本组成也包括生物成分和非生物环境成分两部分。由于受到人类的参与和调控,其生物成分是以人类驯化的农业生物为主,环境也包括了人工改造的环境部分(图 5.4)。

**1. 生物组分**

与自然生态系统一样,农业生态系统的生物组分包括以绿色植物为主的生产者、以动物为主的消费者和以微生物为主的分解者。然而,农业生态系统中占据主要地位的生物是人工驯养的农业生物,包括农作物、家畜、家禽、家鱼、家蚕等,以及与这些农业生物关系密切的生物类群,如杂草、作物害虫、寄生虫、根瘤菌等。农业系统中其他生物种类和数量一般较少,其生物多样性往往低于同地区的自然生态系统。此外,在农业生态系统的生物组分中极为重要的是增加了最重要的农事活动者和操作者主体——人类。

主要农业生物及其常见种类按农、林、牧、渔、虫、菌类归纳如表 5.2。

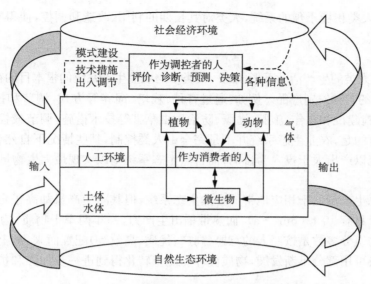

图 5.4 农业生态系统示意图(仿自骆世明,2001)

表 5.2 中国主要农业生物类别及其常见种类

| 类 别 | | 常见种类 |
|---|---|---|
| 农业生物 | 粮食作物 | 水稻、小麦、玉米、高粱、甘薯、谷子 |
| | 经济作物 | 花生、大豆、油菜、甘蔗、棉花、黄麻、烟草、茶、桑、药材 |
| | 饲料作物 | 苜蓿、草木樨、白三叶、红三叶、野大麦、青贮玉米、黑麦草、紫穗槐 |
| | 园艺作物 | 蔬菜、果木、花卉 |
| 林业生物 | 经济林木 | 油茶、橡胶、油桐、漆树、板栗、核桃 |
| | 用材林木 | 松、杉、竹、桉、杨、槐、榆 |
| 牧业生物 | 家畜 | 猪、牛、羊、马、驴、骡、兔、貂、鹿、狗、猫、家牦牛 |
| | 家禽 | 鸡、鸭、鹅、火鸡、家鸽、鹌鹑 |
| 渔业生物 | 淡水养殖类 | 青鱼、草鱼、鲢鱼、鳙鱼、鲤、鲫、鳊、鲂、鳜、罗非鱼、河蟹、中华鳖、鳟 |
| | 海水养殖类 | 海带、紫菜、海参、贻贝、梭鱼、海鲈、对虾、海蟹、大黄鱼、鲷、石斑鱼、梭鱼、鲆 |
| | 滩涂养殖类 | 蚶、蛤、蛏、扇贝、牡蛎、鲍鱼 |
| 虫菌业生物 | 小动物 | 蚯蚓、钳蝎、福寿螺、鳌虾 |
| | 昆虫类 | 蜜蜂、桑蚕、柞蚕、蓖麻蚕、白蜡虫、紫胶虫、寄生蜂 |
| | 微生物 | 食用菌、曲酶、甲烷菌、杀螟杆菌 |

## 2. 环境组分

农业生态系统中的环境组分包括自然环境组分和人工环境组分。前者虽与自然生态系统的组分性质相似,但也已受到不同程度的人为影响。例如,作物群体内的温度、鱼塘水体的透光率、耕作土壤的理化性质等,都会受到人类各种活动的影响,甚至大气成分也受到工农业生产的影响而有所改变。后者包括生产、加工、贮藏设备和生活设施,如温室、禽舍、渠道、防护林带、加工厂、仓库和住房等。人工环境组分是自然生态系统中所没有的,通常以间接的方式对生物产生影响。人工环境组分在研究时常部分或全部被划在农业生态系统的边界之外,归于社会系统范畴。

## 5.3.3 农业生态系统的特点

农业生态系统脱胎于自然生态系统,因此,其组分、结构和功能,与自然生态系统存在很多相似之处。但是,农业生态系统又是人类积极干预的系统,人类对其长期的利用、改造和调控,使得它们又明显有别于自然生态系统,具有如下特点。

**1. 受人控制的系统**

农业生态系统是在人类的生产活动下形成的。人类参与农业生态系统的根本目的在于:将众多的农业资源高效地转化为人类需要的各种农副产品。例如:通过育种、栽培、饲养等方式,调节和控制农业生物的数量与质量;通过农业基本设施建设和耕作、施肥、灌溉、防治病虫草害等技术措施,调节或控制各种环境因子,为农业增产服务。应当注意的是,农业生态系统并不是完全由人类控制,某些情况下自然生态因素也有一定的调节作用。农业生态系统以产出大于投入为目的;而自然生态系统则以实现最大生物量的收支平衡为目的。

**2. 净生产量高的系统**

农业生态系统的总生产量低于相应地带的自然生态系统,但其净生产量却高于自然生态系统。例如,有的热带雨林的净生产量只有 10 t/(hm² · a),而热带稻田生产力(一年两季干物质)为 30 t/(hm² · a)。由于农业生态系统中的生物组分多数是按照人的意愿(高产、优质、高效等)配置而来,加上科学管理的作用,使其中优势种的可食部分或可用部分不断发展,物质循环与能量转化得到进一步加强和扩展,因而具有较高的光能利用率和净生产量。

**3. 组成要素简化,稳定性能较差**

农业生态系统中的生物多经人工选择,与天然生态系统相比,其生物种类明显较少,食物链结构简化,对栽培条件和饲养技术的要求愈来愈高,抗逆能力减弱。同时,由于人为防除了其他物种,致使农业生物的层次减少,造成系统自我稳定性下降。因此,农业生态系统需要人为不断地调节与控制,才能维持其结构与功能的相对稳定。

**4. 开放性系统**

自然生态系统通常是自给自足的系统,生产者所生产的有机物质,几乎全部保留在系统之内,许多营养元素基本上可以在系统内部循环和平衡。而农业生态系统的生产除了满足系统内部的需求外,还要满足系统外部和市场所需,这样就会有大量的农、林、牧、渔等产品离开系统;参与系统内再循环的残留物质数量较少。为了维持系统的再生产过程,除太阳能以外,还要大量向系统输入化肥、农药、机械、电力、灌溉水等物质和能量。农业生态系统的这种"大进大出"现象,表明它的开放性远超过自然生态系统。

**5. 受自然与社会"双重"规律制约的系统**

自然生态系统服从于自然规律的制约,农业生态系统不仅受自然规律制约,还要受社会经济规律的支配。农业生态系统的生产既是自然再生产过程,也是社会再生产的过程。例如,在确定农业优势生物种群组成时,一方面要根据生物的生态适应性,另一方面还要根据市场需求规律,评估该生物种的市场前景和发展规模。

**6. 明显的区域性**

与自然生态系统一样,农业生态系统也有明显的地域性。不同的是,农业生态系统除了受气候、土壤、地形地貌等自然生态因子影响形成区域性外,还要受社会经济、科学技术和市场状况等因素的影响,而形成明显的区域性特征。在进行农业生态系统区划与分类过程中,要更多考虑区域间社会经济技术条件和农业生产水平的差异。如"低投入农业生态系统"与"高投入农业生态系统"、"集约农业生态系统"与"粗放农业生态系统"等都是根据人类的投入水平和经济技术水平进行划分的。

农业生态系统与自然生态系统二者在结构与功能上的差别归纳如表 5.3。

**表 5.3　农业生态系统与自然生态系统结构与功能比较**

| 结构功能特征 | 农业生态系统 | 自然生态系统 |
| --- | --- | --- |
| 生物构成 | 农业生物 | 野生生物 |
| 物种(品种)多样性 | 少,简单 | 多,复杂 |
| 净生产力 | 高,较高 | 较低,低 |
| 营养层次 | 简单 | 复杂 |

（续表）

| 结构功能特征 | 农业生态系统 | 自然生态系统 |
| --- | --- | --- |
| 矿物质循环 | 开放式 | 封闭式 |
| 熵 | 高 | 低 |
| 生长期 | 短 | 长,较长 |
| 人为调控 | 明显需要 | 不需要 |
| 生境 | 均匀 | 不均匀 |
| 生物物候期 | 同期发生 | 季节性发生 |
| 成熟期 | 同时成熟 | 不同时成熟 |

### 5.3.4　农业生态系统的能流与物流

**1. 农业生态系统的能流**

能量流动是生态系统基本功能之一,也是农业生态系统主要研究内容,了解农业生态系统的能流规律,对分析系统的机能及其组分之间的内在关系,以及系统物质生产力的形成都是必需的。

农业生态系统能量来源除接受并转化太阳辐射能外,还有人工辅助能量的投入。投入能量的多少及其利用转化效率的高低对系统的生产力起决定性作用。在一定的农业区,纬度、海拔、地形、天气状况等因素,都会影响太阳辐射能的投入量,这是人们难以控制的部分。人们可以调节、控制辅助能的投入量,但其调控能力要受到当地社会、经济、技术条件的制约。因此,优化农业生态系统关键在于获得和转化更多的太阳辐射能,合理利用辅助能。

（1）初级生产与次级生产

1）初级生产:主要包括农田、草地和林地等的生产。由于农田采用人工栽培品种和管理措施,其生产力水平相对较高,一般陆地平均太阳能利用率只有 0.25%,农田平均达 0.6% 左右,高产农田可以达到 1.0% 以上。据有关研究报道,农作物中小麦、玉米、水稻、高粱等作物的平均生长率（crop grow rate, CGR）可达 15~20 g/(m² · d) 以上,光能利用率可达 1.2%~2.4%。

2）次级生产:主要是指畜牧业和渔业生产。畜禽种类饲养管理水平高低不同,饲料的转化效率差别就很大。家畜一般可将采食中 16%~29% 的饲料能同化为体内化学能,33% 用于呼吸消耗,31%~49% 随粪便排出体外。比较而言,按饲料的数量计,鸡的转化效率最高;按饲料的能量计,猪的转化效率最高,牛的转化效率相对较低。在水产养殖中,饲料的转化效率较陆地家畜高些。

（2）辅助能的投入及其转化效率

1）大量人工辅助能投入:这是农业生态系统生产力较高和持续增产的重要保证。人工投入的辅助能,按性质分为有机能和无机能,前者包括人力、畜力、种子及有机肥等,后者包括化肥、农机具、农药、燃油和农用电力等能量。人工投入的辅助能按来源分为工业能、生物能、自然能等。工业能也称化石能或商品能,包括煤、石油、天然气以及化肥、农药、农业机械等;生物能包括人力畜力、生物燃料、种子、有机肥等;自然能包括风能、水能、地热能和潮汐能等。

2）辅助能投入与能效率:一般情况下,随着辅助能投入的增加,农业产量相应增加,但辅助能的产投比不一定增加,甚至出现下降趋势。辅助能的转化效率不仅与能量投入水平密切相关,与能量投入结构也有关。投能结构是指能量投入中辅助能在总输入能量中所占比例,无机能和有机能所占比例,化肥、农机各项投能占无机能投入的比例等。中国投入农业的能量中,20 世纪 50 年代有机能占绝大比例,无机能比例不足 2%,到 80 年代无机能占到 10% 以上,而且增长最快的是化肥和农机的投入能量,分别占到工业辅助能投入的 80% 和 4% 以上,这是传统农业向现代农业过渡的明显标志。但在无机能投入较高阶段,继续大量投入无机能,其能量效率有降低趋势。

（3）农业生态系统能流分析方法

1）确定系统的边界:根据研究目的,确定研究对象的系统边界。研究对象可以是单一农作物系统、畜牧业系统等,也可以是由种植、林业、渔业等多个亚系统构成的复合农业生态系统。系统可以是一块农田、一个农户、一个村,也可以是一个乡、一个县或更大的区域。

2) 确定系统主要成分并绘成能流图:首先分别确定各亚系统能流的输入和输出及其相互关系,然后绘出能流图,所建立的能流模型具有定量化、规范化、符号语言统一的好处。

3) 确定系统各组分的实物流量:可先确定各能流输入、输出的实际量,如化肥、农药的实物输入量,人畜劳力以工作小时(h)计算的工作量,燃油以升(L)或千克(kg)计算的用量;电力以千瓦时(kW·h)或度(°)计算的用量;各种农产品以千克(kg)计算的生产量等。这些数据的获得,可通过具体的定位试验研究或实地调查进行资料的收集和整理;某些无法直接得到的数据可通过间接估算或类推获得。

4) 将各种能流转换为能量:各项输入和输出的能量折算标准可参考有关文献资料的折能系数,统一换算成能量单位后,就可以进行比较和分析。实际计算时,应当注意各种工业物资的能量折算值的可变性和可比性。

5) 分析计算结果:在得到标准化的能流图以后,进行以下分析:①能量输入与输出结构分析。一般要分析工业能输入和有机能输入占总输入能量的比重;在输入的人工辅助能中化肥、农机动力等所占比重,以了解投能结构。分析输出部分中经济产品和副产品所占比重;各类农产品的比重。评价整个系统或不同子系统自给能力的强弱、系统的开放程度等。②能量输入输出强度及能量转化效率分析,把握系统的能量流动状况。同时,对系统中能量转化的效率进行评价。③对能流状况进行综合分析和评价,并与其他系统比较,找出进一步调控途径,也可运用系统论和最优化方法作预测分析。

**2. 农业生态系统的物流**

(1) 养分循环的一般模式    农业生态系统中的养分循环是个非常复杂的问题。弗里塞尔(Frissel)对农业生态系统养分循环的大量实例进行综合分析,并设计了由土壤→植物→动物,再回到土壤的养分循环的一般模式(图5.5)。

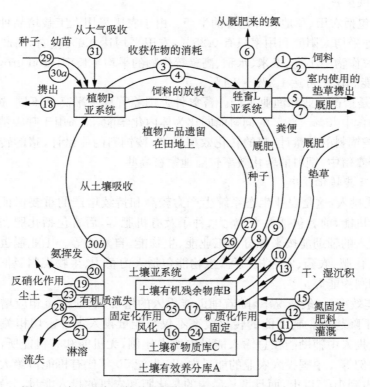

图5.5    农业生态系统养分循环的动态模型(仿自 Frissel, 1997)

该模型包括三种主要养分库,即植物库(P)、家畜库(L)和土壤有效养分库(A)和31条养分流动途径所组成。植物库包括所有农作物(粮食作物、经济作物、饲料植物)的地上和地下部分所含养分。家畜库包括所有直接或间接消费植物产品的农业动物所含养分的总和。在土壤库中,由于在养分矿质化并转变成可供给状态以前,养分以有机残余物形式停留的时间较长,其循环利用率很低。因此,他将土壤库又可分为三个亚库,即土壤有效养分库(A)、土壤有机残余物库(B)和土壤矿物库(C),其中,土壤有效养分库中营养物质参与循环利用效率高,为主要养分库之一。

养分循环基本途径:养分在几个库之间的转移是沿着一定路径进行的。通常情况下,养分是经由土壤库→植物库→牲畜库→土壤库这样的循环途径。实际上许多循环是多环的,某一组分中的元素在循环中可通过不同途径进入另一组分。除了库与库之间的养分转移外,还有养分对系统外的有意识和无意识的输出,以及系统外向系统内的输入等。理论上讲,沿 31 条线路的养分传输都是存在的,但实际上有些只能测得净结果,如土壤中的矿化与无效化过程是两个方向相反而又同时进行的过程,分别测定它们的转移量是很困难的,故通常只测定它们作用的净结果。

养分在系统内各库之间循环一次所经历时间长短不一。微生物对某种养分的吸收转化只需要若干分钟,一年生植物对养分的吸收转化至少需要几个月,大型动物需要的时间更长。

养分在各库中的平衡、减少或积累状态,可通过养分进出各库量的大小加以估算。当通过系统边界的输入与输出量相等时,该系统处于稳定状态;当某种养分的输出量大于(或小于)输入量时,说明这个系统中该种营养元素处于减少(或积累)状态。

(2) 农业生态系统养分循环的特点

1) 需投入大量养分维持系统养分的平衡:农业生态系统大量农、畜产品的输出,使养分脱离系统;产品输出越多,带走的养分也越多。为维持系统养分循环的平衡,必须向系统返回肥料、种子等各种生产和生活物质。农业生态系统物质循环的开放程度远大于自然生态系统,生产力和商品率都较高。

2) 养分输入主要来源于人工生产的无机肥:农业生态系统中养分的输入,主要包括化肥、部分有机肥、降水和灌溉水等。现代农业的主要养分来源是输入大量化学肥料,而且单位面积上输入的化肥量逐年递增。

3) 有机质在养分循环中具有重要作用:有机质是各种养分的载体,在农业生态系统养分循环中具有重要作用。①有机质经微生物分解后,释放出有效的养分供植物吸收利用,提高土壤肥力,促进系统中养分的循环。②为土壤微生物提供生活物质来源。③具有吸附离子的能力;促进土壤中阳离子的交换量;减少铁、铝对磷酸的固定,提高磷肥肥效。④保蓄水分,提高土壤的抗旱能力。

4) 农业生态系统养分的无效输出:无效输出是指从生态系统中输出的物质,未产生任何效益,如养分的淋失、流失、反硝化、蒸发以及氨的挥发等。

(3) 保持农业生态系统养分平衡的途径　　保持农业生态系统中养分收支平衡是影响农业生产力水平提高的重要因素,保持农业生态系统中各种养分的良性循环,可由以下几个途径开展工作:

1) 安排种植归还率较高的作物:各种作物的自然归还率不同。除自然归还部分外,还有可归还但并不一定归还的部分,称为理论归还,如茎秆、谷壳等二者合计,油菜归还率约为 50%,大豆、麦类和水稻为 40%~50%。不同作物的氮、磷、钾养分的理论归还率也不同。

2) 建立合理的轮作制度,加速养分循环:在轮作制度中,加入豆科植物或归还率高的植物,有利于养分循环平衡。轮作不仅能使土壤理化性质得到改善,同时由于农田生态条件的改变,病虫杂草危害减轻。

3) 农、林、牧结合,发展沼气:沼气生产既可解决农村能源问题,又可提供燃料,促使秸秆还田,还可使废弃物中的养分变为速效养分,作为优质肥料施用。

4) 农产品科学加工:完善农产品和废料的处理技术和加工方法不同,进一步提高物质归还率。例如,棉花从土壤中吸收的大量营养元素保存在茎、叶、铃壳和棉籽中,将棉籽榨油,棉籽皮养菇,棉籽饼作饲料或肥料,茎枝叶粉碎后作饲料,变为粪肥后又可还田。

5) 合理施肥:合理施肥是调节养分输入量的重要环节。可根据土壤中养分含量及该系统种植作物的类型,对主要养分进行合理搭配、适量输入,以促进养分循环的平衡。

6) 充分利用非耕地富集养分:如利用非耕地上的各种饲用植物、草类或木本植物的叶子,收集作为肥料;或放牧利用后以畜粪转移入农田;利用池塘、沟渠种植水生肥源植物,富集水中养分,作为牲畜饲料;城肥下乡,河泥上田等,均是区域性养分富集的方法。

## 5.4　地球上主要农业生态系统

农业生态系统主要由农田生态系统、草地生态系统(不等同于草原生态系统)和林地生态系统(不等同于森林生态系统)三个子系统组成。这三个子系统又分别由农作物、饲料作物(不同于天然牧草)和林作物(不同于天然林木)的个体、种群以及由它们通过生态关系与其他生物共同构成的农业生物群落所组成。相应于农业生态系统及其各个组成层次,形成不同研究对象的学科:农业生态学、农田生态学、草地生态学、林地生态学及作物生态学等。

### 5.4.1　农田生态系统

#### 1. 农田生态系统概述

农田是农作物生产的基地,农田凭借土地资源和光、热、水、气等自然资源,通过植物转化、积累太阳能和各种物质,是人类社会赖以生存和发展的物质基础。由于农作物的栽培不仅在陆地上,还扩展到各种水域,因此农田生态系统具有陆地和水域综合体系的特点。多数农田生态系统基本上是单种栽培的人工生态系统,是人类为获得各种农产品而建立的一种生物生产过程和经济生产过程紧密结合的生态系统。和其他自然生态系统相比,其结构较简单,农作物生长整齐一致,生活周期相近,对于水、肥、光、热和空间等各种环境条件要求相同,种内竞争趋向最大化。同时,由于人为集约经营,高水肥的栽培条件,包括使用化肥、农药及除草剂等,以致农田生态系统对于人为管护依赖性强,稳定性差,自我调节能力弱,对恶劣的气候条件、环境污染及病虫害等都非常敏感。

在农田生态系统中,初级生产者主要为粮食、蔬菜、经济作物、林木果树等,主要消费者为家畜、家禽及人类本身,某些情况下包括农业有害动物,分解者主要是农田微生物和农田土壤动物。现阶段一般农业管理水平上,系统中尚存在一些并非人类有意识引进的物种,如菌类、杂草、灌木、昆虫、蛙、蛇、鸟、鼠类等,它们可能对农业生产有害,也可能有利。

农田生态系统的结构与人类建造该系统的目的密切相关。不同的农田生态系统,其初级生产力差异很大,这一方面取决于当地的环境条件,同时也取决于当时的社会经济和科技发展水平。一般而言,温带地区利用石油作为补助能量的情况下,年生产力可达 $2\sim6$ kcal/m²,缺少能量补助的干旱地区,年生产力往往低于 1 kcal/m²,而在终年高温多雨的热带,再加上一定的能量补助,年初级生产力往往超过 10 kcal/m²;夏威夷的甘蔗种植业,甚至有每年 26 kcal/m² 的纪录,超过了初级生产力最高的热带雨林。当然,种植的作物不同,初级生产力也会有差异。

#### 2. 农田生态系统的特征

农田生态系统的组成、结构、功能及其建立目标决定,人们必须不断地从事播种、施肥、灌溉、除草和治理病虫灾害等农事活动,因此农田生态系统具有一系列特点:

(1) 输入、输出量加大　　现代农业的目标之一是提高商品率,这就意味着大量产品的输出,也就需要相应量的输入来补偿,才能维持系统的平衡。

(2) 辅助能的作用十分显著　　从系统外向农田生态系统输入辅助能的途径很多,如投入化肥、农药、机械、水分排灌、人力和畜力等,都是在输入辅助能量。向农田系统输入辅助能,目的在于创造比较适宜的生产环境,减少生物能量的消耗,以获取更多的生物产品。

(3) 食物链趋于缩短　　为了以同等投入量获得更多产品,总是尽量选择那些营养级低、食物关系简单的农业生物来进行生产,这就导致了农田生态系统中食物链的缩短,这主要指广泛开展的种植业;而养殖业的食物链较长,养殖食肉动物则食物链尤长。

(4) 系统中有多种人工安排的残余物利用链　　农业是生物过程占优势的生产部门,农田生态系统是农业生产部门中最重要、最广泛的部分,为了提高系统内物质和能量的利用效率,在农田生态系统中通常出现有多种人工安排的残余物利用链,科学地利用生物残余物作为另一种生物或加工过程的原料,以期达到多层次利用、多次增值的效果。

### 3. 农田生物群落及其生态效应

农田土壤中的生物是多种多样的,其中细菌、真菌、放线菌和原生动物等是土壤中最重要的分解者。近年快速发展的 DNA 测序技术,为农田土壤微生物分类研究提供了快捷可操作的手段,定量半定量研究各种土壤生物的功能及其与土壤生态效应成为可能。研究得知,农田微生物参与农田土壤的形成和演化,驱动土壤中的物质循环和元素转化,调节土壤的养分和肥力,并且为工业、医药和食品等行业提供丰富的资源。土壤微生物不仅是土壤养分转化与循环的驱动力,还是农田土壤中有效养分的储备库,决定着土壤养分和肥力状况。土壤微生物对植物残体的利用、转化过程与其自身的群落特征、活性和生理特性密切相关。

有些农田土壤动物是重要的消费者和分解者。土壤中存在的动物种类有上千种,以节肢动物最占优势,重要的有螨类、蜈蚣、马陆、跳虫、白蚁、蚂蚁及其他多种昆虫和昆虫幼虫等。其中以螨类和跳虫的种类最多、分布最广。螨类在土壤中对有机物质起碎裂和分解的作用,并将有机物质传输到较深的土层中去,起到了维持孔隙、改善土壤性质的作用。土壤中的跳虫在分解有机质、疏松和活化土壤过程中发挥着重要的作用。蚂蚁是土壤动物中比较活跃的类群,虽然它们的食物大多在地面之上,它们的活动对枯枝落叶分解作用很小,但蚂蚁类却是重要的土壤搅拌者,蚂蚁建筑的窝巢在田地中随处可见,蚂蚁在建巢过程中携带大量下层土壤至地面。

土壤中线虫和蚯蚓也比较丰富,它们主要生活在土粒周围的水膜中或植物根部。土壤中寄生性线虫寄生于许多植物,包括小麦、番茄、豌豆、胡萝卜、苜蓿、果树等的根部。蚯蚓是土壤中最著名的动物类群,喜欢湿润和有机质丰富的环境,因此常栖于肥沃的黏壤质和酸性不太强的土壤里。蚯蚓的数量和作用在不同的地块是有差异的,有人估计,其质量每公顷可达 200～1 000 kg,在 1 英亩(约 0.405 公顷)耕作层中的蚯蚓数可以从几百到几百万条以上。蚯蚓打洞、钻行、吞食土壤中有机物质等活动,可使土壤与有机物紧密混合。此外,孔道的形成、蚯蚓粪粒的产生,也使得土壤更疏松通透。据分析,经过蚯蚓作用的土壤中有效磷、钾、钙等都有明显增加。

在中国东部地区,丘陵区和山区的农田一般占到总土地面积的 10%～30%,种植业集中的平原区,一般占 50% 以上,因此不可忽视农田生物群落对生态环境所起的积极生态效应。农田生物群落包括直接由人种植的多种粮食作物、经济作物和养地作物,以及人工养殖的畜禽类、鱼虾类和其他经济动物等,农田中还有部分杂草、多种自然界的菌类、原生动物、土壤微生物、昆虫、节肢动物、两栖类、爬行类、野生鸟、兽等。所有的生物组成复杂的农田生物系统,对农田无机和有机环境产生各方面的影响。

## 5.4.2　草地生态系统

### 1. 草地生态系统概述

草地是畜牧生产的基地,是以草本植物为基础营养级的重要的农业生态系统之一。草地生态系统是以草地和牧畜为主体构成的一类特殊的生物生产系统,初级生产者(草本植物)通过光合作用蓄积能量,通过消费者(家畜)将牧草的蓄积能转化为人类所需要的畜产品。

草地包括天然草地、人工草地以及附带利用草地等。世界天然草地总面积约 50 亿公顷,占陆地总面积的 25.3%。天然草地的主要类型包括草原草地、草甸草地、高寒草甸草地、疏林草地、灌木草丛草地、荒漠草地、盐生草甸草地等。不同种类的草地,生产能力不同,载畜量也不同。人工草地是人工栽培饲草的草场,不同地区种植不同种类饲草,同一种饲草在不同地区和不同类型土地上产草量变化很大,一般耕地和退耕地种草产量较高,三荒地种草产量低。

中国是草地资源丰富的国家,据 20 世纪 80 年代进行的全国统一草地资源调查资料显示,全国拥有草地面积近 3.31 亿公顷。中国的天然草地是欧亚大陆温带草原的一部分,主体是东北、内蒙古的温带草原,另外还有新疆荒漠地区的山地草甸和青海、西藏的高寒草地,此外南方的草山草坡,处于水热条件较好的林区,多为森林破坏后次生草地及海拔较高的中、高山草地。中国人工草地不多,据 2015 年统计,全国累计种草保留面积约 1 600 万公顷,这其中包括人工种草、改良天然草地、飞机补播牧草三项。如果将后两项看作半人工草地,即中国人工和半人工草地面积之和也仅占全国天然草地面积的 4.7%。

草原上生长有大量优良的饲用草类,据调查,中国具有一定饲用价值的植物达 4 107 种,其中经济价值较高的禾本科牧草 910 种,豆科牧草 600 余种,世界上著名的栽培牧草如紫苜蓿(*Medicago sativa*)、白三叶(*Trifolium repens*)、红三叶(*T. pratense*)、百脉根(*Lotus corniculatus*)、鸭茅(*Dactylis glomerata*)、梯牧草(*Phleum platense*)等,在中国均产有其野生种或近缘种,它们是培育牧草品种的宝贵资源。

草地的主要生物包括各种天然牧草和人工牧草,以及多种放牧的草食性牲畜。此外,还有多种其他动物、植物和土壤微生物,其中与畜牧业关系最密切的是多种啮齿类动物,还有草原蝗虫及分解牲畜粪便的食粪甲虫等。

中国草地生态学研究如草地植物区系及牧草种质资源研究,草地植被类型、组成、结构、分布与群落动态,以及放牧、割草、开垦等人为活动引起的草地演替等,不断地深入开展并在许多方面取得了显著成就。当前草地退化是中国天然草地面临的突出问题,21 世纪中国的草地生态学将围绕解决草地退化这一核心问题展开研究,其热点领域应在草地恢复生态学、草地界面生态学、草地放牧生态学及草地的健康诊断和草地的价值评估等方面,其中草地恢复是治理退化草地的基础。

**2. 草地生态系统的特征**

与农田生态系统及林地生态系统相比,草地生态系统具有以下特征。

(1) 光能利用率方面　　据资料报道,高原草地的光能利用率为 0.5%~0.6%,有"牧草之王"之称的苜蓿可达 0.8%,一般温带草原的光能利用率约为 0.5%。中国草地生产力受水热条件的制约,光能利用率大致从 0.1%~0.4% 不等。草地生态系统的光能利用率不及高产的农田生态系统,也不及林地生态系统,其主要原因与气候干燥引起的群落的叶面积指数较小及空间利用率低有关。如能对草地进行灌溉和施肥,就可提高叶面积指数,从而使光能利用率达到一般农田 1% 左右的水平。

(2) 食物链方面　　草地生态系统的食物链,通常由植物(牧草)→动物(家畜)→人,构成一个"食物"流程。不同类型草地系统食物联系不尽相同。以中国的高寒草甸为例,第二营养级中除家畜外,还可能有狍(*Capreolus pygargus*)、岩羊(*Pseudois nayaur*)、藏鼠兔(*Ochotona thibetana*)、旱獭等。而以这些食草动物为营养的第三食性层次上,除人类食用和狩猎以外,还有如狼、红狐、藏狐(*Vulpes ferrilata*)、香鼬(*Mustela altaica*)等,这些食肉动物本身还可能被大型食肉动物如雪豹(*Panthera uncia*)或人类猎用。可见,人在草地生态系统中可能占据第三、第四甚至更高层次营养级。草地生态系统的食物链就是通过这种"食"和"被食"的营养关系连接成错综复杂的网络结构。

(3) 生物多样性较丰富　　草地生态系统的基础营养级(绿色植物)种类组成较农田复杂,如温带草甸草原每平方米平均 20 种植物,高的达 30 种;典型草原有 15 种左右的植物,荒漠草原 11 种;高寒草甸每平方米物种达 40 种以上。多种植物长期共存,一方面充分利用环境资源,另一方面促进群落的稳定性。草地植被的高度虽不及林地植被,但相当浓密。在整个生长期内,会出现多个不同种类为优势的开花期,表现出不同的季相。丰富的草类支持供养多样的食草动物(昆虫、啮齿类、有蹄类等),相应地吸引来众多捕食兽类(狼、狐、鼬、獾等)。草地生态系统看上去不似林地系统那样有明显的成层现象,但实际上无论在空间或时间上,成层的格局在草地系统中到处存在。依照草类的高度,草地群落结构一般分为三层:高草层、中草层和矮草层。植物的地下部分强烈发育,其密闭度和层次结构远超过地上部分。草地生态系统不仅养育了大量的地上食草动物,同时还供养了许多地下生活的土壤动物。

(4) 牧草和食草动物协同进化　　在进化过程中,牧草和食草动物之间出现了彼此相互适应的协同进化(coevolution)。草地牧草不会被食草动物吃尽,食草动物能够持续利用牧草延续世代,这是因为食草动物在进化过程中发展了自我调节机制,防止作为食物的植物被吃尽;而草地植物在进化过程中发展了防卫机制(机械或化学防卫)。如此在植物和食草动物之间出现了进化选择竞争。

食草动物之间竞争食物的现象普遍可见,但在利用草类资源过程中还出现协作。著名的例子如非洲东部,草原的牧食系统。那里是世界上有蹄类群体和数量最大的地方,生活着约上百万头角马、羚羊和斑马等,它们是这片草地上最具优势的三种食草动物,它们对食物的选择,首先不是草的种类,而是草的不同部位:斑马主要吃草茎和叶鞘;角马则更多吃叶子;汤氏瞪羚则吃前两者吃剩的牧草叶和大量杂草类,这种在食性上生态位分离的现象有着极其重要的生态学意义。食草动物之间在食草习性方面的分化,使牧食活动由竞争变为协作,甚至还刺激促进草被生长。

**3. 放牧条件下草地的生态演替**

草地人为干扰的各种方式中,具普遍意义的是畜牧业生产的影响。自然条件下植被类型与土壤类型及其性质密切相关。适度放牧活动能调节植物的种间关系,使草场植被保持一定的稳定性。过度放牧区内优质牧草种类由于家畜的选择性采食而逐渐减少,一些适应于干旱条件而适口性差甚至不可食的植物种类增加,当放牧压力超过一定限度(即环境承受能力)时,系统内部不能维持平衡,就会发生退化演替。过度放牧会使土壤的结构遭到破坏,无结构土壤毛细管水上升快,盐渍化程度加剧;同时,由于禾本科植物被过度消耗,无法复苏,耐盐碱的蒿属、猪毛菜属得到发展,鼠害、蝗害随之发生,使原来水草丰盛的草场变为干旱的荒漠草地甚至退化为人为荒漠。种种例证说明,人为不合理过度放牧利用是造成草地普遍而迅速退化的主要原因。

不少报道指出,对放牧强度的研究要比放牧制度重要得多,人们发现放牧期越长,载畜能力越低,对草场的不利影响就越大。据美国科罗拉多州的试验,用于放牧的草地,家畜采食量最高不能超过地上产量的40%～50%,否则草地就会遭到破坏。据统计,内蒙古地区1947年每一绵羊单位占有草场4.10 hm²,当时利用强度很低;至1965年每一绵羊单位占有草场0.967 hm²,超过天然草场承载力,以后20多年牲畜头数一直徘徊不前,并恰在这一时期发生大面积草场退化。可见控制放牧强度对草地生态系统管理的重要性。

**4. 开发畜牧业生产潜力**

发展畜牧业的关键是:增加饲草饲料的数量,扩大饲草饲料的加工,改进饲养技术,调整畜群、畜种结构,提高饲草饲料的利用率、转化率和家畜的出栏率及畜产品的商品率。

### 5.4.3 林地生态系统

**1. 林地生态系统概述**

林地生态系统包括天然林地、人工林地等以乔木树种作为群落建群种的生态系统。林地生态系统是陆地生态系统中生物量最大、结构最复杂、功能最完善的生态系统。构成林地的林木彼此相互作用,关系密切,其主体木本植物对林内动物、植物和微生物的活动及林下土壤的发育和林中小气候的形成起重要调控作用。林木植被及其覆盖下的其他生物和各种环境因子共同构成林地生态系统。林地是木材、林果产品及其他林副产品等工农业原料的生产基地,是动物的栖息场所和隐蔽地。林地生态系统还具有涵养水源、保持水土、调节气候、防风固沙、保护农田、净化污染、美化环境、卫生保健、有利国防等功能,对保护生态环境、保护生物多样性,对人类的生存和发展都起着无法估量的作用。

林地包括天然林地和人工林地,天然林地是在过去和现在的环境因素影响下,出现在一个地区的各种树木经过长期发展的结果,反映了该地区自然因素特别是水、热条件的综合作用;人工林地是人们在生产实践中营造的森林,它虽然可以由人选择树种和布局,但也要受到当地环境因素的制约。

林地的类型很多,但作为一种植物群落,它们都有一定的种类组成、群落结构以及和环境的相互作用。不论哪一种林型,都是一种或多种乔木及许多灌木、草本植物的共同结合,是具有乔木层、灌木层、草本层和地被层垂直结构的系统。在乔木、灌木、草本和苔藓、地衣等各个种群不同个体之间、不同种群以及植物和环境之间,都是彼此相互联系和相互制约的,所以林地是结构复杂的植物群落。在林地植物群落中,必然有许多和它共同生存的动物如昆虫、其他无脊椎动物、两栖类、爬行类、鸟类、兽类等,这些动物以森林作为栖息场所,又直接或间接地以各种林业产品和林业作物为食物。林中还生活着各种微生物,如寄生在植物体上的细菌、真菌等,以及生活在土壤中的种类。林地中植物、动物、微生物形成了一个有联系的生物群落,而生物群落又和周围环境构成一个不可分割的复杂综合体,这就是林地生态系统。人工培育的果园林、特种经济林,施肥、锄草、喷药、修枝等管理措施更为频繁,此类林地受人为影响更加明显。

在不少森林学的论述中,对森林概念的理解较为局限。除了指出以乔木树种为主体外,还认为树木要集结到一定的密度和占据着相当范围的空间面积,才算森林。这样就可能将行道树、疏林或其他小片的林木排除在森林之外。作为形成独特的森林环境才能当作森林的论点,本来是有其道理的,但在目前森林遭受严重破坏、林地锐减的情况下,提倡植树造林、绿化环境,因此对森林的理解,只要以乔木树种作为主要建群种,而它们彼此之间以及它们与环境之间相互发生影响的植物群落,即可作为林地来对待,这更符合当前实际。

**2. 林地生态系统的特征**

(1) **生物量最大的生态系统**    在人类诞生初期,全球森林面积占到陆地面积的 2/3,达 76 亿公顷。据联合国粮食及农业组织 2020 年的报告,世界森林面积接近 41 亿公顷,约占地球陆地面积(不含内陆水域面积)的 31.2%。森林是地球上生物量最大的陆地生态系统。该报告还指出,全球人工林面积 2.64 亿公顷,占世界森林面积近 7%;从森林功能类型看,全球商品林面积接近 12 亿公顷,生物多样性保护林面积 4.6 亿公顷、防护林面积 3.3 亿公顷,分别占世界森林面积的 30%、12% 和 8%。

不同生态类型森林的生产量是不同的,北方针叶林的净初生产量为 4~8 t/(hm² · a),亚热带森林净初生产量为 15~25 t/(hm² · a),热带雨林净初生产量最大,为 20~30 t/(hm² · a)。林地生态系统平均每年每平方公里的生物总量可达 100~400 t(干重),约为农田或草地的 20~100 倍。林地还是能量转化效率很高的生态系统。绿色植物固定太阳能的效率决定于其叶面积系数,高产农田的叶面积系数在 1~5,而有高大乔木层的森林叶面积系数远高于草地或农田。

(2) **空间结构复杂的生态系统**    森林具有复杂的空间结构和网络系统,其垂直分层和空间异质性非常明显,一个相对简单的寒温带针叶林系统至少也包括三个层次,即乔木层、灌木层和草本层;暖温带的落叶阔叶林分为四层或五层;而热带雨林的层次则更多。植被类型决定与之相适应的动物类型,植被的垂直分层导致动物的分层分布。因之林地生态系统是生物量最大、光能利用最充分、多层次、多结构、草灌乔三结合的顶极生物群落,其网络复杂,生物种类繁多,自我更新、恢复能力强,抗逆性强。

(3) **生物多样性丰富的生态系统**    森林是绿色植物中最大的群体。从物种的多样性上看,在一定的区域范围内,农田生态系统中的绿色植物,最多不超过 20 种;草地生态系统也不过几十种,而森林生态系统中绿色植物则有几百种甚至上千种,在热带森林内就聚集有 80 万~150 万个物种,还有一些珍贵稀有物种尚未被认识。以热带雨林为例,在 1 km² 内可多达 1 100 多种植物和 1 200 多种昆虫。当然,物种多样性在不同纬度地带的林地是有明显差别的。森林除了是丰富的物种宝库,还是最大的能量和物质的贮存库。

(4) **稳定性高的生态系统**    林木为多年生植物,寿命远较其他植物为长。森林树种的长寿性使林地生态系统较为稳定,并对环境条件发生较长期的稳定性影响,也决定了森林经营工作的长期性和复杂性。

**3. 过度开发林地产生的生态问题**

森林生态系统的功能全面,作用巨大,可是在相当一段时间内却未受到应有的重视和必要的保护。在人类历史发展的初期,地球陆地生长着繁茂的森林,由于环境变迁、自然灾害和人为的破坏,现已减少了近 1/3。随着森林的破坏,不仅引起资源锐减、木材短缺,还带来了水土流失、沙漠化、旱涝灾害、生物多样性降低等严重问题,大量的动物、植物、微生物资源随之消失。

目前世界上 1/3 以上国家不同程度地受着沙漠化的威胁。从已查明沙漠化的原因中,大部分在于人类不合理开发利用水、土地、植物和动物而引起的,只有小部分属于自然过程。由于人口急剧增长,引起粮食供应紧张和能源的匮乏,于是向林地要粮,向草原要粮,毁林开荒,毁草种田,引起了自然和自然资源的严重破坏。在干旱、半干旱地区森林减少是加速沙漠化的一个重要因素。随着森林面积的大幅度下降,导致气候向干旱趋势发展,从而导致水灾、旱灾、沙尘暴、龙卷风等灾害频发。森林的减少,加上化石能源消费量的增大,大气中二氧化碳浓度增加引起的"温室效应"有可能引起气温上升和降雨分配的变化等气候的改变。有研究指出,森林减少如果继续下去,将可能成为全球气候变得不稳定的一个重要原因。

不少生态学家指出:"人类给地球造成的任何一种深重灾难,莫过于如今对森林的滥伐破坏。"林地系统一经破坏,很难得到恢复,有些国家和地区经过长达几十年甚至一个多世纪的努力也未能把森林恢复起来,中国黄土高原就是例子。当前许多国家把发挥森林的多种生态功能放在首位,把保持一定的森林覆盖率看作是人类生存与发展的必要条件,这是对林地生态系统认识的深入和提高。

**4. 保护林地生态系统**

林业之源在于森林,森林之源在于林地,建造足够的林地,保证林地上有高质量的森林,是中国生态林业建设的根本所在。为使中国的生态环境向良性循环发展,保护好现有的森林植被,恢复和扩大林地面积,显得更加迫切和重要。

(1)建立自然保护区　　自然保护区的建立,尤其是以森林植被或野生动物为保护对象的保护区的建立,对中国林地生态系统和生物多样性的保护起了关键的作用。

(2)实施天然林保护工程　　天然林保护工程是一项利国利民、跨世纪伟大工程,目的在于提高森林长寿性、多功能性和多效益性。天然林保护不同于自然保护区的绝对保护,是包括封育、经营、恢复、管理等内容的积极的保护。

(3)增殖森林资源　　森林是一类可更新的资源,一方面要保护好有限的森林资源,同时在无林和少林区提倡大规模植树造林。人类只要在允许的范围内对林地生态系统施加影响,如合理采伐更新、科学增殖资源,则系统的稳定性与物种多样性是可以得到保持的。

(4)调整森林布局,建设生态林业　　在一个地区彼此关系密切的若干树种或林分按比例配置所形成的森林总体,即为生态林业体系。一个完整的生态林业体系应按照大农业生产条件、社会经济状况和各地自然地理条件统筹安排,起到以林促农,农、林、牧业相结合,多林种科学搭配、合理布局,充分发挥森林的多功能效益。

(5)全面规划、集约经营　　森林具有经济效益的内在性与生态效益的外部性。造林树种的选择常因营林目的不同而有区别,用材林、防护林、薪炭林、经济林、观赏林、特种用途林等,必须在全局规划安排上达到统一。保护森林,充分发挥森林生态效益,就要提高用材林的生产力,改变林业经营上落后的"广种薄收"的旧习,实行集约经营,实现速生丰产,用较少的用材林面积生产大量的木材,满足国民生计之需。这样也可避免森林大面积遭到破坏,使各种林型相辅相成,达到全面发展。

(6)农林综合、平原绿化　　1977 年国际农用林研究中心(International Center for Research in Agroforestry, ICRAF)成立时提出"农用林业"(agroforestry)的概念,其内涵是:以生态学原理和技术经济原则为基础,有目的地在同一土地上,将林业与农业或牧业按不同的空间和时序建立起一种多种群、多层次、多序列的人工生态系统,系统组合要合理、结构稳定、充分利用土地和光能,从而发挥其多功能高效益的作用。中国农林综合栽培技术具有悠久历史,经验丰富,举世闻名。一般按空间排列将"农用林业"分为"镶嵌型"和"立体型"两大类。

(7)建立免维护型森林防火通道、探索森林防火有效措施　　森林火灾是林地生态系统安全的重大威胁。例如 1987 年发生的大兴安岭森林火灾,境内森林受害面积 10 万公顷,损失惨重;由于冬季干旱和降雨稀少,2019 年澳大利亚东海岸及东部丛林大火肆虐,火灾面积达到 630 万公顷,死伤动物数以亿计,森林生态环境遭到严重破坏。有鉴于此,许多林业工作者就建立免维护型森林防火通道等森林防火有效措施展开研究与探索。

## 5.5　农业害虫的防治与生态调控

有害生物(pest)包括病虫害、鸟兽害、杂草害等;有害动物也统称为"害虫"。有害生物作为农业生态系统的重要组成部分,对系统中物质循环和能量流动起着非常重要的作用。但对于人类来说,由于有害生物与人类共同竞争农林资源,造成了农业生产上的损失,被视为人类之敌。据联合国粮食及农业组织 2022 年数据,全世界粮食每年因病虫草害损失约占总产量的三分之一,其中因病害损失 10%,因虫害损失 14%,因草害损失 11%。农作物病草虫鼠害除造成产量损失外,还造成农产品品质下降,甚至产生对人体有毒、有害的物质。中国每年因各种病虫害而损失粮食约 4 000 万吨,占全国粮食总产量接近 10%。对有害生物的防治和管理,也要像对有益生物资源的保护和利用一样,要以多学科作为理论基础、以现代科技方法为手段。本节以害虫为重点进行论述。

### 5.5.1 害虫生存的生态对策

**害虫生存的 r 对策和 K 对策**

害虫生存的生态对策主要区分为 r 对策和 K 对策两类。r 对策者普遍存在,在人类干预频繁的农田或居住地,r 对策害虫大量发生,它们生殖力高,生活周期短。由于它们食性广,不局限于临时性的生境,常随季节而迁移,故形成周期性猖獗现象(表 5.4)。即使在经受农药的严重打击之后,也能较快地复苏。例如,褐稻虱(*Nilaparvata lugens*)以亚洲栽培稻为主要寄主,并引起严重危害,近 30 多年来成为东亚、南亚水稻种植区的重要害虫。褐稻虱世代重叠,繁殖力强,体形微小,可随季风环流跨越国界和海洋远距离迁移,在农药打击和抗虫品种的抑制下,经一定时间后,虫口密度仍容易回升。

**表 5.4    几种 r 对策害虫及其生物学特征(仿自戈峰,1998)**

| 害虫种类 | 每雌产卵量(粒) | 生活周期(天) | 主要栖境 | 危害性状 |
|---|---|---|---|---|
| 褐稻虱 | 300～700 | 30 | 稻田 | 吸取汁液,可造成毁灭性灾害 |
| 黏虫 | 500～1 000 | 40～50 | 麦田、稻田 | 食害叶片、籽粒、穗轴,可造成毁灭性危害 |
| 东亚飞蝗 | 500～800 | 30～60 | 湖、河滩地、内涝农田 | 食害叶片、茎秆、穗轴,可造成毁灭性危害 |
| 棉铃虫 | 1 000～1 200 | 约 30 | 棉田 | 蛀食棉桃 |
| 小地老虎 | 约 1 500 | 30～45 | 棉田、玉米田 | 咬断植物根茎 |
| 家蝇 | 约 500 左右 | 15～20 | 人、畜居住地 | 以人、畜有机排泄物和其他食物为食,传染疾病 |

在林地、草地和农田中,K 对策害虫也常可见到,它们是当地定居较久,具有较强竞争或抗逆能力的害虫,它们的产卵量低,世代历期较长,很少造成暴发性的严重危害(表 5.5)。但有些 K 对策害虫蛀食树木或果实,影响果木的产品质量,或者传染疾病,损害人畜健康,故也会成为人类难以忍受的重要害虫。

**表 5.5    几种 K 对策害虫及其生物学特征(仿自戈峰,1998)**

| 种类 | 每雌产卵量(粒) | 世代历期(天) | 生境 | 危害性状 |
|---|---|---|---|---|
| 黑尾叶蝉 | 约 100 | 30～60 | 稻田、湿地 | 吸取汁液,一般不造成毁灭性危害 |
| 苹果蠹蛾 | 约 40 | 60～180 | 果园 | 幼虫蛀食苹果及其他水果 |
| 采采蝇 | 约 10 | 60～90 | 人、畜活动区 | 人、畜疾病传播媒介 |
| 棕榈独角仙 | 约 50 | 90～120 | 棕榈、椰树 | 成虫危害椰树、棕榈顶端生长点 |
| 星天牛 | 约 60 | 30～60 | 树木 | 幼虫钻蛀树干 |
| 羊蜱 | 约 15 | 30～60 | 羊体外 | 吸食羊体内血液 |

此外,还有大量的害虫生存属于 r 和 K 对策之间,表现为混合的性状,如云杉卷叶蛾幼虫、吹棉蚧和葡萄叶蝉等。东亚飞蝗散生型属于 K 对策者,而群居型则属于 r 对策者。

概括地说,r 对策害虫数量大和周期性出现,其危害总是和植物的营养器官受损害相联系;这类害虫虽容易遭受天敌的攻击,但天敌对它的暴发和危害没有决定性作用;其种群数量富有弹性,在大量死亡之后容易回升。K 对策害虫通常数量较少,其危害常和产品质量有关;这类害虫天敌较少,在死亡率低时种群数量可以回升,在死亡率高时可趋向灭绝。

### 5.5.2  害虫防治方法及其进展

综观害虫防治的历史,已由原始防治、化学防治进入有害生物综合管理(Integrated Pest Management,IPM)阶段。综合防治作为害虫管理系统,自 20 世纪 60 年代以来,一直被世界各国公认为解决害虫问题的最佳途径,并在某些作物虫害防治上获得了成功。但由于综合防治着眼点仍在有害生物的控制,关键还在于化学防治基础上的协调组合,因此其结果可能控制了害虫,但并不一定能取得合理的生态经济效益。此外,目前害虫综合防治技术过于复杂、组织协调困难、投产比效益低等问题,使广大农户和农业部门难以接受和实施。针对上述情况,一些研究者又提出了害虫生态调控原理与措施,探讨了害虫防治新的理论和方法。

**1. 化学防治**

早在公元 2500 年,苏美尔人就使用硫化物防治害虫。大约 1 000 年后,中国就有人开发植物杀虫剂和用烟熏法消灭害虫。但直到 1867 年美国人开始使用巴黎绿(一种砷化物)抑制马铃薯甲虫,1882 年法国人使用波尔多液作为杀真菌剂后,才宣告化学防治害虫时代的到来。第二次世界大战后,有机氯和有机磷农药大量问世,并取得重大成果,于是有人认为"害虫"的问题将不难解决了。

但是,化学防治的黄金时代并不很长,因为化学防治带来了一系列生态问题:

1) 许多害虫产生抗药性。

2) 靶子害虫的再生猖獗。一般情况下,使用化学农药后害虫数量恢复得快,天敌却恢复得慢。在缺乏天敌控制的情况下,害虫可能再次猖獗,有时其数量甚至比用药前还高。例如,曾经有人在给苹果树喷洒 DDT 后,蚜虫和红蜘蛛的数量非但没减少,反而增多。

3) 主要害虫被抑制后,有时引起次要害虫的暴发。例如,曾经在水稻上施用磺胺嘧啶类农药后,次要害虫叶蝉类上升为主要害虫。据报道,自 DDT 等杀虫剂出现后的 10 年内,世界上已有 50 多种害虫因施药而异常地增多。

4) 污染环境。农药对于环境的污染,以及污染所带来的各种后果参见第 7 章。

虽然化学防治有不足之处,但作为一种快速、短期解决害虫危害的手段,在许多情况下,人们还是使用它的。由于化学防治见效快,易于被人接受,所以实际上,对于害虫、害鼠,尤其是属于 r 对策者范畴的有害动物,化学防治至今仍然是一种主要手段。在有害生物综合管理中化学防治依然是供选择的一种方法。但应注意,在实施化学防治过程中,要尽量选择特异性强、高效低毒、在环境中容易分解的药剂。

**2. 生物防治**

生物防治是指通过病原体、寄生者和捕食者等"天敌"来降低害虫的种群平均密度,达到控制虫害的目的。因此,它是种群调节理论的一个方面。同时,利用天敌开展害虫防治,不会损害环境质量,不引起环境污染,这些都是比化学防治优越之处。

害虫生物防治的历史以中国最早。远在公元 340 年左右,已有生物防治的记载,晋代嵇含所著《南方草木状》中已有用蚁类防治柑橘害虫的记载。20 世纪 50 年代后,中国生物防治工作迅速发展,这方面的成就主要包括:用赤眼蜂防治稻纵卷叶螟(*Cnaphalocrosis medinalis*)、松毛虫(*Dendrolimus spp.*)、玉米螟(*Ostrinia nubilalis*)、棉铃虫(*Heliothis armigera*);用小蜂防治荔枝蝽(*Tessaratoma papillosa*);用金小蜂防治棉红铃虫(*Pectinophora gossypiella*) 等,人工繁育、增殖并释放寄生性昆虫以剿制害虫,并由科学试验推广到大田应用。

生物防治的方法分两大类,一类是增加自然界害虫天敌的个体数量(包括给天敌创造野外繁殖条件和人工大量繁殖天敌)及依赖引进新天敌,改变本地昆虫的结构。这方面取得成功的典型例子是用澳洲瓢虫(*Rodolia cardinalis*)防治吹绵介壳虫(*Icerya purchasi*)。吹绵介壳虫原产澳洲,危害柑橘树,1872 年在美国加利福尼亚州首次发现,只十余年时间,到 1887 年已危害全州柑橘业,各种农药都无法防治。1888 年科贝尔(A.Koebele)从该种害虫原产地澳洲引进两种天敌:寄生昆虫隐毛蝇(*Cryptochaetum iceryae*)和澳洲瓢虫,两个种都在加州建立种群,只有一年时间,在柑橘产区防治就已见效,两年后就解决了问题。中国于 1955 年从国外引进澳洲瓢虫,广东省用它成功地防治木麻黄上的吹绵蚧;同年还从国外引进日光蜂(*Aphelinus mali*)防治苹果蚜获得成功。国内移殖害虫天敌成功的例子也屡见不鲜,例如由浙江移殖大红瓢虫(*Rodolia rufopilosa*)到湖北防治柑橘吹绵介壳虫,将麦田的七星瓢虫移至棉田防治棉蚜等。

但是,生物防治并不总是有成效的,有的引入天敌未能建立种群,有些虽建立了种群,但防治效果不明显。这些情况有待从生态学的理论和实践加以总结。

**3. 其他防治方法**

(1) 动植物抗性防治　　选育具有抗性的品系,即采用遗传防治法。

　　(2) 农业防治　　调节种植密度和种植时间,轮作换茬,种植多样的作物,管理水、肥,平整耕地,保持田园清洁等;采取将秸秆和促使其分解的微氧菌剂结合深埋还田,在为农田土壤快速提供大量有机质的同时,利用秸秆腐熟产生的热量,诱使秸秆所含虫卵提前孵化,微氧、低温等不适的环境条件可将其灭杀。

　　(3) 物理和机械防治　　灯光诱集、机械屏障、火焰焚烧、声音拒避等。

　　(4) 遗传防治　　有两种途径:①前面提到的,选育具有抗性的品系;②改变有害生物的遗传性,以使其种群数量下降。最常用的方法是采用辐射法或化学不育剂,产生不育个体;用可致死基因、雄性基因等方法,也可能降低害虫的种群数量,但有些方法目前仍停留在实验阶段。

**4. 害虫的综合防治与管理**

　　害虫防治的历史和实践使人们逐步认识到,防治有害生物的问题是一个生物学的、经济学的,尤其是生态学的问题。1967年联合国粮食及农业组织提出了"有害生物综合管理"(IPM),并定义为:"综合防治是对有害生物的一种管理系统。它按照有害生物的种群动态及与其相关的环境关系,尽可能协调地运用适当的技术和方法,使有害生物种群保持在经济危害水平以下。"IPM是从"综合防治"发展而来的,马世骏根据国内害虫防治发展情况,进一步充实了系统概念的内容,提出:"从生物与环境的整体观点出发,本着预防为主的指导思想和安全、有效、经济、简易的原则,因地因时制宜,合理利用农业的、化学的、生物的、物理的方法,以及其他有效的生态手段,把害虫控制在不致危害的水平,以达到保护人畜健康和增加生产的目的"。综合防治首先考虑生物与生物、生物与环境和环境各成分之间的相互关系,体现了整体对待和预防为主的观点。

　　种群生态学的深入研究是综合防治的基础。是否对某种有害生物进行防治,首先取决于它们的种群数量和可能造成的危害程度。综合防治的一个重要原则是,允许有害生物在可允许密度的水平下继续存在。对害虫种群是否进行防治,需要考虑害虫种群密度的经济阈值(economic threshold)。关于经济阈值的定义,斯特恩(Stern)等认为:"应当采取防治措施以预防增长中的害虫种群达到经济损失允许水平的害虫密度。"而经济损失允许水平则指"可能引起经济损失的最低害虫种群密度"。黑德利(Headley)则认为经济损失水平是"害虫种群所产生的损失等于预防这种危害的花费"时的种群密度。

　　在自然生态系统中,生物与生物、生物与环境相互适应,各物种在群落中维持一定的种群密度,这种密度称为平衡密度,这种情况即为自然控制。据估计,自然界中97%的昆虫处于平衡状态,它是生物密度制约因子作用的结果。而在农业生态系统中,人为措施使系统的环境极大改变,加上害虫的生态适应,致使某些种群数量急剧上升,其平衡密度处于很高水平。

　　据害虫种群平均密度与经济损失允许水平的关系,可将有害于农林果业的昆虫区分为四类:

　　1) 无害的"害虫":种群平衡密度水平永不超过经济阈值水平,对作物不造成经济损害。这类"害虫"并不真正有害。

　　2) 偶发性害虫:当受到异常气候条件或杀虫剂作用不当时,其种群密度才超过经济阈值。

　　3) 主要害虫:其平衡密度常在经济阈值水平上下变动者,属于主要害虫。对此必须密切注意,以免造成损害。

　　4) 严重害虫:种群平衡密度水平始终在经济阈值水平之上,常严重危害农业,又称靶子害虫或关键害虫,每种作物都会有1至数种关键害虫。

　　容忍某些有害生物在经济阈值水平以下继续存在是必要的,如某些农业害虫、杂草和害鼠可为其天敌提供食料和隐蔽场所。综合防治就是要控制生态系统,使有害生物维持在经济阈值水平以下,但又要避免生态系统遭受破坏。综合治理要求充分利用自然控制因素,协调各种防治措施,减少化学药剂的使用。例如,中国20世纪50年代防治东亚飞蝗的最基本经验就是改造其发生地,消灭适宜于飞蝗滋生的场所,而不单纯依靠化学防治。

## 5.5.3　农业害虫的生态调控

**1. 生态调控基本原则**

　　在农田生态系统中,作物、害虫、天敌及其周围环境相互作用,相互制约,通过物质、能量、信息的流动构成一个有序的整体。进行害虫管理必须从这个整体出发,充分发挥系统内一切可以利用的能量,综合使用包括害虫防治在内的各种生态调控手段,对生态系统及其作物-害虫-天敌食物链的功能流进行合理的调节和控制,将害虫防治与其他增产措施融为一体,通过综合、优化、设计和实施,建立实体的生态工程技术,对害虫进行生态调控,以达到害虫管理的真正目的——农业生产的高效、低耗和持续发展。开展害虫的生态调控,应遵循以下 4 项基本原则。

（1）功能高效原则　　根据生态系统内物质循环再生和能量充分利用的原理,从整个农业生态系统功能出发,充分发挥系统内一切可以利用的能量,综合使用包括害虫防治在内的各种措施,如作物的区域性布局、轮作、套间作、合理的肥水管理等,调控生态系统和作物-害虫-天敌食物链的功能流,使系统的整体功能最大。

（2）结构和谐原则　　根据生态系统结构与功能相协调,系统内生物与环境相和谐,生物亚系统内各组分的共生、竞争和捕食等作用相辅相成的原理,合理地调整作物的布局和结构,因势利导地利用系统内作物的抗逆、补偿功能,增大天敌的控制作用和其他调控因子,变对抗为利用,变控制为调节,为系统整体服务。

（3）持续调控原则　　根据生态系统具有自我调节与自我维持的能力,以及朝着系统功能完善方向演替的特性,在掌握生态系统结构与功能的基础上,对作物的生长发育、害虫与天敌的种群动态及土壤肥力进行监测、设计并实施与当地生物资源、土壤、能源、水资源相适应的生态工程,将害虫管理寓于整个农田生态系统功能完善的过程中,最优地发挥系统内各种生物资源的作用,提高系统的反馈作用和调控能力,将系统内主要害虫持续控制在经济损失允许水平之下。

（4）经济合理原则　　根据经济学中的边际分析理论,要求害虫生态调控所挽回的经济收益大于或等于其所花费的价值。

**2. 害虫生态调控主要方法**

害虫生态调控是一项复杂的系统工程。它是以调控农田生态系统或区域性生态系统为中心,以调控作物-害虫-天敌食物链关系为基础,以综合、优化、设计和实施生态工程技术为保障的一项复杂的害虫管理的系统工程。害虫生态调控措施很多,常用的有以下几方面。

（1）调控害虫种群密度　　因势利导地利用害虫种群系统的自我调节机制,抓住薄弱环节,抑制害虫种群的发生;使用性信息素等行为调节剂,诱杀和干扰成虫的行为,压低虫源的基数;选用植物源生物农药、昆虫生长调节剂、忌避剂、昆虫拒食剂等"调控型"农药,调控害虫种群的密度;为提高防治效果,可适时适量、合理使用高效低毒的特异性农药。

（2）调控害虫-天敌关系　　种植诱集作物或间套过渡性作物,创造天敌生存与繁衍的生态条件;减少作物前期用药,让天敌得以繁殖到一定数量,发挥自然天敌对害虫的调控作用;使用选择性农药和各种生物制剂,如病毒制剂、生物杀虫剂等,减少对天敌的杀伤作用;结合农事操作,促使害虫自投"罗网",提高天敌的捕食效率。

（3）调控作物-害虫关系　　调节作物播种时间与栽培密度,减少害虫对作物时空上的危害程度;充分利用作物的自然抗性和耐害补偿功能,放宽害虫防治的经济阈值;人为诱导作物的超补偿功能和诱导性抗性,化害为利,增加作物产量;通过追施肥料、喷施生长调节素及整枝等措施改善作物的能量分配,提高作物的生殖生长能力,调控土壤微生物的活力,直接或间接地抑制害虫的发生。

（4）调控生态系统的结构与功能　　调控农田生态系统或区域性生态系统的作物布局,充分利用光、热、水等自然资源;进行作物的轮作、间套作,提高土壤肥力和经济效益;选用适应于当地生物资源、土壤、能源、水资源和气候的高产抗性配套品种,充分发挥农田生态系统中自然因素的生态调控作用。

（5）应用高新技术管理害虫　　目前的研究和应用着重以下 3 个方面:

1）应用遗传工程技术,将抗虫基因导入作物体内,使作物对害虫产生抗性,如将苏芸金芽孢杆菌(*Bacillus thuringiens*)有杀虫活性的基因转入作物体内。

2）利用基因工程技术,修饰微生物本身基因,以提高其对害虫的感染力,或与异源病毒重组以扩大其宿主范围,或将外源激素、酶和毒素基因导入病毒基因组以增强其致病作用。

3) 利用基因工程手段,以昆虫转座因子 P 因子作为载体,将显性不育基因导入雄虫体内培养不育雄虫,与田间正常雌虫交配后产生不育雌虫和带显性不育基因雄虫,从而达到防治害虫的目的。

# 5.6　生态农业与持续农业

## 5.6.1　生态农业的产生与发展

### 1. 农业发展的历史进程

人类出现在地球上以后,在公元前 300 万～前 200 万年以来一直过着渔猎采集生活,大约最近一万年才开始进入农业社会。世界范围内农业的发展都经历了原始刀耕火种阶段、传统的畜力铁器农业阶段和现代的机械化集约农业(mechanized intensive agriculture)阶段。从农业发展的历史看,从原始农业发展到传统农业,再到现代农业是世界农业发展的必然进程和方向。农业的发展是一个渐进的过程。

随着大约 1.1 万年前末次冰期结束,地球上许多地区的气候条件发生了根本的变化。一些地区出现了森林,而冰期的植被为无林的苔原或草原,在欧洲、北美和亚洲部分地区,大多数大型动物物种灭绝,这除了气候变化因素外,可能是由于人类的猎取。在世界不同地区,种植业的起源可追溯到 1.1 万年至 1 万年前,那时期的气候导致了人类生存条件的根本改变。当野生动植物不能再为日益增长的人口提供食物时,出现了人类对农业的完全依赖。

原始刀耕火种农业是依赖自然力而进行的初级形式。刀耕火种加上轮歇栽培是原始农业的主要耕作方式,这种古老落后的农业生产方式至今还在世界一些热带和亚热带的偏僻地区保留着。原始刀耕火种的能源全部来自太阳能,土壤的肥力来自自然腐烂的植物秸秆;耕作非常粗放,种植方式单调,生产力极其低下。

传统的畜力铁器农业是指以铁制的犁、锄等为主要农具,以人力、畜力为主要动力的自给自足农业。此时农作方式已由轮歇耕作转变为固定耕作,因又称此为固定农业。传统农业长期曾是世界各地的主要农业形式,现今不少发展中国家的农业仍属此类。传统农业系统中的能量直接或间接地来自于自然肥料;没有工业辅助能量的输入,动力以人力和畜力为主。但传统农业对土地的利用率高,采用各种间作、套作和轮作等方式,利用各种有机肥料,保护了农业生产环境,提高了生产力水平,其劳动效率远高于原始农业,但就总体而言,传统农业生产力水平仍然较低。原始农业与传统农业维持数千年,直到进入 20 世纪,才开始向现代农业过渡与发展。

现代的机械化集约农业是指以大量投入各种工业辅助能、以全面机械化和高生产率为特征的工业化农业,又称石油农业。20 世纪 40 年代以后,发达国家相继跨入现代农业时期,以机械代替人力和畜力,以化学化和水利化代替有机农业与雨养农业,用高产品种和新耕作法代替农家品种与传统耕作,用商品经济代替封闭式经济。现代农业实现了机械化和自动控制,劳动生产率和土地利用率都明显提高。尤其自 20 世纪中叶以来,发展中国家兴起的以良种、化肥、灌溉为主要标志的"绿色革命",使农业产量和产值连续增长,农业生产力水平有很大提高,对满足世界人口增长和提高人类营养水平做出了巨大贡献。

### 2. 现代农业的负效应

在现代农业发展的同时,已逐渐暴露出一系列的生态环境问题和经济问题,直接或潜在地威胁到人类生存环境和农业生产的安全保障,迫使人们去思考如何持续发展农业。人们逐渐认识到,现代农业在给人类带来很多益处的同时,也产生了诸多弊端,即现代农业的负效应。

(1) 能源过度消耗　　大量商品能的投入,使农业越来越多依赖于现代工业和化石能源,能源紧缺和价格上涨问题迟早要出现,成为农业长远发展的制约因素。

(2) 水资源日益紧缺　　灌溉水源日益紧缺,已成为限制农业生产及人类生存的主要因素。全球性的水资源在质和量方面都面临严重危机,发展灌溉已受到资源和经济条件的限制。

（3）生产成本增加　　持续的高投入使农业生产成本不断加大,影响了农民的生产积极性,也增加财政补贴支出。

（4）污染加剧　　大量化肥、农药的长期使用,造成生态环境污染,提高了病虫草的抗性,也造成农畜产品质量下降。

（5）其他负效应　　例如,追求高产出和高利润,使生态环境劣化。又如,大规模专业化生产,使作物种植趋于单一化,以致系统不稳定性和脆弱性加大、抗逆性差。对土壤高强度垦殖及土地用养失调,造成水土流失、土壤退化与沙化、草原退化等。上述情况已成为现代农业不可忽视的严重问题。

农业究竟应该如何发展? 人们迫切希望能找到一种更为理想的农业模式和生产体制,既能生产足量的粮食和农畜产品,又能保持良好的生态环境,并使资源得以永续利用。也就是说,这种新型农业制度应兼有原始农业与现代农业的优点,是一种更加高效优化的农业模式。

### 3. "替代农业"的兴起

20 世纪 40 年代以后,石油农业使发达国家的农业获得飞跃发展。但常规石油农业的种种弊端及其可能带来的资源和环境危机的隐患,在西方一些发达国家早已引起关注,并提出各种旨在进行改良的农业理论及生产方式。1972 年,在瑞典斯德哥尔摩召开的联合国人类环境会议上,发表了《联合国人类环境会议宣言》,保护生态环境呼声加强,以欧美等发达国家为主的世界许多地区都开始寻求新的农业生产体系,以期取代高能耗、高投入的石油农业,于是掀起一场"替代农业"运动,并逐渐影响到其他国家和地区。替代农业模式有许多种,代表性的有有机农业(organic agriculture)、自然农业(natural agriculture)、生物农业(biological agriculture)、生态农业(ecological agriculture)等。这些替代农业的共同特点:尽可能减少现代工业产品,尤其是化学产品在农业生产中的使用,减轻工业产品对农业环境的污染,充分依靠农业生态系统的自我调节和维持能力组织生产,实现农业生产自身的良性循环和长久发展。也有人将这些替代农业统称为生态农业。

（1）有机农业　　由英国农学家霍华德(S. A. Howard)于 20 世纪 30 年代提出,是一种完全不用或基本不用人工合成化肥、农药、生长调节剂和家畜饲料添加剂的农业生产体系。尽量依靠作物轮作、作物秸秆、家畜粪肥、豆类作物、绿肥、有机废物等,保持土壤养分平衡,维持土壤肥力和良好耕性,尽可能用生物防治抑制病虫和杂草的危害。

有机农业在降低生产成本与能耗、保护环境和提高农产品质量上有明显的优点,受到欧美、日本等国家及地方政府的鼓励,并通过颁发有机农业证书、提高其农产品价格等给予支持。

（2）自然农业　　自然农业是日本富冈正信 1948 年提出的,主张农业生产应该顺应自然,而不是征服自然,要最大限度地利用自然作用和过程使农业生产持续发展,尽可能减少人为对自然的干预。他亲自在农场实践自然农业 30 多年。自然农业的主要内容包括:①不翻耕土地,依靠植物根系、土壤动物和微生物的活动对土壤进行自然疏松;②不施用化肥;③不进行除草,通过秸秆覆盖和作物生长抑制杂草,或通过间歇淹水有效控制杂草生长;④不用化学农药,靠自然平衡机制。

（3）生物农业　　生物农业是根据生物学原理建立的农业生产体系,靠各种生物学过程维持土壤肥力,满足作物营养,并建立有效的生物防治杂草和病虫害体系。主要运用生物学及生态学理论与技术,不需要投入较多的化学品和商品就能达到一定的生产水平,有利于资源与环境的保护。其主要技术包括:①将腐烂的有机物作为土壤改良剂;②通过豆科作物自身固氮及粪肥合理使用调控农田养分平衡;③废弃物的再循环利用;④发挥各种生物,包括土壤生物如蚯蚓等的改土作用。

（4）生态农业　　生态农业一词最初由美国土壤学家阿尔布雷赫特(W. Albrecht)提出,1981 年英国农学家沃辛顿(M. Worthington)将生态农业明确定义为:"生态上能自我维持,低投入;经济上有生命力,在环境方面、伦理道德及美学方面可接受的小型农业。"

国外提出的这类生态农业与上述有机农业,在追求目标和实际操作上基本相似,即对农业生态系统不使用或尽量少使用化学合成产品,使用有机肥或长效肥,利用腐殖质保持土壤肥力,利用轮作或间作等方式种植。但与中国提出的生态农业内涵存在差异。

### 5.6.2　中国的生态农业

**1. 中国生态农业的兴起**

中国生态农业的概念是 20 世纪 80 年代初提出的,此后有大批科技人员开始研究和实践,并结合国情,对生态农业的内涵进行了探索,经过 40 多年的发展,已产生较大影响,创建了不同类型不同规模的生态农业试验点。

中国生态农业的兴起不是偶然的,一方面受当时国际上替代农业思潮的影响,另一方面也与中国传统农业基础及农村农业经济发展需求密切相关。而且,与国外相比,中国生态农业的发展速度和规模是相当快的,具有其现实的社会、经济背景和深刻的历史根源,集中体现在:①经济、社会、生态协调发展。中国作为人口最多的发展中国家,必须更加重视实现经济持续发展与保护农业生态环境。②中国生态农业追求生态与经济效益的统一,不完全排斥应用农业机械、化肥、农药等现代化先进技术,是以提高生产力及效益为基本目标,遵循农业生产中的自然规律和经济规律,是现代科学技术与传统农业技术的结合,符合中国国情,因此,在实践中易于发展。

**2. 中国生态农业的特点**

中国生态农业具有以下几方面特点和优越性。

(1) 全面规划,整体协调发展　　生态农业重视系统整体功能,对农业生态系统和生产经济系统内部各要素,按生态和经济规律的要求进行调控,实行资源的合理利用,对人力资源、国土资源、生物资源和其他自然资源全面规划,统筹兼顾,因地制宜,合理布局,并不断优化其结构,使其相互协调,共同发展,从而提高系统的整体功能。

(2) 高效、节能、低消耗　　充分利用农业生态环境资源,让光能、可再生生物资源作为农业生产的主要输入,促进物流、能流的良性循环。生态农业不是单纯的自然再生产过程,同时也是经济再生产过程,通过人对系统的有效干预,不断调整和优化其结构功能,以较少的投入获得较大的产出,从而建立起高效生产系统。

(3) 生产、交换与消费环环相扣　　生态农业的核心在于农业经济建设,发展生态农业,促进生产、交换和分配各个环节协调发展,才能由低效能的传统农业转化为高效能的现代化生态农业。

(4) 改善生态环境　　通过建设生态农业构建的自然-社会-经济复合生态系统,采取有效的措施,使水、热、光、气与土壤等自然资源以及生产过程中的多种农副产品废弃物得以科学合理地利用,减少化肥和农药的用量,逐步恢复并提高土壤的肥力,使水土得以保持,污染得以防治,逐步恢复和提高农业生态环境的质量。

(5) 明显的地域性　　中国生态农业具有明显的地域性,按照各地自然资源特点及社会经济、技术水平,合理组织生产,发挥地域优势,实现整体优化功能。

**3. 中国生态农业主要技术**

主要应用生态工程技术、优良的传统农作技术及系统工程的最优化方法,并辅以相应的配套技术,对农业生态系统的不同层次进行设计和管理,提出分层多级利用资源的生产工艺系统。生态农业的主要技术包括以下几方面。

(1) 立体种植与立体种养技术　　通过协调作物与作物、作物与动物以及农业生物与环境之间的复杂关系,充分利用互补机制并尽量避免竞争,使各种农作物和动物各得其所、和谐共处,提高资源利用效率及生产效率。这类模式在中国农区相当普遍,尤其是在光、热、水资源条件较好、生产水平较高的地区更是常见,成为解决人多地少、增产增收的主要途径。

(2) 有机物质多层次利用技术　　物质多层次、多途径循环利用是生态农业中最具代表性的技术手段。其技术主要通过种植业、养殖业的动植物种群、食物链及生产加工链的组装优化加以实现。

(3) 生物防治病、虫、草害技术　　参见本章 5.5.3。

(4) 再生能源开发技术　　开发利用生物能、自然能等新能源,替代部分化学工业能。

(5) 生物措施与工程措施配合　　水土流失和土壤侵蚀是影响中国农业发展和引起环境变劣的重要原因。实施生物措施与工程措施相结合的综合治理技术,改善生态环境,控制水土流失的有效技术。盐碱地、沙荒地等的改造治理,也需要工程措施和生物措施相结合,如通过种植抗盐、养地的牧草、作物,结合开沟排盐、挖渠引水等工程措施,能有效改良盐碱地或沙荒地。

**4. 中国生态农业典型模式**

　　(1)北方山丘区生态农业模式　　以林果业为主果农牧(渔)结合的综合发展型模式。以水土保持为基础,充分发挥系统内空间、光能的优势,发展主体种植,促进农林牧协调发展。根据系统组成又可分为林果农牧型、林菜瓜果型、果农型、林草牧型等。

　　(2)北方农区"庭院生态系统"模式　　在庭院内将种植业、养殖业与制取沼气结合,获得较佳的生态效益及经济效益,这是北方地区生态农业模式的典型,有相当的普遍性。庭院生态系统模式以农户为单元,以沼气为纽带,集种植、养殖、能源为一体,有很强的生命力,是一种物质良性循环的生产模式,也是一种农村能源开发的模式,这种模式易于实施,投资成本可高可低,规模可大可小。这种模式已在推广实践中取得显著经济效益(图 5.6)。

　　(3)江南"桑基鱼塘系统"模式　　桑基鱼塘是在低湿地开挖鱼塘,挖出的泥土垫高塘边形成基,基上种植桑树(或果树、蔬菜、甘蔗、花木、大田作物等),在塘中集水养鱼,并种植适量水生植物等。塘边建造猪舍、沼气池等。这样的基塘系统可使其初级产品得到反复多层次利用。例如,桑叶可养蚕,蚕沙和粪肥是鱼的好饲料;草鱼消费青草、桑叶、蔗叶等,鱼粪及蚕沙可促进水中浮游生物繁殖生长;浮游植物、藻类等是鲢鱼的好饲料;水生植物光合作用释放氧气补充塘中的溶氧量;浮游动物是下层鳙、鲤鱼等的饲料,而鱼类利用后的残余物与粪便沉积于塘底形成塘泥,塘泥可作为桑、蔗等作物的优质有机肥(图 5.7)。

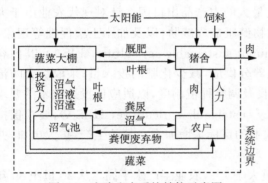

图 5.6　庭院生态系统结构示意图

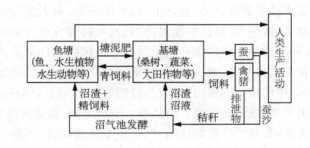

图 5.7　桑基鱼塘模式示意图

　　这种典型的水陆综合型生态农业模式,以华南、华中和华东较为盛行,以珠江三角洲和太湖流域的平原地和低洼地的基塘生态农业模式最为典型,它将农林牧渔有机结合,互惠互利,构成一套水陆结合、动植物共存的人工复合生态系统,具有很高的生产力。在桑基鱼塘基础上发展出许多类似模式,如"果基鱼塘""花基鱼塘"等,在江南地下水位较高、地势较低的地区曾普遍运用。

## 5.6.3　持续农业的发展

　　持续农业的发展是当今国际社会普遍关注的热点问题,也是现代农业发展的大趋势。持续农业(sustainable agriculture,也称可持续农业)是 20 世纪 80 年代以来在世界各地兴起的,基本目标是从长远出发,追求高生产力和高经济效益,同时保护土壤、水源及其他自然资源,通过调整农业技术及体制,满足当前及今后人类的需要。持续农业已被世界各地区普遍接受。

**1. 持续农业的兴起**

　　"持续农业"的概念最初在美国出现,1981 年美国农业科学家布朗(Brown)在其著作中系统阐述了"可持续发展观"。1987 年世界环境与发展委员会提出《2000 年:转向持续农业的全球政策》的报告,1988 年联合国粮食及农业组织制定《持续农业生产:对国际农业研究的要求》的文件,1988 年 9 月和 10 月召开国际持续农业大会,55 个国家的代表参加了会议。持续农业作为一种新的农业发展策略得到全球性的响应。正如联合国粮食及农业组织理事会 1989 年提出的:"在管理和保护自然资源的基础上,调整技术和体制变化的方向,以确保和满足当前及今后人类的需求;保护土地、水和动植物种质资源,防止环境退化,技术适当、经济可行而且社会能够接受。"由此可见,持续农业已不仅是具体的农业生产模式,而成为一种农业发展思想和战略,在内容和措施方面吸取"有机农业""生态农业"保护资源环境的思想,但不排斥现代农业高产高效的优点,因此更为客观和科学。

**2. 持续农业的目标**

自 20 世纪 80 年代持续农业提出以来,世界各国在理论和实践上的探索不断深入,尽管具体做法各有不同,但总的目标——农业可持续发展是相同的。农业生产的持续性包括资源环境持续性、经济持续性和社会发展持续性等几方面。持续农业的三大目标:①保证食物供给的有效性和安全性;②增加农业收入,扩大农村人口就业机会和脱贫致富;③保护资源环境的永续性循环。持续农业的三个目标是相辅相成不可分割的。即在合理利用资源和保护生态环境的基础上,努力增加产出,满足人类不断增长的物质需求,同时促进农村经济发展,提高农民收入和社会文明程度。

1991 年联合国粮食及农业组织通过的《登博斯宣言》中对持续农业的定义是:"……管理和保护自然资源基础,并调整技术和机构改革方向,以确保获得和持续满足目前几代人和今后世世代代人的需要。这种农业、林业和渔业部门的可持续发展能保护土地、水资源、植物和动物遗传资源,而且不会造成环境退化,同时技术上适当,经济上可行,能够被社会接受。"

**3. 国内外持续农业的实践**

(1)美国的"低投入持续农业"和"高效率持续农业"　　美国是当今世界上农业最发达的国家之一,农业生产水平高,农业人口占总人口比重不足 2%,是世界上最大的农产品出口国。针对现代农业由于大量投入化学产品及能源,导致成本上升、水体污染,对人类和动物健康造成威胁,以及加剧土壤侵蚀等现象,有关科学家 20 世纪 80 年代中期提出"低投入持续农业"(low input sustainable agriculture, LISA),其内容主要包括:利用种草养畜增加有机肥料及豆科植物轮作来解决养分供应,减少化肥的投入量;采取综合防治方法控制农田病虫草害,减少农药、除草剂的使用;进行品种改良及调整种植制度,以适应低投入技术的要求。20 世纪 90 年代初美国提出"高效率持续农业"(high efficiency sustainable agriculture, HESA),要求保持较高的产出水平,强调高效率。与低投入有所不同,高效持续农业的目标是增加农产品的生产,扩大出口,并依靠先进技术,在高产高效的同时,保护生态环境,减轻污染。

(2)德国的综合农业　　德国农业人口占总人口比重大于 1%,农业生产水平高。从 20 世纪 80 年代以来,农产品生产过剩抑制了德国农业的发展,加上现代农业带来的环境污染,使德国开始向持续的综合农业发展,包括四大方面内容:①强调生态平衡和农业生产系统的良性循环;②重点防止土壤肥力下降与土壤退化,加强对土地利用、水土流失及病虫防治的管理;③注意水资源的高效利用,严格控制水源的污染;④降低生产成本,提高农产品在市场上的竞争能力,并且重视生态环境发展与经济发展的关系,加强宏观调控。

(3)日本的"环保型持续农业"　　20 世纪日本农业推行机械化、化学化、集约化、电力化及高收益,造成土壤和水质污染,自然环境遭到损害,加上其工业污染,一度成为世界"公害大国"。1982 年日本通过农业"新政策",制定了有关环保型农业措施,主要包括:减轻农业对环境造成的副作用;加强对环保型农业技术的研究开发;加强资源的再利用及地力维持与提高等,强调自然资源的循环利用。

(4)印度持续农业的发展　　印度是亚洲农业大国,20 世纪 90 年代以农为生的人口约占总人口的 60%。农产品有部分出口,但粮食基本上是低水平自给。20 世纪 60 年代开始的"绿色革命"促进了农业的发展,但其生态环境问题日益严重,居民得不到安全饮用水,水土流失、沙漠和干旱地区扩大趋势加剧;70 年代起印度政府开始关注解决环境污染问题,80 年代制定了有关法规并增加财政投入,随后又提出农业资源与环境的保护和有序利用,并重点加强农村综合发展,具体措施包括:研制和推广生物肥料,节约施用化肥;推广运用生物农药,减少化学农药;成立农工商企业集团,加强对资源的有效开发及振兴农村经济。

(5)中国的集约持续农业　　中国生态农业是以生态学、生态经济学和经济学的原理及系统工程理论为依据组织农业生产的,是以经济、社会与生态效益的同步实现为基本目标,因此,中国的生态农业是通向农业可持续发展的重要途径。

中国人多耕地少,人均资源相对紧缺,地区发展不平衡,经济、技术基础相对薄弱。近年来,农业生态系统总体生产力明显提高,但开发与治理不够协调,致使环境污染有所加重。尽管农村经济迅速发展,但经济实力仍相对落后。这一切都要求中国农业发展必须走资源节约型、生产集约化经营、保护生态环境、发展现代集约持续农业的道路,这是中国国情的必然选择。

现代集约持续农业是综合集约农业、有机农业和生态农业等不同形态农业的特点提出的。20世纪80年代后期,卢良恕等提出在中国实行"集约持续农业"(intensive sustainable agriculture)的设想,90年代初期,他主持了"中国农业现代化理论、道路、模式研究"项目。1995年全国科技大会上,中国工程院院长朱光亚肯定了中国农业的发展模式——集约持续农业。集约持续农业的主要内容包括:

1)改善农业生产条件,提高物质投入水平:这是中国农业持续发展的基本保证。用现代工业和现代技术武装农业,改变传统农业的落后现状。

2)提高土地生产率:坚持精耕细作的优良传统,高度集约地多维利用土地,提高单位面积产量。从时间和空间上高度集约地利用土地的生产潜力,是解决人多地少矛盾的主要途径。

3)提高资源利用效率和投入效益:将传统农业技术与现代农业技术有机结合,提高资源利用效率,节约资源和保护资源。从现状看,中国各项资源的利用效率都不高,肥料、灌溉水、农用电和燃料等的利用率尤其低。应通过技术改进和生产要素的合理组合,实现资源的高效利用。

4)提高农业生产效益,增加农民收入:要把提高农民收入水平放在重要位置,从宏观上以政策及经济手段有效地加以调控。在市场经济下,生产者的经营水平决定着产品的利润及其市场竞争能力,所以要以市场为导向合理组合资源,尤其要注意把提高产品的增值效率与农产品加工联系起来。

5)加强农田基本建设:提高抗灾能力,遏制环境退化趋势;治理与发展协调进行;有序高效地利用资源,减轻环境污染和破坏。

综上所述,持续农业是强调经济与生态的结合,依靠现代科学技术的进步,协调农业生产发展和资源高效利用及生态环境保护的关系,使生产、生态和经济同步发展,走可持续发展之路。

实现农业的持续发展,需要进行跨学科研究。把农学与生态学思维框架和基本原理结合起来,在生态系统水平上取得更大进展,从整体上增进对当前极端复杂的生态和经济相互依赖关系的理解,农业科学家需要了解持续性农业的体系,生态学家需要详细的过程信息和技术。这种综合研究,将促进各学科的深入发展。

"当我们进入更加强调持续性,注意资源利用效率和控制污染的时代时,我们对农业的理解会更加依赖于我们对整个系统怎样发挥作用的理解"。农业生态学将负有重大使命。

## 思　考　题

1. 农业生态学的特点和研究内容是什么?
2. 农业生物主要类群有哪些?其数量动态与哪些环境因子密切相关?
3. 农业生态系统的概念和特点是什么?其与自然生态系统有哪些区别?
4. 分析农业生态系统人工辅助能的投入与能效率的关系。
5. 对比农田、林地、草地等主要农业生态系统的异同点。
6. 害虫防治的生态学实质是什么?害虫生态调控的原理依据是什么?
7. 生态农业的概念及其产生和发展的背景条件是什么?
8. 简述集约持续农业的发展的概念及目标。

## 推 荐 参 考 书

1. 陈阜,隋鹏,2019.农业生态学.第3版.北京:中国农业大学出版社.
2. 骆世明,2017.农业生态学.第3版.北京:中国农业出版社.
3. 杨持,2008.农业生态学.北京:高等教育出版社.

# 第6章 城市生态学

## 提　要

　　城市生态学的概念、研究内容；城市生态系统的特点、结构与功能，城市化进程及其生态效应；城市生态环境问题及其控制，城市生态系统的建设及科学管理。

## 6.1　城市生态学概述

　　城市化是对地球系统影响最大的人类活动之一。在今后很长一段时间内，全球的城市化还将持续进行。城市的可持续发展已经成为21世纪攸关人类未来的基本问题。伴随着城市化的进程，城市生态学的概念、研究内容和研究方法也在不断发生变化。

### 6.1.1　城市生态学的概念

　　城市(city)作为人类的聚居地，是当地政治、经济、科学、军事和文化的中心。它是一类以人类为中心的人工生态系统。城市是商品交换、生产力和生产关系发展的产物，是原始社会向奴隶社会转变的过程中出现的，迄今大致经历了五个阶段，即：工业革命前的早期城市阶段、中世纪城市阶段、工业革命后的工业化城市阶段、现代城市阶段和生态城市阶段。时至今日，随着社会进步、经济发展和城市化进程的加快，大批新兴城市不断涌现。

　　城市生态学(urban ecology)是研究城市人类活动与城市环境之间相互关系的学科，也是以生态学的理论和方法研究城市的结构、功能和动态调控的学科。它既是生态学的重要分支，又是人类学(anthropology)的下属学科，还是城市科学(urban science)的重要组成部分。城市生态学起步于20世纪20~30年代芝加哥学派的城市社会学研究，如早在1915年，美国社会学家帕克(R. Park)在其著名论文《城市：对于开展城市环境中人类行为研究的几点意见》中，就强调了对城市进行生态学研究的意义；1925年，麦肯齐(R. D. Mckenzie)将城市生态学定义为"对人们的空间关系和时间关系如何受城市环境影响这一问题的研究"。此后，20世纪60~70年代的环境和资源危机引发的系统生态学研究复兴了城市生态学，80~90年代的全球变化和持续发展研究极大地推进了该学科的发展。

　　近年来，各类城市生态学理论如雨后春笋般在全球兴起。其中值得一提的是"生态城"和"健康城"运动。"健康城"是世界卫生组织所倡导的一项全球计划，旨在根据各国城市的不同实际，调节生态系统的结构和功能，使其向健康（包括城市居民的健康、城市代谢的健康和城市系统的健康）方向发展。1993年10月在比利时安特卫普举行的"第一届城市环境与健康全球论坛"是世界卫生组织对"健康城"运动的全面检阅，世界各地的数千名代表云集一堂，共同探讨21世纪健康城建设的方法与案例，取得了圆满成功。

　　"生态城"(ecopolis)的概念最初是由美国生态学家理查德·雷吉斯特(Richard Register)1975年提出的。1987年，苏联城市生态学家杨尼特斯基(Yanitsky)将其完善为一种理想城模式，旨在建设一种理想的栖息环境。其中,技术和自然充分融合,人的创造力和生产力得到最大限度的发挥,居民的身心健康和环境质量得到最大限度的保护,就是按照生态学原理建立起来的一类社会、经济、信息、高效率利用且生态良性循环的人类聚居地。换句话说,就是把一个城市建设成为一个人流、物流、能量流、信息流、经济活动流、交通运输流等畅通有序,文化、体育、学校、医疗等服务行为齐全,文明公正,与自然环境和谐协调,洁净的生态体系。生态城的"生态",包括人与自然环境的协调关系以及人与社会环境的协调关系两层含义。生态城的"城",指的是一个自组织、自调节的共生系统。

## 6.1.2　城市生态学研究内容

在过去 20 年里,城市生态学的研究内容发生了多次重要转变。城市生态学从最初关注城市内部的生态系统成分的构成和动态变化,转变为关注城市的社会经济系统与自然生态系统在时空尺度上的互作关系。城市生态学以城市生态系统为研究对象,它利用生态学和城市科学的原理、方法、观点去研究城市的结构、功能、演变动力和空间组合规律,研究城市生态系统的自我调节与人工控制对策。其研究目的是通过对系统结构、功能、动力的研究,最终对城市生态系统的发展、调控、管理及人类的其他活动提供建设性的决策依据,使城市生态系统沿着有利于人类利益的方向发展。

城市生态学的研究重点是城市居民与城市环境之间的关系。其基本内容可归纳为城市生态系统的发生、发展、组合与分布,结构(包括社会、经济和自然三个亚系统)和其物流、能流、信息流、人口流、资金流等功能,以及这些功能的调控机制、方法和演替过程,城市人口、生态环境、城市灾害及防范,城市景观、城市与区域持续发展和城市生态学原理的社会应用等方面。其中,对城市生态系统的研究主要集中在以下4 个方面:

1) 以城市人口为研究中心,侧重于城市社会系统,并以社会生活质量为标志,以人口为基本变量,探讨城市人口生物学特征、行为特征和社会特征在城市化过程中的地位和作用。

2) 以城市能流、物流和信息流为主线,侧重于城市生态经济系统及以城市为中心的区域生态经济系统功能的研究。

3) 以城市生物与非生物环境的演变过程为主线,侧重于城市的自然生态系统研究和城市生物与居民及生态环境相互关系的研究。

4) 将城市视为社会-经济-自然复合生态系统,以复合生态系统的概念、理论为主线,研究该系统中物质、能量的利用,社会和自然的协调,以及系统动态的自身调节等。

城市生态学可分为城市社会生态学(urban socioecology)、城市经济生态学(urban economic ecology)、城市自然生态学(urban natural ecology)和城市景观生态学(urban landscape ecology)四个分支学科。城市生态学基本研究内容的设定和分支学科的划分或多或少是人为的,但对生态学的教育、科研和社会实践来说是必要的。

## 6.1.3　城市生态学研究方法

城市生态学是生态学的分支学科,因此最初的研究方法与传统生态学研究方法基本相同。随着城市生态学研究内容的转变和新技术的发展与应用,很多新的方法逐渐被应用于城市生态学的研究中。城市拥有大量的传感器网络监测数据,结合遥感数据、城市管理数据等,可以有效提升我们认识城市生态系统结构和动态变化的能力。波音(Boeing)利用 OpenStreetMap 数据,分析了全球 25 个城市的街道布局和空间格局,为城市形态学研究提供了新的研究思路。基于深度学习的图像识别技术,使利用城市街景图片高效获取城市内部结构信息成为可能。Li 等使用 Google 街景照片,计算了城市街道内绿色植被的覆盖率。杨军总结了大数据在未来城市生态学研究中将发挥重要的作用。

城市拥有大量的人口,居民是潜在的生态调查员或公众科学家。公众科学数据具有覆盖面广、成本低的特点,是对专项生态调查数据的重要补充。公众科学数据已经被用于研究城市鸟类、蝴蝶等。

## 6.2  城市生态系统

### 6.2.1  城市生态系统的基本特点

城市生态系统是指特定地域内人口、资源、环境(包括生物的和理化的、社会的和经济的、政治的和文化的环境)通过各种相生相克的关系建立起来的人类聚居地或社会、经济、自然复合体,它具有以下特点。

**1. 以人类为主体的生态系统**

同自然生态系统和农村生态系统相比,城市生态系统的生命系统主体是人,而不是各种植物、动物和微生物。所以,城市生态系统最突出的特点是人口的发展代替或限制了其他生物的发展。在自然生态系统和农村生态系统中,能量在各营养级中的流动都是遵循"生态金字塔"规律的,而在城市生态系统中却表现出相反的规律。

**2. 以人工生态系统为主的生态系统**

城市生态系统本身是人工创造的,其环境的主要部分是人工环境。不过,正是由于城市生态系统是一种人工生态系统,人们才可能通过强化生态建设,取得与城市化进程相适应的生态环境。

**3. 流量大、运转快的开放系统**

在人流、物流、能流、信息流等各方面,城市生态系统都是流量大、运转快的开放系统。在能量流动的运行机制上,自然生态系统能量流动是自为的、天然的,而城市生态系统的能量流动以人工为主,运转特别快。

**4. 依赖性很强、独立性很弱的生态系统**

经过长期演替、达到顶极状态的自然生态系统,系统内的生物与生物、生物与环境之间处于相对平衡的状态(参见第3章)。城市生态系统不是一个"自给自足"的系统,而是一个依赖性很强、独立性很弱、自我调节和自我维持能力都很差的生态系统。如果从开放性和高度输入的性质来看,城市生态系统又是发展程度最高、反自然程度最强的人类生态系统。

**5. 文明或文明异化的产物**

城市是人类文明的标志,是一个时代政治、经济、军事、社会、科学、文化和生态环境发展和变化的焦点和结晶。城市的优势在于工业、人口、市场、文化和科学技术的集中,这有利于生产的专业化、协作化和高新精尖技术密集工业的发展,有利于人流、物流、信息流的畅通。

城市的缺点也恰恰在于人口和工业的过量集中和密度过大。在城市化地区,进行着大量的资源利用、物质交换、能量流动、产品消费等活动,使自然资源大量消耗、各种生产生活废料大量产出,从而引起一系列城市问题。例如,人口密集、住房困难、土地资源紧张、工业资源短缺、水资源短缺、交通拥挤、环境污染、疾病流行、犯罪增加、就业困难等,这些无疑是文明异化的结果。

### 6.2.2  城市生态系统的结构与功能

**1. 城市生态系统的结构**

城市生态系统是由城市居民和城市环境系统组成、具有一定结构和功能的有机整体。其中,城市居民包括性别、年龄、智力、职业、民族、种族和家庭等结构。城市环境系统由自然环境系统和社会环境系统构成:自然环境系统包括非生物的环境系统(大气、水体、土壤、岩石等)、资源系统(矿产资源和阳光、风、水等)和生物系统(野生动植物、微生物和人工培育的生物群体)等;社会环境系统包括政治、法律、经济、文化教育、科学等(图6.1)。

著名生态学家马世骏、王如松提出城市复合生态系统理论,指出城市是在原来自然生态系统基础上,增加了社会和经济两个系统所构成的复合生态系统,城市的自然及物理组分是城市赖以生存的基础,各部门的经济活动和代谢过程是城市生存发展的活力和命脉,人的社会行为及文化观念是城市演替、进化的动力泵。

也就是说,城市生态系统包括自然、经济与社会 3 个子系统,三者是相互融合与综合的(图 6.2)。从以上两图的对比可见,两种划分方法的主要不同是:前者把城市生态系统划分为城市居民和城市环境系统两部分;后者则将其划分为 3 部分,即自然生态系统、经济生态系统和社会生态系统。城市居民具有社会和自然双重属性。

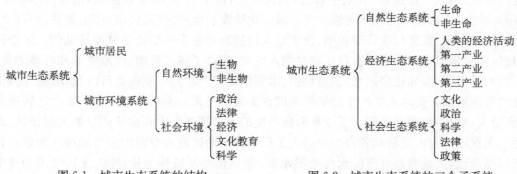

图 6.1　城市生态系统的结构　　　图 6.2　城市生态系统的三个子系统

**2. 城市生态系统的功能**

　　城市生态系统的功能是指系统及其内部各子系统或各组分所具有的作用。城市作为一个开放型人工生态系统,具有两方面的功能,即外部功能和内部功能。外部功能是联系其他生态系统,根据系统的内部需求,不断地把物质和能量从外系统输入或向外系统输出,以保证系统内部能量和物质的正常运转与平衡;内部功能是维持系统内部物质和能量的循环与畅通,并将各种流的信息不断反馈,以调节外部功能,同时把系统内部剩余的或不需要的物质与能量输出到其他系统中去。外部功能要依靠内部功能的协调运转来维持。因此,城市生态系统的功能主要表现为系统内外的物质流、能量流、信息流、货币流及人流的输入、转换和输出。研究城市生态系统的功能实质上就是研究这些"流",以期人工控制,使之协调与畅通。因此,城市生态系统的发展主要受控于人类的决策。决策影响系统的有序和无序发展,而系统发展的结果则能检验决策是否正确。研究城市生态系统的功能,揭示影响系统稳定性的主要因素,是调控城市生态系统的关键。

## 6.3　城市生态系统的管理与建设

### 6.3.1　城市化及其生态效应

　　城市化(urbanization)通常是指农业人口转化为城市人口的过程。这个过程是一个国家经济、文化发展的结果,是社会进步的象征,也是城市人口增长和分布、土地利用方式、工业化过程及工业化水平和趋势的综合表征。根据联合国估计,到 2050 年全球城市人口占总人口的比例将达到 68%。仅占全球表面积 3% 的城市区域消耗了全球生产 2/3 的初级能源,释放的 $CO_2$ 占到全球能源部门 $CO_2$ 排放的 70%。

　　目前,城市化已是世界性的普遍现象,其标志表现在:①空间上,城市规模的扩大;②数量上,农业人口转变为城镇非农业人口;③质量上,城市居民生活方式的现代化。城市化的原初动力是产业革命,这使城市非农业部门成为经济结构的主体,城市开始以领导乡村的面目出现。一方面城市的就业机会、生产方式和生活方式像一个巨大磁盘,吸引着农村向城市看齐;另一方面乡村农业生产水平提高,农村已不需要大量劳动力并且难以满足农村中日益增加的人口的生活需求,从而将乡村人口推向城市。

**1. 中国城市化发展现状**

　　国内外学者对中国城市化的水平有多种估计,如果以城市和城镇实际居住的统计人口为标准,1995 年中国城市人口占总人口的比重为 29.04%,这表明城市化的水平仍较低。随着国民经济持续高速增长,城市化步伐也相应加快。根据《中国统计年鉴 2021》统计,至 2020 年年底,中国县级城市数量达到 388 个,乡镇级区划数已达 38 741 个,城镇人口超过 9 亿,达到了总人口的 63.89%。中国人口城市化的主要途径有两种:一是农村人口涌入城市,二是农村人口通过社会经济发展就地转化为具有城市生活方式的人口。和许多发展中国家类似,中国在城市人口急剧增长过程中,也先后出现过诸如交通拥挤、住房紧张、环境污染、就业困难等问题,但其表现的范围、规模和程度都远不及其他发展中国家那样严重。

**2. 城市化的特点及其生态效应**

城市化的特点是:人口密集,产业集中,能源结构改变,需水量增加,交通便捷,信息传递快速,不透水的地面增加,绿地减少,人们相应的生活习惯改变。城市化给发展生产、繁荣经济、扩大贸易、提高文化、促进科技、方便生活、防御入侵、提高行政管理效率、便于总人口控制等带来的好处是显而易见的。城市化带来的负面影响也很多,特别是当大批劳动力盲目从农村涌入城市,超过了城市设施、区域资源和环境的负荷能力时,就会引起一系列城市问题,如住房困难、交通拥挤、水源短缺、环境污染、疾病流行、犯罪增加、就业困难等。

城市化的负面影响在资本主义产生最早的英国首先表现出来。蒸汽机和皮带轮联合运转所产生的巨大吸引力,把大量人口集中到城市地区。工业革命所产生的人口高度集中和物质能量的大量消耗,对环境产生了巨大压力。无规则的自由发展和各自为政的大工厂给城市地区造成空前的公害威胁。为取水、排水方便,工厂常常依河湖而建,大量有毒有害废水污染了水源,危及鱼类及植物生长,使人无法饮用和洗浴。供水及卫生条件极差,潮湿阴暗的地下室也成了工人的居所,垃圾无人清扫,寄生虫、传染病大为流行,人口死亡率尤其是婴儿死亡率大大超过农村地区。煤的燃烧,使天空常常浓烟密布。17世纪后半叶时,人口近50万的伦敦,由于工业和生活用煤,空气中充满的臭味在数英里之外就能闻到。

20世纪以来,经济的高速发展特别是50年代以后的工业大发展,使环境污染达到了极其严重的地步。世界上发生的8大公害事件直接或间接与城市的工业生产有关。当前人类面临的全球性问题,诸如人口、资源、环境、能源、粮食等,也都集中反映在城市里。城市规模的扩大和城市人口的暴涨,必然占用大片耕地。这一变化增加了粮食需要,同时却减少了粮食生产。资源和能源的大量消耗与不合理利用,既造成资源紧缺,又造成环境污染。人口高度集中所引起的社会生活的变化,对城市居民的生活态度和个人行为也发生重要影响。青少年犯罪、娼妓、吸毒、酗酒、自杀、骚乱、心理障碍等成了高度城市化社会中屡见不鲜的城市痼疾。

这些城市问题的生态学实质是:

1) 城市中的物流链很短,常常就是从资源到产品和废物。大量资源在生产过程中不能完全被利用,以"三废"(废液、废渣、废气)形式输出,不仅资源利用效率低,而且污染环境。

2) 城市中的生产、生活需要大量能源特别是矿物能源。煤炭和石油等燃料的燃烧消耗大量氧气,加重大气污染,能源使用上浪费的同时也使环境问题更加严重。

3) 城市中的各部门、各行业条块分割,各自为政。例如,搞建筑的不管环境,搞交通的不管绿化,只追求局部利益和部门最优,缺乏自然生态系统中互利共生的关系和追求整体最适的特点。

4) 城市生产多着眼于本部门、本企业当前的经济效益,忽视城市生态系统的长远效益。

5) 城市生态系统中消费者和生产者的比例常常失调,生态锥体倒置,稳定性很差,对外部环境有较大依赖性。

6) 城市中密集的人口、鳞次栉比的房屋,把人们集中在一个相对密闭的有限空间内;高密度的空调和人工照明,五光十色的霓虹灯以及各种高效方便的车辆让人陶醉在舒适和人造美中,这一切都是人类在进行着自我驯化(self-domestication),其结果是人和自然的隔绝、人际间关系的疏远及紧张。

如何发挥城市积极有益的方面,克服其消极不利影响,这是当今城市发展中面临的实际问题。这些问题的解决,依赖于改善城市生态系统结构、提高系统功能和调节其各部分之间的关系。这也正是城市生态学研究的目的所在。

### 6.3.2　城市生态环境问题及其控制

**1. 人口压力**

地球究竟能养活多少人?专家们对这个问题的回答大相径庭。有人说可以养活100亿人口,有人说可以养活 500 亿人口,也有人说 60 亿人口就已经超负荷。事实上,地球的人口承载能力(人口环境容量)是随科技进步与社会经济发展而变化的。在原始人类以采集为生的年代,地球上顶多只能养活 2 000 万人。如今,在日本 30 多万平方公里的土地上就养活了 1 亿多人。从生态学角度说,地球上一切生物赖以生存的能量来源于太阳。地球接受太阳光的面积是一定的,进行光合作用的绿色植物大体上也是一定的。估计全球绿色植物的净生产力每年约为 $162×10^{15}$ t,折合成能量约为 $3.05×10^{21}$ J。人类维持正常生存的能量每天约为 $8.37×10^6$ J,一年为 $3.06×10^9$ J,植物能食用的部分只占 1%,同时地球上还有其他动物靠植物生存。照这种方法计算,地球上只能养活 80 亿人。中国人口的合理数量应为 7 亿人左右,第七次人口普查登记的全国总人口达 14.43 亿,远远超过了地球上这个区域的承受能力。

## 2. 城市水问题及解决途径

(1) 城市水问题　　城市化进程导致水的供需矛盾突出。人口增加、产业集中使水的消耗量迅速增长;基础设施增加、房地产开发、扩建地面不渗透区域等,均导致农田、绿地和水面急剧减少。这些都给水环境带来种种不良影响:①暴雨时,地面径流量增多,汇流时间缩短,河流的洪水位不断抬高,致使洪涝灾害频发,漫水、积水区域增多;②地下渗水量减少,加之地下水的大量抽取,致使地下水位降低,进而引起地面下沉;③绿地、水面和自然裸地减少,地面蒸发水量减少,导致城市热岛效应加剧和能源消耗增加;④水质恶化,河流人工化、渠道化,水生生物适宜生境随之消失;⑤水边绿化空地减少,开放空间逐渐消失;⑥河水受到严重污染,使河道变成了开敞式的"下水道"。

目前中国有 400 多个城市缺水,严重缺水的城市达 110 个,而水浪费和水污染仍日趋严重,尤其是水污染,不仅人为加剧用水危机,而且直接威胁居民的健康。

城市水污染有多种来源:城市降水可能把空气中许多污染物,如尘埃、废气、重金属等携带到地面;城市的径流也会污染城市水体;工业废水与生活废水是城市水污染的主要来源。城市水污染可分为 5 大类:无机物污染、有机物污染、生物污染、热污染和放射性物质污染。

1) 无机物污染

- 酸、碱及一般无机盐类污染:水体中酸的主要来源是工业的各种酸洗废水、黏胶纤维和造纸废水等;酸雨汇入地表水体也造成酸污染。水体中的碱主要来源于造纸、制碱、制革及炼油等工业废水。酸、碱污染水体,改变水体的 pH,损害水的缓冲作用,妨碍水体自净,大大增加水中一般无机盐类,从而增加水的渗透压,抑制水中生物的生长。世界卫生组织规定饮用水中无机盐总量的合适值为 500 mg/L,极限值为 1 500 mg/L。酸、碱、盐污染造成的水质硬度增加,超过饮用水无机盐总量的合适值,这在中国北方的一些城市非常明显,这使水处理费用明显提高。

- 氰化物:主要来源于工矿企业排放的含氰废水,如电镀废水、焦炉和高炉的煤气洗涤与冷却水,以及选矿废水等。

- 重金属污染:指汞、镉、铅、铬以及类金属砷等毒性显著的重金属元素引起的污染,也包括具有一定毒性的锌、铜、钴、镍、锡等的污染。目前最令人关注的是汞、铬、铅、砷的污染。重金属污染物在水体中十分稳定,常和水中悬浮颗粒一起沉入水底淤泥中,因此,底泥中重金属含量相对较高,往往成为长期的次生污染源,是污染水体治理的一大难题。

- 颗粒沉淀物:指土粒、沙粒和从地面冲刷而来的无机矿物质沉淀,也可能是一些未分解的生物残体。颗粒沉淀物也是水体污染的基本指标之一。

2) 有机物污染

- 耗氧污染物:一些主要来自生活污水和某些工业废水的可降解有机污染物,对水质的影响常根据水中溶解氧(dissolved oxygen, DO)、生化需氧量(biochemical oxygen demand, BOD)、化学需氧量(chemical oxygen demand, COD)、氧垂曲线(oxygen sag curve, OSC)等来判断。

- 难降解有机污染物:例如,石油污染在沿江、沿海城市特别严重;酚类化合物主要来源于冶金、煤气、炼焦、石油化工、塑料等工业企业排放的废水;粪便和含氮有机物的分解过程也产生少量酚类化合物,人体对酚类化合物摄入量过多,会出现慢性中毒症状,水中含酚 0.1~0.5 mg/L 时,会使水产品有异味而影响食用。

3) 生物污染

· 病原微生物:水体中病原微生物主要来源于生活污水和医院废水,以及制革、屠宰、洗毛等工业废水和畜牧污水。病原微生物包括细菌、病毒和寄生虫,是流行病的传播者。

· 水体富营养化。

4) 热污染:工业生产过程中,特别是发电厂排出的大量热水进入水域,其温度比水域的温度平均高 7~8 ℃。水体热污染导致水中溶氧量下降,水中的生物代谢速度加快,废物分解速度也加快,更加剧了水中的缺氧状况。在大多数情况下,向河流排放一定数量的常温污水对生物可能不致产生明显的伤害,但当排入大量热水时,水体就可能成为无生命的"死水"。此外,由于水体及其周围温度不正常升高,将打乱栖息在该地区动物的生活节律,进而影响整个生物群落。

5) 放射性物质污染:水体被放射性物质污染主要是由开采、加工放射性矿石造成的。城市中的放射性污染多来自核电站、医院及应用放射性物质的实验室。水环境中放射性物质的含量通常不多,但它能在食物链中蓄积,在同位素广泛使用的区域对此应予充分关注。

(2) 解决城市水问题的途径    当前,解决城市水问题的关键是推行"城市水资源可持续开发利用战略",即"节流优先,治污为本,多渠道开源"。提出"节流优先",是中国水资源匮乏这一基本水情的客观要求,也是反对用水浪费、降低供水投资、减少污水排放、提高用水效率的最佳选择。为将城市人均综合需水量指标控制在 160 m³/a 以内,使中国城市总用水量在城市人口达到高峰期后得到稳定,必须调整产业结构和工业布局,大力发展节水型器具、节水型工业和节水型社区。当然,为了建立节水型体制,还必须将"节流优先"的战略落到实处,即投入相应的研发资金和发展节水高新技术。

强调"治污为本",是保护供水水源水质、改善水环境的必然要求,也是实现城市水资源与水环境协调发展的根本出路。治理污水有改善环境、保护水源、增加可用水量、减少供水投资的多重效益。在制定城市需水及供水规划时,供水量的增加应以达到相应的治污目标为前提,即未来污水处理设施能力的增长速度必须高于供水设施能力的增长,并采取有效措施治理已经受到污染的城市水环境。谨防忽视污水治理,盲目"开源"而陷入用水越多、浪费越大、污染越严重,直到破坏现有水源的恶性循环的发生。目前,推广生态工程技术、生物工程技术,尤其是微生物污水处理法,已经取得了许多成功的先例,可供各地借鉴。

重视"多渠道开源",既是水资源综合利用的需要,也是不同水工程技术经济比较和投资组合优化的需要。中国城市的缺水按其成因可分为资源型、设施型和污染型 3 种。在加强节水和治污的同时,开发水资源也不容忽视。每个城市在制定供水规划时,应对开发传统水资源和非传统水资源进行技术经济比较,以效益优先原则确定适宜的供水方案:除了合理开发地表水和地下水等传统水资源外,还应大力提倡开发利用再生水、雨水、海水和微咸水等非传统水资源。可通过工程设施收集和利用雨水。沿海城市宜利用海水做工业冷却水或卫生冲厕水。干旱缺水地区要重视微咸水的利用。另外,净化处理后的城市污水作为再生水,资源数量巨大,被称为城市的第二水源,可用于农田灌溉、工业冷却、城市绿化、环境清洁等。

同传统的引水、调水工程相比,污水资源化在节约投资和提高经济效益方面优势十分明显。推动污水资源化基础是转变观念,关键是创新政策,核心是为污水资源化的产业化经营创造条件:

1) 要大力宣传,引导全社会树立水资源"稀缺"、水资源有价的观念,普及污水资源化知识,引导社会认识再生水,积极利用再生水。

2) 要理顺水资源价格体系,扭转水价偏低的局面,增强全社会的节水减污意识;逐步调整污水处理收费标准,利用价格杠杆调节污水排放量,并合理补偿污水处理机构的运营成本;建立"按质论价"的水资源价格体系,培育污水资源化的动力机制。

3) 要保证再生水用户的利益,稳定并扩大再生水用户。再生水供水机构要通过合同的形式,保证供水质量,建立供水事故应急处理和损失赔偿责任制。

4) 要拓宽污水资源化项目融资渠道,实行企业化运营管理。在理顺水资源价格体系的同时,逐步建立社会投资、政府补助、市场补偿的新型投、融资体制。

5) 从全局出发,制定综合配套政策,把污水资源化工作纳入社会发展规划,统一管理,统筹安排。

### 3. 大气污染及其控制

城市有大量废气排放和污染,当前公认的三大全球性环境问题(温室效应、酸雨和臭氧层破坏)都与城市大气污染有关。城市大气污染物,除小部分来自自然源(如沙尘暴、火山爆发等)之外,主要来自人类的生产和生活活动——能源、工业和运输业。

进入城市空气中的污染物种类很多,已经产生危害或已经引起人们注意的有 100 多种。概括为两大类:气态污染物和颗粒污染物。气态污染物又可分为无机气体污染物和有机气体污染物两类。最主要的气态污染物有:①硫氧化物,主要来自含硫化石燃料的燃烧,大多是二氧化硫,部分为三氧化硫。②氮氧化物,在高温条件下由氮和氧化合生成,主要为一氧化氮和二氧化氮。以高温燃烧过程为特点的汽车发动机和以矿物燃料为动力的发电站容易产生这类污染物。③碳氢化物,主要是化石燃料不完全燃烧的产物。④碳氧化物,一氧化碳是碳氢化合物不完全燃烧的产物,80% 来自汽车尾气排放。⑤3,4 -苯并芘(B[a]P 或 BP),在自然界中有微量存在,主要来源于化石燃料的燃烧。城市空气中 BP 主要来源于汽车废气。

颗粒污染物是指空气中分散的微小的固态或液态物质,其颗粒直径在 0.005~100 $\mu m$。习惯上分为烟、雾和尘,也可进一步划分为:①烟气,即含有粉尘、烟雾及有毒、有害成分的废气。②烟雾,原意是空气中的烟和自然界的雾结合的产物。推而广之,人们把环境中类似上述产物的现象通称为烟雾。比较典型的烟雾有两种:一为伦敦型,由煤尘、二氧化硫、雾混合并伴有化学反应产生的烟雾,中国各大城市的空气污染基本上属于这种类型;二为洛杉矶型,汽车排气和氮氧化合物通过光化学反应形成的烟雾。③烟尘,由燃烧、熔融、蒸发、升华、冷凝等过程所形成的固体或液体悬浮颗粒,其粒径大多小于 1 $\mu m$。④粉尘,工业生产中由于物料的破碎、筛分、堆放、转运或其他机械处理而产生的固体微粒,直径介于 1~100 $\mu m$ 之间,其化学组成相当复杂,含有镉、铬、铜、铁、锰、钛、锌等,还有许多非金属氧化物、各种盐类及有机化合物等。⑤飘尘,直径小于 10 $\mu m$ 的微粒,在大气中可长时间飘浮而不易沉降。⑥降尘,直径大于 10 $\mu m$ 的微粒,在空气中很容易自然沉降。据统计,颗粒污染物约占整个大气污染物的 10%,其余 90% 为气态污染物。

火山爆发、森林火灾、海水喷溅、人为燃烧、研磨、工业粉碎、汽车轮胎的摩擦、喷雾以及扬尘等都可以引起空气中微粒的产生。降尘可能被人体上呼吸道的纤毛所阻挡,危害不大。飘尘则可能进入肺泡并被吸收进入血液循环,严重危害人的健康。此外,大气污染物还能遮挡阳光,降低气温,增加城市的雾和降水,降低能见度,影响交通等。

废气治理技术主要有溶剂吸附法、固体吸收法、熔融盐法、催化还原法和废气除尘法等。此外,利用绿色植物和微生物净化空气是城市大气污染防治的有效方式,并且具有投资少、见效快、安全性好、无二次污染、易于管理等优点。联合国生物圈与环境组织提出:城市每人拥有 60 $m^2$ 绿地面积为最佳居住环境。

提倡和推广节能建筑、节能技术、节能生活方式,设计清洁的生产工艺及原材料处理程序,降低能源消耗,改善城市的燃料结构,能够有效减少烟尘和有害气体的排放。当前,中国各地都很重视煤气工程的建设,致力于以煤气(包括液化石油气、管道煤气和天然气)和电力取代矿物燃料,这对改善城市大气质量起到重要作用。国家"西气东送"工程的完成,将进一步对城市大气改善做出贡献。吴博任认为,要减轻机动车的排气污染,除了改善交通道路、通畅车行、避免怠速引起更多排气污染之外,还要从根本上改革车辆的动力结构,降低车辆的燃料消耗,逐步发展燃气机车和电动汽车等。

### 4. 噪声污染及其控制

从广义上讲,噪声(noise)是指一切不需要的声音,也指振幅和频率杂乱、断续和统计上无规律的声振动。噪声属于感觉公害,一旦声源停止发声,噪声就消失。噪声的大小,以"分贝"(dB)数表示。80 dB 以下的噪声不损伤人的听力,90 dB 以上的噪声将造成明显的听力损伤,115 dB 是听力保护最高容许限,120~130 dB 的噪声会使人有痛感,噪声到达 140~160 dB 时会使听觉器官发生急性外伤,鼓膜破裂出血,双耳完全失聪。噪声的心理效应为引起烦恼和工作效率降低。噪声超过 60 dB,人工作时就易感到疲倦。强噪声可使交感神经兴奋、失眠、疲劳、心跳加速、心律不齐、心电图异常,还会引起头晕、头痛、神经衰弱、消化不良和心血管病等。

城市噪声主要有交通噪声、工业噪声、建筑施工噪声和其他的社会生活噪声等:

1) 交通噪声：主要指机动车辆在市区内运行时产生的噪声。随着城市机动车辆数目的增多，交通噪声已成为城市的主要噪声，约占城市噪声声源的40%。

2) 工业噪声：指工厂的机器运转时产生的噪声，按声源特性可分为气流噪声和机械噪声。不同行业使用的机器设备和生产工艺不同，造成的噪声种类和污染程度也就不同。

3) 建筑施工噪声：指建筑施工现场使用各种动力机械时所产生的噪声。这类噪声具有突发性、冲击性、不连续性等特点，特别容易引起人们的烦恼。

4) 社会生活噪声：指商业、娱乐、体育、游行、庆祝、宣传和不适时的音乐等产生的噪声。

噪声污染综合整治就是采用综合方法控制噪声污染以便取得人们所要求的声学环境。影响噪声污染的因素主要是噪声源、传声途径和接受者的保护三部分。除人为（如行政命令或立法）禁止噪声产生（如禁止机动车辆在特定时间、特定地区穿行或鸣笛）外，控制噪声源的措施有两类：①改进设备结构、提高部件加工精度和装配质量、采用合理的操作方法，从而降低声源的噪声发射功率；②采用吸声、隔声、减振、隔振及安装消声器等措施来控制声源的噪声辐射。控制噪声传播途径的措施主要有：①增加声源离接受者的距离；②控制噪声的传播方向（或发射方向）；③建立隔声屏障或利用天然屏障；④应用吸声材料和吸声结构；⑤城市建设采用合理的防噪声规划等。加强城市绿化是减轻城市噪声污染的有效措施。有关研究表明，郁闭度0.6～0.7、高9～10 m、宽30 m的林带可减少噪声7 dB；高大稠密的宽林带可降低噪声5～8 dB；乔木、灌木、草地相结合的绿地，平均可以降低噪声5 dB，高者可降低噪声8～12 dB。

**5. 固体废物及其处理**

固体废物是指在社会生产、流通、消费等一系列过程中产生的一般不再具有进一步使用价值而被丢弃的以固态或泥状存在的物质，包括城市垃圾、农业废弃物和工业废渣等。

城市垃圾（全称为城市固体垃圾）主要是指城市居民在日常生活、工作中产生的废弃物。城市垃圾的产生量与居民的生活水平、消费习惯以及市政建设情况密切相关，不同国家、不同城市人均垃圾日产量明显不同。随着城市人口的增加和生活水平的提高，城市垃圾的产生量越来越大，成分越来越复杂。它们不仅对土壤、空气、水体造成污染，使环境肮脏不堪；而且侵占土地，阻碍道路和排水沟道，妨碍交通和泄洪；同时还是苍蝇、蚊虫、鼠类以及病原菌的滋生地，成为传播疾病的场所，严重影响环境卫生。

工业废渣指工业生产过程排出的采矿废石、选矿尾矿、燃料废渣、冶炼及化工过程废渣等。依其有无毒性又可分为有毒废渣与无毒废渣两类。凡含有氟、汞、砷、铬、镉、铅、氰、酚和放射性物质的，均为有毒废渣。它们可通过皮肤、食物、呼吸等渠道侵犯人体，引起中毒。工业废渣不但要占用土地堆放，而且破坏土壤、危害生物、淤塞河床、污染水质，不少废渣（特别是有机质的）还是恶臭的来源，有些重金属废渣的危害还是长远的、潜在性的。

一般认为，固体废物是"三废"中最难处置的，因为它含有的成分相当复杂，物理性状（体积、流动性、均匀性、粉碎程度、水分、热值等）千变万化。固体废物的传统管理方法是由市政部门负责收集、运输及处理其全部环节。不论是在发达国家还是在发展中国家，这种管理方法都是行之有效的。固体废物的污染防治办法，首先是要控制其产生量。如逐步改革城市燃料结构（包括民用的与工业用的），控制工厂原材料的消耗定额，提高产品的使用寿命，提高废品的回收率等；其次是开展综合利用，把固体废物作为资源和能源对待，实在不能利用的则可经压缩和无毒处理后再焚烧（包括热解、气化）、填埋或堆肥；最后是建立完善的垃圾管理法规体系，成立专业性垃圾清运和处置公司，实行垃圾处置有偿服务。

**6. 热岛效应及其防治**

热岛效应（heat island effect）是指城市气温比周围地区高的现象，即气温以城市为中心向郊区递减。尤其是夏天，市区的温度比郊区要高几度，乡村的温度又比郊区的低些。如果将高温区用红色描出，低温区用蓝色描出，城市就像汪洋大海中的孤岛，气象学上把这种现象称之为城市热岛效应。

热岛效应的形成原因是多方面的。城市工业的高度集中，工厂排放的煤灰、粉尘、$CO_2$，工业锅炉产生的热量、废气，汽车尾气及居民消耗的能源气体覆盖在城市上空，它们吸收长波辐射，增加温度。随着城市规模扩大，高楼相连，马路纵横，池塘被填平，植被被破坏，城市调节温度的能力越来越差。而水泥建筑、柏油马路的吸热能力强,在夏季烈日照射下,马路上的温度要比土地上的温度高近 18 ℃,水泥屋顶温度比草地上的温度高 20 ℃。由于白天大量吸热,夜晚持续散发热量,使市区温度在夜间也降不下来。加上城市人口密集,现代家庭中大量使用电冰箱、微波炉、空调等家电,对热岛效应起着推波助澜的作用。

热岛效应能引发人类许多疾病,如高温区居民易患消化系统疾病,表现为食欲减退,消化不良,胃肠道和溃疡性疾病增多,复发率高;神经系统损害严重,表现为失眠、烦躁不安、心神不定、记忆力下降,易患忧郁症和精神萎靡症;呼吸道疾病如支气管炎、肺气肿、哮喘、鼻窦炎、咽炎的患病人数也有所增多。大气污染物还会刺激皮肤,导致皮炎,甚至引起皮肤癌;在高温炎热的夏季,汞、铬含量高的城市里的居民,肾脏易受到伤害;铬进入眼睛时,可以引起结膜炎,甚至导致失明;汞可损害人类的肾脏,并伴有腹痛、呕吐及中毒。

防止和减轻热岛效应的方法很多。例如,可以把建筑物表面涂上白色或换上浅颜色的材料,以减少吸收太阳辐射。在路边、花园和屋顶种花栽树,可使城市温度下降。加强城市规划,统筹安排工厂区、居民区和商业区。尤其是在热岛区加强绿化,通过植物吸收热量来改善城市小气候。将城区分散的热源集中控制,提高工业热源和能源的利用率,减少热量散失和释放,也是一项很重要的措施。城市热岛效应并不是无法可治的,上海和英国伦敦近几年热岛效应就有所改善。

**7. 城市生物多样性受威胁**

城市生物多样性是城市生态系统服务的重要基础,对改善城市环境,维持城市可持续发展具有积极的意义和作用。城市生态系统较自然生态系统更为脆弱,城市化进程导致的栖息地减少不断威胁着城市生物多样性。研究发现了不同地理位置的城市生物多样性趋于同质化的现象。杨军分析了中国三个主要城市(北京、上海、广州)的木本植物种类、鸟类物种的差异性,结果表明三个城市的物种组成趋于同质化,植物物种表现出本地物种丧失、外来物种增多的趋势,鸟类物种组成变化与土地利用及覆盖变化密切相关。

2016 年在上海召开的第二届国际城市生态学大会的主题是"快速城市化和全球环境变化背景下城市生态学面临的挑战",其中包括城市生物多样性评估和城市生态学教育等 16 个专场,重点讨论了城市绿地与城市生物多样性的密切关系等重要科学问题。可见城市生物多样性与城市环境,尤其是城市植被环境的紧密联系。保护城市生物多样性首先应该重视城市绿地规划,重视使用本地植物,建设绿色走廊,构建多层次植物生境,同时加强城市生物多样性教育。

### 6.3.3　城市生态系统的建设及科学管理

**1. 中国城市生态环境保护的基本措施**

(1) 编制城市总体规划,调整城市功能布局　　依据《中华人民共和国城乡规划法》,在编制城市总体规划时,把保护和改善城市生态环境、防治污染和其他公害等内容纳入城市总体规划中。许多城市根据总体规划的要求,在老区改造和新区开发中,按照城市功能分区,调整工业布局,加大工业污染防治力度,改变工厂和居民住宅混杂的状况,从生产和生活两个方面控制城市环境污染,建成一大批布局合理、社会服务功能齐全的住宅小区。

(2) 加强基础设施建设,提高污染防治能力　　近十多年来,中国的许多城市加大投资力度,加强基础设施建设,提高了污染防治能力。2009 年全国城市燃气普及率已达到 91.41%;截至 2008 年年底,全国城市用水普及率达到 94.73%,污水处理率 70.16%,生活垃圾无害化处理率 66.76%,城市建成区绿化覆盖率 37.37%。

(3) 开展城市生态环境综合整治,改善城市环境质量　　所谓城市生态环境综合整治,就是从发挥城市整体功能最大化出发,来协调经济建设、城乡建设和环境建设之间的关系,运用综合对策和措施来整治、保护和塑造城市环境,促进城市生态环境的良性循环。自 1989 年起,中国政府推行环境综合整治定量考核制度,以加强各级政府对城市环境保护的责任感和使命感,初步形成了市长统一领导、各有关部门分工负责、广大市民积极参与的城市环境综合整治管理体制和运行体制。

(4) 创建国家环保模范城市,树立可持续发展城市的楷模　　自 1997 年以来,国家环境保护总局(现生态环境部)在全国城市开展创建国家环境保护模范城市活动,引起很大反响,各城市纷纷响应。国家环境保护模范城市的指标体系是按照可持续发展的要求设计的:不仅包含了环境质量、环境建设、环境管理指标,而且包括了社会经济指标。此外,还对公民的环境意识以及公民对城市政府环保工作的认可程度进行考核。达到了这些要求,说明这个城市基本做到了环境与经济协调发展。从1997~2010年,国家环境保护总局命名了张家港、大连、深圳、厦门、威海、青岛、天津等77个市(区)为国家环保模范城市(区),它们是城市建设的精华,是中国城市21世纪发展的方向和目标。

(5)限期停用含铅汽油,加强对机动车尾气污染的控制　　为防止机动车尾气污染,中国政府决定在全国范围内限期停止生产、销售和使用车用含铅汽油,实现车用汽油无铅化。自2000年1月1日起,全国所有企业一律停止生产车用含铅汽油,所有汽车一律停止使用含铅汽油,改用无铅汽油。此外,国家还陆续发布了机动车污染排放新标准和燃油有害物控制标准,加强对机动车污染的控制,逐步减少机动车排污对城市空气质量的影响。

## 2. 城市居民文明素质教育与提高

(1)现代城市要求居民具备的素质

1)守秩序:城市道路纵横、交通工具繁多、建筑物密集,使各种高效率活动成为可能。但城市人口密集,用地相对狭小,道路、交通、通信和各种消费品市场等基础设施有限,又增大了城市运行紊乱的可能性。城市基础设施的共享性,要求城市居民有秩序地使用城市的基础设施,否则将导致城市的混乱,甚至瘫痪,进而影响市民的生存状况。如果城市运行井然,各种活动效率大大提高,那么,市民的闲暇娱乐时间将会增多,就为进一步提高生活质量创造了条件。

2)讲卫生:与农村情况不同,城市具有特殊的下垫面(道路、广场、建筑物、构筑物等)。下垫面的建材是沥青、混凝土、石子、砖瓦、金属等,其特点是坚硬、密实、不透水,所以城市蒸发减少、地表径流加速、空气湿度较低。热岛效应和空气污染又造成大气透明度下降、辐射逆温现象等。城市大量生活垃圾污染、噪声污染等,致使城市居民发病率明显高于周围农村。城市无法自行解决自身产生的各种废弃物,所以城市内部必须建立集约型的卫生和环境保护系统。因此,市民必须自觉爱护这些基础设施,爱护整个城市的环卫系统和绿地、水面,保护自己的生存环境。居民必须注意饮食、饮水、食具卫生,预防传染病;监督食品卫生,不购买、不食用卫生不达标的食物;搞好家庭和个人卫生,保护自己、家人和他人的身心健康。

3)自我防范和安全意识:城市起源于抵御外部侵袭、保护居民安全。随着城市规模的扩大、人口的增多,人与人之间紧密的、稳定的社会关系减少,人们之间存在的是大量的匿名交往,道德对城市居民的约束效力降低。外来人口脱离了原有的血缘、家族关系等传统社会关系的约束,使得约束他们行为的社会监督力量变得薄弱。随着社会和经济发展,城市人口流动性加快,人们的职业变动性增加,生活区与工作区远离,住房商品化、单元化进程加速,这一方面使人们的居所变得更方便、更舒适,另一方面也使人们对居住区周围的环境感到陌生、邻里之间的交往减少。市场经济带来的负面影响,如竞争加剧、失业率上升、外来人口涌入等,使城市居民的贫富差距扩大。上述情况都直接或间接地导致城市的治安状况恶化,犯罪率比非城市地区要高。所以,现代的犯罪问题在很大程度上是一个城市性问题。居住在城市的居民,必须提高自我防范意识,掌握自我防范的知识和技艺,尤其是妇女、儿童和老人,更要加强防范知识的学习,提高对危险的应变能力。

4)可持续发展意识:在市民中及城市决策和管理部门的工作人员中普及和提高可持续发展意识,倡导适应可持续发展的新的道德观,树立人与自然和谐共处的价值观,从而使有关人员克服决策、经营及行为的短期性和片面性,自觉地用可持续发展思想指导城市管理、城市建设和自身的工作与生活。只有这样,才能让社会广泛参与,将城市的可持续发展置于公众监督之下。

(2)当前城市文明素质教育面临的首要任务　　市民的文明素质从本质上讲是城市居民生活环境所要求的,是满足市民生活需要、解决市民生活困难的必要条件。当前城市文明素质教育面临的任务之一,就是提高居民对自身生存的城市环境的全面、充分的了解,从基本的城市生态学知识层次抓起,逐步提升。也即从城市环境、城市生态与人的关系入手,进行城市环境与生态教育,使城市居民了解与自己的生活、工作息息相关的、切实有用的知识,了解自然资源的价值、自然环境的功能、人在生态系统中的作用和地位,提高城市人对自身环境的认识,促进广大群众自觉地保护生态环境,积极参与生态城市的建设。

城市生态教育的作用在于启动人的自我意识,引导人认识客观规律,自主选择正确的行为方式。城市人是城市文明的创造者,只有当城市人认识到现代城市生活的客观规律,才会自觉地选择和遵从符合客观规律的生活方式;只有当城市人具有自觉性时,城市的精神文明才能持久、稳定地发展。在我们当前的城市生活中至今仍缺少使市民系统了解这些知识的渠道。建立以城市生态知识教育为主的简便、长期、权威性的渠道,是目前对市民进行文明素质教育切实可行的措施。可以通过以下几个渠道向市民传授有关现代城市生活知识:①组织专家编写有关城市交通、城市卫生防疫和城市安全等方面的教材,广泛发行;②组织志愿人员利用居委会、街道办的"市民学校"或其他场地,宣讲上述有关内容;③利用电视、广播等大众传播媒体,开设"市民学校"专栏,经常性、形象生动地宣讲有关内容。

**3. 增强决策部门和工商业界的生态意识**

政府决策部门和工商业界生态意识的增强是城市生态系统管理水平提高的关键。

(1)从追加的环境改善到更深远的环境改善　　克拉默(Cramer)指出,在荷兰有关公司、机构及(地方)政府部门中,首要的是估量当前环境政策的技术状态,寻找提高生态效率而不必广泛改变现行产品、工艺和社会结构的可能性。除了通过应用"管端技术"(如过滤器)等治理措施外,它们的主要精力集中于以预防废物排放为目标,改善公司的内部工艺管理。这样,在使用较少原材料、能源、废物处理费用、环境税降低和(或)再循环潜力变得有利的情况下,出现了双赢的局面。这些变化的回报期通常不超过 3 年。专家估计,通过追加改善,平均可使工业的生态效率提高 1.3~1.5 倍(环境负担降低到当前水平的约 75%)。如果想达到更高的生态效率水平,就需要更深远的环境改善,这需要 3~15 年,甚至更长时间。在这些更具深远意义的环境改善范畴内,必须区分战略环境改善与根本环境改善。前者聚焦于现有产品或工艺的再设计,这类变革的实例是淘汰氟利昂以对臭氧耗损问题做出回应。后者超过了公司或政府实体的战略规划范围,并聚焦于以一种更根本的方式对产品的再思考,这样的改善可能导致现行产品的根本改变或导致以另一种方式满足产品功能。此类改善的实例,如用生物工程技术生产的新型蛋白质食品代替肉类,或用新兴信息技术代替物理输送等。

追加改善通常相对容易被引进,其部分原因是它们往往局限于生产工艺或产品的某些部分。例如,如果想削减小轿车的废气排放,就给它装上一个催化转化器。而在更深远环境改善的情况下,局面将有所不同。例如,当寻找一种可以代替当前(基于小轿车的)系统的运输系统时,会面临很多其他问题,如城市发展或财政政策与运输政策之间的权衡等。在这一点上,要避免把环境作为一个一体化社会框架中不得不估量的许多因素中的一个因素。因为经验表明,无论何时,只要不得不做出社会选择,则迄今为止的经济考虑几乎都自动地压倒对环境的考虑。所以,必须开拓一种思路,使得一方面把环境与其他政策领域一体化,另一方面牢记长远的可持续性目标。而且,实现这些目标的途径必须不断加以调整,以适应市场、技术方案等方面的变化。这样一种战略就是可持续战略。制定和实施这种战略,意味着不能孤立地看待环境问题,而是把它看作更广泛战略性政策的组成部分。如果我们要使可持续性成为平衡不同社会考虑过程中的一种自动因子,就不得不一例例地建立一个可持续性框架。

(2)借助可持续性战略实现生态环境改善的跃进　　克拉默还指出,可持续性框架是一段时期内必须遵循的要求和基准纲领。在这样一种政策框架内,环境因素以及社会经济因素、政治因素和文化因素的机会与风险,都以能产生称之为可持续的结果这样一种方式,彼此相对地权衡。这里的挑战在于,远不是使用盛行的社会经济状况作为衡量尺度,而是以它是否有益于生活环境改善作为衡量标准。可持续性战略可以由在其生产技术中力求实现深远环境改善的各家公司制定,也可以由政府实体制定。例如,在运输领域中,目标是为一个国家的流动性问题确认更可持续的解决办法,还是为城市产生更可持续的城市发展计划,因要论述的话题而异,时间尺度可能不同(3~5 年,可长达 15 年,甚至更长远)。

**4. 城市水环境建设**

为了确保城市社会经济的可持续发展,水污染治理和水资源管理应逐步从防洪抗涝、水资源利用量的管

环境政策
落实实例

理向水质管理、空间管理和生态系统的保护等综合管理方向发展。在这一转变中,以恢复丰富、优美、清澈的流水为目标的水环境建设是当务之急。为了科学、有效地解决城市水问题,需要首先明确水环境在提高城市环境舒适性方面的作用和地位,以及应该怎样治理、管理、建设和创造优质的城市水环境。

(1) 水环境与城市环境的舒适性　　水是万物之源,也是城市的活力所在。水环境具有供应水源、提供绿地、保护环境、自然保护、旅游娱乐、交通运输、文化教育等多项生态功能,在城市生态建设、拓展城市发展空间方面具有重要意义。纵观世界上一些被称为"名都"的城市,大都是依水而兴的。例如,法国的巴黎就是因为有塞纳河才得以兴盛发展,并在河两岸形成了丰富的人文资源。在中欧,以莱茵河和多瑙河为中心,也形成了许多历史名城。同样,上海正是有了黄浦江和苏州河、广州正是有了珠江才得以发展和兴盛。

水环境是由雨水、地表水、地下水、城市用水、农业用水等以河流为中心的水的多种循环存在而形成的,河流与湿地是水循环体系中的重要因素。河流有三大基本功能,即防洪、水资源利用及环境功能。其中,担负着重要作用的环境功能是由河流的空间功能、生物功能和水环境功能这三个具有互补关系的功能组成的。湿地则具有调节径流、防洪减灾、保护城市安全、改善城市气候、提供城市清洁用水、创造城市居民户外游憩空间、支持生物栖息地、保护生物多样性,以及航运、废物处理、灌溉等多种功能。因此,从狭义上讲,水环境就是指水量和水质。从广义上讲,水环境内容更为广泛,在"硬"的方面,包含了:①保持流量(如地下水库、地下储存、地下水涵养等);②净化水质(直接净化、水资源调度、土壤渗透、从流域角度综合考虑的下水道的对策措施等);③生态体系的保护(包括建设多自然型的河流、营造环境生活圈、生态体系的网络等);④资源、能源的有效利用(河水利用、污水中热量的利用、污水处理、尾水的再利用等)。而在"软"的方面,水环境内容包含了:①水环境的视觉效果,如城市景观的标志,水滨与绿荫、倒影、夜景;与自然的动感共存,有流动水、流动的船、河流的弯曲延伸等。②人文方面的效果,如作为交流、活动的场所;作为文化、艺术创作的场所等。③通过地域舒适环境的建设,可作为环境教育基地,进行如"母亲河"宣传活动等。

水环境在调节水边区域的小气候和营造城市环境的舒适性上,有其特有的、无法替代的作用和地位:①清洁、丰富的水环境是城市舒适环境全部要素存在的基础。因此,需要保护和培育与水有关的生态体系,保护和培育以各种水形态存在的水环境。②水循环的正常流动会增加舒适感,异常的流动会带来不快和危机感。因此,需要提供条件使水循环发挥正常的作用。③水是人类实际感到心旷神怡的根本对象,因此,触水、亲水,提供富有情趣的水环境、水景观是必要的不可缺少的。

中国城市水环境的现状是,在城市化进程中失去的水环境量要远远超过被保护和建设的水环境的量。例如,上海在 20 世纪 80 年代初的河面率为 11.1%,而到了上世纪末,河面率仅为 8.4%,下降了 2.7%,也就是说,近 20 年上海的水面积减少了约 25%。从保护河网水系结构和功能的角度分析,上海平均河面率应至少保持在约 12%以上。相比欧美很多大城市所拥有的那种丰富的水边空间和大规模的中央公园、城市公园等水、绿空间,上海显得十分不足。在一些发达国家的大城市,为了提高城市环境的舒适性,一方面,使现有的水边环境尽量接近自然状态,以恢复更多的具有自然要素的空间。另外,在高楼林立的所谓"水泥森林"的城市中心地区,以及住宅过多、土地利用过密的地区,优先考虑增加水边空间和绿化,以恢复多姿多彩的景观。同时,在河道的环境综合整治中,强调要不断改善城市的"富有情趣的空间",并在现有的水边增加城市新的开放空间,以形成城市绿洲。通过"环境用水"的引进和利用,强化城市空间的综合整治。我们在加速实现城市化的进程中,不应该让以牺牲水面积为代价来换取局部经济利益的事情反复发生。

(2) 多自然型水环境的建设　　20 世纪 70 年代中期,德国进行了关于自然的保护与创造的尝试,并被称为"Naturnahe"(重新自然化)。不久,这一做法传到了周边诸国,如瑞士、奥地利等,在这些国家的城市规划、地区规划和河流规划的各个领域中,贯彻了这一理念,并扎扎实实地为形成生态型的环境做出努力。从那时起,在德国的全国范围内开始拆除被砼渠道化了的河道,将河流恢复到接近自然的状况。原来的垃圾处理场和采石场等,通过对自然生态的恢复,使这些原来令人烦恼的设施变成了自然恢复用地——城市生态公园。在瑞士,于 1983 年颁布的河流保护的法规中也明确规定:在河流整治的各种方法中,从生态学的观点出发,应采用如下的优先级顺序:生物材料方法(植物)、混合方法(植物与木材或石料合用)、刚性材料方法(木材、石料、砼)。在需要实施河道整治工程时,对生态学和景观方面存有缺陷的河流部分,必须同时尽力予以改善。例如,增加植被或抛置石块于河道中,为水生生物营造多样化生境等。

20 世纪 80 年代中期,日本认识到"生态体系保护、恢复和创造"以及"净化环境"的重要性,特别在水环境领域,引进了有关河流整治的一些新理念,即"考虑河流固有的适宜生物生育的良好的环境,同时,要保护和创造出优美的自然景观",社会上对于河流的"重新自然化"的关心日益强烈。在日本建设省河川局关于"推进多自然型河流建设"的法规中规定:①尊重自然所具有的多样性;②保障和创造满足自然条件的良好的水循环;③水和绿地形成网络,避免生态系统的互相孤立存在。具体做法是,在河流整治时,利用自然石料和水生植物恢复水体的自净能力。在河岸的高水位淹没处增加绿化,保障鱼和动物的生息环境,在确保河流的防洪、水资源利用功能的同时,创造出优美的自然环境,并实现与充满魅力的城市景观和谐共生。

2000 年在美国环境保护署颁布的"水生生物资源生态恢复指导性原则"中指出:一个完整的生态系统应该是这样的自然系统,即能适应外部的影响与变化,能自我调节和持续发展,其主要生态进程,诸如营养物循环、迁移、水位、流态,以及泥沙冲刷和沉积的动态变化等完全是在自然变化的范围内进行的。在同一区域内,其植物与动物统一的自然共性与多样性是生物学方面的最好例证。结构上,如河道尺寸的动力稳定之类的自然特征也是如此。为使生态修复能加速实现生态完整性的目标,在流域范围内,采取有利于自然进程和自然共性的计划方案,即随着时间的推移仍能保持原有特性的生态系统。

在建设多自然型的河流中,重点是形成具有魅力的水边环境。水边环境大致由空间环境、生物环境和水环境三部分组成,这是水环境内涵的一种延伸。其中:①空间环境,包括景观功能(历史和人文的水边景观)、散步功能(林荫小道和休闲设施)、亲水功能(亲水通道、护岸)、休闲娱乐功能(与散步便道形成一体的多功能广场)等;②生物环境,包括水生和水滨动物栖息地、植物生长培育带及自然环境保护功能等;③水环境,包括净化水质功能、确保水量功能(雨水收集、储存、渗透等汇水功能)等。所谓"多自然"的组成要素是在空间环境具有的亲水性和与水量、水质有关的水环境功能中,加上动植物的生育环境,这是水边环境不可缺少的主要功能。通常,水边所营造的自然环境,往往考虑植物茂盛、生物多样、水质干净等条件,其组成要素具有如下特点:①保护和创造水边"自然景观";②生物的多样性;③在河流中有流速和水深各异的多种环境的存在;④利用植物、木材、石料等"自然材料"之间的间隙,形成多孔的空间;⑤确保水和绿化植被的连续性,形成与陆地之间的网络;⑥依靠河流的蓄水功能和自净能力,确保其水量和水质;⑦在野生动物栖息地与岸堤之间建筑"屏障",为生物构筑一个安全的空间。

多自然型河流建设方法是目前国际上比较流行的一种河道环境综合整治的新方法,它是一项复杂的工程,涉及生态学、水生生物学、水文与水力学、气象学、地貌学、工程、规划、信息与社会科学等诸多学科。多自然型河流建设方法是把水边作为多种生物生息空间的核心,仿照自然河流的状况,在确保防洪安全的基础上,努力创造出具有丰富自然的水边环境。通常,自然河流具有如下特征:①河岸线不规则,河道横断面宽窄不一;②河流有冲有淤;③纵断面和横断面的坡度有缓有急,并形成浅滩和深水;④在不同的河段,均有与之相适应的植物、动物的生存,可促进优美景观的形成。砼护岸的结果是使水环境模式化、生物种类单一化。顺应河岸的性质特征,才能给生物提供生存的可能性。因此,在城市建设中,除了增加绿地景观外,需要保留十分充裕的河流区域,要把护岸和河床三面均使用砼的河道恢复其自然状态,必要时可将暗渠改为明渠。这种多自然型河流建设的基本思路不是单纯的保护自然,而是在积极推动水边环境建设的同时,让丰富的自然回到水边。

**5. 发展都市农业**

发展都市农业是城市生态系统建设的一个方向。"都市农业"作为一个学术词汇早在 1935 年便出现在日本的有关学术著作中。随着世界城市化进程加速,都市农业很快出现在世界各经济发达国家的都市地区,如新加坡、韩国、日本等地的都市农业都十分发达。

(1) 都市农业的特征　　作为一种崭新的农业形态,都市农业有如下一些特征。

1) 都市农业是一种"镶嵌""插花"型农业。人们将城市住宅的阳台、花园以及街道的小块绿地,看成是补充氧气的"城市之肺"。在城市化迅猛发展的今天,城区呈块状、带状、点状或片状向城市四周扩展、延伸,使原有的城郊农业区成为"镶嵌""插花"型农业。

2) 都市农业是一种集约化、设施化农业。都市地区土地资源相对缺乏,级差地租高,通过集约化的相对优势弥补自然资源稀缺的相对劣势是发展都市农业的重要战略。日本东京、大阪的农业生产基本实现了栽培园艺化、基础设施现代化、操作机械化,而且出现了机器人下农田、电脑进农户的趋势。荷兰海牙的耕地有50%为温室,这些温室大多具有自动喷灌系统和气候控制设备,用计算机控制温室的温度、湿度、土壤水分含量及光照,而且农艺过程高度专业化和自动化。

3) 都市农业是一种多功能农业,具有"净、美、绿"的特点,建立了人与自然间和谐的生态环境。"绿色食品生产"和"生态环境建设"是都市农业的两项基本功能,也是作为经济中心的城市不可缺少的两个重要支撑点。除了生产功能和生态功能外,都市农业还有文化和社会诸多方面的功能,能为调节市民的心态、丰富居民的文化生活做贡献。日本的"田园城市"把农业及其特有的优美环境留在城区,大阪府建立的各种观光、休闲、旅游农业公园就有200多个。欧美许多国家把森林和绿地引入城市,如美国奥兰多市四周有百里橘树,并修建了许多瞭望塔让人们观赏美丽的风光;德国研究的栽有草坪的"绿色屋顶",可以吸收悬浮在空气中的灰尘和有害颗粒。另外,现代农业具有脑力和体力劳动相结合的特点,有利于劳动者多方面的技能发挥和兴趣满足,并有健身的效果。

4) 都市农业是一种形态多姿的农业,是工农业融合过程中形成的发达农业形态。从纵向看,都市农业易与农产品加工业和食品业渗透融合,并带动农业向专业化、基地化、产业化发展。欧洲一些发达都市的周边地区往往正是全国重要的农产品专业化生产基地,而作为产业化龙头的食品加工中心也就在城市。例如,阿姆斯特丹是荷兰的乳制品加工中心,有着荷兰最大的奶制品企业。从横向看,农业与旅游、教育、文化各业也可渗透融合,这便是国外许多城市旅游农业、观光农业、体验农业等新农业形态应运而生的原因。另外,工农业间的融合是一个由浅层次向深层次逐渐演化的过程。通过机械力代替人力以及通过化肥改变农业的局部环境是第一阶段。第二阶段的主要特征是农业设施化,即通过现代化设施改变农业生态环境。第三阶段是通过现代生物技术对动植物生命过程进行控制。这个阶段的到来会使农业实现向工厂制生产方式的转变,并最终使农业摆脱自然环境的影响,从而使农业与工业的本质区别完全模糊起来。

5) 都市农业是一种开放型农业。都市农业依傍都市,可充分利用都市发达的市场信息和交通网络,跨越区域和国界经营,如荷兰沿海城市是欧洲的鲜花、蔬菜基地,其鲜花交易额占世界鲜花市场一半以上,阿姆斯特丹奶牛基地生产的肉类和乳制品则销往全世界70多个国家。近年来,上海实施开放型农业,创汇农业产值每年以30%的速度递增。部分来沪"插队落户"的"洋农夫"带来了许多先进的技术装备和栽培技术;高度集约化条件下生产的农产品和"名、优、特"副食品,飞渡重洋,迅速打入国际市场。

(2) **都市农业的优势**    都市农业既是现代城市高级形态的一部分,又是农业逐渐走向工业化的一种发展阶段。都市农业的出现决非偶然,而是社会生产力和农业生产特别是科学技术飞跃发展的必然。在未来的知识经济时代,都市农业充满希望,具有灿烂的前程。

1) 都市农业具有知识密集优势。21世纪的农业是建立在现代生物技术和信息技术基础之上的知识型农业。传统农业主要依赖于自然资源,未来农业主要依赖于知识。当今诸如食品、能源等短缺问题,依靠建立在现代生物技术和信息技术基础上的知识型农业,渴望得到解决。都市农业知识密集,在未来农业中具有明显优势。

2) 都市农业成为多种技术角逐的舞台。与前几次技术革命不同,知识经济时代的技术革命,不是某一个要素,而是生产力诸要素都将发生革命性的变化。现代生物技术、遥感技术、材料技术、信息技术、核技术等都将在农业领域中大显身手,农业技术必将成为多学科组合的综合技术。从国外经济发达国家的一些农业综合技术发展中,我们已经可以看出端倪。

3) 智能化农业工厂将成为都市经济的支柱产业。植物转化蛋白质的能力是动物的几十倍,通过微生物及微藻的生物反应可以快速大量地制造各种生物制品。都市地区有发达的信息和完备的基础设施,因此未来的智能化农业工厂将云集在都市周边,成为都市经济的重要支柱产业。

(3) **中国都市农业发展的方向**    中国是一个自然资源贫乏,特别是土地资源稀缺的国家,不可能走西方发达国家那种都市农业以生态和文化功能为主的道路。在中国一些经济相对发达的大城市,发展都市农业应该突出 4 个重点方面：①凭借城市强大的科学技术和物资装备大力发展集约农业，以相对丰富的科学技术和物资装备优势补偿相对稀缺的土地等自然资源劣势，努力提高单位土地面积的产出率，这对于缓解中国耕地短缺的矛盾有十分重要的意义；②通过发展都市农业，建立起人与自然、都市与农村的和谐关系，为都市树起一道道绿色屏障，建起一座座花园式农场；③依靠大都市的市场和信息网络以及加工工业基础，发展衔接农业生产与市场、农业生产与工业生产和商业经营的现代产业化农业企业，彻底改变以往的农业产前、产中、产后脱节，生产与流通环节脱节的现象；④凭借依托大城市的优势，建立知识经济时代的现代农业的前沿阵地，发展现代农业生物技术产业，为中国现代农业建立窗口和示范基地。

## 6. 建设花园城市和绿色生态小区

建设花园城市和绿色生态小区是城市生态系统建设的一个目标。

(1) 花园城市的建设　　国际公园与康乐设施管理协会(IFPRA)成立于 1957 年，是联合国环境规划署认可的一个非官方、非营利的组织，该协会 1997 年发起"国际花园城市"竞赛评选。目前，其评选标准已被国际社会公认为环境管理的国际基准。通过"国际花园城市"竞赛，对各国城市的生态建设产生了很大影响。该机构按照"景观改善""遗产管理""环境保护""公众参与"和"未来规划"五项标准对候选城市进行考察评比。

2001 年 12 月 3 日，广州在来自 30 多个国家的 100 个城市和社区中脱颖而出，被联合国环境规划署与 IFPRA 授予"国际花园城市"称号，成为迄今世界上获此殊荣的人口最多的城市，这一奖项将广州花城的美誉提升到世界水平。广州具有 2200 多年的建城历史，是一个港口城市、外贸名城。但是，广州在其发展史上并不是一帆风顺的。与许多都市相同，它也一度面临诸多环境问题，如空气污染、水质下降、交通堵塞等。经多年努力，现在的广州已基本解决了这些棘手问题。总结广州市创建国际花园城市的经验，重要的是做到以下 4 点：

1) 生态优先。为从更深层次解决环境问题，较早开始着手《广州市城市生态可持续发展规划》编制工作，用可持续发展理论对自然资源进行综合评价，科学分析支持城市和经济发展的主要环境要素及容量，提出合理的人口数量和分布，从而为城市总体规划、行业发展规划和区域发展规划的编制提出经过城市生态学研究论证的宏观控制要求，寻求兼顾发展经济和解决生态环境问题的最佳途径与策略，并按照建设具有岭南特色山水城市的要求，划分生态功能区，建立生态保护指标体系，制定一系列指导城市建设的环保政策和工程措施，为把广州市建设成为最适宜创业发展和生活居住的城市提供科学性、超前性、可操作性的生态环境保护与建设的依据。

2) 健全法制、源头控制。广州市在对新建项目实行"三同时"前置把关的基础上，进一步拓展了环保前置管理的新领域。广州市借"一控双达标"的东风，大力治理工业污染，使列入考核的数千家企业，按期完成了达标任务。通过治理，使全市工业废水处理率、工业固体废物综合整治率都有大幅度提高。

3) 清洁座驾、燃油改气。

4) 净化江河、绿化城市。广州市生活污水处理能力从 2008 年的 228.6 万吨/日提升至 2010 年的 465.18 万吨/日。一度污染严重的珠江，已有鱼虾重现。广州市开展了大规模的城市绿化建设，2006 年人均公共绿地面积达到 11.32 平方米。至 2010 年，广州市森林公园和自然保护区的总数为 57 个，是拥有森林公园最多的省会城市。

(2) 绿色生态小区建设　　当前，全国各地打出绿色生态旗号的住宅小区不断涌现。中国人生科学学会绿色工作专业委员会为提高住宅功能质量，促进住宅科技进步，规范绿色生态住宅建设，保障住宅消费者权益，在有关部门及专家的支持下，根据可持续发展战略制定了一个绿色生态小区评估体系。该体系从小区环境规划设计、能源与环境、室内环境质量、小区水环境、材料与资源等五个方面，对居住小区进行全面评价；要求绿色生态住宅的设计、建造、维护与管理必须遵循"节约资源，防止污染，保护生态，创造健康、舒适的居住环境"的宗旨。此外，住房和城乡建设部住宅产业化促进中心正在研究制定有关绿色生态小区的技术准则，至少将在能源、水环境、气环境、声环境、光环境、热环境、绿化、废弃物管理与处置、绿色建筑材料等 9 个方面提出相关要求。

　　1) 能源:要求对电、燃气、煤等常规能源采取优化方案,避免多条能源管道入户。对住宅的围护结构和供热、空调系统进行节能设计,建筑节能至少要达到50%以上。有条件的地方鼓励采用新能源和绿色能源。

　　2) 水环境:考虑水质和水量两个问题。在室外系统中要设立杂排水、雨水等处理后重复利用的中水系统、雨水收集利用系统等;用于水景工程的景观用水系统要进行专门设计并将其纳入中水系统一并考虑。小区的供水设施宜采用节水节能型,要强制淘汰耗水量大的室内用水器具,推行节水器具。在有需要的地方,同步规划设计管道直饮水系统。

　　3) 气环境:室外空气质量要达到二级标准。居室内达到自然通风,卫生间具备通风换气设施,厨房设有烟气集中排放系统,达到居室内的空气质量标准。

　　4) 声环境:包括室外、室内和对小区以外噪音的阻隔措施。室外设计应满足日间噪声低于50 dB、夜间低于40 dB的要求。建筑设计中采用隔音降噪措施,室内的声环境应满足日间噪音低于35 dB、夜间低于30 dB的要求。小区周边应采取降噪措施。

　　5) 光环境:着重强调满足日照要求,室内尽量采用自然光,还应防止居住区内光污染;在室外公共场地采用节能灯具,提倡由新能源提供的绿色照明。

　　6) 热环境:满足居民的热舒适度要求、建筑节能要求以及环保要求等。对住宅围护结构的热工性能和保温隔热提出要求,以保证室内热环境的舒适度。冬季供暖室内适宜温度:20~24 ℃;夏季空调室内适宜温度:22~27 ℃。住宅采暖、空调等应该采用清洁能源,并因地制宜采用新能源和绿色能源。

　　7) 绿化:应具备3个功能,一是生态功能,二是休闲活动功能,三是景观文化功能。

　　8) 废弃物管理与处置:包括收集与处置两部分,收集应体现"谁污染谁治理,谁排放谁付费"的原则,处置应以"无害化、减量化、资源化"为原则。生活垃圾的收集要全部袋装,密闭容器存放,收集率应达到100%。垃圾应实行分类收集,分为有害类、无机物、有机物3类,分类率应达到50%。

　　9) 绿色建筑材料:要求建设绿色生态住宅的材料及物品,既提倡使用3R(可重复使用、可循环使用、可再生使用)材料,同时选用无毒、无害、不污染环境、有益人体健康的产品,宜采用取得国家环境保护标志的材料。

## 思 考 题

1. 生态城市的概念、规划原则及衡量标准是什么?
2. 城市生态学的研究内容及其重点是什么?
3. 城市生态系统的基本特点、结构与功能是什么?
4. 何谓城市化? 城市化有哪些优点和缺陷?
5. 什么是城市热岛效应,它是如何形成的? 怎样减轻城市热岛效应?
6. 简述城市水污染的种类与特点,以及如何建设和管理城市水环境。
7. 简述城市噪声的来源与危害,以及如何管理城市噪声。
8. 城市居民文明素质教育的首要任务是什么?
9. 城市生态系统建设包括哪些方面?

## 推 荐 参 考 书

1. 宋永昌,由文辉,王祥荣,2000.城市生态学.上海:华东师范大学出版社.
2. 杨小波,吴庆书,2010.城市生态学.北京:科学出版社.
3. 杨小波,吴庆书,邹伟,2022.城市生态学.第3版.北京:科学出版社.

# 第7章 污染生态学

## 提 要

污染生态学的概念；环境污染的类型及其生态过程和生态效应；环境污染的生物净化及环境质量的生物监测和生物评价；污染生态化学，污染生态毒理学，污染生态修复学；污染生态修复与污染生态工程。

## 7.1 污染生态学概述

### 7.1.1 污染生态学的定义、形成与发展

#### 1. 污染生态学的定义

污染生态学(pollution ecology)是研究生物系统与受污染环境之间相互作用机制和规律，以及采用生态学原理和方法对污染环境进行控制和修复的科学，属于应用生态学范畴，是生态学与环境科学相融合、交叉的一门新兴学科。

污染生态学以生态系统理论为基础，应用生物学、化学、数学分析等方法进行研究，其基本内涵包括两个方面：生态系统中污染物的输入及其对生物系统的作用过程；人类对污染生态系统进行控制、改造和修复的过程。

#### 2. 污染生态学的形成与发展

(1) 污染生态学的形成　随着工农业及城市化的发展，人们创造了前所未有的物质文明，同时也引发了日益尖锐的环境问题。地球环境发生了巨大的变化，许多地区空气污染、水域污染、土壤污染，人类及生物界受到威胁和危害。出于人类本身生存及可持续发展的需要，也可说对公共健康的追求，生态污染事件受到广泛的重视，尤其近几十年以来，各国科学家调查研究了大量污染事件，揭示了污染物在食物链中的吸收、积累、放大过程及其规律，开展了实验室的生态模拟和野外的受控生态系统的试验，探索了污染物在生态系统中的迁移和转化规律。这些工作成果汇集起来，逐渐形成了以研究污染状态下生态系统的效应为中心内容、探讨生物与受污染环境之间相互关系的新兴学科——污染生态学，可以说，这一应用生态学的分支学科，是在人类应对环境污染(environmental pollution)紧迫情势下形成的。

(2) 污染生态学的发展　人类社会发展的过程中，人们既依赖地球生存，又损害地球环境，污染生态学就是在这对立统一的过程中发展起来的。为了查明污染条件下生物受害的原因及防治措施，人们开始研究污染物在环境及生态系统中迁移转化规律，分析生物受害机制，研究净化机制，探讨污染物沿食物链富集的规律和人体受害原因，同时研究生物抗性形成机制和防治污染的工程措施。在这些研究的基础上，经过几十年的发展，污染生态学逐渐成为一门独立的学科。

1) 起步阶段：污染生态学起步于 20 世纪 60 年代末至 70 年代初，其研究始于某些具体点位、区域环境污染而引发的危害和后果，当时侧重于静态观测和实地调查。例如，大气污染形成的植物急性或慢性中毒症状，水体污染造成的水生生物的急性中毒或死亡数量，土壤污染导致的作物危害和产量下降，农业污染引发的畜禽肉蛋的残毒以及化肥施用带来水体富营养化和地下水 $NO_3 - N$ 的污染范围和程度等。

2) 20世纪80年代的研究进展:研究由定位观测扩展到区域评价,由环境背景、环境容量调查延伸到环境基准、环境标准的制定与形成。受到关注的污染物也从酚、氰延伸到Cd、Hg、Pb、As、Cr等重金属,从石油组分污染深入到重点有机污染物——芳烃化合物。随着对上述污染物种类、形态、数量在不同环境介质的分析、调查,研究方法得以不断扩展与细化。从定性到定量,从常量到微量,从重量测定到容量分析,从化学测量到生物监测,不断推动和保证分析测试质量和研究水平的提高。在这一时期,区域性环境质量研究最为活跃,具代表性的如北京官厅水库污染调查、京津渤地区环境质量评价、沈阳张士灌区Cd污染防治、沈抚灌区石油污染调查与评价、松花江水质Hg污染研究、北京燕化工业区生态工程规划和霍林河矿区开发的环境影响分析等典型地区污染生态调查与环境质量评价,有力地促进了中国污染生态学的发展。

需要指出的是,在水、土、气、生四大环境介质中,以高拯民为代表进行的土壤-植物系统污染生态研究十分活跃,为创立和开拓中国污染生态学研究起到了奠基作用。污染生态学的基本内涵和理论框架(图7.1)逐渐形成。

这一时期污染生态学工作的主要目标是建立污染生态学理论基础,探讨污染环境发生与主要生态过程调控机制。研究工作主要集中在:污染环境发生与演变规律、污染环境生成与早期诊断、污染环境稳定与自净功能分析、主要化学污染物生态行为与生态过程调控等几个方面。

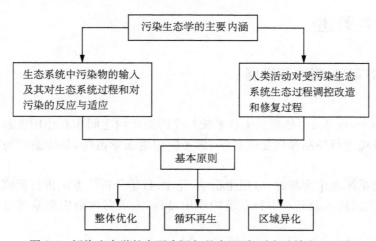

图7.1　污染生态学的主要内涵与基本原则(引自孙铁珩,2000)

3) 综合研究阶段　进入20世纪90年代后,污染生态学研究表现出全方位、多视角的综合研究特征。学科交叉及国际交流与合作,体现出污染生态学研究的前沿学科特色,具体研究领域包括:①复合污染生态研究;②不同空间和不同时间尺度上污染生态过程的研究;③生态风险与生态毒理研究受到普遍关注;④污染生态系统的生物修复与污染生态工程,开始在实验室小试及中试水平上得到试验应用。

### 7.1.2　污染生态学研究内容与方法

**1. 研究内容**

(1) 环境污染的生态效应　　人为活动排放的各种污染物,如二氧化碳、二氧化氮、二氧化硫和氟化物等对大气环境的污染,氮、磷等营养物和汞、镉、铅等重金属对水体的污染,以及农药、石油、放射性物质等进入环境,都会引起相应的生态效应,如环境污染对生态系统中各种生物的影响,污染物在生物体内的积累、浓缩、放大、协同和拮抗作用等。

例如,在工业化时代以前,大气层中的$CO_2$由于陆地和海洋绿色植物的吸收,在很长时期内浓度保持在280 ppmv(1 ppmv为体积的百万分之一)左右。但是近百年来,由于各种原因其浓度增加特别明显,而吸收$CO_2$的森林面积却日益减少,致使大气中$CO_2$含量增加到20世纪70年代中期的320 ppmv左右,到2000年增高至380 ppmv。从长远来看,大气中$CO_2$含量有可能会继续上升,这将使地面的长波辐射难以反射到外层空间而使气温升高,对整个生物圈将有难以预测的影响。

（2）生物对环境污染的净化作用　　生物对其生活环境中的污染物质有吸收、降解、减毒等功能,例如绿色植物对大气污染物有吸收、吸附、滞尘以及杀菌作用;土壤-植物系统对污染土壤及农药有净化功能,植物根系和土壤微生物的降解、转化作用;水生植物降解水体氮磷等有机物对水体污染起净化作用。

（3）环境质量的生物监测和生物评价

1）生物学监测:指利用生物分子、细胞、组织器官、个体、种群和群落等各层次对环境污染程度所产生的反应来阐明环境状况,从生物学的角度为环境质量的评价提供依据;就是指利用生物对环境中污染物质或环境变化的反应,即利用生物在各种污染环境下所发出的各类信息,来判断环境污染的状况的一种手段。凡是对污染物或环境变化敏感的生物种类,都可作为监测生物。生物所发出的各种信息或生物对各种污染物的反应,包括受害症状、生长发育受阻、生理机能改变、形态结构变化以及种群结构和数量的变化等,也包括污染物质在生物体内的转移、富集。所以,生物对污染物的反应包括个体反应、种群反应和群落反应,通过这些具体表现,判断污染物的种类,通过生物的受害程度,估测污染的等级,通过分析生物体内的成分,可以监测环境污染物的种类、污染水平等。

2）生物学评价:是指用生物学方法,按一定标准对一定范围内的环境质量进行评定和预测。通常采用的包括指示生物法、生物指数法、种类多样性指数等。目前,利用细胞学、生物化学、生理学和毒理学等手段进行评价的方法,也在逐渐推广和完善。生物评价的范围可以是一个厂区、一座城市、一个湖泊、一条河流或一个更大的区域。生物评价的性质包括回顾评价、现状评价和预测评价。

3）生物学监测、评价的特点

· 综合性和真实性:生物受到环境中存在的污染物质的影响,所表现的是各种污染物质的综合效应,即各种物质相加、拮抗或是放大的综合影响。生物所对环境表现出的反应真实可靠,环境中危害物质的综合毒性影响生物体的生理代谢过程或在生物体表面出现受害症状,都可以监测、观察到,这些表现都是真实的、客观的、具体的。

· 长期性:环境中的生物受到污染物质的长时间侵袭,它所吸收的有毒物质在体内逐渐积累,时间愈长,吸收积累就愈多,所表现的症状就越明显。所以用生物监测、评价具有长期性的特点。这一点明显优于用其他方法(物理、化学等方法得到的数据是瞬时结果)测得的结果。

· 灵敏性:一些生物种类对某些污染物特别敏感,易中毒而表现出伤害症状,或在个体数量、种群结构上强烈变化。这类生物均可作为指示生物。

· 简单易行:生物学监测、评价方法易于操作,无须大型贵重设备,经济高效,省时且效果好。

**2. 研究方法**

污染生态学的研究思路是以生物对化学元素的吸收、利用、排泄、积累乃至中毒为线索,进而探讨在污染条件下各环境要素与生物的相互关系,亦即在污染环境中生物的生理特性及生活习性对整个生态系统的影响和作用。生物学和化学方法是其最基本的研究方法,具体工作过程中通常采用野外实地调查和各类模拟实验相结合的研究手段。研究工作一般经过现场调查、样品采集、室内实验、环境模拟、数据统计分析、结果评价等过程。

（1）现场调查　　现场调查是了解污染源、污染物种类、排放数量及污染程度的基础工作。下面以大气污染为例加以阐述。

1）了解污染源:先要了解监测点的污染源情况,对污染物的性质、排放量做初步勘查,以便制定研究工作的计划、步骤。

2）判定生物伤害状况:考察生物受害程度与污染源距离的关系,判定伤害是否由污染引起。例如,由大气污染引起的伤害呈扇状或带状分布于下风向;树木的受害症状上部重、下部轻,迎风面重、背风面轻,树冠外面叶片受害重、里面的叶片受害轻。污染伤害涉及的种类较多,敏感的受害重,抗性强的受害轻。

（2）选点、取样　　通过现场调查分析后确定监测、取样点,确定选取样本植物(或动物)种类、样本数量,纪录调查资料。

（3）实验室工作和模拟实验　　对所取样品进行分析、检测,并进行实验对比。有条件时进行现场实际环境状况的模拟实验。

(4)数据统计分析　　将取得的室外、室内全部实验数据进行统计分析,得出结果。

(5)评价　　通过对结果数据的综合分析,判断所研究的环境属于何种污染水平。

### 3. 污染生态学研究存在的问题

污染生态学研究为生态污染防治及污染环境生态优抚等提供了科学的依据,但目前尚存在不少问题,主要概括为以下两个方面:

(1)实验研究结果与野外实际调查结果存在差距　　现在污染生态学的研究,还有相当数量是在模拟现场的研究,即人为设置条件尽量符合所研究的现场环境生态条件。然而污染现场是一个极其开放的环境系统,时刻受到周围综合因素的影响,诸如风向条件、地理环境条件、降雨与干旱、污染物瞬间排放与污染物浓度变化、不同污染物之间的关系等。因此,室内实验、模拟研究结构与现场实际总存在差别,甚至是较大的差异。

(2)污染物在生态系统内的运转规律和机制问题　　污染物在环境生态系统内迁移、运转、吸收、降解等的途径相当复杂,关于其运转规律和机制还有大量的问题尚未阐明。因此,对这些问题还必须进行较深入、细致的研究。

## 7.1.3　污染生态学的分支学科

随着研究的不断深入和发展以及与其他学科交叉,污染生态学已经形成以污染生态为中心的多分支学科,如污染生态化学、污染生态毒理学、污染进化生态学、污染生态修复学、复合污染生态学、微生物污染生态学、重金属污染生态学、污染生态物理化学等。新分支学科的发展与新学科生长点的创新、成长,有力地推动污染生态学不断向前发展。本节依据污染生态学的发展史对其有关的研究前沿领域及发展趋势作重点介绍。

### 1. 污染生态化学

(1)污染生态化学的含义　　污染生态化学(pollution ecochemistry)主要阐述生物体与其污染环境相互作用的化学机制与化学过程及其生态调控的科学,是环境化学与应用生态学相互交叉、融合的产物,是一门处于形成之中且最近几年得到迅速发展的新兴边缘学科。

随着世界范围内环境污染的进一步恶化,以及由此导致的不良生态效应在生态系统层面上逐渐地由个体向种群、群落、景观与区域、全球生态系统等高层次水平的不断扩展,污染生态化学在研究解决这些复杂问题、治理污染环境的过程中得到了发展。污染生态化学还在国家生态安全、人体健康、环境规划、工业清洁生产、农产品安全生产、生物多样性保护及农牧渔业可持续发展等方面发挥了不可替代的作用。

(2)污染生态化学研究动态　　20世纪50年代以来,随着污染事件特别是几次与重金属污染有关事件的一再发生,单一重金属在食物链中的传输规律以及在土壤-作物、土壤-水系统中的行为、迁移转化与归宿得到了比较广泛的研究。近年来,这些研究正在从一般化学行为的观察走向生理生化水平与分子机制的探索,走向对植物细胞、组织结构抗拒及排斥重金属吸收和细胞内重金属结合肽的螯合作用、区室化(cell compartment)作用和解毒过程及其微观机制的研究。国外许多研究者对有毒、有害和持久性有机污染物在生态系统各分室中的行为、迁移转化与归宿等做过比较系统的研究,但过去主要集中在酚类物质、多氯联苯、氯代烃类农药、洗涤剂、增塑剂和石油烃,近年来逐渐转向一些新合成的化学品,如有机磷农药、除草剂和有机染料及多环芳烃、二噁英和甲基叔丁基醚(methyl tert-butyl ether, MTBE)等。

大量资料还表明,磷的非点源污染特别是土壤中磷的大量过剩和淋失,以及由此导致的生态衰退与水体富营养化,是西方发达国家一直未能从根本上解决且最近几年来仍然加剧的问题。因此,生态系统中磷的迁移模型、形态分析及应用化学计量学进行定量描述(如分配系数 $K_d$、水活性系数 $K_w$ 和植物有效系数 $K_p$ 等)是西方发达国家近年来污染生态化学研究的热点之一。在欧洲,另一营养类化学污染物硫,则因长期燃煤引起的酸雨问题的解决,而使硫在生态系统尤其是农业生态系统中显得越来越缺乏。因此,农业生态系统中有关硫的补给、有益转化及生物有效性研究有升温的趋势。

中国对污染生态化学的研究,可以追溯到20世纪70、80年代,那时主要结合环境污染的实地调查和污水灌区的环境质量评价,开展重金属和农药在土壤-植物系统中的迁移转化及生态效应、水体污染物的急性毒性与毒理、大气污染对植物的急性影响、水生植物净化污水以及利用种植树木和作物进行镉污染土改良等研究。但是,这些早期的工作仍以原母体学科的特色为主,虽涉及面相当广,但由于分散、零星,系统深入研究不够,对污染生态化学学科的形成与发展未能起到关键作用。90 年代以来,由于污染生态化学在解决环境污染问题中起着越来越重要的作用,国家开始重视这一新兴分支学科的发展,把其中许多有关的研究内容列为鼓励研究领域或优先资助领域给予重点资助,促使中国污染生态化学研究推进到一个新水平,跻身于国际先进行列并起到了推动学科发展的领导作用。污染生态化学今后的趋势将加强对化学污染物在环境中的多介质界面过程(主要包括水-土界面表面扩散与表面吸附过程、土-根界面表面解吸与表面吸收过程和水-土-根界面形态转化过程等)的研究与探索。

(3)污染生态化学的研究重心 污染生态化学尚属年轻的学科,与其他成熟科学如生物学、生态学相比,现阶段基本不具备竞争优势。因此,该学科的发展不仅需要得到生物学、生态学及化学等成熟学科的引导,还需要得到相关学科和国家层面上的支持。今后的工作的重点应是:新型疾病与环境介质(水、土壤和大气)污染的关系,污染土壤的致毒过程,脱毒缓解及应用,土壤污染生态过程及其化学动力学,化学污染物互作态及其对化学污染物的生态毒性与生物可利用性影响,污染土壤修复基准,生态系统化学污染阻控新方法与新技术等,这些工作方面的科学研究工作需要国家要给予重点支持。

## 2. 污染生态毒理学

(1)污染生态毒理学概述 污染生态毒理学(pollution ecotoxicology)是研究外来污染物对生态系统中有机体的危害及其作用机制的科学,是污染生态学与毒理学的交叉学科。通过在分子水平上阐明毒性物质与生物体的相互作用及其变化,探讨毒性作用机制,寻求毒性物质对生物体危害的早期诊断指标,确定其安全阈值。

污染物对生态系统结构和功能的影响和作用,主要是污染物对生物体的急性、亚急性、慢性和蓄积性毒作用及三致(致癌、致畸、致突变)效应,强调生态毒理学的亚分子和分子作用机制。污染生态毒理学以单独或多种生物为实验材料,通过在分子水平上阐明毒性物质与生物体相互作用及其变化,探讨污染物不同暴露强度下对生物体的影响与毒性效应,寻求毒性物质对生物体危害的早期诊断指标,确定其安全阈值,预测对人体健康的潜在危害,为环境污染危害的预防及治理提供科学依据。

(2)污染生态毒理学的研究任务 据孙铁珩的报道,污染生态毒理学的研究任务主要集中在以下几个方面:

1)研究污染物对生态系统可能带来危害的剂量-效应,污染物毒性和生态安全评价(图 7.2)。

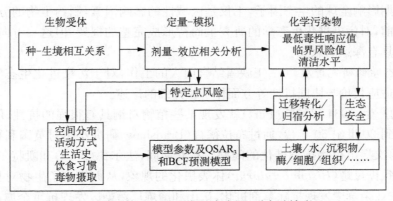

图 7.2 污染生态学毒理研究基本内涵(引自孙铁珩,2000)

2)阐明污染物毒性作用机制及影响其毒性作用的因素,污染物危害的早期诊断与预防,为生态风险和安全评价、污染清洁标准的确定提供科学依据。

3)有毒污染物的环境化学行为研究,包括污染物在水、土、气、生不同环境介质中分布、迁移、转化及归宿和模拟条件下污染物的水解、光解及降解研究等。

4) 有毒污染物的生态毒理诊断指标体系研究,包括生物毒性试验和遗传毒性试验。

（3）污染生态毒理学的现状及发展　　污染生态毒理学由生态毒理学研究工作发展而来。生态毒理学的研究源于发达国家对化学品的安全、控制、管理等毒性试验和风险评价。进入 20 世纪 90 年代后,化学品的生态毒理研究再次被提到更高的程度来认识,世界卫生组织等机构将生态毒理研究列入主要计划,并将其纳入国际"人与生物圈"计划的重要组成部分。

国际上污染生态毒理学研究进展很快。20 世纪 70 年代末开始对水生污染生态毒理进行系统研究,20 世纪 80 年代就出现系统论述水生污染生态毒理的专著,至今已有许多成熟的研究方法,并广泛应用于水体污染的风险评价和健康潜在影响分析。陆生污染生态毒理的研究则起步较晚。以有机污染物生物修复为例,在生物修复中有机污染物逐步被生物降解,必然产生次生中间产物,目前还没有有效方法检测土壤修复是否有次生污染毒物的产生。随着土壤污染的日益严重及污染土壤修复程度评价的迫切需要,土壤污染生态毒理学研究已经成为土壤污染环境领域的热点。

以往污染生态毒理学的工作大多限于个体水平,主要针对毒性效应,而对环境质量长期变化的生态毒理学评价研究较少。例如,对土壤微生物和农业作物个体的污染效应已有较多报道,而较少从食物链效应和种群水平上进行污染生态毒理的研究。近年来环境生物标记物的研究和污染生态系统中 DNA 损伤及加合物的研究,在对人体健康潜在影响研究及其应用方面迈出了一大步,污染生态毒理学研究已深入到细胞、分子,甚至基因水平。

### 3. 污染进化生态学

（1）污染进化生态学概述　　随着环境污染时空范围的扩展,一部分生物不能适应而被淘汰;大多数生物仍以不同方式繁衍生息,它们对环境污染产生不同程度的适应性,包括生理生化特性和遗传特性等方面的改变,这些变化使某些生物种群逐渐分化,产生了渐变群、生态型甚至抗性基因型。环境污染作为一种胁迫因子,对生物的进化产生深刻的影响。研究表明,污染胁迫的最显著效应是消除敏感物种或个体,改变生物群落的物种构成,从而导致植物种群的演化。由此诞生了一个新的研究方向——污染进化生态学(pollution evolutionary ecology)。

环境污染不是一般意义上的环境胁迫。污染发生速度快、强度大、范围广,构成生物系统发育过程中从未有过的全新环境形式。在进化过程中,长期处于单一环境的生物,很难适应环境这种变迁,有的分布区退缩到偏僻地带,有的则会消失;另一方面,污染的选择力大于"自然"环境的选择力,大多数生物因此改变了适应及进化方向,没有污染时主要是对"自然"环境的适应,而现在主要是对人类改变的污染环境的适应。因此,生物的进化程度不同地被打上适应污染的烙印。

污染作为一种长期影响全球的生态因子,不仅是区域性的影响因素,制约生物的分布,也制约着生物的进化历程和方向。目前,对污染进化生态学的研究虽尚待形成完整的框架,但这一方向的研究进展,无论在理论上还是实践上都具有深远的意义。

（2）污染进化生态学的研究进展　　王映雪结合前人的工作,对于污染进化生态学从抗性生态型的产生、抗性进化的机制、适应代价与协同抗性等方面作了较详细的论述。

1) 抗性生态型的产生:1934 年帕特(Part)就发现某些植物对铜具有很强的抗性,但一直未对其抗性机制进行深入研究。直到 20 世纪 50 年代,通过布拉德肖(Bradshaw)研究小组对英国利物浦矿山上植物适应有毒金属的研究,才再次提出植物抗铜进化的问题。在此期间,法尔德(Fard)和凯特尔韦尔(Kettlewell)报道了英国工业污染导致桦尺蠖(*Biston betularia*)体表黑化的现象,从而指出了生物对长期污染产生适应的实例。此后,相继在农业杂草中发现抗除草剂进化,矿山和冶炼厂污染区发现抗重金属进化。关于抗气体污染物进化的研究也有若干报道,邓恩(Dunn)首次证明洛杉矶光化学烟雾($O_3$ 含量较大)导致该地一种蝶形花科植物 *Lupinus bicolar* 抗性生态型的形成,泰勒(Taylor)和贝尔(Bell)检查了两种在伦敦附近一家氮肥厂周围生长的禾本科植物,结果表明 *Dactylis glomerata* 种群具有抗 $NO_2$ 能力。自从研究者发现抗铜植物后,70 多年来有 40 多种高等植物表现为抗污染生态型。这些抗性生态型植物主要分属于禾本科、石竹科、十字花科、车前科、蝶形花科等类群。在昆虫里也发现大量抗杀虫剂生态型,在啮齿类中发现抗灭鼠剂生态型。

2）抗性进化的机制：生物抗污染生态型是污染胁迫下生物种群发生进化的结果。其产生的一般过程为抗性突变体在正常种群中产生，污染胁迫作为一种选择压力，对抗性突变体进行筛选，从而使整个种群的遗传结构发生变化。因此，抗性进化的机制依然是：自突变为进化的原料，选择是进化的手段，隔离是进化的条件。

根据温纳（Winner）等的观点，抗性突变体的产生机制可能有两种：①是经过许多世代逐渐积累并传递下来，在正常条件下的所谓"隐藏着的突变"，在现代人为污染环境中表达，形成抗性突变体；②是受污染胁迫生物的遗传物质发生自发或定向突变，形成抗性突变体。

布拉德肖（Bradshaw）和麦克尼利（McNeilly）将污染胁迫对抗性个体的选择作用分为三个基本阶段：①最敏感的基因型被淘汰；②除抗性最强的基因型外全部被淘汰，种群结构发生重大改变；③幸存的强抗性个体间杂交进行遗传重组，产生抗性更强的后代。污染胁迫的选择速度是惊人的，如工业黑化现象的发生只经历了 100 多年时间，而昆虫对杀虫剂、啮齿类对灭鼠剂的抗性一般仅需 6 年左右，田间杂草对除草剂的抗性只需 3～5 年就能发生。因此污染作为一种胁迫因子，定向快速地对抗性物种进行筛选。在污染条件下，选择系数通常可达到 50% 以上，有的甚至达到 99%。

抗性种群的形成与生殖隔离是密不可分的，如果生殖隔离不存在，抗性基因型会由于与非抗性基因型之间的基因交流而丢失。这些生殖隔离机制如花期不遇、自交亲合及异交不亲合等，均使不同种群彼此分隔开来，经长期遗传分化趋异最终形成抗性物种及非抗性物种。

抗性产生的机制包括遗传学机制和生理学机制两个方面，目前相关研究少见报道。污染所产生的抗性性状一般不会在质量性状上反映出来，大多为数量性状的遗传特性，受到微效多基因控制。这种抗性性状通常不会有较明显的形态或生理差异，它在基因水平上的差异可能也只涉及一对等位基因的差异，而在表现型上呈连续变异。这种个体在没有污染胁迫或污染胁迫的压力较小时，可能并不表现出其优势，甚至可能处于劣势，一旦胁迫强度增大，则充分表现出抗污染性质。鉴于由污染产生的抗性是多基因控制，因此在研究和考查其在遗传基础上的变化时，着眼点就放在了具有明显多态性的遗传性状方面。有的研究对具有多态性的十几种酶进行等位酶分析，发现抗性种酶的多态性与非抗性种有差异，由此推测该抗性种在基因水平上发生了变化。相对于抗性的遗传学机制，对生理学机制的了解和研究，主要偏重金属硫蛋白（metallothioneis，MIT）和植络素（phytochelatins，PCL）方面，但对于它们的作用机制，研究尚待深入。

3）适应代价与协同抗性：在对生物抗污染性的研究中，许多研究者提到适应代价问题。污染导致森林退化、作物减产及自然植被衰退、某些动物濒危。且因其对非抗性个体的选择，可能导致一些遗传信息丧失，使抗性种群内物种单一，适合度降低，对其他环境胁迫因素的抵抗力下降，从而对生物多样性和生态系统完整性造成更严重的威胁。此外，有的研究者提出了协同抗性或多重抗性的概念。植物对污染的适应通常具特异性，控制抗性性状的基因因物种及污染物类型的不同而异，但不少植物对不同胁迫产生的适应机制和途径有其相似之处，这时就出现了植物同时具有对某两种或几种污染物的抗性，称为协同抗性（co-tolerance）或多重抗性（multiple-tolerance）。

污染进化生态学的研究是一个较新的方向，首先，它结合了污染与进化两方面的研究，探明污染在种群水平上所产生的效应，以及生物种群对环境污染的适应潜力；其次，它可为抗性种质的选择和培育提供理论基础，进而提供高抗作物种或家养动物种。此外，它也可为昆虫、杂草及啮齿类的抗药性研究提供理论依据，有望由此而找到生物防治的新突破。因此，污染进化生态学的研究受到各国、各领域的关注。

## 4. 污染生态修复学

（1）污染生态修复学的含义　　污染生态修复主要是指通过生物的富集与净化作用，实现对污染环境的净化、恢复。污染土壤和污染地下水修复研究的迅速发展，促使污染生态学新的重要分支学科——污染生态修复学产生。污染生态修复以生物修复为基础，强调生态学原理在修复污染土壤、地下水及地表水中的应用，是物理-生物修复、化学-生物修复、微生物-植物修复等各种修复技术的综合。

（2）污染生态修复学的发展　　生态修复除了利用特异功能生物削减和净化污染外，更强调通过调节各种生态因子，实现对污染物所处环境介质的调控，发挥生物净化功能。生态修复的条件要适宜，否则可能由于土壤、气候和水分等生态因子的限制，而使植物或微生物失去吸收、积累、降解污染物的特异功能。结合重金属超累积植物进行根际微生态学研究,以及结合具有高强度降解能力特异微生物,进行水-土-特异微生物共存体系的研究,是污染生态修复学的重要创新研究内容。

**5. 复合污染生态学**

(1) 复合污染生态学的含义　　复合污染生态学是研究生态系统中化学污染物之间相互作用及其对生态系统有机与无机环境的联合影响规律与机制的一门分支学科。

多种污染物同时存在于环境中,共同对大气、水体、土壤、生物和人体产生综合性的污染效应。在大气中有硫氧化物、氮氧化物、碳氢化合物、氧化剂、一氧化碳、颗粒物等大气污染物,以二氧化硫为主的各种污染物分别对人体、动植物、材料、建筑物等产生危害。同时,大气污染物以各种化学状态存在或相互作用,造成对环境与生态的综合影响(如光化学烟雾),使大气污染更为复杂并加重其危害程度。污染水体中,无机有机污染物、重金属、水生生物及遗体可形成水生生态系统的复合污染,并对水体环境产生复杂的综合效应。

(2) 复合污染生态学的特征　　污染环境是复合污染的综合表现,具有 3 个基本特点:①发生具有普遍性。全球各处局部或区域污染,都是在多种污染物联合作用下发生的,污染生态效应通常也表现为复合污染的一个链条。例如,在土壤-植物系统污染生态中,常表现为污灌水(或污泥)、土壤、植物、动物及人体的复合污染。②机制的多样性。表现在两个方面,其一,各种污染物作用于生命组分之前,污染物之间发生交互作用,导致其生物毒性发生改变。交互作用包括拮抗、协同、竞争、相加、抑制等;其二,污染物作用于生命组分表现出生物有效性,包括毒害作用(吸收、合成、滞留、联合、富集等)和解毒作用(回避、排斥、固定、分泌、排泄、酶变、扩散)。③研究的复杂性。其研究方法本身就是一个多元复合系统,由于污染物种类的繁多和数量的不同,研究其复合作用的实验方法和技术路线显得复杂,涉及试验生物的选择、供试化学品种类和浓度的确定、实验方法与实验条件的优化等。尤其需要指出的是,采用统计学的原理和方法,正确组合复合污染研究的实验设计十分重要。

(3) 复合污染生态学研究现状　　近年来,复合污染研究迅速发展,无机污染物之间、有机污染物之间及无机和有机污染物之间的复合污染效应,以及在表面活性剂参与下和土壤有机质的不同种类、不同数量水平下所表现的复合污染效应,在多介质、多界面、不同尺度层次上进行着复合污染生态的方法、理论与指标体系研究。

尽管复合污染研究取得了很大进展,但仍存在着很多尚未解决的问题,故在拓宽研究范围、深化机制研究、新研究方法的引入及研究成果的应用等方面均需加强。

### 7.1.4　污染生态学热点及展望

污染生态学今后研究的重点,主要围绕污染生态过程的基础研究和污染生态修复与污染生态工程的应用研究,提高理论和技术水平。通过对新兴分支学科(污染生态化学和污染生态毒理学)的创新发展,实现污染生态学理论与方法的突破。

生态工程的最大特点就是尽可能促进物质在生产系统内部合理、循环利用,尽可能减少其他不可替代资源的投入,以期降低人类生产与生活对环境的污染与破坏,达到提高系统的生产效率和效益。因此,生态工程的建设仍是今后污染环境治理的重要发展方向。生态工程与技术通常为常规、适用技术,是基于系统工程的理论结合工程手段的技术,是一套从生态学、经济学、环境学、工程学等多学科的角度结合在一起的优化组装、配套技术,它不仅为了提高系统的生物学产量,而更主要的是在系统的物质、能量利用与转化过程中,还能够将资源利用、环境保护有机结合,从而促使系统的经济效益、环境效益、社会效益三者统一。

## 7.2　污染生态过程

### 7.2.1　污染生态过程的类型

在以往的研究中,多重视现状调查和对策研究,忽视中间的过程研究。事实上,遭污染的环境系统与生物系统之间的相互作用是一个动态过程,即污染生态过程。污染生态学研究的实质和重心就在于揭示污染生态过程。

环境中的化学污染物,总是以低剂量长效应以及多重性和复合性的特点作用于生态系统,产生生态效应。污染生态过程体现在生态系统各个等级(个体、种群、群落、景观、流域和全球)水平,包括不同时空尺度的复杂过程,从宏观生态系统到微观细胞信息代谢。

**1. 空间尺度上污染生态过程**

由于环境系统是一个多维空间,其边界可大可小,大则覆盖整个地球及与地球可持续发展有关的外层空间,小则可细分到分子、原子甚至更微小的单位。在这种意义上,污染生态过程在空间尺度上可区分为微观污染和宏观污染生态过程。

(1)微观污染生态过程　包括吸附与解吸过程、固定与释放过程、降解与合成过程、氧化与还原过程、络合与解络过程、酸与碱反应过程、稀释与浓集过程、挥发与凝结过程、溶解与结晶过程、扩散与沉淀过程、同化与消化过程、水解与水合过程、脱氢与加氢过程和共代谢过程等。这些过程发生在多介质、多界面层次上。如水-土、气-土、根-土及植-土界面的物质传输过程等,研究十分活跃。

(2)宏观污染生态过程　包括跨流域、跨区域乃至全球范围的污染物传输、迁移、反应和变化过程,由此而带来跨区域跨国界的生态环境问题。宏观污染生态过程研究需全球的配合,流域之间、地区之间、国家之间、洲际之间必须加强协作才能取得成效。

**2. 时间尺度上污染生态过程**

在时间尺度上污染生态过程分为瞬时、常规和漫长污染生态过程 3 类。

(1)瞬时(快速)污染生态过程　污染物引起的各种急性中毒反应在短时间内发生,为瞬间污染生态过程。这类过程往往是由于污染源瞬间排放浓度或数量过大的污染物而引起。受气流、气温、湿度等气象条件的影响,短期内生物表现出急性伤害症,且以后不能完全恢复,以致生物量降低、产品质量下降。

(2)常规(或一般时速)污染生态过程　这类污染过程包括污染物的激活、有关毒物稀释、污染物的积累放大等过程,通常在生物可耐受的正常时间内发生。

(3)漫长(或极其缓慢)污染生态过程　需要相对长时间表现的代际慢性中毒过程、生态适应与生态进化过程、污染物激活过程、毒物稀释过程、慢性中毒过程和污染物生物积累与放大过程等,一般属于漫长的污染生态过程。其中比较典型的例子是涉及污染物生物地球循环的湖泊或海洋沉积物历史年代与污染生态过程分析、树木年轮分析和温室效应等。全球气候变化以及荒漠化所导致的一系列环境问题,已经成为全球环境科学研究的热点与前沿。

漫长污染生态过程,在生态系统各个等级(包括个体、种群、群落、流域、景观和全球)水平上包含了彼此相互交叉,甚至具有一定程度相互叠加的内容,体现了污染生态过程的复杂性(图 7.3)。

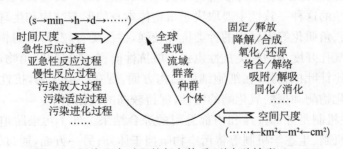

图 7.3　污染生态过程的复杂体系(引自孙铁珩,2000)

## 7.2.2　污染生态过程的效应

当污染发生时,生物个体或种群会对污染发生响应,其结果是种群内对污染适应程度不同的个体在种群中的比率发生调整,伴随抗性个体比例的升高,种群的遗传结构也发生了变化。这种遗传变化在世代间的不断积累,将提高种群对污染的适应水平,种群也发生了针对污染适应的进化分化。

污染物进入生态系统,参与生态系统的物质循环,势必对生态系统的组分、结构和功能产生某些影响,在生态系统中由污染物引起的响应即为污染生态效应。污染对生物的效应,取决于生物本身的特点和选择作用的强度。在一定范围内,选择强度越高,生物的选择响应就越突出;生物对污染物越敏感,选择响应就越激烈。污染生态效应的主体,既包括生物个体,也包括生物群落甚至整个生态系统,因此,人们常把污染生态效应研究分为个体、群落和生态系统污染效应3个层次:①生物个体污染效应是指环境污染对生物的影响表现在个体层次上的一些有形指标的反应,是对生理生化过程影响的必然结果,常涉及的包括植物株高、生物量、产量以及根、茎、叶的形态指标和动物的体长、体重等指标。②生物群落污染效应指环境污染在生物种群以上层次的反应,如对物种分布、物种形成和生态型分化的影响,对植被的组成、结构与演替等的影响。③生态系统污染效应则是指环境污染对生态系统结构与功能的影响,包括对受污系统组成成分、结构、物质循环、能量流动、信息传递和系统动态进化过程的影响。

根据环境污染对生物产生的效应时间,分为短期效应和长期效应两类。

**1. 环境污染的短期效应**

(1) 污染物对生物的毒害作用    环境中污染物数量不断增加,生物体内的毒物含量也逐渐积累。当富集到一定数量后,生物就开始出现受害症状:生理、生化代谢受阻,生长发育停滞、个体死亡等。

1) 污染物对植物的影响:首先,污染物能影响植物根系对土壤营养元素的吸收,原因之一是污染物能改变土壤微生物的活性,也影响到酶的活性。其次,污染物能抑制植物根系的呼吸作用,降低根系吸收能力。再者,污染物对植物细胞的超微结构、对种子生活力以及对植物生长、发育、生理生化诸方面也有负面影响。

2) 污染物对动物和人体的影响:研究表明,重金属元素能严重影响和破坏鱼类的呼吸器官,导致呼吸机能减弱。某些重金属黏附在鱼鳃表面,造成鳃上皮和黏液细胞缺血和营养失调,从而影响对氧的吸收和降低血液输送氧的能力。重金属还能降低血液中呼吸色素的浓度,使红细胞减少。例如,鱼类受到污染水体中汞、锌、铝的毒害,鱼体内血红蛋白的合成受到抑制,致使氧和血红蛋白分离曲线发生改变,影响鱼类血液输送氧的能力。重金属对人的健康危害很大,影响大脑、神经、视力,导致高血压,破坏骨骼和肝肾,伤害人的脑细胞,特别是胎儿神经系统,还可致癌。

(2) 生物对污染物的抗性    抗性是指生物在污染物影响下,能尽量减少伤害,或者受害后能很快恢复生长,继续保持旺盛活力的特性。一般说来,生物对各种不良环境都有一定的适应性和抵抗力,称为生物的抗性(resistance)或耐性(tolerance)。

环境中各种各样的污染物,对生活于其中的生物是逆境胁迫因子,它们在分子、细胞、组织、个体、种群、群落以及生态系统等各个层次对生物产生多方面的影响。

不同生物抗环境污染的能力不同,但许多生物在抗性上有很大的一致性,即表现出均强或均弱。以植物对污染物的抗性为例,抗性的这种一致性主要取决于植物体本身的形态结构和生理特征。一般说来,凡叶面具有表皮毛、绒毛、蜡质层、角质化等附属物的种类抗性较强,往往受害较轻,如海桐、女贞、沙枣等。另外,叶片单位面积的气孔数少、气孔开度小的种类抗性也强。就抗性而言,常绿阔叶植物的抗性通常比落叶阔叶植物的强,而后者的抗性又比针叶植物强;在细胞细微结构方面,现在一般认为,抗性强的植物种类,细胞渗透性的变化小,能增强过氧化物酶和聚酚氧化酶的活性,保持较高的代谢水平。

生物对污染物的抗性机制是外部排斥和内部忍耐的综合结果。处于污染胁迫条件下的生物,一方面通过形态学机制、生理生化机制、生态学机制等将污染物阻挡于体外;另一方面,通过结合固定、代谢解毒、分室作用等过程,将污染物在体内富集、解毒。富集和解毒这两方面的综合结果形成抗性,其中生物的解毒是抗性的基础,解毒能力强的生物一般都具有较强的抗性,但解毒不是抗性的全部,抗性强的生物不一定解毒能力就强。

抗性现象在生物界普遍存在。例如,为了控制农田杂草和病虫害,人类投入了各种各样的化学农药。在开始使用农药时效果很显著,基本上起到了控制作用。但连续使用几年之后,人们发现同类农药已经不能控制同类杂草或病虫害了,原因是杂草、虫害或病原微生物获得了对这类农药的抗性。

生物获得抗性可概括为以下几种途径:拒绝吸收、结合钝化、代谢转化、排出体外、改变代谢途径等过程。有的抗性生物是通过以上几种途径中的一种产生抗性,有的具有两种或两种以上的抗性途径。有些抗性机制具有很高的种属专一性,而另一些机制却在不同种属植物、动物和微生物中共存。

对于生物本身来说,抗性是它们在逆境中得以生存和延续的保证,是污染环境中生物多样性得以保持的基础。而从人类自身利益出发的价值观来评判,生物对环境的抗性有利有弊。例如,微生物分解污染物的能力可以被用来处理污水、净化土壤;有些植物具有吸收、富集空气中有毒气体的能力,现在已被用来净化空气。但是,农田杂草和害虫对农药的抗性、病原微生物对药物的抗性,使得人类不得不另选新的农药和抗生素,才能达到除害防病的目的,这是生物抗性对人类不利的方面。

两种或多种污染物同时存在时,生物表现出不同的效应特征,这取决于污染物的性质或复合影响机制。以大气污染为例,污染空气中存在两种以上污染气体时,这些气体之间的作用可能是:①相加作用,几种气体的危害等于各单一气体危害之和;②相减作用(拮抗作用),几种气体在一起时可相互抵消或部分消减;③增强作用,即放大作用。

**2. 环境污染的长期效应**

环境污染的长期效应是指生物多样性和遗传多样性的丧失。环境污染引起物种丧失的严重程度,并不亚于生态破坏。生物大灭绝(mass extinction)在很大程度上与全球性的环境污染有着密切的联系。

(1) 遗传多样性丧失　　包括已有的遗传基因库的减少和新的遗传变异来源的降低。遗传变异性的丧失,不仅仅丧失了我们可能对生物进化历史进程深入探讨的机会,而且将会是生物对未来环境适应性的降低并可能灭绝,这意味着人类社会发展所依托的生物资源的丧失,这一点更为重要。

(2) 物种多样性丧失　　污染物质通常对生态系统中的生物个体具有毒性,尤其是大量污染物进入并长期作用于生态系统,有可能造成系统中某些生物种类的大量死亡甚至消失,降低了生物多样性,导致种类组成的变化。

(3) 生态系统结构简单化　　生态系统对长期污染的响应表现在系统多样性的丧失和复杂性的降低两个方面。由于环境污染导致生境的单一化,因而多样性的丧失也成必然。例如昆明滇池,伴随富营养化的发展,湖滨地带的生物圈层几乎全部丧失殆尽;污染还引起建群种或关键物种的消亡或更替,从而使原有的系统发生严重的逆向演替。污染导致生态系统复杂性降低,主要表现为系统结构趋于简单化、食物网简化和不完整、物质循环路径减少或不畅、能量供给渠道减少、信息传递受阻等。导致系统复杂性降低的原因,主要表现在两个方面:一是污染直接影响物种的生存和发展,从根本上影响了生态系统的结构和功能基础;二是污染大大降低了初级生产,使依托强大初级生产量才能建立起来的各级消费类群没有足够的物质和能量支持,整个生态系统的结构和功能趋于简单化。

### 7.2.3　污染物在生态系统中的迁移与转化

污染物迁移是指污染物在环境中发生空间位置的移动及其所引起的污染物的富集、扩散和消失的过程。污染物在环境中迁移常伴随着形态的转化,如通过废气、废渣、废液的排放,农药的施用以及汞矿床的扩散等各种途径进入水环境的汞,会富集于沉积物中。通过迁移作用,污染物可以传送到很远的距离,由局部性污染引起区域性污染,甚至造成全球性的污染。例如,工业废水点源排放造成江河污染,进入海洋引起局部海洋污染,最终可以导致全球海洋污染;大气中微量污染物有机氯农药、多氯联苯、氟利昂等,通过大气的运动可以输送到两极地区,从而造成全球性污染。

污染物在环境中通过物理、化学或生物的作用改变形态或转变成另一种物质的过程,称为污染物的转化。污染物的转化与迁移不同,后者只是空间位置的相对移动。在现实环境中,环境污染物的迁移和转化往往是伴随进行的。各种污染物转化的过程取决于它们的物理化学性质和所处的环境条件。

**1. 污染物在环境中的迁移**

污染物在环境中的迁移方式有机械迁移、物理化学迁移和生物迁移三种。污染物迁移受两大因素的制约:一方面是污染物自身的物理化学性质;另一方面是外界环境的物理化学条件,其中包括区域自然地理条件,还有其他方面如生物因素。

(1) 机械性迁移　　根据污染物在环境中发生机械性迁移的作用力,可以将其分为气的、水的和重力的机械性迁移三种作用。

1) 气的机械性迁移作用:包括污染物在大气中的自由扩散及气流搬运的作用。其影响因素有气象条件、地形地貌、排放浓度、排放高度等。

一般规律:污染物在大气中的迁移与排放量成正比,与平均风速及垂直混合高度成反比。

2) 水的机械性迁移作用:包括污染物在水中的自由扩散及水流的搬运作用。

一般规律:污染物在水体中的浓度与污染源的排放量成正比,与平均流速和污染源的距离成反比。

3) 重力的机械性迁移作用:主要包括悬浮物污染物的沉降作用以及人为的搬运作用。

(2) 物理化学迁移　　物理化学迁移是污染物在环境中最基本的迁移过程。污染物以简单的离子或可溶性分子的形式发生溶解-沉淀、吸附-解吸附,同时还会发生降解等作用。

1) 风化淋溶作用:风化淋溶作用是指环境中的水在重力作用下运动时通过水解作用使岩石、矿物中的化学元素溶入水中的过程,其作用的结果是产生游离态的元素离子。

2) 溶解挥发作用:降水、固体废弃物水溶性成分的溶解。

3) 酸碱作用(常表现为环境 pH 的变化):酸性环境促进了污染物的迁移,使大多数污染物形成易溶性化学物质。例如酸雨,加速岩石和矿物风化、淋溶的速度,促使土壤中铝的活化。环境 pH 偏高时,许多污染物就可能沉淀下来,在沉积物中,形成相对富集。

4) 络合作用(改变毒物吸附和溶解的能力):络合物的形成大大改变了污染物的迁移能力和归宿。

5) 吸附作用:发生在固体或液体表面对其他物质的一种吸着作用。重金属和有机污染物常吸附于胶体或颗粒物,随之迁移。

6) 氧化还原作用:有机污染物在游离氧占优势时会逐步被氧化,可彻底分解为二氧化碳和水;在厌氧条件下则形成一系列还原产物,如硫化氢、甲烷和氢气等。一些元素如铬、钒、硫、硒等在氧化条件下形成易溶性化合物铬酸盐、钒酸盐、硫酸盐、硒酸盐等,具有较强迁移能力;在还原环境中,这些元素变成难溶的化合物而不能迁移。

(3) 生物性迁移　　污染物通过生物体的吸附、吸收、代谢、死亡等过程而发生的迁移,包括生物浓缩、生物累积、生物放大等。

1) 生物浓缩:指生物体从环境中蓄积某种污染物,出现生物体中浓度超过环境中浓度的现象,又称生物富集。

2) 生物累积:指生物个体随其生长发育的不同阶段从环境中蓄积某种污染物,从而浓缩系数不断增大的现象。生物累积某种污染物浓度水平取决于该生物摄取和消除该污染物的速率之比,摄取大于消除,则发生生物累积。

3) 生物放大:指生态系统的同一食物链上,某种污染物在生物体内的浓度随着营养级的提高而逐步增大的现象。

## 2. 植物对污染物的吸收与迁移

(1) 植物对污染物的吸收

1) 对气态污染物的黏附和吸收:植物能黏附和吸收气态污染物,吸收数量主要取决于植物表面积和粗糙程度。例如,松、杉类等针叶植物等能分泌油脂或黏液;杨梅、草莓、木槿、榆树等叶表面粗糙,具有很强的吸滞粉尘的能力;女贞、大叶黄杨等,叶面硬挺而风吹不易散落,也能吸附尘埃。而加拿大杨等叶面比较光滑,且易随风抖动,滞尘能力较弱。

2) 对液态污染物的吸收:水溶态的污染物到达植物根表面,主要有两个途径:一是质体流途径,即污染物随蒸腾拉力,随根系吸收水分到达植物根部;另一途径是通过扩散而到达根表面。到达根表面的污染物不一定被植物根系吸收。植物吸收土壤中污染物的种类和数量,取决于植物的特性,污染物的性质、浓度和土壤特性等因素。

大量农药喷施在植物叶片上也易被吸收。叶片对农药的吸收通过两种途径,即气孔吸收与角质层吸收。农药喷施在茎叶表面时,药液在植物叶表面的附着性能是影响药效的重要因素。表面活性剂能显著降低水溶液的表面张力,因而可降低药液在植物叶面的附着性。

（2）污染物在植物体内的迁移　　从根表面吸收的污染物,能穿过根的皮层细胞进入导管,然后随蒸腾作用向植物地上部分移动。一般认为,穿过根表面的无机离子到达内皮层可能有两种通路:①非共质体通道,即无机离子和水在根内横向迁移,通过细胞壁和细胞间隙等质外空间到达内皮层;②共质体通道,即通过细胞内原生质流动和通过细胞之间相连接的细胞质通道。

污染物可以从根部向地上部运输。通过叶片吸收的污染物,也可从地上部向根部运输。不同污染物在植物体内的迁移、分布规律存在差异。由于污染物具有易变性,可通过不同的形态和结合方式在植物体内运输和储存。根吸收的部位不同,向地上部移动的速率也有差异。

环境中重金属元素浓度低时,则以有机络合物的形态迁移,并按第二种通路进行高效移动;在高浓度情况下,是以游离的离子态形式存在,主要是按非代谢的第一种通路移动。当离子进入内皮层维管柱周围的细胞内,就会在那里沉积,使移动速度变慢。很多研究结果表明,根是植物吸收重金属的重要器官,大量的重金属分布在根部。流动性大的元素则可向上运输到茎、叶、果实中。

**3. 动物对污染物的吸收与迁移**

动物体也能吸收和迁移污染物。与植物细胞不同,动物细胞缺乏细胞壁,因此细胞膜起着很大的屏障作用。动物对污染物的吸收一般通过呼吸道、消化道、皮肤等途径。

（1）动物对污染物的吸收

1）呼吸吸收:空气中的污染物进入动物呼吸道后,顺着气管深入肺部,其中直径小于 5 nm 的粉尘颗粒,能穿过肺泡被吞噬细胞吞食;部分污染物如苯并（a）芘、石棉等,能在肺部长期停留,使肺部致敏纤维化或致癌;部分粒子较大的污染物运至支气管时,刺激气管壁产生反应性咳嗽而吐出或被咽入消化道。

2）消化道吸收:这是动物吸收污染物的主要途径,肠道黏膜是吸收的主要部位之一。整个消化道对污染物都有吸收能力,但主要吸收部位在胃和小肠,一般情况下由小肠吸收,因小肠黏膜上有微绒毛,可增加吸收面积约 600 倍。肠道吸收量因污染物化学形态不同而有很大差异,同时肠道吸收可因某种物质的存在而加强或减弱。

3）皮肤及其他途径吸收:皮肤是动物体防止污染物的一道重要防线。污染物经皮肤吸收一般有两个阶段:第一阶段污染物以扩散方式通过表皮,表皮角质层是最重要的屏障;第二阶段污染物以扩散方式通过真皮。

（2）污染物在动物体内的迁移和排出　　动物以粪便和尿的形式从消化道直接将污染物排出,或通过胆汁向消化道排出;另外还可通过乳汁、呼气、毛发等将污染物排出。

**4. 微生物对污染物的吸收与迁移**

微生物是分布广、种类多、繁殖快、生存能力强的一类生物。实验表明,微生物对污染物有着很强的吸收和分解能力。大多数微生物都具有能结合污染物的细胞壁,细胞壁固定污染物的性质和能力,与细胞壁的化学成分和结构有关。污染物连接到微生物细胞壁上有三种作用机制:离子交换反应、沉淀作用和络合作用,污染物的吸收、迁移和运输伴随物质运输（主动和被动运输）和吸收。同时,污染物会随代谢必须物一同吸收进入细胞。

另外,细胞的能量转移系统在物质转运过程中,不能区分电荷相同的物质是否为代谢所需物质,所以一些污染物可能随菌体代谢必需物进入微生物细胞。

## 7.2.4　污染生态效应的评价方法

**1. 指示生物法**

对某些环境因素（包括环境中的污染物）敏感,或适于生长在某种特定环境条件下的生物,对某些物质能够产生各种反应或信息,可以用来监测和评价环境质量,即为指示生物（indicator organism）。

(1) 大气污染指示植物　　被用来监测污染和评价大气质量的指示植物见表7.1。

**表 7.1　对主要污染物敏感的植物及其反应浓度(改自孔国辉,1988)**

| 污染物 | 反应浓度 | 主要敏感植物 |
|---|---|---|
| $SO_2$ | <0.25~0.3 μg/g 不引起中毒,0.1~0.3 μg/g 长期暴露可慢性中毒 | 紫花苜蓿、大麦、棉花、小麦、三叶草、甜菜、莴苣、大豆、向日葵 |
| $O_3$ | 0.02~0.05 μg/g 时最敏感植物可产生急性或慢性中毒 | 烟草、番茄、矮牵牛、菠菜、土豆、燕麦、丁香、秋海棠、女贞、梓树 |
| PAN | 在 0.01~0.05 μg/g 时危害最敏感植物,也可引起早衰 | 矮牵牛、早熟禾、长叶莴苣、斑豆、番茄、芥菜 |
| HF | 在 0.1 μg/g 最敏感植物即有反应,叶中浓度达 50~200 μg/g 时敏感植物出现坏死斑 | 唐菖蒲、郁金香、金荞麦、玉米、玉簪、杏、葡萄、雪松 |

(2) 水污染指示生物　　对水体污染变化反应敏感的生物,可作为水污染指示生物。依据水环境中对有机污染或某种特定污染物敏感的或耐受性较高的生物种类的存在或缺失,来指示所在水体和(或)河段内有机物或某种特定污染物的多寡及分解程度,即水体污染指示生物法。指示生物最好是生命期较长,比较固定生活于该处的生物,它们能在较长时期内反映所在环境的综合影响。

水环境遭污染后,生物种类发生变化,水污染程度的减轻或加重,水生生物的种类特别是原生动物会出现或消失,研究者依据指示生物的存在与否,监测水体环境的变化。

表示水体污染带一般分为 4 个级别,即多污带、α-中污带、β-中污带、寡污带,以下几类生物常用来指示水体的污染级别:

1) 指示多污带:浮游球衣细菌、贝氏硫细菌、李衣藻、绿色裸藻、颤蚓、毛蠓、钟形虫、细长摇蚊幼虫等。

2) 指示 α-中污带:大颤藻、小颤藻、小球藻、臂尾水软虫等。

3) 指示 β-中污带:水华束丝藻、变异直链硅藻、蚤状水蚤、大型水蚤、帆口虫、巨环旋轮虫等。

4) 指示寡污带:纹石蚕、扁蜉、蜻蜓、田螺、簇生枝竹藻,水细菌数量极少,鱼类种类较多。

(3) 土壤污染指示生物　　土壤污染使土壤动物明显减少。以蚯蚓为例,暗灰异唇蚓、天锡杜拉蚓和湖北远盲蚓对有机磷敏感,可用作有机磷污染的反应指示;而微小双胸蚓、威廉腔蚓和赤子爱胜蚓显示对有机磷的耐受性,可用于积累指示。另外,蚯蚓也可作为环境重金属污染的指示动物。

**2. 生物指数法**

(1) 污染指数法　　比较清洁点和污染区植物叶片(或组织)中含污量而求得污染指数。其中,单项指数法就是用一种物质含量指数来监测或评价空气污染情况。如定期分析植物叶片、树皮污染物含量,求出污染指数,再按污染指数大小进行污染程度分级,进而评价环境质量。这种方法应用较为普遍。计算公式如下:

$$IP = \frac{C_m}{C_0} \tag{7.1}$$

式中,$IP$ 为含污量指数;$C_m$ 为监测点植物叶片(或组织)中某种污染物实测含量;$C_0$ 为对照点植物叶片(或组织)中某种污染物实测含量。

一般根据 $IP$ 将污染度分为四级:

Ⅰ级:清洁,$IP < 1.20$。

Ⅱ级:轻度污染,$IP$ 为 1.21~2.00。

Ⅲ级:中度污染,$IP$ 为 2.1~3.00。

Ⅳ级:重度污染,$IP > 3.00$。

(2) 生物指数法　　评价水质用的生物指数,主要依据不利环境因素对生物群落结构的影响,用数学形式来表现群落结构指示环境质量的状况。

1) Beck 生物指数　　贝克(Beck)于 1955 年提出可利用底栖大型无脊椎动物对水体有机污染进行评价。

其计算公式为

$$I_B = 2n_A + n_B \tag{7.2}$$

式中,$I_B$ 为生物指数;$n_A$ 为不耐有机污染的种数;$n_B$ 为耐中度有机污染的种数。

若 Beck 生物指数值为 0,表示水体受有机物严重污染;若数值为 1～10,表示中度污染;若数值＞10,则表示清洁水体。

2) 硅藻生物指数法  简称 XBI 法,计算公式:

$$XBI = (2A + B - 2C)/(A + B - C) \times 100 \tag{7.3}$$

式中,$A$ 代表不耐污种类数;$B$ 代表广谱性种类数;$C$ 代表仅在污染区出现的种类数。

评价标准:$XBI$ 值在 0～50 时为多污带;50～100 为 α-中污带;100～150 为 β-中污带;150～200 为寡污带。

### 3. 群落多样性指数法

群落多样性指数又称差异指数,是根据生物多样性理论设计的一种指数,它能够反映群落的种类组成、数量和种类组成比例变化等信息。环境受到污染后,群落中生物种类减少,相应耐污种类个体数增多,生物多样性指数下降。

(1) 简便多样性指数    计算公式:

$$d = s/N \tag{7.4}$$

式中,$s$ 为群落种类数,$N$ 为总个体数。该公式具有简单、便于计算的优点,但忽视了群落内的种间相对差异性。

(2) 香农-韦弗多样性指数    计算公式、公式中符号的含义及计算方法参见第 3 章 3.2.2。

按公式求得的 $H$ 值,在 0～1 时为重污染,2～3 时为中度污染,＞3 时为轻污染至无污染。

香农-韦弗多样性指数的特点是不受采样面积大小的影响,反映了种类和个数两个量,因此,应用较多。种类越多,$H$ 值越大,水质越好;生物种类越少,$H$ 值越小,水质越差。若所有个体数均为同一种,$H$ 值最小,水体污染严重,水质恶化。

### 4. 生长量法

把在清洁环境条件下与在污染条件下生物生长量的比值用来监测和评价环境污染状况。可用下式求得污染影响指数($IA$):

$$IA = W_0/W_m \tag{7.5}$$

以植物为例来说明:$IA$ 为影响指数,$W_0$ 和 $W_m$ 分别为清洁区和污染区植物生长量(两者均以监测结束时平均重量减去监测开始时的重量,多用干重表示)。$IA$ 越大,表示污染越严重。

### 5. 形态结构及症状法

通过肉眼观察生物体受污染后发生的形态变化,如观察植物叶片伤害症状、动物器官畸形等,来进行环境污染的监测。

处在大气环境中的敏感植物受污染后,叶片会出现伤害症状。如果污染物浓度很高,而暴露时间很短,那么植物表现为急性症状,如叶片坏死,颜色由绿变黄、变白等;当污染物浓度较低且暴露时间较长时,则表现为慢性伤害,如叶片变棕黄、脱绿和早熟落叶,均为典型症状。不同植物对同种污染物的反应不同,同种植物对不同污染物的反应也不一样。因此,根据特定植物的典型症状(尤其是急性症状),可以指示大气中某种污染物的存在。

如果能够根据受害叶数、叶色深浅及伤斑大小与大气中污染物浓度的相关性,将污染伤害植物的程度同已知的环境污染物浓度联系起来,就能够凭借叶片典型症状,反映大气中相应污染物的浓度。建立用于参比的照片系列,将受害的叶片与参比照片比较,就可以估计叶片的受害程度和空气中污染物的类型和含量。

费德尔(Feder)和米宁(Minning)根据菜豆(*Phasolus vulgaris*)对臭氧的反应制定了伤害评价等级,分为六个等级(表7.2)。

表7.2　菜豆地臭氧反应的等级划分

| 目估叶片受伤面积百分数(%) | 受伤估计 | 评价系统伤害严重性指数 | 叶及叶芽受害症状 |
| --- | --- | --- | --- |
| 0 | 无 | 0 | 各叶龄叶无明显受害症状 |
| 1~25 | 轻微 | 1 | 叶芽无受害症状 |
| 26~50 | 中等 | 2 | 叶芽一般无受害 |
| 51~75 | 中等~严重 | 3 | 叶芽出现受害症状 |
| 76~99 | 严重 | 4 | 各叶龄的叶均受害 |
| 100 | 完全受伤 | 5 | 各叶龄叶及叶芽均受害 |

另外,植物叶片受 $SO_2$ 危害后,叶片显著变薄,脉间出现点状或块状伤斑,或黄化失绿,或叶片出现坏死斑,伤斑呈黄褐、黑褐、赤红等颜色。受氯危害严重时全叶漂白,叶下表皮及叶面皱缩,网脉凸起,全叶枯卷,直至落叶。土壤中的污染物对植物的根、茎、叶都可能有害,出现一定的症状,如铜、镍、钴会抑制新根伸长,形成狮尾状;锌污染引起洋葱主根肥大和扭曲。如果有机农药污染严重,叶片相继变黄或脱落,花座少,结果延迟,果实变小或籽粒不饱满等。依据上述症状是否出现以及表现程度,可以监测土壤污染状况。

当根据形态结构变化指标监测水体污染时,最常应用的生物材料是鱼类。如果发现鱼的体形变短变宽、背鳍基部后方向上隆起,鳍条排列紧密,臀鳍基部上方的鳞片排列紧密,发生不规则错乱,侧线不明显或消失等,可认定水体已遭受严重污染。

## 6. 生理、生化指标及细胞学方法

生物受污染,某些生理生化指标发生变化,如某些酶活性的抑制或激活,远比形态上的可见症状反应灵敏、迅速,因此更适宜用作环境污染监测和评价。

自20世纪80年代以来,利用生物的细胞遗传学指标监测评价环境致癌、致畸、致突变的化学物质污染研究陆续开展。现在常采用的方法主要有:微核测定法、染色体畸变分析,姐妹染色体交换率,非预定 DNA 合成等。

紫露草和蚕豆是非常适合作为检测遗传毒性物质的材料,它们对环境诱变因素很敏感。蚕豆根尖微核技术自创建以来,由于其简单易行且灵敏度高而一直受到广泛的应用。"国际化学品安全性研究项目"资助世界各地的17个实验室,参与评价环境中化学物质遗传毒性检测的植物生物检测系统的实用性。在动物上常用蝌蚪肠细胞、小鼠外周血淋巴细胞、蟾蜍血液细胞等为材料,观察细胞染色体畸变情况、微核率、非预定 DNA 合成(UDS)效应等指标来监测大气和水污染。本节简要介绍监测评价水体污染的植物微核技术。

(1) 微核技术的特点　　微核技术具有成本低、效率高、可靠性好、周期短(48~72 h 即可得到结果)等特点,尤其对具有致畸、致痛、致突变的污染物监测最有效,在中国目前已广泛应用于空气、水体、土壤污染监测等方面。

(2) 植物细胞微核技术的实验方法和步骤

1) 浸泡种子:挑选籽粒饱满的种子于烧杯或培养皿中浸泡。

2) 种子萌发:将吸湿膨胀的种子移至铺有吸水纸的湿润的培养皿中萌发,温度为室温或25 ℃温箱。

3) 处理:待胚根突破种皮后用处理液处理24 h,自来水或蒸馏水处理作为对照。

4) 恢复培养:用自来水冲洗种子,恢复培养24 h,此时,根尖已伸长至1~2 cm 左右。

5) 取材固定:切取根尖0.5 cm 左右,卡诺固定液固定12~24 h。

6) 制片:用醋酸洋红或弗尔根染色,盐酸溶液解离,压片法制片。

7) 镜检:每处理样本镜检5或10个根尖,每个根尖镜检1 000个细胞,统计其具有微核细胞的细胞数。

8) 数据处理:计算出现微核细胞的千分比率,再计算出水质污染指数后,用水质污染指数判别水质污染情况;或用方差分析(t 检验)方法,从差异的显著度判断水质是否污染。

$$微核千分率(MCN‰) = \frac{测试样品(或对照)观察到的 MCN 数}{测试样品(或对照)观察的细胞数} \quad (7.6)$$

$$污染指数 = \frac{样品实测 MCN‰ 平均值}{标准组(对照)MCN‰ 平均值} \quad (7.7)$$

9) 水质评价　水质污染指数为 0～1.5 时,基本无污染;水质污染指数为 1.5～2.0 时,水质为轻度污染;指数为 2.0～3.5 时,水质为中度污染;水质污染指数为 3.5 以上时,水质为重度污染。凡数值在上、下限值间,定为上一级污染。

如果采用以筛选出的、又专门隔离栽培、无污染的松滋青皮蚕豆做实验材料,并按规范标准的实验条件(其对照本底 MCN‰ 为 10‰ 以下),其监测样品污染程度划分,可直接采用 MCN 的千分率为标准来判断水质状况(表 7.3)。

**表 7.3　根据 MCN 千分率判断水质污染程度**

| MCN‰ | 水质状况 |
| --- | --- |
| 10‰以下 | 基本没有污染 |
| 10‰～18‰ | 轻度污染 |
| 18‰～30‰ | 中度污染 |
| 30‰以上 | 重度污染 |

应用微核技术应注意的问题:一是对严重污染的环境,监测处理时造成根尖死亡,应稀释后再做监测;二是在没有空调、恒温设备的条件下,如室温超过 35 ℃,MCN 本底可能有升高现象,但可经污染指数法数据处理,不会影响监测结果。附蚕豆根尖微核监测记录表(表 7.4):

**表 7.4　蚕豆根尖微核监测记录表**

实验号数:　　　　　　　　　　镜检日期:　　　　　　　　　　镜检者:

| 片　号 | 1 | 2 | 3 | ... | 10 | 总计 |
| --- | --- | --- | --- | --- | --- | --- |
| 1 000 细胞中出现的微核数 | | | | | | |

### 7.2.5　污染生态过程的研究内容及趋势

当前及未来一段时间,污染生态过程研究的进一步开展,主要在于有机-无机复合污染条件下生态系统中污染物迁移、转化的影响因素、机制及过程的动力学;污染物形态与生物效应的相互关系,寻求在土壤-植物系统中污染物的有效态控制因子;寻找、筛选和栽培驯化自然界中存在的超积累植物,用调控植物生长的手段来促进超积累植物的生长,或用遗传育种的方法来培育生长速度快、干物质积累量大和污染物吸收量大的超量积累植物;植物-微生物体系修复,将适合某种污染的真菌接种在超积累植物上,有可能促进植物的修复作用,更有效地控制污染达到修复的目的。

## 7.3　环境污染的修复与生态工程

当前污染修复大致分为生物修复与生态修复两个基本类型,它们的修复原理及工程技术各具特点,通常依据污染类型和污染物的不同而分别或联合采用。

### 7.3.1　环境污染的修复类型与原理

**1. 污染环境生物修复**

(1) 生物修复的概念　　生物修复(bioremediation)也称生物整治、生物补救,是指一切以利用生物为主体的环境污染的治理技术。它包括利用植物、动物和微生物吸收、降解、转化土壤和水体中的污染物,使污染物的浓度降低到可接受的水平,或将有毒有害的污染物转化为无害的物质,也包括将污染物稳定化,以减少其向周边环境的扩散。生物修复一般分为植物修复、动物修复和微生物修复三种类型。根据生物修复的污染物种类,可分为有机污染生物修复、重金属污染的生物修复和放射性物质的生物修复等。

生物修复有狭义的和广义的两类。狭义的生物修复是指仅通过微生物的作用清除土壤和水体中的污染物,或是使污染物无害化的过程。它包括自然的和人为控制条件下的污染物降解或无害化过程。广义的生物修复是指一切以利用生物为主体的环境污染的治理技术。

(2)**生物修复的技术**　　生物修复技术通常是指利用生物强化物质或有特异功能的生物(包括微生物和植物)消减、净化污染环境中的污染物的替代技术,包括对重金属具有超富集功能的植物筛选和对有机污染物具有特异降解功能微生物的筛选与培育。

微生物是生态系统中的分解者,它可使进入环境的污染物不断地降解,最终转化为 $CO_2$、$H_2O$ 等无机物,使污染环境得以净化。然而在某些污染环境中,往往因缺乏合适的微生物种类和数量,或缺乏微生物生长所需的营养及溶解氧等条件,致使环境的自净过程极其缓慢,甚至会因污染速度大于净化速度,污染物不断贮积,以致污染程度更趋严重。

为了改善环境,人们用了许多生物方法进行处理,如采用活性污泥法、生物膜法,通过建造大型污水处理厂来解决水体的污染,采用生物堆肥法来解决有机生活垃圾对环境的危害。在这些治理工程中人们通过人工曝气来增加溶氧,以满足微生物降解有机污染物时耗氧的需要。

对难以降解的工业废水及有机垃圾的处理,通过投菌法添加高效降解菌来提高污水处理系统和垃圾堆肥场中高效降解微生物的数量,增强其降解污染物的活性和提高处理效果;但要将这类方法用于治理受污染的地面水体、石油污染的洋面、受污染的土壤地下水,不可能为此兴建大型的处理厂或将污染的土壤、水体运送至固定的处理厂处置。生物修复技术就是在这种背景下被开发,并在 20 世纪 90 年代得到迅速发展的一项污染治理和环境恢复技术。

(3)**生物修复类型**　　生物修复按所利用的生物种类可分为微生物修复、植物修复、动物修复;按被修复的污染环境可分为土壤生物修复、水体生物修复、大气生物修复;按修复的实施方法可分为原位生物修复、易位生物修复;按是否人工干预可分为自然生物修复和人工生物修复。另外,在生物资源学中,也常把通过人工调控,使某种经济生物的种群数量恢复的措施称为生物修复。

1) 植物修复(phytoremediation):指利用植物治理水体、土壤和底泥等介质中污染物的技术。植物修复技术包括六种类型:植物萃取、植物稳定、根际修复、植物转化、根际过滤、植物挥发等。

2) 动物修复(animal repair):指通过土壤动物群的直接(吸收、转化和分解)或间接作用(改善土壤理化性质,提高土壤肥力,促进植物和微生物的生长)而修复土壤污染的过程。

3) 微生物修复(microbial remediation):即利用微生物将环境中的污染物降解或转化为其他无害物质的过程。

(4)**生物修复方法的应用**　　生物修复涉及生物通气法、生物注射法、污染地下水及其上部污染土壤的生物修复系统、地耕处理、植物生物修复、堆肥法、生物反应器和厌氧处理等方式方法。同时遗传工程微生物系统等方面的研究和应用,对生物修复技术的发展起到了极大的推动作用。

生物修复方法已成为环境保护技术的重要组成部分,利用生物的生命代谢活动减少存于环境中有毒有害物质的浓度或使其完全无害化,使污染了的环境部分或完全恢复到原始状态的过程。生物修复技术应用很广,可应用于污染大气、污染土壤、固体废物污染、污染河流、污染湖泊、污染地下水和污染海洋等的修复。

(5)**生物修复的特点**　　生物修复可以消除或减弱环境污染物的毒性,可以减少污染物对人类健康的和生态系统的风险。生物修复技术的创新之处在于它精心选择、合理设计操作的环境条件,促进或强化在天然条件下原本难以发生、发生很慢或不能发生的降解或转化过程。

1) 生物修复的优点:与化学、物理处理方法相比,生物修复技术具有下列优点:①污染物在原地被降解清除;②修复时间较短;③就地处理,操作简便,对周围环境干扰少;④费用较少;⑤人类直接暴露在这些污染物下的机会减少;⑥环境影响小,不会形成二次污染或导致污染物转移,遗留问题少。

2)生物修复的缺点:此项修复技术虽已取得成功,但仍存在某些问题,主要是有时处理后的污染物含量仍不能符合指标要求。其制约因素在于:①并非所有污染物都适于生物修复,如重金属和某些化合物(如多氯代化合物)难以采取生物修复技术;②技术含量高,要求环境条件较严格,其运作必须适合污染地的特殊条件。因此,最初用在修复地点进行生物可处理性研究和处理方案可行性评价的费用较高;③电子受体(营养物)释放的物理性障碍及物理因子(如低温)引起的低反应速率;④污染物的生物不可利用性及污染物分布的不均一性;⑤缺乏(或少量)具有降解污染物生物化学能力的微生物;⑥生物修复技术方法处理执行的监测指标除常用的化学监测指标外,尚需增加微生物指标检测项目。

(6)生物修复的原则 生物修复技术多种多样,修复地点千差万别,但都必须遵循下面三个原则:

1)适合的微生物:所选择的微生物(细菌和真菌)具有高的生理代谢能力和降解污染物的效能。多数情况下,修复位点就有降解微生物存在,在处理较高浓度的有毒物质时,需加入外源微生物。

2)适合的地点:进行生物修复,必须要有污染物与合适的微生物相接触的地点。如有些降解苯类的微生物,可降解表层土中存在的苯污染物,却不能降解位于蓄水层的苯系污染物。只有把污染水提取到地面,在地上生物反应器内处理,或选择合适的微生物引入污染的蓄水层中才能处理。

3)适合的环境:指提供给微生物代谢和生长活动最佳状态的环境条件。

(7)生物修复所需生物 首先,须考虑适宜微生物的来源及其应用技术。其次,微生物的代谢活动需在适宜的环境条件下才能进行,而受污染的环境中条件往往较为恶劣,因此必须人为提供适于微生物起作用的条件,以强化微生物对污染环境的修复作用。用于修复的生物类群包括:

1)土著微生物:在生物修复工程中充分发挥土著微生物的作用,不仅必要而且有实际可能。目前大量出现且数量日益上升的众多人工合成有机物,对土著微生物是"陌生"的,但由于微生物有巨大的变异能力,这些难降解,甚至是有毒的有机化合物,如杀虫剂、除草剂、增塑剂、洗涤剂等,都可陆续地找到能分解它们的微生物种类。

2)外源微生物:在废水和有机垃圾堆肥中,人们已成功地用投菌法来提高有机物降解转化的速度和处理效果。目前用于生物修复的高效降解菌大多系多种微生物混合而成的复合菌群,其中不少已被制成商业化产品,如光合细菌(photosynthetic bacteria, PSB),目前国内有很多生物技术公司制备有 PSB 菌液、浓缩液、粉剂及复合菌剂出售,经应用于水产养殖水体及天然有机物污染河道的治理已显示出一定的成效。

3)基因工程菌:采用基因工程技术,将降解性质粒转移到一些能在污水和受污染土壤中生存的菌体内,定向地构建高效降解难降解污染物的工程菌的研究具有重要的实际意义。20 世纪 70 年代以来,许多具有由质粒控制有特殊降解能力的细菌被发现。迄今已发现自然界降解性质粒多达 30 余种,主要包括石油降解质粒、农药降解质粒、工业污染物降解质粒、抗重金属离子的降解质粒等,利用这些降解质粒已研究出多种对付难降解化合物的工程菌。

4)其他生物:可用于生物修复的其他生物如某些藻类、微型动物、植物等。

(8)生物修复发展前景 为进一步提高生物修复的治理效果,获得环境污染治理方面的新突破,人们希望通过具有极大潜力的遗传工程微生物系统(genetically engineered microbial system, GEMS)获得对极毒和极难降解有机污染物高降解能力的工程微生物。其中,野外应用载体(field application vector)的研究受到高度重视。这种方法是将编码降解污染物酶的质粒或基因,整合到能在污染地生长存活的土著微生物的 DNA 中,使具有很强野外存活能力的微生物获得较强的污染物降解能力,充分发挥生物修复的作用。

此外,对生物修复的实验室模拟、生物降解潜力的指标、修复水平的评价、实验室研究的接种物以及风险评价等方面的更深入研究,也会进一步促进生物修复技术的发展和应用。

**2. 污染环境生态修复**

(1)生态修复概述 生态修复(ecological remediation)是在生态学原理指导下,以生物修复为基础,结合各种物理修复、化学修复以及工程技术措施,通过优化组合,使之达到最佳效果和最低耗费的一种综合修复污染环境的方法。顺利施行生态修复需要生态学、物理学、化学、植物学、微生物学、分子生物学、栽培学和环境工程等多学科的参与,对受损生态系统的修复与维护涉及生态稳定性、生态可塑性及稳态转化等多种生态学理论。污染生态修复技术即指通过生物的富集与净化作用,实现对污染大气、水体和土壤的净化。

污染环境的生态修复及工程技术是多种修复方式的优化综合。其首要特点在于严格遵循现代生态学的"循环再生、和谐共存、整体优化、区域分异"等基本原则;其次,生态修复主要是通过微生物和植物等的生命活动来完成的,影响生物生活的各种因素也将成为影响生态修复的重要因素,因此,生态修复还具有影响因素多而复杂的特点;再者,生态修复的顺利施行,需要物理学、化学、植物学、微生物学、栽培学和环境工程等多学科的参与,多学科交叉也是生态修复的特点。

(2) 生态修复与生物修复的区别    生态修复不同于生物修复。生物修复是利用具有净化功能的生物和微生物对污染物消减和净化,是单纯的生物修复。而生态修复主要是通过生物的富集与净化作用,实现对污染大气、土壤和地下水的净化,强调通过调节诸土壤水分、土壤养分、土壤 pH 和土壤氧化还原状况,以及气温、湿度等生态因子,实现对污染物所处环境介质(水、气、土、生等)的调控,全面发挥生物净化功能。

(3) 污染环境的生态修复类型    崔爽等对污染大气、污染水体和污染土壤的生态修复内容、现状及发展作了较全面的评述:

1) 污染大气的生态修复:利用生态修复技术来治理大气污染是近年来国际上正在加强研究和迅速发展的前沿性课题,它是一种以太阳能为动力净化污染大气的绿色技术。绿色植物对烟尘、粉尘有阻挡、过滤和吸附作用,绿地、草坪都可减少大气中粉尘量。植物种类、种植面积、密度、配置方式及生长季节等是影响植物除尘效果的主要因素。研究表明,一些绿色植物可以吸收大气中的多种污染物,包括 $SO_2$、$Cl_2$、HF、重金属、氟化物和某些芳烃等。树木对大气中 $CO_2$ 和 $O_2$ 的平衡起到重要作用。此外,植物还有减弱噪音、减少热污染和吸滞放射性物质的作用。

2) 污染水体的生态修复:这是一项低投资、高效益、易于运行、发展潜力较大的治污技术,日本、美国等已广泛用于工程实践。主要技术包括:

• 投菌技术:污染水体发生富营养化往往由于缺少降解污染物的微生物。因此,投入足够数量的外源菌技术开始广泛应用。同时人工控制水体环境,如温度、溶解氧、pH 等因素,改变营养条件,促进微生物快速繁殖,从而提高降解能力。

• 人工浮岛技术:在富营养化水体中设置各种形式的漂浮物体组合,称人工浮岛。浮岛上种植各种具降解能力的水生植物,通过水生植物根系及茎叶等对氮磷的吸收,达到生态修复的目的。可同时结合投放降解污染物的微生物,建立立体式浮岛。在水下通过载体附着微生物,产生吸附降解有机物的生物膜。植物的庞大根系也可以在载体中扎根,更有利于微生物的繁殖。在浮岛四周栽植挺水植物,浮岛中心位置种植浮水植物。由之吸引水生动物,在水体中建立起小型生态系统,形成一个微生物和水生植物持续降解污染物的环境。

• 人工湿地技术:人工湿地是指模拟湿地的综合生态系统,基本原理是系统中的物种共生、物质循环再生原理,结构与功能互相补偿协调原则,利用湿地水体中的微生物和湿地植物降解、吸收和截流污水中的污染物,从而达到修复的目的。其特点是以大型水生植物为主体,利用植物和根区微生物所产生的协同效应净化污水。常用于水体修复的植物有芦苇、香蒲、千屈菜、喜旱莲子草、浮萍、灯心草和空心菜等。人工湿地的结构单元为水、透水性基质(如土壤、砾石、沙、煤渣等)、水生植物、水生动物和微生物。用人工湿地进行污水处理具有缓冲容量大、工艺简单、经济高效等特点。

国外利用人工湿地处理污水已达到一定的水平,形成了一定的规模,欧洲的人工湿地有 6 000 处,美国的人工湿地有 1 600 处。自 20 世纪 20 世纪 80 年代开始,中国也开始建设人工湿地,用人工湿地处理生活污水,取得了显著效果。根据湿地的水体流动方式,一般分为水平潜流型、垂直流型和表面流型三种类型人工湿地。实际应用结果表明,前两者的处理效果较好,具有去除率高,植物不易倒伏,有利于微生物繁殖等特点。

3) 污染土壤的生态修复:人类活动产生的"三废",通过空气、水体和生物直接或间接排入土壤系统,如果输入土壤系统中有毒物质的量超出土壤迁移转化能力,即破坏土壤原来的平衡,引起土壤系统成分、结构和功能变化,就发生了土壤污染。

土壤污染的显著特点是具有持续性。进入土壤的污染物质移动速度缓慢,往往不易采取大规模措施清除污染。有的污染物在土壤中自然分解需数十年,因此当土壤停止污染后,即使过三五年后再使用,作物还会受到危害。土壤是整个生物圈的基础,土壤受到污染,将通过食物链和地下水危害人类。近 20 多年来,由于土壤的复合污染问题日益严重,人们已经开始关注植物、微生物及动物的自然修复能力,合理利用生物之间的和谐共生关系,进行污染土壤的生态修复。其中植物修复是一类重要的生态修复方式,它主要利用植物本身的提取、吸收和固定以及植物根际微生物的分解和转化作用来清除土壤、沉积物、污泥或地表、地下水中的有毒有害污染物。植物修复污染技术着重在于是筛选和培育特种植物,尤其是对重金属有超常规吸收和富集能力的种类,将这些植物种植在污染土壤中,使之吸收环境中的污染物,再将收获植物中的重金属元素加以回收利用。表 7.5 列举一些可能的超累积植物、动物及具有特异降解功能的微生物。

表 7.5　部分污染物及其超累积植物、动物和微生物

| 污染物 | 植物 | 动物 | 微生物 |
| --- | --- | --- | --- |
| Cd | 油菜、宝山堇菜、龙葵、蒲公英、小白酒花、狼把草、山苦荬、芭荬菜、欧洲千里光、大刺儿菜、欧亚旋覆花、猪毛蒿、黄花蒿、石防风、鬼针草、凤眼蓝、狐尾藻、紫背萍、蕨类植物 | | |
| Mn | 鼠麴草、商陆 | | |
| Al | 韭菜、石松、茶科和杜鹃花科植物 | 甲壳类、软体类动物 | |
| Cu | 斑鸠菊、蝇子草、海州香薷、狗尾巴草、野艾蒿、构树、莎草、黑麦草、鸭跖草、艾蒿、滨蒿 | | |
| Pb | 紫穗槐、三叶草、黄芪、黄瓜、酸模、羽叶鬼针草、香根草、绿叶苋菜、裂叶荆芥、紫穗槐、苍耳、土荆芥 | 多孔类动物 | |
| Si | 硅藻、莎草、灯芯草、玉米 | | |
| Zn | 东南景天、龙葵、狼把草 | | |
| As | 蜈蚣草、大叶井口边草 | 黑线鳕 | |
| Se | 黄芪 | | |
| Hg | 纸皮桦 | 雷氏七鳃鳗、鲶鱼 | |
| F | 合欢、山楂、桑 | | |
| 4-硝基酚 | 蓝皮藻、沼绿藻 | | 假单胞细菌 |
| 多环芳烃 | | | 白腐真菌 |

根据机制的不同,污染土壤的植物修复技术包括:植物提取、植物固定、植物挥发、植物降解、植物转化、根际修复等基本形式。

• 植物提取:是目前研究最多且最有发展前景的植物修复方式,特别是通过种植对重金属耐性且积累能力较强的超积累植物,利用其根系吸收污染土壤中的重金属。在生态修复实践中,要重视超积累植物的使用,根据不同目的选择相应植物种类,因此,研究不同植物对金属离子的吸收特性,筛选出超量积累植物是关键。能用于植物修复的最好的植物应具有以下几个特性:即使在污染物浓度较低时也有较高的积累速率;能在体内积累高浓度的污染物;能同时积累几种金属;生长快,生物量大;具有抗虫抗病能力。经过不断的实验室研究及野外试验,人们已经找到了一些能吸收不同金属的植物种类,改进其吸收性能,并逐步向商业化发展。

在所有污染环境的重金属中,铅是最常见的一种,目前有关铅污染的植物修复研究最多。研究表明植物可大量吸收并在体内积累铅,如雷韦斯(Reeves)等报道,一种遏蓝菜属植物(*Thlaspi rotundifolium*)可吸收铅达 8 500 μg/g 茎干重。但是这种植物生物量较小且生长慢,不适于作植物修复。库马尔(Kumar)等发现,将芥子草(*Brassica juncea*)培养在含有高浓度可溶性铅的营养液中时,可使茎中铅含量达到 1.5%;Huang等研究表明一些农作物如玉米和豌豆亦可大量吸收铅,但达不到植物修复的要求,后来的研究中他们发现在

土壤中加入人工合成的螯合剂可促进农作物对铅的吸收,并能促进铅从根茎的转移。布莱洛克(Blaylock)等通过研究也发现在土壤中加入麦合剂可增加芥子草对铅的吸收。

有许多植物能吸收大量汞贮存在体内,如纸皮桦可富集 10 000 $\mu g/kg$ 的汞。加拿大杨体内汞的耐受阈值为 95～100 ppm,每株体内最大汞吸收积累量约为 6 779 $\mu g$。吸入汞的植物可作为某些工业与建筑用材。

汞污染的稻田改种芝麻,土壤汞的年净化率大大提高,土壤净化恢复年限比种植水稻缩短 8.5 倍。当土壤中汞含量在 5～130 mg/kg 范围内,对芝麻产量和品质不会造成显著影响,而随芝麻的收获汞脱离土壤,改种芝麻可切断土壤汞通过食物链对人体的危害。

藓类和地衣以及藻类对汞都有较高的累积量,生长在用浓度为 100 ppb(1 ppb＝1/1 000 ppm)、1 000 ppb、10 000 ppb 醋酸汞处理的基质中的蘑菇,累积的汞水平分别达到 516 ppm、3 670 ppm、27 482 ppm(占干物重)。

植物吸收污染物的数量不仅取决于土壤的物理化学特性,也与土壤中微生物的活性有关。大多数木本植物吸收的重金属贮藏于根部,对净化土壤起重要作用。沙内(Chaney)、库马尔等研究了植物对锌和镉污染土壤的修复,他们筛选出能积累这两种金属的草本植物,发现芥子草不仅吸收铅,也吸收并积累 Cr、Cd、Ni、Zn 和 Cu 等金属。埃布斯(Ebbs)等研究了 Cu 和 Zn 对植物的影响,发现有些植物可有效地去除环境中的这两种金属。

• 植物固定:是利用耐性植物的活动和机械固定作用,减轻风蚀、水蚀以及根系吸附和根际沉淀等,实现污染物质的长期稳定,使环境中的污染物质流动性降低,生物可利用性下降,使金属等对生物的毒性降低,减少污染物质的毒害作用,是一种比较有前景的环境友好技术。如植物枝叶分解物、根系分泌物对重金属具有固定作用,腐殖质对金属离子具有螯合作用等。然而植物固定并没有将环境中的重金属离子彻底去除,只是暂时将其固定,使其对环境中的生物不产生毒害作用,并没有彻底解决环境中的重金属问题。如果环境条件发生变化,去除环境重金属生物的可利用性也会改变,因此植物固定不是一个很理想的方法。

• 植物挥发:利用植物去除环境中的一些挥发性污染物,即植物将污染物吸收到体内后又将其转化为气态物质,释放到大气中。有人研究了利用植物挥发去除环境中汞,即将细菌体内的汞还原基因转入拟南芥属(Arabidopsis)植物中,这一基因在该植物体内表达,将植物从环境中吸收的汞还原为气态汞而挥发。另有研究表明,利用植物也可将环境中的 Se 转化为气态式(二甲基硒和二甲基二硒)。由于这一方法只适用于挥发性污染物,故应用范围很小,并且将污染物转移到大气中对人类和生物存在一定的风险,因此它的应用将受到限制。

• 植物降解:利用植物及其根际微生物的降解作用去除土壤中的有机污染物。植物根对中度憎水有机污染物有很高的去除效率,中度憎水有机污染物包括苯类、氯代溶剂和短链脂肪族化合物等。根系对有机污染物的降解程度取决于污染物的种类、浓度及植物本身特性。

• 植物转化:是指通过植物体内的新陈代谢作用将吸收的污染物进行分解,或者通过植物分泌出的化合物(比如酶)的作用对植物外部的污染物进行分解。一般来说,植物根系对有机污染物的修复,主要是依靠络合和降解等作用。此外,植物根死亡后,向土壤中释放的酶也可以继续发挥分解作用,如脱卤酶、硝酸还原酶等。

• 根际修复:是利用植物—微生物和根际环境降解有机污染物的复合生物修复技术,是目前最具潜力的土壤生态修复技术之一。主要针对污染土壤中持久性有机污染物多环芳烃(polycyclic aromatic hydrocarbon,PAH)的修复。PAH 分布极广,对环境存在巨大的潜在危害,对其进行修复已成为国内外环境科学领域的研究焦点。在众多修复方法中,PAH 的根际修复愈来愈显示出其独特的优势,植物不仅本身能从环境中吸收、积累与降解 PAH,而且能通过根际微环境加速 PAHs 的降解,因此是非常有前途的修复 PAH 的技术之一。但是,由于根际环境的微域性、动态性和复杂性的特点,目前对 PAHs 根际胁迫及根际修复的研究还存在一定困难。对于 PAH 胁迫下根际的动态调节过程,特别是根分泌物这一影响根际环境的主导因子,以及微生物在这一土壤环境中最活跃的生物相在 PAH 根际污染生态系统中的作用机制目前还缺乏系统的了解,这在今后研究工作亟待进一步加强。

目前人们只研究为数有限的植物品种对 PAH 的根际修复潜力,运用分子生物学技术并结合植物根分泌物的特异性,有可能比较快地发现新的对 PAH 污染的环境具有较高修复能力的植物。继续筛选有效修复 PAHs 的植物是必要的,而对植物富集的 PAH 代谢产物进行跟踪与危险评价,将成为该领域进一步研究的热点和重点。

污染土壤环境除利用植物修复外,还有微生物修复和动物修复技术。微生物修复利用微生物将环境中的污染物降解或转化为其他无害物质的过程;动物修复是指通过土壤动物群的直接(吸收、转化和分解)或间接作用(改善土壤理化性质,提高土壤肥力,促进植物和微生物的生长)而修复土壤污染的过程。利用微生物修复和动物修复污染土壤与利用植物修复污染土壤相比应用得还较少。

(4) 生态修复的发展趋势　　生态修复作为一种新技术显露出诱人的发展前景,但目前无论在技术层面,还是在基础领域中还有很多问题亟待解决。生态修复研究的发展方向及应考虑的主要问题有:①生态修复最佳生态条件的确定,包括水分、营养物质、处理场地、氧气与电子受体及介质物化因素;②在全国范围内进行修复生物资源的调查、筛选,主要包括污染物高效降解微生物、超积累植物及污染物降解动物;③从生态学、生理学、生物化学及分子生物学等不同角度与层次探索修复生物的生长条件与修复机制;④对修复生物的修复特性基因进行鉴定,并利用转基因技术优化修复生物的性状;⑤加强修复强化及相关配套措施的研究;⑥深入研究修复生物的回收技术,以防止二次污染的发生;⑦积极开发生态修复工程应用技术;⑧建立修复安全评价标准,包括建立环境化学、生态毒理学评价检测指标体系;⑨维护生物多样性和生态系统健康,修复过程应与种群动态调控、群落结构优化配置与组建、群落演替控制与恢复等相结合;⑩尽量选用乡土物种,以免发生生态入侵。

中国已把生态建设和环境保护列为必须着重研究和解决的一项重大战略,明确提出要遏制生态恶化,加大环境保护和治理力度,积极发展循环经济和建设节约型社会,实现资源的最大利用和污染物的最少排放。污染环境的生态修复方式和方法有多种,但必须按照自然规律办事,充分发挥生态系统的自我修复能力,同时结合人工调控措施,实施污染环境的生态修复,将分子生物学、环境工程学、基因工程等理论和方法运用于生态修复技术中,交叉综合地运用各学科的知识,保护环境,从而达到建设和谐社会的目标。

### 7.3.2　污染修复生态工程

#### 1. 污染修复生态工程概述

生态工程是指应用生态学和系统学等学科的基本原理和方法,通过系统和工艺设计、调控和技术组装,对已被破坏的生态环境进行修复、重建,对造成环境污染和破坏的传统生产方式进行改善,并提高生态系统的生产力,从而使人类社会和自然环境和谐发展。

污染生态工程不同于污染生态修复技术。“工程”是由相关工艺、相关技术组成的工程体系,是由若干技术组合的优化与集成,其技术的集成是由工艺参数将其组装成为“工程”。“工程”本身是一个净化器,具有其净化功能和强度。保持净化器有效运转,在于有效地调控它,充分发挥其最佳的运行状态。

生态工程起源于生态学的发展与应用,至今不过几十年的历史。20 世纪 60 年代以来,全球面临的生态与环境危机,孕育、催生了生态工程与技术,意图解决实际社会与生产中所面临的各种各样的生态危机,生态工程学便是在这样的背景下产生。同时,理论生态学(生态学、环境科学、系统科学、控制论)与应用生态学(农业生态学、城市生态学等)的发展,更促进了生态工程学的形成。

1962 年美国奥德姆(H. T. Odum)首先使用生态工程(ecological engineering)这一术语,提出了应用生态学的新领域——生态工程学。20 世纪 80 年代后,生态工程在欧洲及美国逐渐发展起来,并出现了多种认知与释义。中国生态工程的概念是由已故的生态学家、生态工程建设先驱马世骏在 1979 年首先提出的,1984 年他定义生态工程学为:“应用生态系统中物种共生与物质循环再生原理,结构与功能协调原则,结合系统分析的最优化方法,设计促进分层多级利用物质的生产工艺系统”。

由于在中国面临的生态危机,不单纯环境污染,还有人口增多,环境与资源破坏,能源短缺、食物供应不足等综合效应。因此,中国的生态工程目标不但要保护环境与资源,更要以有限资源生产出更多的产品,以满足人口与社会发展的需要,并力求达到环境效益、经济效益和社会效益的协调统一,改善与维护生态系统,促进包括废物在内的物质良性循环,最终要达到自然—社会—经济系统的综合高效益。正因为如此,在中国对生态系统的发展与生态工程的建设提出了"整体、协调、再生、良性循环"的理论-生态工程原理。

**2. 污染修复生态工程原理**

生态工程是指应用生态系统中物质循环原理,结合系统工程的最优化方法设计的分层多级利用物质的生产工艺系统,其目的是将生物群落内不同物种共生、物质与能量多级利用、环境自净和物质循环再生等原理与系统工程的优化方法相结合,达到资源多层次和循环利用的目的。如利用多层结构的森林生态系统增大吸收光能的面积、利用植物吸附和富集某些微量重金属以及利用余热繁殖水生生物等。污染生态工程遵循的基本原理是:整体性原理、协调与平衡原理、物种多样性原理、循环再生原理、系统学和工程学原理,以期达到在系统内获取最优的经济和生态效益。

(1)整体性原理(holistic principle)    生态工程的整体性原理是指人类所处的自然系统、经济系统和社会系统所构成的巨大的复合系统,三者相互影响而形成的统一整体。它既包括自然系统的生物与环境、生物与生物之间的相互影响,又包括经济和社会等系统的影响力,只有把生态与经济和社会有机地结合起来,才能从根本上达到建设生态工程改善环境的目的。

整体论(holism)认为,生态系统是通过协同进化而形成的统一的不可分割的有机整体,而生态工程研究和处理的对象,是作为有机整体的、由异质性生态系统组成的更高层次水平的社会-经济-自然复合生态系统,是由3类性质不同的系统复合组成的,这些系统相互联系、互相作用、相克相生、互为因果,体现了人和自然、生产和生活、资源和环境、自然和社会共轭互补的密切关系。因此,在实际研究、设计和建立污染生态工程的过程中,必须以整体观点为指导,统筹兼顾、综合处理,既要在系统水平上,对整体的各个组分深入研究,更要揭示出复杂系统有机整体的性质与功能,才能协调开发利用自然资源与环境保护之间的和谐关系,以保障生态系统持久稳定地发展。

为了防止和消除污染,人类必须把地球自然界当作一个整体来看待,综合各门学科向同一方向努力,才能保护地球环境。

(2)协调与平衡原理(coordination and balance principle)    协调与平衡原理是指生物与环境的协调与平衡。协调主要指生物要适应环境,在生态工程建设时,不要盲目引种或栽种。平衡是指某环境下生物种群的数量与环境的承载力要均衡,避免引起系统的失衡和破坏。

自然界中任何稳态的生态系统,在一定时期内均具有相对稳定而协调的内部结构和功能。生态系统的结构是完成其功能的框架和渠道,决定功能及其大小,也是系统整体性的基础。生态系统的功能是接受物质、能量、信息,并按时间程序产生物质、能量、信息,它决定一个生态系统的性质、生产力、自净能力、缓冲能力,以及对自然、人类、社会、经济的效益和危害,也是该生态系统相对稳定和持续发展的基础。生态系统在一定时间内,由于各组分通过相生相克、转化、补偿、反馈等相互作用,结构与功能达到协调,处于相对稳定而达到平衡状态。生态平衡包括结构平衡、功能平衡以及收支平衡。生态系统的结构与功能的协调和平衡,是生态工程的重要原则之一。

(3)循环再生原理(principle of recycling and regeneration)    世间一切产品最终都要变成废物,每类"废物"必然是生物圈中某一组分或生态过程有用的"原料"或缓冲剂;人类一切行为最终都会以某种信息的形式反馈到人类本身,或有益或有害。物资的循环再生和信息的反馈调节是复合生态系统持续发展的根本动因。

地球物质都要在各类生态系统中和生态系统间进行小循环,并在生物圈中进行生物地球化学大循环,这些循环保障了地球上的物质供给,并通过迁移转换及循环,使可再生资源取之不尽、用之不竭。在物质循环过程中,每一环节既是给予者,又是受纳者,都为物质生产或生命再生提供机会。促进循环可以更好地发挥物质生产潜力和改善生物生长繁衍条件。对生态系统物质进行分层多级利用,既可促进循环,还可变废为用、化害为利,提高系统整体效益。实践证明,再生循环与分层多级利用,是系统内耗最省、利用最充分、工序组合最合理的最优物质生产模式。生态工程的设计和实施应遵循这一原理。

(4)物种多样性原理(species diversity principle)    我们知道,物种多样性是衡量一定地区生物资源丰富程度的一个客观指标,物种丰富的生态系统,补偿能力强,比较稳定,而物种匮乏的生态系统,易受外界因素干扰,稳定能力差。在生态工程规划中,根据物种多样性原理,采取以生物技术为主,人工投入为辅的基本方针,尽量建造稳定性较强的复合群体,以避免某些地区农业生产中出现的高产而不增收、环境破坏严重,以及农、林业争水、争肥、争农药的不良局面。

(5) 系统学和工程学原理(principle of systematics and engineering)　系统是一个有机整体,具备自然或人为划定的明显边界,边界内具有明显的相对独立性。每个系统一定要由两个或两个以上的组分来构成,且组分之间具有复杂的作用和依存关系。过去有些"造林、绿化"只考虑其中的乔木部分,甚至只考虑一、两个树种,这种人工林不是完整的生物系统,只是一个人工群体,大多稳定性差,效益也不高。

一个稳定高效的系统必然是和谐的整体,组分之间有适当的比例关系和明显的功能分工,这样系统才能顺利完成能量、物质的转换和流通。因此,在生态工程设计建造中,重要任务之一就是通过整体结构来实现人工生态系统的高效功能。

工程学是一门应用学科,是用数学和其他自然科学的原理来设计的,是研究自然科学在各行业中的应用方式、方法的一门学科,同时也研究工程进行的一般规律,并进行改良研究。

### 3. 污染修复生态工程建设及效益分析

污水土地处理生态过程技术是一个典型。通过污染物在土壤—植物系统的生态过程及其调控,确立其场地信息、工艺参数、土壤环境同化容量,进行水力负荷科学设计,以实现污水无害化、资源化的处理。该项技术经多年实践,已经成功地建立了完整的土地处理技术体系,确立了不同土地处理类型的工艺参数并就污水的强化预处理技术,人工土壤配方和人工生态结构多样化水力负荷调节系统进行了工艺技术创新。

下面以黑龙江省拜泉县"水土保持农业生态工程"为例,从工程意义和技术要点、工程内容及效益分析方面加以阐述。

(1) 工程意义及技术要点　水土保持农业生态工程是针对水土流失地区而进行的。在一些地区,由于盲目毁林造田、毁草造田、植被破坏以及土地养用失衡等原因,造成耕地水土流失严重,地力逐年下降,自然灾害频繁发生,生态环境恶化,进而形成恶性循环,影响到地区经济的发展。因此,必须改革传统农业经营模式,从恢复生态及水土保持生态工程入手,保护环境与经济同步进行,把农业经济建立在生物共生、物质循环再生的良性循环基础上,建立起具有整体性、地域性、集约性、高效性和可调控性的科学的人工生态经济系统。该工程以小流域为治理单元,合理安排农、林、渔、副各业用地,形成综合防治技术体系。

水土保持工作的目标,就是以较少的投入获取较大的生态经济效益,以环境建设为突破口,达到实现资源永续利用,经济持续繁荣和保护生态环境的双重目标。

(2) 工程内容　拜泉县位于黑龙江省中部,地处中国以水土流失水力侵蚀为主的六大类型区之一。由于该地降水集中且多暴雨,往往引起土壤严重流失,因此以种植业为主的农业经济发展落后,农民收入低。通过运用系统能量流、物质流和价值流分析方法,对该区农田、畜牧、加工等子系统进行系统研究,制定生态农业总体规划方案。以该县经济现状为依据和以发展潜力为目标,规划模型确定期望值,并对模型系数和约束条件进行各种调整。选择偏离目标和资源的约束值最小、资源潜力挖掘最充分、综合效益最佳的规划方案。

在规划实施过程中,采取近期与中长期相结合的方式,根据实际情况对规划方案进行调整和改进。在农业区划的基础上,针对该地的地形特征,设计出 4 个分区类型的优化生产模型:①平原地区的林果畜粮综合经营型模式;②漫岗半丘陵地区的粮牧经营立体开发模式;③丘陵地区的坡水田林路综合开发模式;④沼泽低洼地区的鸡-猪-鱼-稻良性循环型模式。

(3) 效益分析　生态环境向良性转化的同时,促使经济、生态与社会效益迅速提高,在提高当地水土资源利用效率、增加农业生产的同时,促进了区域经济发展与农民致富。在实施该工程的地区,均可见到脱贫致富的显著效益,绿色植被率大大提高,水土流失状况与生态环境质量明显改善,并逐渐向良性循环转化,生态经济在生态农业建设前后发生了显著变化。

　　近 30 多年来,中国科学家在污染修复生态工程方面做了不少工作,如林农综合生态工程、污染地区生态恢复工程、矿山复垦工程、农业种植及产品深加工清洁生产工程等,取得较大的社会效益和经济价值。

## 思 考 题

1. 简述影响污染物在生物体内积累的相关因素。
2. 环境污染的生态分析基本方法有哪些? 各有什么特点?
3. 何谓生物的抗性? 举例说明生物的抗性对人类的利与弊。
4. 试述污染生态工程的基本原理。
5. 试述复合污染生态的特点。
6. 设计一个生态工程(农林牧、土壤、水体、湿地均可),说明其原理及思路。
7. 举例说明如何合理利用受重金属污染的土壤。
8. 试述生物修复技术的原理、特点。
9. 植物吸收、迁移环境污染物受到哪些因素的影响?
10. 阐述影响环境污染生态修复工程建设的原因及应对措施。

## 推 荐 参 考 书

1. 戈峰,2008.现代生态学.第 3 版.北京:科学出版社.
2. 钦佩,安树青,颜京松,2008.生态工程学.第 2 版.南京:南京大学出版社.
3. 孙铁珩,周启星,李培军,等,2001.污染生态学.北京:科学出版社.
4. 王焕校,2012.污染生态学.第 3 版.北京:高等教育出版社.

# 第8章 生物多样性及其保护

## 提　要

生物多样性的定义、科学内涵、研究内容与方法，以及研究发展趋势，生物多样性的意义和价值；全球生物多样性的现状及丧失的主要原因，中国生物多样性的现状、特点、受威胁的主要原因；全球生物多样性的保护，中国生物多样性保护目标和行动方案。

生物多样性（biological diversity 或 biodiversity）是地球演化的产物，是人类赖以生存和发展的物质基础，也是社会持续发展的条件。生物多样性保护是当前国际社会关注的热点问题之一。由于生物多样性已经受到严重威胁，保护生物多样性、保证生物资源的永续利用已成为一项全球性任务。因此生物多样性研究成为生命科学尤其生态学科领域中的前沿课题之一。

## 8.1　生物多样性概述

### 8.1.1　生物多样性定义及科学内涵

#### 1. 生物多样性的定义

"生物多样性"一词在 20 世纪 80 年代初出现于自然保护刊物上。最早的定义是由美国国会技术评价办公室提出的，即指"生物之间的多样化和变异性及物种生境的生态复杂性"。1992 年多国在巴西里约热内卢召开的联合国环境与发展会议上签署了《生物多样性公约》，其中第二条对"生物多样性"做了如下解释："生物多样性是指所有来源的活的生物体的变异性，这些来源包括陆地、海洋和其他水生生态系统及其所构成的生态综合体，包括物种内、物种之间和生态系统的多样性。"1995 年联合国环境规划署发表的《全球生物多样性评估》给出了一个比较简明的定义："生物多样性是生物和它们组成的系统的总体多样性和变异性。"这就是说，生物多样性包括数以百万计的动物、植物、微生物和它们所拥有的基因，以及它们与生存环境形成的复杂的生态系统。

1994 年中国政府制定并公布的《中华人民共和国生物多样性保护行动计划》对生物多样性定义如下：地球上所有的生物——植物、动物和微生物及其所构成的综合体，包括遗传多样性、物种多样性和生态系统多样性三个组成部分。

简而言之，生物多样性是生物及其与环境形成的生态复合体以及与此相关的各种生态过程的总和。它包括数以百万计的动物、植物、微生物和它们所拥有的基因，以及它们与生存环境形成的复杂的生态系统。因此，生物多样性是一个内涵十分广泛的重要概念，包括多个层次和水平。

#### 2. 生物多样性的科学内涵

生物多样性通常包含三层含义，即遗传多样性（genetic diversity）、物种多样性（species diversity）和生态系统多样性（ecosystem diversity）。

（1）遗传多样性　　狭义的遗传多样性是指物种的种内个体或种群间的遗传（基因）变化，也称为基因多样性。广义的遗传多样性是指地球上所有生物的遗传信息的总和。遗传多样性是物种多样性和生态系统多样性的重要基础。

物种的遗传组成决定着它的生物学特性和对特定环境的适应性,以及它的可利用性等。任何一个特定个体和物种都保持着大量的遗传信息(基因),就此而言,它可被看作是一个基因库。

遗传多样性包括分子、细胞和个体三个水平上的遗传变异度,因而成为生命进化和物种分化的基础。一个物种的遗传变异越丰富,它对生存环境的适应能力便越强,而一个物种的适应能力越强,则它的进化潜力就越大。对遗传多样性的研究有利于了解物种或种群的进化历史、分类地位和相互关系,可为生物资源的保存、利用提供依据。

(2)物种多样性    物种多样性是指一定区域内生物种类(包括动物、植物、微生物)的丰富性,即物种水平的多样性及其变化,包括一定区域内生物区系的状况(如受威胁状况和特有性等)、形成、演化、分布格局及其维持机制等。物种多样性是衡量生物多样性的主要依据,也是生物多样性最基础和最关键的层次。

群落生态学中的物种多样性则是对群落组织水平的度量,与此处提及的物种多样性既有联系也有区别。

1992年据威尔逊(Wilson)统计,全球已记录的生物为141.3万种,其中昆虫75.1万种,其他动物28.1万种,高等植物24.84万种,真菌6.9万种,真核单细胞有机体3.08万种,藻类2.69万种,细菌等0.48万种,病毒0.1万种。2011年莫拉(More)估计全球生物有870万种,2017年拉森(Larsen)等人估计全球物种有10亿至60亿种。直至今日,地球仍有大量的物种有待发现和描述。

(3)生态系统多样性    生态系统多样性是指生物群落及其生态过程的多样性,以及生态系统内生境差异、生态过程变化的多样性等。生境的多样性是生物群落、生态系统多样性的基础,正是由于丰富多样化的生境类型,才为不同物种的生存和生长提供了条件,形成了不同的群落类型,而各个群落又和其无机环境形成一个个复杂的功能单位,即生态系统。基于全球性和区域性的生境分异,世界上生态系统的多样性很难统计,起码多达数千个类型。

近年来,有些学者还提出了景观多样性(landscape diversity),作为生物多样性的第四个层次。景观是一种大尺度的空间,是由一些相互作用的景观要素组成的具有高度空间异质性的区域。景观要素是组成景观的基本单元,相当于一个生态系统。

### 8.1.2　生物多样性研究内容与方法

#### 1. 生物多样性研究内容

生物多样性研究涉及诸多方面的内容和问题,包括生物多样性的起源、维持和丧失;生物多样性的编目、分类及其相互关系;生物多样性价值和意义、评价与监测;物种濒危机制及保护对策;生物多样性的保护管理、恢复和持续利用;生物多样性信息系统;影响生物多样性的各种因素。从保护生物多样性的目的出发,主要研究在自然条件和人为活动条件下生物多样性的现状和变化过程等有关的特征和规律,研究保护生物多样性的途径、措施和方法,以及可操作性的生物多样性保护技术等。

按照生物多样性三层含义的区分,它们的研究内容也有各自的侧重点。

遗传多样性研究主要包括自然种群的遗传结构,饲养动物和栽培植物的野生组型及亲缘种的遗传学,物种种质资源基因库(如植物种子库、动物精液库和胚胎库、各种无性繁殖体库)的建立,极端环境(如高温、荒漠、沼泽、盐碱地、温泉、深海、高寒等)条件下生物遗传特性等。

物种多样性研究包括建立物种多样性档案馆,查明现有物种的种类、数量,各区域生态系统中生物群落的组成、结构及分布规律,编写不同生物区系的生物图志,建立物种多样性标本馆和陈列馆;研究珍稀濒危物种的现存数量、生境现状、分布区域、种群动态及濒危原因;探明野生经济物种资源;物种多样性的就地保护和迁地保护等。

生态系统多样性研究包括各生物气候带中地带性生态系统多样性,特殊地理区域生态系统多样性,农业生态系统多样性;岛屿、海岸和湿地生态系统多样性;城市生态系统多样性,自然生态系统的保护,生态系统多样性保育与持续开发利用,生态系统多样性的自我组织和发展变化机理等。

#### 2. 生物多样性研究方法

(1)遗传多样性研究方法    遗传多样性可以在种群、个体、组织、细胞及分子水平上体现,对应不同的层次有各种不同的监测技术方法。实际上,遗传多样性的监测目前大多限于重要的濒危物种或具有明显生态或经济价值的物种。在检测方法上,普遍采用的是同工酶电泳技术,具有方法灵敏、操作简便的优点。但这种技术只能检验编码酶蛋白的基因位点,也受染色方法的限制。

目前,检测遗传多样性最有效方法是直接分析和比较 DNA 碱基序列,包括直接测序分析特定基因或 DNA 片段的核苷酸序列,来度量 DNA 的变异性和检测基因组的一批识别位点,估测基因组的变异性。其中,采取限制性片段长度多态性 DNA(RFLP)方法检测特定基因组或 DNA 片段识别位点应用十分普遍。另外,以聚合酶链式反应(PCR)为基础的 DNA 多样性检测方法也在不断发展和应用。利用核型分析可以在染色体水平上监测遗传多样性变异。利用野外采集的样本或标本直接进行表型(形态)性状分析检测遗传多样性是古老而又简便易行的方法,但是由于受可检测基因位点限制和环境条件的影响,这种方法有其应用的局限性。

遗传多样性各种检测方法各有特点,分别适应形态学、细胞学和分子水平等不同的层次。其中 DNA 序列分析是最直接和理想的方法,可以不依赖任何水平的表型而直接检测遗传变异,在未来遗传多样性检测方面有良好应用前景。

(2) 物种多样性监测方法　　物种多样性监测涉及一个物种的所有种群、异质种群或单一的分离种群多样性的变化。种群监测方法包括常规的资源清查、野外调查统计和抽样调查方法。利用指示种进行环境变化的监测评价已经在生态学、环境学、农业、林业和野生动植物管理等领域得到了广泛的应用,但是仅仅利用指示物种监测种群、物种组成或生境质量、评价生态系统结构与功能的改变,有其局限性,因此还需要从其他不同的方面开展监测。

物种监测包括形态、生理、行为、遗传、分布、数量及其生境等多方面内容。物种形态变化涉及形态、大小、颜色和外貌,是环境和遗传胁迫的敏感性监测指标,尤其是综合几种形态形成的复合指标。生理学特性涉及物种维持生存和生殖所需的食物、水、矿物质和其他必需物质,有助于了解物种对疾病、不良环境和气候等适应性和敏感性的变化。行为特征包括物种择偶、繁育后代、种间竞争等活动方式的变化以及栖息地间的迁移规律等。物种生境监测涉及理化特性变化,栖息地的面积、形状,生境丧失或破碎,干扰强度与频率,外来种入侵与资源状况等。生境适宜度指数(habitat suitability index, HSI)通常作为重要的监测指标。种群统计包括物种数量、生长、年龄结构、生殖等。异质种群监测还要考虑物种的空间特征。由于生物因素的影响能够造成在生境承载力保持不变状态下种群密度的巨大差异,所以同时监测种群变量和生境变量显得尤为重要。

综合上述几方面的数据信息,可进一步进行种群生存力分析(population viability analysis, PVA),通过模型模拟和"岛屿生物地理学"分析,研究种群灭绝过程,以此来确定最小生存种群数量,从而估测维持最小生存种群必需的生境面积。

定量测定群落物种多样性,通常使用辛普森多样性指数和香农-韦弗多样性指数,参见第 3 章 3.2.2。

(3) 生态系统多样性监测方法　　生态系统多样性监测旨在提示群落和生态系统的组成、结构、功能的多样性变化。群落多样性测度包括群落内的多样性(α 多样性)和群落间的多样性(β 多样性)两个方面。其中,α 多样性的测度包括物种丰富度指数(species richness index)、物种多度模型(species abundance model)、基于均衡多度的物种多样性指数(equilibrium-abundance indices of species)和物种均匀度指数(species evenness index)等。每种类型中还有许多不同的测度方法和模型,然而有其各自的特点和应用局限性,因此需选择应用。

在生态系统水平上,除了选择群落结构监测指标外,还需强调对生态系统功能变化过程的监测。生境的监测指标可能涉及面积、形状、空间分布、生境片段化与物种流动性和监测生境退化的各种环境物理性指标等。许多干扰,包括酸雨、气候变化、外来种入侵、采伐和狩猎等对生物多样性和生态过程都会产生影响,所以,监测应该考虑温度、降水、大气湿度、辐射和光照、土壤酸度、水质、河流流量和土壤侵蚀等指标。

**3. 生物多样性研究发展趋势**

随着生物多样性研究的不断深入,研究发展趋势正在从以物种为中心转向以生态系统为重点,即从多样性的生物学研究转向多样性的生态学研究,深入认识种群和群落的多样性结构、功能和动态特征,力求使种群及群落生态学与保护生物学的研究内容有机地联系起来,予以某种统一规律的认识。充分考虑生物多样性从个体至生态系统的多层次组织结构及其功能的重要性,从而深入了解生物多样性的产生、维持和濒危机制,以及生物多样性结构与动态变化过程的相互关系。

目前,国际生物多样性研究重点包括:①生物多样性起源、维持和濒危机制;②生物多样性的生态系统功能;③生物多样性的清查、编目、分类和相互关系;④监测与评价;⑤保护、恢复和持续利用;⑥人类活动引起的环境干扰对生物多样性的影响;⑦土壤和沉积物的生物多样性;⑧海洋生物多样性;⑨微生物多样性;⑩遗传多样性及其管理。

除从生态学途径探索生物多样性外,还需考虑遗传学、古生物学、生物地理学和分类学的理论与方法的应用。此外,也需运用社会经济学理论与方法研究生物多样性的保护与持续利用。

### 8.1.3  生物多样性的意义和价值

**1. 生物多样性的意义**

(1)多样性是生态系统稳定的基础    生态系统的理论与实践告诉人们,生物种群的数量及其生存质量影响着生态系统的稳定。生物种类数越多,生态系统就越稳定;反之就越脆弱。例如,中国西周时期黄河流域森林覆盖率达53%,而到1949年时降到3%。由于生态环境的破坏,黄河流域生物种类急剧减少,致使自然灾害和生物灾害接连不断。秦代中国东北地区森林覆盖率达80%~90%,到1949年时降为30%,自然灾害和生物灾害时有发生,主要也与生态环境和生物多样性遭到破坏有关。事实说明,生态环境和生物多样性密切相关,良好的生态环境是生物多样性存在的基础,而生物的多样性又具有改善生态环境、提高生物抵御自然灾害的能力。

生物多样性还能增强生态系统的缓冲和补偿能力。在生物多样性高的系统中,不同的生物种类都有其特有的抗病虫害和抗逆能力。通过物种间的调整使整个生态系统的生物总量保持平衡。生物种类越多,系统的缓冲和补偿的能力就越强。

生物物种间通过生存竞争、相生相克、联合作用、伴生互助等,提高了自身的生存能力和对环境的适应性,同时也增强了生态系统的稳定性,由此展现给人类一个千姿百态、绚丽多彩的生物世界。

(2)多样性是人类生存的保障    现代人得以丰衣足食主要依靠饲养和栽培多样性的动植物作为保障,所谓的多样性一是指其种类的多样性,二是指品种、品系或生态型的多样性。在人类已知的种植物中,人类曾栽培过其中的3 000多种,全球普遍栽培的仅有150多种,目前人类的食物主要来源于20多种植物,主要是小麦、玉米、水稻、大豆和高粱。一个地区的农作物栽培种类减少,农业生产的稳定性就受到威胁,抵御自然和生物灾害的能力就下降。长期种植一种作物不但会使土壤的养分失衡,而且由于植物自身具有自毒现象,也会导致土壤的连作障碍。

(3)多样性与人类的未来    地球生物界经历了漫长的进化和发展,各种生命的内部结构和生理生态功能人类是无法再造和模拟的,其信息量难以计量。如果这些生物在人类没有认识和利用之前就消失的话,其损失是不可挽回的。生物多样性不仅与人类未来息息相关,目前已影响到现实生活。例如:①育种专家普遍感到,用来改良作物和饲养动物的野生物种已越来越少;②以动、植物为原料的生产面临资源日益短缺的严重局面;③大量使用化学杀虫剂,为作物授粉的昆虫种类急剧减少,人工授粉不但耗费人力物力,且效果远不如昆虫授粉。昆虫学家威尔逊认为,如果地球上各种昆虫和节肢动物都灭绝的话,人类只能存活几个月。

地球的生物多样性及由此形成的生物资源,构成了人类赖以生存的生命支持系统,人类社会从远古发展至今,都建立在生物多样性的基础上。足见生物多样性对历史、现实及未来社会具有何等重大的意义。

**2. 生物多样性的价值**

需要指出,生物多样性的自然属性距离市场与商品的社会属性较远,存在一系列的不确定性,又往往不被人们重视,所以其经济价值评估是十分困难的。生物多样性经济价值评估是当今世界生态经济学的热点和难点之一。

（1）**生物多样性价值分类体系**　　价值分类是经济评价的基础。近年来,各国学者在环境资源价值分类研究中进行了各种讨论,联合国环境规划署以及经济合作与发展组织等提出了生物多样性价值分类体系。

生物多样性价值可分为使用价值(use value, UV)和非使用价值(non-use value, NUV)两大类,使用价值中又分直接使用价值(direct use value, DUV)、间接使用价值(indirect use value, IUV)、选择价值(option value, OV);非使用价值包括科学价值(scientific value, SV)和存在价值(existence value, EV)。生物多样性总价值等于各种价值的总和。人们研究生物多样性价值,针对具体层次的特点分类进行。

（2）**生物多样性价值类型及内涵**

1）直接价值:即使用价值或商品价值,是人们直接收获和使用生物资源所形成的价值。产品形式分为显著和非显著实物型直接价值。①显著实物型直接价值以生物资源提供给人类的直接产品形式出现,又可分为消耗性或生产性使用价值。前者指未经过市场被当地居民直接消耗的生物资源产品的价值,如薪柴和野味等。此类价值很少反映在国家收益账目中。生产性使用价值是指经过市场交易的生物资源产品的商品价值,如木材、药材、薪材、野生物、毛皮、饲料、食用菌以及粮食、蔬菜、果品等,此类价值通常反映在国家收益账目上。②非显著实物型直接价值体现在为人类所提供的服务,虽无实物形式,但仍可感觉且能够为个人直接消费的价值,如生物多样性提供生态旅游、展览参观、科研教学等。服务内容丰富多样,价值难以估算和货币化。

2）间接价值:主要指生态系统的功能价值,或环境的服务价值,包括选择价值、遗产价值和存在价值。主要体现在:①提供生态系统演替与生物进化所需要的丰富物种与遗产资源;②在形成和维持生态系统结构和功能方面的作用;③生态系统的服务功能,如光合作用与有机物的合成、保护水源、维持营养物质循环、污染物的吸收与降解等。生态效益的价值是非实物和非消耗性价值,往往不能反映在国家的收益账目中。2003 年 12 月召开的《联合国气候变化框架公约》第九次缔约方会议,将造林、再造林等林业活动纳入"碳汇"项目,这对于创新林业发展机制,建立森林生态效益市场化十分有利。

3）选择价值:是指个人和社会对生物多样性潜在用途的将来利用,包括直接利用、间接利用、选择利用和潜在利用,相当于人们为确保自己或他人将来能利用某种资源或获得某种效益而预付一笔保险金(保护费)。选择价值的支付愿望包括 3 种情况:为自己、为子孙及为他人的将来利用。

4）科学价值:指当代人为目前或今后能受益于某种资源存在的科学认知,将其保留而自愿支付的保护费用。

5）存在价值:指人们为确保某种资源继续存在而自愿支付的费用。存在价值是生物本身具有的内在价值,是与人类利用与否无关的经济价值,即使人类不存在,但资源的价值仍然存在。

（3）**生物多样性总经济价值**　　对于生物多样性总经济价值的计算方法,多数认为:

$$TEV（总价值）= UV + NUV$$
$$UV = DUV + IUV + OV;\ NUV = SV + XV$$

因此,生物多样性总经济价值可表示为

$$TEV = UV + NUV = (DUV + IUV + OV) + (SV + XV)$$

## 8.2　全球生物多样性

### 8.2.1　全球生物多样性现状

有关全球物种多样性现状可以从物种数目、世界上物种多样性特别丰富的国家及全球物种多样性的热点地区这几方面来阐述。

**1. 全球物种多样性**

（1）**物种数目**　　科学家尝试利用不同的方法估计地球物种总数,但迄今结果仍不一致。据海伍德

(Heywood)等 1995 年报道,全球有 1 300~1 400 万个物种,其中经科学鉴定描述过的物种约 175 万种(表 8.1)。时至今日,科学家对高等植物和脊椎动物的了解相对比较清楚,对其他类群如低等无脊椎动物、昆虫、真菌、细菌等了解还很不够,每年仍然发现大量新物种。随着高通量测序技术的快速发展,利用分子生物学手段发现了大量细菌、真菌新类群,其中很多物种是过去使用分离培养的方法无法获得菌株的物种。DNA条形码技术的发展也极大地促进了生物多样性的发现和新物种的鉴定。2008 年科学家分别利用形态学和DNA 条形码技术调查了哥斯达黎加的鳞翅目寄生蜂,利用形态学方法发现 171 个物种,但是利用 DNA 条形码技术发现了 313 个物种,其中 95% 是新物种。这方面例子很多,可见人类尚未认知的生物种类还占有很大比例,随着研究技术的进步与调查的深入,生物物种数目会不断被刷新。

表 8.1　全球主要生物类群的物种数目(引自 Heywood et al., 1995)

| 生物类群 | 已描述的物种数目/万种 | 估计可能存在的物种数/万种 |
| --- | --- | --- |
| 病毒 | 0.4 | 40 |
| 细菌 | 0.4 | 100 |
| 真菌 | 7.2 | 150 |
| 原生动物 | 4.0 | 20 |
| 藻类 | 4.0 | 40 |
| 高等植物 | 27.0 | 32 |
| 线虫 | 2.5 | 40 |
| 甲壳动物 | 4.0 | 15 |
| 蜘蛛类 | 7.5 | 75 |
| 昆虫 | 95.0 | 800 |
| 软体动物 | 7.0 | 20 |
| 脊椎动物 | 4.5 | 5 |
| 其他 | 11.5 | 25 |
| 总计 | 175.0 | 1 362 |

(2)物种多样性特别丰富的国家　　全球物种不是均匀地分布于世界各国,位于或部分位于热带、亚热带地区的少数国家拥有全世界最高比例的物种多样性,称为生物多样性特别丰富的国家(megadiverse country),包括巴西、哥伦比亚、厄瓜多尔、秘鲁、墨西哥、刚果(金)、马达加斯加、澳大利亚、中国、印度、印度尼西亚、马来西亚等 12 个国家,其物种数目约占全球的 60%~70%,甚至更高。其中,重要生物类群物种数目最多的 10 个国家在全球生物多样性保护中有着重要的战略意义(表 8.2)。

表 8.2　重要生物类群物种数最多的 10 个国家(引自 McNeely et al., 1990)

| 名次 | 哺乳类/种 | 鸟类/种 | 爬行类/种 | 两栖类/种 | 种子植物/种 |
| --- | --- | --- | --- | --- | --- |
| 1 | 印度尼西亚 | 哥伦比亚 | 巴西 | 墨西哥 | 巴西 |
| | 515 | 1 721 | 516 | 717 | 55 000 |
| 2 | 墨西哥 | 秘鲁 | 哥伦比亚 | 澳大利亚 | 哥伦比亚 |
| | 449 | 1 701 | 407 | 686 | 45 000 |
| 3 | 巴西 | 巴西 | 厄瓜多尔 | 印度尼西亚 | 中国 |
| | 428 | 1 622 | 358 | 600 | 27 000 |
| 4 | 刚果(金) | 印度尼西亚 | 墨西哥 | 巴西 | 墨西哥 |
| | 409 | 1 519 | 282 | 467 | 25 000 |

续　表

| 名次 | 哺乳类/种 | 鸟类/种 | 爬行类/种 | 两栖类/种 | 种子植物/种 |
|---|---|---|---|---|---|
| 5 | 中国<br>394 | 厄瓜多尔<br>1 447 | 印度尼西亚<br>270 | 印度<br>453 | 澳大利亚<br>23 000 |
| 6 | 秘鲁<br>361 | 委内瑞拉<br>275 | 中国<br>265 | 哥伦比亚<br>383 | 南非<br>21 000 |
| 7 | 哥伦比亚<br>359 | 玻利维亚<br>1 250 | 秘鲁<br>251 | 厄瓜多尔<br>345 | 印度尼西亚<br>20 000 |
| 8 | 印度<br>350 | 印度<br>1 200 | 刚果(金)<br>216 | 秘鲁<br>297 | 委内瑞拉<br>20 000 |
| 9 | 乌干达<br>311 | 马来西亚<br>1 200 | 美国<br>205 | 马来西亚<br>294 | 秘鲁<br>20 000 |
| 10 | 坦桑尼亚<br>310 | 中国<br>1 195 | 委内瑞拉/澳大利亚<br>197 | 泰国/巴布亚新几内亚<br>282 | 苏联<br>20 000 |

　　巴西、刚果(金)、马达加斯加和印度尼西亚 4 国就拥有全世界 2/3 的灵长类物种,巴西、哥伦比亚、墨西哥、刚果(金)、中国、印度尼西亚和澳大利亚 7 国拥有全世界一半以上有花植物种,全世界一半以上热带雨林分布在巴西、刚果(金)和印度尼西亚三国。

　　(3) 全球物种多样性的热点地区　　一个地区物种多样性的高低不仅取决于物种数目,还在于该区域物种的特有性程度的高低。综合物种多样性和特有种两方面的水平,结合物种严重受威胁的程度,可以划分出全球物种多样性的热点地区(hotspot)。迈尔斯(Myers)根据极高的特有性水平、严重威胁的程度这两个标准,在全球范围内划分出了 18 个生物多样性的热点地区,主要在马达加斯加、巴西大西洋沿岸、厄瓜多尔西部、哥伦比亚乔科省、西亚马孙高地、东喜马拉雅、马来半岛、缅甸北部、菲律宾、新喀里多尼里等地。这 18 个地区虽然仅占地球表面积的 0.5%,却拥有全球 20% 的植物种和 5 万个特有植物种。

　　(4) 全球物种特有性格局　　物种自然分布范围有一定限制的状况,称为特有现象或特有性(endemism)。特有现象是对世界广泛分布现象而言的,一切不属于世界性分布的属或种,都可认为分布区内的特有属或特有种。例如,大熊猫自然分布仅局限于中国的四川、甘肃、陕西毗邻地区,因此它是中国特有种。由于不同地区的历史和自然条件等的差异,特有性的程度也不同。迈尔斯所划分的 18 个物种多样性热点地区,同时也是植物及其他类群特有性较高的地区[据联合国环境规划署世界保护监测中心(UNEP-WCMC)统计],见图 8.1、图 8.2。

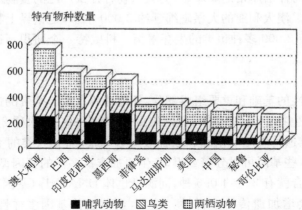

图 8.1　全球高等脊椎动物特有性最高的 10 个国家(引自 WCMC, 1992)

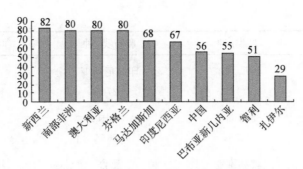

图 8.2　全球维管植物特有性最高的 10 个国家和地区(引自 WCMC,1992)
各条柱上数据为所在地特有植物分布率

　　(5) 微生物物种多样性　　微生物多样性是生物物种多样性的重要组成部分。由于它们需要专门仪器才能进行研究,因而对其多样性及保护的调查研究历来比较薄弱,尚未形成完整的研究体系。实际上,微生物在生命起源与生物进化中的重要地位,在生态系统中的巨大功能,以及在生产实践和人类社会进步中的杰出作用,已为世人所公认。对微生物多样性的进一步研究,显然在科学和实践上都将产生深远影响。

　　微生物多样性具有明显的特征:①生活环境多样化,可以说到处都有。在极地、冻原、戈壁、荒漠、水中、土壤中,甚至污泥、粪坑等其他生物难以生存之地,都有微生物在生活和繁衍;即使在高温、高盐、高碱、高压和低温、低 pH 等极端环境中,都分布有特定的微生物群落。②生活方式和代谢类型多样。不同微生物类群有各自的营养方式和代谢类型,有光能自养菌、化能自养菌、光能异养菌和化能异养菌之分,以及有好氧菌、厌氧菌以及兼性菌之别。微生物在长期进化过程中与其他生物形成了共生、共栖、寄生、拮抗等不同的关系。这就提供给人类微生物资源的多样性。③基因多样性。微生物物种多样性必然伴随其基因的多样性,它们的特殊的生理功能与非凡的适应能力必然由特殊基因所操控。

**2. 全球生态系统多样性**

　　全球生态系统(即生物圈)包含全球主要的、基本的生物群系(biome)。生物群系可理解为顶极群落及其演替阶段或演替系列的集合,一般以顶极群落的优势种来确定其界限。

　　全球生态系统包含全球主要的陆地生物群落,即热带雨林、亚热带常绿阔叶林、温带落叶阔叶林、北方针叶林、温带草原、热带稀树草原、荒漠、冻原等,除上述基本的地带性类型外,还有许多跨地带的或过渡类型;此外,还包括海洋生态系统、淡水生态系统及湿地生态系统。

　　例如,草原生态系统有天然的、半天然的和人工培植的。人类对天然草原的生物群落及其生态平衡尚无显著影响。人工培植的草原由人工种植和管理,这种草原对维护生物多样性作用微小。各种各样的半天然草原虽不是人工播种,但由于放牧家畜而变化很大。由于地球上纯天然草原已经很少,半天然草原对生物多样性保护就显得很重要,世界上大部分草原物种都存其中,许多物种依赖这些草原才得以存活。

　　又如生长在热带和赤道海洋沿岸带的珊瑚礁,为大量物种提供广泛的食物和多样化生境,其中某些物种仅存于珊瑚礁生态系统之中。澳大利亚的大堡礁绵延约 3 000 千米,是世界上物种最丰富的珊瑚礁之一,生活有 500 多种珊瑚,同时支持 2 000 多种鱼类的生存繁衍。科威特一个面积不过 4 平方千米的小珊瑚礁,也含有 23 种珊瑚和 85 种鱼类。

**3. 全球遗传多样性**

　　遗传多样性是生物多样性的基础和重要组成部分,是地球所有生物携带的遗传信息的总和,全球遗传多样性的数量十分巨大。每种生物染色体的数目是恒定的,玉米为 20 条,水稻 24 条,人类 46 条,虽然细胞中染色体数目不可能很多,但其遗传基础的基因和核苷酸对数却很多,如人类的平均基因数为 3 万左右,水稻基因数竟然是人类的两倍,这些基因可以分离重组,产生更加丰富多样的基因型。水稻 24 条染色体,仅其非同源染色体分离时的可能组合就有 $2^{12}=4\ 096$ 种,同源染色体 DNA 顺序(基因)间的交换也是遗传重组的重要部分。另外,基因突变也会增加遗传的多样性。总之,全球遗传基因多样性的数量非常巨大,是难以计量的。

### 8.2.2　全球生物多样性的丧失

**1. 地史时期中物种大灭绝事件**

在人类出现之前,地球生物多样性在时间与空间中的演化,从无到有,由低等到高等,与生物的进化历程及地壳、水圈和大气圈的演化息息相关。

生物进化史中曾发生过 5 次重大的物种灭绝事件。约在 5 亿年前发生第一次大灭绝,包括近万种三叶虫在内的 85% 生物种消失;约 4 亿年前发生的第二次大灭绝,地球上 82% 物种消失,包括许多无颌类、盾皮鱼类和三叶虫;约在 2.9 亿年前发生的第三次大灭绝,地球 96% 海洋物种灭绝;第四次大灭绝发生在约 2.45 亿年前,80% 爬行动物物种消失;距今约 1.38 亿年发生第五次大灭绝,至白垩纪末有 76% 物种丧失,在许多海洋生物灭亡的同时,统治地球近两亿年的恐龙灭绝。这 5 次大灭绝以二叠纪末发生的第三次规模最大,后经数百万年生物才又开始繁荣,而且产生多种高级类型。

有些科学家认为,目前地球已经处在最近一次物种大灭绝前夕,即第 6 次大灭绝,以许多岛屿型物种、大型哺乳动物和鸟类的灭绝为标志,这一次物种大灭绝与前 5 次不同,无疑与人类活动密切有关。

关于地球历史上 5 次物种灭绝事件的原因,科学界有几种观点,概括起来主要是天文灾害、地质灾害、气候灾害 3 个学说,它们的共同点在于地球表层自然生态环境由于突发的自然灾害而发生突变恶化,生物界的物种不适应而大量灭绝。这种灭绝的时间较短,一般持续几千年、几万年,最长的 10 万年。

科学家发现,每次生物多样性危机造成物种大灭绝之后,随着地球自然环境的恢复和改善,新的物种产生并逐步繁盛,进化到一个新的阶段,这个恢复和进化的时间可持续千万年。在地球历史上,生物多样性曾经出现 3 次大爆发,分别是在古生代、晚古生代和新生代,其中生物多样性最高峰是在新生代的最近时期,即 1 万年以来的冰后期。

**2. 人类出现后的生物多样性危机**

自大约 35 亿年前地球上出现细胞形态的生物以来,由于自然原因出现过 5 次物种灭绝事件,也发生过 3 次生物多样性大爆发,其中生物多样性最高峰出现在人类出现的新生代后期。这是地球自然界给予人类最宝贵的资源,人类对此应当也必须十分珍惜并加以保护。但是近几个世纪以来,人类大大加快了地球上生物多样性的消失速度。据科学家估计,目前物种的丧失速度比人类干预以前的自然灭绝速度要快 1 000～10 000 倍。

在地球上生命进化的大部分时间中,物种的灭绝速度和形成速度是大致相等的,而目前灭绝速度比形成的速度快达 100 万倍。据《世界濒危动物红皮书》统计,在 20 世纪,110 个种和亚种的哺乳动物和 139 种和亚种的鸟类已经在地球上消失,到 2050 年 25% 的物种陷入绝境。据世界自然保护联盟保守估计,6 万种植物将要濒临灭绝,物种灭绝总数将为 66～186 万种。目前全球有三分之一两栖类的生存受到威胁,2004 年全球就有 168 种两栖动物灭绝。尽管不同学者估计的数字不同,然而无可争辩的是,生物多样性目前正以前所未有的速度丧失。

## 8.3　中国生物多样性

中国幅员辽阔,气候复杂多样,地貌类型齐全,形成了类型多样的生态系统,包括森林、草原、荒漠、湿地、海洋与海岸生态系统,多样化的生态系统孕育了丰富的物种多样性。中国生物多样性在世界上占有重要位置,为全球物种多样性特别丰富的国家之一,不仅物种数量多,而且特有程度高,生物区系起源古老、成分复杂,并拥有大量的珍稀孑遗物种。中国有 7 千年的农业历史,造就了多种多样的农田生态系统,在长期自然和人工选择作用下,适应形形色色的耕作制度和自然条件,孕育了异常丰富的农作物和驯养动物遗传资源。

### 8.3.1　中国生物多样性现状

**1. 中国物种多样性现状**

据统计,中国已记录的主要生物类群的物种总数8.8万余种(表8.3),其中不包括至今仍然不甚了解的土壤生物和尚未认识的数以十万计的昆虫。随着中国生物分类学事业的蓬勃发展,每年有大量新物种被发现和描述,中国的生物多样性数据不断地被刷新。昆虫纲是新物种发现的主体。例如,2020年,全世界发现鞘翅目现生新物种2 835种,其中中国发现431种,占比15.2%。自2008年开始,中国科学院生物多样性委员会每年组织发布经分类学专家审定的《中国生物物种名录》,为全世界使用者提供免费服务。2022版《中国生物物种名录》较2021版新增10 343个物种及种下单元。

表8.3　中国与世界主要生物类群已知种数的比较(改自陈灵芝,1993)

| 分类群 | 中国已知种数(SC) | 世界已知种数(SW) | SC/SW |
| --- | --- | --- | --- |
| 哺乳类 | 510 | 4 200 | 12.1% |
| 鸟类 | 1 195 | 9 040 | 13.2% |
| 爬行类 | 376 | 6 500 | 5.8% |
| 两栖类 | 284 | 4 200 | 6.8% |
| 鱼类 | 3 264 | 21 400 | 15.3% |
| 昆虫 | 40 000 | 751 000 | 5.3% |
| 苔藓 | 2 200 | 16 600 | 13.3% |
| 蕨类 | 2 600 | 12 000 | 21.7% |
| 裸子植物 | 236 | 786 | 30.0% |
| 被子植物 | 28 000 | 220 000 | 12.7% |
| 真菌 | 8 000 | 69 000 | 11.6% |
| 藻类 | 500 | 3 060 | 16.3% |
| 细菌 | 5 000 | 40 000 | 12.5% |

由表8.3可知,中国是世界上裸子植物物种资源最丰富的国家,物种数占世界物种总数的近1/3,有许多种类是北半球其他地区早已灭绝的古残遗种或孑遗种,并常为特有单型属或少型属。

中国具有连续完整的热带、亚热带、温带和寒带,生境复杂,植被类型多样,植物区系包含着大量的特有种,这使中国成为北半球植物多样性最丰富的国家和重要的植物物种保存中心。但中国植物多样性的分布很不均匀,主要集中在中南部,包括横断山脉地区、华中地区和岭南地区等植物多样性热点地区。

中国海域已记录的海洋生物物种超过1.3万种,包括种类繁多的海洋无脊椎动物、海洋鱼类、海蛇、海龟、海鸟和鲸类、鳍足类、海牛类等,多样性相当可观。在较高级的分类阶元上,海洋生态系统拥有比陆地生态系统更多的生物门类。

在中国几千年的农、牧业发展过程中,培育和驯化了大量经济性状优良的作物、果树、家禽、家畜及其数以万计的品种。据粗略统计,起源于中国的栽培物种达237种,品种约达3万种,历代引进作物种类有100多种,当前中国栽培作物种类共600多种,居世界首位。原产中国的家畜、家禽品种或类群有200多个。目前饲养的畜禽品种和类群共596个。药用植物500余种,花卉数千种。又如近年来新发现或重新发现的温泉蛇(*Thermophis baileyi*)、新疆北鲵(*Ranodon sibiricus*)以及被认为早已绝迹的朱鹮(*Nipponia nippon*)等,说明脊椎动物中也仍然不断发现新的物种。

有关微生物物种多样性,就全球而言,至今还知之甚少。随着新一代高通量测序技术的快速发展,大量微生物新物种被发现。中国微生物多样性研究的体量和水平也得到迅速提高。

**2. 中国生态系统多样性现状**

按照《中国生物多样性保护行动计划》中植被区划,中国生态系统多达595个类型,此外还有淡水和海洋生态系统等类型。

（1）森林生态系统　　中国的森林生态系统有寒温带针叶林、温带针阔混交林、暖温带落叶阔叶林、亚热带常绿阔叶林、热带季雨林与雨林等 5 大类型。初步统计，以乔木的优势种、共优种或特征种为标志的类型有 212 类。这些系统生产力高，物种丰富。中国热带森林面积仅占国土面积的 0.5％，却拥有全国物种总数的 25％，而其中植物种类占全国总数的 15％，动物种类占全国总数的 27％，同时也是大熊猫、亚洲象、叶猴和长臂猿等国家一级重点保护动物的产地。

（2）草原生态系统　　中国的草原包括温带草原、高寒草原和山地草原等类型，而温带草原又分成草甸草原、典型草原和荒漠草原。中国的草甸草原又分为典型草甸（27 类）、盐生草甸（20 类）、沼泽化草甸（9 类）、高寒草甸（21 类）。

（3）荒漠生态系统　　中国的荒漠分成小乔木荒漠、灌木荒漠、半灌木与小半灌木荒漠及高寒区垫状小半灌木荒漠 4 个类型 52 类。

（4）农田生态系统　　中国农业历史悠久，耕地主要分布在东部季风区的平原及低缓丘陵区。南方的耕地以水田为主，北方的则以旱地为主。农田生态系统类型复杂，有旱田、水田、果园、桑园、茶园、橡胶园等，还有林木、果树与作物间作构成的多种农林复合生态系统等。

（5）湿地生态系统　　据原国家林业局（现国家林业和草原局）资料，中国湿地分为 5 类 28 型：①近海及海岸湿地类，包括浅海水域、潮下水生层、珊瑚礁、岩石性海岸、潮间沙石海滩、潮间淤泥海滩、潮间咸水沼泽、红树林沼泽、海岸性咸水湖、海岸性淡水湖、河口水域、三角洲湿地共 12 型；②河流湿地类，包括永久性河流、季节性或间歇性河流、泛洪平原湿地共 3 型；③湖泊湿地类包括永久性淡水湖、季节性淡水湖、永久性咸水湖、季节性咸水湖共 4 型；④沼泽湿地类包括藓类沼泽、草本沼泽、沼泽化草甸、灌丛沼泽、森林沼泽、内陆盐沼、地热湿地、淡水泉或绿洲湿地共 8 型；⑤多种类型人工湿地。

## 3. 中国遗传多样性现状

中国具有极为丰富的物种，而任何物种都具有其独特的基因库和遗传组织形式，物种的多样性也就显示了基因的多样性，据此可以认为中国是世界上遗传多样性最为丰富的国家之一。

（1）野生生物遗传多样性　　中国丰富多样的野生生物是极其珍贵的遗传多样性宝库，正是遗传多样性为中国的物种及生态系统多样性奠定了基础。由于中国有众多的特有物种，因此，中国的遗传多样性具有极为特殊的重要性。例如，中国学者以 20 种内切酶研究了来自云南、贵州、四川、广西、福建、海南、湖北、湖南、河南、安徽等 20 个省区以及缅甸、越南共 36 只猕猴的 mtDNA 多态性和亚种分化的关系，共检出 23 种限制性类型，其中海南、华北、川西、滇西北各为独立的类群，福建和广西猕猴属同一类群。

（2）栽培植物遗传多样性　　中国农业渊源久远，通过长期自然选择和人工选择，形成了各种作物异常丰富的遗传资源。据统计，600 多种栽培作物中，有 237 种起源于中国，中国是世界作物的重要起源中心之一，不仅每种作物有许多品种，而且不少作物的野生种或野生近缘种属于特有。中国是水稻的起源地之一，全国约有水稻品种 5 万个，还有 3 种野生稻。大豆起源于中国，中国有大豆品种 2 万个，同时野生大豆分布也很广，这在世界上是独一无二的。中国常用蔬菜 80 余种，品种约 2 万个，其中许多是中国特有的。中国常见的果树有 30 余种，品种上万个。

（3）饲养动物遗传多样性　　中国是世界上饲养动物品种和类群最丰富的国家之一，包括家畜家禽特有种和品种、特种经济动物、有特别经济价值和性能的野生动物，及家养和野外放养的经济昆虫等，品种和类群达到 2 千多个。中国家养动物生态型和繁殖性状有丰富的变异，是世界上饲养动物宝贵的基因资源库。

（4）水产养殖类生物遗传多样性　　中国淡水养鱼业历史悠久，主要淡水养殖鱼类约有 24 种，其中以青、草、鲢、鳙"四大家鱼"分布最广，养殖种类还有淡水虾蟹如河蟹、南美白对虾、罗氏沼虾、青虾、克氏原螯虾以及龟、鳖等。海水养殖的对象主要是鱼类、虾蟹类、贝类、藻类以及海参等。鱼类有梭鱼、鲻鱼、罗非鱼、真鲷、黑鲷、石斑鱼、鲈鱼、大黄鱼、美国红鱼、牙鲆、大菱鲆等；虾类有中国对虾、斑节对虾、长毛对虾、墨吉对虾、日本对虾和南美白对虾等；蟹类有锯缘青蟹、三疣梭子蟹等；贝类有贻贝、扇贝、牡蛎、泥蚶、毛蚶、缢蛏、文蛤、杂色蛤仔和鲍鱼等；藻类有海带、紫菜、裙带菜、石花菜、江蓠和麒麟菜等。海带养殖无论从养殖面积还是产量,居世界第一。中国水产养殖种类众多,都是宝贵的水产物种遗传资源。

### 8.3.2　中国生物多样性的特点

#### 1. 物种多样性高度丰富

　　中国生物资源的种类和数量在世界上都占据重要地位。从植物的种类数目看,中国约有 3 万种,居世界第三位,仅次于马来西亚(约 4.5 万种)和巴西(约 4 万种)。中国有苔藓植物 106 科,占世界总科数的 70%;蕨类植物 52 科 2 600 种,分别占世界总科数的 80% 和种数的 26%;全世界裸子植物 15 科 79 属 850 种,中国就有 11 科 34 属 250 种,被子植物分别占世界科、属的 54% 和 24%。

　　中国是世界上野生动物资源丰富的国家之一,中国陆栖脊椎动物 2 365 种,约占世界总种数的 12%;中国鸟类约占世界鸟类总种数的 13%,全世界有鹤类 15 种,中国就有 9 种;中国有兽类 510 种,约占世界兽类的 12%;灵长类动物在欧美一些国家完全没有,中国至少有 16 种。在 40 多个海洋生物门中,中国海几乎都有其组成种类,且所占比例很大。

　　中国的栽培作物、果树和经济作物在世界上也占据着极其重要的地位。中国是世界上 8 个作物起源中心之一,世界上 1 200 种栽培作物中有 200 多种起源于中国。中国的谷类作物物种及其变种,位居世界第二。

#### 2. 物种特有性高

　　中国辽阔的土地,古老的地质历史,多样的地貌、气候和土壤条件,形成了复杂多样的生境,加之受第四纪冰川的影响不大,这些都为特有类群的发展和保存创造了条件,致使目前在中国境内存在大量的古老孑遗和新产生的特有种(表 8.4),如大熊猫、金丝猴、麋鹿、白鱀豚、白唇鹿、毛冠鹿、羚牛、野马、普氏原羚及青藏高原特有的藏羚羊等,中国产 56 种雉鸡类中黄腹角雉、绿尾虹雉、藏马鸡、褐马鸡、蓝鹇、白冠长尾雉、白颈长尾雉、黑长尾雉、红腹锦鸡、白腹锦鸡等 19 种都是中国特有鸟类。中国的许多特有动物属于世界珍稀动物。

表 8.4　中国主要生物类群特有种(或属)及比例(改自陈灵芝)

| 分类群 | 已知的属和种类 | 特有属和特有种数 | 占总种、属/% |
|---|---|---|---|
| 哺乳类 | 510 种 | 73 种 | 14.3 |
| 鸟类 | 1 195 种 | 99 种 | 8.3 |
| 爬行类 | 376 种 | 26 种 | 6.9 |
| 两栖类 | 284 种 | 30 种 | 10.6 |
| 鱼类 | 3 264 种 | 440 种 | 13.5 |
| 苔藓 | 494 属 | 8 属 | 1.6 |
| 蕨类 | 224 属 | 5 属 | 2.2 |
| 裸子植物 | 32 属 | 8 属 | 25.0 |
| 被子植物 | 3 166 属 | 235 属 | 7.4 |

　　中国种子植物特有科,如银杏科(Ginkgoaceae)、杜仲科(Eucommiaceae)、水青树科(Tetracentraceae)、伯乐树科(Bretschneideraceae)和大血藤科(Sargentodoxaceae),均只有 1 属 1 种。独叶草(*Kingdonia uniflora*)也是中国特有珍稀濒危植物,然而对其是否单列 1 科,学界尚在研讨中。此外,中国植物分类学家高宝莼发现并建立一个特有科——芒苞草科(Acanthochlamydaceae);中国有 243 个特有植物属,其中古特有属占很大的比例;中国特有植物种估计万种以上。裸子植物中代表性特有种有银杏(*Ginkgo biloba*)、攀枝花苏铁(*Cycas panzhihuaensis*)、水杉(*Metasequoia glyptostroboides*)、银杉(*Cathaya argyrophylla*)、金钱松.百山祖冷杉、华北落叶松、华山松、白皮松、黄山松、水松、台湾杉、白豆杉、红豆杉等。被子植物中特有种更多,如杜仲、珙桐、伯乐树、独叶草、芒苞草、喜树、长喙兰、蜡梅、猪血木(*Euryodendron excelsum*)等。特有种的分布特点往往局限在很小的特定生境中。

#### 3. 生物区系起源古老

　　由于地史原因,中国各地不同程度保存有白垩纪、第三纪的古老、残遗成分。例如,松、杉类出现于晚古生代,全世界现存 7 个科,中国有 6 个科。被子植物中有许多古老或原始的科、属,如木兰科的鹅掌楸属(*Liriodendron*)、木兰属(*Magnolia*)、木莲属(*Manglietia*)、含笑属(*Michelia*),金缕梅科的假蚊母属(*Distyliopsis*)、马蹄荷属(*Exbucklandia*)、红花荷属(*Rhodoleia*)。山茶科、樟科、八角茴香科、五味子科、腊梅科、昆栏树科(Trochodendraceae)及中国特有科水青树科、伯乐树科等,都是第三纪的残遗植物。中国 3 875 个高等植物属中单型属占 38%,而特有属中单型属和少型属则占 95% 以上。植物区系中多单型属和少型属,也反映了生物区系的古老性。中国陆栖脊椎动物区系的起源可追溯至第三纪上新世的三趾马属(*Hipparion*)区系。海洋生物区系起源也古老,在中国海域还保存有一些古老的孑遗物种如鲎(*Tachypleus* sp.)和鹦鹉螺(*Nautilus* sp.)等,两者均有活化石之称。

**4. 经济种类异常丰富**

据初步统计,中国有重要的野生经济植物 3 000 多种、纤维类植物 440 余种、淀粉原料植物 150 余种、蛋白质和氨基酸植物 260 种、油脂植物 370 余种、芳香油植物 290 余种、药用植物 5 000 余种、具有杀虫效果的植物 500 余种、用材树种 300 多种,还有树脂树胶类植物、橡胶类植物、鞣料植物等。有经济价值的鸟类 330 种、哺乳动物 190 种、鱼类 60 种。野生食用菌有 700 种,药用菌有 380 种,菌丝体有 300 种。各种经济植物的野生近缘种数量更是繁多。

## 8.3.3　中国生物多样性受威胁现状

中国生物多样性的丰富程度在北半球首屈一指,然而也是生物多样性受到严重威胁的国家之一,生物多样性丧失已成为中国目前最严重的生态问题之一。生态受破坏的形式主要表现为森林减少、草原退化、农田土地沙化和退化、水土流失、一些地区水质恶化、赤潮发生频繁、经济生物资源锐减和自然灾害加剧等方面。虽然目前中国生物多样性保护的呼声日益高涨,有关部门也采取了保护和管理措施,但生态环境退化的局面还没有得到根本遏制,各种人为破坏仍在继续,物种生存面临着严重威胁,外来入侵物种危害日趋严重,生物遗传资源丧失问题依然突出。

**1. 生态系统受威胁现状**

(1) 森林生态系统受威胁现状　　根据 2013 年第八次全国森林资源清查,中国森林面积增至 2.08 亿公顷,森林覆盖率由第七次全国森林资源清查的 20.36% 增至 21.63%。但连绵几十平方千米的天然林已极罕见,山地丘陵有 2/3 为裸地,其他森林也呈岛屿状分散在大面积退化环境中。据 2020 年联合国粮食及农业组织公布的《世界森林资源评估报告》,中国森林面积为 2.2 亿公顷,占世界森林总面积的 5.4%,居世界第五位。中国人均森林面积列世界第 119 位。近些年来,中国森林覆盖率呈增长趋势,但主要是人工林面积的增长,作为生物多样性资源宝库的天然林在减少,残存的天然林也大多处于退化状态。例如海南岛天然林的覆盖率,1950 年时是 35%,1956 年迅速下降到 25.7%,1979 年进一步锐减到 11.2%,1987 年再减至 7.2%,到 2000 年仅剩 4% 左右。亚热带地区的常绿阔叶林已被大面积砍伐,被人工杉木林和马尾松林取代,人工林中物种急剧减少,原有的森林动植物灭绝或濒于灭绝,中国目前统计濒危和灭绝的物种绝大多数属于森林生态系统,它们的分布区随森林缩减而逐步萎缩,种群数量急剧下降。

(2) 草原生态系统受威胁现状　　约占全国国土面积 1/3 的草原生态系统,2005 年全国草原干草总产量达到 29 421.39 万吨,平均单产量 829.67 kg/hm²。其中干草总产量最多的省(自治区)依次为内蒙古、青海、新疆等。草原初级生产力是维持草原生态系统的物质基础,也是草原上各种动物赖以生存的基本条件。草原产草量的监测是草原资源合理利用的重要依据。依据遥感监测,中国干旱地区草原产草量本就不高,加之超载放牧、毁草开荒及鼠害虫灾等影响,一些地区草原生态系统面临衰退的局面。以内蒙古自治区为例,严重减产和减产的草地面积占该区总草地面积的 47.5%,在草原受破坏、风沙活动加强的威胁下,北方沙漠化进程加快。近年滥挖、滥采药材,使中国草原中野生麻黄、甘草等数量日趋减少。偷捕滥杀普氏原羚(*Procapra przewalski*)、雀鹰(*Accipiter nisus*)、大鵟(*Buteo hemilasius*)等,致使其沦为稀有种或偶见种。相反,一些害鼠如沙鼠、跳鼠、田鼠、黄鼠等的种群数量则呈扩大趋势,对草场造成严重破坏。

(3) 荒漠生态系统受威胁现状　　据 2004 年报道,全国荒漠化土地总面积为 263.6 万平方千米,占国土总面积的 27.5％,其中风蚀荒漠化土地面积 183.9 万平方千米,占荒漠化土地总面积的 69.8％。中国西北荒漠部分环境受到严重破坏,生物资源遭剧烈摧残,生物多样性在急剧减少。国家虽然颁布和采取保护措施,但干旱胁迫和人为对植物资源掠夺式的樵采,致使塔里木盆地 53 万公顷胡杨林面积逐年在减少。胡杨(*Populus euphratica*)是干旱荒漠地区固土抗沙的关键物种,具有无可替代的生态价值。柽柳(*Tamarix*)是一种多年生泌盐盐生植物,是新疆主要防风固沙灌木,新疆原有 400 万公顷柽柳灌丛也大半被砍。过度猎捕和破坏栖息地,使不少动物濒危或灭绝。普氏野马(*Equus przewalskii*)于 20 世纪 60 年代初最后从野外绝迹;从 50 年代初中国的高鼻羚羊(*Saiga tatarica*)就绝迹不见。新疆虎是亚洲虎的一个独特亚种,早在 20 世纪初即已灭绝。

(4) 湿地生态系统受威胁现状　　在长期人类活动影响下,湿地被不断围垦、污染和淤积,面积日益缩小,生物物种减少。据估计,中国有 40％的重要湿地受到中等和严重威胁,而且随着经济和人口增长,湿地正以前所未有的速度遭受破坏,许多湿地物种、景观、生态功能正逐渐消失,有的已经完全丧失。20 世纪 50～70 年代的围湖、围海、造田,使长江中下游地区丧失湖泊 1.2 万平方千米;洞庭湖和鄱阳湖因农业开发缩小 1/3;被誉为“千湖之省”的湖北,湖泊总量从 1 066 个减少到目前的 309 个。据统计,50 多年来,全国围垦湖泊面积已达 130 万公顷以上,因围垦而消亡的天然湖泊近 1 000 个。

环境污染对湿地的影响正随着工业化进程而迅速增大。全国湖泊有 2/3 受到不同程度的富营养化污染,水质不断恶化,破坏了湿地生物多样性。据专家分析,中国淡水渔业的年收入仅 80 多亿元,而湖泊和水库因养殖致水体污染造成的损失却远高于此。

(5) 海洋生态系统受威胁现状　　据原国家海洋局对中国近岸海域部分生态脆弱和敏感区建立生态监控区,类型包括海湾、河口、滨海湿地、珊瑚礁、红树林和海草床等典型生态系统,监测结果表明:中国主要海湾、河口及滨海湿地生态系统处于亚健康或不健康状态,其中莱州湾、黄河口、长江口、杭州湾和珠江口生态系统处于不健康状态,主要表现在富营养化及营养盐失衡,生物群落结构异常,河口产卵场缩减或部分消失,生境丧失或改变等。严重污染的海域,如某些排污口的潮间带,甚至导致物种绝迹。主要影响因素是陆源污染物排海、围填海侵占海洋生境、海洋生物资源过度开发。中国近岸海洋生态系统整体处于脆弱状态,环境恶化的趋势尚未得到根本缓解。以赤潮为例,中国海域 20 世纪 60 年代记录发生赤潮 3 次,而 2000 年一年共发生 28 次。赤潮严重发生时鱼、虾、贝类大量死亡。

**2. 物种及遗传多样性受威胁现状**

虽然中国具有高度丰富的物种多样性,但物种濒危的现象却十分严重,2008 年,生态环境部(原环境保护部)联合中国科学院启动了《中国生物多样性红色名录》的编制工作,先后发布了《中国生物多样性红色名录——高等植物卷》《中国生物多样性红色名录——脊椎动物卷》,2018 年又发布了《中国生物多样性红色名录——大型真菌卷》。据生态环境部的最新数据:中国 34 450 种高等植物中,灭绝 27 种,野外灭绝 10 种,地区灭绝 15 种,受威胁物种(包括极危、濒危和易危物种)3 767 种,约占植物总数的 10.9％;4 357 种脊椎动物中,灭绝 4 种,野外灭绝 3 种,区域灭绝 10 种,受威胁脊椎动物 932 种,占被评估物种总数的 21.4％;9 302 种大型真菌中,受威胁的达 97 种,占评估物种总数的 1.04％。

中国原有的犀牛、麋鹿、高鼻羚羊、红腿白臀叶猴(*Presbytis nemaeus*)等已经灭绝或野外灭绝。珍稀濒危动物种有朱鹮、东北虎(*Panthera tigris altaica*)、华南虎(*P. t. amoyensis*)、云豹(*Neofelis nebulosa brachyurus*)、多种叶猴类(*Presbytis* spp.)、多种长臂猿(*Hylobates* spp.)、儒艮(*Dugong dugon*)、坡鹿(*Cervus eldi*)、白鱀豚(*Lipotes vexillifer*);濒危的植物种有无喙兰(*Archineottia gaudissartii*)、双蕊兰(*Diplandrorchis sinica*)、海南苏铁(*Cycas hainanensis*)、西双版纳粗榧(*Cephalotaxus mannii*)、姜状三七(*Panax zingiberensis*)、人参(*P. ginseng*)、天麻(*Gastrodia elata*)、草苁蓉(*Boschniakia rossica*)、肉苁蓉(*Cistanche deserticola*)、紫斑牡丹(*Paeonia suffruticosa* var. *papaveracea*)等。长江的“三鲟”、江豚、白鱀豚变为稀有濒危动物,长江鲟鱼、鳜鱼、银鱼等经济鱼类变得十分稀少。海产对虾、海蟹、带鱼、大黄鱼、小黄鱼等主要经济鱼类的可捕捞量也不断缩减。大量的水生生物处于濒危或受威胁状态。

中国的栽培植物遗传资源正面临严重威胁,许多古老的名贵品种正在绝迹。如 1964 年云南省景洪县发现两种野生稻计 24 处,由于开垦农田和种植橡胶树,至 80 年代末只剩 1 处。山东省的黄河三角洲和黑龙江省的三江平原,过去遍地生长野生大豆(*Glycine soja*),现在只在少数地区有零星分布。1959 年上海郊区有蔬菜品种 318 个,到 1991 年只剩 178 个,丢失了 44.8%。动物遗传资源受威胁的现状也很严重。如优良的九斤黄鸡、定县猪已经绝灭,特有的海南岛峰牛、上海荡脚牛也很难觅见。遗传基因的丧失,其后果是无法估量的。如此宝贵的遗传资源亟须抢救,以免丧失的危险。

## 8.4 生物多样性受危原因

灭绝是生命演化的正常事件,但是人类极大地提高生物的灭绝率。人类造成生物多样性危机的原因有直接的和间接的,直接原因包括狩猎、捕捞、采集和残害等,但是导致大量物种灭绝的最重要原因是间接的。

### 8.4.1 人类直接造成生物多样性危机

据国外资料,自 17 世纪以来,地球上灭绝的脊椎动物至少有 1/6 是由于狩猎、捕捞和残害造成的。在澳大利亚和北美洲,体重超过 44 kg 的大型动物已有 74%~86% 因人类狩猎而灭绝了。特别是在工业化以后,很多地区专注于生物资源的实用价值而肆意开发,忽视了生物多样性间接的和潜在的价值,生物资源持续生产的极限被突破,生物多样性在各个层面上遭到无情的蚕食。

例如美洲野牛,在印第安游牧部族使用石头、矛和箭徒步捕猎时,其被杀数目有限,远不及因大自然中的天敌和严酷气候而死去的数字。但从 19 世纪以来,人开始有组织地追猎野牛,火药枪发挥了巨大的作用,甚至专门修筑铁路通往野牛群栖息地以猎牛为乐。到 1893 年,野牛从原来的 6 000 万头仅剩 1 000 头左右,濒临灭绝的野牛群这才引起各界的关注。又如雄麝(又名香獐),其腹部香囊中的分泌物是名贵的麝香,早先只能"杀麝取香",而且至少要杀掉 40 头成年雄麝才能生产 1 千克麝香;同样,藏羚羊、高鼻羚羊等也因为它们名贵的毛或角受到无情的追杀;鲸、海豚、海狗、海豹等大型海兽也曾遭到大量捕杀。

人们为获取野味和宠物利润而进行的猎鸟活动是对鸟类的极大威胁,约 1/3 的濒危鸟类受影响。自 1500 年以来,约有 50 种鸟类的灭绝是过度捕猎的后果。1844 年,全球最后一对大海雀在北大西洋海岛上死于盗猎者的枪口。旅鸽的灭绝是另一个著名例子。北美的旅鸽曾是地球上数量最多的鸟类之一,一百多年前估计尚有 50 亿只,只因遭到滥捕滥杀,到了 1900 年野生旅鸽绝迹。这时虽然人们对动物园中仅存的少量个体特别加以保护,但为时已晚,至 1914 年 9 月 1 日动物园中最后一只旅鸽也宣告死亡,这种鸟类终于在地球上完全灭绝。全世界 388 种鹦鹉中就有 52 种因资源过度开发而处境危险。海鸟数量快速减少与渔业捕捞有关,它们受诱饵引诱而被捕,每年多钩长线渔业夺去几十万只海鸟的生命。地球上所有的 21 种信天翁现在都濒临灭绝,这是因为人类捕鱼作业进入它们的活动范围。

滥捕偷猎是造成物种受威胁的重要原因之一,这在中国也不例外。20 世纪 50 年代开始,医药、研究、外贸、动物园等部门以需要为名,竞相收购猴类,食品加工、食用猴类(以制作猴肉干为大宗)而大量捕捉猕猴,每年有成千上万的猴类被捕、被杀。羚羊、野生鹿及某些毛皮兽由于过量狩猎,种群数量大减甚至消失。自 20 世纪 80 年代以来,仅内蒙古地区每年猎杀的黄羊就多达 7 万~8 万头。中国海域主要经济鱼类资源 20 世纪 60 年代就已出现衰退现象,70 年代的过度捕捞导致持续衰退;一些重要的经济物种由于过量捕捞致使资源枯竭,无法再形成渔汛。调查表明,许多经济水产资源(鱼、虾、蟹、贝、藻等)都面临过度采捕的威胁,石花菜等名贵海藻已濒临绝迹。掠夺性捕捞对许多珍稀海洋生物造成巨大破坏,底层拖网、毒鱼或炸鱼等方式不仅给鱼类造成浩劫,也毁坏了整个生态系统,严重影响海洋生态环境的稳定。淡水湖泊捕捞过度现象更为严重。过度采挖野生经济植物也是造成生物多样性受威胁的直接原因之一。近几年在内蒙古、新疆、甘肃等地草原上大量挖掘甘草,使其面积急剧减少;人参、天麻、黄芪、砂仁以及发菜、冬虫夏草、灵芝、蒙古口蘑、庐山石耳等,由于长期人工过度采挖,已有灭绝的危险。

过度采捕不仅造成资源数量减少和小型化,而且对遗传多样性也产生很坏的影响。生物资源遗传多样性丧失所带来的后果,轻则造成在物种水平上群体内遗传变异和种群间遗传差异水平的降低,重则导致物种的消亡。

## 8.4.2 人为间接致危

物种灭绝的原因是多方面的,导致大量物种灭绝的最重要原因是人为间接导致危害的结果,包括以下几个主要因素。

### 1. 人口问题

1760 年工业化开始时,世界总人口仅 6.5 亿~8.5 亿,而当前已超过 80 亿。人口增加带来对生存空间和食物需求的增长,许多自然区域变成了农田、人工林、人工草场、村庄、城镇、道路等;随着全球人口的急剧增长,对自然资源的需求量日益增多。这是物种受排挤和灭绝的最主要的原因。有很多事例证实:19 世纪和20 世纪交替时,动物种灭绝速度加快,因人类影响而致绝种的生物种类比自然演化之下的绝种率要高许多。

人类大规模的迁移,在迁入地区自然生态环境和天然植被往往遭到破坏,野生生物遭捕杀,移民及旅行者和国际贸易的增加还将外来物种引入迁入地区,这些物种的引入,特别是家养物种的引入,也危及当地物种的生存。例如,澳大利亚的袋狼在移民进入后短短 200 多年中受排挤而日益减少,自 1966 年起已绝迹不见。

自人类开始种植植物和驯养畜禽,出现了农业和畜牧业以后,人类的生存就越来越依赖于少数几种作物和畜禽,农业机械化的实现,使得少数几种作物和畜禽成为自然史上空前的优势物种,人类的生存活动也逐渐局限于几种单调脆弱的农牧业生态系统,生态系统多样性不断消失。自然已经被人类完全改观和简化,人类生存需求的重担几乎完全压在极其狭窄的生态空间上。

### 2. 生境恶化

在人口持续增长、资源逐渐短缺的条件下,环境问题相伴产生和发展,全球性的人口、资源与环境问题出现于第二次世界大战之后。产业革命带来的工业化发展和人口的迅速增长是促使这一问题日益加剧的根本原因。沉重的人口压力,不仅带来了诸多的社会问题,也带来一系列的环境问题如森林砍伐、草地滥垦、土地荒漠化、水土流失、大气和水域及土壤污染等。作为自然生态系统提供给人类和众生万物以生存环境的森林和草地,大规模毁坏除了使生物圈生产力下降、生物多样性减少、可更新资源短缺外,更重要的影响还在于对生态环境的破坏,如土壤有机质含量降低、水土流失加剧和土地沙漠化等。荒漠化使全球陆地面积的 1/4 受到威胁,一百多个国家和地区受到危害。

局部地区环境污染是造成大批生物种群消失的原因。工业化生产在大量消耗不可更新资源的同时,大量的废水、废气、废渣和废热等被排放到环境中,使水体、大气、土壤和生物等受到不同程度的污染,生态环境遭到严重的破坏。例如,印度兀鹫的数量在不到 10 年中减少了 95%,这是因为兀鹫吃了曾服过农药的牲畜后中毒死亡。欧洲西部农田鸟类的数量在 1980~2003 年间减少了 57%,农业集约化是重要原因之一。除了人们施用的化肥、杀虫剂直接导致许多野生生物死亡外,含有化学物质的径流污染了迁徙水禽所依赖的湿地,使许多鸟类中毒死亡。持久性有毒污染物对许多鸟类和哺乳动物构成了严重威胁。DDT 残留、二噁英、多氯联苯等持久性有机污染物在食物链中积聚,可导致鸟类畸形、不育和疾病。一些海域如地中海和阿拉伯海正面临着生物死亡。内陆湖泊如咸海由于堰塞及污染,生物群落几乎已经被全部毁灭。

大量废水、废气、固体废物的排放,以及长期滞留的农药残毒,使许多陆地和水生生物及生态系统因生境恶化而濒危。中国七大水系均遭污染,这是水生生物大量消亡的主要原因。至于海洋,特别是近海的污染也是物种减少的主要因素。目前,对中国森林及其生物多样性危害最为严重的是大气污染,主要是酸雨危害。仅四川盆地受酸雨危害的森林面积即占有林地面积的 32%。酸雨造成土壤微生物总量减少,引起土壤酸化、地力衰退、作物抗御病虫害等自然灾害的能力减弱。

### 3. 生境与栖息地的丧失

据联合国粮食及农业组织的评估,过去 20 年间,全球森林面积净减少了近 1 亿公顷。虽然全球森林净损失比以往虽已有所减少,但其中被称为"地球之肺"的热带森林,每年损失量仍很可观。森林破坏的后果:①全球 50% 以上的生物种类蕴藏于森林中,其迅速减少是导致生物多样性丧失的重要原因;②森林是地球大

气中 $O_2$ 和 $CO_2$ 含量的调节器,森林大量消失将使温室效应更加剧;③山地森林对江、河的水源起重要的涵养和调节作用,森林毁坏导致洪灾频繁。中国 20 世纪 90 年代几次大洪灾都与江河上游森林大面积遭砍伐破坏有关。科学家认为,新近脊椎动物的灭绝至少有 1/5 归因于生境的破坏。在非洲南撒哈拉地区,野生生物栖息地原有面积丧失率高达 65%。热带亚洲的情况更严重,丧失率达 67%。栖息地面积缩小和片段化,导致野生生物种内遗传多样性严重丧失。

栖息地丧失致使物种生存受到严重威胁。科学家警告,如果人类消费方式和破坏作用仍不改变,30 年后地球上将有 1/4 物种消失。

随着全球工业化的加速和能源消耗的上升,人类向大气和水体中排放污染物质有增无减,导致了全球性环境问题接踵而至,如温室效应、同温层臭氧耗损破坏、酸雨及全球氮循环失衡等,这些问题的产生及其严重化强烈威胁着生物多样性。

**4. 外来有害生物入侵**

外来有害生物入侵对生物多样性的影响,一是破坏生态系统,通过压迫和排斥本土物种,导致生态系统的组成和结构发生改变,生态环境遭到破坏;二是外来入侵有害生物本身形成优势种群,使本土物种的生存受到影响并最终导致本地物种灭绝,破坏物种多样性,使物种单一化。根据中国农业农村部门的调查统计,中国的外来入侵物种有近 800 种,已确认入侵农林生态系统的有 669 种,其中动物 184 种、植物 379 种、病原微生物 106 种。大面积发生和危害严重的重大入侵生物多达 120 余种。例如,松材线虫(*Bursaphelenchus xylophilus*)1982 年首次在南京中山陵被发现,后在江苏、安徽、广东、浙江、山东、湖北、台湾、香港等 18 个省(自治区、直辖市)发生虫害,已有 65 万公顷松林受害(国家林业和草原局 2019 年第 4 号公告)。又如,原产于美洲墨西哥至哥斯达黎加一带的紫茎泽兰(*Ageratina adenophora*),大约 20 世纪 50 年代初从中缅、中越边境传入中国云南南部,现已广泛分布于中国西南地区,在其入侵区总是以满山遍野密集成片的单一优势群落出现,导致原有植物群落的衰退和消失,已经严重威胁到中国的生物多样性关键地区之一——西双版纳自然保护区内许多物种的生存和发展。

**5. 物种本身的遗传因素**

除外界因素之外,物种本身的遗传特点具敏感性及脆弱性,也容易濒危甚至灭绝,如某些居于食物链高位、分布区狭小或碎片化、散布及定居能力弱,以及对生境有特殊要求的物种等。

**6. 法制与管理方面**

法制不够健全或者执法不严,资源保护部门之间缺乏有力的协调与配合等,导致管理中的漏洞和失误,也是造成生物多样性受威胁的原因之一。

**7. 其他原因**

新城市和道路、水坝和水库的建设,新矿区的开发,地震、水灾、火灾、暴风雪、干旱等自然灾害,以及战争等,都是造成生物多样性受威胁或灭绝的原因。

## 8.5　生物多样性保护

目前人类正经历自 6 500 万年前恐龙灭绝时代以来又一场生物多样性大灭绝的灾难。这一进程如不加以遏制,将逐渐瓦解地球上的生命支持系统,这可能是有史以来人类社会所面临的最大挑战。因此,生物多样性保护已引起国际社会的广泛关注,并成为全球性行动。

### 8.5.1　全球生物多样性保护

**1. 国际生物多样性保护组织**

目前,国际上有关生物多样性保护组织有三个:①1948 年 10 月成立的世界自然保护联盟,是国际性民间组织,其主要活动包括濒危物种保护等;②1961 年成立的世界自然基金会,是致力于保护野生生物的国际性基金会,已资助 130 多个国家进行 2 000 多个保护野生生物的项目;③1973 年 1 月成立的联合国环境规划署,其职能包括全球生物多样性保护。

### 2. 世界生物多样性保护计划和大纲

(1) 人与生物圈计划　　　1970年,联合国教科文组织主持成立了"人与生物圈计划"(Man and Biosphere Programme, MAB),中国于1979年参加,是理事国之一。MAB是一个国际性、政府间多学科的综合研究计划,主要任务是研究在人类活动的影响下,地球不同区域各类生态系统的结构、功能及其发展趋势,预报生物圈资源的变化及其对人类本身的影响,为改善人类与环境的相互关系提供科学依据,确保在人口不断增长的情况下合理管理与利用环境和资源,保证人类社会持续协调发展。

(2) 世界自然资源保护大纲　　　由国际自然与自然资源保护同盟起草的《世界自然资源保护大纲》于1980年3月5日在全世界100多个国家的首都同时公布。这个大纲既是知识性纲领,又是保护自然的行动指南。它的主要内容:提出了保护生物资源的目标,包括保持基本的生态过程和生命支持系统、保存遗传的多样性、保证物种和生态系统的永续利用;建议各国采取行动,以求开发与保护紧密结合;要求采取合作,有效保护生物资源。

(3) 国际生物多样性科学计划　　　国际生物科学联合会、国际环境问题科学委员会和联合国教科文组织在1990~1991年发起一项"生物多样性协作计划",其主要目的是增进对生物多样性在物种、群落、生态系统和景观层次上的功能的认识,以便为加强管理打下科学基础,1992年正式定名为DIVERSITAS。1995年,国际科学联盟理事会、国际地圈生物圈计划的全球变化与陆地生态系统(IGBP/GCTE)、国际微生物学会联合会也加入了该计划。计划内容两部分:主计划(生物多样性的起源、保持与丧失,生物多样性的功能,生物多样性的清查、分类和相互关系,生物多样性的评估和监测,生物多样性的保护、恢复和持续利用)和跨学科计划(生物多样性的人文方面,土壤和沉积物的生物多样性,海洋生物多样性,微生物多样性)。

(4) 生物多样性计划与实施战略　　　联合国环境规划署于1991年发起制订的"生物多样性计划与实施战略",则是对全球生物多样性保护的一次前所未有的规模庞大的行动计划,它将对保护和抢救濒危物种、生态系统以及生物资源的可持续利用发挥巨大作用,受到世界各国的积极响应。

### 3. 国际保护生物多样性公约和条约

(1)《濒危野生动植物物种国际贸易公约》　　　主要是在国际贸易中采取许可证制度保护有灭绝危险的野生动植物。1975年7月1日生效。中国于1981年加入这一公约。

(2)《保护世界文化和自然遗产公约》　　　中国于1985年加入该公约,截至2021年,中国有世界文化遗产38项、自然与文化双遗产4项,共42项。此外,中国还有世界自然遗产14项。

(3)《关于特别是作为水禽栖息地的国际重要湿地公约》　　　该公约1975年生效,现有80个缔约国。中国于1992年加入,并有37个湿地保护区列入国际重要湿地名录,如黑龙江扎龙、吉林向海、海南东寨港、青海鸟岛等。

(4)《保护迁徙野生动物物种公约》　　　该公约旨在采取国际合作保护迁徙的物种,1983年生效。

(5)《生物多样性公约》　　　由联合国环境规划署于1992年6月1日发起并通过的一项保护地球生物资源的国际性公约,至2021年缔约方包括中国在内共196个国家。其主要目标:保护生物多样性;生物多样性组成成分的可持续利用;以公平合理的方式共享遗传资源的商业利益和其他形式的利用。

### 4. 建立自然保护区

自然保护区是国家把森林、草原、水域、湿地或荒漠各种生态系统类型及自然历史遗迹等划出一定的面积,设置管理机构,进行自然资源保护和科学研究工作的重要基地。自然保护区是各类型生态系统及动植物种的天然贮存库,是保护生物多样性的重要而有效的措施之一。自然保护区对于保护自然环境、自然资源和维护生态平衡具有重要意义,对经济建设和未来社会的发展具有深远的战略意义。因此,建设自然保护区是国际社会共同的事业。

通常自然保护区依据不同的保护对象划分不同类型,广义的保护区包括典型自然保护区、国家公园、风景名胜区、地质遗迹等。

1872年,美国首建世界上第一个国家公园——黄石国家公园。自1972年联合国在瑞典斯德哥尔摩召开第一次人类环境会议,讨论并签订了自然保护公约以来,自然保护区和国家公园已成为世界各国保存自然生态和使野生动植物物种免于灭绝并得以繁衍的主要手段和途径。此外,各国还建立动物园、植物园、种子库、基因库,对物种和基因实施多方式保护。

濒危物种通过建立自然保护区得到挽救的例子越来越多,如美洲野牛、朱鹮、麋鹿等珍稀物种,都是处在灭绝边缘时得到自然保护机构的全力抢救和科学管护,终于摆脱濒危局面,种群得到快速恢复与发展。美洲野牛早已不是濒危物种。1981 年中国朱鹮仅存 7 只,如今已发展至 5 000 多只。

### 5. 应对全球气候变暖,减少生物多样性丧失

全球变暖已经成为不可逆的事实,紧接下来的 10 年、20 年或更长的时间,人们将越来越明显地体会到全球变暖的影响,因此需要制定长期规划和策略,以尽量减少全球变暖对生物多样性和人类自身的冲击。全球变暖这个十分紧迫而涉及范围又十分广泛的问题,需要各国政府、有关机构、行业、社团和个人共同努力来应对。例如,制定各种有效措施减少温室气体排放量;扩大或改建已有的自然保护区体系,以适应物种分布范围和迁移路线随气候的变化,维护应有的物种保护功效。应对因气候变暖需新建保护区时,在保护区体系规划和设计中,对诸如位置选择、保护区面积、区域划分及景观"走廊"的建立等,需全面考虑气候变暖可能带来的影响。

### 6. 应用现代科技保护生物多样性

现代科学技术对于改善自然生态环境和保护生物多样性具有十分重要的意义。科学技术可以使生物资源充分发挥潜力,使同样数量的生物资源发挥出更大的效益,使其他资源转变为生物资源的替代物,并能有效地治理污染和拯救物种的生存。生物多样性保护的成败与科学技术的发展水平密切相关,并取决于人类利用科学技术的目的和方式。

利用现代生物技术可有效地保护和丰富遗传多样性。基因工程是一项高新技术,通过基因分离、重组可以克服种间有性杂交的遗传不亲和性障碍,创造新的农作物品种;利用生物防治技术,可有效防治农作物病虫害,并避免高毒农药的污染和对有益生物的伤害,维持农田生态系统生物多样性;新能源技术如太阳能、核能、氢能等清洁能源技术的开发应用,有利于对森林资源的保护,减轻对生物多样性的压力;新材料、新工艺的开发,替代了大量生物制品。水泥、塑料、金属材料、化纤、人造革等新技术产品极大地减少了人类对生物资源的开发;现代交通工具促进了生物多样性保护,如植树种草使用飞机播种;计算机数据库和互联网技术极大地方便了人类对生物多样性的管理和交流,建立生物多样性保护网络,实现全球或区域性监测;遥感技术应用于森林、草原的生态监测;人工授精和胚胎转移等技术可成功繁殖珍稀濒危动物和植物;超低温技术的采用使一大批遗传材料得以离体保存,现代化设施的基因库,以超低温条件保存植物种子、花粉和动物精子、胚胎及组织培养物。

进行生物多样性保护的基础理论和技术研究,生物多样性现状、发展趋势及物种濒危原因的查明,探讨与生物多样性有关的生态学过程,研究和推广保护技术,发展形成新学科——保护生物学、濒危物种生殖生物学、濒危物种群体遗传学等,都是和最新科学技术的应用分不开的。生物物种和生态系统所受的威胁主要源于人类的管理不当,受错误经济政策的引导和不完善制度的激励,因此,资源管理要科学化,科学决策水平需要提高,应尽可能将现代高新科学技术应用到生物资源的管理规划中,加强对环境和资源的管理。

### 7. 生物安全问题

生物安全(biosafety)的概念有狭义和广义之分。狭义生物安全是指防范由现代生物技术的开发和应用(主要指转基因技术)所产生的负面影响,即对生物多样性、生态环境及人体健康可能构成的危险或潜在风险。广义的生物安全不仅涵盖狭义生物安全的概念,而且包括更广泛的内容,大致包含三个方面:①人类的健康安全;②人类赖以生存的农业生物安全;③与人类生存有关的环境安全。因此,广义生物安全涉及多个学科和领域:预防医学、环境保护、植物保护、野生动物保护、生态、农药、林业等。由此管理工作分属不同的行政管理部门。

一些发达国家如澳大利亚、新西兰、英国等,在实际管理中已经应用了生物安全的广义内涵,并且将检疫作为保障国家生物安全的重要组成部分。2020 年 10 月 17 日,十三届全国人大常委会第二十二次会议表决

通过了《中华人民共和国生物安全法》。这部法律自2021年4月15日起施行。2022年5月,"加快建设生物安全保障体系"被列入《"十四五"生物经济发展规划》。

在2002年5月22日的联合国大会上,"生物多样性与外来入侵物种管理"被确定为21世纪第一个"国际生物多样性日"的主题。这表明人类已开始广泛关注外来入侵物种及其对生物物种多样性的影响。目前外来生物入侵也是生物安全研究的一个主要领域。基于国家生物安全的战略需求,国家林业和草原局于2021年启动了全国森林草原湿地生态系统外来入侵物种普查工作。

### 8.5.2　中国生物多样性的保护

中国既是一个生物多样性丰富的国家,又是生物多样性受到严重威胁的国家之一,生物多样性保护关系到中国的生存与发展。中国是世界上人口最多而人均资源占有量低的大国,对生物多样性具有很强的依赖性。近年来经济的持续高速发展,在很大程度上加剧了人口对环境特别是生物多样性的压力,必须采取有效措施遏制这种恶化的态势,才能实现中国的可持续发展。因此,保护生物多样性是摆在政府和全民面前的紧迫任务。

**1. 保护法规和政策**

生物多样性保护是一项紧迫的战略任务,国家高度重视,制定、颁布了一系列有利于保护和持续利用生物多样性行之有效的方针、政策和措施。目前,中国已基本形成了生物多样性保护的立法体系。

1986年底,国务院环境保护委员会批准并转发全国的《中国自然保护纲要》,这是一部以政府名义公布的全国性的自然保护战略文件。该纲要中有专门的生物多样性保护内容,包含物种保护、自然保护区、森林、草原、荒漠、海洋、湿地等生态系统的保护等。近20多年来中国颁布的有关保护法规主要有:《中华人民共和国海洋环境保护法》《中华人民共和国森林法》《中华人民共和国草原法》《中华人民共和国渔业法》《中华人民共和国野生动物保护法》《中华人民共和国环境保护法》,以及《野生动物收容救护管理办法》《陆生野生动物保护实施条例》等。各级地方政府为了切实保护本地区的生物资源,根据国家的有关法律,结合本地区实际情况,陆续制定颁布了一些地方性法规。

**2. 确定国家优先保护关键地区**

为保护珍贵的生物资源,加大生物多样性保护力度,在保护力量有限的情况下,生物多样性关键地区应该优先得到保护。"十五"期间中国确定了17个具有全球性保护意义的生物多样性关键地区,进行优先保护。中国优先保护的17个生物多样性关键地区是:横断山南段,岷山-横断山北段,新疆、青海、西藏交界高原山地,滇南西双版纳地区,湘、黔、川、鄂边境山地,海南岛中南部山地,桂西南石灰岩地区,浙、闽、赣交界山地,秦岭山地,天山山地,长白山山地;沿海滩涂湿地包括辽河口海域、黄河三角洲滨海地区、盐城沿海、上海崇明岛东滩、东北松嫩-三江平原,长江下游湖区,闽江口外-南澳岛海区,渤海海峡及海区,舟山-南麂岛海区。随着中国生物多样性保护工作的不断推进和迫切需要,《生物多样性保护重大工程实施方案(2015—2020年)》大幅增加了中国生物多样性保护优先区域,划定了32个陆地、3个海域共35个生物多样性保护优先区域,约占中国陆地国土面积的29%,维管植物数占全国总种数的87%,野生脊椎动物占全国总种数的85%。

针对生物多样性关键地区的保护措施包括:建立自然保护区;事先对建设项目进行生物多样性和环境影响评估制度,禁止建设污染项目;加强对这些地区生物多样性的科学研究和监测评估;有选择地建设一批不同类型的国家级生物多样性保护示范基地。

**3. 加强生物多样性保护的科学研究**

在有关部门和科研机构的组织带动下,与生物多样性保护有关的科学研究不断地开展,取得的主要成果可归纳如下:①完成了多次区域性生物资源的大规模综合考察,以自然保护区规划为主要目标的考察不断进行;②查清中国部分珍稀濒危物种的现状、分布,制定并实行保护方案;③进行大规模的全国植被及各类自然生态系统的调查,出版了一大批与生物多样性保护有关的专著;④确定并公布了《国家重点保护野生植物名录》和《国家重点保护野生动物名录》,并于2021年更新了这两个名录,出版了《中国植物红皮书》(第一册)和

《中国濒危动物红皮书》(鸟类、鱼类、两栖类和爬行类、兽类共 4 卷),自 2008 年每年更新发布《中国生物物种名录》,1993 年中国签署《生物多样性公约》之际创办《生物多样性》期刊;⑤完成大批作物及畜禽品种资源的鉴定、编目和繁种入库,出版了多个品种资源志书;⑥在生态学、分类学、遗传学等基础理论研究方面做了大量工作,完成了多项生物多样性保护及持续利用的生物学基础研究;⑦1992 年成立中国科学院生物多样性委员会,2004 年国际生物多样性计划中国国家委员会在北京成立,加大生物多样性研究工作的组织和推进力度;⑧大力研究、推广物种人工繁育保护技术,如大熊猫的繁殖技术研究达到 DNA 分子水平,并建立了种群谱系。朱鹮、金丝猴、黑叶猴、丹顶鹤、扬子鳄、东北虎、野马、海南坡鹿等多种珍稀濒危动物的人工繁育研究获得成功。珍稀濒危植物引种繁育方面,也成功地繁育了珙桐、桫椤、金花茶、银杉、台湾杉等 100 多种珍稀濒危植物,有些种类已拥有较大的人工种群,并得到扩大种植和利用;⑨利用低温保存动、植物的种子、花粉、精子、胚胎、细胞等,目前国际上常用的遗传资源保存技术,在中国已较多地得到应用;⑩监测与信息系统方面,在全国各地配置、构建了生态定位研究站、研究网络、资源监测中心以及信息库,完善生物多样性保护基础设施。

### 4. 生物多样性保护与可持续利用

(1) 生态系统多样性保护　　中国自然保护区分为自然生态系统、野生生物和自然遗迹 3 个类别,其中生态系统类自然保护区又分为 5 种类型,即森林生态系统、草原与草甸生态系统、荒漠生态系统、内陆湿地与水域生态系统、海洋与海岸生态系统。至 2005 年底,全国共建立各类自然保护区 2 349 处,总面积 150 万平方千米,占国土面积的 15%,初步形成了类型比较齐全、布局比较合理的全国自然保护区网络,已跻身世界前列。至 2005 年,长白山、卧龙、神农架等 26 处自然保护区纳入"国际生物圈保护网络";至 2006 年扎龙、向海等 30 处湿地列入《国际重要湿地名录》。目前,中国已初步形成自然保护区网络,有效地保护了一大批具有重要科学、经济、文化价值的生态系统。

(2) 物种多样性保护

1) 物种就地保护:在各类各级自然保护区中,国家公布的《国家重点保护野生动物名录》和《国家重点保护野生植物名录》中的大多数种得到就地保护。

2) 物种迁地保护:全国已建设植物园、动物园和野生动物园、野生动物人工繁殖场,以及各种珍稀濒危动物繁育中心、驯养中心和珍贵动物救护中心等,开展物种迁地保护工作。有些机构对部分驯养动物进行了野化回归试验。

(3) 遗传多样性保护　　近二十年中,中国建立了微生物菌种保存库、野生动物细胞库、药用植物种质保存库、大型作物种质资源长期保存库、各种作物种质资源中期保存库、果树资源保存圃、多年生作物种质资源圃、淡水鱼类种质资源综合库、鱼类冷冻精液库、试验性牛和羊精液库与胚胎库等一批现代化遗传资源保存设施。此外,在各种畜产区,先后建立了数千处马、牛、羊、猪、兔、禽等的品种选育场和繁殖场及保护区。

(4) 生物多样性可持续利用　　发展野生动物养殖业和野生植物种植业,是保护和合理利用生物资源的一条重要途径。中国野生动物养殖业始于 20 世纪 60 年代,但规模较小,80 年代后国家实行扶持饲养野生动物的政策,使野生动物饲养业得到迅速发展。海洋动物养殖业,尤其是在海珍品人工养殖方面也取得了重大经济效益。在野生植物栽培方面,已人工栽种 60 多种草药,基本满足药材市场的需求。此外,珊瑚礁和红树林的人工移植和栽培也取得成功。这些养殖业和种植业为市场提供了大量毛皮、药材等产品,从而缓解了对野生动物资源的开发,促进了资源的持续利用。

为了保护鱼类的产卵亲鱼和索饵幼鱼,农业水产部门采取措施,划定禁渔区、禁渔期,实行休渔制度和渔业许可证制度。水产部门在保护渔业资源的同时,大力开展人工增殖和自然增殖,在黄海、渤海、东海和南海开展了对虾放流增殖工作。放流增殖工作还扩展到河流和淡水湖泊鱼类资源。

"生态旅游"这个概念是世界自然保护联盟于 1983 年提出的。80 年代后期以来,许多自然保护区陆续开展了生态旅游活动,90 年代此类开发愈加普遍,至今中国大约有 75% 以上的自然保护区在其实验区或缓冲区不同程度地开展了旅游活动。

**5. 国际科技合作和学术交流**

中国非常重视生物多样性保护的国际合作,尤其改革开放以来,在自然保护、环境保护等方面开展了许多卓有成效的国际合作(多边合作、双边合作或民间合作),积极对全球生物多样性保护做出自己的贡献。此外,中国各级学会也不失时机地开展了多项有关的国际学术交流或科技合作,许多研究院所和高等院校与国外同类机构之间也建立了自然保护研究与信息交流方面的长期合作关系。

**6. 中国生物多样性保护存在的主要问题**

中国的生物多样性保护事业尚处于初级发展阶段,还面临着许多问题和困难,在实施生物多样性保护方面,任重而道远。需要注意解决的关键问题有:①生物多样性保护的法规和法制需要得到健全、完善并加以执行;②现有自然保护区的管理工作亟待加强,管理人员急需培训和提高,自然保护区系统亟待完善;③参与生物多样性保护的各级政府机构之间的协调和有效合作问题需要进一步加强;④生物多样性保护的科学研究工作亟须扩展、深入和改进;⑤生物多样性保护资金短缺问题需要得到解决;⑥加强自然保护教育,切实提高公众对生物多样性保护的意识。

### 8.5.3  中国生物多样性保护行动计划

中国环境污染和生态破坏的总趋势尚未得到有效的控制,自然环境和自然资源的破坏威胁依然存在。为了使生物多样性保护行动得以实施,中国政府于 1994 年制定并公布《中华人民共和国生物多样性保护行动计划》。这项计划对于中华民族具有重要意义,也是中国政府履行联合国《生物多样性公约》国家方案的重要组成部分,它必将对世界生物多样性保护产生重大的积极影响。

**1. 行动计划的总目标**

中国生物多样性保护的总目标是尽快采取有效措施以避免生物多样性进一步的破坏,并使这一严峻的现状得到减轻或扭转。生物多样性的有效保护,首先是通过对那些面临灭绝的珍稀濒危物种及其生态系统的绝对保护,第二是对数量较大可以开发的资源进行持续合理的利用。鉴于中国自然资源受威胁的严重性,中国生物多样性保护行动计划主要集中于通过以下途径实现这一目标:①自然保护区、国家公园和其他保护地的就地保护;②自然保护区、国家公园和其他保护地之外的就地保护;③对保护物种确定优先重点,并在动物园、植物园、水族馆、基因库和繁育中心等迁地保护设施中加以保护;④建立一个全国性信息和监测网络以监控生物多样性的现状;⑤将生物多样性问题纳入国家的总体经济计划。

**2. 行动方案和措施**

(1)加强生物多样性保护基础研究    研究内容包括对中国生物多样性现状及经济价值进行全面评估;建立一个为中国生物多样性保护服务的生物地理区划系统。

(2)完善国家自然保护区及其他保护地网络    全面审查自然保护区的分布和现状,评估国家自然保护区系统的代表性和有效性;采取措施加强现有的自然保护区的保护功能;在生物多样性迫切需要保护的地区建立新的自然保护区。

(3)优先保护有重要意义的野生物种    评估自然保护区内物种的现状,评价包括狩猎和其他威胁因素;根据生物多样性的重要性和受威胁程度的判别标准,确定需要保护的野生物种的优先重点;野生动植物贸易调查;审核动植物迁地保护设施及其保护优先物种的有效性;根据对就地和迁地保护措施的综合分析,和对有关迁地保护所繁育的物种个体回归自然种种限制条件的考虑,制定各项物种保护规划;改善物种保护的迁地管理;开展科学研究以支持实施对生物多样性有重要意义的野生物种的保护。

(4)保护作物和家畜的遗传资源    保护作物、牧草和蔬菜的遗传资源;保护家畜遗传资源;保护林木遗传资源。

(5)自然保护区以外的就地保护    将生物多样性保护纳入国家经济计划;采用有利于生物多样性保护的林业经营措施;推广生态农业措施;保护自然保护区以外的主要生境,禁止和严格控制开垦草地和湿地;保护海岸和海洋。

(6)建立全国范围的生物多样性信息和监测网    建立统一的信息标准和监测技术;建立或改善部门

的信息和监测网络;为全国生物多样性保护建立综合各部门网络的国家信息和监测系统。

　　(7) 协调生物多样性保护和持续发展　　建立生物多样性管护开发区;建立协调生物多样性保护和持续利用的地区性经济示范模式;建立示范性自然保护区。

　　保护生物多样性与每一个公民的生存、民族前途和子孙后代的未来紧密联系、休戚相关。保护生物多样性既是各级政府的法律责任,也是全社会的责任;仅靠各级政府的努力是远远不够的,更重要的是要靠广大民众的共同参与。增强保护生物多样性的责任感和紧迫感,提高全民族生态意识和自然保护观念,乃是当务之急。

## 思 考 题

1. 生物多样性的定义和科学内涵是什么?
2. 生物多样性的研究内容与研究方法是什么?
3. 阐述生物多样性的意义和价值。
4. 阐述全球和中国生物多样性的现状及主要问题。
5. 中国生物多样性的特点是什么?
6. 分析全球生物多样性致危的原因。
7. 生物多样性保护有何重要意义?
8. 如何保护中国的生物多样性?

## 推 荐 参 考 书

1. 陈灵芝,1994.中国生物多样性.北京:科学出版社.
2. 丁晖,秦卫华,2009.生物多样性评估指标及其案例研究.北京:中国环境科学出版社.
3. 蒋志刚,马克平,等,1997.保护生物学.杭州:浙江科学技术出版社.
4. 张恒庆,张文辉,2009.保护生物学.第 2 版.北京:科学出版社.

# 第9章 生态学重要分支学科

## 提 要

人类生态学、湿地生态学、分子生态学、道路生态学、恢复生态学的缘起与发展、定义与概念,主要研究内容、研究意义及其发展前景。

## 9.1 人类生态学

### 9.1.1 人类生态学概述

人类生态学(human ecology)是研究人与生物圈的相互作用、人与环境及人与自然协调发展的学科。狭义上,人类生态学是运用自然科学有关原理,研究人类本身规律及人类与其周围环境之间相互关系的学科。广义上,人类生态学的研究内容包括人类种群自身发展规律,人与地球自然环境的关系,人与社会文化环境的关系,人类社会文化环境与自然环境的关系等。目前,人类生态学的研究主题主要集中在人类对环境的影响、环境对人类进化与发展的影响,以及人与其他物种之间的关系。

20世纪70年代以来,人类生态学研究重点转向以生态学为主的多学科的综合研究,其焦点在于人与自然之间的相互关系这一主题。1972年在瑞典斯德哥尔摩召开的联合国人类环境会议,通过了第一个《人类环境宣言》,标志着人类生态学已经发展为一个与人类生存息息相关的、大有前途的学科。1982年通过的《内罗毕宣言》使人类生态学进一步得到了世界科学界和社会各界的高度重视,极大地推动了这一学科的发展。1985年,国际人类生态学会成立,标志着人类生态学已形成自己的学科优势,成为生态学研究的一个重要方向。此后,国际人类生态学会每18个月召开一次世界性的学术年会,不断推动人类生态学研究向纵深发展。

### 9.1.2 人类与环境之间的相互关系

对人类而言,环境是指人类赖以生存、从事生产和生活的外界条件。人类不仅生活在自然界中,具有生物属性,而且也生活在人与人之间关系总和的复杂社会中,具有社会属性。因此,人类环境包括人类生命支持系统中的外界环境的全部因素,即自然环境和社会环境两部分。

人类种群的生存和繁衍与其周围的环境存在密切关系。环境在地球表面分布极不均衡,同时影响环境的各因素常常处于不断的变化中,必然会影响到人口的数量与分布,形成与环境紧密相连的人口动态变化规律。

**1. 环境对人口数量动态的影响**

一定区域内人口数量的增减是人口自然变动和机械变动综合作用的结果,但往往取决于人口自然变动,即出生人数和死亡人数之差。人口自然变动是各种区域性地理因素影响的结果。这些因素可分为社会因素和自然因素两大类,其中,社会因素通常是主要的、起决定性作用的,可以分为经济因素、政治因素和文化因素等。

经济因素代表社会生产力发展水平,直接关系着人群获得营养物质的数量和质量、抵御自然灾害和抗御疾病的能力等,对人口数量的变动有直接的影响;对人口数量动态产生影响的政治因素包括政局是否稳定、有无战争、国家的人口政策等;文化因素包括文化教育水平及其普及程度,宗教、风俗等;自然环境因素包括自然环境与自然灾害,人类居住的自然环境也影响人口的增殖。

**2. 环境对人口空间动态的影响**

人类的生存与环境条件密不可分,并受到环境的极大制约。虽然科学技术的发展在一定程度上可以改造环境使之利于人类生存,但改造的能力有限。因此,环境在很大程度上影响着人口种群的分布和移动。

（1）气候条件　　对人口分布的影响最大,也最直接。它影响人的机体和生理机能的发挥,影响人的出生率和死亡率,同时也通过影响土地生产力及其可利用方式和程度来间接地影响人口的分布。

（2）地形条件　　一般来说,平原较便于人们的生产生活和相互联系,因此在低平地区往往人口分布较密,而地势越高,人口越稀少。但在热带地区则人口常常集中分布在气候较适宜的山地或高原。

（3）水资源状况　　水是人类生活和生产不可缺少的基本条件。河流、湖泊等自然淡水水体为人们提供了便于利用的水源,因而人类各民族的发祥地总是在河流和湖泊沿岸,即使游牧民族也是"逐水草而居"。

（4）土壤条件　　不同土壤有不同的天然肥力和适耕性能,在一定的社会、经济和技术条件下,通过制约农业生产来影响人口分布。土壤中某些元素在一定区域内含量过高或过低,将影响人群的身体健康,进而影响人口的分布和移动。

（5）人为环境　　随着经济、技术的发展,人类干预自然的规模和深度越来越大,可以在局部改变某些环境因子,形成局部人为环境,进而影响到人口的分布和移动。

### 9.1.3　人类种群生态学（human population ecology）

**1. 指标特征**

（1）密度特征　　人口密度指一定时期内,单位土地面积上居住的人口数,通常以每平方千米常住的人口数来表示,反映人口的稠密程度。

（2）年龄特征　　按年龄大小,一般将人口分为儿童少年组（0～14 岁）、劳动力组（15～59 岁或 64 岁）和老年组（60 岁或 65 岁及以上）。根据这 3 个组别的人口构成比例,可将区域人口划分为年轻型、成年型和老年型。一般来说,年轻型预示着人口未来增长压力大,将以数量扩张形势发展,又称为扩张型;老年型预示着人口增长后继乏力,将以数量收缩形式变动,又称为收缩型;成年型则各年龄组人口分布均匀,呈稳定状态,又称为稳定型。

（3）数量特征　　研究人类种群数量变动规律时,经常需要使用以下 10 个统计指标。

1）人口数：一定时间、一定地区范围内有生命的个人的总和。

2）性比：在总人口中或各年龄人口中,男性人数与女性人数之比。通常用每 100 名女性人口相应有多少男性人口表示。计算公式为：性别比＝（男性人口/女性人口）×100。

3）出生率：即粗出生率。一定时期（一年）内、一定地区的出生人数与同期平均人数（或期中人数）之比。一般以每千人每年出生的婴儿数表示。出生率计算公式为：出生率＝（年出生人数/年平均人数）×1 000‰。

4）死亡率：一定时期（一年）内、一定地区的死亡人数与同期平均人数（或期中人数）之比。一般以每千人每年死亡的人数表示。死亡率计算公式为：死亡率＝（年死亡人数/年平均人数）×1 000‰。

5）育龄妇女：处于生育年龄的妇女,人口统计中一般以 15～49 岁为妇女生育年龄。

6）总生育率：即育龄妇女生育率或称一般生育率,指一定时期内（通常为一年）出生的活婴数与全体育龄妇女人数之比。所谓全体育龄妇女,是指 15～49 岁的全体妇女,不论是否结婚、是否生育,都计算在内。总生育率的计算公式为：总生育率＝一年内出生婴儿数/育龄妇女人数×1 000‰。

7）总和生育率：一定时期（如某一年）各年龄组妇女生育率的合计数,总和生育率＝各年龄组妇女生育率之和。

8) 自然增长率:一定时期内人口自然增长数(出生人数减死亡人数)与同期平均人数(或期中人数)之比。一般以一年为期计算,用千分数表示。自然增长率计算公式为:人口自然增长率=(全年出生人数—全年死亡人数)/年平均人数×1 000‰,也即人口自然增长率=人口出生率—人口死亡率。

9) 人口平均增长速度:即人口平均增长率,指在两年以上的时期内,平均每年人口增长的程度(包括人口机械变动因素),常用的表示方法是几何平均数法。

10) 人口老龄化标准:一定时期内(通常为1年)60岁或65岁及以上老年人口占总人口的百分数。如果60岁及以上人口占总人口的比重超过10%或65岁及以上人口占总人口的比重超过7%,即为人口老龄化。

(4) 素质特征    人口素质又称人口质量,是人口总体认识世界和改造世界的条件和能力,是人口诸多特征中最积极能动的要素。人口素质主要包括人口的身体素质、文化科学素质和思想道德素质。

**2. 人类种群的数量动态**

(1) 世界人口种群的数量动态    自16世纪以来,世界人口表现为指数式增长,即"人口爆炸"。世界人口在1650年只有5亿,到1850年达到10亿,花了200年才翻了一番。而从第一个10亿到第二个10亿,用了80年时间(1850~1930)。之后,每增加10亿人口,所用的时间越来越短,分别为30年、15年、12年、12年。

世界人口发展极不平衡,发达国家的人口已保持相对稳定,甚至出现负增长,近几年,欧洲的人口增长率仅为0.18%;部分发展中国家的人口增长势头也逐渐放缓,非洲人口的增长率仍保持较高水平,接近2.5%。人口膨胀制约着社会经济发展,使本来还没有解决温饱的贫穷国家更加贫困。

(2) 中国人口种群的数量动态    中国是世界上人口最多的发展中国家。1949年底中国人口数量为5.4亿,1978年底达到9.5亿。在这29年间,人口自然增长率为1.9%,即平均每千人每年增加19人。人口过快增长给当时的经济社会发展带来了巨大压力。

为适应当时的生产力水平和人口发展状况,中国政府从20世纪70年代开始推行计划生育,1982年将计划生育确定为基本国策。经过全社会长期共同努力,人口过快增长的势头得到有效遏制,1998年,中国人口自然增长率首次下降到了10‰以下。中国人口素质明显提高,促进了经济发展和社会进步,减缓了对资源、环境的压力,有力支撑了中国改革开放和社会主义现代化事业,为打赢脱贫攻坚战、全面建成小康社会奠定了坚实基础。

2012年以来,中国政府着眼于经济社会发展全局和人口发展的转折性变化,做出逐步调整完善生育政策、促进人口长期均衡发展的战略部署。单独两孩、全面两孩政策先后实施。从第七次全国人口普查数据看,十年间0~14岁少儿人口占比提高1.35个百分点。由于政策调整原因全国累计多出生二孩1 000多万,出生人口中二孩占比由政策调整前的30%左右上升到近年来的50%左右。出生人口性别比从2013年的118降至2020年的111左右。

**3. 人类种群的空间动态**

人类种群的空间动态是指在一定时期内,人口在地球表面不同地理区域之间的集散状态和流动趋势。

(1) 纬度分布    按纬度分布来看,世界人口主要集中于北半球20°~60°的中纬度地区。这种状况反映了人类生存环境受气候地带性分布和北半球陆地面积广大的影响。

(2) 海-陆向分布    世界各大洲都表现出沿海地区人口稠密,越向内陆人口越稀的趋势。目前世界人口一半以上居住在距海岸200 km以内的地区。

(3) 垂直分布    从垂直高度来看,世界人口总的分布趋势是随海拔高度的增加而逐渐减少。世界人口的90%以上居住在海拔1 000 m以下的比较低平的地区。

### 9.1.4　中国人口老龄化问题日趋凸显

当特定区域的总人口中,60岁以上的老年人所占比例达到了10%,或65岁以上的老年人所占比例达到了7%以上,即认为该区域进入了老龄社会。老龄化问题首先出现在西方发达国家,法国早在1866年已达到了上述老龄社会的标准;到1950年,进入"白发社会"的国家和地区为15个,到1988年增加到57个。中国

65 岁以上人口占比在 2020 年已经达到 12%。

中国老龄化过程有三个主要特征:①发展速度快。中国老龄化始于 20 世纪 80 年代,1980～1990 年间中国 60 岁以上老年人口从 7 364.4 万增加到 10 115.8 万,增长率达 37.4%;人口老龄化系数从 5.5 到 7.0,法国用了 150 年时间,英国需要 40 年,而中国仅用了 13 年。②老年人口分布不平衡。中国东南沿海地区率先跨入老龄社会,以上海最早(1979 年),目前中、东部各省 60 岁以上老年人口比例均已超过 10%,而西部人口年龄构成仍较年轻。同时,由于中国经济城市较农村地区发达,城市的老龄化程度也比农村高,但农村也将是未来老龄化严重的地区。③超前性。主要表现在老龄社会的到来超前于经济发展水平。虽然中国老龄社会的形成与其他国家一样是在经济发展的情况下产生的,但发达国家和地区是在人均收入 1 万美元时才进入老龄社会的,而中国在刚刚达到 800 美元的小康社会时就进入了老龄化。这将给应对老龄化带来的冲击造成一定困难。

## 9.2　湿地生态学

### 9.2.1　湿地生态学的定义

湿地具有广泛的地理分布,不同地区湿地的水文环境条件也有差异,因此,不同国家赋予湿地的定义也各不相同。广义上,由 18 个国家代表于 1971 年签署的《关于特别是作为水禽栖息地的国际重要湿地公约》(简称《湿地公约》,又称《拉姆萨尔公约》)给出的湿地定义为:天然的或人工的,永久的或暂时的沼泽地、泥炭地或者水域地带,带有静止或流动的,淡水或半咸水、咸水体,也包括低潮时水深不超过 6 m 的水域。狭义上,湿地被认为是陆生生态系统和水生生态系统之间的过渡生态系统,美国鱼类及野生生物保护机构将湿地定义为:陆地与水域的交界地带,其水位接近或处于地表面,或有浅层积水覆盖。由联合国教科文组织提出的《国际生物学计划》中将湿地定义为:陆地和水域之间的过渡区域或生态交错带。《湿地公约》中的湿地定义,因具有较强的科学性、全面性,被包括中国在内的众多国家接受。

湿地作为地球上最重要的生态系统之一,是陆地和水体间的生态过渡带,湿地的功能主要体现在保持水土、调节气候、保护生物多样性、净化水源等方面,又被誉为“地球之肾”“物种基因库”等。湿地是陆地重要的碳“汇”,固碳是湿地生态系统的一项重要功能。湿地比森林、草原等生态系统具有更高的固碳潜力,尽管全球湿地的面积仅占陆地面积的 4%～6%,但是湿地中的碳占陆地土壤碳库总量的 18%～30%,因此湿地碳库微小的变化都会引起大气中 $CO_2$ 浓度的明显改变,维持湿地生态系统高碳储量,对于缓解由于大气中 $CO_2$ 浓度升高导致的全球气候变暖具有重要作用。在湿地生态系统中,自养微生物扮演着重要的角色,是湿地碳循环的重要参与者,可以同化大气中的 $CO_2$,从而有效降低大气中 $CO_2$ 的浓度,提高湿地的碳固存能力。

湿地生态学是研究湿地生态系统结构和功能的学科。该门学科的出现具有如下的必然性:

1) 由于湿地具有目前生态范例和领域如湖沼学、河口生态学和陆地生态学所无法涵盖的特征及内涵,其独特性在于它特殊的水文状况、陆地和水域生态系统交错带作用,以及由此而产生的特殊的生态系统功能。

2) 湿地研究已经开始致力于不同类型湿地共性特征的探索和验证。

3) 湿地调查方法涉及多领域多学科,不能按照常规方法进行,也难以结合到大学现有学科分类中去。

4) 制定湿地调控和管理的政策需要湿地生态科学的强有力支持。

### 9.2.2　湿地生态系统的类型及其结构

**1. 湿地生态系统的类型**

湿地是介于水体和陆地之间的生态交错区,地球上不同海拔、不同纬度带都有形式各异的湿地,它们的形成过程、土壤(沉积物)类型、水文特征和植被等各具特色,从而产生不同的生态效益。因此,湿地分类是湿地生态学中最早受到重视的研究内容。

湿地分类主要依据《湿地公约》分类系统。总体上,湿地被分为三大类:海洋与滨海湿地、内陆湿地和人工湿地。中国地域广阔,除了拥有漫长的海岸线外,还有世界第三极——青藏高原,西高东低的地势和水分分布的不均衡造就了丰富的湿地类型,几乎囊括了《湿地公约》分类系统中所有的湿地类型。中国除了自然湿地之外,还创造性地开辟了大量稻田和鱼塘等人工湿地。《中国湿地保护行动计划》将中国湿地分为沼泽湿地、湖泊湿地、河流湿地、浅海和滩涂湿地、人工湿地这五大类。

**2. 湿地生态系统的结构**

湿地生态系统具有很高的生物多样性,各种生物在生态系统中分别扮演了生产者、消费者和分解者的角色,并因此形成了复杂的食物网。

湿地具有水成土和水淹特征,因此湿地生物都能适应水生环境或在其生活史中的某一阶段依赖这样的潮湿或水生环境。湿地的生产者包括草本植物、乔木、灌木、泥炭藓以及浮游植物等,大多数物种为世界分布型,体现了隐域植被的特征。湿地生态系统的消费者主要有具飞翔能力的鸟类和昆虫,适应湿生环境的哺乳类、两栖类和爬行类动物,以鱼类为代表的水生动物,以及种类繁多的无脊椎底栖动物。细菌和真菌是湿地生态系统的主要分解者类群,其生存依赖于环境,同时它们的生命活动和新陈代谢产物对周围环境也产生极大的影响。

对于湿地独特的无机生态因子,特别是胁迫性因子(缺氧、盐度等),不同的生物类群、组织层次,具有不同的耐受、调节机制。单细胞有机体显示出生化适应,这也是更复杂的多细胞生物细胞水平的适应特征。维管束植物同时显现结构上和生理上的适应。动物具有最大范围的适应性,不仅仅通过生理和结构方式,还包括行为反应。而在群落整体水平上,通过共生、互惠使相应生物类群能够更好地适应湿地环境。

## 9.2.3　湿地的生态水文过程

湿地作为陆地生态系统与水域生态系统之间的交错地带,不仅在空间上具有过渡带的特征,而且在水的贮存、处理以及其他由水主导的生态过程也都具有过渡性的特点。由于湿地独特的水文过程,创造了不同于排水良好的陆地生态系统及开放式的水生生态系统环境条件,进而影响湿地的生物多样性特征。水文过程甚至被认为是决定各种湿地类型形成与维持,以及湿地过程的唯一最重要的因素。

湿地水文过程取决于气候和地形条件。在其他条件相同的情况下,湿地在凉爽或湿润气候地区的分布比炎热或干旱气候地区更为普遍,陡峭地形区通常比平坦或缓坡地带湿地分布少。分隔的洼地与潮汐补给或河流补给环境常形成湿地特殊水文地貌。湿地水文过程可直接改变湿地环境的理化性质,特别是氧的可获得性及相关化学性质,如营养盐的可获得性、pH和硫化氢等物质的产生;水文过程还包括向湿地输入和从湿地输出各种物质,如沉积物、营养物质以及有毒物质等,进而影响湿地的理化环境。

与其他许多生态系统一样,湿地生物类群对湿地水文过程的响应具有反馈控制作用。湿地微生物催化了湿地土壤中的所有化学反应,进而控制植物营养的可获得性和植物毒素如硫化氢的产生。植物通过形成泥炭、滞留沉积物、吸收营养物、阻挡水流和蒸腾水分等过程,改变湿地理化环境,控制湿地水文过程。动物通过其行为,对湿地水文过程以及理化环境产生重要的控制作用。

## 9.2.4　湿地的生物地球化学循环和能量流动

**1. 湿地的生物地球化学循环**

湿地的生物地球化学循环通常分为两部分:湿地生态系统内部的各种转化过程及湿地与其环境之间的物质交换过程。尽管许多物质转化过程并不是湿地所特有的,但是永久性或间歇性淹水条件导致某些过程在湿地生态系统中显得更为突出。例如,湿地土壤经常性或全年处于淹水状态,产生还原性条件,进而形成厌氧环境特有的生物化学过程。

湿地内的物质循环与水文条件一起影响湿地物质的输入与输出。当生态系统与周围环境有丰富的物质交换时,可以认为系统在生物地球化学循环方面是开放的;反之,如果只有很少或几乎没有物质通过生态系统边界进行交换时,则可以认为系统在生物地球化学循环方面是半封闭的。这两种情况在湿地都存在,如河滨低洼湿地和潮汐盐沼通过河流淹水和潮汐涨落与周围的环境有显著的物质交换。其他湿地如沼泽地除了有降水及气态物质输入、输出系统外,基本上没有其他的物质交换,它们更多地依靠系统内部的循环。

**2. 湿地生态系统的能量流动**

能量是一切生命活动的基础,生态系统中的能量流动具有单向性,同时生态系统食物链中的能量流动是逐级递减的。湿地生态系统的能量流动,具有一般生态系统能量流动的规律性,同时又具有其自身的特点。太阳辐射能在湿地转化成化学能及其在生态系统中的流动,不仅对于维持湿地植物群落的生存和发展具有重要的意义,而且对于湿地动物和湿地微生物群落同样非常重要,是湿地生态系统能量流动的基础。湿地能量流动过程与生物地球化学过程一样,也非常复杂,并受多种因素的制约。

应用“体现能分析”可分析湿地生态系统各组分的能量质量。通常在生态系统能流分析的基础上,构建体现能值分析表,对不同组分的体现能进行计算和评价。它为生态系统的综合评价提供了一个统一的度量标准。随着科学的发展,熵流理论在生态系统能流研究中的应用,使定量地研究湿地生态系统演变趋势成为可能。

## 9.2.5　湿地的生态演替

湿地是开放的生态系统,在大多数湿地类型中,物种交流、物质循环、能量流动等过程都非常活跃,同时也受各种自然和人为干扰的影响。异发演替是湿地上普遍发生的演替类型,生物与非生物组分之间的关系决定了湿地的发育和演替过程。生物除了被动地对环境进行适应外,也会对环境做出改变,即自然界中普遍存在的反馈机制。

生态演替不仅包括生态系统内生物群落连续、单向、有序的变化过程,而且也包括非生命组分在群落演替过程中的变化。湿地生态系统同时具有非成熟和成熟生态系统的特征,有林湿地生态系统比草本湿地生态系统更成熟。湿地的物质循环变化幅度很大,最开放的河滨系统,其地表水每年可能更新数千次;也可以是半封闭的系统,如苔藓沼泽,其营养物质仅仅来源于降水并几乎完全持留。湿地的空间异质性通常沿着环境梯度呈明显的组织系列。湿地消费者的生活史通常相对较短,却非常复杂。复杂性是成熟生态系统的特征,短生活史却是非成熟系统的特点。许多湿地动物生活史的复杂性,看起来就像是动物对生物驱动力和湿地物理环境格局的适应。许多动物只是季节性地或者仅在生活史的特定阶段利用湿地。

## 9.2.6　湿地评价与生态修复

**1. 湿地评价**

生态系统服务是指生态系统及生态过程所形成与所维持的人类赖以生存的自然环境条件与效用,包括对人类生存及生活质量有贡献的生态系统产品和生态系统功能。湿地的生态服务取决于系统本身的结构和功能,同时与区域经济发展水平密切相关。从生态系统本身结构、功能与服务特征着眼,湿地的生态系统服务价值可归为两大部分,即自然资产价值与人文价值。自然资产价值包括生态系统提供的直接可消费的物质产品价值(指生态系统为人类提供的产品,包括食品、原材料等的价值)、过程价值(指生态系统过程所产生的功能价值,包括气体调节、水分调节、涵养水源、水土保持及水质净化等价值)和适栖地价值(即生物多样性保育价值),而人文价值包括科研、教育、文化及旅游等。

生态系统服务的定量评价方法主要有三类:能值分析法、物质量评价法和价值量评价法。

**2. 生态修复**

湿地的生态恢复指在退化或丧失的湿地通过生态技术或生态工程进行生态系统结构的修复或重建,使其发挥原有的或预设的生态服务功能。湿地生态恢复的效果取决于湿地生态系统的自我维持能力。目标湿地通常受到的干扰是湿地生态过程及功能的削弱或失衡,包括湿地面积变化、水文条件改变、水质改变、湿地资源的非持续利用及外来物种的侵入等多种类型。湿地的生态恢复措施主要有生态修复和重建。

生态恢复是一项复杂的系统工程,虽然对湿地生态恢复的理论和方法已经有过一些研究和探索,但尚不成熟。总体上说,湿地生态恢复理论与技术仍处于起步阶段,需要进行长期的、科学的、连续性的研究和实践。

作为湿地重建的工程湿地能够利用基质-微生物-植物这个复合生态系统的物理、化学和生物的三重协调作用,通过过滤、吸附、沉淀、离子交换、微生物同化分解和植物吸收等途径去除废水中的悬浮物、有机物、氨、磷和重金属等,来实现对污水的高效净化,同时通过营养物质和水分的生物地球化学循环,促进绿色植物生长并使其增产,实现废水的资源化与无害化。

## 9.3　分子生态学

在生态学研究中,人们越来越注重对有关生态学现象发生的过程及其机制的研究。分子生态学就是在这种背景下产生的,它试图从分子水平揭示有关的生态过程和机制。分子生态学基本上是伴随着分子生物学的兴起而发展起来的,分子生物学研究理论、技术和方法的进步直接推动了分子生态学的发展。DNA 双螺旋的发现打开了人们理解生物遗传变异机制的大门。20 世纪 80 年代,DNA 聚合酶链反应(PCR)的发明和热稳定 DNA 聚合酶的发现,极大地提高了生物遗传变异的检测效率,使分子生态学得以快速发展。

### 9.3.1　分子生态学的定义

由于分子生态学产生的历史还较短,对它的定义,不同学者的理解不尽一致。

赫尔策尔(Hoelzel)和多弗(Dover)将分子生态学定义为:用蛋白质和 DNA 的特征来研究物种的进化、演化及种群生态学。

1992 年创刊的 *Molecular Ecology*(《分子生态学》)对分子生态学的定义是:分子生态学是分子生物学、生态学和种群生物学的交叉,它主要应用分子生物学的方法来研究自然种群和人工种群与其环境间的相互关系,以及人工重组生物(recombinant organism)可能带来的生态学问题。现在,*Molecular Ecology* 主要刊登利用分子遗传技术解决生态学、进化生物学、行为学和保护生物学领域重要问题的学术论文。可见分子生态学的研究范畴有了很大的扩展。伯克(Burke)等提出,分子生态学是运用分子生物学方法为生态学和种群生物学各个领域提供革新建议的学科。

莫里茨(Moritz)将分子生态学定义为:用遗传物质如线粒体 DNA(mtDNA)的变化来帮助指导种群生物学的研究。巴克曼(Bachmann)将分子生态学定义为:运用分子生物学方法研究生态和种群生物学的新兴学科。赫尔策尔(Hoelzel)又将分子生态学定义为:利用分子生物学方法研究生态过程和进化过程相互关系的科学。

国内一些学者认为,分子生态学是利用现代分子生物学技术,在分子水平上研究生物对其环境适应的机制,并阐明生态学基本问题在微观上的表现。张德兴认为,分子生态学是多学科交叉的整合性研究领域,是运用进化生物学理论解决宏观生物学问题的科学。

分子生态学并非分子生物学技术在生态学研究领域中的简单运用,而是宏观和微观研究的有机结合,是运用分子生物学的手段和方法,利用进化生物学理论,在分子水平上研究生物与环境的相互作用及其机制和规律的一门学科,是目前最具活力的研究领域之一。

### 9.3.2　分子生态学的产生和发展

1963 年,M.纳斯(M. Nass)和 S.纳斯(S. Nass)发现了 mtDNA。随后所开展的大量研究工作,使得以 mtDNA 为研究对象探讨生物进化和生态学等领域的一些问题成为可能。1966 年,哈里斯(Harris)首次把同工酶分析用于人类,理查森(Richardson)等出版了《等位酶电泳——动物系统学和种群研究手册》。这被认为是分子生态学的萌芽。1976 年,阿维斯(Avise)和兰斯曼(Lansman)等人第一次把 mtDNA 的分析方法应用到自然种群的研究,这被看作是分子生态学的首次工作。1984 年,樋口(Higuchi)等利用博物馆所存的现已灭绝的斑驴(*Equus quagga quagga*)皮提取 mtDNA,测定了克隆所得的 mtDNA 片段的序列,并把这一序列与现生种即平原斑马($E.burchelli$)、山斑马($E.zebra$)和马($E.caballus$)的序列进行比较,由此发现斑驴和平原斑马具有较近的亲缘关系。这标志着一个新研究领域的开拓。现在认为,斑驴($E. quagga quagga$)是平原斑马($E. quagga$)的一个亚种,$E.burchelli$ 是 $E. quagga$ 的次异名,这进一步验证了 mtDNA 对物种亲缘关系分析的有效性。随后,由于 DNA 指纹图谱(DNA fingerprinting)和 PCR 技术的产生和完善,使得短时间内从不同的微量样品(如肌肉、血液、毛发、皮和粪便等)中提取并扩增 DNA 成为可能。与此同时,出现了多种利用 PCR 扩增产物进行 DNA 序列分析的算法和软件,如 Nei 方法、PHYLIP、PAUP 等,从而为分子生态学的研究提供了强有力的工具。

1992 年,代表这一学科的权威刊物 *Molecular Ecology* 在美国创刊,标志着分子生态学已经成为生态学的一个新的分支学科。从此,分子生态学进入了迅速发展期,并被誉为 90 年代的新学科之一。2001 年创刊的 *Molecular Ecology Notes*(2008 年更名为 *Molecular Ecology Resources*)专门刊发分子标记引物、技术和软件等方面的研究成果,标志着分子生态学研究进入一个迅速普及的阶段。分子生态学已经进入基因组学研究时代,这使得阐明复杂生态过程、生物地理过程和适应性演化过程的机制性研究变成现实。生态基因组学顺势而生。生态基因组学是研究生物基因组对环境响应和适应的学科,是生态学和基因组学交叉、融合的结果。

### 9.3.3　分子生态学的研究范畴

#### 1. 分子生态学技术

分子生态学是以 DNA 作为研究对象,探讨生态学的有关现象、理论和机制的一门科学。分子生态学涉及的分子标记主要是 DNA 标记。伯克(Burke)在 1992 年提出分子生态学技术包括探针、序列和引物,也即下述 3 类检测生物自然种群 DNA 序列多态性的方法。

(1) 限制性片段长度多态性(restrictionfragment length polymorphism,RFLP)　　这一方法要点是利用探针显示限制性内切酶识别专一 DNA 序列的特性,显示限制片段长度多态性。此法主要应用于识别物种、分析群体进化、研究适应辐射、亚种分化、地理起源等方面问题。

(2) 扩增片段长度多态性(amplified fragment length polymorphism,AFLP)　　它是用一个短的随机引物(random primer)进行 PCR。模板 DNA 有多个扩增子(amplican),可以扩增出多个产物而可能产生多态现象。此法主要应用于亲子鉴定、家族分析、个体识别、发展遗传图(genetic maps)、研究多态性和种群的分布、丰富度及其进化关系等方面。

(3) DNA 序列分析　　这一方法是最能充分揭示 DNA 多态性的分子生态学技术方法。分子生态学上用得最多的是以"通用"引物扩增 mtDNA、ctDNA 或核 DNA 片段,随后直接测序。mtDNA 具有独特优点,包括遗传上具有自主性、分子量较小、无组织特异性、严格的母系遗传及进化速度快等。早期 DNA 序列分析研究主要集中在 mtDNA 片段测序分析方面。mtDNA 片段测序分析可以获得大量的可靠数据,因而在分子生态学上得到了广泛应用。主要包括:分析种群的遗传变异,确定种内或种间的系统发生和进化,识别进化显著单元(evolutionary significant unit,ESU),确定生物多样性保护和管理上的价值和规模,鉴别迁移物种中个体的起源,研究种群迁移与有效种群大小的关系等。随着基因组、转录组等组学技术的发展,DNA 序列分析已经从单基因分析发展为基因组数据分析。

#### 2. 分子种群生物学

(1) 种群遗传学和进化遗传学　　种群遗传学是用数学模型和实验来研究繁育体系、突变、选择、随机漂变对种群基因频率的影响。这也就是生物进化的过程。DNA 标记不仅信息量高,而且是基因多样性的直接显示。用 DNA 标记研究种群,能更好地显示种群基因频率的变化。

(2) 行为生态学　　主要研究动物的行为及其对环境的适应意义,如迁移、栖息地选择和繁殖策略等行为的适应意义,如果仅仅依靠野外观察,有时会得出错误的结论。DNA 标记则可以校正野外观察的错误。例如,对灵长类的行为研究,野外观察认为,猕猴种群中社会等级高的个体交配次数多(占总交配次数的67%),因而产生的后代个体数就多,对种群贡献就大。但是,有人利用分子标记的方法,对猕猴种群后代做过研究,结果发现,在猕猴种群后代个体中,24%的个体是社会等级高的个体的后代,其余76%的个体则不是。

(3) 保护生物学    DNA标记在保护生物学中的主要应用包括3个方面:①评价种群内的遗传变异性;②识别进化显著单元;③从进化角度确定种群保护的价值和区域。

**3. 分子环境遗传学**

(1) 种群生态学和基因流    生境片段化影响基因流,导致近亲交配,降低个体生存能力,威胁濒危物种的生存。对种群进行分子遗传分析可提供有关种群遗传多样性和基因流的信息,用于对种群的监测和管理。

(2) 重组生物的环境释放和自然环境中的遗传交换    遗传修饰生物体(genetically modified organism, GMO)的环境释放,其生态后果已经引起科学界和公众的广泛关注。现在已经有证据说明,转基因作物的外源基因已经转到野生近缘的杂草中,导致其原有性状的改变,并对环境中其他生物造成了有害影响。

**4. 分子适应**

(1) 遗传分化和生理适应    通过对比生理特性和遗传组成与环境的关系,可以探讨生理适应的分子机制。如埃利希埃尔利希(Ehrlich)等对生活在北美大西洋沿岸咸淡水中的底鳉($Fundulus\ heteroclitus$)的研究表明,种群个体中存在着$B^a$和$B^b$两种乳酸脱氢酶的等位基因。$B^b$在北方水域种群中占优势,而$B^a$在南方水域种群中占优势,并且由北到南,基因频率随纬度而发生有规律的变化,形成了渐变群。实验证明,$B^b$的催化能力在20 ℃时最高,而$B^a$的催化能力在30 ℃时最高。可见,等位基因酶的催化能力的变异梯度与其生活环境的水温变化梯度密切相关,具有适应意义,是自然选择压力梯度变化的结果。

(2) 遗传分化和形态分化    利用形态特征区分物种是分类学的传统方法。近缘种经常在形态学上非常相似,对占据不同生境的近缘物种的DNA变异进行比较研究,可望解决物种鉴定难题,同时有助于了解形态分化的分子基础及其与环境的关系。

# 9.4    道路生态学

道路生态学(road ecology)又称路域生态学,是一门新兴的生态学分支学科。道路生态学主要研究道路系统和自然环境之间的关系,其研究对象主要是路域生态系统,包括与道路设施及车辆交通相关的生物体与环境。它将"人-车-路"三者形成的道路系统及交通活动与自然生态系统有机结合起来,综合研究、分析这个统一体对生态环境的影响,以达到道路与自然和谐统一的目的。

道路生态学的奠基人是美国哈佛大学设计学研究院教授理查德·福尔曼(Richard T. T. Forman),他被誉为"现代景观生态学之父"和"道路生态学之父"。他认为,道路生态学主要是以生态学和景观生态学的原理来探索、理解并解决道路、车辆与周边环境相互作用的科学。道路生态学是多种学科的交叉学科,具体研究范畴涉及:道旁植物、道路廊道动物、道路水文、路域化学物质迁移、道路水生生态系统、大气环境以及廊道经济和人文社会等方面。

## 9.4.1    道路生态学发展简史

**1. 道路生态学的诞生**

直到20世纪60年代,道路建设引起的生态环境问题才开始受到人们关注。那个时期欧美国家在环境启蒙运动中就已针对道路建设对野生动物生境的干扰以及水土流失、水文效应给予了关注,并逐步提出了系统规范的防控方案。20世纪70年代以后,欧洲一些国家和美国开始建造一些可供野生动物穿越公路的桥梁和涵洞,如法国建造了150多座5~10 m宽的小桥,建造了欧洲第一个也是最大的一个上跨式动物通道(又称绿桥)。1978~1979年,美国建造了北美洲第一个8 m宽上跨式动物通道。另外,许多跨越溪流的小桥和排水涵管等也成为一些野生动物的通道。20世纪80年代以来,道路建设中的各种环境问题得到全面关注,尤其是景观生态学的兴起及其在公路建设中的应用,推动公路建设中的生态环境问题从整体的角度出发在区域的层面进行系统地解决。

2002年,美国著名景观生态学家理查德·福尔曼在北卡罗莱纳州立大学发表题为《我们在大地上的巨作》的演讲,开启了道路生态学的新时代。翌年,福尔曼教授联合14位科学家合著出版的 *Road Ecology*：*Science and Solutions*(《道路生态学:科学与解决方案》)的出版,标志着道路生态学作为一门独立的学科面世诞生。这本书也被誉为是交通业界的《寂静的春天》,其中译本于2008年由高等教育出版社出版。

**2. 中国道路生态学发展状况**

中国道路生态学研究始于1973年,源自交通环境保护工作。初期以公路建设项目环境影响评价工作为基础,多是围绕环评中的各种污染,如水、气、声等指标的测定,而对于动植物、生态系统、景观等方面的研究开展得比较少。进入新世纪后,中国学者逐渐意识到公路环保的范围不仅局限于边坡绿化,还包括土壤侵蚀、动物影响与保护、景观视觉影响和各种污染危害等。近年来,中国交通部门科技人员在道路规划、设计和施工中,逐渐融入道路生态学理念与原则,关注道路对道旁生物群落及不同生物丰富度的负面影响,注重保护生物多样性。同时,很多生态工作者认识到,传统交通建设中的路网系统造成某些区域野生生物栖息环境的碎片化,妨碍生物遗传物质的交流;有些道路则阻断野生动物的迁徙路线,这些都不利于生物的生存和发展。只有依据道路生态学原理,优化、科学化道路建设,才能兼顾发展交通与动物保护。对中国道路生态学的研究,无论理论方略或实践施策正方兴未艾、亟待加强。

## 9.4.2 道路生态学的研究领域

道路生态学涉及的主要研究领域包括:

1) 道路对生物种群、生物栖息地环境和生物多样性的影响,其中包括道旁动植物的分布、入侵、隔离、迁移、种群规模以及道路和车辆对于野生动植物生境的影响等。

2) 道路对地质、地形、地貌、水文、土壤、小气候等物理环境的影响。

3) 道路和车辆产生的道路污染带研究,其中包括噪声污染、机动车尾气和扬尘形成的大气污染、汽车泄漏和交通事故形成的有害、有毒物质的污染等。

4) 道路网络和道路影响带的研究。道路网络是由节点和交通廊道按照一定空间规则组合起来的空间网络,道路影响带是指由于道路及其交通运输工具所产生的空间生态效应影响地带,这种影响带的范围往往数十倍于道路本身的面积。因此道路网络的研究包括网络结构、功能、密度、网络流、动态演替等;道路影响带研究包括空间距离、范围、格局、形态、影响类型、影响度等。

5) 生态道路和生态交通网络的设计,包括生态友好型道路的规划、设计和建设。

6) 交通政策、法规和发展策略的研究和制定,其中涉及环境保护法律和相关政策的制定、环保的评价、生态经济效益分析及可持续发展对策等。

## 9.4.3 道路生态学的发展和展望

道路拉近了人与人之间的距离,也在人类的生产和生活中扮演着重要的角色。自从道路诞生的那一天起,道路就和周边的生态系统发生着各种各样的联系。人类对于道路和生态系统关系的思考和探索也从未停止过。

道路作为线性工程穿越着自然环境,不可避免地割裂了道路周围的自然景观。道路和交通工具产生的物质流、能量流和信息流也影响着周边的生态系统。随着社会经济的快速发展,交通基础设施的建设也步入快车道,公路网和铁路网变得日渐发达。伴随着公路和铁路路网的不断密集,其对生态环境的影响也在不断加大。

道路生态学是一门崭新的学科,它也与交通规划和车辆工程等学科有着密切的联系,因此在很多方面有着巨大的研究和发展空间。科技的发展为道路生态学的研究提供了契机,道路生态学的研究成果也有利于解决道路两侧和地域的景观保护、交通行车安全、野生动物及其栖息地保护、生物多样性大气和噪声的污染防治和可持续发展等方面的问题。展望道路生态学的未来,福尔曼提出了八个新兴领域,这些领域彼此独立又紧密联系:①道路和车辆;②燃料和生态学;③旅行和交通;④自然、野生生物和水体;⑤公众和街区;⑥经济;⑦规划;⑧政策。这些领域都可以激发道路生态学不断成熟和应用。

# 9.5　恢复生态学

## 9.5.1　恢复生态学的定义

自 20 世纪末,人口、资源、环境问题日益严重,人类对生物圈的巨大冲击有目共睹。恢复生态学在重大的社会需求下应运而生,为全球退化生态系统的恢复重建提供指导思想,逐步成为与国际社会经济发展和生态安全关系最紧密的重要学科之一。恢复生态学(restoration ecology)是由英国学者阿伯(Aber)和乔丹(Jordan)于 1985 年提出的,它是一门关于生态恢复的学科,属于应用生态学的一个分支。由于恢复生态学具有高度的综合性及理论和实践的双重特性,研究者从不同视角出发,会有不同的理解,因此,国内外学者对恢复生态学及生态恢复的定义也不尽相同,主要有以下三方面的学术观点。

### 1. 强调恢复到干扰前的理想状态

其代表性定义由约翰·凯恩斯(John Cairns)最早提出,基本论点是:使一个生态系统恢复到较接近其受干扰前的状态即为生态恢复。但许多学者认为,由于受到缺乏对生态系统历史演变的了解、恢复时间太长、生态系统中关键种的消失、费用高昂等现实条件的限制,很难实现这类定义下的理想状态。

### 2. 强调应用生态学过程

其代表性定义由中国植物生态学家彭少麟等提出,明确指出恢复生态学是研究生态系统退化的原因与过程、退化生态系统恢复的机理与模式、生态恢复与重建的技术与方法的科学。

### 3. 强调生态整合性恢复

其代表性定义由国际恢复生态学会(Society for Ecological Restoration,SER)在 1995 年提出的,强调恢复生态学是研究退化生态系统整合性的恢复和管理过程的科学。生态系统的整合性不仅包括了系统组成、生物多样性、过程和结构等的有机组合,还包括生态系统区域特征及历史情况的完整性和可持续的社会实践等广泛内容。

上述有关恢复生态学三方面的定义,反映研究侧重点虽有所不同,但其共同点在于,恢复生态学是研究退化或受损生态系统的恢复或重建的一门科学。恢复生态学有别于传统的应用生态学,这是因为它不仅从单一的物种层次和种群层次考虑问题,而且从群落层次,更准确地说从生态系统层次和景观的层次考虑和解决问题。鉴于此,生态恢复可以概括为生态系统的恢复和重建。由于不同学者的着眼点不同,对恢复生态学研究的过程和目标的考量也就不同。应该说,恢复生态学是研究生态系统退化的过程与原因、退化生态系统恢复的过程与机制、生态恢复与重建的技术和方法的科学。这一定义较为准确完整,也较为通俗易懂,可作为一般性的概念来掌握。

## 9.5.2　恢复生态学的形成与发展

### 1. 恢复生态学早期阶段

恢复生态学的基本理念溯源于农业文明,古代农业社会的游牧、轮作、休耕等农作措施都是恢复生态学基本原理的初始应用和实践。恢复生态学的科学实践始于 100 多年前自然资源的利用和管理。18～20 世纪初,以欧美为代表先后完成了两次工业革命,科学技术和产业得到了飞速发展,但是也产生了严重的环境问题。遭破坏的自然生态系统如何恢复成了生态学界首要关注的问题。菲普斯(Phipps)于 1883 年出版的《森林再造》是最早具代表性的生态恢复专著,论述了有关退化林地的恢复重建。

最早开展恢复生态学实验的是美国环境保护先驱利奥波德(A. Leopold),他与助手于 1935 年在美国威斯康星大学的植物园修复了一个 24 公顷的退化草场。1941 年他进一步提出了"土地健康"的概念。

克莱门茨(Clements)于 1935 年发表了"公共服务中的实验生态学"一文,阐述了生态学可用于包括土地恢复在内的广泛领域。

20 世纪中期起,世界各地尤其是欧洲、北美洲和中国都注意到了各自的环境问题,开展了一些工程措施与生物措施相结合的矿山、水体等环境恢复和治理工程,并取得了一定成效。1962 年,卡森(Carson)的著作《寂静的春天》引起人们对生态环境问题的关注与强烈反响,人们也更关注遭破坏的退化生态系统如何恢复。从 20 世纪 70 年代,随着人口增加和经济发展,全球水资源短缺、水体污染等水环境问题逐渐凸显,水资源保护和水环境恢复研究成为世界性课题。法恩沃思(Farnworth)和戈利(Golley)于 1973 年提出了热带雨林恢复的研究方向。同期,日本学者宫胁昭依据植被演替理论在一些城市开展建造环境保护林的研究,人工促进森林的快速恢复。1975 年在美国召开了"受损生态系统的恢复"国际研讨会,会议探讨了受损生态系统恢复的一些机制和方法,并号召科学家注意搜集受损生态系统的科学资料,开展技术措施研究,建立国家间的研究计划。

**2. 恢复生态学建立阶段**

恢复生态学作为应对人类干扰破坏导致全球性严重生态退化的一门学科,始于 20 世纪 80 年代,迅速兴起,成为现代生态学的热点学科之一。

1980 年,凯恩斯(Cairns)主编了《受损生态系统的恢复过程》一书,从不同角度探讨了受损生态系统恢复过程中的重要生态学理论和应用问题。同年,布拉德肖(Bradshaw)和查德威克(Chadwick)出版了《土地恢复:撂荒地与退化土地生态学》,系统地阐述了废弃地问题,探讨了有关剥离露天矿、深井矿、采石场等地的植被恢复与重建的技术和方法。1983 年,在美国召开了"干扰与生态系统"国际研讨会,探讨了干扰对生态系统各个层次的影响。1984 年在美国威斯康星大学召开了恢复生态学研讨会,来自美国和加拿大的 300 多位生态学家向会议提交了 14 篇生态恢复的正式报告,强调了恢复生态学理论与实践的统一性,并提出恢复生态学在保护与开发实践中所起的重要桥梁作用。1985 年美国成立了"恢复地球"组织,该组织先后开展了森林、草地、海岸带、矿山、流域、湿地等生态系统的恢复实践,并出版了一系列生态恢复实例专著。同年,两位英国学者阿伯(Aber)和乔丹(Jordan)提出了恢复生态学的术语,随后他们还出版了《恢复生态学:一种综合的生态研究方法》论文集,详细介绍了栖息地生态恢复的科学理论与实践方法。

1988 年国际恢复生态学会在美国成立,标志着恢复生态学学科已经形成,其办公室设立在美国威斯康星大学的植物园。该学会的使命就是发展恢复生态学的理论与技术,推动保护生物多样性,重建生态健康的自然文化关系,实现可持续发展。

**3. 恢复生态学发展阶段**

随着全球生态系统的严重退化,重大的社会需求极大地推动了恢复生态学研究的深入开展,该学科也得以不断发展。20 世纪 90 年代至今,恢复生态学进入快速发展阶段,受到越来越多的关注。1989 年在意大利锡耶纳举行的第 5 次欧洲生态学研讨会,将"生态系统恢复"作为会议讨论的主题之一,标志着恢复生态学在欧洲的兴起。1991 年国际恢复生态学会在澳大利亚召开了"热带退化林地的恢复"国际研讨会,讨论了热带林地退化生态系统的生态恢复机制和方法。1993 年在中国香港举行了"华南退化坡地恢复与利用"国际研讨会,系统探讨了中国华南地区退化坡地的形成及恢复问题。同年,英国学者布拉德肖发表"Restoration Ecology as a Science"一文,正式确立了恢复生态学的学科地位和理论指导意义。1996 年在瑞士召开了第一届世界恢复生态学大会,指出了恢复生态学在生态学中的重要地位,同时强调了恢复生态学的独立性和重要性。其后,恢复生态学作为一门独立的学科在全球范围内得到迅速发展。随后,国际恢复生态学会定期召开国际研讨会(年会),至 2005 年举办了 17 届年会。从第 17 届年会起改名为第一届国际恢复生态学大会,至 2017 年已举办了 7 届。恢复生态学者基于这些学术交流平台得以良好地交流,促进了恢复生态学的发展。其间,范·安德尔(J. van Andel)和阿伦森(Aronson)于 2006 年出版了 *Restoration Ecology: the New Frontier* 一书,详细介绍了欧洲生态恢复的先进理念和恢复生态学研究的前沿进展。

1993 年恢复生态学学科杂志 *Restoration Ecology* 创刊,现国际上恢复生态学相关期刊不断增加。这些期刊报道了恢复生态学的理论、各种生态系统恢复的实验与观测、土地退化与管理等各方面的研究。

*Ecology Abstracts* 等国际期刊也开辟专栏,转载恢复生态学方面的研究成果。国际恢复生态学会还增加了丛书 *The Science and Practice of Ecological Restoration*(《生态恢复科学与实践》),目前已出版 28 本系列专著。一些综合性期刊也不时出版恢复生态学专刊,如国际著名期刊 *Science*(《科学》)在 1997 年和 2009 年分别设立专栏,发表了多篇恢复生态学的论文,表明了科学界对恢复生态学研究的高度关注。

### 9.5.3　中国恢复生态学的发展概况

中国也是较早开展恢复生态学实践工作的国家之一。中国的恢复生态学研究始于 20 世纪 50 年代。代表性的工作有:广东热带沿海侵蚀台地上开展的退化生态系统的植被恢复技术与机制研究;沙漠治理与植被固沙研究;黄土高原水土流失区的治理与综合利用示范研究;湖泊生态系统恢复研究;高原退化草甸的恢复与重建研究;南方红壤的恢复与综合利用试验;红树林的恢复重建试验;羊草草原的恢复演替研究;海南岛热带林地的植被恢复;废弃矿山土地和垃圾场的恢复对策研究等。

20 世纪末至今是中国恢复生态学的大发展时期。自 20 世纪 90 年代中期以来,先后有多部专著和论文集出版,如《黄河皇甫川流域土壤侵蚀系统模型和治理模式》《中国退化生态系统研究》《热带亚热带退化生态系统植被恢复生态学研究》《工矿区土地复垦与生态重建》《草地植被恢复与重建》《恢复生态学》等。这些专著和论文集提出了适合中国国情的恢复生态学研究理论和方法体系。近年来,在基础研究不断加强的同时,生态恢复的实践不断深化,取得长足的进展,其代表性的是中国的十大生态工程,分别为:西北、华北北部和东北西部的“三北”防护林体系工程、长江中上游防护林体系建设工程、沿海防护林体系建设工程、平原绿化工程、防沙治沙工程、淮河太湖流域综合治理防护林体系建设工程、辽河流域综合治理防护林体系建设工程、珠江流域综合治理防护林体系建设工程、黄河中游防护林工程和滇池生态恢复工程。十大生态工程的实施,大大地恢复了中国的生态环境,增强了系统抵御自然灾害的能力,改善了人民的生存环境。

随着科学理论体系的发展,恢复生态学学科专业也迅速发展。20 世纪 90 年代末,国内高校、研究院所相继为环境科学、生态学专业的本科生、研究生开设了恢复生态学专业课程,推动了中国恢复生态学的学科建设和发展。可以说,国家的重大需求极大地推动了中国恢复生态学的发展,而学科的发展又有效地指导了生态恢复的社会实践。

### 9.5.4　恢复生态学的发展前景

恢复生态学是具有重大社会需求的前沿学科,这已成为生态学界和全社会的共识,国内外均将恢复生态学作为优先考虑的生态学学科。许多国家还设专门的生态恢复管理机构,如自然资源部专设国土空间生态修复司,管理与控制生态退化,保护自然生态系统,开展生态修复与重建。如何保护、管理好各类生态系统并促进全球生态系统的可持续发展,是人类社会面临的重要课题。因此,恢复生态学的未来发展方向必将与全球变化、可持续发展、生态系统管理等密切结合,并将这些方法作为未来恢复生态学的重要研究内容。

思　考　题

1. 阐述人类生态学的定义及主要研究内容。
2. 阐述湿地生态学的定义及主要研究内容。
3. 阐述分子生态学的定义及主要研究内容。
4. 阐述道路生态学的定义及主要研究内容。
5. 阐述恢复生态学的定义及主要研究内容。

## 推 荐 参 考 书

1. 康乐,2019.生态基因组学.北京:科学出版社.

2. 陆健健,何文珊,童春富,等,2006.湿地生态学.北京:高等教育出版社.

3. 彭少麟,周婷,廖慧璇,等,2020.恢复生态学.北京:科学出版社.

4. 周鸿,2001.人类生态学.北京:高等教育出版社.

5. Richard T T F, Daniel S, John A B, et al, 2008.道路生态学——科学与解决方案.李太安,安黎哲译.北京:高等教育出版社.

# 参 考 文 献

白晓慧,2008.生态工程.北京:高等教育出版社.

卞有生,2000.国内外生态农业对比——理论与实践.北京:中国环境出版社.

蔡晓明,2000.生态系统生态学.北京:科学出版社.

苍晶,李唯,2017.植物生理学.北京:高等教育出版社.

曹凑贵,2006.生态学概论.第2版.北京:高等教育出版社.

曹治平,2007,土壤生态学.北京:化学工业出版社.

陈彬,2016.生物多样性野外调查地理信息管理、路线精细设计和精确导航方法.生物多样性,24(06):701～708.

陈阜,隋鹏,2019.农业生态学.第3版.北京:中国农业大学出版社.

陈慧琳,2001.人文地理学.北京:科学出版社.

陈灵芝,1993.中国生物多样性现状与保护对策.北京:科学出版社.

陈灵芝,马克平,2001.生物多样性科学:原理与实践.上海:上海科学技术出版社.

陈守良,2012.动物生理学.第4版.北京:北京大学出版社.

陈宜菲,2006.污染生态学的学科分支进展.资源与人居环境(10):62～64.

崔爽,周其星,2008.生态修复研究评述.草业科学,25(1):87～90.

戴国华,刘新会,2011.影响沉积物-水界面持久性有机污染物迁移行为的因素研究.环境化学,30(1):224～230.

单孝全,2004.土壤的植物修复与超积累植物研究.分析科学学报,20(4):430～433.

丁晖,秦卫华,2009.生物多样性评估指标及其案例研究.北京:中国环境科学出版社.

董世魁,刘世梁,邵新庆,等,2009.恢复生态学.北京:高等教育出版.

方运霆,刘冬伟,朱飞飞,等,2020.氮稳定同位素技术在陆地生态系统氮循环研究中的应用.植物生态学报,44(4):373～383.

冯晓娟,王依云,刘婷,等,2020.生物标志物及其在生态系统研究中的应用.植物生态学报,44(4):384～394.

付荣恕,刘林德,2010.生态学实验教程.第2版.北京:科学出版社.

傅伯杰,陈利顶,马克明,等,2001.景观生态学原理及应用.北京:科学出版社.

戈峰,2020.现代生态学.第2版.北京:科学出版社.

葛体达,王东东,祝贞科,等,2020.碳同位素示踪技术及其在陆地生态系统碳循环研究中的应用与展望.植物生态学报,44(4):360～372.

郭庆华,胡天宇,马勤,等,2020.新一代遥感技术助力生态系统生态学研究.植物生态学报,44(04):418～435.

黄德娟,黄德欢,刘亚洁,等,2010.污染生态学的学科拓展及其研究前沿展望.东华理工大学学报,29(1):40～43.

黄国勤,2008.国外农业生态学的发展.世界农业,总347:44～48.

黄铭洪,束文圣,周海云,2003.环境污染与生态恢复.北京:科学出版社.

姜汉桥,段昌群,杨树华,等,2010.植物生态学.第2版.北京:高等教育出版社.

蒋志刚,马克平,2014.保护生物学.北京:科学出版社.

蒋志学,2000.人口与可持续发展.北京:中国环境科学出版社.

康乐,2019.生态基因组学.北京:科学出版社.

孔垂华,胡飞,2001.植物化感(相生相克)作用及其应用.北京:中国农业出版社.

李培军,孙铁珩,巩宗强,等,2006.污染土壤生态修复理论内涵的初步探讨.应用生态学报,17(4):747～750.

李永祺,唐学玺,周斌,等,2016.海洋恢复生态学.青岛:中国海洋大学出版社.

李月辉,胡远满,李秀珍,等,2003.道路生态研究进展.应用生态学报,14(3):447～452.

梁星云,刘世荣,2019.基于冠层塔吊原位测定长白山温带阔叶红松原始林群落主要树种的光合特征.应用生态学报,30(5):1494～1502.

廖宝文,张乔民,2014.中国红树林的分布、面积和树种组成.湿地科学,12(04):435～439.

林文雄,陈雨海,2015.农业生态学.北京:高等教育出版社.

林育真,付荣恕,2011.生态学.第2版.北京:科学出版社.

林育真,赵彦修,2013.生态与生物多样性.济南:山东科技出版社.

刘景双,栾兆擎,王金达,等,2012.湿地生态系统碳、氮、硫、磷生物地球化学过程.合肥:中国科学技术大学出版社.

刘静玲,2007.人口、资源与环境.北京:化学工业出版社.

陆健健,何文珊,童春富,等,2006.湿地生态学.北京:高等教育出版社.

罗亚皇,刘杰,高连明,等,2013.DNA条形码在生态学研究中的应用与展望.植物分类与资源学报,35(6):761～768.

骆世明,2017.农业生态学.第3版.北京:中国农业出版社.

莫祥银,俞琛捷,2017.环境科学概论.第2版.北京:化学工业出版.

慕庆峰,姜丹,何淑平,等,2013.污染环境生物修复原理与方法.哈尔滨:黑龙江科学技术出版社.

牛翠娟,娄安如,孙儒泳,等,2015.基础生态学.第3版.北京:高等教育出版社.

牛书丽,王松,汪金松,等,2020.大数据时代的整合生态学研究——从观测到预测.中国科学(地球科学),50(10):1323～1338.

彭少麟,周婷,廖慧璇,等,2020.恢复生态学.北京:科学出版社.

彭书时,岳超,常锦峰,等,2020.陆地生物圈模型的发展与应用.植物生态学报,44(4):436~448.

朴世龙,何悦,王旭辉,等,2022.中国陆地生态系统碳汇估算:方法、进展、展望.中国科学(地球科学),52(06):1010~1020.

乔玉辉,2008.污染生态学.北京:化学工业出版社.

钦佩,安树青,等,2008.生态工程学.第2版.南京:南京大学出版社.

任南琪,马放,2002.污染控制微生物学.哈尔滨:哈尔滨工业大学出版社.

尚玉昌,2010.普通生态学(第3版).北京:北京大学出版社.

舒立福,刘晓东,杨光,2019.森林草原火生态.北京:中国林业出版社.

宋长青,冷疏影,2016.土壤学若干前沿领域研究进展.北京:商务印书馆.

苏丽娜,张洪峰,胡罕,等,2019.铁路对野生动物生态影响的分析和展望.陕西林业科技(10):97~101.

孙儒泳,刘德华,牛翠娟,等,2019.动物生态学原理(第4版).北京:北京师范大学出版社.

孙铁珩,周启星,李培军,等,2001.污染生态学.北京:科学出版社.

汪景宽,徐英德,等,2019.植物残体向土壤有机质转化过程及其稳定机制的研究进展.土壤学报,56(3):528~540.

汪自书,曾辉,魏建兵,2007.道路生态学中的景观生态学问题.生态学杂志,26(10):1665~1670.

王洪涛,2008.多孔介质污染物迁移动力学.北京:高等教育出版社.

王化平,李太安,2009.道路生态学在植物和动物方面的研究动态综述.环保前沿(11):107~115.

王焕校,2002.污染生态学.第2版.北京:高等教育出版社.

王甦,谭晓玲,徐红星,等,2012.三种捕食性瓢虫的种间竞争作用.中国农业科学,45(19):3980~3987.

王祥荣,2000.生态与环境——城市可持续发展与生态环境调控新论.南京:东南大学出版社.

王小利,马礼,张永华,等,2004.替代农业研究综述.首都师范大学学报(自然科学版),25(2):94~98.

韦朝阳,陈同斌,2001.重金属超富集植物及植物修复技术研究进展.生态学报,21(7):1197~1203.

魏杰,陈昌华,王晶苑,等,2020.箱式通量观测技术和方法的理论假设及其应用进展.植物生态学报,44(4):318~329.

邬建国,2000.景观生态学——格局、过程、尺度与等级.北京:高等教育出版社.

吴阿娜,2008.河流健康评价:理论、方法与实践.上海:华东师范大学.

吴启堂,陈同斌,2007.环境生物修复技术.北京:化学工业出版社.

伍世良,邹桂昌,林健枝,2001.论中国生态农业建设的五个基本问题.自然资源学报,16(4):320~324.

武吉华,张绅,2004.植物地理学.第4版.北京:高等教育出版社.

肖笃宁,2004.景观生态学.北京:科学出版社.

肖文宏,周青松,朱朝东,等,2020.野生动物监测技术和方法应用进展与展望.植物生态学报,44(4):409~417.

肖显静,2006.环境与社会——人文视野中的环境问题.北京:高等教育出版社.

熊治廷,2010.环境生物学.北京:化学工业出版社.

徐斌,杨秀春,陶伟国,等,2007.中国草原产草量遥感监测.生态学报,27(2):405~413.

徐超,夏北城,2007.土壤多环芳烃污染根际修复研究进展.生态环境,16(1):216~212.

薛建辉,2006.森林生态学.北京:化学工业出版社.

阎凤鸣,2003.化学生态学.北京:科学出版社.

晏路明,2001.人类发展与生存环境.北京:中国环境科学出版社.

杨持,2008.农业生态学.北京:高等教育出版社.

杨军,2020.大数据与城市生态学的未来:从概念到结果.中国科学:地球科学,50(10):1339~1353.

杨小波,吴庆书,2014.城市生态学.第3版.北京:科学出版社.

于瑞莲,胡恭仁,2008.采矿区土壤重金属污染生态修复研究进展.中国矿业,17(2):40~43.

余新晓,牛健植,关文彬,等,2006.景观生态学.北京:高等教育出版社.

袁方曜,王玢,2004.有机磷污染农田中蚯蚓的生物指示研究.山东农业科学(2):57~59.

袁秀,马克明,王德,等,2012.植物同资源种团划分与物种属性的关系.北京林业大学学报,14(4):120~125.

詹敏,石长金,王有宏,等,2006.拜泉县水土保持工程建设生态价值分析.水土保持应用技术(6):25~28.

张德兴,2015.对我国分子生态学研究近期发展战略的一些思考.生物多样性,23(05):559~569.

张恒庆,张文辉,2009.保护生物学.第2版.北京:科学出版社.

张金屯,李素清,等,2003.应用生态学.北京:科学出版社.

赵哈林,赵学勇,张铜会,等,2009.恢复生态学通论.北京:科学出版社.

赵运林,邹冬生,2005.城市生态学.北京:科学出版社.

中国大百科全书总委员会《环境科学》委员会,2002.中国大百科全书环境科学.北京:中国大百科全书出版社.

《中国环境年鉴》编辑委员会,2001.中国环境年鉴(2001).北京:中国环境年鉴社.

中国科学院华南植物园,2017.中国科学院鼎湖山森林生态系统定位研究站.中国科学院院刊,32(9):1047~1048.

周启星,2003.污染生态化学研究与展望.中国科学院院刊(5):338~342.

周启星,孙铁珩,2004.土壤植物系统污染生态学研究与展望.应用生态学报,15(10):1698~1702.

宗跃光,周尚意,彭萍,等,2003.道路生态学研究进展.生态学报,23(11):2396~2405.

邹冬生,赵运林,2008.城市生态学.北京:农业出版社.

EDDY VAN DER MAAREL, JANET FRANKLIN,2017.植被生态学.第 2 版.杨明玉,欧晓昆译.北京:科学出版社.

GERALD G. MARTEN, 2012.人类生态学:可持续发展的基本概念.顾朝林,袁晓辉译.北京:商务印书馆.

GUY WOODWARD, 2012.整合生态学:从分子到生态系统.北京:科学出版社.

JENSEN S E,2017.生态系统生态学.曹建军,赵斌,张剑等译.北京:科学出版社.

JÜRGEN SCHLTZ,2010.地球的生态带.第 4 版.林育真,于纪姗译.北京:高等教育出版社.

ODUM E P,BARRETT G W, 2009.生态学基础.第 5 版.陆健健,王伟等译.北京:高等教育出版社.

RICHARD B P,2014.保护生物学.马克平,蒋志刚译.北京:科学出版社.

RICHARD T T F, DANIEL S, JOHN A B, et al.,2008. 道路生态学.李太安,安黎哲译.北京:高等教育出版社.

ROBERT E. RICKLEFS,2004.生态学.第 5 版.孙儒泳,尚玉昌等译.北京:高等教育出版社.

ZHENG C M, BENNETT G D, 2009.地下水污染物迁移模拟.北京:高等教育出版社.

MACKENZIE A, BALL A S, VIRDEE S R, 2000.生态学精要速览.孙儒泳等译.北京:科学出版社.

BRADSWORTH N, WHITE J G, ISAAC B, et al.,2017. Species distribution models derived from citizen science data predict the fine scale movements of owls in an urbanizing landscape. Biological Conservation, 213: 27~35.

CHANEY R L, LI Y M, BROWN S L,et al., 2020. Improving metal hyperaccumulator wild plants to develop commercial phytoextraction systems: approaches and progress//NORMAN T, Gary B. Phytoremediation of contaminated soil and water. Boca Raton: CRC Press.

CORNELISSEN J H C, LAVOREL S, GARNIER E, et al. 2003. A handbook of protocols for standardised and easy measurement of plant functional traits worldwide. Australian Journal of Botany, 51(4): 335~380.

DAHMANI-MULLER H, VAN OORT F, GELIE B, et al. 2000. Strategies of heavy metal uptake by three plant species growing near a metal smelter. Environmental Pollution, 109(2): 231~238.

DAVIES N B, KREBS J R, WEST S A, 2012. An introduction to behavioural ecology. 4th ed. New York: Wiley-Blackwell.

DENT D. 2000. Insect Pest Management. 2nd ed. Wallingford, UK: CABI Publishing.

GREENBERG C H, COLLINS B, 2021. Fire ecology and management: past, present, and future of US forested ecosystems. Berlin: Springer.

HOELZEL A R,2009. Molecular ecology//WILLIAM F P, BERND W, J G M THEWISSEN. Encyclopedia of marine mammals. Second edition. New York:Academic Press:736~741.

HOELZEL A R, DOVER G A,1991. Genetic differentiation between sympatric killer whale populations. Heredity, 66: 191~195.

JELTE V A, JAMES A. 2012. Restoration ecology: The new frontier. Second edition. New Jersey:Wiley-Blackwell.

JORDAN W R, JORDAN III W R, GILPIN M E, et al., 1990. Restoration ecology: a synthetic approach to ecological research. London: Cambridge University Press.

KREBS C,2008. Ecology: The experimental analysis of distribution and abundance. 6th ed. San Francisco:Benjamin Cummings.

LIU J G, OUYANG Z Y, PIMM S L,et al.,2003. Protecting China's biodiversity. Science, 300(5623): 1240~1241.

LI X J, ZHANG C R, LI W D, et al., 2015. Assessing street-level urban greenery using Google Street View and a modified green view index. Urban Forestry & Urban Greening, 14(3): 675~685.

MARTIN K, SAUERBORN J, 2006. Agrarökologie. Stuttgart: Utb GmbH.

MARZLUFF J M, CLUCAS B, OLEYAR M D, et al., 2016. The causal response of avian communities to suburban development: a quasi-experimental, longitudinal study. Urban Ecosystems, 19(4): 1597~1621.

MCGILL B J, ENQUIST B J, WEIHER E, et al., 2006. Rebuilding community ecology from functional traits. Trends in Ecology & Evolution, 21(4): 178~185.

PRUDIC K L, OLIVER J C, BROWN B V, et al., 2018. Comparisons of citizen science data-gathering approaches to evaluate urban butterfly diversity. Insects, 9(4): 186.

RABARI C, STORPER M, 2015. The digital skin of cities: urban theory and research in the age of the sensored and metered city, ubiquitous computing and big data. Cambridge Journal of Regions, Economy and Society, 8(1): 27~42.

SIMPSON A J, SIMPSON M J, SMITH E, et al., 2007. Microbially derived inputs to soil organic matter: Are current estimates too low? Environmental Science & Technology, 41(23): 8070~8076.

SMITH R L, SMITH T M, 2001. Ecology and field biology: Hands-on field package. 6th ed. San Francisco: Benjamin Cummings.

WANG X X, XIAO X M, XU X, et al., 2021. Rebound in China's coastal wetlands following conservation and restoration. Nature Sustainability, 4: 1076-1083.

WEIBEL E R, TAYLOR C R, BOLIS L, 1998. Principles of animal design: the optimization and symmorphosis debate. London: Cambridge University Press.

# 索　引